Anton Friedrich Busching

Magazin für die neue Historie und Geographie Angelegt

Anton Friedrich Busching

Magazin für die neue Historie und Geographie Angelegt

ISBN/EAN: 9783741168017

Hergestellt in Europa, USA, Kanada, Australien, Japan

Cover: Foto ©Andreas Hilbeck / pixelio.de

Manufactured and distributed by brebook publishing software
(www.brebook.com)

Anton Friedrich Busching

Magazin für die neue Historie und Geographie Angelegt

Magazin
für die
neue
Historie und Geographie,

angelegt von

D. Anton Friedrich Büsching,
Königl. Preußischen Oberconsistorialrath, Director des Gymnasiums im grauen Kloster zu Berlin, und der davon abhängenden beyden Schulen.

Siebenzehnter Theil.

Mit Churfürstl. Sächsischem gnädigstem Privilegio.

Halle,
verlegt von sel. Johann Jacob Curts Wittwe. 1783.

an den Rand der Abschrift setzen lassen. Er überließ mir 1773 diese Abschrift, als ich ihm, wider seine Erwartung, seine lateinische Uebersetzung der Geographie des Abulfeda, welche auch in diesem Magazin stehet, bezahlte. Ich habe zu der Genauigkeit des Abschreibers ein grosses Vertrauen gehabt, aber bey genauerer Untersuchung viele fehlerhafte Stellen gefunden. Diese habe ich zwar zu verbessern gesucht, es ist aber nicht möglich gewesen, alle Fehler wegzuschaffen, und einige kleine Lücken auszufüllen. Ich muß auch erinnern, daß Gaulmin ein schlechter Uebersetzer in die lateinische Sprache gewesen sey, welches aufmerksame Leser wohl werden gewahr werden. Nichts desto weniger hoffe ich den Dank der Liebhaber und Forscher der Geschichte zu verdienen, daß ich ihnen dieses bloß aus D'Herbelot Auszügen unter uns bekannte Buch, so gut als ichs gehabt, und mittheilen können, in die Hände liefere. Als ichs im vorigen Jahr unter die Presse gab, beschloß ich, in dieser Vorrede den Werth des Buchs abzuhandeln, und denselben theils aus ihm selbst, theils durch Vergleichung desselben mit Persiens Geschichtschreiber Mohammed Mirchond, so weit dieselbige bisher aus den Relaciones de Pedro Texeira del origen, descendencia y succession de los reges de Persia y de Harmuz, in dem ersten Theil der 1681 zu Paris gedruckten Voyages de Texeira, aus der Histoire générale des Huns, des Herrn Deguignes T. I. P. I. p. 397 f. (denn er hat allem Ansehn nach aus dem Mirchond geschöpfet,) und aus dem Stück seines Werks, welches Herr Bernhard von Jenisch im vorigen Jahr zu Wien unter dem Titul, Historia priorum regum Persarum post firmatum in regno Islamismum, in gr. Quart herausgegeben hat, bekannt ist. Allein ich werde zu stark zur Ablieferung dieser Vorrede getrieben, und habe jetzt zu viel dringende Arbeiten zu bestreiten, als daß die Zeit zu einer solchen kritischen Abhandlung zureichen sollte.

Der Anhang, den ich dieser Geschichte des Ommia Jahhia gegeben habe, bestehet in zwey Abhandlungen des Reichsfreyherrn Nic. Stephan von Bock, welche Er von dem Alterthum des Zend-Avesta geschrieben hat, und die unterschiedenes von der ältesten Geschichte Persiens enthalten. Die erste habe ich für meine wöchentliche Nachrichten ins Deutsche übersetzt, und mit Anmerkungen versehen. Weil ich nun in diesen dem Herrn von Bock einigemahl bescheiden und höflich widersprochen habe: so hat er die-

Vorrede.

Das wichtigste Stück dieses Theils meines Magazins, ist das erste, welches sein Verfasser, der Perser Ommia Jahhia aus Cazvin, Sohn des Abd-Ullatif, das Mark der Geschichtbücher zu nennen beliebet hat. Daß er es im Jahr der Hedschrah 948, welches das 1541ste unserer Zeitrechnung ist, geschrieben habe, ist aus S. 144 und 179 zu ersehen. D'Herbelot, welcher ihn in seiner Bibliotheque orientale, S. 515 der alten Ausgabe, Jahia Ben Abdallathif nennet, hat angemerket, daß er im 960sten Jahr der Hedschrah, welches mit dem $\frac{17}{27}$ Dec. 1552 anfängt, gestorben sey. Den Titul seines Buchs, schreibet D'Herbelot auf der angeführten Seite seines Werks, Lobb al Taovarikh, und S. 513 sagt er, daß es auch Lebtarikh genannt werde, daß aber dieser Name verdorben sey, und Lobb al Tarikh, oder in der vielfachen Zahl des letzten Worts, Lobb al Taovarikh heissen müsse. Der berühmte Ant. Galand oder Galland, Herausgeber des D'Herbelotschen Werkes, hat diesem Buch des Ommia Jahhia den lateinischen Titul gegeben, unter welchem ich es habe abdrucken lassen, doch kommet der Druckfehler Ad-Ullatif, anstatt Abd-Ullatif, nicht auf seine, sondern auf des Setzers Rechnung, und ich habe ihn erst jetzt, da ich diese Vorrede schreibe, bemerket. Galland hat es aber nicht selbst übersetzt, sondern Gilbert Gaulmin, bey dessen Leben auch mehr als die Hälfte des Buchs zu Paris gedruckt worden. Als er aber während des Drucks starb, übernahm Galland nicht nur die Besorgung des Drucks, sondern weil die persische Handschrift des Buchs, welche Gaulmin gehabt, und übersetzt hatte, mangelhaft war, so übersetzte Galland den Rest aus einer Handschrift, die Thevenot aus Asia mitgebracht hatte, wie S. 166 des gegenwärtigen Drucks stehet. Ob nun gleich das Buch zu Paris schon wirklich gedruckt ist, so ist es doch eine ausserordentlich grosse Seltenheit, weil es, ich weiß nicht, warum? unterdrückt worden. Die churfürstliche Bibliothek zu Dresden hat es, und dieses Exemplar hat der sel. Doctor Reiske abschreiben, und die Seitenzahl des gedruckten Buchs

diese Anmerkungen in dem zweyten Aufsatz beantwortet, und verlangt, daß ich denselben auch in meine wöchentliche Nachrichten bringen sollte. Das wollte aber nicht angehen, weil er zu viel Raum einnehmen würde. Ich beschloß also schon vor 3 Jahren, da ich ihn bekam, daß ich ihn in mein Magazin aufnehmen wolle, welches nun geschehen ist. Sollte ihn Herr von Bock unterdessen schon irgendwo haben drucken lassen, weil er nicht länger auf mich warten wollen; so würde er jetzt den Werth der Neuheit nicht mehr haben, aber doch noch lesenswerth seyn. Ich muß aber die Beurtheilung desselben den Lesern überlassen, welche ihnen nun desto leichter fallen wird, da ich ihnen den Lubb-it Tavarich in die Hände gegeben habe.

Ich habe im vierzehnten Theil dieses Magazins sehr schätzbare Nachrichten von Dänemarks Finanzen geliefert, welche unmittelbar von Papieren abgedruckt sind, die 1771 dem König überreichet werden sollten. Es ging aber um die Zeit, da solche Ueberreichung geschehen sollte, die grosse innere Staatsveränderung vor, welche mit des Ministers Struensee Fall verbunden war: da müssen einige dieser Papiere anders eingerichtet worden seyn. Ich habe nemlich von einigen Artikeln unter derselben Hand neue Abschriften bekommen, die von den schon gedruckten etwas abweichen: diese theile ich nun auch mit, und so bekommen die Besitzer meines Magazins alles, was der königliche Hof zu Kopenhagen 1771 von dem Zustand seiner Finanzen und Staatsschulden erfahren hat. Die Rechnung S. 204 ist ein erheblicher Beytrag zu der Geschichte der Ministerschaft des ältern Grafen von Bernstorf, und wird von keinem Liebhaber politischer Nachrichten übersehen werden. Die auf diese Finanz-Nachrichten folgende Verzeichnisse von Dänemarks Land- und See-Macht, und die Handels-Balanz der Reiche Dänemark und Norwegen, und der dazu gehörigen Provinzen, im 1768sten Jahr sind auch erhebliche Artikel für Dänemarks Staatsgeschichte. Mit den Nachrichten von den in Dänemark und Holstein befindlichen Kloster-Stiftungen, ist gewiß manchem Leser gedienet. Ich bin selbst vor vielen Jahren von unterschiedenen Personen um Nachricht von diesen Stiftungen gebeten worden, welche ich aber damals noch nicht hatte. Die Chronik von der Stadt Rendsburg ist ein guter Beytrag zu der Geschichte der Herzogthümer Schleswig und Holstein.

Auch die Geschichte der Ermordung des Grafen Christian Detlev Ranzov, welche ich für den 15ten Theil dieses Magazins aufgesetzet habe, kann aus dieser Chronik einige kleine Zusätze bekommen.

In der Abtheilung von Deutschland, ist der erste Abschnitt von dem Finanzstaat des hohen Erzhauses Oestreich im Jahr 1770, etwas neues: denn solche genaue Angaben von demselben, sind noch niemals gedruckt worden. Es ist mir zwar Herr Regierungsrath Schlettwein mit einem Theil derselben, im 4ten Bande seines Archivs für den Menschen und Bürger, zuvor gekommen: allein ich liefere hier weit mehr; doch wird es gut seyn, wenn die Liebhaber dieser Materien mit dem, was Er hat, meinen Abdruck vergleichen, weil sich zwischen beyden Abdrücken einiger Unterscheid zeiget, den ich nicht heben kann. Es kann gar wohl seyn, daß die Abschriften der Finanz-Tabellen, welche ich habe abdrucken lassen, hin und wieder fehlerhaft sind: allein das Ganze hat doch so lange einen grossen Werth, bis wir etwas richtigers in dieser Art bekommen.

Das Catastrum von dem Bisthum Hildesheim, welches nun folget, hat mir der neulich zu St. Petersburg gestorbene rußisch-kaiserliche Generallieutenant von Bawr geschenket, der es in dem siebenjährigen deutschen Kriege zu Hildesheim in die Hände bekommen hat. Wenn man es mit den geographischen Nachrichten von diesem Bisthum, welche schon in diesem Magazin stehen, verbindet, so hat man eine sehr genaue politisch-geographische Kenntniß von diesem Lande.

Die Nachrichten von Polen, werden sich von selbst den Kennern anpreisen; es fehlt mir auch an Zeit, ein mehreres von denselben zu sagen. Berlin, am fünften April 1783.

Inhalt des siebenzehnten Theils.

I. Persien.
1. Lubb-it Tavarich seu, Medulla Historiarum, Auctore Ommia Jahhia, Abd-Ullatifi filio, Kazbiniensi; interpretibus e persico Gilberto Gaulmino & Antonio Gallando S. 1—180
2. Anhang zu vorstehender Geschichte von Persien 181
1) Abhandlung über das Alterthum des Zend-Avesta, — — von Nic. Stephan von Bock, aus der franz. Sprache übersetzt und mit Anmerkungen versehen von Büsching 183—188
2) Réponse a quelqu'unes des notes critiques, faites par Mr. Büsching, sur un mémoire relatif a l'antiquité du Zend-Avesta, rapporté dans le No. 41 de la Gazette geographique de Berlin du 11 Octobr. 1779, par Mr. Jean Nicolas Etienne de Bock 189—194
II. Dänemark.
A. Nachrichten, welche das Finanzwesen, den Kriegesstaat und den Handel betreffen 197
1. Summa Summarum aller Königl. Einkünfte um das Jahr 1768. 199
2. Summarischer Extract über sämtliche Abgaben aller Königl. Dänischen Staaten, hauptsächlich auf das Jahr 1769 berechnet 200. 201
3. Summarischer Auszug über die jährlichen ordentlichen Ausgaben nach den Reglements für die Jahre 1770 und 1771. 202. 203
4. Betrag der Gelder, welche den Civil-Reglements, wie auch besondern Königl. Resolutionen und Befehlen zu folge, an Minister, Consule und Bediente bey fremden Höfen, wie auch zum Behuf des ausländischen Departements, vom 1sten Jan. 1752 bis zum 24sten Nov. 1770, das ist während der Ministerschaft des Grafen von Bernstorf, angewiesen und ausbezahlet worden 204
5. Summarischer Auszug über den Belauf der Staats-Schulden 205—208
6. Unterschied zwischen dem Berichte der Conferenz an den König vom 27. May 1771, welcher in dem 14ten Theil des Magazins gedruckt worden, und einer andern Abschrift desselben 209
7. Summarische Nachricht von dem Etat der Armee zu König Friedrichs IVten Zeit, i. J. 1723, folglich nach vollbrachten Reductionen, verglichen mit dem Etat derselben unter Ihro jetztregierenden Königl. Majestät i. J. 1753. 210—215
8. Summarischer Extract, wie sämtliche geworbene und Nationale Cavallerie- Dragoner- und Infanterie-Regimenter sich bey dem Ausgange des 1754sten Jahrs effective befunden haben 216—221

9. Etat

9. Etat der Königl. Dänischen Land-Macht in verschiedenen Jahren friedlicher Zeiten, von 1689 bis 1771. 222—224
10. Der Königreiche Dänemark und Norwegen, und der Herzogthümer Schleswig und Holstein Handels-Balance im Jahr 1768. 225. 226
B. Nachrichten von den in Dänemark und Holstein befindlichen Kloster-Stiftungen, auch Abschriften verschiedener derselb. Gesamlet 1764. 227—272
C. Chronik der Stadt Rendsburg von 1201 bis 1725. Mit eingerückten Urkunden 273—334
III. Deutschland.
I) Finanzstaat des hohen Erzhauses Oestreich vom Jahr 1770. 337
1. Landschaftlicher Contributions-Ertrag von den gesamten Kaiserl. Königl. deutschen Erblanden im Jahr 1770. 339—365
2. Polit. Proventen von den gesamten K. K. Staaten im J. 1770. 367—380
3. K. K. Münz- und Bergwesen 1770. 381—388
4. Ausgabe 383—394
5. 6. Staats-Schulden-Steuer, Ausgabe u. Einnahme 1770. 395—401
7. K. K. Universal-Cameral-Haupt-Buchs Abschluß im J. 1770. 403—409
8. Staats Haupt-Balanz 411—420
9. Summarisch. Aufsatz der K. K. Cameral-Fonds im Jahr 1771. 421—425
10. Summarium der Einkünfte und Ausgaben des Wienerischen Stadt-Banco, aus den 1770 verfaßten Schluß-Rechnungen 427—439
II) Bisthum Hildesheim.
1. Alphabetisches Register von den im Stift Hildesheim befindlichen Ortschaften und freyen Häusern, um 1760. 443—473
2. Häuser-Vorspann- und Schatzungs-Catastrum, mit Unterscheidung der Aemter, um 1760. 475—531
3. Ritter-Matricul von 1731. 527—532
IV. Polen.
1. Nachricht von den königl. poln. neuen Münzsorten 535—540
2. Berechnung vom polnischen Stempelpapier 1781. 541—567
3. Betrag der zweyjährigen Einnahme und Ausgabe des Kron-Schatzes, vom 1sten September 1780 bis letzten August 1782. 568—573
4. Haupt-Summe der ganzen und halben Rauchfangs-Gelder für die März-Rata 1782. 574
5. Rechnung über Einnahme und Ausgabe der Erziehungs-Fundation 575. 576
6. Article, qui contient l'Etat ancien, & actuel de l'Ordre de Malthe en Pologne traduit du Polonois, &c. 577—580

LUBB-IT TAVARICH

SEU

MEDULLA HISTORIARUM

AUCTORE

OMMIA JAHHIA, AD-ULLATIFI FILIO,

KAZDINIENSI;

INTERPRETIBUS E PERSICO

GILBERTO GAVLMINO ET ANTONIO GALLANDO.

PARS PRIMA

DE

MUHAMMEDE

ET

ANTISTITIBUS EJUS SUCCESSORIBUS.

CAPUT I.

MUHAMMED.

p. 3. in exemplari impresso.

Natus est die Veneris oriente sole 17 Rabie prioris; vulgo secunda feria post exortam auroram 12 dicti mensis anno Elephantis, Cosroe Anuschiruan justi cognomine dicto, regnante, Mechaenatum perhibent. Cognomen ejus Abulcasim, nomen celeberrimum Muhammed vel Achmed fuit, ut ex Alcorano patet. Familiam ita describunt. Muhammed filius Abdalae, f. Abdulmutalib, f. Haschem, f. Abdmenaph, f. Laher, f. Kasi, f. Kelab, f. Marae, f. Caab, f. Levi, f. Aleb, f. Phaher, f. Malec, f. Nadri, f. Nazari, f. Maadi, f. Chenanae, f. Hazimae, f. Modrecheh, f. Eliae, f. Nadhari, f. Maad, f. Adnan, ad Ismaelem usqve continua series, nisi qvod propter tot annorum intervallum non explorato constet. Mater ejus Emina, filia Vahabi, f. Abdmenafi, f. Zaeri, f. Chelabi, f. Maraenutrix Tobia Abilahabi ancilla, deinde Halima filia Abdallae, f. Harethi ex familia Sahadi, f. Mechrae, f. Hauazen; Propheta vix dum natus, patrem Abdallam Medinae vita functum amisit. Annum agens sextum, Matre qvoqve orbatus Abdalmutalibi Avi custodiae relictus est, qvo etiam satis concedente, anno aetatis octavo Patruum Habitalebum tutorem habuit, qvi summa cum cura nec dum Prophetae dignitate celebrem, ac postea illa florentem supra proprios filios observavit, duodennem cum in Syriam mercaturae causa secum abductum, ac ab lege a Bahira monacho cognitis propheticae vocationis notis observatum, tandem, ne qvid in eum Judaei fraude molirentur, in Patriam reduxit vigesimo qvinto aetatis, Chadigae ergo, reiqve ac mercibus parandis, tandem in Syriam, viam lucubravit, ac demum redux Cadigae nupsit. Trigesimo qvinto Choraisitis Meccanum templum aedificantibus operi praefuit, propriaqve manu nigrum lapidem in angulo Iracensi posuit. Quadragesimo cum publicandae legis tempus adfuit, Gabriel illi in caverna Haraberd apparuit, Deusqve cum Prophetico honoris gradu dignatus ad populum misit, tunc et Coranus coelo demissus est. Tres continuos annos docuit in occulto paucissimis accedentibus, donec, his elapsis, publice Dei ex mandato fidem annunciavit, et Coraisitarum simulacris maledixit. Illi pertinaces fidelium damno destinati eum adeo vexarunt, ut Propheta in Aethiopiam aliqvos ablegandi anno qvinto prophetiae Mense Ragieb consilium ceperit. Illi ipsi immani adversus Haschomitas odio, fori, matrimonii, commerciiqve cum eis interdictum promulgarunt ac descriptum ad portam templi Meccani suspenderunt. Jam de eo interficiendo cogitabant, cum Abutaleb doli suspicax prophetam, de ejus salute sollicitus, in castrum ditionis suae Saab dictum transtulit, integrum paene triennium accuratissima ibi custodivit. Eo in loco Abdalla Abas natus est. Tandem Coraisitarum aliqvi Haschemitis amici irritum qvod adversus eos dictum fuerat, interdictum fecerunt. Ita factum, ut Propheta, Abutaleb et caeteri Haschemitae domum reversi fuerint. Circa medium Mensis Schovalis decimo a prophetia revelata anno, Abutaleb, triduoqve post, Chadiga vitam exuerunt. Hunc annum Muhamed annum luctus dixit. Principatum Mechae post Abutalibum frater ejus Abas suscepit, vir mitis, qvi qva propulsandae Coraisitarum injuriae par non erat, inde mali labes ac porro vis demum damniqve qvieqvid inferri potuit Muhamedi illatum, ita ut relicta Mecha Taifam profugus concesserit, ibi mensem integrum moratus, nullo non modo ad ejus religionem accedente, sed omnibus infensis noxiisqve Mecham rediit. In itinere Cinnarum turbam obviam habuit, qvae Muhamedanam fidem amplexa est. At Meccani de eo in urbem non recipiendo consenserant, nisi Muthimus Hadides Mecensis obstitisset, qui securitate praestita in civitatem aedesqve proprias introductum maxime coluit, prophetaeqve postea cum filiis suis praedicandi tuendiqve adprime diligens. Tot tantaqve propter Deum perpessu aspera Muhammed ab infidelibus ut tolerarer Deus monuit. XI anno sex ex Tribu Hazergiana, qvi Medina profecti Meccanae peregrinationis ergo venerant, a Prophetae colloqvio, fideles discesserunt, reducesqve suorum plurimos ad eam fidem instituerunt,

funt. Sic ea in urbe nomen ejus perclaruit. Anno 12 caelum ascendit, 13, viri septuaginta, faeminae tres, secunda post eos dies nocte, Islamismum clam professi, omnes Medinenses, in verba Prophetae et obseqvium juraverunt: ille duodecim selectis, qvibus missum Masab f. Amir adjunxit, docendi ceteros Corani curam commisit, inde maxima urbis pars in fidem ejus partesqve transiit. Agitarum tunc a Coraisitis de eo interficiendo, aliqvi Medinam ire jussi: Ali tamen domi mansit, observandis corrumpendis inimicorum conciliis, rebusque turbatis serenum in statum redigendis. Ipse Medinam eos seqvutus Deo jubente perrexit anno ab vocatione propheticae suae decimo qvarto, Mense Rabiae priori, relictis in urbis regione, qvae Caba dicitur, substitit. Interea Ali fidelium princeps, Medinâ relicta ad Prophetam perrexit, eiqve se adjunxit: propheta vero post qvatuordecim dierum spatium ad domum Abi-Ejubi Medinensis transiit, juxtaqve in praedio, qvod emit, nunc sacri campi nomine notissimo, domum ac templum construxit ipso Abi-Ejubo ac Medinae civibus adjuventi- p. 4. bus qui ex eo Ansarae, id est, adjutores postea dicti sunt. Muhammed vero cum Judaeis Medinensibus et finitimis pacem composuit. Selmanem, Persam, in suam fidem et obseqvium transeuntem suscepit, seqve sociosqve arcto fraternitatis foedere conjunxit: quam ob rem qverenti Ali, seqve desertum indignanti, respondit: Tu in hoc saeculo frater meus atqve in altero etiam eris, statimqve illi Fatimam Dei jussu uxorem concessit, et converso ad Mecham vultu oravit. Decem annos Medinae vixit, qvo temporis lapsu qvinqvaginta sex vicibus in hostem exercitum misit, vicies et septies ex Numinis mandato pugnavit, ut ex aliorum monumentis patet, ipse vero novem pugnis interfuit.

I. *Badrensis*, qvae 17 Ramadani mensis die Veneris aurora surgente Hegirae secundo commissa fuit, Muhammed cum CCC Medinensibus et Mecc nis, alii 13 homines insuper addunt, qui omnes duobus eqvis aut tribus et LXX camelis, tribus aut sex loricis et octo ensibus armati erant; ille contra nongentos et qvinqvaginta Coraisitas Duce Abugehalo occurrit, aciem instruxit, pugnavit ac vicit. Abugehel, Atebe, Scheibe, Valide et Omiam Calafidem. Hostium LXX caesi totidemqve capti. Ex fidelibus XIV tantum desiderati: praeda victoribus cessit.

II. *Proelium Obodense anno tertio* Hegirae, septimis Shovalis mensis die accidit. Abusophianus Hachrama Abugehelides, Safuan, Omiades, Caled, Valides et Abou Amir, Raheb Mecha cum exercitu M M M in Muhammedem duxerunt. Is ad radices montis Ohed cum septingentis militibus pugnam non abnuit, et primo qvidem XXII Coraisitarum cecidere, sed turbata victoria Hamsae

patrui

patrui et 70 fidelium morte et tandem ipsum Muhammedem lapidis jactu in facie saucium, genis, maxillis, barba cruore foedis et fluentibus, Ali fusis fugatisque Dulfakaro ense hostibus vix servavit, qvod hoc versu Propheta testatum voluit.

Dulfakar est cunctos inter celeberrimus enses

Inqve acie similem non habet unum Ali.

Coraisitae Mecham, Muhamed Medinam rediit.

III. *Mustalak* proelium anno Hegirae qvinto Mense Siabano in loco Marisi dicto commissum, Duce Haritho filio Abidarari. Victor Muhamed unico ex suis amisso, decem ex Caraisitis interfecit, hostium impedimentis, opibus et mulieribus potitus victor abiit.

IV. Proelium fossa haec vastationis circa Medinam anno Hegirae qvinto Mense Dulkaedo gestum est. Muhamed castra metato Selman Persa fossam ducere persvasit. Vocatur etiam proelium Dhrab. Fossam. Abusefianus cum decem millibus militum valido exercitu aggressus viginti totos dies oppugnavit, crebris hinc inde proeliis, in qvibus inter Corasitas notae fortitudinis Amru f. Haiddi-Alimanu occubuit: tandem nihil proficientes metus invasit, trepidiqve Mecham omnes recessere, Musulmani liberi salviqve manserunt. Saadus Mehadides hac in pugna vulnus sagitta in manu accepit, ex qvo post victoriam Coraisitarum obiit.

V. Viginti filiorum Coraitae, contra qvos statim eodem die ab hoc proelio foederis initi perfidos, nam Coraisitis se adjunxerant, Muhammed, recta duxit ad radices arcis eorum, qvam diebus 15 expugnavit Meadides DC, aut ut alii scribunt, nongentos capita plecti, filios in servitutem abduci, opes inter fideles dividi fuasit.

VI. Chaibarense proelium anno Hegirae sexto commissum, ex septem qvas habebant arcibus tres uno die Ali expugnavit, reliqvae pacem dimidia bonorum parte redemerunt. Notissima est in hoc bello Alis fortitudo atque audacia, in qvo Musulmani 15, Judaei 93 cecidêre.

VII. Anno Hegirae octavo mense Ramadam, Muhammed decem millia hominum contra Mecam duxit. Qvidam ex civibus Meccanis in loco Khadera dicto, cum occurrissent, ibi inter eos et primas Musulmanorum copias pugnatum. Prophetae

Prophetae focii duo Meccenfes 14 cecidere. Tandem expugnata urbe, temploque idolis purgato, incolas Mufulmanos fecit.

VIII. Hoc bellum aliud Honainicum excepit eodem anno menfe Shoual geftum. Propheta decem militum millia contra Havazenfes et Tzakifios duxit; his Malekus Aufides Nadarenfis; illis Kenanes Abeljalidides Tzakifius dux erat; in exercitu qvatuor hominum millia habebant: ac primo qvidem victores fuere; fed Muhammed Ali Abbas, Abu Sephianus Haritides Abdulmutalibides fexqve alii ex Hafchemidis in veftiglo haerentes dubioque, cohortibus reftituendis ordinibus, penitus circumdedere, atqve hi Muhammedem circa conglobati perruptum impetu facto, hoftem feptuaginta caefis fuderunt, qvatuor tantum amiffis: victi victoribus opes bonaqve reliquerunt.

IX. Taifae bellum memoratur eodem anno Hegirae octavo Schouale menfe geftum contra Aufium Malakidem aliosqve Havazenos ac Tzakifios, qvi ab Honaina pugna fugientes, in arces Taifae fe receperant. Taifa dies feptem et decem oppugnata, crebra magnaqve pugna, fidelium duodecim caefi, multi vulnerati, conatu irrito. Difceffum ab obfidione, vaftata circum omnia, et in loco Giarana dicto caftra pofita, ubi Honainae et Haiphae praeda divifa Mufulmanis. Eo viginti qvatuor Havazenfes et Taifenfes religionem profeffi ad eum acceflerunt. Deinde eam aliis tradiderunt, Malikus Aufides eos fecutus eandem etiam religionem amplexus eft, qvo factum eft, ut Havazenam eis Propheta reftituerit. Mechaep. 5. annos 13. Medinae 10 moratus, hoc temporis fpatio utriusqve urbis incolas Taifam, Jemenam omnesqve Arabes islamismo addixit, diffufoqve ejus lumine, tenebras impietatis atqve erroris delevit. Ipfe poft reditum eorum, qvi duce Giaafaro Thiaro in Aethiopiam fugerant, feptem Medina diverfos ad Principes deftinavit, fcriptis ad fingulos epiftolis, qvibus eos ad religionem fuam invitabat.

1. Amru Emiades, ad Negiafchium Aethiopiae regem miffus eft, Prophetae literam reverenter acceptam folio furgens de plano legit, legatum donis ornatum amico cum refponfo dimifit, ac Islamismum amplexus eft.

2. Kalipha Kelbius, ab Heraclio Romanorum imperatore benevolum qvoqve refponfum tulit; fed an Islamismum profeffus fit, diverfae funt opiniones.

3. Abdalla Cadakides Shamjus, admiffus fuit Chosroe Parvis Perfidis rege. Is lacerata Muhamedis epiftola, ipfoqve probris laceffito, ejus religionem contempfit, inde in illum dira, qvibus percuffus occifusqve regno tota cum fobole excidit.

4. Haleb filius Batzael Makoukesum Alexandriam missus, epistolam qvidem legit ac peramanter respondit, sed ad Islamismum accedere noluit. Eqvum Daldal inter munera missum numerant, qvo Alimà Muhamede donatum perhibent.

5. Haretaeus Gassanius, Syriae rector, Schegiao filio Vehebi legato nec respondit, nec Islamismo nomen dedit.

6. Hudaeus Hanefius, rex Iemamae, religionem Muhammedanam respuit, Salidem tamen Ammonidem pretiosis vestibus magnisqve ornatum, muneribus dimisit, nec ad literas rescripsit.

7. Mandarinus et Alai Hazermiam ad Mandarinum Sariom Regem Baherim missi. Is ad Prophetae fidem accessit, literisqve benevole respondit.

Anno 10 Hegirae Muhammed familia sociisqve comitatus, peregrinationem Meccanam suscepit dictam Haggetelveda in loco dicto gadarhazem dixit, cum illi assentirentur, profecto inqvit: Annon ego fidelium princeps, atqve ipsis eorummet vita carior sum, et illis mortis nuncius non sum: Deus Dominus meus est, ego omnium fidelium Dominus sum. Tum apprehensa Ali manu, o Deus, amicus illi esto, qvi dilexerit, et hostis, qvi oderit, idem cum illo Deus aget, amicis ejus propitius, hostibus infensus, adjutoribus auxiliator; qvi vero illum aversabitur et oderit, eum odio habe; adjuva, qvi eum adjuvabit, et desere, qvi eum deseret, desertor est, et doce veritatem, veredicus enim est.

Medinam regressus Muhammed in morbum Saphar Mense incidit, si Hemaldino Hazeno Josephi filio Moserhalidae fides, qvi eum 26 Saphari anni Hegirae 10, fato concessisse scribit. Alii mense Rebie primo anno 11 ultimum ejus diem assignant. Ali Abas duobus cum filiis Fadlo et Kaschamo adfuere cadaveris lavacro, qvod Ali perfecit, aliis operam navantibus, idemque pro eo procurata funeris pompa et feralibus vestibus. Halachae Medinensi in qvibus extinctus erat aedibus sepulchro condidit, et iisdem etiam Ali, Abaso et Fadlo suprema solemnia fungentem adjuvantibus. Muhammed hominem exuit annum 63 agens, sine liberis praeter Fatimam ex Cadigia susceptam. Ejus miracula, mores, indolem, virtutes benignitatem, aliis libris descriptas hujus brevitas omittit. Alcorani opus, mundi in finem daraturum, omnium ejus miraculorum maximum esse non ambigitur.

„Ex

„Ex qvo prima nihil produxit femina rerum
„Saecula non illi tota tulere parem.
„Ipfa Dei bonitas aluit nutricis amore
„Felicesqve aqvilae praebuit umbra dies
„Illi nulla boni, nulla eft caligo futuri;
„Defipiunt omnes, folus at ille fapit.

CAPUT II.

E DUODECIM PONTIFICIBUS.

Primus *Ali* imperator fidelium, Muhammedis adgnatus ac gener, ut qvi Fatimam ejus filiam duxerit, fexta feria, 15 menfis Regiebi, aut, ut alii volunt, tertio Phabanis, Mechae, anno ab elephantis aera 30, matre Fatima, Afedi Hafchem Abdmenafi filia, multis virtutibus atqve innumeris benedictionibus inclita natus eft. Abilhazen, Abiterabi Mortedi, imperatoris fidelium Mufulmanorum cognominibus celeberrimus ab extincto Propheta, veritatis pontifex optimus, univerfi maxima falus, Dei Vicarius, doctrinae Propheticae haeres, Muhammedis fucceffor, fidelium omnium rector, ut ex Alcorani loco patet: praefecit vos Deus et Propheta ejus.

Myfteria auctori palam facere vacat. Omnium Muhammedis hic bellorum, excepto Tebucenfi proelio, comes individuus fuit; verum hoc tempore Medinae regundae praefectus erat: prophetam illi dixiffe ferunt: Tu cum apud me locum, qvem Aaron apud Mofen fuftines, nifi qvod filium ego mihi fuperftitem non relinqvam. Aliud alio tempore de eodem dictum celebratur, Ali ex me, ego ex eo: Ego fcientiae urbs, Ali urbis porta eft. Plura ut de eo differam, notum et illud; Petite qvicqvid volueritis occulti, atqve profecerint. Deniqve omnium fidelium monumentis ejus decora vulgo commendantur; neqve vero tot virtutes, morum probitas, affiduus Numinis cultus, clementia, eruditio, aliaeqve eximiae animi dotes, hoc temporis operisqve fpatio explicari poffunt.

„Hoc satis immensae superat praeconia laudis ,
„Qvod dubiis suasit mentibus esse Deum.

Anno Hegirae XXXV circa finem M. Dulhigiae in templo Prophetae imperium adeptus, et omnium bono terrarum orbem illustravit. Religioni vires ac quietem addidit, ejusqve fundamenta firmavit. Denique sub eo totus utriusque saeculi felicitatem mundus assequebatur. Ter cum rebellibus pugnavit: Primum Cameli proelium ad Burrae portam in Giumadam posteriorem incidit anno Heg. XXXVI. Tulcha et Zubirca aliisqve pluribus magno numero occisis, veritas mendacio superior fuit, ipse victor Cufam reversus sedem statuit. Secundum proelium, qvod Saphein dictum est, commissum fuit mense Safaro cum Maavia et Syris anno Heg. XXXVII. Centum dies continuos pugnatum. Caesa haereticorum, qvos devios dissidentes dicebant, qvinqvaginta, aut alii perhibent octuaginta millia. Amma Safirides secundum vaticinium Prophetae, qvi cum a rebellibus occidendum dixerat, desideratus. Kharima Tsabitides Aboulilius Medinensis, ex intimis Ali, Avisus Carnensis ex sectatoribus, aliisqve plures occubuerunt. Donec Syri Coranos hastas appensos gestantes fraude Omari et Asi magno clamore ad hujus libri judicium hostilem exercitum vocarunt, tum vero segniores ad proelium milites Alis Cufam suos Muavias in Syriam duxit.

II. Proelium Nahardaensa anno XXXVIII cum haereticis Kharigiis, qvos etiam Makkabenios vocant, commissum est. VI. M. novem exceptis, caesi sunt. In eo etiam proelio inter Kharigios occisus Durschedittus, de qvo occidendo jam pridem monuerat Propheta. Victor Alis Cufam reversus bello iterum Maniae ac Syris inferendo cogitabat, cum Abdurrahman Melgemides, cui Deus maledicat, meditato scelero eum mane in templo Cufensi percussit, et fugit, anno Hegirae XL. Ramadam mensis, aut XIX, ut alii volunt, die ejusdem mensis XXI, ad alteram meliorem vitam concessit. Vixit si Sheikh Shehido credimus, LXVI annos, Cufae conditus sepulchro, martyrio aeternam claritudinem adepto, semperque visitando. Mufid ejus XXVII liberos tradit, Pontificem Hasanum, P. Hasinum, (aliter Husseinum) Zeinebam magnam et parvam dictam, Omenkeltsoum, qvo nomine ex Fatimae Prophetae filia susceptos, Mohamedem Hanephium Abulcasimum vocatum ex Khaulars Giasani filia, Omarum et Rakiam ex Omhabiba Rabiae filia Abasum, Gispharum, Abdullam, Osmanem ex filia Coramis, Chalididae Abid-ullam ex matre Ommasoud Amrui Masodidae filia, Muhammedem parvum, Omm Nebim dictam Nefisam, et Rakiam minorem, Amhaniom, Omm Giatar, Amanam Selimam Maimonam, Chadigiam et Fatimam, ex diversis mulieribus.

Hasa-

Hasanus filius Ali II Pontifex.

Secundus Pontifex *Hasanus Ali Elmurtedi*, id est electi filius, omnium post patrem mortalium maximus primogenitus ejus ex Fatima Prophetae filia, Ali a Muhamedes dictus pii, boni, justi cognomentis celeberrimus, feria tertia mense Ramculani, media die, anno Heg. II. Medinae natus est, statim a mortuo patre Tractensium Arabum suffragiis imperium accepit. Muavias hoc accepto nuncio, recta in eum contendit, nec segnior Hasanus duxit. Arabum multos pugnae abnuentes advertens, Muaviae imperio cessit, mense Rabia Heg. an. XLI. ac Medinam totum se pietati traditurus concessit. Muaviae fraude soluti adamantis ejus cibis indito qvadraginta dies morbo conflictatus, tandem periit feria qvinta, Sopharl mensis VII die, anno Heg. XLIX. vel, ut alii scribunt, L, in deserto sepultus, vixit annos XLVII, aut octo. Liberos XV suscepit autore Sheikh Mofid. Omm Hussan, Omm-Hussein, ex Omm Beshir Abi-Masudi filia Zaidum, Hasanum, et ex Havitaala Manduri Omarum, Kasimum, Abdallam ex Concubina, Abdurrhamanem Huseinum-Atramum, Talabam, Fatimam ex Om Isaac et Omabdalla, et Omsalma et Rakiam ex diversis mulieribus, ex qvibus solos Zeidum et Hasanum, qui prolem habuerint, reliquit.

Hoseinus Pontifex III.

Hoseinus Ali fidelium imperatoris filius, Medinae anno Heg. circa finem Rabiae prioris natus est, vt quidem scribit Sheickh Schehid: Alii in diem Jovis XIII. Ramadani nativitatem ejus conjiciunt. Scheickh Mufid in qvintam Schabani mensis anni qvarti. Abuabdalla dictus doctoris, boni, Domini, justi, benedicti, Dei placitorum sectatoris etiam cognominibus illustris, omnium hominum post Hasanum fratrem nobilissimus et optimus. Muavia mortuo ann. Heg. LXVI. Arabes Iracenses ad eum miserunt, is vero Muslimum Akilidem consobrinum suum ad eos Cufam destinavit. Cum XX. M. in eum consensissent, eum de rerum statu certiorem fecerunt, eumque ut veniret, invitarunt. Interea Iezidi jussu Abdulla Ziad Basora Cufam venit, Muslimumque interfecit. Hoseinus Mecha Irakam profectus, aversos Iracensium animos ac Ziado contra se conciliatos reperit, tandemqve cum septuaginta duobus, aut, ut alii perhibent, cum LXXXII domesticis sociis die Veneris X Muharrami die, anno LXI occisus est: vixit annos LVI, dies LXIIII. in deserto Karbela cum aliis simul interemtis conditus. Sex liberos suscepisse perhibent, 1. Alim natu majorem Abumuhamed dictum, ex Chosroae Jesdegirdis Persarum Regis filia mulierum primaria. 2. Ali mino- p. 7.

minorem, ex Leila Abimarae Kerbelae interfectis, qvem aliqvi fratre antiquiorem ſcribunt. 3. Giafarum ex Faſtana etiamnum vivente mortuum. 4. Abdallam, qvi in Kerbalitana pugna necdum adultus periit. 5. Sichinam ex Rababa Amſikiſii, et 6. Fatimam ex Omb-Iſaac Tabehae filia aliae, aliqvi alium ei filium Alim vel Sathamim vocatum tribuunt.

Pontifex quartus.

Ali Zin Elabidin filius Hoſeini, Avo Ali fidelium imperatore inclitus. Abu Muhammed et Abukaſim, vel ſecundum alios etiam Abulhaſan dictus, Dei cultorum piiſſimi ac religioſiſſimi devotorum princeps, religioſiſſimi cognominibus celebris, poſt patrem totius orbis maximus, die Lunae Schabani ſeptimo ann. Heg. XXXVIII, vivente avo ex Jeſdegirdis, ut diximus, filia natus. Aegrotabat cum ad Kerbelam pater pugnavit, captusque ac cum praeda feminis in Syriam ad Jeſidenudein ab eo Medinam miſſus, in vicinis Mahomedis ſepulchri aedibus manſit. Annum LVII agens, eodem Sheickh Shehido Muharrami menſis XII, ann. XCV, aut, ut alii volunt, XCIV, inimicorum durantibus inſidiis, qvindecim liberorum pater, in hortis ſepultus. Filiorum haec nomina cenſentur: 1. Muhammed Baker, qvi in pontificatu ſucceſſit, ex Omabdalla vel Omm Haſan matre, filia Abimuhammed Haſan Alis filio. 2. Zeid et Omar. 3. ex Concubina, ut et 4. Abdalla. 5. Haſan, et 6. Hoſein pariter ex Concubina, item 7. Hoſainus natu minor. 8. Abdurraman. 9. Salomo, ſed et 10. Ali parvus cum ſorore. 11. Chadigia, etiam 12. Muhammed parvus concubinis matribus nati: at 13. Fatima et Alia matrem Ommkolrzonam habuerunt, de qua, concubina nec ne fuerit, ambigitur: Aliqvi 15 Obeidallam Claudi nomine notiſſimum, Ali qvoqve filium tribuunt, ex qvo longa ad familiam Muhammedis pertinentium ſeries.

Pontifex qvintus.

Muhammed Baker Ali Zinolabidini filius, Abugiafar dictus, laudator, director, qvodqve caetera ejus cognomina ſuperat. Bakar et Baker vocatus, propter ejus in ſcientiis profunditatem. Hic recte ejus originem putanti utroqve ex parente ad Alis imperatoris fidelium familiam genus refert, ut ſupra explicatum. Ipſe etiam ſuſcepto poſt patrem pontificatu omnes alios Haſani Hoſeinqve filios rerum divinarum humanarumque intelligentia longe ſuperavit. Sheickh Schehidus die Lunae Safari menſis tertia anno Hegirae LVII, alii feria ſexta Regiebi Medinae natum ſcribunt. Vixiſſe LVII annos verius eſt: abiit ad plures die Lunae ſeptimo M. Dulhagiae anno Heg. CXIV, ſi Chardo credimus.

Plerique

Plerique ſcriptorum valide Abdulmelicho imperante ab ejus filio Ibrahimo hujus ſceleris artifice veneno ſublatum prodiderunt. Giafarus ferale cadaveris lavacrum ceteraqve fieri ſolemnia curavit, patrisque et avi proximo monumento condidit. Schehidus ſeptem illi liberos tribuit:. 1. Abuabdallum. 2. Giafarum et 3. Abdallum, Ambos Muhammedis filios ex Omm-Ferdad filia Caſem avo Abibekiro. 4. Ibrahimum et Abidallam. 5. Ex Omm-Hekima Aſedi nata, et 6. Alim et Zeinabam. 7. Ex Concubina. 8. Omm-Selimam ex Zeinaba, etiam pleriqve pontificis aſſerunt.

Pontifex ſextus.

Giafar Sadeck, id eſt Varidicus, Muhammedis Bakeri filius dictus Abuabdalla et Abu Iſmaël, patiens, liberalis, purus, maxime tamen Veridici cognomine clarus eſt, omnium dum pontificatum tenuit Prophetae filiorum nobiliſſimus et glorioſiſſimus urbis pontifex, Mohammed Bakar pontificatum ſicut olimp. 8.
Propheta Ali, Ali Hazeno, Hazenus Haſeino praedixerat, idemqve alii omnes de ſucceſſoribus ſuis praeſtiterunt, donec ad Muhammedum Almohadim pontificatus ſeries devoluta, qvem ſimili declavatione haereditario jure ſucceſſorem juſtum ſcriptores retulerunt. Shehidus die Lunae XVII. Rabiae prioris, LXXXIII Heg. anno, Medinae natum ſcribit. Alii anno LXXX Medinae natum perhibent. Auctor revelationis difficultatum hiſtoricarum verius ſecundam opinionem laudat, matrem Omm-Fervam filiam Caſemi, f. Mulhemmedis, f. Abubecri habuit, uti ſupra diximus. Viventibus patre et avo futuri pontificatus judicia oſtendit. Annum duodecimum agens, Avo Ali Hoſeini filio defuncto, patrem annos decem debito obſeqvio coluit, qvo etiam humanis exemto, triginta qvatuor annos pontificatum tenuit. Vixit LXV annos, mortuus Shuvelo menſe; alii feria ſecunda, medio Regiebi menſis, anno Heg. CXLVIII mortuum, vicinoqve Muhammedis Bakari Zinelabdini et Haſani monumento conditum ſcribunt. Tabarita decem ejus liberos laudat: 1. Ismaëlem. 2. Abdallam et 3. Omm Fervam ex Fatima filia Hoſeini Alatrami, f. Haſani, f. Ali, f. Abutalibi. 4. Pontificem Moſem, 5. Iſaacium, 6. Fatimam, 7. Muhammedem ex Amida Barbaria concubina. ut et Abaſum. 8. Alim. 9. et Afinam. 10. Iſmaël major natu patri cariſſimus, eo in vivis agente jam multorum notis Pontifex deſignabatur, extinctus tamen eſt ſuperſtite patre, qvi dum corpus ſepulchro inferrur, crebro illud ſiſti, omniumqve oculis intectum uſurpari voluit, certa mortis ejus fide, demum in deſerto ſepultus eſt. Multi praecipuiqve pontificatus ejus aſſertores, poſtqvam hominem exuit, ſententiam mutarunt; alii, nec ignobiles eum vivere pertendebant, itaqve, pontifice mortuo, eorum qvi Iſmaëlem

non-

nondum fato functum credebant, aliqvi in Mosis pontificis partes concessere; alii bifariam divisi sunt, hi Muhammedem Ismaëlis filium secuti ut patre pontifice, ita putabant, natum, ceterisqve fratribus majorem et dignjorem, ceteri Ismaëlem superesse creduli, ei etiamnum adhaerebant. Ambo Ismaëliitarum nomine insignes. Abdalla Giafar patre mortuo ab Ismaële secundus, reliqvis antiqvior. Pontificem se gessit, fratrem Mosem indignatus, ejus sectatores Aphtahios a latitudine pedum, qvales habuit, aut a praecipuo ejus sectatore Abdulla filio Aphtahi dixerunt, Muhammed Giafarides idem sentiebat cum Zeido, qvod se pontificem ense agere oporteret. Et ille liberalis, fortis et animosus erat, et Attalica veste insignis. Dies ita diviserat, unum jejuniis, alterum cum cibo agebat. Anno Heg. XLIX. contra Mamonem duxit, ab ejus duce Isa Geludaeo fusus, captus ac ad Mamonem missus, ab eo in honore habitus in Chorosane, ubi anno Heg. CIII obiit, auctor libri Tarikhkazideh, i. e. Chronici eximii. Ejus sepulchrum in urbe Giurgiana statuit, rubri monumenti nomine celeberrimum, historia inscripta, speculum paradisi, Mamonem, propriis eum manibus condidisse refert. Facit autem Isaac Giafari veracis filium summae modestiae, bonitatis, studii. Mosae dein Redae ac Muhammedi pontificibus addictus vixit. Fratris Mosis pontificatum a patre praedictum fuisse memorant, qvo tempore et Abas Giafarides claruit.

Pontifex septimus.

Moses Giafaris Veridici filius, Abulhazen, Abu Ibraim, Abu Ali, Abu Ismaël dictus, cognomentum *Abdsalehi Kathemi*, longanimis, propter insignem ejus in adversis patientiam, etiam justi et impavidi aliis cognomentis celeberrimus, post patrem pontificatum adeptus est. Nativitas ejus secundum eos qvi genus indagarunt, anno Heg. CXXVIII contigit, feria prima, Saafati Abuae loco Medinam ac Meccam interſito, alii annum CXXVII conjiciunt, extremo pontificatus sui tempore Haronis Caliphae jussu in carcerem conjectus, Fadlo per annuum, deinde Rabiadae custodiendus datus est, post Fadlo Jahiae filio Barmacidae traditus, ab eo honorifice habitus. Unde Havonis Raschidi iram meruit, tandem Sendi Shabakides illitis veneno dactylis qvos amabat eum interfecit, non ignoto illi dolo, qvem propalavit. Ego, inqvit, epulas veneno infectas gustavi, cujus vestigia in corpore meo, primo fulvi, dein rubri, ac demum nigri coloris, apparebant, qvae tertio die visa qvando ille vivis excessit. XXIV Mens. Ragieb anno Heg. CLXXXIII, ut Schehidus scribit, vel, ut alii, die Veneris XXV Ragieb anno Heg. CLXXXI. Mense Ramadano monumento Coraisitarum nomine celebri ultimo conditus, ubi diem resurrectionis expectat. His diebus Ismaël, imperator optimus

mus victor fortis selectus Huseinianus, Deo carus, pulcherrimum sacellum huic sepulchro superstruxit. Et huic et ceterorum Antistitum sepulchris tot reditus assignarunt, ut nihil unqvam simile factum sit. Mater ejus, ut perhibent, Hamida concubina ex Berberis XXXVII liberos, alii XXXVIII illi tribuunt, XX scilicet mares, XIII feminas. Filiorum nomina laudant pontificem Abulhasen Ali Reda Zeidum. 2. Ibrahimum. 3. Akilum. 4. Aaronem. 5. Hasanum. 6. Hoscinum. 7. Abdallam. 8. Muhammedem. 9. Ahmadum. 10. Giafarum. 11. Janian. 12. Isaacum. 13. Abasum. 14. Abulkasimum. 15. Hamzam, ad qvem stirps Safaiha quae nunc regnum occupat, refertur, ut compendio enarrandum veniet. Abd urrahmanum, Hamzam, Casimum et Giafarum minorem, Filiarum nomina p. 9. Chadigia 1. Omfarva. 2. Isma. 3. Alia. 4. Fatima prima. 5. Fatima secunda. 6. Kelthouma. 7. Ommkelthuma. 8. Amana. 9. Zineba. 10. Omm Abdalla. 11. Zineba minor. 12. Omm-elkasema. 13. Hekima. 14. Isma minor. 15. Mahmuda. 16. Imana 17. et Meiman. 18. Caeterum inter omnes ejus filios Achmad humanitate, integritate, modestia excellens, carissimus matri erat, Mohammed iisdem dotibus praestans, et Abu Ibrahimus fortitudine insignis, omnes denique variis virtutibus commendabantur.

Pontifex octavus.

Ali Reda filius Pontificis Mosis, f. Giafari veracis dictus *Abulhezen*, patiens et gratissimus, maxime tamen *Reza* cognomine notus, qvod amicis inimicisqve percarus et acceptus esset, Ali tertius, causam praebuit octavae pontificum contentioni de imperio. Shohid natum perhibet die Jovis XI, M. Dulkaadae anno CXLVIII, alii XII Dulhegiae anno CLIII. Medinae natum, matre Hashera concubina prophetissae cognomine celebri; eadem et Nagloma aliis dicitur, aliis Mekthema. Almamone imperante magno cum honore ac comitatu nobilium Medina Mervam ductus, qvinta demum feria Ramadani anno CCI in majore templo successor imperii declaratus, ejusqve nomen in suggestu laudatum, monetae inscriptum, deniqve niger Abasidarum color viridi Alidarum mutatus est, post aliqvod temporis spatium, Almamoin mutata sententia cum mense Safaro anno CCIII, Tusi veneno curavit occidendum. Alii in Ramadanum mensem mortem ejus conjiciunt, sepulchrum ejus Senabadi loco Noukani, in ditione Tusensi visitur, sacello insigne qvod Surius Motesidas Nisaporae profectus, ut historiae scribunt, sub Mamudo Gasnensi struxit. Liberos sex suscepit: Abagiafarum secundum, pontificem Muhamedem Elgiouad, (id est bonum) Elrakium, (pium) Abamuhamedem Hasenum, Giafarum, Abrahamum et Hoseinum, et auror explicationis difficultatum ex Gheikh

Mofid ſene erudito retulit, nullum ex his pontificis Redae liberis patri ſuperſtitem fuiſſe, praeter Muhammed Gioad.

Pontifex nonus.

Muhammed filius pontificis Abilhaſani Ali, filii Moſis, qvem Majeſtas Imami pontificis ſeculi felicitatem vocavit, Medinae natus eſt XIX menſis Ramadani, anno 195, ex concubina Khairzeman Mariae Ægyptiae domeſtica, Almamoum eum in honore habitum, filiae Omm ſadlae matrimonio conjunxit, ſed regnante Mutaſemo XXVIII Muharremi, anno CCXX, Medina Bagdumda ductus, tertia feria Dilkade ultima eodem anno vivis exceſſit. Aliqvi violenta morte periiſſe ſcribunt. Vixit annos XXV, menſes X, et amplius. Pontificatum rexit XVIII annos Bagadi prope avum Abulhaſanum Moſen manſuetum, monumento Coraiſitarum conditus, liberos qvatuor reliqvit, pontificem Alim dictum Hadi, Moſam, Fatimam et Imamam.

Pontifex decimus.

Ali Muhammedis Abulhaſani Ali Moſis filius, monitor, victor, purus, confidens, ab urbe Sarmenrai, ubi manſit, Aſcheri, qvod alio nomine ea urbs vocetur Aſcher, dictus fuit. Shehid et autor libri, revelatio caliginis inſcripti, ex Mophido, medio Dulhagia, anno CCXII, alii pleriqve anno CCXIV, Sariae, Medinae in locus eſt, matre Semana concubina, Africana natum ſcribunt. Sarmenraja obiit die Lunae tertio M. Ragiebi anno CCLIV, cuius urbis templum ejus ſepulchrum eſt. Qvatuor liberos ſuſcepit, de nominibus diverſe ſentiunt. Abamuhammedem Haſanum Ehaskeri Sarmenarium, Hoſeinum, Giafarum mendacem dictum, et Haliam filiam, pleriqve laudant, alii Haliae loco Alim ponunt, de veritate Deo conſtat.

Pontifex undecimus.

Haſan Ben Ali, f. Muhammedis, f. pontificis Abilhaſen, Ali f. Moſis dictus Abuhammed cognomento Salvatoris, puri, ductoris, et Aſcherii etiam celebris. Natus eſt, ut Shehidus ſcribit, die Lunae qvarto M. Rabiae poſterioris anni Heg. CCXXXII.

CCXXXII, juxta alios CCXXXI, ex matre concubina; mortuus vero Sarmenraiae feria prima, vel, ut multi perhibent, sexta VIII. Rubiae prioris, anno Heg. p. 10.
CCLX. Aliqvi tamen in diem Lunae XXII, M. Muharrani mortem ejus rejiciunt, patri proxime sepultus est. Tabarita scribit, plerosqve arbitratos, cum veneno sublatum, qvo exitii genere multos ejusdem familiae ante extinctos memorant, atqve hoc Giafari veracis dicto confirmant, qvi dicebat, Deum omnes martyrio afficiendos decrevisse. Liberos nullos suscepit praeter ultimum perpetuumqve pontificatus successorem Muhammedem Mohadim.

Pontifex duodecimus.

Muhammed Mohadi, filius Hasani Ascherii, f. Ali f. Muhammedis f. Abulhaseni, Ali f. Mosis f. Giafari f. Muhammedis Bakeri f. Zinelbabedini f. Huseini f. Ali Almortadi, ejusdem cum propheta nominis, Magister, Vicarius, Director, Successor, Conciliator, temporis Dominus, et absolute Dominus, nulla temporis mentione facta. Natus Sarmenrai anno Heg. CCLV, medio mense Ramadani, nocte sextae feriae, mater ejus Targesa dicta est. Patrem qvinquennis amisit, deus illi puero scientiam tribuit, sicut olim Christo Mariae filio in cunis, et Joanni prophetiam ac doctrinam concesserat. Hic est totius orbis Polus et pontifex mortalium nobilissimus, qvi terram nunc scelerum ac neqvitiarum plenum veritate et justitia implebit, eo apud nos loco, qvo Elias apud Judaeos. Duplicem ejus absentiam perhibent, sed alteram longiorem prima, si Chronologis credimus, sub mutemede Palita (l. Chalifa) ex Abasidis conrigit anno Hegirae CCLXVI. cujus tempora familiarium et amicorum plerisqve saepius conspectum tradunt, ut Abihasemo, Davidi Elkasemidae, Giafaritae Muhammedi filio, Ali, f. Belali, Abuomari, Osmani, f. Sahid, Asseman ejusqve filio Abugiafari, Muhammedi, Osmanidae Achmedi, f. Isaaci, Abrahamo Schahariandae, f. Muhammedi, f. Abrahami, aliisqve qvos omnes laudare, ut decet, longioris operae esset. Auctor vevelationis difficultatum sive nebularum, hanc absentiam annis LXXIV definivit, et scribit Abuamrum Osmanem Sabididem diu cum pontifice versatum, illiqve ex vivis excedenti filium ex patris mandato, quicum adoleverat, ministerio pontificis successisse. Obiit mense Siabano, anno Heg. CCIV aut CCV. Post eum Abulhasem Ali f. Muhammedis Samaraei, deinde Abulhazen Ruides ex familia Nubacti, bugiafari auctoritati successit, hic Schiabano mense anno Heg. CCCXVI vivere desiit. Mortem ejus Abimuhammed Hasan Achmadides Notarius ita descripsit. Ego, inqvit, Bagdadi eram, qvo anno Ali filius Muhammedis vita excessit, morituro aderam, cum ille animi sui sensum scripto omnium in conspectu prodidit: In nomine Dei misericordis miserantis, o Ali fili Muhammed Samarei magnificavit Deus mercedem fratrum tuorum inte, expertus es mortalis atque immortalis vitae discrimen, custodiam mandatum tuum, qvando nullum tibi Vicarium praeter unum post mortem constituisti, jam fluxit absentia tua, postqvam non nisi post longum tempus, Deoqve jubente, apparebis. Duritiem cordis fecit, egressus Sophianus et poenam, sed ille mendax, solus Deus potens est, subjicit, postqvam ab Ali Muhammedis filio rediimus, sexto demum die vitam exuit intestatus, nullo in locum suum substituto. Atqve haec magna est absentia ad hoc usque tempus, qvo Meccae manifestatus, orbem justitia et aeqvis decisionibus implebit.

PARS SECUNDA

REGES ANTE MUHAMMEDEM.

CAPUT I.

PISCHÁÁDIOS EXHIBET XI QVI MMCCCCL ANNOS REGNARUNT.

Kiumaratz.

Hiſtoricorum nonnulli hunc Adamum vocant, alii Semo Noachi filio oriundum ſcribunt. Bidavi in Chronico Nedam Elcourich I, ſerie temporum dicto, hoc agitavit, plures Adamum qvidem eſſe negant, verum Noacho antiqviorem, adeoqve Setho Adami filio natum perhibent. De veritate ſoli Deo conſtat. Qvicqvid ſit, ante eum nulli reges fuere, in caverna ferarum pellibus amictus vixit, donec domos urbesqve incolendi et condendi initium fecit. Vixit mille annos, regnavit triginta, qvaedam ejus veſtigia in Iſtachara Perſidis Domavend et Balkha etiamnum ſuperant.

Huſchank.

p. 11.

Huſchank Siameki filius, Cajumaratz nepos poſt avum regnavit, vir ſapientia celebris, a qva et nomen illi inditum. Piſchdadius etiam dictus eſt, qvod juſtitiae maxime ſtuduerit; namnulla juris et aeqvi notitia ante vivebant. Hinc aliqui eum Iran vocant et ab eo regionem cognominem laudant; alii tamen ab Eiratchidonis filio malunt. Scripſit librum Moralem ſeu Politicum, aeternae ſapientiae titulo notum, ejus fragmenta qvaedam reperta Haſan ben Sehel, Maimonis Vezirus, in lingvam Arabicam tranſtulit. Sheikh Abu Ali in libro ſuo de doctrinis Arabum et Perſarum, aliqva etiam ex eo adfert, qvae attentius conſideranti eximiam animi fortitudinem, integritatem ac bonitatem palam faciunt. Primus ex fodinis ac mari metalla ſcrutatus eduxit. Suſa et Shuſhtera urbes ab eo conditae. Exſtant et alia ejus monumenta in Iſtachara Perſidis. Idris, aliis Enoch, ejus temporibus vixit, annos qvadraginta imperavit.

Tahmuratz et Tahmuras.

Tahmuratz filius Hunſchanki, f. Siamek, f. Cajumaratz, poſt patrem imperium tenuit. Hic vulgo daemonum victor dictus eſt, armorum uſum invenit. Idolo-

Idolorum cultus eo regnante incipit. Kehon in Menia Metropolis Tabarestani, Hispahan, Babel Kardabad, deniqve septem civitates Irak, ejus monumenta. Annos XXX imperavit; in Religionis negotio nemini adversatus, qvam qvisqve vellet, seqvendi licentiam fecit.

Giamschid.

Giamschid Tanatzir Huschenkidae filius, aut, ut alii volunt, frater ejus; nomen Giam, cognomen Giam Schid, ideo, qvia eximia pulchritudine praeditus vultu velut radios emitteret, soli comparatur, eo nomine dictus; etiam prudentissimus, ut qvi hominum munia distinxerit qvosdam militiae, alios agriculturae vacare jusserit, inde pleraeqve artes ejus tempore inventae, ferrum lapidibus eductum, armorum fabrica, medicina sciendae tum primum cognitae. Idolorum cultus tunc maxime viguit: ipsum sibi Numinis cultum arrogasse memorant, misso in provincias sui simulacro, qvod adorari jussit. Istachara perfecta XII. parasanges longa, X lata, magno locorum agrorumque intus spatio. Ejus memoriam servant urbes Hamadon et Tus, et lapideo ponte constratus Tigris, qvem Alexander fregit, ingenuaqve Persicae potentiae argumentum vocavit. Artaxerxes hunc, sed irrito conatu instaurare voluit, tandem asseribus et catenis colligatum absolvere coactus fuit. Regnavit annos VIIC, tum ab Zoacho fugit, centum annos vagus tandem humanis exemtus est.

Zoach.

Zoachum Siameki Cajumaratzi filii genere oriundum Persae Dehakum, id est, Dominum vocabant, qvod deformi corpore, parvus, injustus, impudens, helluo, detractor, mendax, temerarius, irreligiosus ac stolidus esset. Arabes Zoachum, id est, ridiculum dixere, corrupta voce Dehak. Contra Giamschidum, cujus sororem matrem habuit, rebellavit eumqve regno exuit, sed dum saevam tyrannidem exercet, sub regni finem gemino carnis tumore utroque in humero cancri dolore aegrotavit. Hinc diri cruciatus nulla re nisi humani cerebri linimento sanabiles, itaqve ejus imperio, finita mortalium multitudine ad mortem rapta, Draconis nomen meruit, tandem hunc Kauchus faber ferrarius Haspaham duos qvos habebat, filios ad morbi regii curam aptos jamqve morituros intuitus, sublato clamore ac pelle, qvam hujus generis opifices succinctam gerunt palo appensa, accurrentem populum contra Zoachum concitavit, Feridoni junguntur, Hierosolymam adeunt, Zoachum capiunt, regno dejiciunt. Palatium qvod extat in urbe Babel Kenkder dictum, ex ejus vestigiis est. Annos mille regnum tenuit.

Afcridon.

Aferidon.

Aferidon, Abethni filius, ex Giam Schidi progenie, Kavehi fabri auxilio, ac procerum opera, victum captumqve Zoachum montis Domavendi carcere clausit, atqve hunc victoriae diem Mehergiam vocavit. Hic aedificiorum ac juris et aeqvi p. 12. studiosus fuit, pellem qva Kevehus faber pro vexillo usus erat felicem sibi arbitratus, vexilli Kavianaei nomine, pretiosis lapidibus ornavit, qvem morem secuti alii reges tam immaniter auxerunt, ut omne pretium superaret, donec proelio Cadisiensi in manus Arabum venit, atqve inter eorum milites divisum est. Aferidon liberos tres suscepit, omnes inclytos, qvibus regnum totidem in partes scissum distribuit, occidentis provincias Salemo majori ad Euphratem usqve; Orientis Turo secundo genito usqve ad Gihonem Fluvium, Persidem, Iracam, Aderbigian et Chorasanem, imperii sedem, qvae erat in regione Iran, ultimo Eirahо dedit, inde fratrum invidia ob regiam ei concessam, subsecutaque Eirahi caedes, cujus caput ad patrem missum. Reliqverat Eirahus filiam, qvam Afridon filio suo collocavit, mox Menutgeheri matrem. Hujus educationis curam sumsit usqve dum vir factus, Solomûm et Turum, patris interfectores, occidit, eorumqve capita ad eum misit. Aferidonis memoriam servant urbes fossis moenibusqve cinctae. Erat ingeniosissimus; nam et Theriacam contra viperarum venenum invenit, ejus tempore et subjugates asinis eqvae mulos primum ediderunt. Chusphildendan Zoachi frater ad Barberiae dominium ausus est se attollere, seqve Deum appellari voluit. Aferidon Sam contra Samzimanem eum misit, qvi magnis eum proeliis victum, tandem ad obedientiam coegit. Nemrod Kenaani filius ejus ex isto Chusphildendane originem duxit. Tandem Afridon post mortem trium liberorum diem, suum obiit, cum qvingentos annos imperasset. Hoc ejus dictum memorabile laudatur:

Vestrorum est operum mundus, pulcherrima charta,

pulchra ergo memores, scribere facta decet.

Menugeher.

Menugeher Mishkori filius, avo Aferidone mortuo successit. Hic singulis provinciis pro-regem, vicis praefectum imposuit. Samzimanem, Euphratem et Tigrim alveis suis in excavatas fossas deduxit, irrigandae Iracae, hortisqve in qvos arborum varia genera et aromatum transtulit, ornandae studuit. LX annos regnaverat, cum Afrasiab ex Turi stirpe, bellum contra eum movit, victumqve Tabaristanem fugavit, nec ulterius insequendi potens, pacem hac conditione dedit,

Maurennahar illi cederet, atqve ita in patriam reversus est. Schibo propheta ejus tempore ad Madianitas Ismaëlis progeniem (nam Madian Ismaëlis filius fuit) et Moses ac Aaron ad Pharaonem, qvi vocabatur Velid Masabi filius, missi sunt. Centum et XX annis regnando expletis, ad plures abiit.

Nauder.

Nauder Menugeri filius, post patrem imperium tenuit, ex Turi progenie. Afrasiab cum eo graves inimicitias exercuit, hinc atrox bellum, in qvo Nauder captus, atqve hostis jussu interemtus, postqvam annos VII regnasset.

Afrasiab.

Afrasiab ex Turi Feridonis filii stirpe, post Nauderum Persicum imperium obtinuit. Hic strage praedaqve diverato populo, regno destruendo, aedificiis evertendis, aqvarum ductibus obstruendis, arboribus exsecandis, vecavit. Sambenzimam tunc obiit, cujus filicus Zal, Afrasiab victo ejectoqve, postqvam duodecim annos regnaverat, Zuum, Tahmasbi filium, in solio collocavit.

Zuus.

Zuus Thamasbo filio Menugeheri natus, qvem Historici nonnulli Zabum vocant, annum octuagesimum agens, Zali opera imperium obtinuit. Hic excolendo regno, aedes ornando, multum studuit, tributorum vacationem septem annos indulsit. Hinc incolarum ardiumqve copia. Ipse interea antiqvorum imperatorum opes Afrasiabo intactas in suos suorumqve usus dispensabat. Inter ejus opera, fluvius in Diarbecra alueo suo deductus ac Tigri immissus celebratur, Zabin vocant, juxta qvem pagos constituit. Filio dum etiam viveret, regnum reliquit, qvod annos qvinqve, vel XI, vel 30, ut multi volunt, obtinuit.

Kustaspus.

Kustaspus Zuo patre Thamasbi filio natus, patre vivente imperium tenuit. Aliqvi fratris filium perhibent. Auctor sericii temporum, matrem ejus laudat, Bevicamino Jacobi filio oriundam, ex cujus progenie Rustem fuit. Hic in bello
p. 13. ab Afrasiabo occisus, si eidem auctori fides, postqvam triginta annos regnavit, vel sex tantum, ut Chronicon Tarich Chuzide scribit. Pleriqve alii Historicorum ejus regnum omiserunt, Deus veritatem novit.

CAPUT

CAPUT II.

DE KIANIIS X, QUORUM REGNUM SEPTINGENTOS XXXIV ANNOS DURAVIT.

Cai Cobad.

Cai Cobad, filius Zabi, F. Zoi, F. Thamasbi, F. Menugohl, Zali ejusque filii Rostami auxilio Persis ab Afrasiabi jugo liberatis, integrum regnum obtinuit; hic secundum a se locum Rostamo tribuit, qvem summum pro-regem vocavit, solvendo exercitus tributum imposuit, homines hortorum et vinearum culturae incumbere jussit, parasangas distinxit, pace cum Turaniis composita, Gihonem fluvium imperii limitem posuit; centum annos regnavit. Hispahanem imperii sedem, cujus praefecturam summopere illi brevi reddidit, Iracae media parte ei addita. Ezechiel, Elias, Elisaeus, Samuel, prophetae, eo regnante floruerunt.

Cai Caus.

Cai Caus, Cai Cobadis, cui ex testimonio successit, filius, vel ex filio nepos. Post aliqvod tempus versus Mezanderan profectus, ibi captus est. Rustem Zabuselan abiit, eumque custode Mozanderanensi occiso in libertatem asseruit, ac demum hujus regionis regem profligatum trucidavit, qvo facto Kausum in regni sedem reduxit. Causus cum secundo in hostes duxisset captum iterum, debellatis Mauarannaharae Aegypti Syriae et Rumiae regibus, et occisis, victorem in solio collocavit. Is grato animo sororem suam Mihirnaz Rostamo dedit, eumque regium in fastigium ex pro-regis, qva fungebatur dignitate, sublimavit. Is venatus specie urbem Semenkan cum adiisset, ex filia regis Mihrabum genuit, qvi postqvam adolevit, Afrasiabi cum exercitu Causo bellum illaturus, in Persidem venit, atqve ab Rostamo ignaro occisus est. Mater vindictae avida eandem viam ingressa, et ab Rostamo placata, Feramuzum ex eo sustulit: Caus vero filiam ex Kersinzi stirpe, qvam sibi a Turaniis captivam duxerant, matrimonio sibi junxit, ex eaqve Siausum formosissimum filium sustulit. Sudedam amantem patris conjugem fugiens, ad Afrasiabum transiit, ductoqve Frankisa ejus nata, atqve ea jam gravida, Kersiusi Afrasiabi fratris dolo interiit. Rostamus alumni sui morte cognita, Sudadam interfecit advocatos Persidis proceres Turqvestaniam duxit, Afrasiabo bellum intulit, victum fugavit, vastatoqve ad usque mille Parasangas regno ac ac populi excidio hoc scelus ultus est. Caus centum et qvinqvaginta annos regnavit. Auctor libri, series temporum dicti, prophetas atqve sapientes ejus tempore David, Salomonem ac Locmanem floruisse memorat. Geminarum arcium Babilone ac Bagdadi conditor laudatur.

Cai Cosroës.

Cai Cosru, filius Siausi, f. Caicausi, f. Caikobadis, qvatuor mensibus post patris mortem natus, cum primum adultus est, tum Cajus Cozerides eum aggressus, Turkestane abduxit non sine proelio, cum Afrasiabi copiis. Idem Gionem absque navibus, insigni fortitudinis exemplo, transiit. Tusius Nanderides Ferbiro Causidae de regno litem reduci movit. Conventum, uter Behemen expugnaret, is rex esset. Ferbirus victus, voti Cai Cosroës compos fuit. Hinc regnum adeptus contra Afrasiabum duxit, atrocibus ac repetitis proeliis pugnatum, incerta et alternante victoria, sed clara semper Rustemi fortitudine, ut ex libro Schahnameh patet. Tandem ex utriusque partis sententia electi duodecim, qui singulari certamine, qvod etiamnum duodecim virorum pugna vocatur, bello finem imponerent, occisi a Persis Turkestanii, mox Cosroë, ipsemet Kharezmiam invasit, Shidam, Afrisiabi filium, sua manu occidit, patrem fugatum persecutus est, et varias per orbis partes circumlatum, tandem in Aderbegiam cum fratre Kersiuso à Hevazemo, captum occidit, eaque potitus victoria sexaginta annos regnavit, et Loharasbo successore designato, regno se abdicavit. Ut multi scri-
p. 14 bunt, in monte Dena, alii in monte Kilujeh mortuum. Hic exortum suo tempore ingentem draconem in monte Kushid qvi Persidem ab Iraka separat, jam incolae ejus metu relictis sedibus in avia secesserant, immissis militibus interfecit, ibique sacrum igni delubrum Kuschid dictum posuit. Ejus dictum hoc celebratur:

Seu fueris felix, seu te infelicia cingent
 Tempora, qvicqvid erit divino a numine pendet.

Celebres ejus saeculo fuerunt Pythagoras Davidis discipulus, et Locman sapiens.

Loharaspus.

Loharaspum filium Aurendi, f. Kei Shahi, f. Nesian Kobadis, Cosroës imperii successorem designavit, qvod graviter tulere proceres, cum ejus pater inglorius vixisset. Hoc indicat Fardusi poëta hoc versu:

obstopêre,

Miramurqve omnes regem dixisse Loraspum.

Reg-

Regnum adeptus Magnatum ex consilio exercitum paravit, ac pro eo alendo pannaticum constituit, dein augendis ditionibus, domandisque regibus vacavit, verum multas ille provincias subegit, Nebucadnasaem, qui contra Roboamum Salomonis filium bellum gessit, Hierosolymamve expugnavit, (Persae Rahammum vocant) inter duces ejus memorant. Gustaspus ejus filius regni cupidus, repulsam a patre non ferens, iratus ad Graecos secessit, ductaque imperatoris filia multas illi provincias adjecit, donec magna in eum fiducia Persis etiam bellum indixit. Loharaspus Graecorum exercitum superiorem suo ut vidit, eorumqve spem in virtute ac fortitudine Gustaspi sitam non ignarus, ad eum coronam et sigillum misit, regnoque tradito, totum se religiosae vitae dedit. Balchae, in qvam Orgiaspi secesserat nepotis Afraciabi dolo occisus est; regnavit annos CXX, Jeremias et Ozirus sub eo floruerunt.

Gustaspus.

Gustaspus Loharaspo patre, avo Arunend Shaho natus, Halepi regni insignia accepit. Hoc regnante, Zardashtus Gabrorum sive Magorum origo, religionem suam publicavit, Gustaspo acceptam, qvi et Persas in eam adegit. Ipse Istacharae, otiosus evolvendo laudi libro, et extruendis igni templis vacabat. Mons Istakharae Regum Persiae, qvi ante Muhammedem vixerunt, variis sepulchris celebris est, ex triplici modo habent, qvaedam in cavernis, atqve haec antiqvissima sunt; alia in vallibus posita, et ingenti lapidum acervo collis ad instar obruta jacendi; sunt et in ollis terrae condita. Gustaspus post patris caedem ab Argiaspo patratam, fuga in Zabalistanam contendit, ibique in monte habitans, fratrem Germaspum, sapientia insignem, in arcem rotundi montis, aurei Caeuminis nomine notissimi misit, qvi Aspendjarem filium dolore vinculorum et carcerum liberaret, eique regni exoptatum nuntium afferret. Ille liber Argiaspum bello aggressus, victumque ac fugientem Turqvestanam clam insecutus est, assumtoque ibi mercatoris habitu, Rubindifium castrum intravit, ac eum interfecit. Turqvestanae regnum uni liberorum Agriraso permisit. Asphendiar victor in Persidem reversus cum regnum postularet a patre contra Rustemum, a qvo se laesum putabat, missus, atqve in hoc bello ab eo sagitta confossus est. Regnavit Gustaspus CXX annos; Samarcandae arcem condidit, et murus CXX Parasangarum, qvi Persidem a Turqvestana dividit, ejus qvoqve opus est: item urbs Beiza in Perside, floruerunt ejus tempore Socrates, et Giamaspus, omnium Astrologorum praestantissimus, in Perside sepultus.

Behemen.

Behemen Asphendiàris filius, avo Gustaspo ex testamento successit. Regnum adeptus, statim mortem patris ulturus, contra Rustemum duxit, Feramerzum ejus filium occidit, Zalum patrem in vinculis habuit, ac mox liberum dimisit. Rustemus fratris dolo in puteum confugit, ubi ex accepto vulnere obiit. Behemen multas provincias subegit. Nebucadnesaris filium Babylone ejecit, ejusque loco Gueireshium, Judaeis ortum, filium nempe Giamaspi Loharaspidae, cujus mater Judaea erat, misit, addito mandato, omnes Israëlitas Hierosolymam reducendi, et qvem vellent principem constituendi. Guebreschius collectis ac volentibus, Danielem prophetam praeposuit, Syriae regnum permisit, in patriam reduxit, et urbis ac templi instaurationem imperavit. Mater Behemenis ex stirpe Taudi erat, et uxor ejus ex Roboami Salomonis filii progenie erat, Homai nomine; ex qva Sasanum suscepit, et filiam, qvam duxit, eique regnum concessit, cujus invidia facti Sason religiosam vitam amplexus est. Regnavit Behemen annos CXII. Floruerunt ejus tempore Bocrat Medicus et Hippocrates.

Homai.

p. 15. Homai, Behemenis filia, mulier bonae indolis, sapientia insignis ac gubernandi peritia, ex testamento successit, ex qvo gravida, filium posthumum peperit. Hinc regni, hinc prolis amor; sed vicit amor regni, filiumque arcae inclusum in aqvam praecipitem dedit, ex fullo reperta puerum aluit, eique ab rei eventu Darabi nomen imposuit. Grandior factus regii sanguinis adolescens, fulloniam neglexit, armorum deditus, exercitum qvem regina in Graeciam mittebat, comitatus est. In itinere copiarum dux multa in eo magnae alicujus indolis ac fortunae vestigia animadvertit. Ipse in hostico multa fortitudinis exempla edidit, qvae reginae recitata, eam exciarunt, ut de illo curiosius inqvireret. Qvod ubi fecit, filiumqve suum esse comperit, regnum illi tradidit, privatamque vitam elegit. Multi aedificium, qvadraginta columnarum dictum, et aliud, qvod Istacharae visitur a Musulmanis, pro templo usurpatum, nunc destructum, ejus opera esse scribunt. Imperavit annos XXXII. urbem Giabadkan condidit.

D'Arab.

D'Arab Behemenis filius, matri in regno successit. Hic justitia ac prudentia omnes Persarum regulos sibi parere coëgit; cursum publicum uti citius certior fieret, paratosque semper equos instituit. Philippi filiam duxit, eamqve propter oris graveolentiam patri remisit gravidam: haec Alexandrum peperit, qvem Philippus suum esse dixit. Darabo alius filius erat nomine Dara, qvem successosuccesforem suum reliqvit. Imperavit annos XII, saepius in Perside moratus. Urbs Darabi et ditio ejus de nomine dicta, ejus memoriam tuentur. Divinus Plato, Socratis discipulus, ejus tempore floruit.

Dara.

Dara Darabi filius, patri ex testamento successit; cum Alexandro Graeco propter aliqva tributa, qvae Graeci Persis arrogabant, contentionem habuit. Orto inter eos bello, Hamadanenses duo Daram vulnerant, et in Alexandri exercitum fugiunt; Alexander statim Darae adsult, caput ejus genibus suis acclinae fovit, magnoque sacramento juravit, hoc se inscio nec jubente factum, neque se unquam de Darae caede cogitasse. Dara ut interfectores suos occideret, filiamqve suam duceret, ne regiae proli exterum regem imponeret, nec Persas duriter haberet, postulavit: qvae omnia libenter accepit et executus est; nam et nationum reges instituit, vel populis reges dedit, ne rebellare possent, nec ullum ex proximis Darae inter eos collocavit, vindictae in se, suosqve exercendae, si regnarent, timidus. Ajunt, Aristotelem Platonis discipulum, eum ab interficiendis regii sangvinis Principibus cohibuisse. Dara annos XIV regnavit, urbem Eber condidit.

Alexander.

Alexandrum Darabi filium, vulgo Bicornem dictum, qvidam etiam Philippo patre Graeco genitum scribunt; hic post fratrem Dara Persarum imperium tenuit, victoqve terrarum orbe, Elia duce fontem aqvae vivae qvaesivit, qvem Elias qvidem invenit, atqve ex eo bibit; Alexander vero voti falsus discessit. Aristoteles ei a consiliis fuit, qvi ex Perside in Graeciam sapientiam, philosophiam, Logicam, Astrologiam, Geometriam et Figuras, ceterasqve scientias traduxit. Hic murum seu aggerem contra Jagiouth et Magiouth, seu Gog et Magog, in Oriente, Alexandriam in Occidente, Damascum in Syria, Meruam et Heratam in Corasan, Samarkandam in Transamnate et Baidam in Perside, condidit. Historicorum plerique maximo et antiquiori Alexandro et qvaesitum vitae fontem tribuunt. Moriturus regnum successoribus suis divisit. Persidem nonaginta regibus assignavit, ita, ut ne qvisqvam alterius legibus obnoxius esset, qvae causa fuit, cur eorum nullus Graecis imperavit. Regnavit annos XIV, in urbe Shcherzul humanis exemtus, adstantibus illis triginta magnis et sapientibus viris, qui omnes brevem congruumque loco ac tempori sermonem habuerunt. Musco ac balsamo corpus ejus conditum, aureo feretro clausum, Alexandriam missum, eoqve detractum marmoreo mater collocavit, atqve ibidem Alexandriae sepelivit. Vamek et Gedra, par amantum, ejus tempore floruerunt. Regnum filio ejus Oruso, Aristotelis

Aristotelis discipulo, cessit, qvod ille scientiis vitaeqve solitariae deditus, recusavit; itaqve ad Ptolemaeum Lagum imperium delatum est, qvod ingenti fama gloria-
p. 16. qve tenuit, ut apud Persos Cosroës, qvo nomine caeteri deinde Persarum Reges dicti. Graeci, Ægyptii, Syri, Occidens ad Persidem usqve et Tigrim illi paruere. Israëlitae Hierosolymis degentes, ab eo bene habiti, qvibus et unum ex eadem gente praeposuit, ac matrimonia illis cum fidelibus permisit. Tandem postqvam triginta octo annos regnavit, obiit. Huic Dacianus successit, qvem fugientes, cavernae, uti vocant, socii, in eam se abdiderunt. Post eum Augustus imperio praefuit, cujus anno LVI, Jesus Mariae filius ex matre natus est. Inter eum et Alexandrum, centum et sex anni intercessere, alii plures numerant.

CAPUT III.

DE REGIBUS NATIONUM AB ALEXANDRO INSTITUTIS USQVE AD ARDSCHIRUM BABEKANIDEM. HI PER ANNOS 618 PERSIDEM TENUERUNT, QVO TEMPORIS INTERVALLO MITTENDIS INVICEM QVAESTIONIBUS OCCUPATI, TUNC HOMINES SCIENTIIS ACQVIRENDIS INCUBUERE, IN QVIBVS ET MAGNI PROGRESSUS FACTI SUNT. HI IN TRES ORDINES DISTINGUUNTUR SUB XXI REGIBUS, QVI CAETERIS PRAESTANTIORES FUERUNT.

Abtahasch.

Primus Abtahasch, ex Alexandri divisione, Chorasanem Iracam, Persidis partem, et Kermanem obtinuit; qvatuor annos regnavit, ab Ascheko Darae filio occisus.

Ordo seu secunda IV Regum series, qvi Ascanii dicti sunt, numero XII, qvi annos CLXV imperium tenuerunt.

Asheus Darae filius, suo patruo Alexandro occultus latuit, eo defuncto Abtaschum aggressus interemit, ejusqve regno potitus, cum aliis regibus convenit, ut ejus nomen caeteris praeponeretur; caeterum a tributo immunes essent, et si aliqvid turbarum accideret, mutuo tuti auxilio viverent, ab sociorum injuria molestiave securi. Regnavit annos XV.

Ashcus

Asheus secundus.

Asheus secundus, Darae nepos, patri cognomini successit; septem annos regnavit, et obiit.

Sapor.

Sapor Ascheki filius, Darae nepos, magni regis nomine inclytus, fratri in regno successit, contra Graecos bellum gessit, qvorum infinitam multitudinem occidit, raptasqve olim ab Alexandro opes ac thesauros, in Persidem retulit: post annos XV imperii fato concessit.

Beheram.

Beheram filius Gelasi, f. Saporis, f. Ascheki, patri ex testamento successit annos XI regnum tenuit, et obiit.

Belas.

Belas Beherami, filius Zaporis, Aschekidae nepos, post patrem imperium annos XL tenuit et obiit.

Hormuz.

Hormuz Belasi filius, Beherami nepos, patri successit, et annos XVI regnavit.

Neres.

Neres Belasi filius, Saporis nepos, Ascheki abnepos, patre defuncto annis XIV regnavit.

Firuz.

Firuz filius Hormuzi, f. Beheram, patruo successit, et annos XVII regnavit.

Belas.

Belas Firuzi f. Belasi nepos, regno post patrem successit, et XII annos regnavit.

Khosruus.

Khosruus, Belasi f. Firuzi nepos post patrem annos XX regnavit.

Belasan.

Belasan, Belasi f. Firuzi nepos, anno XXII regno potitus est. Belasan locus amoenus juxta Isfahan, ab eo nomen sumpsit.

Ardevan.

Ardevan filius Belasani, f. Harimusi, f. Belasi, patri successit: annos tredecim regnavit, et obiit in bello Ashaniorum caesus.

Asganii Sasanii.

Ordo III. sive series regum Asganiorum VIII, ex stirpe Firusi Causadae; qvi annos CLIII. regnaverunt.

Ashgus.

Ashgus illato Asfaniis bello, eos imperio ejecit, sibiqve vindicavit, qvod, servato cum nationum regibus antiqvo pacto, imperium XXIII annos tenuit.

Chosrou.

Cosroës Aschgi filius, patri ex testamento successit; regnavit annos XIX, et obiit. Sub eo Christus Propheta natus est.

Gaudarz.

Gudrazus Belasi filius, Aschgi nepos, cognomento magnus, Ioannis mortem in Judaeos ultus, annos XXX. regnavit.

Narses.

Narses Gudrazi filius, Belasi nepos, patri in regno successit: regnavit annos XX, et obiit. Murduramin Chorasania princeps, sub eo et ante eum floruit.

Narses.

Narses filius Narsis, Gudrazi nepos, Belasi abnepos, patri successit, regnumqve X annos tenuit.

Ardevan.

Ardevan filius Narsis, f. Gudrazi, f. Belasi, patri in imperio successit. Hujus tempore Romanorum imperator Persidem invasit, sed eum petito ab gentium regibus auxilio, Ardevan expulit. Cum XI annos regnasset, obiit.

Ardevan filius Narsis.

Ardevan filius Narsis, f. Narsis, f. Gudrazi, ultimus regum extraneorum, patri successit; XXXI annos regnavit, ac demum in bello Ardeschirum Bubekamzdem occisus finem imperio exterorum posuit.

CAPUT IV.

DE SASANIIS, QVI ET CAESARES XXXI ANNOS CCCCCXXXI IMPERAVERUNT.

Ardeshir Babecan.

Ardeshir Babecan, ab avo materno Babek dictus est, Babek ante Ardevanem Persidis judex. Babecam urbem, inter Persidem et Kermanem sitam, a suo nomine appellavit. Ardshiri pater Sason, a Sasone Behemenis filio originem repetens, Babeki pastor erat, qui in somnis monitus, cum ab eo generis initia qvaesiisset, ejus postea sciens, et magno eum honore affecit, et filiam nuptui dedit, ex qva natus est Ardschir. Hic adolescens factus, Ardevonis ad obsequium in aulam profectus, ex ea postea cum sociis in Persidem fugit; Ardevon filium cum exercitu contra eos misit. Hic ab Ardschuo victus est, qvi etiam patrem ad idem bellum venientem extra urbem Rei in proelio fudit, interfecit, regnoque potitus filiam ejus uxorem duxit. Illa veneno Ardschirum tollere a fratre persuasa tentavit; sed hic dolo intellecto, eamVeziri suo necandam tradidit. Ardschir improlis erat; Vezires cognito eam esse gravidam servavit incolumem, seque eunuchum fecit. Natum post aliqvot menses Saporem educavit, quem et annum decimum agentem Ardschiro in pilae ludo obtulit, reque tota exposita, Vezir iste a qvo Barmecidae originem ducunt, amanter exceptus est. Ardschir autem omnes exteros reges, nec imperium, nec tributum negantes reliqvit, alios detrectantes sustulit: multos etiam post bellum parere volentes suscepit. Choura in Perside postea ab Adaddula Delemita Firuzabad dicta, et Choaschir Kermonis regia initio Berdaschir dicta, ejus opera laudantur. Ahvaz, Bender et Meserfonin Chuzistan, Gezira in Diabekre, Bahrein in Persis, et Nargis Casbini nunc vicus, et Behamber in Ghilane, nunc Kergion, illi tribuuntur, sed et novem urbes in Siston et Kerman, et unam ex septem Irac et Nerbaschir, nunc prorsus deletam, condidit; idem fluvium Zendehroad Hispahanem deduxit, incolisqve distribuit. Regnavit annos XL et duos menses, liberalitate, prudentia, fortitudine insignis, justo certe regimini ea fundamenta posuit, qvae ante eum nemo, optima decreta et constitutiones supersunt. Illi magna orbis terrarum pars sub imperii finem paruit.

Sapor.

Sapor patri successit, et justitia et fortitudine clarus. Annos XXXI vixit et aliqvot menses, regnum tenuit, orbi aedificiis, multis ornando studuit; inter cetera Nisapurum ab Tahamuratso conditum, et ab Alexandro eversum, instauravit. In una ad latus vallis huic vicina spelunca cernitur, in cujus medio lapidea columna Saporis statua conspicitur. Urbs Tehend Sapor in Khozestana ab eo posita, item in omnibus provinciis freqventes pagos exstruxit.

Hormuz.

Hormuz Saporis filius, vir fortis fuit, pulchritudine, robore, scientia clarus, annos duo regnum obtinuit. Urbem Ramuz in Chozestana condidit, et arcem inter Bagdadum et Chozestanam, ut Manes confidenter ad eum accederet.

Beheram.

Beheram Hormuzi filius, Manichaeos honorifice, Manetem ipsum in Chorestam magnifice tractavit, ut omnes ejus sectatores in suam potestatem redigeret: tunc et sapientibus congregatis habita cum eo disputatione, manifestaqve ejus perfidia, in custodiam traditus, cum ipse, ejusque discipuli justam sententiam detrectarent, regis jussu excoriatus est: pelle palea repleta suspendio exposita: idem praefectis suis imperavit, ut omnia eorum loca diruerent, sectatores carcere claudi jussit: ita haec secta finem accepit, cujus etiamnum reliqvias apud Sinas superesse memorant. Regnavit annos tres et menses totidem, ejusque regni nulla vestigia extant. Urbem Tehend Sapor imperii sedem fecerat.

Beheram.

Beheram filius Beherami f. Hormuzi, vir optimus fuit; regnavit annos XX, nec ulla ejus regni vestigia superant. In Tehend Sapor regiam habuit.

Beheram.

Beheram filius Beherami, f. Beherami, f. Harmusi Ava Ascanian et Behraman dictus, patri successit, et menses qvatuor regnavit.

Narses.

Narses.

Narses filius Beheram, f. Beheram, f. Hormuz, f. Beheram; patri successit, et annos IX imperavit.

Hormuz.

Hormuz filius Narsis, f. Beherami, post patrem regnavit. Hic primus Coroidarum pro tribunali jus querentibus dixit, vir bonus et qui laesis aeqvum tribuit. Annos novem regnavit, et pagos multos in Chuzestana hodie exstantes condidit.

Schapor Zulaktaf.

Schapor Zulaktaf, filius Hormusi, f. Narsis, f. Beheram, moriente patre nondum in lucem editus erat, neque alii defuncti liberi superabant. Proceres una sententia decreverant, qvando mater ejus gravida esset, foetui regnum tradere: post qvadraginta dies nati infantis, regioqve in solio collocati, coronam capiti suspendunt. Turbarum in regno dum pueritiam egit. Tair Assani Arabs ducto exercitu regium Sasaniorum diripuit, Hormuzi sororem captivam abduxit, et uxorem cepit. Sapor adultus Tairum bello aggressus, Meleca ejus filia consentiente, arcemqve tradente, eum interfecit, plerosqve Arabas internecione delevit, donec tot motibus fessus ceterorum humerisfragium imperavit, ut ita durius perirent, unde ab illis Zulaktaf dictus est. Melik, filius Nasri, ex majoribus Mohammedis, cum ab eo ejus saevitiae contra Arabas causam qvaesivisset; ego, inqvit Sapor, ab Astrologis accepi, ea ex gente oriturum qvempiam, qvi Persarum reges tollet, cujus odio hanc occisionem jussi. Atqvi, subjecit Malix, forte a vero aberrarunt Astrologi: qvod si hoc prorsus eventurum est, et modi istius ab crudelitate desine: e satius est, ut ille imperator cum venerit minori Persas odio perseqvatur. His persuasus Sapor ab Arabum excidio cessavit, inde legati specie ad Romanorum imperatorem profectus, ab eoqve agnitus, captus et in vinculis habitus est, mox Persidem invasit, lateqve vastavit diu in ea moratus, longe lateqve potens donec ancillae amantis auxilio liberatus Sapor, in Persidem cum ea rediit. Nullibi qviescens anteqvam Casbinum pervenit, in ea urbe hortus ab Sapore conditus, ejusque nomine dictus etiam hodie celebratur. Tunc vero exiguus hortus illiqve adjacens sacellum erat; ibi cum descendisset, ab aedituo Persidis statum perscrutatus, Vezirem suum Rudbari esse cum exercitu Sarvensri accepit, statimqve utroqve accersito, et ad obseqvium parato, omnes Bagdadum contra Caesarem tendunt, eoqve capto, regnoqve recuperato, Sapor Casbini solum benedictum apud se reputans, civitatis ibi condendae locum assignat. Haec dum exeqvuntur, Delemitae impedimento fuere, qvi diurnum opus nocte delebant,

bant, nec Sapor earum rerum ignarus erat, sed expellendis hostibus aliisque turbationibus occupatus, huic negotio vacare non poterat, itaqve ad eos scripsit, uti Delemitis pecunia redemtis opus urgerent, qvod praestiterunt. Ejus initium mense Ajaro, anno Alexandrino CCCCLXVI. Horoscopantibus geminis contigit, ibique statio militum limitaneorum contra Dilemitas habitare jussa. Sapor victis rebellibus, contra Delemitas duxit, et usqve ad mare Khazar pervenit, gentisqve excidio injurias ultus, nihil integrum reliqvit, praedam ab militibus abductam, partim incensam, partim terra conditam, auferre puduit. Auctor electi Chronici Manetem Pictorem sub eo floruisse, prophetamqve se dixisse scribit; alii sub Sapore Ardschiri filio; Nedam i. series temporum, et Chamza Hispahanensis in Beherami tempus rejiciunt, ut jam diximus. Hic prophetiam ostentabat ductis brevibus longisqve lineis et emendatissimis absqve circino circulis, qvin et in globo orbis terrarum figuram descripsit, ita ut omnium civitatum, marium, montium fluminumqve situs noscerentur. Indusium fecit, qvod indutus, invisibilis erat, eo spoliatus, omnium oculis patebat. Habita cum sapientibus disputatione, falsi convictus et occisus est. Saporis memoriam servant Casvinum ab eo aedificata, nunc vientium statio et medaina, item Anbelna instaurata, et Choureschapour aut Saporis regio, qvam Susam dicunt, aliaeque in Segestan et India. Vitae ac imperii spatium LXXII anni.

Ardschir Beneficus.

Saporis memorati frater uterinus; regnum, donec Saporis filius adolevisset, tenuit; ideo benefici nomen adeptus, quia omnes, quibus potuit, beneficiis, XII per annos demeruit.

Sapor.

Post Saporem patrem regnavit, inter venandum vehementis venti violentia raptae columnae proprii tentorii casu in caput ejus deciduae occidit; annos V et menses IV regnum tenuit, Scheruin et Hourin ejus tempore vixerunt. Imperator Romanus parvum quem habebat filium Sapori, missa ad eum legatione, commendavit, cum vivis excederet, ut servatum imperium illi adulto restitueret, qvod praestitit. Sapor Scheruino reditum in patriam negavit, isque ad Beheramum Gour usque in Graecia mansit.

Beheram.

Beheram Saporis Zulchetafi filius, injustus, superbus, nulli jus tribuens; regnavit XVI annos.

Jezdikerd.

Filius Beherami, f. Soporis; post patrem annum regnavit, Persae inter reges suos eum non numerant, sed Hamza Hispahanensis, ceterique chronologi veritatis amantes, numerant, eumque maxime commendant.

Jezdikerd Malus.

Post fratris filium regnavit improbe et tyrannice, hinc Bedkiar, id est maleficus Persis dictus. XXII ann. menses VI maxima Persidis pars sub eo vastitatem passa est.

Beheram.

Filius Jezdikerdis, f. Saporis. Regni proceres a patre male habiti, eo rejecto, Cosroi imperium detulerunt; hinc contentio tandemque bellum. Beheram exercitus amans ne periret hoc consultum putavit, qvando, inqvit, ambo dissidemus, coronam super solium ponendam puto, duos inter famelicos leones, qui regio throno alligati aderunt, uter nostrum eos occiderit, et coronam abstulerit, ejus regnum esto. Respondit Cosroës: ergo regni potens sum, tu illud ambis; ire ergo prior tu debes: ivit, utrumque occidit, coronam abstulit; ita parto regno et firmato, qvae imperio vulnera pater fecerat, justitia et aeqvitate, qvarum studiosus erat, sanavit; benefactis sibi subditos benevolos reddidit. Strenuus erat admodum; arcu adeo pollebat, ut a scopo nunqvam aberraret: venationi maxime deditus fuit praecipue asinorum sylvestrium, qvorum qvam plurimos occidit, unde illi nomen Beheramgour. Ejus regnum mutuis comionibus tripudiisqve semper occupatum: media diei pars negotiis regni, altera post meridiem cantibus musicaeqve cedebat. Tunc temporis magno in honore habiti tibicines, qvos ad duodecim millia ex india Behramus advocavit, qvorum posteri etiamnum in Perside supersunt. Ipse his deliciis prorsus incumbens, Veziri administrationem regni permiserat, cujus ille negligens, nec militibus stipendia solvens, paeno illud ad vastitatem redegerat. Forte qvodam die Beheram venatum profectus juxta pastoris tentorium canem arbori suspensum videt, causam quaerit; respondet pastor: Domine, hic canis gregi custodiendo erat, ego gregem quotidie minui notabam, cujus rei causam ignorabam, donec illum cum lupa consuescere adverti, quae eo consentiente damnum hoc inferebat. Rex hoc excitatus colloqvio Veziri in acta inqvisivit, qvae peccaverat castigavit. Regnavit annos LXIII, sepulchro suo hoc inscribi jussit: ex hoc mundo lubentias omnes tuli, et hunc non lubenter relinquo.

Jezdikerd.

Beheramgour filius, XVIII ann. post patrem regnum administravit.

Hormuz.

Filius Jezdikerdi, f. Behersmi Gur; post patrem haeres ex testamento, regnat annum unum, sed Firuz, frater natu major, qvi ad regem Hehal confugerat, eum bello vicit, et regnum adeptus est. Ejus tempore magna fames septennium integrum occupavit, rex toto hoc spatio, tributa remisit, ne populus prorsus deleretur. Probitate ac justitia insignis fuit, oppressos sublevavit, noxios in carcerem duci noluit, sed pro tribunali meritis poenis coërcuit. In acie contra Khoshnerazum Turcam occisus est. Annos XII regnavit.

Aelas.

Filius Hiruzi, f. Jesdekerdi, post patrem regnum tenuit: frater ejus Kobades Sofrari fidem seqvutus ducis eximii aufugit, et Khutchnerazum occidit, annos V regnavit.

Kobades.

Filius Firuz, f. Jesdekirdi; post patrem regnavit. Mezdax ejus tempore propheram se dixit, bonorum et uxorum communitatem sanxit. Kobades in eum credidit, hinc turbarum origo et errores, ergo ejectus regno Kobades et Giamaspus frater ejus in locum substitutus, omissus tamen ab hæreticis, qvia Kobades impetrato ab Hehalo rege auxilio, regnum recuperavit et firmavit. Nuschirevan ejus filius Mezdakum cum sectatoribus expulit, orbemque ea labe purgavit. Kobadis vestigia superant Ogian, Hulvan, Sheher Abad, Giurgian et alia multa loca in Tabaristan. Regnavit annos LXIV.

Anuschirevon.

Anuschirevon, justus cognomine, Cobadis filius, post patrem regnavit Cosri dictus, qvod subseqvuti eum reges nomen retinuerunt. Hic optimo instituto, regnum divisit, exercitum in turmas distribuit, ut ejus numerum demeret. Buzurgemhero Vezeratum tribuit, deinde Romanorum in Imperium profectus illud domuit, victo imperatori tributum imposuit, addita conditione, ut post aliquot annos aulam suam adiret. Hoc defunctus bello Mavvaralnnahar adortus cum rege Turcarum pacem fecit, ita ut regni sui limes Fargana esset, ejusque filiam duceret; mox ambo Hiathalitas aggressi, eis subactis Indiam et Sinas usqve progressi vectigales fecere. Reduci nunciatum est, Caspias portas ab Kapgikio occupatas; statim in eos duxit, vicit; portis de novo instauratis praesidium imposuit

posuit illis custodiendis, castella, pontes, aedificia condidit. Vias a latronibus securas praestare jussit, Ghilanios et Dilemanios grassatores ad obseqvium adegit. Liber Calila et Damna dictus cum Seaovum ludo ex India in Persidem eo regnante traductus, Buzurgemhir Vezires, illius ad instar calculos invenit. Seiphduzen regibus Hamir oriundus ad eum venit auxilium petiturus contra Masruchum, Abrahae Æthiopum Regis filium, cujus pater elephantibus Meccam obsederat, qvod illi dedit, liberamqve Arabiam praestitit: deniqve Nuschirevan egregia fama totum per orbem et justitia inclytus, XVII imperii sui annos expleverat, tanta in colendo regno diligentia, ut in eo universo qvinqvaginta Giaribae (mensurae genus est) incultae, facto ejus rei experimento, reperiri non potuerint. Sub ejus regni finem, Muhammedes natus est, ipsaque nativitatis illius die omnes sacri ignes in Perside extincti, Mare Savae aruit, duodecim Palatii Cosri pinnae deciderunt. Nuschirevan dubius Sathiham sacerdotem interrogavit, respondit: Futuri haec Arabum imperii signa sunt, illi cultoribus ignis imperabunt; qvot pinnae ceciderunt, tot Coraisitarum imperabunt, mox cessaturi. Eorum qvae construxit, superant Rumia Antiochiae ad instar, ad meridem Medain; ibi qvatuor aurati throni, 1. Abuzergemhiri Veziri. 2. Imperatoris Romanorum. 3. Regis Sinarum. 4. Regis Kapgiaca Hamri. Annos XLVIII regnavit; sepulchro in monte Giari hoc inscribi jussit: Qvicquid ante nos misimus, hoc thesaurus noster est, is coram qvo merces boni minuetur, et mali augebitur, tranqvilla vita indiguus est.

Hormuz.

Filius Nuschirevani, malus tyrannus, clam multos procerum immerentes sustulit, vectigalia auxit, inde omnium odium et exterorum Regum in Persarum imperium invadendi lubido. Savae rex Tukestan immenso exercitu Chorasanem aggressus; deserti rex, Cozar, Romanorum imperator, Arabes idem fecere: Hormus haec omnia non ignorans, Vezirem praecipuum misit, qvi reges illos omnes, deserti, Cozar Romanorum, Arabum donis placatos ad sua remitteret, Behramum Gioubin magnis cum copiis contra Savae regem misit, occurrentem occidit, ejus filium inglorium et male habitum fugavit: ex praeda et spoliis regiam partem sumsit, Hormuzio hinc irae: vestem faemineam ad Beheramum misit, ille rebellat, regis filium Pervizium sibi conciliat, ejus nomine pecuniam signat, Porviz a patre fugit in Armeniam, Regis filiam deperit Schirinam, Hormuzum tyrannidis pertinacem, proceres regno et oculis spoliarunt. Regnavit annos XII.

Beheram Gioubin.

Multi ad Kerkinum, alii ad Jesdikerdem, malum genus ejus referunt. Hormusii obsequium fingens eum vindicandi praetextu, sed regnandi lubidine, ad Neharvanen cum Pervizio pugnavit, victus Parvizius cum Benduis et Bistamo patruis in Graeciam fugit, ibi Mariae imperatoris filia in uxorem ducta, magno cum exercitu in Persiam rediit. Frater ejus Joannes cum Beheramo pugnavit, qui victus Chorasanem, deinde ad Bermudam Khacanum Tchinae fugit, cujus filiam duxit, Perviz hominem misit, qvi eum dolo sustulit: Biennium et ultra regnavit.

Cosrou Perviz.

Filius Hormuzi, f. Anuschirevan, ab eo ad Ardshirum usqve octo regum generationes. Hic post Beheramum Gioubin regnum tenuit, patris sui interfectores patruos et qvorum auxilio certum a Beheramo excidium evaserat, tamen ultor ejus interfecit. Persae multa et magna de eo scribunt. Sirvani Reges ab eo descendentes, memorant XV. M. Ancillarum ad Musicam et choreas, et eunuchorum VI. M. famulorum et corporis custodum XXVI. M. Tam ex Arabia qvam ex Graecia eqvos seu mulos onerarios qvingentos. Elephantes in comitatu 960 semper habuit. Praeter aliam, qvae in urbibus erat, supellectilem, qvando eques incedebat, CC cum thuribulis aureis eum circumdabant, ut aër odoris fragrantia perfunderetur, cum mille alii homines jumentis viam aqva spargebant, ne pulvis eum attingeret. Ipse clementia, forma, fortitudine, regiaqve virtute temporis sui praestantissimus erat. Multa praeterea in potestate sua habuit, qvae nulli mortalium ante eum contigerant, auri scil. frustum, qvod cerae ad instar in qvamcunqve lubebat formam, nullo ignis ministerio, effigiabat; secundo eburneam qvinqve digitis constantem manum, qvae cum sui alicujus filii nativitas instaret, in aqvam demersa, statim de matre cadebat infans, digitiqve se comprimebant. Praesens qvi aderat Astrologus, cognitae nativitatis eventus describebat, nec ullo ex Gynaeceo nuntio opus erat. Tertium poculum erat, qvod epotâ, qva plenum erat aqva, nullo aliam infundente statim replebatur. Habuit et albam elephantem quae pullum in Perside, qvod nunqvam acciderat, edidit. Musicum etiam omnium principem habuit, qvi in ejus gratiam CCCLXVI varios Musicae modos ad numerum dierum invenit. Hujus artis magistris hujus effata axiomata sunt. Sed et ventorum thesaurum habuisse dicunt. Nam orto inter eum et caesarem dissidio, Romanum imperium bello aggredi proposuit. Caesar omnes majorum thesauros navi ad insulas portandos imposuit, qvos ventus ad Cosroëm illic ubi erant ejus castra disjecit, qvi iis potitus est. Jam XIX anni ejus regni fluxerant, Muhammed ad eum epistolam scripsit, qva ad suscipiendum Islamismum eum hortabatur,

tur; ille, qvi praepositum nomini suo nomen advertit, iratus eam discerpsit, qvo accepto nuntio, Muhammed dixit, ita discerpat Deus regnum ejus, ut ille epistolam meam, qvod exaudiente Deo accidit, qvia ad Badan Arabiae felicis regem in haec verba Cosroës scripsit: Hic qvi in urbe Tahama se prophetam fingit. nisi ad gentis suae religionem redeat, mitte eum ad me. Badon Firuzum Dilemitam saepius ideo misit, cumqve hoc coram Mahumede et multis qvi religionem ejus amplexi erant, diceretur, ipse subjecit, qvid de eo memoratis, qvi heri occisus est; qvod verum brevi post tempore accepto de ejus morte nuntio compererunt, cujus causa haec fuit. Regni proceres ejus tyrannide offensi, inter se colloqvuti, Shirvlem filium, eo abdicato et in carcerem conjecto, regem constituerunt, qvo imperante elisis arcus corda faucibus interfectus est, die Martis vigesima Giomade prioris, anno Heg. septimo, hora noctis sexta jam praeterita. Ejus memoriam servant castrum Sherine, et palatium in monte Bistun inceptum nec perfectum. Regnavit annos XXXVIII.

Schirvia.

Post patrem regnavit, utqve sibi imperium firmaret, fratres ac proximos occidit, cujus facti atrocitate mox dolens ac poenitens, fato concessit. Vixit XXII. annos.

Ardxir.

Schervise filius, puer annum adeptus; annum et sex menses illud tenuit, a servo occisus.

Cazain.

Unus ex Peruizii Ducibus, cujus nomen aliqvi Shehelran, alii Sheheridas efferunt. Hic princeps erat in Graecia. Sassaniis deficientibus, regni cupidine tactus, illud invasit, ac per decennium tenuit; offensi proceres cum interfecerunt, et cadaveris pedibus alligato laqveo, per omnes urbis vicos traxerunt, praecone clamante; qvicunqve ex regia familia non erit, et regnum sibi vindicabit: haec ejus merces.

Pourandocht.

Cum nullus ex familia Cosri superstes esset, praeter Pervizii filiam, exercitus Persarum illi regnum dedit, sane prudenti. Ea regnante, Muhammed diem obiit; annum et menses qvatuor regnum tenuit.

Azermidocht.

Filia Pervizii post sororem regnavit, forma et sapientia insignis. Exercitus duci qvi eam perdite amaret, illa clam ad se veniendi facultatem concessit, ac venientem interfecit: regnavit menses qvatuor.

 Far-

Farrochzad.

Pervizii filius, ex Shekera saltatrice, muliere Hispahanensi. Dubitatum de ejus genere, sed cum alius nullus ex regia familia superstes esset, regnum ei traditum, qvod unum mensem tenuit: alii sex illi tribuunt. Ab servo occisus, esse desiit.

Jesdekerd.

Filius Scheheriari f. Pervizi, ultimus regum Persarum. Qvando Shirvia affines suos occidit, eum nutrix fugâ in Persidem eripuit, ibiqve educavit, ubi delituit ignotus, donec regnum illi cessit. Ejus tempore Muhammedana religio invaluit, et Persarum imperium infirmatum est. Venienti Musulmanorum exercitui, Rustemum Farokzadum opposuit, Astrologiae peritissimum, et desinentis Cosroïdum imperii ideo non ignarum: itaqve pacem tentavit irrito conatu, mox occisus est. Auctis Musulmanorum viribus, Jesdegerd Chorasanem fugit, in Marouroud duos menses pugnatum, duce Mahojo suppetias ducente. Domita Iraca, ei nuntiatum, B'zanum Turcarum regem contra Iran pergere, cui junctus Mahujus, eum ambo fugarunt, victus in molendino delituit, cujus rei certus Mahujus percussores submisit; Pizanus vicissim Turcarum rex Mahujum cum filiis interfecit et igni dedit. Regnavit annos XX, qvatuor prioribus difficulter, caeteris hinc inde fugiendo, donec anno XXXI ultimus Cosroidarum vitam exuit.

PARS

PARS TERTIA,

DE

HIS QVI POST ISLAMISMUM

IMPERARUNT.

CAPUT I.

DE ABUBEKRO, OMARE ET OSMANE QVI IMPERIUM GESSERUNT ET HOMINES IN ERROREM PRÆCIPITES SEDUCTOS IMPULERUNT.

Muhammedes ut in aliam vitam transivit, multis ejus cadaveri lavando, involvendo,
procurando funeri, ac sepeliendo occupatis, Medinenses in sedibus Sahadidarum con-
gregati, de Sahado in imperatorem eligendo cogitabant, cum Abubekar Omare consentiente adfuit, ejusqve opera maxime electus est; Meccanis etiam approbantibus,
duos annos et sex menses imperavit. Obiit sub finem Giumade posterioris anno
XIII Hegirae. Pars Irakae Arabum, et Syriae sub eo victa. Musleima menda- A. C.
cis nomine celebris, qvi se Prophetam dicebat, in Jamama occisus. Omar ex 634.
testamento illi successit, et decem annos ac sex menses imperium tenuit, sub finem
Dulhigie mensis, XXIII Hegirae. Abululu eum cultro percussit, diebus sacris A. C.
obiit anno XXIV. Ejus tempore Persis utraque Irak, Aegyptus, Syria, Ader- 643.
bigian, et imperii Romani pars cum Mesopotamia Arabum imperio accesserunt.
Post eum regnavit Osman Ben Afan annos XI et menses X. Qvo tempore
elapso, rebellantes obsessum Medinae captumqve interfecerunt, medio ultimi mensis Dilagiae anno XXXV. Eo imperante Chorason victa. Ali imperator fideli- A. C.
um, omnium votis ac consensu imperium adeptus, qvadriennium integrum et 655.
sex menses doctrina et pontificatu orbem illustravit, ut antea hoc ipso libro satis fuse diximus.

CAPUT II.

DE IMPERIO OMMIADARUM QVI NUMERO XIV ANNOS LXXXXI REGNARUNT.

Muavia primus.

Filius Abusophiani, filii Harebi, f. Ommiae, anno XLI Heg. mense Rabie pri- A. C.
mo, imperium occupavit, Hasano eo se abdicante. Muaviae avus et Osmani avus 661.

ambo

ambo fratres erant. Porro Muavia rebus gerendis et imperio haud impar fuit. Tamen astu, dolo, tergiversatione, odio, invidia, seditionis aviditate, vanitate, iniqvitate, impietate, depositorum injusta possessione, inhumanitate, illiberalitate, atqve perfecta malitia absqve pari Kufam primum Mabcrae Schalae filio tradidit, et Basorum Ziado meretricis filio, probata ejus genealogia, qvam ad Abu Sofianum referebat, nec non et simul ejusdem et fratris famae favens, inter multos dignitatibus ita distributis Damascum elegit, ubi imperii sedem sisteret. Anno
A. C. vero LVI Muhavia filium suum Jezidum successorem imperii declaravit, ejus-
675. qve nomine sacramentum exegit, qvod vi praestitum ab omnibus praeter qvinqve, Hozainum pontificem, Abdallam Hiarzi, Abdallam Zebiri, Abdallam Omaris, Abdurahmanem Abubekri filium, in qvos tamen mali nihil molitus est, nec eos cogere sibi commodum duxit. Morti vicinus, qvod ad res tuas attinet, inqvit, Jezidam impurum alloqvens, tres habeo maxime suspectos Huseinum filium Ali, cum qvo cave ne qvid leviter agas: si in potestatem tuam venerit, urbane et aeqvanimiter eum tractato; Abdallam Omarum, qvi nihil suscipiet, nisi cum totum orbem sibi facile subjiciendum videbit, qvo fit, vt venia dignus sit, Abdallam Zebirum, qvi veneno armatus serpens est, ne eum excites, sed si eum ceperis, superstitem ne finas. Qvod ad Zohakum filium Kis et Murvanum Hekemi filium spectat, praeclare feceris, si eis dixeris: Testamento edixit pater meus, ut eum vosmetipsi terrae mandetis, cum ad sepulchri locum accesseritis, illic ense adige eos, ut Chalifam te agnoscant. Iezid ita fecit. At Murvan Hekenii filius colaphum ei impegit, dicens: et in hac re deceptus es. Obiit
A. C. anno LX Hegirae, sub Regiebi mensis medium. Chalifatum gessit annos XXX et
679. menses VI. Per XLII ann. Syriae praefectus fuerat. Annos erat natus LXXXI, cum mortuus est.

Jezid secundus Ommiadarum.

Filius Muaviae multo cum labore patri successit, et imperium occupavit, cujus initio Hosaini pontificis caedem cum sexaginta et duobus, aut, ut alii referunt, sexaginta fratribus, patruelibus et domesticis in deserto Kerbela imperavit: ultimo Medinam expugnavit magna populi clade, et, ut memorant, undecim millia profugorum et Muhammedis sociorum internecione; Meccanum templum tormentis vastavit, donec sub ejus regni finem Abdalla Zebir contra eum
A. C. in Arabia Petraea bellum movit, ac mortuo Jezido XIV die Rabie prioris anno
681. LXII, validis jam partibus, totam Arabiam et Petraeam et felicem, Chorasonem, Irakam, Persidem, Aderbeigiam et omnem Muhammedanorum ditionem Damascum usqve et Jordanem subactum in sua verba jurare coëgit, donec Abdul-
A. C. melek Marvani Hagiagium filium Josephi, contra eum pugnaturum misit, qvi
691. Mec-

Meccae occisum anno LXXII die III Giumadae prioris suspendit. Annos VI. imperavit.

Muavia tertius Ommiadarum.

Filius Jezidi, f. Muhaviae, qvadraginta dies post patrem imperium tenuit: A. C.
obiit mense Giumade priore anno LXIV Hegirae. Frater ejus Chalid Jezidi fili- 683.
us designatus a nonnullis; sed ipse, qvod scientiae et bonis artibus vacaret, recusavit. Doctrina insignis erat; poëmata ejus qvaedam circumferuntur.

Mervan qvartus Ommiadarum.

Filius Hakemi, f. Assi, f. Ommiae a propheta rejectus, Abdallae Ziadi
opera imperium adeptus est. Salmoun Sarudides eo regnante cum multis pontificis Hosaini ob mortem rebellavit, Ommiadas omnes Cufae repertos occidit,
Amaluerdae qvadraginta diebus continuis cum Abdalla Ziade Hoseino f. Ben Ne-
mir pugnavit, Soliman Bensared cum plurimis suorum martyrio vitam finivit,
ceteri in Mesopotamiam fugerunt Meccam. Mense Ramadano anno LXV Heg. A. C.
obiit insidiis matris Chalidis, qvae noctu pulvino ejus ori imposito insidit, donec 684.
extinctus est, annos LXXXI natus.

Abdulmelek qvintus Ommiadarum.

Mervanis filius, post patrem regnavit. Muctarus Ben Abdtzakiphii XV die
Rabie prioris anni LXVI bellum movit, Ibrahim filius Melek illi auxilio venit, A. C.
Iraka, Diarbekr, Hawaz, Aderbigian, subactae, summa diligentia Hoseini pon- 685.
tificis caedes vindicata, Omarsehad cum filio ceterique omnes ad Kerbelam ejus
interfectores capti et occisi. Abdulmelek Abdallam Ziadum cum LXX millibus
militum contra eos misit, qvi interfectus est, is Abdallaziad XIV annos imperavit. Muctar Victor Mausal, Mesopotamiam et circumjacentia loca Ibrahimo
regenda dedit. Mosabus f. Zebiri fratris loco contra Muctarum proficiscitur,
qvem interfecit XIV die Ramadani mensis LXVII Hegirae. Abdulmelek mense A. C.
Giumadi posteriore anno LXXII Masoubium filium Zebiri oppugnatum in Ira- 686.
cam pergit, eoqve occiso tota regione in obseqvium traducta, Damascum
redit, Hagiagium f. Josephi eodem anno Ramadano mense contra Abdallum Zebiri filium misit, qvi victus et occisus est. Ommiadis sub eo ejusqve patre imperium firmum non erat, postqvam ad plures abiit omnes ei paruerunt. Ab A. C.
dumelek ann. LXXV Hagiagium Arabia Petraea amorum utriqve Iracae, Cora- 694.
soni et conterminis locis praefecit, ita anno LXXXIII Vasitam urbem condidit; A. C.

et 702.

et Damasci circa medium mensis Schievali obiit ann. Heg. LXXXVIII. Annos
XXI et mensem regnavit.

Welid sextus Ommiadarum.

Filius Abdalmelici, f. Mervanis, patri successit in imperiis, sed eo potentior.
Aedificiorum qvorum causa ingentes sumtus fecit, amator erat. Eo regnante
Cabia Muslimi filius Chorasane Turquestanem profectus, Maverannahar et Khorasanem subegit: Muslimae vero filius Abdulmelek septentrionem versus, Amo-
riam et Constantinopolin vastavit, templum Damascenum Ommiadis perfecit an.
A. C. Heg. 88. Omarem Abdulhasanum Medinam misit, diruendis domibus mulierum
707. Muhammedis. Medinenses hoc excidium fletu prosecuti, inqvientes has servan-
das, ut ex omnibus partibus confluentes Musulmani oculis suis arbitrari possent, qvibus in aedibus vixisset. Ejus tempore Hagiagius Josephi filius XXV
A. C. Ramadani XCV Heg mortuus est. Regnavit annos viginti, vixit XLIV annos,
713 hominum supra CM occidit ipsemet adstans; praeter eos qvi in bello perierunt.
Multi, cum obiit, carceribus detinebantur. Velid Calipha medio mense Giu-
A. C mada posteriore extinctus est anno Heg. XCVI. Regnavit ann. IX et sex men-
714. ses, vixit LIV, al. XLV annos.

Soliman septimus Ommiadarum.

Filius Abdulmelecki fratri successit in imperio. Ejus tempore Jezidus Mo-
holebi filius Gergianam et Tabaristanam subegit. Giafar Barmekius aurum et
argentum probari, justiqve ponderis cudi jussit, sub Abdulmeliko adulterum; hinc
Giafarei auri memoria. Omarem Abdulazizum avunculi filium successorem elegit. Die Veneris Safarei mensis octavo, vitae an XLV, et anno Hegirae LXXXXIX
A. C. lateris dolore obiit: annos II et menses VIII regnavit.
717.

Omar octavus Ommiadarum.

Filius Abdolaziz, filii Murvanis, cognato successit. Muhammedis familiam
magno prosequutus honore, ab eis injuriam et contumeliam prohibuit anno C.
Hegirae. Eo regnante Abbasidae inclarescere coeperunt, qvorum primates missi
varias in partes hortatores ad Islamismum, regem in suos adducendum. Omar
A. C Abdulaziz die Veneris XXV Regebi anno CI obiit dolo Hisjami servi, qvem dece-
719. perat, qvi eum veneno sustulit. Biennium et menses VI al. menses V regnavit;
annos XL, al. XXXVI. vixit. Conditus est in urbe hinis.

Jeſid nonus Ommiadarum.

Filius Abdumeleki f. Mervanis, cognato ſucceſſit. Ejus tempore anno CII. Heg. Abumuslemus Choraſane oriundus Abbaſidis imperium procurabat. Jezid qvatuor annos et menſem unum regnavit; noctu diei Veneris XXI Schiabani obiit anno Hegirae CV; vixit ann. XL. A. C 723.

Hisham decimus Ommiadarum.

Abdumeleki filius fratri ſucceſſit. Choraſani Irakae utrique Joſephum filium Amru Tzakiphii praefecit. Ejus tempore Jezidus filius pontificis Zeinebeddini anno CXXI Cufae occiſus eſt. A. C. 739. Hiſchamus VI Rabiae prioris anno CV Hegirae obiit; annos XIX et menſes VIII regnavit. A. C 743.

Welid undecimus Ommiadarum.

Abdumeleki filius patruo ſucceſſit. Ejus tempore anno CXXV Muhammed f. Ali, f. Abdallae, f. Abas obiit. A. C. 742. Filium ſuum Abrahamum et alium Sepha dictum ſucceſſores ſibi deſignavit; manifeſtam impietatem profeſſus a militibus feria IV et XXI menſis Giumadae prioris occiſus eſt; annum et menſes II regnavit: nat. XLIII. Vino maxime deditus erat.

Jezid duodecimus Ommiadarum.

Welidis filius, f. Abdumeleki prima feria anni CXXVI Heg. cognato ſucceſſit. A. C 743. Nakes dictus eſt ob imminuta ſtipendia: regnavit VI menſes, obiit VIII Dulhag'ee Damaſci, ann. Heg. CXXVI. peſte; annum qvadrageſimum non attigit. Secta erat müreszelita.

Ibrahim decimus tertius Ommiadarum.

Welidis filius f. Abdumeleki, fratri ſucceſſit; duos menſes regnaverat, qvando Maruan Himar dictus in eum duxit menſe Safaro, anno Heg. CXXVII. A. C 744. fuga ſibi conſuluit; demum ad Murvanem devoluto imperio, poſt tres menſes occiditur Abd-ula Zizi f. Higiatſchi cognati ſui manu.

Murvan decimus qvartus Ommiadarum.

Filius Muhammedis fil. Murvan Himari nomine inclytus, rem, qvamvis centum annorum ita vocant Arabes, inclinante Ommiadarum imperio, regnat, turbarum multum. Choraszane aliqvis ex Muhabidis, Kermani nomine notiſſimus, con-

contra Nasrum Sajarum duxit; pugnatum saepius. Interea Abumuslemus XXVII
A. C. Ramadani an. Heg. CXXIX in vico ad Mervam urbem spectante Abbasidarum
746 imperium proclamavit, nec tamen bellum Kermonides auxilio juvit: idem Nasar Sajar contra eos profectus Kermonidem interficit, ab Abumuslemo fugit: Sa-
A. C. vae Rabiae priore anno CXXXI moritur. Hoc bellorum motu CM militum a
748 partibus Ommiadarum caesa; Chorasan Abumuslemo dedita. Ille Cotabam Ben
Schaischuei Iracam misit, qvâ domitâ Cufam perrexit. Jezid Ben Birae Mervanis Himari copiarum dux Vasite egressus contra Catabam duxit; pugnatum ad
Euphratis littus, nec proelio noctu cessatum: Cataba fluvio mergitur ignaro exercitu, qvi Jezidem victum fugavit; dies illuxit, Cahetabae mors nota, ejus filius Hasan a militibus dux eligitur, Cufam eunt, Safahum filium Muhammedis
f. Ali, f. Abdallae, f. Abas ductum templo inferunt, imperatorem salutant. Hoc
Mervan ubi rescivit, Abrahamum Safahi fratrem in vinculis interficit, exercitum contra Safahem mittit. Ille patruos suos Abdallam, Abdalsemadum f. Ali,
f. Abas contra eum misit: conflixere ad Euphratis ripam: victus fususque Mur-
A. C van, quem Abbasidae insequuti in Aegypto occiderunt mense Dulkiada ann. He-
749 gir. CXXXII. Hic Ommiadarum imperii finis. Safahus eos qvaesitos ad usqve
LXXX occidit, aliosqve praeter Omarem Abdulhazizum sepulchris eductos igni
tradidit.

CAPUT III.

DE ABBASIDIS

QVI XXXVII NUMERO ANNOS DXXIV REGNARUNT.

Safahus primus Abbasidarum.

A C. Safahus Abdallae filius Muhammedis f. Ali, f. Abdallae f. Abas, feria sexta XIII
749 Rabiae prioris anni CXXXII imperium accepit. Aegyptum, Syriam et Occidentem Abdallae f. Ali patruo, Meccam et Medinam Davidi f. Ali, patruo suo, regendas commisit; fratrem Abugiafarum contra Jezidum Hebirae f. Vasitae pro-
regem a Mervane institutum misit. Abugiafar composito negotio ad fratrem rediit, qvi eum successorem imperii designatum Chorasanem misit observando
Abumuslemo, atqve ab eo sacramentum exigeret, qvod ille, humili cum obseqvio et
magno cum honore Giafarum excipiens, praestitit. Safahus Vezirum suum Abusel-
mam Chalali filium occidi jussit, ejusque dignitatem Chalidi Bermecidae dedit.
A. C Obiit Safahus Dulhagiae XIII ann. Heg. CXXXVI. Regnavit annos IV et menses IX.
753 Al-

Almansur Billa Abugiafar Abdalla secundus Abbasidarum.

Filius Muhammedis f. Ali, f. Abdallae Abasi fratri ex testamento in imperio successit. Is Abumuslomum ab omnibus maxime coli, potentiaqve et opibus praestare non ignarus, cum fraude ad se vocatum Rumiae Modainae interfecit. Imperii negotiis intentus omnibus sui metum incussit. Ex Ali familia Muhammed Ben Abdalla f. Hasan, f. Pontificis Husimi Medinae, Ibrahim frater ejus, Basorae rebellarunt, qvi proeliis victi martyrium consummarunt. Abugiafar anno Heg. CXLV Bagdadum urbem condidit: sexta feria mensis Dulhagiae obiit anno CLVIII Heg. in puteo Maymonis, filio successore designato Abdalla, qvem Mahadim Billa cognominavit. Vixit LXIII annos; regnavit XXII. A. C. 762. A. C. 774.

Almahadi Billa tertius Abbasidarum.

Almahadi Billa Abuabdalla Muhammed Ben Mansur post patrem regnavit. Ejus tempore Hekem Ben Haschem prodiit Astrologus ex vico Chazira provinciae Badghis, Abumuslemi qvondam scriba, qvi amissum sagittae ictu oculum, qvia tegebat, Barkai dicebatur. Hic vasta turpiqve statura pro Deo se gerens multos seduxit; qvibus collectis plurimis in ditionibus Kesch et Nacscheb arcibus subactis immani potentia creverat. Mahadi Mashabum Zebiri filium contra eum misit; ille ad angustias redactus, propinqvos omnes veneno sustulit, se in ignem ex aromaticis exstructum dedit, adeoqve combussit, ut nec ullum membrorum ejus superfuerit; hinc ejus sectatores eum in coelum ascendisse falso asseruerunt. Accidit hoc anno Hegirae CLXII. Mahadi X die Veneris XXII. Muharrami anno Heg. CLXIX hominem exuit; regnavit annos X et mensem unum; XLIII vixit. A. C. 778. A. C. 785.

Elhadi Billa qvartus Abbasidarum.

Elhadi Billa Moses filius Mahadi patri in imperio successit: regnavit annum et mensem unum. Procerus is corpulentusqve fuit, labro superiore adeo brevi, ut inferius non attingeret. Pravis erat moribus, et sermone aspero. Obiit XVI Rabiae prioris anno Heg. CLXX. A. C. 786.

Reschid Billa qvintus Abbasidarum eodem anno.

Aaron Mahadi filius, fratri in imperio successit, ac Veziratum Jahiae Khalidi filio Bermekidae tradidit. Duos eodem anno susceperat filios, Muhammedem Aminum et Mamonem, cui Orientis, alteri Occidentis provincias omnes Muhamedanis subditas ab urbe Hulvan eo usqve qvo religio Mahumeta perveneras,

tribuit. Cascino, qvi tertius erat, Mutamen cognomine, Graeciam, Mesopotamiam Aderbeigian dedit: qvartum Mutasenum neglexit, qvam tamen Deus
A. C. post Mamonem imperare, et in ejus prosapia regnum manere voluit. Aaron
802. Safaro mense ann. Hegirae CLXXXVII Barmacidis iratus eos ejecit; Veziratum
A. C. Fadlo Rabiae filio concessit ann. Heg. CXC. Bellum inter Romanorum imp. et
805. Aaronem gestum: post aliqvot proelia pax his conditionibus, ut Caesar singulis annis CCCM aureorum Aaroni penderet: qvibus a Caesare violatis, qvi ditionem Aaronis invaserat, ille intensissima hieme contra eum profectus, multos Romanorum interfecit. Caesar iterum pacem obtinuit Samarcandae. Rosaeus Ben Leitz f. Nasri Sajari rebellavit, ac Maurenahar occupavit. Contra eum ducturus
A. C. Aaron, dum Chorasanem pergit, Thusi aeger substitit. Tertia feria Rabiae poste-
808. rioris anno Heg. CXCIII. et obiit. Natus erat in urbe Rei ann. Heg. CIX die
A. C. XXVII. Dulhagiae matre Khairzana Mahadi, qvam manumissam duxit: illa obiit
729. feria sexta XXVII Giumadae posterioris anno Hegirae CLXXXIII. Aaron proce-
A. C. rus, pinguis, albus et altero paululum oculo luscus fuit.
799.

Alamin sextus Abbasidarum.

Alamin Muhammed filius Aaronis, qvi eum successorem imperii designavit. Mamon Chorasanem regebat: Alamin imperium adeptus, Alim filium Isa magno cum exercitu misit contra Almamonem; ille Taherum Hoseini filium praefectum Rei circumire jussit cum fidelissimo milite; pugnatum; victa Alamini acies;
A. C. Taher Bagdadum usqve victos insecutus, Alaminum occidit, qvi post annos qva-
815. tuor et menses octo desiit esse anno Heg. 198. Muharrami mensis die V. Natus
A. C. est Sievalo mense, ann. Heg. CLXX.
786.

Almamon septimus Abbasidarum.

Almamon Abulabas Abdalla filius Aaronis, fratri successit. Imperium adeptus, Fadlo Seheli filio Veziratum simul et exercituum curam commisit, qvem ideo duplicis principatus dominum vocavit. Ille antistitem Alim filium Mosis Redhaea mertnore Caliphatus successorem designari curavit. Abassidae hac de causa irati, Almamonis animum ab Fadlo avertere satagunt: et Fadlum Sarakhsae in balneo occidunt; cujus interfectores Almamon pariter occidit. Libros Astrologiae, Geometriae, Euclidis, Philosophiae, Logicae, aliosqve ex Syriaca lingua in Arabicam transferri jussit. Anno 205 Faherum Chorasani praefecit, cujus postea mentio fiet. Babek Khorrem-eddinus ann. 201 in Aderbeigian rebellavit, qvi misso contra eum exercitu fugato atqve fuso, potentia crevit, et usqve ad Muta-

Mutascum doravit. Almamon vero 17 Regebi anno 218 *) obiit; regnavit annos 20 et menses 7. Natus erat anno Hegirae 170. A. C. 842. A. C. 786.

Almutasem Billa octavus Abbasidarum.

Almutasen f. Abu Isaac Mutasem f. Aaron, Almenoni successit anno Heg. 220. Samaram urbem condidit; contra Bebecum ingenti exercitu, in qvem magnus pecunias profudit, debellavit; captum manibus pedibusqve truncatum ligno suspendit; inde Romanos bello invasit et vicit. Obiit mense Shovalo priore anno Heg. 227. Natus erat anno 180. Dictus est Octavianus, qvia octavus Abbasidarum erat: octavus ex eadem familia regnavit, octo annos totidem menses et dies regnavit; 48 annos vixit. Octo filios, et totidem filias suscepit. 8. m. servorum reliqvit; 8. magnas victorias vicit; 8 magnos reges occidit; octies millies mille aureos reliqvit. A. C. 841.

Elwatsek Billa IX Abbasidarum.

Elwatsek Billa Abugiafar Aaron Mutazeni filius, patri successit; regnavit annos 5, menses 6. Obiit sub finem Dulliagiae anno Heg. 232. ex hydropisi. A. C. 846.

Almutewekel Alalla X Abbasidarum.

Almutewekel Giofar Motasemi filius, fratri successit. Ali familiae infensus, peregrinationem ad Hoseini sepulchrum vetuit in desertum Kerbelae, eam ob causam aqvam alio traduxit, qvae tamen ad martyrium Hoseini cum stupore constitit; unde et loco nomen Hair, incertus animi, (sed et aqvae confluxum notat.) Regnavit annos 11, a servis occisus sub medium Siovali mensis ann. Heg. 247 meritas in inferno poenas subiturus: post eum vaecordia filii Abbasidarum imperium declinavit, ac per 90 annos eos eligere aut deponere famulorum in arbitrio fuit. A. C. 861.

Almustansir Billa XI Abbasidarum.

Almustansir Billa Abugiafar Muhammed filius Motewekkeli patri successit in imperio, qvod circiter sex menses tenuit: obiit medio Rabiae posterioris anno Heg. 248 ex vertigine capitis. A. C. 862.

Almustahin Billa XII Abbasidarum.

Almostahin Billa Abulabbas Ahmed Ben Muhammed Motasemi cognato successit: annos 3 et menses 9 regnavit. Circa finem Muharrami ann. Heg. 252 ejus A. C. 866.

*) In margine notatum erat 218.

ejus servi impetu facto eum deposuerunt, et subtracto cibo inedia confecerunt.
A. C. Ejus tempore Dahi Elalhakrus Hosain Ben Jezid ex genere Alis anno 205 rebella-
819. vit in Tabaristan, cui junctas habens regiones Dilem et Montanam Rei ad usqve fluvii albi ripam occupavit, et ad usqve ann. 271 tenuit.

Almutazzus Billa XIII Abbasidarum.

Almutazzus Abuabdalla Taherus Mutewekkeli filius post Mustahinum imperavit; annos tres, menses 6, dies 20 regnavit; qvibus elapsis milites imperio ut se abdicaret, coëgerunt, omnia ejus bona diripuerunt, et in calido balneo frigi-
A. C. dam cum veneno propinarunt, cujus potu interiit; alii in carcere inedia mortuum
866. scribunt 17 Ragiebi mensis, anni Heg. 255. Musam Bocae filium contra Dahin
A. C. misit anno 256. Ille Rai Casbin Ebher Zerigian recepit: Dahi victus Tabristanam
867. fugit: ejus ditione contentus donec ann. Heg. 272 (secundum alios 271) fatis
A. C. concessit. Muhammed Ben Zeid frater illi successit anno 287, et Tabristanam
885. obtinuit, donec Muhamede Ben Aaron Sarakhsio Ismaëlis Samani duce inter-
A. C. fectus est.
884.

Almuhtadi Billa XIV Abbasidarum.

Almuhtadi Billa Abu Isaac Muhammed Warzeck filius Motasemi, post eum XI. menses regnavit. Milites eum captum et in carcerem conjectum interfece-
A. C. runt 18 Ragebi ann. Heg. 256.
869.

Almutemed Alalla XV Abbasidarum.

Almutemed Alalla Abulabas Achmed filius Mutewekkeli post Muhtadim regnavit 23 annos: cognatum suum Achmedem Talahae Mutowakeli nepotem in Jemen et Higias misit. Ejus tempore in Irak Persica Hasan filius Ali f. Omar pontificis Ali Zinelhabidin rebellavit usqve ad annum 187 sub regno Mutedhadi: tunc in regionem Dilem transiit, ubi sollicitato populo potentia crevit. Gilaniis justitiae, veritatis, pacis adjutor dictus et pontifex, cujus dicta magni apud eos
A. C. fiunt, multiqve viri sapientes ejus sectatores sunt. Obiit anno Heg. 304 die 23
916. Schiabani in urbe Amel, ubi sepultus est. Vixit anno 99. Mutemed autem obiit
A. C. ann. Heg. 279.
892.

Almutedhad Billa XVI Abbasidarum.

Almutedhad Billa Abulabas Achmed filius Mutewekkeli post Mutemedum imperium tenuit, vir excelsi animi, integritatis, ingenii et experientiae. Anteqvam regnaret, vidit hominem in somniis magna luce fulgentem ad Tigridis ripam,

ripam, qvi immissa manu aqvam cepit, statimqve fluvius desiit; ea rursus in alveum projecta, de more fluere coepit. Miraculi causam sciscitatus, Alim hunc esse accepit, qvem salutavit; at ille salute reddita illi dixit: cum tu ad Caliphatum perveneris, filiis meis benefac, nec eis injuriam fieri finito: hinc eos impense amavit, multis muneribus ornavit, qvin et pro suggestu Muaviae maledici jussit, qvod Magnates, metu ne Alis familia insurgeret, et imperii mutationem adferret, enixe prohibuerunt. Regnavit Mutedhadus annos 9 et totidem menses: obiit in fine mensis Rabiae prioris anno Heg. 289 ex immoderato coitu. A. C. 901.

Amostesi Billa XVII Abbasidarum.

Almostesi Billa Abu Muhammed Achmed filius Mutedhadi, patri in imperio successit Eo regnante Caramitae rebellantes et egressi Meccanam peregrinationem impedientes victi. Annos 6, menses 7, dies 20 imperavit; 13 Dulhagiae anno Heg. 295 obiit. A. C. 907.

Almusteder Billa XVIII Abbasidarum.

Almusteder Abulfadhl Giafar Mutedhadi fil. fratri ex testamento successit. Eo regnante Caramitae potentiores facti Meccam magno populi excidio vastarunt; nigrum lapidem Cufam transtulerunt. Sub eo Hamidi ejus Veziri jussu mansurhallatch occisus Almusteder vero a suis 24 die Shouali, ann. Heg. 320 occisus est: A. C. regnavit anno 25. 932.

Alcahir Billa XIX Abbasidarum.

Alcahir Billa Abumansor Muhammed Mutethadi filius, post fratrem Caliphae nomen obtinuit, sed post annum et sex menses imperio et oculis orbatus est. Medio mense Giumade priore anno 32. A. C. 933.

Arradhi Billa XX Abbasidarum.

Arradhi Billa Abulabas Muhammed filius Mostederi avunculo successit. Ejus Vezires Mucla Calligraphus erat, cui Hokem Baco dux ducum manum dextram praecidi curavit, qvia epist. scripserat, qvo imperatorem hortabatur, ut alium ab eo ducem constitueret: accidit hoc anno Heg. 326. Arradhi sex A. C. annos et duos menses imperium tenuit: obiit 27 Rabiae prioris anno 329: Hic 937. primus substituit, qvi suo loco ad populum concionaretur et precibus praeiret. A. C. 940.

Almotseki *) Billa XXI Abbasidarum.

Almottaki Billa Abu Isaac Ibrahim Noksediti filius Arradhio successit. Ejus tempore dira Bagdadi fames homines humanis vesci carnibus coëgit; insequuta pestis tanta clade, ut cadavera insepulta manerent. Regnavit circiter annos 4, dein Caliphatu a militibus depositus et excaecatus: vixit 24, desiit Sciabano mense, anno Heg. 357.
A. C. 967.

Almustecfi Billa XXII Abbasidarum.

Almustecfi Billa Abulcasem Abdalla Ben Moctafi, post Moseki imperium adeptus est; eum Muezzuddulas Boiades anno et sex mensibus elapsis captum et imperio depositum excaecavit, initio Giomadae prioris ann. Heg. 333.
A. C. 944.

Almuti Billa XXIII Abbasidarum.

Almuti Billa Abulcasem Fadli fil. Muctadiri, procurante Muezzuddaula Boiade Caliphatum adeptus, cum Caramitis pacem fecit, lapidem nigrum ab eis comparatum Cufa Meccam iterum transtulit: 29 annos et sex menses imperavit; deinde paralysi tactus imperio se abdicavit, et Taio Billae filio dedit in fine Dulhagiae mensis ann. Heg. 363 et obiit ann. 364.
A. C. 973. A. C. 974.

Altaius Billa XXIV Abbasidarum.

Altaius Billa Abdulkerim filius Mutii patri ex testamento in imperio successit: regnavit annos 17 menses 2. Imperio se abdicavit sub finem Schiabani mensis ann. Hegirae 381 Behaddula Dilemita procurante.
A. C. 991.

Elkadir Billa XXV Abbasidarum.

Elkadir Billa Abulabas Achmed Ben Isaac fil. Muctaderi Tajo successit. Mahmud Sebekteghin in ejus tempore Chorasane regnavit: ipse annos 41 et qvatuor menses Caliphatum tenuit. 15 Dulhagiae ann. Hegirae 422 obiit.
A. C. 1030.

Elkajim Beemrulla XXVI Abbasidarum.

Elkajim Beemrulla Abugiafar Abdulla Cadiri fil. patri successit. Ejus tempore Togrul Beg Michaelis fil. Charasanem sepit; Caim Beemrulla veste donatum Rukneddaulae cognomine ornavit. Besasirus Dilemitarum Princeps Ægypto-

*) Sic erat correctione excusum, antea fuerat *al Mottaki*, id quod etiam rectum est.

tiorum Caliipharum partes sequutus contra Caiimum duxit, captum Anas servavit: ille Togrulbeci auxilium petiit, qvi magno cum exercitu Besasirum inter Vesitam et Cusam fudit; Caliipham Bagdadum reduxit, qvae in ejus potestatem venit, Togrulbego erarium administrante. Caiimus Caliphatum tenuit annos 44 et menses 6; obiit mense Schiabano, ann. Heg. 467. A. C. 1074.

Almoctedi Billa XXVII Abbasidarum.

Almoctedi Billa Abulcasem Abdalla Ben Achmed Caiim avo successit in imperio, qvod 19 annos et 8 menses tenuit. Obiit medio mense Muharrem ann. Heg. 487 morte repentina. A. C. 1094.

Almustedhar Billa XXVIII Abbasidarum.

Almustedhar Billa Achmed filius Mukedi, patri ex testamento successit: orientalem Bagdadi partem muro, fossa et portis cinxit, eamqve incoluit. Reges Selgiucios nullo loco habuit, hinc bellum inter eum et Mashudum Selgiucium. Regnavit pacifice annos 25 et menses 6: obiit mense Rabiae posterioris ann. Heg. 522. A. C. 1128.

Almusterched Billa XXIX Abbasidarum.

Almusterched Billa Abumansor, Fadli filius, Mustedhar patri successit, digna imperio forma Selgiucios contempsit, hinc bellum contra Mashudum, a qvo captus et in vinculis in tentorio habitus est ann. Heg. 529 mense Regeb, et ab infidelibus in Maragae finibus cultio occisus: regnavit annos 17, menses 2. A. C. 1134.

Arraschid Billa XXX Abbasidarum.

Arraschid Billa Abumansor Giafar, fil. Musterchidi, patri capto successit: nomini Selgiuciorum in templo benedici vetuit, patrem vindicaturus contra Mashudum duxit, a qvo victus fugitusqve Hispahanam Bagdada relicta venit: ibi ab infidelibus occisus 27 Ramadani ann. Heg. 532: regnavit menses VI in Irak Arabica, aliis in provinciis ann. unum et qvatuor menses. A. C. 1137.

Almoctefi Billa XXXI Abbasidarum.

Almoctefi Billa Abu Abdalla Muhammedi Mustedharif f. Raschidi victo successit. Qvamdiu Mashud vixit, exiguae vires Caliipharum fuerunt; eo mortuo splendorem accepit; 24 annos et menses 11 imperium tenuit. Obiit initio ann. Heg. 555. A. C. 1160.

Almoſtanged Billa XXXII Abbaſidarum.

Almoſtanged Billa Abumudhaſſar Joſephi filius Almoſtefi patri ſucceſſit, venerabilis, gravis, ingenioſus, mitis; verſus bonos ſcripſit; 11 annos regnavit. Obiit
A. C. 1170. Rabia priore ann. Hegirae 566.

Almoſtedhi Billa *) XXXIII Abbaſidarum.

Almoſtedhi Billa Abumohammed Elhaſen, filius Muſtangidi, patri in imperio ſucceſſit, liberalitate inſignis. Eben Ata praefectus ejus domui ſine licentia duo aureorum millia erogare potuit recte et meritò expenſa; ſi exceſſiſſet, petenda erant. Novem annos et VIII menſes imperavit. Obiit ſub finem Schievali
A. C. 1179. anno Heg. 575.

Elnaſer Ledin Billa XXXIV Abbaſidarum.

Elnaſer Ledin Alla Abulabas Ahmad filius Moſtedhi, fortitudine et prudentia inſignis, ſub qvo inſigniter culta fuit Arabia. Regnavit 46 annos et XI menſes; ejus tempore Kharezimi Selgiucios oppreſſerunt; Ginkis Chan Hiran et Turan
A. C. 1225. ſubegit, omnium paene incolarum excidio. Obiit initio Schievali ann. Heg. 622.

Eltaher Billa XXXV Abbaſidarum.

Eltaher Billa Abunaſer Mohammed Ben Naſer, patri ſucceſſit, nulli Abbaſidarum in regendo imperio inferior, qvod tamen minus feliciter rexit. IX menſes
A. C. 1226. et 16 dies imperavit. Obiit ann. Heg. 623.

Almoſtanſir Billa XXXVI Abbaſidarum.

Almoſtanſir Billa Abu Giafar Manſur filius Taheri, patri ſucceſſit, generoſitate et clementia inſignis. Omnes qvas Abbaſidae 500 per annos collegerunt, opes profudit. Ejus tempore Arabia Paradiſo invidiam feciſſet, adeo felix et exculta, ut incultum in ea nihil remanſerit. Ejus tempore Mogoles invaluerunt: Germagon Nujin ex Mogolibus Bagdadum venit cum Scherefeddino Ikbalo Scherabio pugnavit; victus abiit. Regnavit annos XVII. Obiit ſub finem Giomadae prio-
A. C. 1242. ris ann. Heg. 640.

Al-

*) Sic correctum fuit, antea exſtabat utroqve loco Banurillah.

Almostasem Billa XXXVII Abbasidarum.

Almostasem Billa Abu Achmed Abdalla filius Mustansiri, ultimus Abbasidarum, patri in Caliphatu successit, vir temperans, sed imperandi nescius; regnavit annos XI, menses VII, Hulachu Chan Mogolium dux, cum maximâ populi Bagdadici parte victum interfecit, Hegirae 656, die solis 4 Safari Calipha coram Hulachu imperium Abbasidarum finem cepit. In Chronico dicto speculum A. C. noctis, caesa Bagdadi millies mille et sexcenta millia hominum. Desinentibus 1258. Abbasidis, Mogoles Irak Arabiam, Babyloniam et Chaldaeam tenuerunt.

CAPUT IV.

DE

FAMILIIS QVAE PERSIDI IRON IMPERARUNT REGNANTIBUS ABBASIDIS.

Sectio I.

De Taheriis.

Taherii qvinqve numero regnarunt, qvos Poëta hoc versu expressit:

Chorasane primus Mahsabut regnum obtinet,
Taluha post hunc imperat, dein tertius
Abdalla, Taher qvartus, inde Mehemmed,
Inde solium et thiaram Jacobo ultimus dedit.

Taher.

Taher filius Huseini f. Masabi, dux ducum, Alaminum Almamonis fratrem occidit: ejus opera Almamon Caliphatum adeptus, ambidextri cognomine appellavit; alii ideo sic dictum putant, qvia Pontifici Ali Mosi filio Abidae sacramentum dixerit, in haec verba: dextera mea, Almamonis sinistra pontificis est, inde pontifex dixerit: ea laeva, qvae pontificem supra thronum attollit, dextra vocari potest: atqve adeo sic vocatum putant. Cocles erat, qvod poëta indicat:

Salve ambidexter, unus et oculus tibi
Unam ergo dexteram abjice.

 Alma-

Almamon, qvia fratrem ejus occiderat, sollicitus qvoqve modo eum a se procul amandaret, Chorasonum, amoto Gajano filio Abadae, ei regendam mandavit anno Hegirae 205. Almamone regnante, cum ejus jussu Taher contra Alim Isae filium iret, Fadlus Ben Seheli Vezir.s omnium peritissimus, Astrologus illi fausto sidere proficiscenti dixisse fertur: Perge, vexillum tuum adeo felix, ut mortalium cujusvis, adusqve sexaginta circiter annos non futurum sit; nec dicto vana fides; nam ad Spharios usqve 56 annos Chorasonis potens ejus familia fuit, qvam multi in regum numero non collocant, atqve eorum res gestas sub Abbasidarum imperio describunt; sed qvia hic eorum primus sub vitae finem se regem dixit, et subsecuti ejus posteri multo tempore Chorasone potiti sunt, plures eorum peculiariter meminerunt.

Talaha.

Talaha patri Almamonis concessione successit: contra Hamzam in Sistane egressum et rebellantem duxit; vicit, eaqve domita victor Chorasanem rediit; obiit
A. C. anno. Heg. 213.
837.

Aliga Ben Talaha II Taheriorum.

Aliga Patris locum obtinuit: paulo post multi rebelles eum in finibus Nisapur occiderunt. Regnavit VI annos pater ejus.

Abdalia III Taheriorum.

Abdalla Taheri fil. Talahae et filio ejus Ali successit, concedente Almamone, comitate, bonitate, immensa liberalitate ac justitia praestans: ejus tempore Chorasan incolis referta fuit: regnavit annos XVII. obiit anno Heg. 260.
A. C.
873.

Taher Ben Abdalla IV Taheriorum.

Taher Ben Abdalla patri successit, cujus mores secutus est. Regnavit annos
A. C. XVIII. obiit ann. Heg. 278.
891.

Muhammed Ben Taher V et ultimus Taheriorum.

Patri successit concedente Mustaino Calipha; ingenio, comitate praestans, sed ludo, tripudiis, compotationibus deditus. Jacub B n Leits ejus tempore Sistane egressus, contra Chorasonem duxit: ex Alis familia Hasen Ben Zeid Hosainensis dictus Dahi Kebir occupata Tabristana Giergian venit. Muhammed undiqve circumventus et anxius ad Jacobum Ben Leits misit, qvi denunciaret; si literas

teras sigillo Caliphae obsignatas habes, obedire paratus sum: si vero sine mandato
ades, cur huc venisti? Jacub Ben Leits extractum vagina gladium, hoc mandatum
suum esse dixit, et Nisapur ingressus est anno Heg. 259 Muhammedem Taheri A. C.
filius cum 160 ejus affinibus captum Sistonem misit. Ita in Chorasane Taherio- 8,.
rum imperium finem accepit, qvi omnes generosi ac liberales fuerunt, eorumqve
tempore incolarum freqventia celeberrima.

Sectio II.

De Soffariis, qvi numero tres, annos XXXIV regnarunt.

Leits Soffar in urbe Sistane lignarius faber fuit, qvi animadversa filii superbia eum armorum tractandorum studio reliqvit; hinc latro et viarum grassator factus, justitiam tamen observabat: nam facultates obvii cujusqve non omnes auferebat; deinde Derhemo Nasir filio Sistanis praefecto militavit; apud eum in honore habitus, ac dux exercitus factus: cui et filius successit.

Jacub Ben Leitz.

Jacub Ben Leits post mortem Derhemi Naseridae Sistanem filiis ejus fugatis occupat; deinde anno ccliij crescente ejus potentia, continua felicitate ad
usqve 259 A Chorasanum subegit. Muhammedem Taheriorum ultimum Nisapuri A. C.
cepit, et in vinculis tenuit: domita Chorasone, Perside ac Schirazia Metropoli poti- 867.
tus est et Kermane. - Calipha earum regionum illi, scriptis tabulis, imperium 873.
concessit, addita, ut mos est, veste. Ubicunqve locorum opes erant, vi auferebat, dives omnis hostis erat. Ita congregatis ex orbe toto divitiis, Iracam et
Masanderon aggredi statuit, exercitu lxx M. contra Dahi Kebir Hasan Ben Zeid
Hussinium duxit; eo victo in Arabiam profectus Mutemedo Caliphae bellum
intulit, qvi fratrum Muvaficum contra eum misit: atrox pugna inter utramqve
aciem mense Regebio anno Heg. cclxij in finibus Vasitae. Jacobi exercitus fusus A. C.
fugatusqve: ipse tribus in gutture et corpore sagittis vulneratus, in Chuzistam 875.
secessit, et paulo post colico dolore esse desiit ann. Heg. cclxv Schievali xiii. A. C.
Jacub prudentia, ingenio, liberalitate nobilissimus fuit; omnes exercitus sui eqvos, 878.
praeter paucos, proprios habuit et aluit. Ligneo insidebat tribunali, unde in
omnem exercitum conspectus, si qvid in castra metatione displiceret, emendabat.
Duo millia pellibus indutorum hominum cum aurea clava ponderis M. aureorum:
nullum arcanorum suorum conscium habuit: hoste profligato, militum nullus
praedam attingere audebat. Annos XII regnavit.

Am-

Amru Leïtz II.

Amru Leitz fratri successit, adeoqve felici successu crevit, ut Chorasan, Irak, Kerman et Gaznam, Persidem, Sistan, Kohistan, Mezanderan obtinuerit; qvin et Bagdadi ejus nomine oratum fuit; qvi honor solis Caliphis habebatur. Khazistanis et Irak Arabum desiderio, movendi contra Caliphum belli occasionem qvaesivit. Calipha Ismaëlem Samanium Meverannaharae Regem contra eum misit, flumine Amony vadato cum xij M. eqvitum Balkham venit; instructae acies; ad proelium paratae; tympana pulsata; ad qvorum sonitum exiliens Amru Leitz, eqvus eum in medium hostium agmen detulit, ubi sine pugna captus est circa
A. C. medium Rabiae secundi ann. Heg. 287 et ad Caliphum missus. Biennio in car-
899. cere detentus, ibi omissus, tempore qvo idem Calipha obiit, fame necatus est 70 *) Camelos habuit, qvi culinaria vasa deferrent. Lepidum qvippiam memorant, cum captus esset, coqvum ex suis intuitus, ab eo qvaesivit, an aliqvid qvod edere posset, haberet? Ille carnem in ollam conjecit, ignem subjecit, et aliqvid aliud allaturus abiit. Forte canis in ollam, carnem rapturus, caput demisit, sed adustus confestim retulit, ejusqve in collum deciduam ollae ansam et ollam simul fugiens tulit; qvod intuitus Amru in risum erupit: cujus aliqvis causam sciscitatus, respondit, annon hoc risu dignum est? trecenti Cameli ferendis culinae meae vasis mane non sufficiebant, et nunc unus canis sufficit. Amru luscus erat, fortis et pugnax. Templum Sirazi exstruxit qvod hodie superest, templum vetus dictum. **)

Taher Ben Muhammed III.

Taher filius Muhammed Amru capto Sigistanem fugit, ibiqve a principibus rex creatus, sed post annum ab Ismaële Samanio victus est; et Sophariorum imperium finem accepit.

Sectio III.

De Samaniis, qvi ann. C. menses VI imperarunt ab Turcia ad usque Indiae fines Persidem et Irakam tenuerunt: Bochara eorum aula fuit.

Poëta hoc Epigrammate omnes recensuit:

Samanii novem fuere nobiles
Tenuere Regnum Chorasonis singuli

Kma-

*) Inductus erat hic numerus, nullo alio substituto.

**) Rursus in texto excuso erat sed litura inductum 70.

Ismaël unus, Ahmed unus, unus Nasar, Noah duo, Abdulmeleci duo, Mansari duo. Saman ad Beheramum Giobin originem referebat. Avi ejus, ante Muhammedem maximae Maurenahar partis potentes, post Muhammedem duces exercitus erant, sed adversante fortuna in Camelarii sortem devolutus, Samani pater, ipse vir excelsi generis, moleste tulit, et astu discurrens rem fecit. Filius ejus Esed in honore apud Caliphum Almamonum fuit, cujus filiis et prae- A. C. fecturas tribuit, donec anno Heg. CCLXI Mutemad Calipha totam Maurenahar 892. Nasro, filio Achmadi, filio Ased, f. Saman dedit; cumqve Nasrus anno Heg. CCLXXIX obiit, rerum summa Ismaëli cessit.

Ismaël I.

Ismaël, filius Achmad, f. Esed f. Saman, vir prudens, venerabilis primus familiae Samaniorum imperavit, eoqve regnante Maueranneher floruit. Missus a Calipha Mutedado, ut rebellantes Saphurios debellaret, Taheriorum regnum obtinuit: liberalitate et justitia praestans VIII annos et VI menses regnavit. Obiit A. C. XIIII Saphari anno Heg. CCXCV. 907.

Achmad Ben Ismaël II.

Achmad Ben Ismaël patri successit: sex annos et totidem menses regnavit, A. C. deinde a suis occisus anno Heg. CCCI. 913.

Naser III.

Naser fil. Achmed, f. Ismaël, post patrem regnavit; omnes patris sui interfectores interfecit; tenuit imperium annum, justitiae et aeqvitatis tenax. Obiit mense Schabano ex phtisi.

Nouh IV.

Nouh filius Nasri, f. Achmad, f. Ismaël, patri successit: regnavit XII annos A. C. et VII menses: obiit XXIX Rabiae posterioris, anno Heg. CCCXLIII. 954.

Abdulmelek Ben Nouh V.

Abdulmelek Ben Nouh post patrem annos VII et VI menses Regnum tenuit; A. C. eqvo currente lapsus, obiit medio mense Schiuvalo, anno Heg. CCCLXV. 975.

Mansur Ben Nouh VI.

Mansur Ben Nouh fratri successit, annos XV et IX menses regnavit, aeqvi
A. C. boniqve studiosus Princeps. Obiit medio mense Schiovalo, anno Heg. CCCLXXX.
990.

Nouh Ben Mansur VII.

Nouh Ben Mansur post patrem regnum tenuit Chorasonis principibus repugnantibus; contra qvos Sebecteghii Gaznanensis praefecti auxilium per litte-
A. C. ras imploravit anno Heg. CCCLXXXIII. Cui Chorasonis partem, et filio ejus Mah-
994. mud alteram commisit. Hic regni Mahmudi Gaznanensis initium est. Nouh
A. C. regnavit annos XXI et VII menses. Obiit die Veneris XIV Ragiebi anno Heg. CCCLXXXVII.
997.

Mansur Ben Nouh VIII.

Mansur Ben Nouh post patrem regnavit annum et VI menses; qvo tempore elapso, Beg Turen Ducis Ducum dignitatem affectus, eum Sarakhsae captum
A. C. excaecavit die Mercurii Saphari ann. Heg. 389.
999.

Abdulmelek IX et ultimus Samaniorum.

Abdulmelek Ben Nouh, post fratrem imperium tenuit: Ille Chorasonem Mahmudo tollere voluit; hinc bellorum et pugnarum materia. Abdulmelek Bocharum fugit Ilokhan Turcarum rex Maueronnaharam occupavit anno Heg. 389 die 12 Dulhagiae et Abdulmelekum captum Uskandam misit, ubi hominem exuit. Regnavit VIII menses et 11 dies, et Samaniorum in eo imperium desiit.

Sectio IV.

De Gaznaniis XIV, qvi centum qvinqvaginta qvinqve annos regnarunt.

Horum primus *Sebectechin* famulus Abesteghimi fuit, qvi Samaniorum servus erat. His autem regnantibus, Gaznae et Indorum limitibus annos XVI praefuit; eo mortuo; Sebecteghin eisdem regiones rexit, et anno Heg. 384 Chora-
A. C. sonis imperium affecutus est. Obiit mense Schiabano anno Heg. 387. Mahmud
994. filius illi successit, et postqvam Samaniorum imperium finem accepit, Calipharum beneficio, Chorasanem obtinuit.

Sul-

Sultanjemin Addoula II Gasnaniorum.

Sultan-jemin Addoula'Abulcasen Mamud Sebectеghini fil. cum Indis infidelibus perpetuum bellum gessit. Matrem Ducis provinciae Zabul filiam habuit, unde Zabulii cognomen accepit vel Ferdusio teste

*Beata gemma, Zabeli Mahmud, mare *)*
Descendi in illud, unionem haud repperi;
Mare illa culpa sortis est, et non maris.

Mahmud sex mensium iter in India subegit, multosqve Indos ad Islamismum convertit; Kharesm item domuit anno Heg. 387. Ilikhan Rex Mauranahar A. C. Balchae cum eo bellum gessit; sed victus in regnum suum fugit, et ann. Heg. 997. 404 obiit. Mox Kadar Khan et Arslan Chan ambo Chorasanem invadunt; occur- A. C. rit Mahmud; atrox pugna committitur; Mahmud Elephanti albo insidens in con- 1013. fertos hostes irruit, eos fundit, fugat; qvarta pars fugientium in Amonia flumine mersa periit. Mahmud Gihon flumen transit, Mauerannaharam vastat, Chorasanem redit anno Heg. 410. Mahmud sub imperii finem anno Heg. 420 Irak A. C. Persicam obtinuit, captumqve ejus praefectum Megauddaulam Rostami filium, 1019. Facreddulae neglectui habitum, clam interfecit. Filio Moshudo Irakam commisit, cujus totius potens rebellantes omnes compressit; Hispanahensium ex praecipuis 4 m. occidit. Casabinios ejus absentia defectionem meditantes, eâ deprehensa, castigavit. Demum ab molendinis Rei reducem in urbem Gasnin mors oppressit, anno Heg. 421 die Jovis 13 mensis Rabiae prioris; vixit 61 annos; regnavit A. C. 31. Ibidem sepultus est in palatio dicto Firuza. 1033.

Masud Ben Mahmud III Gasnaniorum.

Masud Ben Mahmud, ex testamento patris, Chorasanem, Rakam et Kharezem obtinuit. Frater ejus Muhammed filius Mahmudi Gasnam et Indiae regiones. Mashud a majore fratre, ut nomen suum publicis precibus laudaretur, quaesivit, quod ille negavit. Masud Gasnam invadere dum tentat, interea Joseph Sebactekin Muhammedem capit, excaecat, in Bilbadam arcem mittit, in qva IX annos mansit; atqve ita omnes patris ditiones Masud assequutus est. Josephum etiam cepit, qvi fratrem dolo ceperat, captumqve habuit. Sed exorto inter Masudum et Selgiucios bello, victus Masud Casbinum ivit, Muhammedem caecum libertati restitutum arce eduxit; ipse in Indiam proficiscitur; jam Dilem fluvium transiverat, exercitus ab eo defecit, Muhammedem caecum Regem proclamat, in solio con-

I 2

*) Qvodnam Mare qvo unionem non habet?

constituit, Masudum captum illi sistit, qvi eum in custodiam (arcem) misit, sed in
A. C. itinere a militibus occisus est Giumada prima ann. Heg. 433. Regnavit 13 annos.
1041. Ab eo tempore Mahmudii Gasnae, ejus ditione contenti se continuerunt, unde et
Gasnaniorum illis nomen, eoqve in regno plurima sui monumenta reliqverunt.

Muhammed filius Mahmudi IV Gaznaniorum.

Muhammed filius Mahmudi, Sebuktekin vivente fratre primo qvatuor
annos Gasnae regnum tenuit: dein Masudi jussu 9 annos in carcere vixit: liber
A. C. iterum annum unum regnavit: tandem ann. Heg. 434 ex fratre nepotis manu
1042 interfectus est.

Modud filius Mashudi V Gaznaniorum.

Modud fil. Mashudi Muhammedis patrem vindicaturus avunculo bellum
intulit, cujus filios omnesqve patris interfectores occidit: filiam Giagarbek
duxit, ex qva filium Masudum suscepit: annos VII regnavit: obiit mense Ragiebo
A. C. anno Heg. 441. Contra Giakarbek ducebat, qvi Chorasanem occupaverat; sed
1049 in itinere colici doloris vehementia periit.

Masud filius Modudi VI Gaznaniorum.

Masud filius Modudi parvulus, cujus nomine regni regimen administratum
per aliqvot dies; sed deinde regni principes unanimi consensu ejus avunculo
imperium detulerunt.

Ali filius Masudi VII Gaznaniorum.

Ali fil. Masudi imperium adeptus erat, cum Abdurraschid arce custodia,
A. C. in qva per aliqvot annos detentus fuerat, evasit; liber exercitum colligit et Alim
1051. vicit ac fugavit ann. 443.

Abdurreschid VIII Gaznaniorum.

A. C. Abdurreschid filius Mahmudi post ex fratre nepotem imperium adeptus,
1053. obiit anno Heg. 445.

Farrakhzad IX Gaznaniorum.

Farrakhzad fil. Masudi Abdureschido successit. Hic regionis Zalolistan
vastitatem cogitans, populo tributa remisit erga eum beneficus, divini cultus ac
reli-

religionis studiosissimus; tres menses jejunium servabat: maximum noctis partem orationi vacabat. Colico dolore anno Heg. 450 obiit. A. C. 1058.

Ibrahim IX aut potius X Gaznaniorum.

Ibrahim fil. Masudi post Farukhzadum regnavit longum tempus, scil. qvadraginta duos annos, eleemosynis, diversoriis, templis, aedificiis regnoqve administrando deditus; regiones urbis diviserat, qvas obibat noctu: viduis mulieribus et egenis cibos praebebat. Eo regnante Gasnae omnibus aegris medicamenta, potiones ejus sumptu praebebantur, 36 filios, qvorum nomina in Annalibus inveniuntur, suscepit, filias 40, singulas principibus et eruditione praeclaris viris collocavit. Regni vastitatem excoluit: multa etiam oppida exstruxit, Chairabad, Imenabad et alia. Regum Dominus vocabatur, optime scribebat, et singulis annis Meccam Alcoranum manu sua scriptum mittebat opulentis cum muneribus: tres menses Regebum, Schiabanum et Ramadanum jejunabat. Obiit die 5 Schievali m. ann. Heg. 492. A. C. 1098.

Masud fil. Ibrahimi XI Gaznaniorum.

Masud fil. Ibrahimi, sororem Sengieri Selgucii duxit, annos 16 imperavit. Obiit ann. Heg. 508. A. C. 1114.

Schirzad fil. Mashudi XII Gaznaniorum.

Schirzad fil. Masudi patri ex testamento successit: annum unum regnavit, a fratre Arslane rege victus et interfectus ann. Heg. 509. A. C. 1115.

Arslan Rex fil. Masudi XIII Gaznaniorum.

Arslan Schah fil. Masudi post fratrem regnat: hic cum altero fratre Beheramo contendit, qvi ad regem Sengierum avunculum se recepit, eoque auxiliante Gasnam venit, Arslanem vicit, regnavit: Sengiero in Kohistan reduce, Arslan Beheramum iterum expulit, qvi secundò ad Sengierum profectus, impetrato ab eo exercitu Arslanem victor interfecit, ann. Heg. 512. A. C. 1118.

Beheram Schah XIV Gaznaniorum.

Beheram Schah fil. Masudi, f. Ibrahami, patri successit, clemens, erga omnes benignus, scientiarum amans, cujus in honorem docti libros scripserant; inter ceteros liber Calila et Demina ab Nasha Alla filio Abdulemid ex-

plicatus ea eloquentia, qvae etiamnum plurimum probatur, et liber horti a Scheikh Siani scriptus, novissimi sunt. Pacata ejus tempora fuerunt. Regnavit annos 32. Sub regni finem, Aladdinus Hasan f. Huseini primus Gaurierum illi bellum intulit; ab eo victus in Indiam fugit. Aladdinus fratri Surio Gaznae regnum dedit; ipse Firutskueh rediit; in itinere frater ejus Sam obiit. Beheram Schah Gaznam repetit; ipse Surium oppugnat, capit, captum et bovis corio impositum per urbem traducit omniqve vexatum ignominia occidit, et occisi caput Sengiero mittit. Aladdinus hoc nuntio irritatus, contra Behramum cum ingenti
A. C. exercitu proficiscitur, sed anteqvam Gaznam veniret, Behramus obiit ann.
1149. Heg. 544.

Chosru Schah XV et ultimus Gasnaniorum.

Chosru Beherami fil. patri ex testamento successit. Aladdini audito adventu, ad Indicum mare fugit: Aladdinus Gaznam magna multitudine obsessam diripuit. Nepotem ex fratre Gajattadinum Abulphetch Muhammedem Sami filium illi praefecit: is Chosruum ingentibus promissis advocatum et fidentem cepit, captumqve in custodia detinuit ann. Heg. 555. Chosrou in carcere X annos vi-
A. C. xit; et obiit ann. Heg. D.65. Gaznaniorum imperium desiit; et nullo ex Mahmu-
1160. diis superstite ad Gaurios transiit.

SECTIO V.

De Gauriis, qvi qvinqve numero regnarunt annos 64.

Eorum origo ab Surio Gauriorum rege, qvi ab exercitu Mahmudis victus est. Nepos ejus Mahmudis Sultani metu in Indiam fugit: huic filius nomine Sam erat, qvi religionem Muhammedanam amplexus, mercaturae se dedit, ac Husein omnibus virtutibus praestantem suscepit, cum qvo aliisqve suisqve Gauram profecturus navem conscendit, qva magna tempestate submersa, vectores omnes aqvis absorbti perierunt, solus Husein repertum asserem tenuit. Eadem in nave tigris erat, qvae idem qvoqve lignum conscendit; tres totos dies jactatos fluctus expulit ad littus, ad qvos tigris saltu appulit. Hosein vicinum mari iter ingressus urbem venit, seqve somno super tabernam permisit. Praefectus vigilum eo loco inventum carceri mancipat, in qvo VII annos mansit, donec aegrotans rex eleemosynam facturus carceri detentos liberavit. Husein liber Gaznam proficiscitur: a latronibus, qvi viam insidebant, inventus, eum cum forma praestantem vidissent, eqvo et armis traditis, secum receperunt, isqve apud eos noctem duxit, atqve eâdem omnes ab Ibrahami regis militibus, qvi eos qvaerebant,

capti

capti et occisi sunt. Carnifex cum oculos Hosaini ligaret, ille in haec verba erupit: o Deus! qvi falli non potes, qvomodo me innocentem mori permittis? Hinc carnifici interrogandi hominem cupido; ille casus suos omnes exorsus est; qvi regi ubi innotuerunt, ejus misertus, dein amore prosequutus in aulae praefecti dignitatem evexit, concessa in uxorem consanguinea. Dein Masud Ibrahami fil. regnum assecutus eum Gaurae praefecit; sic ejus res crevere, donec Huseinus Hasani filius locum ejus tenuit.

Aladdin Hasan I. Gauriorum.

Aladdin filius Hasan f. Hosaini fil. Sam. desinente Gasnaniorum imperio, illud occupavit ann. Heg. 545. A. C. 1150.

Seifeddaula II. Gauriorum.

Seifeddaula Muhammed filius Aladini patri successit, adolescens formae, liberalitate, justitia insignis, populi amantissimus, clemens, generosus; continens, humilis, regnum Gaznae cognato Gaiats-eddino Muhammedi filio Sam concessit; cum Sengier Selgiuccius Balcham obtinuisset, in bello contra eum periit ann. 558. A. C. Regnavit annos VII. 1164.

Gajatseddin III. Gauriorum.

Gajatseddin Abul Feth Muhammed filius Sam f. Husein, post cognatum regnavit, magnumque cum Turcis *) bellum gessit; plurimos interfecit, reliqvos pacem et securitatem postulantes, vectigales fecit; fratri suo Schehab-eddino Abulmudzaffero Harat urbem concessit: ipse Gasnae regiam constituit. Regnavit an- A. C. nos XL. obiit Gasnae ann. Heg. 598. Haratae templum memoriam ejus servat, 1201. qvod Emir Ali Schir instauravit ann. Heg. 905. A. C. 1499.

Schehab Eddin IV Gauriorum.

Schehab Eddin Abalmazaffer filius Sam, f. Husein, fratri successit, et annos IV regnum tenuit. Dum oraret, a sicariis Indicis occisus. Hoc de illo epigramma:

> Ille mari terraqve potens fortissimus Heros,
> Qvi nullum toto vidit in orbe parem.

Mah-

*) Loco Turcis in textu erat Gezüs.

Mahmud filius Muhammed V et ultimus Gauriorum.

Mahmud fil. Muhammedis, fil. Sam, poſt avunculum regnum tenuit ann. VII,
A. C. ſed qvadam die in palatio interfectus eſt, ann. Heg. 609. Ita Gauriorum impe-
1212. rium ad Kharezmios translatum.

SECTIO VI.

De Bojadis ſive Bojae familiae, qvi 17 numero regnarunt annos 127.

Gebali ſcriba Bojadarum originem ad Beheram Gur refert. Cum Macan Kachi fil. Regioni Tabariſtan praefectus eſſet, Boja in ejus famulitio vivebat, cum tribus liberis Ali, Haſan, et Achmed. Hi fratres Aſphar filius Schimiae et Marduantch f. Ziad ejusque frater Verſchmeghir Macano conjunctiſſimi erant. Aſphar Ben Schimiae contra Makanam egreſſus, eo fugato Dilemitarum regnum obtinuit ann. Heg. 315 poſt annum a Caramitis occiſus eſt. Marduantch illi ſucceſſit. Urbes Rudbar, Teleran et Ruſtennar cepit; Mazanderan, Rey, Casbioum, Ebher, Zengian et Tarmin urbes ſubegit; aliisqve provinciis domandis incubuit. Hamadanam immenſa multitudine populi occiſa diripuit: cum fratribus in Perſidem profectus, eam obtinuit, et Hiſpanae in balneo a ſervis occiſus eſt ann.
A. C. Heg. 321. Ali Bojades Hiſpahanam ſe contulit et cum Veſchmeghiro Ziadi filio
933. bellum geſſit. Veſchmeghirus fugatus ac Tabareſtanam praefectus ejus regno contentus qvievit. Bojades Perſidem et Irakam tenuit.

Amadaddaula I Bojadarum.

Amadaddaulas Ali fil. Boja II Dulkaadae ann. Hegir. 321 imperavit. Irakam fratri minori Haſano, qvem Ruendaulam dixit, minimum Achmedum ei Kerman miſit: eumque Muazzeddaulam cognominavit. Ipſe regiam Schirazi collocavit;
A. C. et impetratis a Calipha imperii codicillis, illud 16 annos et 6 menſes tenuit. Men-
949. ſe Giumadae priore obiit ann. Heg. 338. ex fratre nepotem ſuum Azaduddaulam haeredem ſuum eſſe voluit.

Rucnuddaula II Bojadarum.

Rucknuddaula Haſan filius Bojae fratris ex mandato Irakam Perſicam tenuit; 44 annos regnavit; vitam ſupra 80 protraxit. Obiit noctu Muharrami 24
A. C. ann. Heg. 366: filios tres reliqvit Azad eddaulam et Mujddaulam matre Turca
976. ancilla natos; tertium ex filia Haſani Firuzidae patrui Macan Cachidae fil. Fe-
cred-

ared-daulam ſuſcepit. Rucneddaula poſt mortem fratris Amadeddaulae, filiis regnum diviſit. Mojddaulae Abunaſro Bojada Jezd Hiſpahan; Com Kaſchan, Nadar et Gerbadkan dedit; Rei Hamadan, Ebher, Casbin, Facreddaulae, Zengian, Savam, Auam et partem Kurdiſtan Mujaddulae tribuit, Azad eddaulae vero minori Senakhosrou, Perſidem conceſſit, ſibi a patruo donatam.

Muazzeddaula III Bojadarum.

Moazzeddaula Achmed filius Bojae, Kerman a fratre obtinuit, eaque domita, Chozeſtanem, Baſoram et Vaſitam ſubegit. Advocatus a Calipha ann. Heg. 334 Bagdadum cepit: Calipham excaecavit; ejus dignitatem Muti-billae tradidit, ut jam annotatum eſt. Regnavit annos 21, tempore Hamaddaulae et 17 Rucnaddaulae. Obiit anno Heg. 356. qvarto Rabiae poſterioris, profluvio alvi, qvinqvageſimum A. C. qvartum annum agens. Morem Bojadarum ſervavit, qvi ſtatutam precibus horam 960. duodecim tuborum ſonitu notabant, idem Dulhagiae 11 Huſaini colendi originem praebuit ann. 352. A. C. 963.

Azadeddaulae IV Bojadarum.

Azadeddaula Abuſchegiah Fena Chosrou, filius Rucnaddaulae Haſan, f. Bojae, patruo ex teſtamento ſucceſſit, et regnum Perſidis obtinuit anno Heg. 338. Regnavit ann. 34 populi amantiſſimus. Anno Hegirae 367 Bagdadum profectus, cum agnato ſuo Azzuddaula Barhtiar bellum geſſit, eumqve interfecit. Bagdadum captam qvo die ingreſſus eſt, Calipha illi obviam venit; Magnates bene habuit, juſtitiae parum ſtudioſus. Ejus memoriam ſervant ſepulchra ſex templa, qvae in honorem Haſani imperatoris fidelium et Hoſaini pontificis exſtruxit, Noſocomium et curandis aegrotis domus ab eodem Bagdadi aedificata, ut et murus Medinae, et agger Bendamir fluvii Kurd, imperatoris agger etiam hodie dictus, ann. Heg. 343 perfectus, cujus aqva Kerman utitur. Etiam urbem ex oppoſito Schiraz condidit, qvae nunc ager eſt, et imperatoris forum vocatur. Obiit epilepſia Bagdadi, Ramadano menſe anni 372, in templo Ali imperatoris fidelium ſepultus. Natus erat die Lunae 5 Dulkada die anno 314 Hiſpahanae.

Azzeddaula V Bojadarum.

Azzeddaula Bachtiar, filius Moiddaulae; poſt patrem Bagdadi 11 annos regnavit cum ducis exercituum titulo; deinde Azadeddalae juſſu occiſus eſt anu. 367. ut dictum eſt.

Muid-eddaula VI Bojadarum.

Muid-eddaula Abunasri filius Rucnedalae f. Hasan filius Boiae, Hispahanae degebat patre vivente: eo mortuo Adeddaulae auxilium laturus Rei profectus est: septem annos et sex menses imperavit. Bellum cum Fakraddaula et Schemsalmeali Kabuso, filio Veschmeghiri Tabarestanis rege gessit: tandem Moiddaulas bis vicit primo mense Guimadi priore ann. Heg. 371. secundo die Mercurii 22 Ramadani ann. 372. Chorasanem fugerunt, ubi 18 annos Fakraddaulas moram traxit, qvi in Iraka regnum tenuit. Cabus et Tabarestan in Moiddulae potestatem venerunt. Saheb filius Ibad inter Vezires celeberrimus, ejus in obseqvio fuit.
A. C. Obiit Mojodaula ann. 373.
983.

Facraddulas VII Bojadarum.

Facreddaulas Ali filius Rucnaddaulae secundum patris testamentum Hemadani degebat. Cum Azad-eddaulae mandato Moid-eddaulae auxilium tulit. Nisapor profectus est; unde ab Sahabo Ismaele Hibadae filio post Moiddalae mortem evocatus, ann. Heg. 373. rediit, regnoqve restitutus, illud 11 annos tenuit. Obiit ann. Heg. 387. Saheb filius Hibadi (Ajadi *Elmacin*) ejus Vesires fuit, vir absolutae virtutis. 400 camelos Bibliothecae vectores habuit, qvi licet omnia regni negotia ejus arbitrio commissa recte administraret, nihilominus singulis diebus proficiebat, seqve in omnium scientiarum, qvas etiam docebat, cognitione eruditum jactabat, earum optimis libris instructissimus, etiam bellandi scientia in-
A. C. clytus. Nonnulla ejus opera circumferuntur. Anno 357 post Abulphatah Ami-
967. dae filium Vezir factus, 18 annos eam dignitatem tenuit. Obiit noctu die Veneris
A. C. feria 24 Safari ann. Heg. 385. Hispahanem delatum, in vico Dezia terra conditum.
995. Qvidem urbe Rei, alii Hispahane oriundum scribunt.

Megd-eddaula VIII Bojadarum.

Megd-eddaula Abu Talib Rustemus filius Facreddini, patri in Iraka successit puer. Regni negotia mater Seida toto vitae tempore curavit, 27 scilicet an-
A. C. nos, splendidissime, sed anno Heg. 415 obiit. Tum turbatae res. Mahmud
1024. Gaznaniensis valido cum exercitu Megd-eddaulae regnum invasit; illum cum filio Abudalako cepit anno 420. Ita regnum Irak in Mahmudi potestatem venit. Megd eddaula annos 30 regnum tenuit, qvem melancholia laborantem, Abuali Sina (Avicenna) curavit. Sub ejus regni initium Kabus Veschmeghiri filius in regnum rediit, et anno 488 mense Schiabano Kerkhan Tabaristanam Mazanderana domita etiam Gueilan obtinuit; 15 annos regnavit, vir magnis virtutibus ornatus,

et

et ſcribendi peritiſſimus, ſed crudelis, ideoqve a militibus captus, in vinculis habitus: filioqve Menutcheher delatum imperium. Obiit in carcere ann. Heg. 403. A. C. 1012.

Scheref-eddaula IX Bojadarum.

Scheref-eddaula Abulfuares Scherziz filius Azad eddaula Adaddulae in Kermano poſt patrem regnavit anno regni qvarto et ſex elapſis menſibus. Bagdadum profectus; fratrem Samſameddaulam obvium habuit, qvem captum et oculis orbatum, in arcem Kejuſal miſit ann. Heg. 376. A. C. 986.

Samſameddaula X Bojadarum.

Samſameddaulas Abucalengiar Merzeban filius Azad-eddaulae, poſt fratris mortem a regni principibus carcere liberatus, in ſolio collocatus, novem menſes regnavit, donec Behaddulae frater contra eum duxit. Vixit tamen 8 poſtea annos, et obiit anno Heg. 388, occiſus ab Azzeddaula Bachtiar. A. C. 997.

Bahauddaula XI Bojadarum.

Bahauddaula filius Azad-eddaulae, poſt fratrem menſe Safero anni 380 imperator factus, annos 24 et ſex menſes regnavit. A Calipha Alkadir Billa rex regum, religionis columen dictus. Sultani Mahmudis, cum qvo pacem fecit, filiam uxorem duxit. Obiit menſe Rabis priore ann. 404. A. C. 1013.

Sultan Addaula XII Bojadarum.

Sultan Addaula filius Behaddaulae, ex patris teſtamento regnum tenuit annos 12 menſes IV. Fratrem Kavam eddin Abulfvaris, qvi bellum illi intulit, vicit, et menſe Schiabano anno 414 in Perſide obiit. A. C. 1023.

Scheref-uddaula XIII Bojadarum.

Scheref-uddaula Haſan filius Beaddulae, poſt patrem Bagdadi fratris Sultani Addaulae Vicarius imperavit: deinde nomine proprio imperavit, et ann. 410 hominem exuit. Regnavit annos VI et 2 menſes. A. C. 1019.

Gelal Uddaula XIV Bojadarum.

Gelal Uddaula f. Behaddaulae, fratribus cedentibus, Biſoram tenebat. Deinde Bagdadi imperavit minus facili rerum ſucceſſu. Regnavit annos 25 obiit ann. Heg. 435. A. C. Anno 1043.

Amad Ledinulla XV Bojadarum.

Amad Ledinulla Azelmeluk Abucalengiar Merzeban filius Sultani Addulae, filius Behaddalae, filius Azid-eddaulae, post patrem Persidis regnum tenuit ann. 414 cum patruo Gelaluddala, qvi Bagdadi imperabat, bellum gessit: dein composita pace Gelaladdalae Bagdadi iterum potens, fluctuantibus rebus suis, Turcarum metu, qvos in potestate sua non habebat, Schirazum petiit. Ismaeli in eum
A. C. nocte irruit, et Bojadarum res afflixit. Hamadeddin obiit ann. Heg. 441.
1049.

Elmelek Errahim Billa XVI Bojadarum.

Elmelek-errahim, Billa Abu Nasr filius patris jussu Bagdali imperium
A. C. tenuit annos VII, sed anno 447 Sultan Togrulbek Selgiukides Bagdadum profe-
1055 ctus eum cepit, et custodiendum in arcem Tabrak misit, in qva obiit.

Elmelek Abumansur XVII Bojadarum.

Elmelek Ledin-ullai Abu Mansur filius Hamadeddini Illai patris ex testamento Persidi imperavit. Fazluhia insidiis nocturnis eum cepit ann. Heg. 448 et in arcem, ubi tandem vita cessit, custodiendum misit. Persis in Fazluhiae potestatem venit, mox a Selgucciis recuperata. Superat ex Bojadis Abuali filius Hamadeddini; hic post fratrem 40 circiter annos vixit, regibus carissimus, a qvi-
A. C. bus tympanum et vexillum obtinuit. Obiit anno 447 et cum eo Bojadarum im-
1055 perium finem accepit.

SECTIO VII.

De Selgiucciis, qvi XIV numero annos 161 imperarunt.

Generis originem per triginta qvatuor patrum seriem ad Afrasiabum referebat Selgiukus, qvi qvatuor filios suscepit: Michaelem, Israelem, Mosem Begu et Jonam, qvi ditissimi quaerendis optimis pascuis Mauranahar venerunt ann. Heg. 375. positis in finibus Bocharae et Samarkandae sedibus. Post aliqvod tempus a Mahmude Gasnanio licentiam transeundi fluminis Amujae et Chorasanem petendi postularunt. Arslan Hadob Tusi praefectus hanc illis negandum censuit, ne damno provinciae essent, ob ingentem eorum multitudinem; sed Mahmudus, non probata ejus sententia, concessit. Itaqve Chorasanem profecti in finibus Nisae et Baverdae constiterunt. Michaeli duo filii erant. Togrulbek et Giafar Beg gemis duces regiam prorsus indolem vultu ostendentes, Chorasaniis carissimi, ut qvi post regem Mahmudem ad eos judicandis litibus irent. Hinc

Hinc Masudi Gaznanensis odium, qvi contra illos exercitum misit; Selgiucii victores fuerunt. Vindictam Mahmud parabat; sed Indiam turbatam petere coactus, Subaschio Chorasanis praefecto bellum hoc mandavit, qvi ut venit, victus est.

Sultan Rucnuddinus I Selgiucciorum.

Sultan Rucnuddinus Abutaleb Togrulbek Muhammed filius Michaëlis filius Selgiuki anno Heg. 429 absente Masudo Gaznanio regio in solio sedet, Masud post hos tres annos 432 Meru in planicie Dendankan cum Selgiuciis pugnavit, et victus Gaznani abiit. Post ejus fugam, Selgiucii rerum potiti sunt. Tum vero ad eos regni potentes Calipha Caim diploma misit, qvod judex Abulhusen Baverdensen sui temporis eruditissimus ad eorum regiam in Chorasanum tulit. Divisis inter eos provinciis Giafar Beg Chorasanem tenuit; Irakum Persicam Togrulbek cum reliqvis, qvas subegit, provinciis. Hic Hamadani sedem fixit; Bagdadum expugnavit; Calipham Cajimum ex vinculis Basasiri, ut diximus, liberavit; et Bojadas profligavit. Giafar Beg obiit anno 453. Togrulbek filium ejus Alep Arslanis patris sui locum tenere voluit. Ipse die Veneris 18 Ramadani ad plures abiit. Rex optimus singulis diebus qvinqvies cum tota familia orare, et qvinta ac secunda feria singulis hebdomadis jejunare solitus; qvoties domum sibi exstruere volebat, prius templum, deinde palatium exstruxit. Regnavit 26 annos, vixit LXX.

A. C. 1037.

A. C. 1061.

Sultan Azaddinus II Selgucciorum.

Sultan Azeddin Abuschegiah Aleph Arslan filius Giafar Beg, fil. Michaëlis, filius Selgiuk, terribilis et mole corporis metuendus, excursionibus deditus, Persidem Faslujae Schebar karae abstulit. Armenum Romanorum imperatorem in bello captum, ea conditione liberavit, ut singulis annis millies mille aureos tributum solveret. Inde Gurgeston contendit, provinciae primores multos cepit, qvorum aliqvi Muhammedanam religionem amplexi sunt. Primus annuli loco, qvem in auribus servitutis signum gestare moris erat, eqvi soleam gestare jussit. Primus Turcicorum regum Euphratem transiit; patris Vezirum Abunasrum Abdulmelek Kendarium Nisae interfecit, occisi caput Nisapur misit, ejus dignitatem Nazam-elmeleko Tusio celeberrimo viro dedit. Sub regni finem cum Persidis Irakae Aderbeigian et Charasanis potens factus fuisset, Mauranahar cum ducentis eqvitum millibus proficiscens Gihenem fluvium transiit. Berzem proximam littori arcem Joseph praefectus Kharezmius tenebat: eo victo, et regium ad solium adducto, post varios sermones gravia minatus est, qvorum impatiens cultro re-

regem aggredi voluit, qvi jaculandi peritia confisus, suos illum impedire tentantes prohibuit, tribusque sagittis, sed irrito conatu illum petiit: ita Joseph ad eum pervenit et vulneravit: qvo casu satellites territi abscesserunt, et Joseph cultrum manu gestans egrediebatur, nisi Giamius Cubicularius Nisapur oriundus lapidis in caput jactu interfecisset. Arslan eo etiam vulnere obiit circa finem Rabiae
A. C. prioris ann. Heg. 465. Regnavit annos duos, menses VI, dies 12. Vixit 44 an-
1072. nos et 3 menses. Mervae sepultus est.

Sultan Gelaleddin III Selgucciorum.

Sultan Gelaleddin Abulfeth Melikscha filius Alep Arslani patri successit. Nazam el meleki opera rex felici negotiorum successu inclytus, ut qvi Iran, Turan, Graeciae et Syriae partem obtinuerit. 48 Eqvitum millia parata semper habuit, assignatis toto regno ad hoc praediis, ut nemini molesti viverent. Hispahane regnum tenuit: venationis amans erat. Ann. Heg. 479 Meccanam peregrinationem exorsus, multa in itinere eleemosynas fecit: domos et diversoria in deserto viantibus exstruxit. Sub regni finem Kogia Nazam elmaliko Vezire deposito, Tagiaddinum Abulganaimum substituit. Nazam elmaliko Hasani Sab-
A. C. babi jussu in finibus Nohavend occisus fuit ann. Heg. 485 mense Ramadano ab
1092. infidelibus eodemque anno Bagdadi rex mense Schievalo hominem exuit. Moazzius Poëta:

Uno mense senex; alio, florentibus annis
Rex et ad Elysios ivit uterqve locos.
Gloria qvanta Dei, Regis qvam debile robur
Ostendunt oculis haec monumenta tuis.

Natus est Giumada priore anno 446. Regnavit 20 ann. Nazam-elmelek natus est mense Dikaada ann. 408.

Sultan Rucnaddin IV Selgucciorum.

A. C. Sultan Rucnaddinus Abulmuzaffar Barkiarok filius Meleschae, patri, cum
1095. qvo regnaverat, successit, liberalitate et bonitate insignis. Multa eo regnante successerunt; cum fratribus et avunculis bellum gessit, saepius victor: tandem anno 489 Chotesanem fratri Sengero concussit: annos 12 m. 8 regnavit. Obiit Giumadae posterioris 12 sub finem anni 498 Verdgerdae. Natus fuerat
A. C. Hispahane mense Muharrem anno 474.
1081.

Sul-

Sultan Gajatseddin V Selgucciorum.

Sultan Gajatseddin Abuschegiah. Muhammed filius Melekschae, post patrem regnavit, justitia et clementia inclytus, religionis observantissimus: omni studio haereticos suo tempore validos tollere curavit. In Indiam cum infidelibus pugnaturus duxit victorqve multis proeliis exitit. Regnavit annos 13 et 24 mensis Dilhigiae anno 501 obiit. Cadaver Hispahanem delatum conditumqve. Moriens hos versus protulisse fertur: A. C. 1107.

Ille ego, cui gladio, nodosae et robore clavae
Gentes et populi victaqve terra fuit:
Ut populos vici, sic me mors frigide vincit,
Injicit ultrices et mihi saeva manus.
Qvot varias dextrâ superavi nubibus urbes
Qvot pauere meo moenia pulsa pede:
Istaqve nil prosunt, nusqvam tractabile lethum
Suprema et nullas suscipit hora preces
Unicus est, omnes semper qvi permanet annos
Et qvi regna tenet non peritura, Deus.

Natus est mense Schiabano ann. Heg. 474. A. C. 1081.

Sultan Muazeddin fil. Sangiar VI Selgucciorum.

Sultan Muazeddin Abulhavirz Senger fil. Melekschae, dum Barkiaroch et Muhammed fratres ejus vixerunt, viginti annos Chorasanis praefecturam tenuit. His fato defunctis, rex regnum per 44 ann. et 4. mens. a finibus Catha et Khoten ad extrema usqve Aegypti et Syriae, et a mari Khazar ad Arabiam felicem imperii fines produxit: 19 magna proelia pugnavit, 17 Victor. Regnum tenuit omnibus metuendus, liberalitate et clementia erga populum insignis, fraudum, eloqventiae incuriosus, pelliceum sagum indutus, in solio assiduus, et nihil officiorum regiorum omittens. Muhammede fratre mortuo, Irakam profectus est: Mahmud filii frater contra eum insurgens victus est; deinde ad obseqvium redeunti concessa venia illi Iraka ad usqve Aegypti et Syriae terminos a Singero gratenter concessa, feria 5 Safari ann. 536. Maurenahar profectus; cùm Chiurchan Kathaio bellum gessit, victusqve Chorasanem rediit. Eo in proelio ad 30 m. A. C. 1141.

m. hominum caesa, amissa Mauranahar; capta regis uxor Therkan Khatun cum Emir Camach, Emir Abulfadi Nimruz praefecto. Ferideddin scriba ejus pugnae meminit his versibus:

Maxime rex, vastiqve Atlas fortissime mundi
Qvadraginta annos odiis certasse prophanis
Adversasqve acies multo fudisse cruore;
Multaqve diversis ex hostibus ultio sumpta,
Immensum efficiunt nomen; si tristia sorte
Contingant; coelum si misceat aspera laetis:
Hoc ita fata volunt, vario mortalia casu
Cuncta fluunt; solus mundo rebusqve superstes
Est Deus, et nullo nunqvam mutabilis aevo
Aeternae manet immota rationis abysso.

Ter contra Sultan Atsiz Kharezem Schahum familiarem et familiaris filium rebel-
A. C. lantem exercitum duxit. Tandem die Lunae 12 Muharremi ann Heg. 543 cum
1148. eo cedente pacem fecit ac rediit. Sub regni finem Gihon transiverunt Gazanii, miserias multas subierunt. Rex tamen eos aggredi bello constituit: illi mulieribus parvulis adductis coram, pacem orabant, supplices oblatâ per singulas domos argenti minâ, qvae conditio regi placebat, qvi redeundum censebat: Proceres recusarunt. Itaqve illi, omni spe abrepta, se parant ad bellum vitam servaturi
A. C. et anno Heg. 548 qvamplurimis occisis rege capto, Khorasanem et Kermanum
1153. invadunt, urbes diripiunt, et hominum multitudinem non enarrabilem morti tradunt. Sengerum apud se 4 annos retinuerunt: his elapsis aliqvos ex ejus servis Gazaniis admixti custodibus ejus in fraudem adductis, ad ripam Oxi venationis specie cum venissent, ereptum ex eorum manibus regem liberarunt, seqve in arcem Termed receperunt, inde rex Meruam profectus vita jam deficiente
A. C. et angoribus confectâ, obiit anno 552 Rabiae prioris 26: vixit annos 72. Natus
1157. est in loco Sangiar Syriae die Veneris 25 Regiebi anno 479. Regnavit annos 62.
A. C. Ab hoc tempore Selgiuciorum imperium in Chorazane finem habuit. Ejus ex
1086. sorore nepos Mahmud Chan, ex stirpe Bogra Chan, post eum Chorazanem tenuit annos et sex menses, contra qvem Mojed bia unus famulorum Sengeri mense Ramadano illi bellum movit, captum excaecavit. Ita Chorazan partim illi, partim Kharezmiis regibus, partim Gauriis cessit.

Sul-

Sultan Mughitzeddin VII Selgiuciorum.

Sultan Mughitzeddin Abulcasem Mahmud fil. Muhammedis Melcschae, patri successit initio anni 512 in Iraka; et seqventi 513 in finibus Savae bellum cum Sultano Sengero gessit, a qvo victus, pace, magnatum diligentia, cum eo composita, mensem unum ejus in obseqvio Riae transegit, eumqve sibi adeo benevolum reddidit, ut Irakam ad usqve Graeci imperii limites et Syriae obtinuerit, sicut antea diximus, et filiam dederit. Masudi fratris bellum bis sustinuit, eumqve vicit. Bonus rex, clemens, eloqvens, qvi aliis dotibus eximiis scribendi peritiam et aedificandi studium junxerat. Faeminarum, aucupii et venationis amans, 400 canes cum torqvibus gemmatis, et loris auro intextis habuit. Grammaticae, Poëtices, Chronologiae seu Historiae peritus. Regum nullus particula- A. C.
ribus regni negotiis adeo exacte studuit. Obiit 11 Schievali anni 525 Hamadani. 1130.
Natus erat anno 487. vixit anno 25. A. C. 1094.

Sultan Rucnuddulas VIII Selgiuciorum.

Sultan Rucnuddinus Abulmuzaffer Togrul Muhammedis filius, patris jussu tenuit annos tres adusqve Aegypti et Syriae terminos, vir justus, regendi peritus, honestus ac liberalis, et maxime strenuus, ab omni errore et foeditate alienus. Obiit Hamadani mense Muharramo ann. 529. vixit 25. A. C. 1134.

Sultan Gajatzeddin IX Selgiuciorum.

Sultan Gajatzeddin Abulfeth Masud Mahummedis f. fratri successit, humilis, affabilis, sed tamen metu, clementia, justitia et audacia omnibus Selgiuciis superior: uno impetu integras acies saepe fudit, uno vulnere leones confodit, bonus, industrius, jocosus. Eo regnante, plebs, exercitus, omnes ludis et musicis dediti in otio ac securitate vivebant. Ipse doctorum amans, erga pauperes liberalis, aucupii amans, deliciarum et nimiae qvoque diligentiae contemtor, venationis insatiabilis et ita peritus, ut solus leones confoderet: parvulus in proeliis semper adfuit et pugnavit: thesauros, opes neglexit, qvibus paene semper caruit, allatas aulicis distribuit: fratrum omnibus in bellis victor. Ejus tempore Salgarii Persidem invaserunt, seqve reges proclamaverunt. 18 annos et sex menses regnavit initio mensis Regiebi anno 547 Hamadani obiit. Vixit annos 45. A. C. 1152.

Sultan Meghitzeddin X Selgiuciorum.

Sultan Meghitzeddin Abulfeth Melckscha filius Masudi f. Mohammed post patruum regnavit, liberalis, bonus et minus serius; venationi, conviviis, lusui,

et musicae deditus. Magnatum, qvibus nihil tribuebat, negligens, qvi omnes qvatuor mensibus elapsis eum unanimes ductum carceri manciparunt Schievalo mense anno 547. Inde aufugiens, Khurzistan ivit, et post fratris mortem (cujus mentionem postea faciemus,) regnum adeptus, illud 9 dies tenuit, et obiit ann.
A. C. 555 die 11 Rabiae prioris. Vixit ann. 32 An. 8. substitit in Khuzistan.
1160.

Sultan Ghajatzeddin XI Selgiuciorum.

Sultan Gajatzeddin Abuschogiah Muhammed filius Mahmudi f. Muhammed Melekscha, cum frater in carcere esset, Chuzistane relicta, imperium adeptus est. Vir bonus, prudens, recti consilii amans, doctorum diligens. Regnavit 7 an-
A. C nos. Obiit Mense Dulhagia ann. 554.
1159.

Sultan Muazzeddin XII Selgiuciorum.

Sultan Muazzeddin Abuharitz Soliman rex filius Muhammedis a regni principibus in eum post aliqvod dubium vel concilium constitutum est Mousul evocatus et in solio collocatus est: vir conviviis prorsus deditus, hominum consortium fugiens; ceterum moribus, forma, eloqventia praestans, familiaris, sed minus felix princeps; eo sexto mense capto, et in carcerem truso, nepoti Sultan Arslani
A. C. regnum commiserunt. Natus erat mense Regieb ann. 511. Obiit 12 Rabiae
1117. prioris ann. 556.
A. C.
1160.

Sultan Ruenuddaulas filius Arslan XIII Selgiuciorum.

Sultan Rucnuddaulas filius Arslan, f. Togrul f. Muhammed, f. Melekschae, verecundus, clementia insignis, tarde iracundus, facile placabilis, sed maxime civili, placido et sedato ingenio. nihil unqvam petenti denegavit, nec ullus famulorum male habitus seu vi seu contemptu, neqve negantem qvisqvam audiit. Redituum et opum negligens, et in eorum exqvirendis rationibus mitissimus, delicatus, victus, epularum et vestium curiosissimus qvas habuit aut dono dedit pretiosas, sicut et omnis generis et coloris catenas auro intextas nitidissimas curiosius captavit, qvibus et immane pretium suo tempore fecit, qvales nullus regum ante eum gessit. Familiore ejus consortium, perfectae integritatis; nihil turpe, indignum, violentum, injuriosum, aut qvod aliqvem commo-
A. C. vere posset, ulli dictum. XI annos et VIII menses regnavit. Obiit mense Gia-
1175. madae posterioris ann. 571.

Sultan Mughitzeddin XIV Selgiuciorum.

Sultan Mughitzeddin Togrul filius Arslanis, f. Muhammedis Melekfchae patri fucceffit, forma, bonitate, majeftate, indole praeftans. Selgiucios omnes ingenii vivacitate, juftitia, eqvitis pedinisqve virtute fuperavit, omnis generis armorum peritiffimus: cum eruditiffimis difputare, bonum etiam carmen condere folitus, ut ex his verfibus conftat:

O felix hefterna dies, qvae junxit amantes,
Quum radio fulfit candidiore dies!
Infelix hodierna malis nunc ignibus ardens
Dividit unanimes, qvos bene junxit amor.
Exeat haec faftis et trifti morte fepulta
Nunqvam annos inter fit numeranda meos.
Ut pecudes laeto incedunt per pafcua paffu;
Sic homo per mundi moenia carpit iter.
Illi magna cibi fupereft et copia potûs,
Efferri ex toto nil tamen orbe licet,
Dividaeqve manent, menfaeque domusqve fuppellex:
Nil tibi fit curae, fi tua vita perit.

Sheikh Nazami felicis memoriae librum Khosrul et Schirinae illi dicavit. Eo regnante feptem planetae in tertio gradu librae eodem momento juncti funt Schebano ann. 581. fuitqve haec prima conjunctio aëre pluvio. Aftrologi internecionem, excidium et direptionem, qvae poftea fub Ginkifchan contigit in Turân et Iran, praedixerunt. Regnavit annos circiter 19, fub finem Rabiae pofterioris ann. 590. Sultan Tekefch ex Kharezmiis regibus illum bello victum juxta urbem Rei interfecit: occifi caput Bagdadum ad Caliphum mifit, corpus patibulo in urbe Rei fufpendi juffit. Hinc verfus: A. C. 1193.

Qvam vana mundi regna curis anxia
Fluxaeqve funt rerum vices!
Qvodcumqve vafto cingit orbis ambitu
Mutabile et varium puta.

Heri afferebas proximum coelo caput,
Palmaqve vix distans brevi:
At nunc remorum distat a capite tuo
Multis cadaver millibus!

Imperium Selgiuciorum in Iraka desiit; ex eisdem tamen in Graecia ejusdem familiae alios 110 annos imperarunt.

SECTIO VIII.

De Charezamiis, qvi numero IX regnarunt annos 39.

Originem a Tuschteghino Claudo repetunt. Is servus erat Pelkateghini servi Metekschae Selgiucii, qvi Tusteguino heri Pelkateghini defuncti dignitatem tribuit, regiae scilicet pelvis curam, qvia tunc in honore erat; id muneris adeptus praefecturam Charezem etiam obtinuit, gessitqve qvamdiu vixit.

Cotbeddin II Charezamiorum.

A. C. 1097. Cotbeddin Muhammed filius ejus sub Sultano Barkiavok praefectus Charezem fuit, deinde Kharezam Schahus seu Kezkharezem ann. 491 dictus, obiit A. C. 1361. ann. Heg. 521, postqvam 30 ann. Selgiuciis paruisset.

Sultan Ataz III Charezamiorum.

Sultan Atas filius Muhammedis Tusteghini, contra Sengerum rebellis, diu absolute regnavit; nec a bonitate, justitia et paternis moribus hilum deflexit. Obiit in valle Khabuschan subito aqvarum impetu, subiti torrentis iniqve interceptus A. C. 1156. ann. Heg. 551. Reschid et Vatvat ejus laudes cecinit et hoc tetradysticho, cum corpus ejus elatum est, eum prosecutus est.

Te reges populiqve simul, te regna timebant,
Omniaqve obseqvio sunt famulata tuo.
Nunc qvis erit sapiens, qvi dicat: regna, nec urbes
Nec populus, pretium corporis hujus erit.

Sultan Il Arslan IV Charezmiorum.

Sultan Il Arslan post patrem regnavit, magnam Chorazanis et Maurenahar partem invalidis tum Seljuciis facile subegit, multumqve imperium nulli prorsus A. C. parens extulit. Obiit 29 Regiebi ann. 558; regnavit annos VII. 1162.

Sultan Scha V Chorezmiorum.

Sultan Scha filius Il Arslan f. Atsiz f. Muhammed, patri ex testamento successit. Sultan Tekesch frater ejus major natu, contra eum bellum movit, qvod totum decennium duravit. Tandem anno 518 Tekesch victor Chorozmi regnum adeptus est. Sultan Scha Chorazanem fugit, ejusque partem obtinuit per 21 annos, qvos cladi suae supervixit. Obiit sub finem Rhamadan ann. 589 ejusque A. C. regnum Tekesch frater obtinuit. 1192.

Sultan Tekesch VI Chorezmiorum.

Sultan Tekesch filius Il Arslan filii Atsiz, fratre victo imperium adeptus est 22 die Rabiae posterioris ann. 568. Reschit Vatvat in eum:

Numqve bonitatis fama terris dedita
Tibi ligata venit ex tyrannide
Regni ruinas atque lati imperii
Restituit olim in integrum parens tuus.
Te sceptra, teqve regum decus decet,
Sacroqve circuire gaudet ambitu
Fortuna ridens. Qvidnam agas nunc cogita.

Chaeraem et Chorazenis partem tenebat, cum ann. 590 Togrul Selgiucio occiso A. C. Irakam occupavit. Khakani Poëta his versibus hoc canit: 1193.

Felix qvi nostras pervenit nuntius aures
Obtinet Hispahanis regna Charezemides,
Ad juga Persarum populos invisa coëgit,
Devictos Arabas imperioqve premit.

Et magni qvae luna ducis tentoria cingit:
Nunc domiti fulgens orbis in arce sedet.
Sic acie gladii regis Salomonis ad instar
Et maria et terras sub ditione tenet.

Kemaleddin Ismaël etiam in laudes ejus poëma scripsit, cujus hic est initium:

Consilio secura tuo respublica crescit;
Regnaqve firmata religione vigent.
Maxime rex regum, tibi non se aeqvare Feridon
Pellaqve potest gloria tota ducis.

A. C. Regnavit annos 28 et sex menses. Obiit anginae morbo 29 Ramadani ann. 597
1200 in loco qvi puteus Arabis dicitur, in finibus Charezem.

Sultan Kotbuddin VI Charezmiorum.

Sultan Cotbuddin Muhammed f. Tekeschi Chan f. Il Arslan, post patrem regnavit. Haec familia ad summum evecta fuit fastigium, felici adeo sidere et incremento, ut totam Chorasanem, Indiae limitanea et Mauranahar subegerit; Bagdadum et Irakam etiam commoverit, et reg. Aderbeigian et Persidis praefectos vectigales fecerit, nullo prorsus contra eos resistente. Sed post 20 annos imperium illorum deficere, et in occasum ire coepit, cum victor Mogolum exercitus Ginghis Chan jussu ab Oriente adfuit, ab qvibus victus Sultan, Maurenahare Chorasanem fugit, inde Irakam in urbem Casbinum, mox Gheilan, dein Mazanderan, ac ultimo in insulam Abeskoun, ubi obiit inseqventibus semper
A. C. Mogolibus, qvi omnes has provincias obtinuerant ann. Hegir. 617 verum Ginghis
1220. Chan ultra Bulkham progressus non est.

Sultan Geladeddin VIII Charezmiorum.

Sultan Geladeddin, filius Muhammedis filius Tekeschi, audacia et fortitudine supra ceteros omnes insignis, post patris mortem ex Insula Abe koun media hyeme discessit Chorasan; profectus inde Gaznam, septies in itinere contra Mogolas pugnavit, sexies victor, donec Ginghis Chan mandaris celeriter copiis eum ad Sindum profligavit. Victus in Indiam aufugit, ubi multas provincias sibi subjecit. Cum regnasset ibi ann. 2 ac Ginghis Khanum ex Iran egressum ad sua reverti accepisset, per Kerch et Mekran Kerman petiit, inde Irak, cujus rex fra-

ter

ter ejus Gelzeddin illi imperium tradidit; hinc Irakam Arabicam contendit, Naseri Caliphae exercitum fudit, Aderbeigian subegit et Gourgistan, cujus primores occidit, ibique Tartarorum exercitum Irakam venisse accepit. Hispahanem abiit contra eos, pugnavit in finibus Hin et Belhar; illi in Chorazanem fugerunt; hic in Zabulistan: post aliqvot dies Hispahanem rediit: Irakam obtinuit, illinc in Aderbeigian profectus eam provinciam cepit denuo. Deinde contra Cailkobad in Graeciam duxit; sed morbi pestis ergo fusus Mesopotamiam venit. Oktai Chan Ginghis filium accepit misisse Vazirem suum Ouzmagor Nervin magno cum exercitu ann. Hegir. 628 medio m. Schoval. Eum ille in tentorio dormientem ex improviso aggressus, dolo ac multa fraude adeo fugavit, ut nemo in posterum eum viderit. Aliqvi ignotum memorant interfectum a Curdis.

Gajatzuddin IX Charezmiorum.

Sultan Gajatzudin et Sultan Rucnuddin filii Muhammedis Tekeschidae, ante Geladdini ex India adventum aliqvantum in Iraka regnarunt, Mogolibus fugientibus, a qvibus Rucnaddino tandem interfecto, etiam Cajatzudinus in Kermane ab Borak suo cubiculario interfectus est, atqve ita totum Geladdini imperium Mogolibus cessit. Hic Charezmiorum imperii finis est.

SECTIO IX.

De Atabekiis tres in familias distinctis.

A.

Ramus sive familia in Perside celebris Sangariorum nomine XI. fuerunt, qvorum imperium 120 annos occupat.

Muzafareddin Sangar I Atabekiorum.

Primus Muzaffereddin Sangar Madudi filius, qvi sub Masudo Selgiucio prodiit, Persidem obtinuit, justitiae et aeqvitatis studiosissimus. Hic exci A. C. pendis peregrinis aedificium et torrim excelsam precibus faciendis Schirazi ex- 1160. struxit. Imperavit annos 13 ann. 556.

Ataber Muzaffereddin Zanki II Atabekiorum.

Atabek Muzaffereddin Zenghi filius Modudi post patrem Persidis regnum
A. C. tenuit, Arslanis Selgiucii sub imperio, qvi illum ei praeesse voluit. Regnavit 14.
1174 bonus princeps, et qvi ann. 570 hominem exuit.

Ataber Muzaffereddin III Atabekiorum.

Ataber Muzaffereddin Zenghi filius Modudi, post fratrem imperium te-
A. C. nuit; idem Arslanis Selgiucii sub obseqvio annos 14. bonus princeps. Obiit
1174. ann. 570.

Ataber Muzaffereddin Tekla IV Atabekiorum.

Atabek Muzaffereddin Tekla filius Genghi, patri in imperio successit, princeps justitia et bonitate insignis: regnavit annos XX. Kogia Emin-eddin Kazzanias ejus Vezir extitit, vir sui seculi maximus.

Ataber Cotbeddin V Atabekiorum.

Atabek Cotbeddin Togrul filius Sengar f. Moduli, vir industrius, post cognatum regnavit: cum Sahad Zenghi patrui filio bellum gessit. Magno regni exi-
A. C. tio et vastatione regnavit annos LX. Obiit ab eodem Sahado Zenghi captus
1202. ann. 599.

Ataber Muzaffereddin Abuschegiah VI Atabekiorum.

Atabek Muzaffereddin Abu Schegia Saad Ben Zenghi victo Togrul regnum tenuit, seculi sui liberalissimus, fortitudine Rustamo aeqvalis, justitia praecipuus, Kerman subegit.* Persis ejus tempore incolarum frequentia floruit ann. 613. Irakam profectus, cum mille hominibus Sultani Mahmudis filii exercitum aggressus, captus est; honorifice habitus, ac ea sub conditione demissus, ut duas sextas ejus, qvod e Perside exigebat, tributi aerario Muhamedis inferret. Liberum ac reducem filius Abubeker admittere noluit, et Sirazi ingressu prohibuit: hinc bellum, in qvo sagittae ictu vulneratum noctu eum in urbem cives rece-
A. C. pere; ita filium cepit ac 7 annos in vinculis habuit. Regnavit annos 28. Tem-
1230. plum et recipiendis viatoribus locum exstruxit. Obiit ann. 628.

Atabek Muzaffereddin Abubek VII Atabekiorum.

Atabek Muzaffereddin Abubek Kotlon Chan filius Sahad f. Zenghi, patri successit, vir justitia et ingenio magnus, totoqve ob virtutes orbe celebris, docto-

rum

virum hominum amplissimus, qvibus multa in regno suo beneficia conferebat saepe de manu propria suis. Etiam extra regni limites aliena mittebat, hinc ex omnibus provinciis ad eum confluebant. In aliqvibus etiam Indiae regionibus ejus nomine oratum est. Persicum regnum sub eo maxime floruit: ipse aedificia plurima, templa, scholas, Schirazis restituit, domos, fora exstruxit ejusqve ad instar ceteri Magnates Saadi librum Gulistan ei dedicavit. Regnavit annos XXX. Obiit Giumada priore anno DCLVIII. A. C. 1258.

Atabek Muzaffereddin Saad VIII Atabekiorum.

Atabek Muzaffereddin fil. Abubekri, fil. Saadi, fil. Zenghi, post patrem 12 diebus regnavit, qvibus elapsis obiit.

Atabek Mehemmed fil. Saad IX Atabekiorum.

Atabek Mehemmed fil. Saad, admodum juvenis patre mortuo regnum obtinet, matre Terkan Khatoun administrante: postqvam regnavit annos 2 mens. 7. ex hac ad aliam vitam transiit mense Dilhigia.

Atabek Muhamed Scha Ben Salgar Isha X Atabekiorum.

Atabek Muhamedscha filius Selgarscha f. Sahad, f. Zenki, post Atabekum Muhammedem octo menses regnavit, diu nocteque deliciis deditus, regni negligens. Terkan Chaton die Veneris decima Ramadani illum in pugna captum oppressit et interfecit.

Atabek Mudafareddin Selgiukscha XI Atabekiorum.

Atabek Muhamedscha filius Selgarscha, f. Sahad, f. Zenki, post Atabekum Muhammedem octo menses regnavit, diu nocteque deliciis deditus, regni negligens Terkan Chaton die Veneris decima Ramadani illum in pugna captum oppressit et interfecit.

Atabek Mudafareddin Selgiunsaha XII Atabekiorum.

Atabek Mudafareddin Selgiukschah ejus filius, Salgari filius, Abubekr f. Sahal, Persidis regnum tenuit, qvinqve menses imperavit, Terkan Chatoun matrimonio sibi junxit et occidit. Ejus frater Aladdaula Jezdi ad Ulakouchan confugit, Mogolum exercitum ejus mortem ulturus adduxit, a qvo multa post

praeproelio victus Kaschersonem fugit; Moghlei eum prosequuti ejus loci templo extractum interfecerunt.

Atabek unus Khatoun filia Sahad f. Abubekri post Selgiukscha regnum sibi traditum tenuit; sed Mengon Zimur Ilachanis filio tradita Persidem Mogolum imperio adjecit. XX annorum spatio ejus nomine regnum est administratum, donec Salgariorum nomen desiit.

B.

Stirps Atabekiorum secunda,

quae in Syria et Mesopotamia annos CLXXVII regnavit Sangaro Sultani Melekscha Selgiuci famulo oriundi numero IX.

Ak Fankari.

A. C. 1088. Ak Sangar ann. Heg. CCCCLXXXI Amalekscha praefecturam Alepi adeptus
A. C. 1097. annos X eam tenuit, ibiqve ann. 491 obiit.

Amaddin Zenghi II.

A. C. 1129. Amaddin Zenghi filius Aksengari, anno DXXI Sultani Mahmud fil. Muhammed f. Malekschae Selgiucii, praefectus in Irak Arabum fuit, post annum Musal praefecto mortuo, hanc qvoqve ditionem obtinuit, hinc exercitu in Syriam ducto Halepum cepit, et anno DXXIV Francos Syriam invadentes vicit, Damascum bis obsidione cinxit, inde Mesopotamiam reversus Diarbekir et Kurdistan subegit, tandem anno DXLI ab famulis meditato scelere nocte interemtus est. Regnavit 23 annos.

Nureddin Mahmud III.

A. C. 1154. Nureddin Mahmud filius Amadeddini Zankhi, post patrem Halepum, Hims et Hama tenuit. Sengiar exercitu aggressus etiam subegit. Damascum anno DXXXXIX cepit, totamqve per Syriam adeo Nureddini Mahmudi imperium crevit, ut Azad ultimus Phatimidarum in Aegypto Calipha, ejus auxilium contra Francos imploraverit, nec ille moratus Salahddinum Josephum J. bi filium expellendis Aegypto Francis misit. Ab eo tempore Aegypti regnum ab Ismaëliis ad Saladdinum translatum est usque Melekheserhom regis victoris nomine vocatus. Ceterum Nuraddinus justitia et religione celebris fuit adeo, ut inter qvadraginta

famsanctitate insignes numeretur, quin et ad sepulchrum ejus orantium preces exaudiri meruerunt. Natus est anno DXIII, et mortuus anno DLXIX, Damasci sepultus. A. C. 1119. 1173.

Mebek Saleh fil. Muraddini IV.

Melek Saleh fil. Nuraddini Mahmudi, eo quo pater obiit die, a proceribus rex constitutus est ann. 11. natus. Salahdinus Joseph in Aegypto primus, ejus nomine sicut patris antea ornavit. Regnavit VII ann. Obiit ann. DLXXVII. p. 50. A. C. 1180.

Seiphaddin Gazi V.

Seiphaddin Gazi filius Hamaddedini Zenghi, post mortem patris a fratre Nuraddino Mahmud Mesopotamiae Gezirae praefecturam et Kurdistanis partem obtinuit. In bellis Francorum occupatissimus obiit anno DXLIV. A. C. 1149.

Kotbeddin VI.

Kotheddin Modud filius Hamadeddini Zenghi post fratrem Seifoddinum Gazi, regnum aliquod tempus tenuit. Obiit ann. DLXV. A. C. 1169.

Seiphaddin VII.

Seiphaddin Gazi filius Kotbeddini Modudi, f. Hamaddedini Zenghi, post mortem patris Musal regnavit annos XI. Obiit ann. DLXXVI. A. C. 1180.

Azeddin VIII.

Azeddin Masud filius Kotbeddini Moduli, post mortem fratris imperii cupidus, Alepum cepit, multisque inter eum et Saladdinum proeliis gestis, tandem XXIX Spahani ann. DLXXXIX obiit. Eodemque anno Saladdinus decessit. A. C. 1193.

Nuraddin Arsalonscha IX.

Nuraddin Arslanscha filius Masudi Modudi, fil. Zenghi, post Azoddinum Masud regnavit annos XVIII. Obiit ann. DCVII. A. C. 1210.

Azeddin Mashud.

Azeddin Mashud filius Nuraddini, f. Arsolonis Scha, patri in regno successit, Bedoreddino Lulu regnum administrante; post exiguum tempus Azeddin fato con- A. C. 1260.

A. C. concessit, et Musalis imperium Bereddino, qvi anno DCLIX obiit nonagesimum et
1261. sextum agens, illi filius Melekšalh successit, qvi Vlachochacii rebellis ab Mogolum proceribus Musale obsessus, et fame ac peste urgentibus egressus; occisus est anno DCLX. Ab eo tempore Mesopotamia Mogolum imperio cessit.

C.

Tertia Stirps.

Tertia Atabekiorum soboles in Iraka et Aderbeigian regnavit, numeroqve VI. fuerunt.

Atabek Eildekez I.

Atabek Eildekez Sultani Masudi Selgiucii famulus, ingenii praestantia ad hoc culmen evectus est. Etenim Masudus fratris sui uxorem Togrul Sultani Arslanis matrem illi conjugem dedit, ex qva filios duos suscepit Schanpehlevani Atabekum Muhammedem et Kizilarslan: in tantum autem dignitatis fastigium crevit, ut omnes regni principes viciniqve et limitanei illi obedirent, omniaqve sub Arslane et potiora regni negotia ejus in arbitrio et consilio essent; neqve rex
A. C. sine ejus approbatione qvicqvam gessit, solo regis nomine contentus. Sic XIII
1172. annos cultus colensqve vicissim egit, qvo tempore elapso mater Sultani Arslanis obiit anno DLXVIII, illiqve vix mensem unum superstes Atabek esse desiit. Cadi Rucneddinus hoc epigrammate eventum hunc ita descripsit:

Felicitatem seculi qvis non dolet
raptam perire tam cito
Pietatis illam solet imperii decus
seqvutus e vestigio est
Inane rerum temporis lapsus ruit
nihilqve permanet diu.
p. 34. Felicitatem qvinqve stantem seculis,
En mensis unus abstulit?

Gehan Pehlevan II.

Gehan Pehlevan Atabek Muhammed, filius Atabek Ildekez, post mortem Arslanis Irakam tenuit. Sultanum Togrul Arslanis filium septem annos natum in

in solio collocavit, fratrem Kizilarslan Aderbaigianem misit, seque imperium rexit, ut Orientis et Occidentis reges cirationes rerum redderent. Caliphas nomen, qvi ei aliqvid molestiae fecerat, e precibus delere ausus, donec post annum ab eo muneribus placatus illud restituit. Rexit annos X. obiit anno A. C.
DLXXXII: filios qvatuor reliqvit, Abubecrum, Katlak 2, Schyrmiram Pehlevans 1186.
obek Abubekrum 3, et Azbek 4. Duos ultimos ex concubina; priores ex Kalibeh Khasoun Inangio filia.

Atabek Kizil Arslan III.

Atabek Kizil Arslan Atabeki Ildekez post mortem Atabeki Muhammedis, Zebrisio relicta Irakam venit, Kalibem Khatoun uxorem duxit, regni negotia administravit, ita ut praeter nomen in diplomatibus, Sultano Togruli nihil superesset, qvod ille cogitans post aliqvod tempus Kizil Arslani insidias struxit, qvarum ille prudens et sciens, eum captum in arcem Behram misit, eademqve nocte ipse Arslan qvinqvaginta vulneribus cultri confossus inventus est, sceleris invidia in perditos latrones haereticos, grassatores, translata. Accidit hoc Schienalo m. A. C.
anno DLXXXVII. 1191.

Atabek Abubeker IV.

Atabek Abubeker filius Atabeki Muhammedis, occiso Kizil Arslane Febrisii, regnavit, et Kalibeh Khatoun auxilio Katlak Inangius ejus filius Irakam obtinuit, nec segnem operam praestitit Sultan Togriel, qvi arcis praefecto adjuvante carcere liberatus Irakam venit, ejusqve imperium vindicavit, et uxorem Caribam duxit. Inangius cum fratre Atabek Abubekro pro Aderbaigian saepius pugnavit, vel uno mense qvatuor proeliis, in qvibus omnibus victor Atabek Abubekrus fuit, qvi XX annos Aderbeigian tenuit, et anno DCVII obiit. A. C.
1210.

Katlak Inantch V Atabekiorum.

Catlak Inantch seu Inangius, Muhammedis filius, cum Togrul Caribam matrem duxisset, ipse cum ea consilium iniit de eo veneno interficiendo, paratus cibus, inficitur, Togrul ab aliqvo monitus Caribam coegit, eo ex cibo sumere, qvo statim periit. Inangius captus et magnatum precibus liberatus, in Tekesch Kharezemschahi famulitium transiit, qvi ei Hispahanem tradidit post occisum Togrulum. Irakae praecipuos ingratorum hominum scelere in eqvitatu suo distribuit, et ordinavit. Anno DXCIV ab Mialecko Rejurbio praefecto, Kharezemschahi misso A. C.
interfectus est; caput occisi ad Tekesch delatum. Aliqvi eo invito accidisse pu- 1197.
tant.

Atabek Muzaffereddin VI Atabekiorum.

A. C. Atabek Muzaffereddin Azbek, filius Atabeki Muhammedis, post Abubekrum
1225. Muhammedem in Aderbeigiana regnavit XV annos; et anno DCXXII, qvando Kharezem Schah Gelal-eddinus Aderbeigianam occupavit, colico morbo obiit in Alingiak arce, et imperium Atabekiorum desiit.

CAPUT V.

DE ISMAELIIS, QVI IN DUOS RAMOS DIVISI.

Primus ordo ad Ismaëlem pontificis Giafario, Justi filium originem refert. Hi in occidente Aegypto imperarunt CCLXVI annos, fueruntqve XIV. atqve hi, qvamvis in Irac non regnarunt, eorum tamen hoc in breviario meminimus, qvia illorum praecipui Persidem tenuerunt, qvi se his ortos ferebant, itaqve de istis aliqva

p. 52. compendio referre placuit.

Abulkasem I.

Abulkasem Muhammed, filius Abid-ullae, primus qvi regnavit. Secreta opinio est, eum fuisse qvi Mahdis nomine in historiis celebratur, si Muhammed Abussaoud in Chronico Oboun Eltevarikh, i. e. fontes historiarum, ita genus ejus refert; Muhammed filius Abid-ullae, f. Casem, f. Ahmed, f. Muhammed, f. Ismaël, f. pontificis Giafari Veridici. Alii ab Abdalla filio Memmoun-kada ortum

A. C. perhibent, qvi Giafari Pontificis partibus addictus fuit, anno Hег. CCCLXXXIX

1096. mense Rabiae 20. Viri docti in qvaerenda ejus genealogia laborarunt, eamqve sic breviter prodiderunt; Primus omnium istorum erat dominus Cydalmozted, cum fratre Hosapio, doctor abuhamed assefaranius, Judeae abumuhamed alakfanius et Abulhasen alkadurius, aliiqve plures, qvi Muhammedem Ismaëlis ejus avum, Abbasidarum metu ad Muhammedem Abad fugisse perhibent, in urbe Rei, ibiqve sepultum in vico ab ejus nomine nuncupato. Ejus filii Candahar secesserunt,

A. C. eorumqve familia ibi celebris fuit. Abulcasem anno CCLXXXXVI eg ellos in

908. Magrib, Mahadim se nominari voluit, et firmando imperio prophetae dictum usurpavit: Initio anni trecentesimi orietur sol ab occasu; ibiqve multum incrementi

A. C. sumsit anno CCCII. Contra filios Aglab qvi ibi Moktederi Kaliphae jussu res

914. administrabant, bellum movit, qvibus victis Africam proprie dictam et Kairuum

sibi

sibi subjecit, in qvarum regionum finibus Mahadiam aedificarit, ubi sepultus est A. C.
anno CCCXXXII postqvam regnasset ann. 26. 932.

Alcaim Beemr-ulla II.

Kaim Beemr-ulla Muhammedis filius, post eum regnavit ann. XII, obiit anno A. C.
CCCXXXIV. 945.

Almansor Bekouvet-ulla III.

Almansor Bekouvet-ulla Ismael, filius Kaimi, filius Muhammedis, post
patrem VII annos imperium tenuit. Obiit Mahadae anno CCCXLI. A. C.
952.

Almoaz ledin-ulla IV.

Almoaz ledin-ullah, filius Mansur, patri in imperio successit, vir
prudens qvi late dominatus, Aegyptum Abbasidarum Praefectis abstulit, et A. C.
anno CCCLXII Alcaheram condidit, qvam sibi Regiam fecit, Hegiaz etiam ab 972.
iisdem Abbasidis vindicavit, et vigesimoqvarto imperii sui anno, die Veneris XI A. C.
Rabie posterioris anno 365 obiit. 975.

Alaziz Billa V.

Alaziz Billa Abu Mansur Tarar filius Muazzi patri successit, hic Alebreghi-
num Maurimaeum ante Abbasidis addictum Damasci praefectum occidit, et Syriam
subegit. Regnavit annos XXI: obiit Ramedano mense anno CCCLXXXVI. A. C.
996.

Elhakem Beemr-ulla VI.

Elhakem Beem-rulla Abuali Mansur, filius Azizi, patri in imperio successit,
insignis religionis observantia et liciti vetitique pertinacissimus; hic prohibendo
vini potu vites arboresqve fructiferas excidit, ocreas mulierum, ne domo exce-
derent, publice confici vetuit; XXV annos regnavit, obiit a suis occisus anno CCCCXI. A. C.
1020.

Eltaher Billa VII.

Eltaher Billa Abulhasan Ali, filius Hakemi, f. Azizi, f. Muazzi, patri successit, ejusqve interfectorem, capta et inventa occasione, occidit. XVI annos regnavit, et [illegible] anno CCCCXXVII [illegible] excessit. A. C.
1035.

Almo-

Almostansir Billa VIII.

Almostansir Billa Abutemim Muazzuo, filius Zaheri, septem annos natus imperium accepit, tenuitqve sexaginta. Filios tres suscepit, Terarum, Achmed et Abdelhamidam: primogenitum heredem instituit indito Emri nomine, dein ejus pertaesus abdicavit, Achmede substituto et mostaali vocato. Sic Ismaelitae duas in factio-
p. 53 nes divisi sunt, utraqve his nominibus celebri Emraij aut Mostalij dicti. Hasan, Sabbah jus primogenito tribuit, qvem secutus eum Regem proclamavit in Perside, eoqve nomine Terari Kohestanij dictus est Mostansir. Obiit anno CCCCXXXVII.

Almostaali Billa IX.

A. C. Almostaali Billa Abulcasem Achmed, filius Mostansiri, patri successit, fratrem
1020. Terarum cepit, et Caherae vinctum ad mortem usqve tenuit. Eo regnante anno
A. C. CCCCXI Franci Hierosolymam recuperarunt, septuaginta hominum millibus ibi
1023. occisis. Mostaali VII annos regnavit, et ann. 414 excessit Kaherae.

Leemrred Hoccam ulla X.

Leemrred Hokkam ulla Abuali Mansur, filius Mostaali, post mortem patris
A. C. 27 annos regnavit, periit anno DXXIV. IV mensis Dulcadac, à qvibusdam Terari
1129. fratris partes seqventibus occisus.

Haphiz Ledin-ulla XI.

Haphiz Ledin-ulla abu maimon abdelhamid, filius Mostansiri, nepoti suc-
A. C. cessit: 20 annos regnavit, et mense Giumada posteriore anno DXLIV obiit
1149. octogenarius.

Elzafer Billa XII.

Elzafer billa Abu Mansur Muhammed, filius Haphiz, f. Mustansir, patri successit in regno. Ejus tempore Franci Ascalonem expugnarunt. Vezir ejus Abas
A. C. filius Teminii eum interfecit, qvod filium Lascumius inspiceret, et ob hoc puer
1154. male audiebat, anno DXLIX.

Elfaiz Billa XIII.

Elfaiz Billa Abulcasem Isa, filius Zaferi, post eum regnum tenuit saepius
A. C. epilepticus, obiit anno DLV.
1160.

Aze-

Azed Ledin-ulla XIV.

Azed Ledin-ulla Abnabdala Mchemmed, filius Fais, poſt patrem regnavit
anno DLXIV. Contra Francos a Muraddino Mahmud filio Amadeddini Zeniani A. C.
auxilium petiit, ille Seghladdinum Joſephum Jobi filium ad eum miſit, Franci 1168.
ante Syriaci exercitus adventum fugerunt. Interea orta inter Azedum et Veſirem
contentione, Saladdinus Azedo adfuit, Veſirem Saporem occidit, ejusqve dignitatem
impetravit tandem die Veneris anni DLXVII, ſecunda Muharranii die. In precibus publicis Almoſtadii Abbaſidae nomen reſtituit. Azed morbo obiit, eodem
anno X Menſis Muharranii, nec ullus amplius ex ea familia regnavit. Salad- A. C.
dinus Aegypti potens Sultani nomen aſſumſit, et anno DLXXI Syriam imperio 1171.
adjecit, DLXXXV Hieroſolymam Francis eripuit. Mecham etiam expugnavit et A. C.
ann. DLXXXIX menſe XVII ad plures abiit. Vixit LIX annos paulo plus. Re 1175.
gnum Aegypti ad ejus poſteros pervenit, manſitqve ad cſlavum usqve, inde ad A. C. 1189.
mamluchos ſeu ſervos tranſiit continua ſerie, donec ſub anni DCCCCXXII finem A. C.
qui initium DCCCCXXIII, Selimus Romanorum imperator, Syriam et Aegyptum 1193.
ſubegit, ac debellatis Mamlucis Canſuam prope Halepum victum interfecit, in A. C.
qvo imperium Mamlucorum ſive Circaſſiorum ſeu Turcorum, his enim nomini- 1516.
bus vocari, deſiit, poſt ann. CCLXXVII eoqve qvo ſcribimus anno DCCCCXXVII 1517.
Graecia, Syria, Aegyptus, Hagiaz, id eſt Mecca, ſeu Arabia Petraea, Diarbekir
et Irak Arabum Solimano Solimii filio parent.

Ramus ſeu ſtirps ſecunda.

Regnum Kobeſtan qvi Schismatici dicti numero VIII regnarunt annos CLXXI.

Haſſan Sabah I.

Haſſan Sabbah, filius Ali, f. Muhammed, f. Giafar, f. Hoſain, f. Muhammed Elhamiri pater Haſani, ex Arabia Kufam, Kufa Kom urbem, Kom Rei venit,
ibiqve Haſſanum genuit, qvi publice ſummum probitatis ac pietatis ſtudium
profeſſus, religionis obſervantiſſimum et ſcientiſſimum ſe oſtendit. His dotibus p. 54.
omnium laudem meritus, ut qvi filium propter vini potum occiderit, ad Iſmaëlem,
filium pontificis Giafaris, genus referebat, cujus ſucceſſores ſecutus eſt, ab doctis
hoc nomine probatus anno CCCCXCIII menſe Regiebo arcem Almut venit, A. C.
deceptis incolis, qvi eum ſibi praefectum conſtituerunt, qvod et aliae arces pluri- 1099.
mae fecerunt, ejusqve ſe imperio multi ſubmiſerunt. Anno CCCCXCV arcem
Lemſer occupavit. Sultan Senger Selgiucius cum eo contendere voluit, eumqve
ſecutus cum Vetigali, ſic immenſum res ſuas auxit, veſtes pretioſas induit, muſco

ſupercilium infecit, capitis tegmen ornavit, libros ſcripſit. Manifeſta legis occulta eſſe, et occulta manifeſta dicebat. Ejus ſeuſus, praecipua capita, et controverſias exacte tenuit. Regnavit ann. 35; obiit die Mercurii VI m. Regiebi poſterioris
A. C. ann. DXXVIII Eo regnante multi Muſulmanii, qvi in ejus verba jurare nolue-
1133. runt, interemti ſunt, miſſis ab eo ſpeculatoribus percuſſoribus.

Kia Buzourk Ommid II.

Kia Buzourk Ommid Rudbarienſis Haſſani Sabahae exercituum dux, ab eo qvando ad plures abiit, regni heres inſtitutus; hic palam religionis ſtudium oſtentans Haſani dicta ſeqvi, eisqve omnes parere voluit: regnavit Rudbarae aliisqve haereticorum ditionibus ann. XIV et menſes II. obiit XXVI Giumadi poſterioris
A. C. ann. DXXXII.
1137.

Muhammed filius Buzourk III.

Muhammed filius Buzourk Ommid patri ex teſtamento ſucceſſit; ipſe qvoqve palam religionis tenax, ſed filium Haſanum ſimulatorem habuit nec ſincerae fidei, qvi eandem aliis credendi licentiam faceret, multaqve in Alcorano ſecus interpretatur, qviqve ſe pontificem profiteretur. Pater ejus rei certus, congregata multitudini dixit: Haſan filius meus eſt et nos viles extremiqve, nec pontifices ſumus, qvisqvis in nos crediderit, falſus eſt; itaqve filium carceri traditum detinuit, et ſic populus ei non credidit. Regnavit XXIV annos, menſes
A. C. VI. Obiit III Rabie prioris ann. DLVII.
1161.

Haſan filius Muhammedis IV.

Haſan filius Muhammedis, f. Buzourk Ommid, patri in imperio ſucceſſit. Is haereticae pravitatis fundamenta jecit, pontificem ſe profeſſus menſis Ramadani
A. C. ann. DLIX ad radices caſtri Almut congregari homines juſſit, poſtramqve ſug-
1163. geſtum qvatuor vexillis, rubro, flavo, albo et viridi ornatum conſcendit, in haec verba prolocutus. Ego propheta pontifex veſter ſum, vim toto procul orbe et praecepta legalia ſuſtuli, hoc reſurrectionis tempus eſt, nec ultra tempus diligentius inqvirendum: ſtatimqve de ſuggeſto deſcendens, jejunium ſolvit, varia proſpera et adverſa fortuna conflictatus. Ejus ſectatores diem hunc Aaid Kiam I. reſurgen-
A. C. tis feſtum vocarunt, et ab eo rejecta Hegira ſuos annos numerarunt, atqve ita in
1156 excelſo, qvod poſtea ſtruxerunt aedificio poſuerunt, Haſenom autem domini in fidei ſuae monumentum nomine appellarunt. Haeretici immane tunc aucta potentia creverunt. Ipſe qvatuor annos regnavit DLXI a fratre uxoris occiſus in arce Lemſer in malam manſionem abiit.

Chund

Chond Muhammed V.

Chond Muhammed filius Hasani f. Muhammed Bezourg Ommid, patri successit, cujus interfectores occidit: regnavit annos XLVI ejusqve tempore ad summum potentiae haeretici pervenerunt, et Muhammedanae religionis rituum his in provinciis desitum est; obiit 10 Rabie prioris ann. DCVIII veneno, ut pleriqve asserunt a filio illi propinato. A. C. 1211.

Chond Gelaleddin Hasan VI.

Chond Gelaleddin filius Muhammedis, f. Hasan, patri successit, cujus religionem aversans, a recta via deflectere noluit, suamqve apud Calipham fidem protestatus, doctorum omnium sententia et testimonio fidelis nomen obtinuit, et doctoribus Kasbiniensibus docentibus, praedecessoribus suis male dixit, donec ab omnibus Musulmanus dictus singulis in vicis Rudbari templa et balnea aedificari curavit, ritusqve solitos oraturus instauravit. Regnavit annos XI et dimidium, p. 55. et medio Ramadani mensis obiit ann. DCXVIII: nativitas ejus incidit in annum A. C. 1221. DLII. A. C. 1257.

Chond Aladdin VII.

Chond Aladdin Muhammed filius Gilaleddini Hasani, patri successit, cujus neglecta religione, licenter ad inania et impia deflexit; regnavit annos 35 et mens. unum, interemtus sub finem Schivali anno DCLIII ab Hasano Mazanderano ejus custode. Schemseddin Job Tasusius Casbinensis hos versus in eum scripsit:

Hunc traditurus mortis angelus Erebo
Vidit Mandulsum et Ebrium.
Malamqve mansionem duxit - - - -
Tractu visrum frangeret
Sed institorum turba venit obvia
Calicesqve plenos obtulit
Alacritatis judices, vestigiis
Affusa legit pocula.

Chond Rucneddinus VIII.

A. C. 1256. Chond Rucneddinus Chourscha filius Aladdini Muhammedis, patri successit, Hasaanem Mazanderanium cum filiis eodem supplicio interfecit. Annum unum regnaverat, cum Hulakukham in eum duxit, atrox bellum fuit, sed cum et se imparem vidit, arce Moymoun egressus Hulakukhani se permisit sub finem Schiovali mens. ann. DCLIV. Hulakuchan arcem obtinuit, omnesqve haereticorum arces, everti jussit, uniusqve mensis spatio qvinqvaginta deletae sunt, nec ulla superfuit, praeter duas Kudkuch et Lemser, qvae postea expugnatae sunt. Ipsoqve Hulakukhan Rucneddinum ad Mengoucharii aulam Cataiam misit, sed Maurelnahal cum pervenisset, Manguis ex mandato in via occisus est. Ita haereticorum regnum Almutense desiit. Arx Almut aedificata fuerat ann. Heg. 246 Tusou Hasani filii Zeidi Huscinii qvi illis partibus imperabat.

CAPUT VI.

DE REGIBUS KARA-CATHAI, QVI NUMERO IX IN REGIONE KERMAN REGNARUNT ANNOS LXXXVI.

Barak Ageb. I.

Barak Hagib I. Janitor inter praecipuos Churkhani Kara-Cathai proceres ad Sultanum Muhammedem Kharesmschahum legatus missus, negata redeundi licentia, ejus in aula cum Magnatibus vixit, et Mogolum imperio utcumqve languente Kermane regnavit, suoqve nomine administravit ipse. Caliphae Cotioug Sultanum, et Ginkio Chan eum Khanum in litteris vocarunt: regnavit XI annos;
A. C. obiit XX mensis Dilkahadae ann. DCXXXII; sepultus est in templo qvod aedi-
1234. ficavit in loco Zurcabad. Successit illi ex testamento nepos Cotbeddin, qvi post aliqvot dies ex mandato Oktai Chan provinciam Beraki filio Rucneddino tradidit, ad qvem paternum imperium rediit.

Sultan Rucneddin II.

Sultan Rukneddin Mubark Chogia, filius Baraki, XVI annos regnavit, deinde Mongouchani literis amotus ann. DCL mox ejus Irlag, id est, jussu, ab Cotbeddino interfectus est.

Cot-

Cotbeddin III.

Sultan Cotbeddin Muhammed, filius Hamidi Tanikou Baraki ex fratre nepos, iterum regnat, ita volente Mangouchan, VI annos, justi tenax princeps, qvi xeno- p. 16.
dochio amplissimo exstructo Ramadano mense obiit anno DCLV. A. C. 1257.

Sultan Hagiatch IV.

Sultan Hagiatch, filius Cotbeddini, patri successit ex mandato Mangou Chan, sed propter ejus pueritiam Kotlong Terkan patris ejus (uxor alii pellicem fuisse dixerunt) Baraki filia, regni negotia administravit. Sultan Hagiatch adultus et vir eam colere ex solito desiit, hinc irae et illius ad aulam Abka Chan profectis, A. C.
unde mandatum, qvo Kerman ingressu prohibitus, rerumqve regimen mulieri 1270.
permissum. Hagiatch ann. DCLXIX Dehli proficiscitur, et per ejus absentiam Kot Long Tercan annos XII regnum tenuit, atqve interea Sultan Hagiatch hominem exuit. Istius mulieris mors incidit in annum DCLXXXI. regnavit annos A. C.
XXV. 1282.

Sultan Gelaleddin V.

Sultan Gelaleddin Siurgatmisch filius Cotbeddini patri mandante Argon Chan successit, et Kermani annos IX imperavit, Kerduchinam filiam Manchon Tebar f. Huleku Chani uxorem duxit, ann. DCXCI Kikathou Khani mandato A. C.
privatam ad vitam compulsus. 1292.

Padischa Khatoun VI.

Padischa Khatoun filia Sultani Cotbeddini in familia Keikatoukhan erat, eoqve mandante Carmanis regnum abdicato Siurgatmischio obtinuit, qvem etsi proprium fratrem interfecit, ac postea ann. DCXCIV Siurgatmischii fratris uxor, et A. C.
ejusdem ex Siurgatmischio fratre filia Schah Alem Khatoun qvae in comitatu Bai- 1294.
duchani erat, eo volente dictam Padischa Khatoun occiderunt. Padischa Khatoun, eruditione, ingenio, forma conspicua, excelluit, Alcoranis et libris scribendis dedita: illius est hoc Epigramma:

Aeternitatis qvam diem signum putant,
    Afflictis reqviem mentibus illa feret
Effatus cupiunt dulces formosa labella
    Verborum trutinam pulcher in ore gerit

 Qvis

Qvis gemmam musci manibus violaverit unqvam
Aut muscum vidit qvis vitiasse merum?
Nec tua Bacche bonus munera laedit odor
O animam labiis pulchri vestigia . . .
Commendant speciem, nec decus inde perit
Si qva fides nobis sic parvo continet orbe
Vitae umbram et tenebras unus idemqve locus.

Sultan Muzaffereddin Mehemmed Schah VII.

A. C. 1295. Sultan Muzaffereddin Mehemmed Schah filius Hagiatch, initio anni DCXCV. Kermane regnavit, Sultan Gazan ita volente; annos VIII regnum tenuit, et A. C. 1303. anno DCCIII obiit, rex forma, liberalitate, justitia insignis; vixit annos XX.

Sultan Cotbeddin VIII.

Sultan Cotbeddin Schal Gehon dictus, hoc est, rex mundi, Siurgatmesch filius Cotbeddini, post patrui filium Kermanis regnum obtinuit; annos II et aliqvot menses, justus princeps ab Ilgiaitou Sultan expulsus, in eo istius familiae imperium Kermanis desiit, Mogulum praefecti successere, et Cotbeddin privatam amplexus vitam, Sirazii ditissimus degebat, cujus praefecturam adeptus est. Filiam habebat Khan Kourlong, qvam vulgo Makhdoum Schah vocabant: hanc Mubaziz-Eddinus uxorem duxerat, et ex ea liberos tres Helaleddinum Schah Schegiahum Korbeddinum Schah Mahmudem et Amad-Eddinum Ahmedem suscepit.

p. 57. CAPUT VII.

DE MOGOLIBUS QVI IN PERSIDE CL ANNOS REGNARUNT.

Primus Ginghis Chan.

Ginghis Chan, filius Pisuga Behadir, f. Burtan Behardir, f. Kobl Chan f. Tumenae Chan, f. Baisanker, f. Kaidu Chan, f. Thouramenen Chan, f. Boka Chan, f. Buzengir Chan. Majores Ginghis Chan in Orientis partibus omnes impe-

perarunt, utqve scriptis traditum est, omnium maximus Buzengio fuit, a qvo
plures Mogolumprincipes originem ducunt. Ejus tempore Abu Muslem Meru-
eius vixit nonus Ginghis Chani avus, ad qvem Timur majorum suorum XIII
genus suum referebat. Natus est Ginghis Chan Dilhadae ann. DXLIX, pater ejus A. C.
obiit anno DLXI qvo jam XIII attigerat, multosqve labores pertulit rebus suis 1154.
pereuntibus, donec mense Ramadano ann. DXCIX imperio potitur primum 1164.
nomen *Temugini* tertio regni anno reliqvit; et Ginghiz Kani nomen assumsit. A. C.
Rex ipse regis filius felicissimus fuit, crescente in dies imperio ac duplicato, dum 1202.
singulis annis auctum ad summum pervenit fastigium, victis omnibus deserti familiis Cathays, Sinensibus, Coranensibus, Maginensibus, Kipgiachiis et Sacasibus in
potestatem redactis, Bulgares, Russos, Assios, Alamonos, Tenkerios aliosqve
populos adjecit ann. DCXV. Contra Corbeddinum Kharezim Schahum duxit, A. C.
qvi relicta Mauranahar Chorazanem fugit, Ginghiz Maurenaharem venit anno A. C.
DCXVI, qvam praeda ac generali internecione vastavit ann. DCXVII. Ab Oxi 1219.
transitu Balkham urbem occupavit, eaqve similiter vastata, triginta hominum millia 1218.
qvaerendo Muhammedi misit in Persidem, et ille in insulam Abescon fugit, in
qva obiit. Mogoles maximam Persidis partem, Irakae Adherbigiam et Chorasania
spoliatam communi omnium caede deleverunt. Ingiumeddin, qvi hoc tempore
vixit, in libro cui Mersad Elibad titulum fecit, in urbe Rey ejusqve ditione septuaginta hominum millia periisse scribit; et in praefatione libri Zaffernameh eos
qvi Nisapuri occisisqvibusqve numerandis duodecim dies absumpti fuerunt, praeter
mulieres 1747000 fuisse relatum est. Vulgo creditur decies centena millia et A. C.
8000 deleta. Imo aliqvi numerum augent. Ita Meru et Choarezam aliaeqve 1224.
provinciae habitae. Mogoles post annum per portas Caspias et Disrapgiax Mau- 1226.
rennaharam ad Ginghis Kan redierunt. Turan et Iran in ejus potestatem redactas
ut videt Geladeddin Muhammedis fil. ad Sindam victus in Indiam fugit. Ginghis
Chan anno DCXXI Cathaiam rediit, et Ramadano MDCXXIV obiit, 25 annos
regnavit. Muhamedanam religionem non tenuit, sed idolatrarum et ex impio-
rum numero fuit qvi ab eo octaginta circiter annos in Perside et Maverannahare
imperium tenuerunt; qvod hactenus non contigerat. Qvatuor filios susceperat,
omnes illustres: Primus *Hiougi Chan*, cui regnum deferri Capgiak, Bulgarorum,
Alamanorum, As et Russorum tradidit. In qvibusdam Chronicis ejus obitus ad
ann. DCXXII, verum Hamdalla Meusthufa Kasbiniensis in libro cui titulum fecit Te-
rich Kozideh vel Guzideh, historia selecta, et magister noster Scherefeddin Ali Jezdi in praefat. libri Zafernameh, i. e. liber victoriarum, eum memorant ante patrem
sex menses interiisse.

Secundus Ginghis Chani fil. *Giagatai* Chan Maurahannar, Igureos, partem Charezem regendam habuit. Idem Autor ann. DCXXXVIII eum obiisse A. C. 1239. scribit; alii in XL ann. ejus mortem referunt.

Tertius *Octai Kaan*, patris successor designatus, cui successit, supraqve omnes ceteros imperium auxit, ut postea describemus: tres reges ab eo originem trahere gloriantur.

Quartus Ginghiz Chani fil. *Tuli Chan* erat, cui thesauros opesqve commisit. Hic a patre fere non discessit. Porro Tuli Mogolum lingua speculum significat. Reges Iran fuerunt ex ejus stirpe. Obiit ann. DCXXVIII. A. C. 1230.

Octai Kaan tertius Ginghis Chani fil. biennio post patris obitum mense Rabie priore ann. DCXXVI regnum adeptus est, haeres imperii ab eo institutus. Cum autem Mogoles sermonis elegantiae minus studiosi sint, reges suos Kaan pro Chan vocant Ipse Kaan ideo dictus est. Is parentis tyrannidem bonitate ac liberalitate qvasi emplastro lenivit, adeo ut Hatemtai et Man Benzaideh virtutes superasse visus sit: nullus unqvam ab ipso, ut memorant, repulsam tulit. Centum septuaginta mille sacculos Romanorum auri nobilibus eum dedisse affirmant, unusqvisqve autem sacculus D. aureos ducatos contin.et; alii 28 nummos et duos Dink, sexta para seu Keratia duo; alii octo denarios et duos Dank pro sacculo memorant. p. 58. Anno XXVIII Octai Chan Germaghon Nuin in Persiam misit, Geladdini bellum illaturum: illo tempore Chovarmiorum imperium cessavit, easqve pars Arabiae Irak qvae Caliphae Mustansiro parebat, Mogolibus prorsus cessit. Emir Kalmar Persidem venit; illi Tusal successit ann. Heg. DCXXXIII. Verum penes Giurghuzum praefectum potestas erat. Emir Argon deinde integrum decennium illam rexit, post qvod tempus eandem potestatem ab Hulagou Khan acceptam iterum retinuit. Ceterorum Argon justitia, morumqve probitate commendatur. Obiit tempore Abka Chan ann. Heg. DLXXIII Octai Chan. XIII annos imperium tenuit. Obiit ex immodico vino potu ann. Heg. DCXXXIX. De illo hoc scriptum memorant:

Foeda sodalitii turpis mora longior	noto ebriorum cum grege
Cornicis et omnibus	qvamvis nulli vini modo venditor adsit
Continuiqve dies ductaeque ex ordine	qvi nimbi ad instar praebeat, mero
Noctes	arsit obrutus.

Kiuck

Kiuck Chan.

Kiuck Chan, Octai Chan fil. poſt patrem qvatuor annis menſe Rabie ſecun- A. C.
do ann. DCXLIII. imperium adeptus eſt; mater ejus Thrakinakhatoum anteqvam 1245
in throno ſederet, imperium adminiſtravit ex more Mogolum, qvibus hoc ſo-
lemne eſt, ut poſt mortem imperatoris, donec imperii haeres illud occupet, majoris natu mater regimen obtineat. Fuit Kiuk Chan patris ad inſtar liberalis:
Chriſtianorum religionem fovit: annum unum regnavit, et in finibus Samarcandae a. Heg. DCXLIV obiit. A. C. 1246.

Mangou Kaan.

Mangou Kaan fil. Tuli f. Ginghis, poſt cognati mortem ann. IV menſ. Rebie primo DCXLVIII opera Batu Chan, filii Gingi Khan, qvi Capgiae regebat, A. C.
imperator factus, juſtitiam coluit, Muhammedanam religionem ceteris antetulit, 1250.
ejus antiſtites, ſenes ac ſapientes ab fiſci oneribus immunes ſervavit, idemqve
Chriſtianorum doctoribus, atqve aliarum ſectarum praeſtitit, qvas omnes ornavit, Judaeis exceptis, qvibus nihil tribuit. Fratres ſuos Koblai Chan in Orientem, Hulagou Chan in occidentem debellandis populis miſit. De obitu ejus
ſcriptores non conſentiunt. Autor Chronici electi in ann. DCLVII rejicit, prorſus A. C.
falſo, ſi fides Rauzet Elſafa, ſiqvidem in rebus geſtis Hulakau Chan Muſtaſimi Ca- 1258.
liphae Abbaſidae mors et expugnatio ann. Heg. DCLVI. m. Safaro memorantur,
qvi et domitae Iracae et Bagdad captae a Hulakou nuncios cum gaudio excepit, eos-
qvae regiis ditatos muneribus remiſit, qvo argumento eum ann. DCLVII. in vivis conſtat fuiſſe, qvin et ſupra proditum eſt Vlachou Chan Tuli filium Ginghis
Chani nepotem Mangou Chan fratris juſſu Oxum tranſiiſſe, m. Schieualo ann.
DCLIII. debellandis haereticis incubuiſſe, Tutoun urbem vicinaqve loca ad Iſmae-
tas ſpectantia cepiſſe, incolas internecione occidiſſe, Iraken dein progreſſum
Almut veniſſe, Rucnaddinum Menſun eduxiſſe initio M. Dulcadae ann.
DCLIV, deletisqve caſtellis Irakae Arabicae domandae (ann. DCLIV.)
ſtuduiſſe, ita Bagdadum perventum. Curdiſtan praedae expoſita; interfecti incolae. Muſtaſem Calipha victus in ejus poteſtatem venit, et poſt biduum
cum qvatuor filiis occiſus ſexto Saphari menſis die ann. DCLVI. Urbe direpta,
civium promiſcua multitudo neci tradita. Merat Elginnam, Auctor libri, id
autem ſupra memoratum eſt, occiſorum numerum centum et octoginta myriades
recenſet. Inde feria ſexta vigeſima Ramedani ann. 657 Syriam aggredi ſtatuit,
Halepum ſecunda Safar menſis ann. DCLVIII cepit: hinc Damaſcum profectus

Kembokanumbin gubernatore relicto, Aderbergiam rediit, ibiqve decimo nono
A. C. Rabie prioris anni DCLXIII
1264.

Chani summa dies et ineluctabile fatum
dum Meragae tristi frigore saevit hyems.

Anno DCLXIII feria I, XIX Rabie posterioris, Hulakou Chan doctos viros amavit, eos ad scientiarum investigationem hortatus est, ad se vocavit maxime Chymiae studio deditos, in qvam tantos sumptus effundit, ut nec ipsi Chore decimam impendere in mentem unqvam venerit. Irakam, Masanderanem et Chorasanem filio Abka Chani, Aran sive Armeniam et Aderbajonam Jeschmeto dedit, tertio vero Tendano Diarbekram et Rabiam sive Mesopotamiam tribuit, Bagdado Hatamelekum Janinum Rumestano Mahumeddinum, Parnanium, Chasenium reliqvit. Vezirem primum Josephum Eddinum Tabacgium habuit, eo interempto Schem-
f. 59. seddino rationum praeposito munus hoc restituit. Ex Hulagou Chan vestigiis tabulae Ilkanienses, qvas Hazer Tusius una cum Nugiumeddin Ali scriba Debiranio Casbiniensi et aliis viris doctis conscriptis. Ceterum Nasireddini Abugiafaris Muhammed filii origo ex urbe Sava fuit; verum Tusi natus, eoqve in oppido charitatem et famam adeptus, unicum seculi ornamentum ac magister celebratus est. In philosophia discipulus Ferideddini Demad fuit, qvi Sadreddinum, Sarakhsium audiverat, ille Afzaleddinum Ghislanium, Afzaleddinus Abulabasum Lucrium,
A. C. Abulasus Behmiranum, Behmiranus Abualii Sinam; sed ejus nomen libriqve
1200. orbe toto notissimi sunt. Natus est circa ortum solis feria VII undecimo die
A. C. Giumadi prioris ann. DXCVII qva hora magister noster Fakhr in urbe Rei vita
1246. excessit, M. Safaro ann. DCXLIV. Libro Shargarasat finem imposuit, et circa meri-
A. C. diem die Lunae 18 Dulhagiae ann. DCLXXII obiit
1273.

Defensor legis magni rex inclytus orbis,
Seculi cui nullum nostra tulere parem.

Anno DCLXXII m. Dulhagia vita excessit, Bagdadi sepultus est in loco Zemkeh dicto, Merlana seu magister noster Kiabbi Kasbiniensis Medicus fuit profundissimus, et Sireddini Ebheriensis discipulus. Scripsit libros Scherb Mulakkhas, Scherh Keichef, H kmet elain Kesaleh Schumsich, et Giann-Idekark. Obiit ann. 675 Kazbinis, ubi sepultura ejus celebratur.

Abka Chan.

Abka Chan, fil. Hulagou Chan, patri successit in regno Iran, avunculi Koblai Kaan, qvi post Mangou regnavit, jussu auspicatus est regnum mense Ramadano ann. Heg.

Heg. 663, publicisque decretis nomen ejus inscriptum est, cum antea sub ejus patre Mingou Chan nomen inscribebatur. Cum Barako Mauronnahar rege ex Ginguzi familia oriundo bellum gessit: pugnatum est in Kharezan mense Dulhegia ann. Heg. DCLXVIII; victoria Abka cessit, Barak victus Mauronnaharem A. C. fugit. Abka XVII annos regionis Iran, i. e. Intra Oxum imperium tenuit; obiit 1269. Hamadane ann. Heg. DCLXXX ut ex his versibus patet: A. C. 1281.

Bis senos fluxisse dies Julhegia vidit
Ademptus Abka seculo qvando fuit.
Perpetuum nihil orbis alit, fato omnia cedunt
Hamadane mors hunc subito mane sustulit.

Annos erat Hegirae DCLXXX Regia Schemseddin rationum minister, qvi patris Vesires fuerat, idem sub eo munus obtinuit.

Aghmad Khan.

Achmad fil. Hulagou Chan, post fratrem regnum adeptus est die Lunae 13 Rabie prio. is anni DCLXXXI. Primum ejus nomen Nikoudar Ogli, sed Muhammedanam religionem professus, Sultan Akmed vocatus est. Vezirarum Schemscheddino confirmavit. Biennium et menses duos imperium tenentem, Argon Chan filius Abka in eum duxit, et ann. DCLXXXIII. interfecit. A. C. 1282. A. C. 1284.

Argon Chan.

Argon Chan fil. Abka post Achmedum ann. DCLXXXIII. die VII Giumadae posterioris regnum adeptus Schemscheddinum, qvi Vezirarum patris, avi et avunculi tenuerat, virum virtutibus ornatissimum interfecit veneni suspectum, qvod patri dedisse arguebatur. Obiit circa meridiem feria secunda Schieban m. IV die anno DCLXXXIII. In Auerbeigiane moriturus brevem temporis moram petiit, impetrata lavit, Alcoranum inspexit, testamentum condidit, filiis observandum. Dein Epistolam ad Tebrisii magnates in haec verba scripsit. Alcoranum qvando accepi, hanc in sententiam incidi: O Deus, hi qvi dixerunt, o Domine Deus insurrexerunt super eos angeli: nolite timere, neque tristari, nunciate in paradiso vobis promisso. Deus servum suum in hoc mundo bene habuit, voluntati ejus nihil negat, imo et alterius seculi memores esse, ejusque res ad illos pervenire vult. Quae cum ita sint dominos Mohiddinum et Hameddedinum atque qvos enumerare longum esset, nec locus iste patitur, scire oportet, me hujus viae relictis impedimentis ad meliorem viam pergere, eorumqve piorum precum auxilium mihi postulare. Hac absoluta epistola in haec verba erupit: Qvicqvid, o Deus, volueris, sanitas morbusve fiet, rectum est. Hoc de illo celebratur:

Solis parantis regna relinqvere | noxi palla vestem funeream induit
Et occidentis fluxit ater cruor | diesqve tristem duxit ante lustram
Genasqve phoebe moesta rasit | moestumqve suspirans ab imo
Atqve comas Venus alba vulsit | Visa sinus laniare nudos.

p. 68 Filii ejus Farochalla, Mashoud et Atabek pariter interempti, omnium sepulchra Tebrisii extant. Argon Chan VII ann. regnavit, obiit ann. DCXC mense Rabie
A. C. priore qvod ex hoc Chronicorum scripto patet
1291.

Annis prophetae sexies centesimus | cum qvinta verni Rabie mensis dies
Nonusqve decies, decies fluxerat | currebat in loco Agiba
Implere fatum cum suam voluit vicem | mortuus ille spiritum extremum dedit
Argonqve vita depulit, | Hora parata prandio.

Kikhatoun Chan.

Kikhatou Chan filius Abka, f. Hulagou post Argon sex menses imperavit, Vesiratum Sadreddino Achmed Chaled tribuit, princeps liberalis, sed voluptatibus deditus, promiscue in mares faeminasqve, libidinis nullum inter licitum et illicitum discrimen faciens. De illo hoc ferebatur:

Curvata cum Dal littera atqve Nun fuit
Aleph qvoqve hunc statum tulit
Ingressa rimam est Heth hiantem et concavam.

Kikhatou Chan rejecto auro, papyraceam aut chartaceam monetam Chataiorum more reducere tentavit, hinc seditio ingens duce Baidou Chan, qvi Magnambus
A. C. in partes suas junctis, eum mense Safaro ann. DCXCIV interfecit. Regnavit annos
1294. tres, menses qvatuor.

Baidou Chan.

Baidou Chan, filius Turagni, f. Hulakou, in regnum assumtus est mortuo Kichatou mense Gumada priore ann. Heg. 694. statimque Vesiratus dignitatem tra-

tradidit Kogis Schal-Eddino Defikortiano. Gazem Chan, F. Argoun Khan, detrectato ejus imperio, Muhammedanam religionem professus una cum plerisque Mogolum proceribus mense Schaban ejusdem anni collectas copias duxit contra Baidou Khan. Baidou Khan a suis derelictus, ad urbem Natschevan confugere coactus est, verum captus in via interfectus est Tebrisi sub finem mensis A
Dulkadae ann. Heg 694; regnavit VII menses.

Gazan.

Gazan filius Argon post Baidou Khan regnavit sub finem mensis Dulhigiae ann. DCXCIV; justitiae ac religioni maxime studuit. Vesirem Gemaleddinum Jaskerdanum habuit, cui post duos menses occiso Muharremio mense ann. 696 A. C.
Sadreddinum Chaledium Zengianiensem sufficit, qvem annum integrum et dime- 1297.
dium hoc munere functum, 21 Ragiebi ann. DCXCVII cum fratre Cotbeddino pariter interfecit, illiqve Roschieddinum Fadlulla Azedinum Hamadananſen, et Sadreddinum Saugium substituit anno DCIC die XXIII Rabiae prioris. Damascum A. C.
victis Aegyptiis ingressus, Persidem rediit ann. DCCIII in valle Feschkel ditionis 1299.
Casbinensis fato concessit. Aben Jemin in Chronico suo ejus mortis meminit: A. C.
1303.

Cum septem vicibus centum numeraveris annos

Ab hac prophetae qvam vocant Hegiram fuga

Undecimamqve diem Schiavali mensis

videbis hora prandium qvando citus

Hic imperator esse mundo desiit.

Regnavit annos VII, menses IX, ann. vixit XXXIII. Tebrisium delatus, sacello qvod exstruxerat ejus nomine etiam hodie celebri depositus sepultus est, unicus Mogolum imperatorum, cujus sepulchrum publice videndum superest. Nativitas ejus in diem Veneris XIX Rabie prioris mane incidit; alii in Dulhagiam mens. ann DCLXX referunt: autor Chronici Chronicorum noctem diei Veneris 20 A. C.
Rabie prioris ejusdem anni assignat in Matsendarane. 1271.

Ilgiaitou Sultan.

Ilgiaitou Sultan Chowda Bende Muhammed, filius Argon Chan, F. Abka Chan, post fratrem septimo Dulhagiae mensis die ann. DCCIII Tebrisi regnum A. C.
adeptus est anno aetatis XXIII, omnibus retro Mogolum regibus in administrandae 1303.
exacto justitiae studio, et propagandae religionis Muhammedanae zelo superior,

ut alios omnes prohibuerit, tributum ab Judaeis et Christianis exegerit, edictoque per omnes Persici imperii provincias duodecim pontificum nomina in suggestis laudari mandaverit. Kotlugschahnum ducum duce Vesirem Cogia Reschideddinum et Saadeddinum in dignitate conservavit; ann. DCCV. Sultaniam condidit
A. C. anno DCCVI. Gheitam provinciam sub ditionem vectigalem fecit. Et in expeditione
130- Kotlugschah, aliique cum aliqvot militibus ceciderunt. Anno DCCXI Saadeddinum
A. C Vezirem, interfecit ejusque loco Alischia Tebrisium cum Reschido constituit. Ann.
1311 DCCXI mense Schowal Syriam petiit, ab eoque itinere pacifice redux, cum annos
A. C XI et menses IX regnasset, nocte festi Ramadan ann. DCCXVI mortem obiit,
1316. Cujus idem Autor, qvi regum vitas mortesque descripsit, sic meminit:

Fluxere septem secula anni et sexdecim
Novemqve spatium mensium
Qvando Tiaram et regii throni decus
Reliqvit ignorantibus.

Sepultus est ad latus portarum deserti: nativitas ejus in XII Dulhagiae anno DC incidit.

Abusahid.

p. 61.

Sultan Abusahid Behadir Chan patri defuncto in regnum successit, annum XII agens, ejusqve administrandi curam Tschobanio Sedduzio reliqvit, ita ut regis solum nomen retineret. Tschoban filio suo majori Hasan Chorasanem secundo Schah Mahmudi Georgianam, tertio Timurtaschio Romanam (occupatas provincias) in imperio Romano regendam commisit. Ultimum Dimuschum aulae praefectum constituit, ejusqve filiam Dilschadkhatoun regi uxorem dedit. Reschidum Vezi-
A. C. ratu motum post brevem moram occidit in finibus Ebher ann. DCCXVIII. Rex
1318 jam annos XII regnaverat, cum animo ab Tschobano averso; Hasani uxorem Bagdad Khatoun deperire coepit; eamqve ab marito abductam sibi propriam habere voluit, renuente Tschobano. Hinc irae et odia, qvae postea Deo volente narrabimus. Tandem Hasan repudii libellum uxori suo Bagdad Khatoun dare eo actus est. eam statim Abusahid sibi conjunxit, cujus blanditiis captus adeo se permisit, ut abjecta prorsus imperii cura illud ei regendum commiserit mutatoqve nomine
A. C. Choudkar vocaverit. Occiso Tschobano ann. DCCXXVIII Vezirem Gaieddi-
1327 num Muhammedem Reschidum multis et magnis virtutibus inclytum elegit. Caeterum scribendi artem eximie calluit, qvam ab Abdulla Siraphio didicerat,

fortitudine ac audacia ceteros Mogolum reges superavit, primusqve Behadir, i. e. fortis cognomen in edictis coepit. Aestatem Sultaniae, hyemem Bagdadi aut Carabagii traduxit. Viros doctos et Poëtas maxime coluit. Insigni et pulchra corporis forma fuit. Natus est nocte XIV Dulkadae anno 704, in domo Maidesche dicta, in urbe Taran; obiit Kilkaniae in Arran. Feretrum ejus Sultaniam delatum, ibiqve in sacello collocatum ac terra conditum est; sed postqvam Mirza Mirouscha filius Timuris hoc sacellum dirui jussit, in translatum in sacello portarum deserti ad patris latus sepeliverunt. Ben Jemin in Chronico sic ejus mortem describit:

Triginta sex et centies septem a fuga

Muhammedis anni fluxerant,

Cum luce decima et tertia Rabiae ultimi

Diem Saturni dixeris.

Abusahido maximo regi Deus in nigri amoenis hortuli secessibus, Karabagium Turcae vocant, qvando coronam sustulit. Regnavit ann. XIX. Hujus tempore Kogia alischa, qvi duodecim annos et sex menses Vezir fuerat, sub finem Giumedae secundi ann. DCCXXIV Ogbarii obiit, nullus Vezirum sub Regno Mogolum, eo A. C.
excepto, naturali suaqve morte vitam finiit. Tebrisium delatus, atqve ad latus 1323.
lmareti qvod struxerat prominum sepultus est. Post Abusahidum Mogolum imperium imminutum, multiqve proceres illis spretis ubiqve assumto regio nomine insurrexerunt, in Cap. 10 narrabimus. Post Abusahidi mortem octo ex Mogolibus imperarunt, sed ut dicemus procerum arbitrio retinendi aut amovendi.

Arpa Chan.

Arpa Chan, hic ex familia Erik Bogae f. Toboud, nullo post Abusahidi mortem superstite ex ejus stirpe, regnum tenuit, cura et studio Veziris Kogia Giatseddini Muhammedis. Postqvam Ali Padischah avunculus Abusaidi accepit Arpa Khanum defuncti regnum invasisse, valde commotus est, itaqve ipse cum suis Mosem ex stirpe Baidou Khan regem declaravit, qvo facto adscitis sibi Arabum proceribus contra Arpaxum valido magnoqve exercitu movit, nec segnior Arpa Chan qvanto potuit occurrere die Mercurii 17 Ramadani ann. 736: in fini- A. C.
bus Giatous pugnatum, pleriqve Arpa Chani duces eo deserto ac in posteros 1335.
Hulakou propensi et melius affecti Mosis partibus accessere, ita victus fuga sibi consuluit, et post aliqvod tempus in Segias captus, et Ogianiam ductus, festo die

qvi

qvi jejunio Ramadani succedit, ibi occisus est: regnavit menses qvinqve et aliqvot dies. Eo in bello Gaiarzeddinus Vezir ejusqve frater capti, et XXI. Ramadani occisi: hic autem Gaiarzeddinus vir magnus incomparabilis fuit, cui eruditi libros saepius dicarunt, ut Cotbeddin ex urbe Rei, qvi suum de ortu siderum illi inscripsit, et Selman Savegius Poëmata in ejus laudem, et dominus Anbadius Chan cum Muhammede, Anhadius Hispanenensis librum Jam Gema, id est, speculum Salomonis. Hazadeddinus in libro Tousfach versus de illo dixit, cum Sirtsium corpore ejus manus missa est:

O qvi tulisti semper appensam manum
Super ensem acutum et omnibus
Honore vel virtute praecellentibus
Favere gaudium fuit.

Moses Chan.

p. 62.

Moses Chan, f. Ali, f. Baidou Chan, post mortem Arpa Chan Schiovale
A. C. mense ann. DCCXXXVI Ogiani imperium adeptus est; tunc Emir Hasan Gdaire
1335. hob celebris nomine Scheikhastan Magni morabatur, ibiqve ex Graecia et Georgia collecto milite, Mahammede Kamakhiar ex Hulagou Chan stirpe in regem sublimato, Tebrisium petiit, ac in loco Nuscheher Aledac dicto, cum Mose Chano et Ali Padischah proelium iniit, Ali occisus Moses fugatus fuit.

Mehemmed Chan.

Mehemmed Chan, filius Magiou, f. Asougin, f. Hulagou Chan, occiso Ali regnum occupavit, sub finem Dulhagiae mensis anno DCCXXXVI. Emir Schezkh Hasan Dilschah Khatoun Abusahido dilectam uxorem duxit, recteqve administrando imperio vacavit. Veziris officium Schems-eddino Zachariae ex sorore nepoti Gaiareddini commisit.

Tagatimur Chan.

Tagatem Chan Mazanderane egressus, Emir Pir Hasan Tchobanum cum Mogolibus, qvi in Chorazana erant, sibi junxit, ac Tebrisium ire destinavit. Moses Chan illis pariter cum Aderbeigianae limites attigissent, se comitem cum copiis addidit; Muhammed Chan et Emir Scheik Hasan, hoc accepto nuntio, illis cum exercitu in planitie Kerenroud occurrunt, commissoqve proelio Mahammed Chan

victor

victor Mosi capto caput abscindi jussit anno 737 in festo qvod oblationis vocant mensis Dilhigiae Tagatem Chan Chorasanem fugit, post haec Emir Hasan parvus filius Timur Tasch Tchoban, qvi in Graecia erat, collectis ibi copiis, Tebrizium proficisci statuit, pugnavitqve in finibus Nakhtchevan, et victus Sultaniam fugit 10 mens. Dulhigiae anno DCCXXXVIII. Regnavit Muhammed Chan annum unum.

Sati Bek Khatoun.

Sati Bek Khatoun filia Muhammedis Ilgiaitou, post mortem Muhammedis, Chan Hasen parvi opera et industria, regnum Tebrisii adepta est, quo facto cum eodem Sultaniam transiit. Hasem major etiam illi se submisit, amboqve Hasani composita inter se pace mutuos in amplexus iverunt. Sati Bek et Hasen parvus hyemen Carabagii, Hasen major eandem anni tempestatem Sultaniae transegit, vere exorto Tagahmur Chan collecto iterum exercitu Irakam venit, atque Hasanum cum magnis muneribus Savae sibi occurrentem, in suas partes recepit, traxit, inde Sultaniam profecti sunt. Hasen minor hoc accepto nuntio cum Sati Bek Khatoun filia Sultani Muhammedis cum illis pugnaturus Maragam ivit uterqve exercitus ad pugnam paratus erat, cum Hasan minor Tagaltimur Khanum dolo aggressus, nuptias Sati Bek Chatoun et Dilschad Khatoun illi clam obtulit, si Hasan majorem e medio tolleret, qvam ille conditionem accepit, ac per literas propria manu exaratas tanti matrimonii cupidus Hasano minori significavit, qvas ille statim per fidum hominem ad Hasanum majorem misit. hinc irae et odia, nec Tagahmuri tuta in castris mansio, qvibus noctu relictis Esterabadar fugit, ibiqve Serbedarios, qvi aliqvot annos post mortem Sultani Abusahid jugum excusserant, Sebzuvarae in suum obseqvium perduxit; illi occasione inventa interfecerunt, Chronicon de morte regum sic ejus meminit:

Annos citatis septies centum rotis	Haec Sabbati dies erat
Et qvinqve decies sol confecerat,	Et decima sexta Dileadae, Deo
Qvando imperator occidit.	Qvando hoc volente contigit.

A. C. 1349.

Hasan magnus post Tagatimuris Chani fugam cum principibus totoqve exercitu Tchobaniorum Sati Bek Khatoun adiit, ejusqve manum osculatus, praeterita deprecatus est et excusavit, inde concordes Ogiam contendunt, aliqvi etiam magnatum Tebrisium profecti sunt, Hasan duobus parasangis infra Ogian subsedit. Interea Hasan parvus, Sagiu Bek a regni gubernaculis amota, Suleimanem ex Hekakou Chani progenie, ut ajebat, substituit.

Suleiman Chan.

Suleiman Chan, filius Muhammedis, f. Sanki, f. Semt, f. Hulkon Chani, regnum adeptus Sati Bk eKhatoun uxorem duxit, aestatis tempore anno DCCXXXIX; at vero Emir Halin de Tchobaniis seu pastoribus sollicitus sibiqve metuens, Bagdadum abiit, ubi Gehan Timurem Chan ad imperii fastigium extulit.

Gehantimur Chan.

p. 63.

Gehantimur Chan, filius Alafrenki, filius Kikharou Chan, f. Abka, procurante Hasan magno, regium nomen assumsit, et qvacumqve Hasan imperabat, receptus; publiceqve pro eo preces factae sub finem Dilhagiae mens. an. DCCXL.
A. C. Contra Suleiman Chan et Hasanum minorem profecti victiqve sunt, Hasan major,
1339. Gehan Timur ignaviae ergo regno abdicavit. Hasani minoris gloria opesqve crevere, et imperii regimen sub eo fuit. Caetera, qvae ad utrumqve Hasanem pertinent, majorem et minorem, mox Deo favente explicabuntur.

Anuschirevan Chan.

Anuschirevan Chan Melek Eshref. (gloriosus) Cheni nomen assumsit, qvo nomine usqve ad Temirlanem qvi Siurgatmeschio illud concessit, nullus usus est.

De Timure et Timuriis.

Primus Timur felix, pius, infidelium domitor, rex magnus, et qvem historici felicitate, magnitudine rerum gestarum victarumqve gentium multitudine et fortitudine, Alexandro et Ganghiz Chano parem statuunt, pluresqve de eo libros scripserunt. Inter ceteros Taformama i. Victor. liber ab doctore Scheraldino Ali Jezdi primas obtinet. Patrem habuit Taragai, filium Emir Bergel, f. Behadir, f. Elenghir, f. Keragiar Nun, f. Sougousakhan, f. Behas, f. Kagiouli Behadir, f. Tumene Chani, f. Baisangar Kaa, f. Kaidu Chan, f. Duterim Khan, f. Boka Chan, qvi filius Buzengir Chan fuit. Tumenoc Chan qvi qvartus Ginghis Chan et nonus pater ejus est. In unam lineam conveniunt. Ejus majores apud Ginghis posteros in aula potentes vixere; qvintus ante
A. C. eum Koragiar Muan sub Giaguini Chan filio Genkis Chan magni Veziris et
1254. exercituum imperatoris munus tenuit. Obiit anno DCLII, annum agens 89. Emir
A. C. Timur nocte 25 Schiabani mensis anni DCCXXXVI in Rituesch Mauraenahar di-
1335. tionis natus est. Tunc temporis Kuzan Sultan Khan ex Giagatai prosapiae Mauren-
A. C. naharae regnum tenebat; at propter tyrannidem violentumqve ejus imperi-
1340. um, ab Emire Chazgan, viro inter principes prudente et omnibus grato, bello peri-

tus

tus, et tandem anno DCCXLVII occisus est. Ita Ginghisiae familiae debilitatum regnum, proceribusqve fuit obnoxium, qvi pro lubitu abdicabant aut instituebant regem. Emir Kazgan Jekischmendgeh Aglari ad regnum sublimavit, eique post biennium amoto, Beian Kuli Aglan ex prosapia Gingatai Chani, substituit. Subseqventi altero biennio, Emir Kazganis industria Maurenahar dives et incolis freqvens evasit. Duodecim sub ejus regimine fluxere anni, donec anno DCCLIX ve tente occisus in venatione fuit ab aulico familiari. Mortuo successit filius Abdalla, qvi annum unum imperavit; hunc Beian Kuli suspectum nimiae erga mulieres suas familiaritatis interfecit, et Hourisch'b Aglano, invitis et reluctantibus proceribus, regnum dedit, atque is ann. DCCLX e medio sublatus est. Ex illo A. C.
turbari Maurannaharae res, singulosqve proceres pro arbitrio gubernare, mutuis 1358.
inter se odiis et bellis certantes, sociorum incuriosos et negligentes magna utrinque hominum strage, donec Togul Timur Chan ex Giagatai progenie Getarum rex, collecto exercitu, mense Rabie secundo anno DCCLXI Maurannaharam forti A. C.
ter aggressus est; magna procerum pars ejus in obseqvium ivere. Eo anno Timu 1359.
ris pater diem obiit, ipse filiam Maslai Emiris filii Kazgan uxorem duxit annos XXV natus. Eo tempore in obseqvium Togatimuris transiit, cumqve et ejus ex aspectu futurae magnitudinis vestigia cernere facile esset, ejus in concilio magno in honore et dignatione habebatur, itaqve praefectura Kesch totiusqve ejus ditionis illi concessa, hoc initium dignitatum illi fuit. Togaltimuris exercitus Getarum, in provinciam rediit, relicto Emire Hosaino Maslai filio uxoris Timuris fratre et Kaskani nepote, qvi Mauranahar regeret. Sub eo immensum Timuris potentia crevit, ambo in adversis laetisque perpetui comites, donec orto inter eos dissidio, proceres Maurenahar a partibus Timuris stantes, Hosainum in urbe Balch interfecerunt anno 671, feria qvarta Ramadani duodecima. Ex illo totius Maurenahar regnum Timur adeptus Emiris Kazgan opera, qvando Siurgatmisch ex Giagataii prosapia imperatorium culmen sive Chani dignitatem obtinuit, nec desiit postea majus incrementum sumere. Omnes, in qvas profectus est provincias,
subegit, omnium bellorum hostiumqve semper victor, rebellium profligator, nul p. 64.
lo unqvam proelio victus toto triginta sex annorum, qvibus imperavit, spatio, qvo temporis intervallo praeter Maurannahar regna et provincias Turkestan, Charekay, Chorasan, Sistan, Indostan, geminam Irakam, Persidem, Kerman, Mazanderam, Aderbeigian, Diabekram, Chorasslan domuit, multas arces et castella expugnavit, reges harum ditionum ejecit, atqve illas filiis et nepotibus eximiisqve viris et ducibus regendas concessit. Anno 780, die Lunae sexto Dulkadae A. C.
mensis Hispahanem seditionis ergo, in qva aliqvot ejus milites occisi fuerant, pro- 387.
miscua caede ac strage vastavit, caesorum numerus ad septuaginta hominum millia. Cum Suirgutmisch Khan mortuus esset anno 791, filius ejus Sultan Mahmud

ei

ei successit; et Tortamisch Chan rex Decht Kaggak ejus in obseqvio nutritus, eoqve adnitente regnum adeptus, beneficii postea immemor, contra eum rebellavit; hic de causa Timur bis contra eum exercitum duxit, Dascht Capgiak usqve, cujus latitudo ad mille parasangas, latitudo ad 600 extenditur. Pugnatum acriter, Timur utraque vice superior evasit, saepe etiam Georgiam finitimasqve provincias bello aggressus tributo subjecit, multosque inde captivos abduxit. Hyeme Karabagii
A. C peracta anno 902, anno sequente Timur Syriam profectus, ejus proceres ad Halepum
1399. obvios fudit, duces cepit, captos in vinculis habuit, urbem expugnavit, hinc Damascum progressus, Syriae captivos qvos ducebat, proceres occidit, cum Aegypti rege Ferrakhdad pugnavit, victum fugere in Aegyptum compulit, Damasco capta Syriam militum rapinis et praedae subjecit, cujus adeo ingens copia, ut auferendae exercitus non sufficeret. Hoc ipso tempore qvo Syriam vastabat, Bagdadum rebellantem communi totius urbis populiqve caede compescuit, mox
A. C Karabag hiematum ivit, anno seqventi die Veneris 19 Dulhagiae m. ann. 804.
1401. Graeciam profectus, occurrentem ad Angoriam (Ancyram) Zildirim Bajazetem, magno proelio vicit et cepit. Ita totius Turcici imperii mole potitus est Scytharum exercitus. Annum integrum et dimidium moratus est Timur hoc in loco, eoque temporis spatio Sultan Mahmud Chan et Zildirim Bajaid in Timuris castris
A. C. mortem obierunt anno 805. Aderbeigan Timur redit, ibi annum integrum et
1402. dimidium ac in Iraka consumpsit: multi ex Geilan et Dascht reges ejus in obseqvium transierunt, alii missis muneribus ad obediendum se paratos testati sunt. Aegypti rex pecuniae ingentem numerum ejus nomine signatam ad eum misit. Eo denique felicitatis provectus est, ut Mechae et Medinae ejus nomine publicae
1403. preces sint conceptae. Anno 806 die 9 Dulcaadae Firuzkouh venit, arcem uno die expugnavit, inde victo Alexandro Scheikhir Furuzkouh rediit, iterqve Chora-
1404. sanem versus imperavit, et initio mensis Muharum anno 807 Nisapuro profectus, Mauerannahar venit, atqve ibi in campis Kankel Samarcand convivium parari jussit, inde Chatajis subjugandis operam daturus Atrarzfariab venit per hyemem, cujus tempore nocte 17 Schiabani obiit. In ejus mortem hi versus ab homine docto scripti sunt:

Maximus et toto Timur celeberrimus orbe
Tempora cui nullum prisca dedere parem.
Ter decies ac sex annos et saecula septem
Si numeres, isto natus in orbe fuit,
Post qvater atqve decem patriis egressus ab oris
Virtutis monstrat praescia signa suae.

Deinde

Deinde decem et septem vasto consumpsit in orbe
Qvem domitum forti milite victor abit.

Alii etiam circumferuntur:

Qvi tulit immensum victricia signa per orbem,
Sanguineqve hostili qvi madefecit humum,
Terqvinos binosqve dies octava ferebat
Luna et Scaleem sensit adesse diem.
Tunc placidam abjecit momento per ultima vitam
Ad coelum et toto corpore liber abit.

Corpus Samarcandae in templum, qvod qvieti aeternae sibi struxerat, delatum est ac sepulcrum. Qvatuor filios suscepit, Emirem Gajatzeddinum Geanghirum (orbis victorem) qvi Samarcandae obiit initio imperii paterni. Reliqvit hic liberos duos, primum Sultanum Muhammed, qvi avo successor designatus obiit anno 805 decima septima Schiabani die, post victos Turcas in obsidione castri Suri: secundus Pir Muhammed, post mortem fratris, ab eo qvoqve haeres regnorum dictus. Timur omnes qvi aderant proceres decumbenti, in qvo verba et obseqvium testamento adegit. Erat hic Gisnae et Indiarum ditionibus regendis praefectus, et anno 809 decima qvarta Ramadani die, ab Pir Ali Jaruno ex proceribus interfectus est. II. Timuris filius Moazeddin Omerscheikh, Persidis gubernator vivente Patre anno 796 Rabie priore in obsidione arcis Harmatu ad ejus radices sagittae ictu periit, ejusqve locum filio Pir Muhammed filio Omaris dedit. III. Timuris filius Gelaleddin Mircha Hulakon Chani solium obtinuit, utramqve scil. Irakam, Aderbeigiam, Diarbekram ad Graeciam et Syriam usque. Hic in bello contra Karatousuph in Aderbeigian post mortem patris periit anno 810, ut A. C.
postea narrabimus. IV. Timuris filius Mumeddin Scharoch Sultan, cujus vitam 1407.
et res gestas statim expediemus. p. 65.

Mirza Sgharoch.

Mirza Scharoch, filius Timuris, legis ac justitiae cultor strenuus, religionis ejusqve mandatorum observantissimus, cui conciliandae, augendaeqve eruditioni, et honorandis doctoribus, maxime studuit. Timur pater in Chorasanem regendam anno 807 concessit, perpetuus ejus itinerum atque expeditionum comes. A. C.
Anno 807 mense Ramadano audita patris morte regnum exorsus saepius pu- 1398.
gnavit contra nepotes suos qvi in partibus Iran et Turan rebellantes imperium de- A. C.
1464.

tracta-

tractabant, sed illis aut brevi tempore pereundi, aut parendi necessitas fuit. Itaqve toto terrarum imperio potitus, ter contra Kara Joseph Turcomannum, eoqve mortuo, contra ejus liberos exercitum duxit. Illi Aderbeigiam post Timuris mortem invaserant: prima et secunda expeditione post mortem Kara Joseph eo tempore defuncti cum Alexandro et Gehanscha ejus filiis pugnavit et vicit; tertia ipsum Gehouscha in ditionem accepit, et Alexandrum audito ejus adventu pavidum fugavit. Ille Aderbeigianis praefecturam Gehanscha tradidit, atqve inde digressus Persidem nepoti suo Pir Muhammed filio dedit, sicuti Timur dederat, Hispahanem vero Rustemo Omaris filio, et Hamadanem Alexandro etiam Omaris concessit, qvi omnes audita Timuris morte, et publicas preces concipi Scharochi nomine et pecuniam signari fecerunt. Post aliqvod temporis spatium Pir Muhammede a suis occiso, ejusqve fratribus invicem collisis et cadentibus, Alexander rebellionem molitus, regnum tenuit, sed victus et occisus fuit. Scharoch Persidem filio suo Abrahimo regendam dedit, ac tandem placide et potenter qvadraginta tres annos regnavit, scholis, templis, viis, ceterisqve operibus publicis aedificandis intentus. Arcem Ikhtar-eddin in Sejareddin, in Harat Abfakraddino rege primo urbis muris junctam, dein Timuris jussu dirutam, anno 818 instauravit, utqve in libro Routze Elsephar proditur, septem hominum millia operi extruendo, donec ad finem perductum fuit, adlaborare, eisqve stipendium numerari jussit. Urbem etiam a suo nomine dictam Scharochia condidit. Obiit mane die lunae Neurus
A. C. regi vigesima qvinta Dulhagjae anni 850. Khafscharbojie urbem Rei. Natus
1146 est die Jovis decima qvarta Rabie ultimi ann. 779. De ejus morte hi circumfe-
A. C. runtur versus:
1372.

Omnes qvi proprio collustrat lumine terras
Scharochus imperator orbis maximus,
Prodiit in mundum. Deus hic emersus in oras
Post septies centum atqve septies centum
Tum validum auspiciis regnum felicibus orsus
Unam et viginti sole permanso vias
Octavae aetatis cum qvinqvagesima messis
Et qvinta lentus orbe volvebat dies
Tunc superas petiit sedes, mundoqve piorum,
Fluxisqve rebus dixit ultimum vale.

Scharoch qvinqve filios susceperit; primum Ulug, cui Mauranahar et Turkestanem regendam commisit, ejus res gestas postea describemus. Secundus Abulpheda

pheth Ibrahim, qvi Persidi vivente patre viginti annos imperavit, obiitqve anno 838 qvarta Schiovali mensis. Hic multam sui memoriam Schirazii reliqvit. Inter cetera ejus opera, schola Dar Alsepha celebratur; supersunt ejus manuscripti multi versus et sententiae, et leguntur hodie in scholarum et templorum parietibus. Eloqventissimus historicorum doctor Scherafeddin Ali Jesdensis anno 828 librum Tafarnameh, qvi Timuris historiae nomine circumfertur, ejus man- A C.
dato edidit, illiqve inscripsit. Tertius filiorum Mirza Bazangar, vivente patre 1424.
obiit, mane septimae feriae VII Giumadi Mens. anno 837. De morte ejus: A C.
1433.

Verba Baisangar summo cum mane periret
Qvisqvis es ad plures haec mea dicta refer.
Vixi nunc praesens feralis et imminet hora
Ille dies fato mox celebranda meo
Qvod superest patri nos saecula longa precamur,
Qvot annos volvi, tu, pater, orsus habe.

Natus est nocte sexta feria ann. DCCIC, tres reliqvit liberos, Mirzam Aladdeu- A. C.
lam, Mirzam Sultan Mehammedem, et Mirzam Baber, qvorum res gestas postea 1397.
describemus. Qvartus liberorum Scharochi Siurgatmisch Gazen et Indiam tenebat, isqve vivente etiam patre ad plures abiit XVI Muharrem anno 830. V. Amirza A. C.
Mehammed Giuki, qvi etiam vivente patre mortuus est anno 848. 1426.

Mirza Chalil

Mirza Chalil Sultan, filius Mirzae Miranscha filii Timuris, avum in expedi A C.
tione Chataica secutus, post ejus mortem a multis proceribus rex salutatur anno 1404.
807 decima sexta Ramadani die Mercurii. Samarcandae regnum auspicatus est, to- p. 66.
tamqve Maurannahar ac Turqvestan parentem habuit, qvam et Scharok illi confirmavit, post qvatuor annos Khoudaidad Hesicius unus procerum rebellavit, eoqve capto et in vincula conjecto, Mogolorum regem Schemagion ad Maurehanaris imperium vocavit. Ille ut Maurannahare fines attigit, Khoudaidad occurrentem interfici, ejusqve abscissum caput ad Scharochum mitti jussit; hanc perfidiae et sceleris mercedem proditor adeptus est. Mirza Chalil aliqvot castris et arcibus potitus est. Scharochus Maurannahar profectus, Sultanem Chalil post aliqvot colloqvia et promissa in obseqvium venientem suscepit, eiqve comiter et honorifice habito, Irakam et Aderbeigian concessit. Jam tum Timuris tempore ejus patri fratriqve Mirza Omar destinatas, Maurannahar a filio suo Ilugbek dedit anno 812. Mirza Chalil Sultan Irakam profectus, post aliqvod tempus nocte qvarta feria decima Re-

A. C. giebi anni 814 in urbe Rei dein obiit. Natus est die Jovis 14 Rabio anni 786 in
1384 urbe Herat.

Mirza Vlug Bek.

Mirza Vlug Bek, Mirzae Scharoch filius, princeps eruditus, et mathemati-
A. C. carum disciplinarum scientissimus, anno 823 cum doctoribus Saladdino Mose judicis
1420. filio graeco et Ali Kuschio, qvem Scarok emptum (et libertate donatum) ami-
citiae ergo filium vocabat, et cum Giatzeddino Giamschid et Mumeddino, qvos Caschano Samarcandam evocaverat, in septentrionali Samarkandae parte orientem versus accuratis observationibus tabulas confecit novas regias dictas, qvibus hodie utimur. Illum vir qvispiam doctus ita laudavit:

In mille scholis Vlug Beko | non invenies illum similem.

A. C. Maurennahar et Turquestan a patre adeptus eas rexit ad ejus usqve mortem, qva
1447. cognita Muharramo mense anni 851 Balkh contendit, Chorasanem bello aggressurus. Ibi nepotem Alaeddaulam Baisangari fratris filium Herati regnum occupasse accepit: allatum etiam est, Mirzam Bader Aladdaulam, ejusqve filium Abdelletisum cepisse et in vincula conjecisse. Itaqve inito cum Mirza Aladdaula pacis tractatu, legatum in Herat misit, qvi filium Abdelletifum ad se adduceret, puerum Aladdula misit: ita conciliata inter eos pace Vlugbek Samerkandam rediit. Post annum duobus filiis Abdulletifo et Abdulabaziro comitatus Chorasam venit, atqve in finibus Morgab, qvatuordecim ab Herat parasangis, cum Aladdaula Esterabadam pugnavit, et vicit. Ille ad fratrem Baber fugit, Olog Beg Haratum ingressus in solio patris sedit. Verum accepta fratrum Aladdulae et Baberi conjuratione, qvi ambo ad eum properabant, ipse Harat urbe egressus ad Serici pontem ivit, filium Abdellatifum ad urbem Bastam misit: tum fratres de fuga Estrabadi in Irakam ad fratrem Sultanum Muhammedem cogitare cum Vlug Bek sine causa relicto Serici ponte Herat rediit, eo absente exercitus in urbe tumultus fuerat, suburbiorum incolae de occupanda civitate consilium ceperunt. Jar Ali Turcomanum filium Mirzae Alexandri filii Kara Joseph ducem elegerant. Vlugbek iratus, distributa proceribus suburbii loca diripienda tradidit: accidit hoc Rama-
A. C. dano mense anni 852 medie hyeme, cum propter intensi frigoris saevitiam ae-
1484. dibus exeundi facultas nulli erat Vlugbek Herat relicta Mauranaharem petiit, Mirza Baber per ejus absentiam Esterabad urbe relicta Herat venit, regnumqve occupavit. Abdulletif Balk profectus contra patrem Vlugbegum rebellavit: commissum in Samarcandae finibus proelium; victus a filio pater, Abaso traditur occidendus, sed et Abdulaziz post patrem pariter occisus est. De illo sic Poeta cecinit:

Vlug.

Vlugbego parcat Deus
Ornare solito templa Meccanae domus.
Ramadani decima die
Occisus atqve martyr ad superos abit.
Lugentis haec mors capita plebis igneis

Carbonibus resperserat.
Si quaeris animae tempus atque horam
Die omnibus quaerentibus necis,
O rerum inanes qvae geruntur nescii,
Olug Begus qvondam fuit.

Aliud in ejus mortem qvoqve:

Perculit Abas ense cum tyrannidis
Olugbegum regem optimum

Occidit Abas Persicis vocabulis
Hunc caedis annum denotat.

Natus erat Vlugbek Sultaniae die Jovis 19 Gemadi et anno 796. regn. ann. 52 Samarkandae.

Mirza Aladdaula.

Mirza Aladdaula, filius Mirzae Baisangari filii Scharochi ab eo Iracae ad quam sedierat praepositus et Herati relictus est. Is accepto de Scharochi morte nun- p. 67.
tio, regium nomen assumsit, aviqve thesauris, qvi in arce Chorasan asservabantur, captis, exercitum collegit. Abdelletif Vlugbegi filius, qvi extincto Scharocho aulam regebat Keicherschadbegum Scharochi inter omnes charissimam Aladdaulae Aviam cepit, et Schorokm corpus Samarcandam tulit, et cum in Saburam venisset, aliqvot ex Aladdaulae proceribus eum captum mane Sabbakira Sultan anno 851 ad Aladdaulam perduxerunt, simulqve Kenherschad Begum liberarunt, deinde Abdulletif patri redditus et conciliatus. Balk et Schirgan traditae Vlugbego, qvi istius pacis ergo Maurannaharam rediit, ut diximus. Dum haec geruntur Baber Aladdaula frater Isterabado egressus ad gloriosum . . . . sepulchrum profectus est. Invicem obvii, utriusqve proceres de pace inter eos conciliando egerunt; conventum, ut occidentalem Chorasam partem Akabuskhan Damegan usqve atqve Isterabadam Baber acciperet; ita discessum amice anno 852. Avunculus Vlugbek Chorasanem venit, magnis cum copiis ex Maurannahar; XIV ab Herat urbe parasangis pugnatum, victor Vlugbek hostem A. C.
Aladdaulam-Baber fugere compulit, extorrem postea semper et infelicem futu- 1448.
rum; nam sexdecim qvos vixit annos varias in partes vagus cum fratribus Sultan Muhammede et Mirza Babero bellum gessit, donec Baberi jussu oculorum caecitate damnatus; sed cum videndi omni facultate prorsus non carebat, arrepta, qvamcunqve potuit, occasione, semper aliqvid novi moliebatur. Aliqvando Irakam ad obseqvium Mirzae Gehanscha ibat; sed utroqve fratre defuncto cum Abu-

A. C. ſahid Choraſanem obtineret, ipſe in littore maris Kolzom in aedibus Melek Biſtor
1460. æger decubuit, et obiit anno 865. Feretrum Herat delatum die Veneris 21 Safari in ſchola Keuherſchad Begum terrae conditum eſt. Natus eſt feria qvinta initio Giu-
A. C. madi prioris anni 810.
1417.

Mirza Sultan Muhammed.

A. C. Mirza Sultan Muhammed filius m. Baiſangir f. Scharok anno 846 Iracae Ara-
1442. bicae praefecturam obtinuit, mox rebellionem contra avum exorſus, Iracam et Perſidem venit. Scharhoch ut tantam audaciam compeſceret, Choraſane egreſſus, Kendian usqve progreſſus eſt. Sultan Muhammed fuga ſaluti ſuae conſuluit, Kurdiſtan profectus. Scharok vero Rei ſubſtitit, et hyemem ea in urbe transegit, miſſis qvi Muhammedem qvaererent. Haec agitantem mors intercepit, et Sultan Muhammed Rei venit, atqve Iracam et Perſidem occupavit. Choraſanis deinde obtinendi deſiderio flagravit, ter cum Mirza Babero pugnavit, primo proelio victor, ſed poſtea Baberi manu occiſus, in loco Kiabazan dicto, ditione et finibus Efferam,
A. C. die Solis 16 Dulhagiae ann. 855. Regnavit in Perſide et Iraka 6 annos; natus erat
1451.
A. C. anno 821.
1418.

Mirza Baber.

A. C. Mirza Baber, filius Mirzae Baiſangari, filii Scharoch, poſt avi mortem di-
1448. reptis aulici fori opibus Iſterabadam ſeceſſit, et anno 852 qvando Olug Bek relicta Choraſane Maurennahar rediit, Herati regnum incepit, Dulhegia ſupra dicti anni menſe. Mirza Sultan Muhammed frater ejus propter Choraſan cum eo in finibus urbis Giam bellum geſſit, victumque Amadam arcem fugere compulit, cum ſeptem tantum comitibus, atqve inde poſt aliqvod tempus Abiardem, mox Iſterabadem petiit. Ibi collecto ingenti exercitu, copias contra Muhammedis exercitum duxit; pugnatum Meſchedzarae prope Alerik, victus Baber, ſed poſt proelium Muhammed cum ſexcentis militibus ſubito adfuit, hinc Baberi fuga, et Muhammedis militum metus et averſio, atqve ipſe Muhammed attonitus, eo temporis momento Aladdaulam Herati regnum occupaſſe nuntiatur. Mirza Muhammed ſine mora Choroſane relicta Iracam venit in finibus Eſferam, ut diximus, in proelio contra Baberum occiſus eſt poſt aliqvod tempus: hinc Baber jam rex Jesdi per iter Iracum profectus Schiragium venit, ibiqve Aladdaulam in Choraſane rebellaſſe intellexit, ſubitoqve eam in provinciam perrexit. Aladdula Iracam fugit, et Baber abſens Iracam Perſidem Kermanem anno 857 amiſit, qvae omnes ditiones in poteſtatem Gehanſcha filii Kara Joſeph Turcomani regis Aderbeigian conceſſerunt. Baber propter Abuſahadi rebellionem, qvi Maurennahar occupaverat, et de Choraſane

fane expugnando cogitabat, Iracae res omifit. Regnavit Baber VII annos, juris et aeqvi ftudiofus, et liberaliter infignis. Obiit 26 Rabie fecundi anno 861 Mefchedae. Doctor Schereffeddin Abdelkaher hos verfus in ejus mortem fcripfit:

Sol regni periit, tertoria vafta reliqvit,
Occidit et tenebris gloria tecta jacet
Veris erat tempus Rabiae menfura fecundi
Et plenus lacrymis atque cruore Caliae.
Tunc dixi coelis aliqva eft medicina dolori,
Namqve oculis fletus, fic folet effe cibus.
Qvae fors dira fuit, qvando et qvo tempore quaeris
Cum Baberum regem mors inopina tulit
Vel mandata Dei, vel inevitabile fatum:
Hoc regnum et regis condidit offa folo.

p. 62.

Natus erat anno 825 Regiebi menfis 17 Herati. Vixit ann. 35. m. 9. d. 9.

Mirza Abdulletif.

Mirza Abdulletif Vlugbeg filius, filii Scharok, poft patrem eo jubente interemptum Maurannahare regnavit, clementia et ingenii laude celebris, eruditorum, qvorum difputationibus comiter faepe intererat, amans, et ergi eos beneficus, feverior tamen in caftigando. Ceterum fervandi regni et reprimendorum hoftium adeo diligens, ut Usbeki qvi fingulis annis ad qvinqve ab urbe parafangis praedas ducebant, regnante eo, ne qvidem ad centum ejus metu Mauranal harae ditionem accedere non auderent. Poft occifum patrem, annum integrum non fuperfuit. Perpetuo hoc Scheikhrazanii poëtae carmen recitabat:

Regnare parricida non debet, tamen fi regnat, ille menfibus fex vix erit.

Amici et confiliarii Vlugbeg et Abdelazizi ejus opprimendi occafionem, qvaerentes tandem, nacti redeuntem ab horto Tchiaar in urbem de nocte, Hofain unus ex eis 26 Rabie prioris ann. 854 fagitta percuffum interfecit: ille accepto lethali vulnere prehenfis eqvi crinibus exclamavit: Ok Jokdi, id eft lingua Turcica, fagitta percuffus fum. Ad hanc vocem ejus comites aufugerunt, hoftes, qvi ejus interficiendi confilium ceperant, ftatim abfciffum ejus caput in civitatem intulerunt, et ante portam fcholae Vlugbeg fufpenderunt. Hoc de ejus morte diftichon percrebuit, cujus literae annum caedis defignant et nomen interfectoris: A. C. 1450.

Baba Hofein occidit noctu die Veneris fagitta.

Mirza Abdulla.

Mirza Abdulla, filius Ibrahim Sultani, filii Scharoch, post Abdalletif mortem Maurannaharae regnum tenuit. Abusahid filius Sultani Muhemmedis f. Miranscha f. Timur contra eum bellum movit victusqve recessit. Vix anno regni elapso iterum Abusahid cum exercitu adfuit cum Abulchan Chano rege, inter suae gentis reges dignitate, opibus, magnitudine conspicuo; pugnatum est mense
A. C. Giumadi priore ann. 855 qvatuor ab Samarcanda urbe parasangis. Abdulla in hoc
1451. proelio caesus est; occisi regnum Abusahid occupavit. Abdullae nativitas Harati
A. C. in 27 Ragiebi diem incidit, anno 830 Schirazii.
1427.

Mirza Scha Mahmud.

Mirza Scha Mahmud, filius Mirzae Baber, post patris Meschedae interitum illi successit, annos IX natus et qvatuor menses. Mirza Ibrahim ejus cognatus, filius Aladdulae Heratae rebellavit; pugna commissa in finibus Ispahan, Rabat victus
A. C. Mahmud Esterabadem fugit, nulla regnandi amplius spe; obiit anno 863, natus
1458. nocte 16 Muharamii anni 852 in Mazanderan.
1448.

Mirza Ibrahim.

Mirza Ibrahim, filius Aladdulae, filii Baisangar, victum Mahmudem inseqvens, Esterabadam venit. Illo tunc tempore Mirza Jehonscha filius Kara Joseph Turcomani, regnum Chorasanis adipiscendi cupidus, Esterabadam qvoqve pervenerat, Mirza Ibrahim ejus rei nescius, in ejus exercitum incidit, et pugnare coactus, mo-
A. C. mento a Turkomannis fusus fugatusqve est. Qvingentos proceribus Giagatai eo
1457. in proelio caesos memorant. Accidit hoc anno 862 feria tertia 25 Muharamii, una ab Istrabad Fersanga. Mirza Ibrahim et Mirza Schah Mahmud Esterabadam fugientes, varias in partes secesserunt, neqve illorum imperii ulla amplius mentio. Ibrahim vestibus sericis texendis operam dedit, donec decima octa die Schiovali
A. C. ann. 863 diem obiit, Heratum delatus, et in templo sive Mesquita Keuherschad
1468. Aga sepultus est: natus erat nocte tertiae feriae Schabani.

Mirza Sultan Abusahid.

Mirza Sultan Abusahid, filius Muhammedis, filii Mirauscha, f. Timuris, post Abdullam Maurannaharae regnum tenuit, rex ingenio, prudentia et justitia
p. 69. insignis, religiosos homines et eruditos amans; regnandi artes sub Vlugbek edoctus. Exorto inter eum et Mirzam Baber dissidio, Baber cum exercitu ad Sarmacandae usqve portas accessit, Abusahidum urbemqve obsidione cinxit; sed composita

posite inter eos pace, Chorasanem rediit, Abusahid Maurannaherae et Turkestanae pervalidus mansit. Post Baberum in Chorosane verii motus, Mirza Ibrahim et Mirza Scha Mahmud invicem se oppugnantibus; hinc Abusahido expugnandae Chorasanis cupido, Bulgar 26 Schiebani ann. 861. Inde Hararum ivit Koberschad Began inte fecit, sed malis qvae Muremaherae veniebant nunciis, exercitus Chorasanem reliqvit, atqve Herato 9 Schibani anni memorati discessit. Exin Mirza Gehansch Chorasanis invadendae cupidus Esterabadae fines accessit, victoqve Mirza Ibrahimo, et Giagatai exercitu fuso, magna pompa 15 Schiebani anni 862 Heratum A. C. venit, eaqve in urbe ejusqve finibus sex circiter menses moratus, colligendo contra 1467. Abusaidum exercitu studuit, nec segnior Abusahid ingenti acie et innumeris pene copiis contra Gehanscha Balche discedens Malzagonam venit; interea instituto inter eos de pace colloqvio conventum, ut Mirza Gehanscha Chorasane Abusahido relicta Ira- A. C. kam rediret; ea pacis conditio placuit, et mensis Safari initio anni 863 Gehanscha He- 1468. rati fines emensus Irakam versus iter instituit, exercitu ejus omnia per qvae transibant loca diripiente: et Sultan Abusahid circa dicti mensis medium Heratum venit, et Giamadi prioris ejusdem anni dimidia qvoqve exacta, Mirza cum Sangiero filio Mirzae Achmed, f. Mirzae Baikra, f. Mirzae Omar Scheik Emir Timur, et cum Aladdula ejusqve filio Ibrahimo, in finibus Sarakhs proelium commisit, cecidit in eo Senger, Aladdula ejusqve filius Ibrahimus fuga sibi consuluit; hinc in eum qvidam dixit:

Aladdula fugam media inter proelia cepit

Qvod si tamen feridon esset inter milites

Et fugeret natus, non esset culpa parentis

Mali haud creantur fortibus, fortes malis.

Hac victoria Sultan Abusaid ad summum culmen evasit, Bedakschan, arcem Schadman, Gaznam, Kabul, Sisten, etiam Kharezen in potestatem redegit anno 872. Mirza a Gehanscha Diarbekam profectus contra Hasan Bek, filium Ali Beg, A. C. f. Kara Osman ejus provinciae praefectum 12 Rabie secundi ejusdem anni in proe- 1468. lio caesus est. Exercitus duces anxii ab Iraka Perside Kerman et Aderbeigian ad Abusaidum miserant, qvi hyemem in urbe Meru agebat; ille statim praefectos illis ditionibus regendis a latere suo ire jussit, relictoqve Maurannaherae filio, sub finem piscium Schisbana mense anni memorati, Luna Scorpium ingrediente, relictis hybernis, cum exercitu Irakam et Aderbaion maturavit; proceres ex aula profecti, ante adventum ejus jam Irakam subegerant. Sultan Abusahid Irakam praetergressus, Meianam venit, ibiqve Hasan Ali Gehanschae filium ad obseqvium et aulae comitatum venientem suscepit. Hasan Beg repetitis legationibus pacem orabat, qvibus ille superbe neglectis, Kara Bag Ardemili via venit. Halach Beg de-

spe-

sperata pace obstructis itineribus Abusahi, exercitum tantam ad famem adegit, ut integris duodecim diebus eqvi regii hordeo caruerint, totusqve exercitus dissipatus sit. Hasan Beg rei non ignarus tum demum cum filiis suis aulae comitatum aggressus, ipsumqve Abusaidum fugam molientem jamqve castris egressum cepit,
A. C. atqve post triduum Jadgaro Muhammedi Kenherschad Begum nepoti tradidit occi-
1468. dendum, (in aviae necis vindictam;) accidit hoc 873.

Mirza Sultan Achmad.

A. C. Mirza Sultan Achmad, filius Abusaidi, post mortem patris viginti septem circiter
1493. annos Maurannahrae regnum tenuit, obiit Dulcharda mense ann. DCCCIC,
A. C. Frater ejus Sultan Mahmud omnium Abusaidi liberorum fortissimus post eum
1494. regnavit, sed post duos menses Muharreno mense anni DCCCC diem obiit, hinc exorta inter filios ejus Mirza Baisangar et Mirzae Sultan Ali de regno contentio per integrum qvadrienniumque donec Baisangar ab Sultano victus ad Emirum Chosrouscha patris Mahmudis amicum fugit, sed ille beneficiorum immemor et ingra-
A. C. tus, eum Muharremo mense ann. 905 occidit: interea Scheibek Chan Usbek Mau-
1499. ranaharam invasit, Bochoram cepit, et Samarcandam obsidione cinxit. Mater Mirzae Sultani Cali ad eum pacem rogatum accessit; et ille, matre filioqve occisis Samarkandam in potestatem redegit, et regium consiliarium Kogia Jhan, filium Kogia Abidullae simul occidit. Post aliqvod tempus Sarmakandae cives per Scheibek absentiam rebellionem moliti Baberum filium Omer Scheib Scheibek Chan advocarunt, iterum urbem evixit, cepit, fuga consulente sibi Barbero, multi procerum interfecti, Maurannahara Scheibeko dedita, atqve ipse etiam Chosrouscha ab Ube . . occisus est.

Mirza Baber.

p. 70.
A. C. Mirza Baber, filius Omer Scheich, filii Sultan Abusahidan anno 907 Mau-
1501. rennahrae regnum tenuit, auxilio armisqve Ismaëlis Persarum, regis, cujus imperium Deus firmet, postqvam Xipanum Chanem Chorasone proelio victum interfecisset; verum Obaid Chan Usbek Maurenaharum recuperavit et victum Baberum toto eo regno expulit, nec ullus postea ex Timuris familia in eo regnavit ad annum usqve 940, qvod Usbekidae etiam hodie retinent, qvorum res gestas cap. 60 memorabimus. Mirza Baber expulsus Gaznam Indiaeqve fines his contentus se-
A. C. cessit, in qvibus 43 circiter annos regnavit, et anno 937 vitam absolvit. Pater
1533. A. C. ejus Mirza Omar Scheik, filius Mirza Sultan Abusahid, Schiabane mense ann. 999
1493. obiit.

Hu-

Humaioun Mirza et Kamuran Mirza.

Humaioun Mirza et Kamuran Mirza, filii Boberi, f. Omar Scheik, f. Sultan Abusahid, post patrem regnarunt, illisqve maxima Indiae pars paruit, Humaiunio praecipue, cui jam a duodecim annis regna Candahar, Gasna, Rabul, aliaeqve plures Indiae ditiones obseqvium detulere, (sed abhinc duobus annis) Schirchan Ugani in eos movit, magnam ditionum Indiae partem abstulit. Humaiounscha liberalitate et humanitate admodum praeclarus est.

Mirza Jadighar Muhammed.

Mirza Jadighier Muhammed filius Mirzae Muhammed, f. Baisanger, f. Scharok, f. Timur, post Abusahidum, opera Abulnasrhasanbeg, Chorasaniae regnum obtinuit. Pars procerum Giagatai qvi post Abusaidi mortem territi fugae se dederant, ad eum profecti ei se adjunxerunt, deinde Hasan Beg tradita magna parte exercitus dictorum ab Abisonibus in Chorasanem eum misit, cum Esterabadam pervenisset, priusqvam in Chorasiam ingrederetur. Mirza Sultan Hosein f. Baikra ex prosapia Omar Scheich Timuris filip, jam eam provinciam occupaverat, qvi ut Jadigharem cum exercitu Esterabadam venisse accepit, statim Herato profectus contra eum movit, atqve in finibus Esterabadae in loco Bendschagan dicto pugnatum est, 8 Rabie secundi mensis ann. 874. Victus Jadighar Hasan Beg alio exercitu adjuvit, iterumqve Chorasanem ire jussit: tunc temporis aliqvis ex Hosainis proceribus ab eo deficientes ad Jadigeri partes defecere. Hosein Herato relicto versus Meimend et Fariab secessit. Jadigar magna pompa Heratum ingressus est, mense Muharremo ann. 875 ibiqve otio ac delitiis incubantem, et hostium incuriosum ac negligentem Hosein loco Babatahi ex finibus Morgab egressus, cum mille militibus eum media nocte in horto Zagan captum interfecit, qvarta feria hebdomadis ad 27 Safari anni supradicti. Ita progenies Mirzae Scharoch Chorasane defecit, atqve Hosaini imperium in ea confirmatum est. Kemaldin Abd-ulvasi de eo sic dixit:

Safari illum martyrem mensis videt
Idemqve mortis testimonium dedit.

Sultan Hosain Mirza.

Sultan Hosain Mirza, filius Mirza Mansour, f. Mirza Baikra, f. Mirza Omar Scheik, f. Timur, imperii vitaeqve longitudine felix, eruditorum amantissimus, qvibus maxime studuit, scholas ab initio ad finem usqve regni stipendiis amplissimis

mis auxit, Herati gymnasium templumqve struxit, qvibus in regnis Iran et Turan simile nihil extat. Ejus tempore in hac urbe decem millia scholasticorum floruere, omnes ejus liberalitate et aulicorum procerum victum habentes. Chorasanen incolarum freqventia eo regnante creverat, qvalem nulla olim tempora viderant. Herati hortus est, qvem G·hanara vel Bagmurad vocant, inter ejus opera laudatur, eo in loco multas ades struxit, et palatia auro distincta variis illustrium poëtarum versibus ornata, atqve aedificiorum amantissimus erat. Omnes aulici ejus ad exemplum struendis aedificiis incumbebant, ac eorum unusqvisqve pulchra palatia variasqve aedes sibi proposuit condendas, maxime Emir Nazam-eddin Alischer, omnium praecipuus, ipsiqve Sultano carissimus, sub qvo ceteri proceres et magnates atqve eruditi Chorasanis triginta tres annos fuere eiqve omne obseqvii genus detulere. Hic tot templa, scholas, suburbia, itemqve pontes et xenodochia condidit, ut describi minime possint, multi eruditi ac poëtae ejus in honorem versus scripserunt, variosqve libros ejus nomini dedicarunt, egregiis ab eo muneribus donati. Natus est Emir Alischae anno 844, obiit mane prima
p. 71. feria et undecima Giumadi prioris anno 906. Hujus praestantissimi viri meminisse oportuit in hac historia, qvando illius vita Hosain Mirzae magnitudinis virtutisqve
A. C. clarissimum est indicium. Natus est Hosein Mirza Muharreno mense ann. 842 in
1438. urbe Herat. Annum octavum agens patrem Mirza Mansur amisit ann. 849. ad Ti-
A. C. murem etiam per matrem pertinuit, ea Firuza Begum fuit, filia Sultani Hoseini,
1445. filii Sultani Hosaini, filii Emir Muhammed, f. Emir Mose. Sultan Hosein maternus avus natus ex filia Timuris erat, nosterqve Hosain, cujus res gestas describimus, avi materni nomen tulit, Firuzae Begum; mors incidit in 14 Muharremi
A. C. ann. 874. Sultan Hosein juventutis exordium et tyrocinium in obseqvio Sultani
1469 Abusaid in Maurannahare transegit, post aliqvod tempus ad Mirzam Baberum f.
A. C. Mirzae Baisangar Chorasanem transiit, qvo mortuus est Baberno ann. 861. Tum
1456. turbatio in Chorasane rebus Mirzascha Muhammed filius Mirzae Baber et Mirza Ibrahim filius Aladdaulae bellum gesserunt, et Abusahid eodem anno Maurenahare profectus; Chorasanem aggressurus, Balcham venit, inde Heratum, qvae postea relicta Calcham rediit. Eodem tempore Mirza Gehanscha Chorasanem etiam invasurus, ab Iraka movit sub finem ejusdem anni atqve ad usqve Isterabedae fines accessit; ille Mirzam Ibrahim et Mirzam S·ha Muhammedem victos fugavit. Ita excitatis ubiqve turbis, ut supra diximus. Sultan Mirza in urbe Meru rebellandi initium fecit, et bellum movit contra H. ssem Beg, cui hoc anno Esterabadae praefecturam Mirza Gehanscha concesserat, hinc belli origo pugnaqve in loco Sultan Duin commissa, in qva ille victor hostem occidit, et Esterabad cepit, postqvam Chorasan domita in Abusaidi potestatem concessit, ipse integrum decennium semper rebellavit, captato tempore excurrendi atqve praedas agendi, etsi

con-

contra eum justus mitteretur exercitus, in deserta et in culta loca se recipiebat. In
finibus Abisurd Abusaidi mortem intellexit, statimqve aliqvot ex aulicis Nisapur
et Meschéd itineribus Heratum misit, ipse per Meru via perasta Herati d. Veneris decima m. Ramadani ann. 873 ea in urbe regnum est auspicatus, cujus initio A. C.
Jedgar cum Hasan Bek in Chorasana turbare voluit, sed, ut supra diximus, sta- 1468.
tim oppressus est. Ita firmato imperio, qvisqvis deinceps contra eum rebellare,
aut aliqvid novi moliri ausus est, victus cessit. Ultimis ejus temporibus Usbe-
kii rege Maurennaharam Abusaidi filius abstulerunt, inde Chorasanem invadendi
libido eos cepit. Sultan Hosein Mirza contra eos profectus Herato ann. 911 in A. C.
itinere obiit sole occasu 10 Dulhagiae Ilahi in loco B·be, Badghii ditionis, in finibus 1505.
Poitabar, sive pontis fluvii Marg·b. Post qvadriduum Heratum sepulchro, qvod
ipse sibi struxerat, inlatus est. Trigesimum octavum agebat, cujus spatii viginti
paralyticus vixerat, incedendi et eqvitandi impotens semper lectica qvatuor ab ba-
julis ferebatur. Puerilis homo ingenii, ovibus, columbis gallisque addictissimus, qua-
cumque incederit columbarum caveas plenas gestans; Herato eadem lectica in solen-
nes laetantium hominum coetus deferri solitus. Qvatuordecim filios suscepit, qvorum
haec nomina invenimus. Bedid Zeman Mirza 1. Muzafar Hosain 2; horum duorum vitam resqve gestas postea memorabimus; Kir Mirza 3; Abulmohasen Mirza 4; Muhammed Mahsum Mirza 5; Hosain Mirza 6; Eben Hosain Mirza 7; Feridoun Hosain
Mirza 8; Muhammed Hosain Mirza 9. Atqve hi pluresqve vivente patre, et alii defuncto fato concessere runt: post ejus mortem Herato communi consilio regnarunt, sed
anno elapso Schaibek rex Usbek Maurannahara ingressus Chorasanem venit, eosqve
proelio victos Mauharramo m. anni 913 fugavit. Mirza Bedih Zeman noctem unamcir- A. C.
ca Heratum moratus, Kandahar petiit, Terschiz deinde rediit, ibiqve cum Usbeki- 1507.
dis bellum gessit, et victus Irakam secessit, ubi ad pedis osculum regis maximi orbis, imperatoris, fortissimi Ismaëlis honorifice susceptus, atqve Tebrisium ire jus-
sus, mille denarios in diem accipiebat, qvibus septennium integrum potitus est,
usqve ad annum 910, qvo Selimus Turcarum imperator Tebrisium cepit, eumqve A. C.
in Graeciam abduxit, ubi diem obiit. Muhammed Hosain Mirza Isterabad fugit, 1504.
ibiqve anno 913 fato concessit. A. C.
1507.

Mirza Omar.

Mirza Omar, filius Mirzae Miranscha, f. Timuris frater, qvamvis res ejus
fratrisqve cum aliis Timuris nepotibus memoravimus; tamen propter imperium
familiae nigrarum ovium, cum qva multum negotiorum illis fuit, eorum iterum
meminisse oportet. Timuris secundo Irakam profectus anno 802 Homari praefe- A. C.
cturam Maurennaharae dedit, qvam triennium integrum administravit; cum autem 1309.

ex Syria et Graecia idem Timur Aderbeigian rediit, hyemem in Charabeg transegit, vocatoqve ad se in hyberna Homare, Aderbeigian ad usqve Syriae et Graeciae
p. 72. fines tradidit, et ceteris omnibus Persidae et Iracae. Praefectis ei parere jussis, Iraka Arabum fratris Mirzae Abubecro tradita, Miranscha Bagdadum missus. Post biennium et sex menses Timuris mors nunciata. Tebrisium Mirzae Omaro occasionem praebuit, regnum istius provinciae suo nomine retinendi, itaqve Abubecrum Iraca Arabum advocatum in aulam suam cepit, Sultaniae arci inclusum detinuit, eo post aliqvot dies percussores tres submittit, qvos ille omnes praeveniens, inter-
A. C. fecit, et carcere egressus urbem arcemqve cepit anno 808 mense Muharremo.
1405 Tunc temporis Miranscha Chorasane profectus Chalhuschi morabatur. Abubeker relicta Sultania Chorasanem ad patrem ivit, Omar Sultaniam petiit, Abubeker assumto patre Irakum versus iter sumsit, et in urbe Jar ingentem exercitum collegit. Mirza Omar tunc in Aderbeigian erat, Abubeker Jure Sultaniam venit, multisqve, qvos ibi reperit, interfectis, magnas qvoqve copias contra Omarum profectus Aderbeigian, Omaris ex ducibus pleriqve cum Abubucro congredi non satis ausi, Irakam et Persidem ad filios Omar Scheik, filii Emir Timuris, Scharochii his in ditionibus vicarios, auxilium petituri se contulerunt. Abubeker sub finem Giumadi posterioris anni supra memorati Tebrisium venit, ibique regnum auspicatus est. Omar, auxiliantibus Omaris Scheik filiis, et Iracae et Persidis exercitu, contra Abubekrum in finibus Gezirae pugnavit. Commissum acre proelium, caesis eqvitum peditumqve qvatuor millia infelici contra Omarem eventu, qvi victus Chorazonem ad Scharochum fugit, a qvo liberaliter et cum honore susceptus, Esterabadam et Mazanderan obtinuit, ibiqve resumptis viribus contra ipsum Sche-
A. C. rochum rebellavit, et die Lunae nona Dulcahadae mensis ann. 809 in finibus Giam
1406 pugna victus, Morgabum fugit, Samarcandam ad fratrem Chalil iturus, sed fugitate vulnere impeditus, ab istius ditionis judicibus captus, et ad Scharochum ductus est, qvi eum curari, et Heratum deduci jussit, sed in itinere Tacurrabato 25 Dulkada anni supra dicti obiit, sepultus est ad latus Imami Fakhu-Razi.

Mirza Abubeker.

Mirza Abubeker filius Mirzae Miranscha filii Timuris, post fratrem Omarem in Aderbeigiane regnavit, vir audacia et fortitudine inter omnes Timuris nepotes celebris, ac praecipue ense strenuo. Kara Joseph, filius Kara Muhammed
A. C Turcomanni eo tempore Aegypto profugus, ad Euphratis ripam, antiqvam suam
1407 originem venit. Abubeker cum eo bis pugnavit, bisqve victus est; secundo etiam proelio patrem Miranscha servi manu occisum amisit 24 Dulcaadae anni 810 Kara Joseph Aderbeigianem fugit, sed ejus praefecto contra eum rebellante,

Se

Sistan periit rursusqve Kermanem rediit in finibus Jersat in proelio contra A. C. Sultanum Avis occisus est sub finem Regibi mensis, aut potius initio Scha 1408. bani anni 811.

CAPUT VIII.

DE TURCICIS REGIBUS NIGRARUM OVIUM, SIVE KARACOIUNLU DICTIS.

Kara Joseph.

Kara Joseph, filius Kara Muhammed Turcomanni, f. Beram Chois Turcomanni fuit, Kara Muhammed autem inter aulicos Sultani Avis Ilechani vixit, filiamqve ex eo gravidam habuit; ipse gentis suae nigrarum ovium dictae principatum tenebat. Avus ejus Beram Chois, qvi post mortem Sultani Avis Maulal Sengiar et Jrkim regebat, obiit anno 882. Kara Joseph Timuri semper rebellis fuit eoqve A. C. in Graeciam profecto, Iracam ejecto Achmedo invasit. Timur ab hac expeditio- 1477. ne Aderbeigianem cum rediit, Iracam Arabicam Abubecro nepoti tradidit, et Bagdadum ad expellendum Kara Joseph ire jussit, additis ad alios nepotes mandatis, maxime ad Mirzam Rustem filium Omaris Scheik, ut Irakam idem acturus Ha- P. 73. madano relicta pergeret. Ambo statim Kara Josepho occurrunt, commissum proelium, in qvo Jirali Kara Josepho occurrunt, commissum proelium, in qvo Jarali Kara Josephi frater cecidit, ipse victus Aegyptum fugit, ubi ab Aegypti rege Timuris jussu cum Achmado Ilichamo captus atqve in vinculis servatus est, ibi tamen filium suscepit Per Bodai dictum, qvem Sultan Achmad filii nomine dignatus est. Nunciata Timuris morte, Kara Joseph carcere liber atqve in honore habitus est, mille Turcomannii equites, qvi cum eo Aegyptum venerant, rursus illi se conjunxere, tum vero relicta Aegypto ad Euphratem contendit, ac centum et octoginta certaminibus, qvae cum limitaneis praefectis semper victos gessit, ejus ripam pervenit, toto itinere milites ejus omnium, qvae videre poterant praedas agebant. Diarbekram cum attigit, ejus populares illi se conjunxerunt, arcem Onik expugnavit, et Giumadi priore anni 809 in finibus Macktchevan Abu A. C. bekrum proelio vicit, Tebrisium venit et 24 Dulcaadae anni 810 iterum cum Abu 1406. becro pugnavit, iterumqve victoria potitus filium Bodak, qvem Achmad filii, ut 1407. diximus, nomine vocaverat, in regem sublimavit, integra provincia Aderbeigian subjecta. Exin Diarbekram contendit, ejus praefectum Kara Osman profligavit, et anno 813 cum Sultano Achmede Ilechanio bellum gessit, et captum 10 Rabie se A. C. cundi 1410.

eundi occidit. Ita subactam Irakam Arabicam filio Muhammedi concessit, mox alteram contra Kara Osman expeditionem suscepit, arcem obsedit, a qva tamen
A. C. cum supplex Kara Osman pacem peteret, recessit anno 815. Cum Emire Ibrahim
1412. Sirvanio et Korstendil Georgianorum rege bellum gessit, Ibrahim cum aliqvot Aulicis captus Kostendil magna cum suorum multitudine caesus est. Ibrahim libertate pretio redemtus, regno redditus, qvinqve annos postea regnavit. Filius ejus Emir Chalil post patris mortem 48 annos Sirvani regnum tenuit, atqve ab Hamadano
A. C. recedere cogitur, sed Sultaniam, Cazuinum, Taremam et Savam cepit anno 822
1419. Alepum et Anitab ivit ann. 823. Mirza Scharoch Chorasane contra eum movit,
1420. Kara Joseph illi occurrebat, sed Ogiane die Jovis in itinere septima Dulkaadae mensis anni supradicti obiit. Nemo curando funeri vacavit, filiis aliisqve qvi eam operam navassent absentibus; itaqve statim divisus exercitus, thesauri praedae cesserunt, nec ullus fuit, qvi sepeliendi curam susciperet. Relictus est super solium eo in tentorio, in qvo obierat, qvod Turkomani cum aliqvot tyronibus praedati, avulsi etiam ab ejus corpore veste, mox et qvos in auribus gestabat, annulorum cupidine aures ipsas secuerunt, relictoqve humi cadavere discesserunt, duos dies totidemqve noctes sic jacuit, donec ejus propinqvi et necessarii Ergis delatum avito sepulchro intulerunt. Regnavit 14 annos et paulo plus; filios sex suscepit, Pir Bodak Chan, qvem regem vocavit; sed ille vivente patre obiit, eoqve defuncto pater regium nomen assumsit: secundus fuit Alexander; tertius Mirza Gehanschah, qvorum res gestas describemus. Qvartus Emir Scha Muhammed viginti annos Irakam Arabicam tenuit, ejusqve ad ann. 836 qvo ab Emire Asban fratre Bagdado ejectus, Musal fugit, eaqve et Ardebil capta, rursus recipiendi Bagdadi cupidus, Jacob dirupta urbe Darvang venit, et Sistan invasit, ejusqve in fini-
A. C. bus ab Emire Hagi Hamadanio caesus est die Martis XI Dulkaadae ann. 837. Emir
1431. Asban post ejectum duodecim annos Bagdadi regnavit, hominemqve exuit die
A. C. Martis 18 Dulkaadae anni 848. Conjunctio * * * in Cancro erat. Sextus Emir
1444. Abusaid ab Alexandro fratre occisus est fratrum fortissimo; hic inter omnes familiae nigrarum ovium duces audacia et virtute praestans fuit, itaqve cum exercitus
A. C. secutus est. Sed vaga mobiliqve semper fortuna usus, 18 Ragiebi ann. 824 in fini-
1421. bus Anschker in loco Jakhschi cum Scarocho pugnavit duos integros dies, proelium acerrimum fuit, noctu diligenter excubias qvisqve agebat, atqve ad ortum proelio reintegrando studebat, tertia demum luce victus Alexander ad Euphratem fugit, Scharochus victor Chorasanem petiit, Alexander Tebrisium petiit, qva
A. C. et Aderbeigian potitus ann. 828. Abschendin Schir Kurdorum regem Ardebili, eo-
1424. demqve Schamleddinum Achlat regem interfecit ann. 830. Sultanum Achmedem
1426. pariter occidit ann. 831 Schamachiam vastavit a. 832 Sultaniam Scharocho eripuit: invadendae secundo Aderbeigian consilium cepit, ac 17 Dulhagiae ejusdem

anni

anni cum Alexandro in conspectu Selmas pugnavit, Mirza Gehanscha Alexandro
junctus erat. Biduum proelium duravit, in qvo Alexander ea fortitudinis exempla edidit, qvae vix animo concipi possent, tamen invalidus, nec ultra resistendi
potens, in Graeciam fugit. Cara Umanen Baianderium occidit in via. Scharoch
Chorasanem rediit ann. 834. Alexander mox reversus Aderbeigianem iterum in- A. C.
vasit. 1430.

Emir Alexander.

A. C.
Emir Alexander frater suum Abusaidum a Scharocho Aderbeigianae praefectum 1433.
interfecit, mox ann. 837 Sirvanum iterum profectus praeda ac caedibus grassatus, p. 74.
eandem die Lunae Rabie secundi anni 838 Scharochus ad eum rursus Chorasane
urbem Ry pervenerat, cum Mirza Gehanscha Alexandri frater medio Dulhagia
mense supra memorati anni ad Scharochi obseqvium se contulit, ab eoqve benigne
et honorifice exceptus, comitem ad eandem aulam ejus exemplo Scha Alitcha
Mahmudis filium traxit; is autem Mahmud Kara Josephi filius erat. Emir Bajazid Ainlu ex proceribus Turcomanorum ad Scherochi partes etiam transiit, qvi
Aderbeigianem versus iter direxit, Alexander virium inops Aderbeigian relicta
fuga sibi consuluit, fugiensqve Erzengianam transiit. Scharochus Aderbeigian profectus totum hoc regnum ejusqve limites ad Graeciam usqve et Syriam promotos
Mirzae Gehanscha tradidit, suoqve sigillo confirmavit, et initio a. 840 Choreso- A. C.
nem rediit. Alexander nihil moratus rediit, fratremqve in loco Saphian dicto 1436.
prope Tebrisium aggressus ab eo vincitur, victus in arcem Alingiak se recipit,
ubi obsessus 25 Schievali ann. 841 occisus est a filio suo Schakobad, qvi patris pel- A. C.
licem Lili deperibat. Regnavit annos 16. 1437.

Mirza Gehanscha.

Mirza Gehansche, filius Kara Josephi, f. Kara Muhammed a. 839 Aderbeigianem ab Scharocho obtinuit. Crescebat in dies ejus potentia, cujus invidia A. C.
Alexander frater contra eum bellum movit, victusqve, ut diximus, in arcem Alin- 1435.
giak fugit, ubi a filio interfectus est, eum Gehanscha parricidii reum occidit. Ita
pace regno reddita, Georgianam invasit et subegit ann. 844. Defuncto fratre As-
bann, Iraca qvoqve Arabica potitus est, mox Mirza Sultano Muhammede, filio
Mirzae Baisungari, fratre etiam cedente Iracam adeptus ann. 856 Hispahanae ci- A. C.
ves ann. 857 ingenti caede profligavit, multasqve provinciae arces delevit, Per- 1452.
sidem e. Kermanem occupavit. Mirza Babero sub finem ann. 861 vita functo, 1453.
ut in historia Abusaidi diximus, Chorasanis occupandae consilium cepit, ac via San-
dalk Schecam versus Gaurgian progressus, die Saturni 25 Muharrami ann. 862 cum

Mirza Ibrahimo filio Aladdaulae una ab Esterabada parasanga pugnavit et vicit;
multi ex proceribus Giagatai hoc in proelio ceciderunt. Mirza Gehansche facile
Chorasane potitus Heratum venit, ubi circa sex menses moratus, Mirzam Aladdaulam
filium Baisangari Mirzae die festo sacrificii ad se venientem, eodem anno
honorifice suscepit, exin Sultan Abusaid Balcha ad Gehansche contendit, qui
cum accepisset, filium suum Hasan Ali, qvem in Aderbeigian in vinculis
habebat, carcere elapsum rebellasse, pacem ideo cum Abusaido Chorasane
A. C. tradita composuit, et initio ann. 865 Iracam rediit, exercitu omnia in itinere,
1458. qvacumqve pergeret, devastante. Gehansche ad sua regressus, subito Hasan Ali
filium captum vinculis reddidit; alter ejus filius Pir Bodak, qvem Persidi praefecerat,
ingratam patri vitam ducentem, inde edoctum Bagdadum misit, qvi cum
sine jure, eo loco subditis jus redderet, tandem eum annum integrum obsedit.
Viri graves de pace concilianda verba ferebant, qvibus persvasus Pir Bodak Bagdadi
portas aperuit. Frater ejus Muhammed Mirza patris consilio ingressus, mane
A. C. die Solis secunda Dikaadae ann. 870 cum nihil tale timentem, qvietum et paci,
1465. qvam fecerat, fidentem, oppressit. Gehansche Tebrisium reversus in immensum
potentia crevit, adeo, ut nec praedecessoribus suis similis fastigii in mentem venerit,
utriusqve Iracae regna, et Arabicae et Persicae Kermanem, litora Oceani
maris et Aderbeigianem ad Graeciae et Syriae usqve fines tenebat. Paulo post
declinavit ann. 872 contra Hasanbeg Diarbekrae praefectum duxit inutili propter
hyemem profectione, qvam iterare constituit; itinera exercitus signaqve cum negligenter
curabat, initio noctis copiae praecedebant, ipse ad seqventem diem in
lectica dormiebat, deinde exercitum seqvebatur. Hasanbeg ejus rei non ignarus,
reiqve gerendae et capiendae praedae cupidus, exercitum ante ivisse conscius, dormientem
Gehansche cum tribus millibus eqvitum selectorum inopinantem aggreditur,
fugere conantem capit, interficit, filium Muhammedem necat, pariter et
Abu Joseph excaecat, eo die Rabie secundi anni supra memorati. septuagesimum
agebat, cum regnasset annos 32. Corpus Tebrisium deductum sepultumqve est.
Gehansche fide atqve probitate caruit, levi de causa magnates occidit, legis contemptor,
vino libidiniqve deditus.

Hasan Ali Mirza.

Hasan Ali Mirza, filius Gehansche, filii Kara Joseph in arce Makvich in vinculis
erat, hoc egressus carcere, regno patris ac thesauris potitus, centum et qvinqvaginta
mille Tomanos militi erogavit, qvorum ingentem numerum ad usqve
ducenta eqvitum millia collegit. Longitudo carceris, qvam per 25 annos sustinue-
1471. rat, hominis cerebrum imminuerat. Curdos qvosdam ignobiles procerum loco,
qvos

qvos pater habuerat, in eorum contemptum sibi adscivit, eisqve nomen Koul Indidit: hoc tempore Hasanbeg Aderbeigian venit. Hasan Ali ei occursurus, Merend petiit, dolosi proceres ab eo defecerunt, atqve ipse fuga sibi consuluit, hinc et Sultan Abusaid Sultaniam Chorasane profectus ad eum contendit, et hyberna Tebrisii elegit, caesusqve Karabagi fuit. Hasan Ali Iracam profectus, multos ex amicis ac aulicis iterum congregavit, qvibuscum ad Hamadan pugnavit contra Muhammedem filium Hasanbeg, a qvo victus, captus et occisus fuit, mense Schiewalo ann. 873. Ita imperium familiae nigrarum ovium desiit.

CAPUT IX.

DE FAMILIA ALBARUM OVIUM, SIVE DE BAJANDERIIS, QVI IX NUMERO, ANNOS QUADRAGINTA DUO REGNARUNT.

Hasan Beg.

Hasan Beg, filius Ali Beg, f. Osman Beg, f. Koulug Bek, f. Hegi Bek, prudentia, fortitudine, potentia, amore erga populum, justitia, clementia insignis, etiam regiminis peritia celebris, opum et tributorum contemptor, in judicando omnibusqve negotiis recti ac juris studiosus. Lex ejus tempore maxime viguit, qvaestiones sive religionis dubia summa eruditione definita, ipse cum eruditis, de variis ejus interpretationibus historiisqve ad eas pertinentibus differentes audiebat, eosqve et honore et stipendiis liberaliter ornabat, hinc templorum, scholarum exstruendarum studium. Initium ejus imperii duabus victoriis contra Gohanscha, ut supra memoravimus; secundum contra Abusaidum, de qva aliqvid diximus, sed hoc loco latius explicabimus. Partes ejus Diarbekram regebant multarum in ea arcium locorumqve munitorum potentes, Timuri familiares, ejusqve partes secuti ut Kara Osman, ejus avus, qvi eum in Graeciam proficiscentem comitatus est, et contra Kara Joseph ejusqve filium Alexandrum et Mirza Gehanscha fugavit, qvi ad Abusaidum transiit, a qvo benigne exceptus est, et Tebrisio regnoqve ac Aderbaione potitus, Carabagi hyemavit. Abusaid Iraca in Aderbeigian profectus est, dum Meianae moras trahit; exercitus Gisgarai Tebrisium petiit, ibiqve nullo impediente, lucri qvantum potuit, corrasit. Hasan Bek saepius legatos ad Abusaidi aulam misit, vetus obseqvium et famulitium patrum avorumqve suorum memorantes, et Kara Josephi filiorumqve rebellionem traducentes,

de-

deniqve pacem petentes hac conditione, ut Aderbeigian ea lege retineret, qva
Scharok Mirzae Gehanscha dederat, qvi hostes ejus profligarat. Abusaid rejectis
omnibus conditionibus, Karabeg contendit; Hasanbek obstructis itineribus, et adscitis in militiae societatem Sirvanii copiis, reditus facultate interclusa, vexatum exercitum Giagatai dira fames invasit, adeo, ut per duodecim dies eqvi regii hordeo caruerint. Abusaid Emirem Mezidargnun summum copiarum ducem cum
multis proceribus contra Hasanbeg ulterius contra hostem progressus misit, Hasanbeg missis copiis eum profligatum captivum cepit, qvo tantum ut progressus
castra metatus sit juxta Abusaidi castram. Abusaid Pertinbatam misit legatum de
pace oraturum, verum postqvam Hasanbeg rescivit omnia in castris, cum Per-
timbata nil amplius de pace audire voluit. Ad haec Abusaid fugae consilium cepit, castris egressus, qvae statim Hasanbeg invasit comite filio Zinelbego, qvi Abusaidum fugientem cepit, patri sistit: atqve is post triduum occisus est mense Regiebo
ann. 873, hinc Hasanbeg in Giagathai exercitus duces modestius se gerere - - -
qve in Mehemmedis Jahegari obseqvium in Chorasanem mittere, sicut in ejus
A. C. vita dictum est. Hasenbeg ann. 874 Iracam venit, inde Schirazium, ubi Abu Jo-
1468. seph Mirza filium Gehanscha Mirzae in Perside morantem militum opera interfecit, Schirazium Omaro Beg Mansulensi primo, postea filio Sultan Chalil dedit,
qvi ad usqve mortem Hasanbeg Persidem rexit. Hispahanem filio majori Me-
hemmedi concessit, qvi ultimis vitae patris temporibus non obscure rebellionem
molitus, in Graeciam Turcici imperii fines concessit; Bagdadum alteri filio Maschud Bego tribuit, Iracae Arabicae et Persicae Persidi, Kermani, et Aderbeiane
imperavit, qvorum omnium potens sub finem ann. 876 Turcicum imperium ag-
A. C gressus, primus Turcarum impetum occiso Morad fregit, mox die Lunae Rabie
1472 posterioris ann. 877 cum Sultano Muhammede praelio congressus victusqve, Zinel
p. 76 filium amisit, ac Tebrisium se recepit. Turcarum exercitu nusqvam illum inse-
qvente, et Muhammede in imperium reverso, post mortem Zinel Cabio, qvam te-
A. C. nuerat urbe, fratri Jacobi concessa. Ipse initio anni 881 Gurgistan profectus omnes
1476. eruditione ac doctrina insignes, qvibus annua stipendia praebebat, secum duxit,
magnaqve provincia parte subacta, ingentis, qvam collegerat, praedae partem illis dedit. Eodem anno Tebrisium rediit, et post XI et amplius, qvos regnavit,
A. C. annos, nocte Paschatis ann. 882 ea in urbe obiit; sepultus in horto scholae Nascie-
1477. nae, qvam ipse condiderat. Septem filios habuit: 1. Aghirlu Muhammedem
initio anni 882 mortuum; 2 Sultanum Chalil; 3 Jacobum Mirzam; 4. Messiam
Mirzam; 5. Josephum Mirzam, qvorum res gestas postea describemus, et 6.
Masud Beg, Sultani Chalil jussu caesum; 7. Zinel Beg, qvi in bello contra Turcas periit.

Sultan Chalil.

Sultan Chalil, filius Hasan Beg, post patrem regnum tenuit, fratri Jacobo Beg Diarbekram commisit, in Iraca Morad Beg, filius Schanghir, qvi patruus filii ejus erat, rebellavit, mense Safero anno 881. Sultaniam venit et Mansur Beg ex Chalili proceribus vicit. Sultan Chalil Tebrisio contra eum movit, ille in arcem Firuzkuch fugit, Hosein Kiai Gebarius arcis praefectus illum recepit, sed eum cum multis, qvi partes ejus sequuti erant, mox venientibus Chalili ducibus tradidit die Lunae 10 Rabie prioris anni supra dicti. Caesi omnes, eorumqve capita Cherkanito ad Chalilum missa. Dum haec geruntur, Jacobum Beg Diarbekrae rebellasse et Aderbeigianem profectum, nuntiatum est. Sultan Chalil statim Aderbeigianem versus iter sumpsit, et die Jovis 14 Rabie posterioris anni supra memorati circa fluvium Choi cum Jacobo Beg pugnam iniit, acre dubiumqve proelium fuit, sed tandem victus atqve occisus est Sultan Chalil, postqvam sex menses cum dimidio regnasset. A. C. 1476.

Jacob Beg.

Jacob Beg, filius Hasan Beg post fratris mortem regnum tenuit, stipendia, qvae pater dosti dederat, procedere jussit, poëtas praecipue amavit, qvi eo imperante maximo in pretio habiti, non sine qvaestu, itaqve omnibus ex locis poëmata in laudem ejus scribebantur. Ann. 885 Bos Beg praecipuus ducum (Begler Beg) Syriae regni invadendi cupidus Diarbecram venit, atqve ibi ab exercitu Jacobi caesus est, ann. 886 Pir (senex) Gemaleddin Achmed in Syria obiit, nativitatem ejus auctor istius libri Jahiaben Abdullatif Hoseinius in diem Jovis 19 Dulcaadae incidisse inveni; sub finem istius anni Baiander dux ducum rebellionem qvoqve molitus est, eum Jacob Beg in finibus Savae proelio victum occidit. Hoc anno Mohammed Turcarum imperator Moradi filius fato cessit. Annus regni duodecimus 893 finierat, cum imperator maximus, justus, potens, desiderium hominum, umbra dei, omnes ad bonum incitans imperii gloria, bellator inclytus pro religione Haider Hoseinius, qvem deus perpetuus in paradiso collocavit in exercitum Sirvanam duxit contra Ferlakh Jesar ejus regionis regem, qvi ab Jacobo Beg auxilium petiit, qvod ille recti oblitus non recusavit, qvamvis avunculi Sultan Haider esset filius, tamen nihil in eum misericordia commotus Suleimam Beg Bichen ad Farrakh Jesarum misit cum copiis. Commissum proelium in finibus Teberscan cum religiosissimo principe, qvi victus martyrii palmam meruit. Ejus duos filios regii coeli geminum lumen in arce Tstachor captos tenuit. Contra prophetae fami iam odium hostilisqve animus contra Ali posteros verae doctri-

A. C. 1480.
A. C. 1481.
A. C. 1487.

nae ſucceſſores et electos nunqvam proſperum ſucceſſum habuit, nec a Deo benedictum fuit. Ex eo tempore Jacob vitam infelicem duxit, et brevi tota ejus familia periit. Vix juventutis annos attigerat, qvando undecima Safari menſis anni 896 Carabagi, ubi hybernabat, in cubiculo obiit: duodecim annos et duos menſes regnavit, annos 28 vixit. Frater ejus Joſeph Begar, Mater ejus, Selgiuk Schah, duabus ſeptimanis ante eum migraverunt. Hujus tempore tributorum clauſae portae, nullaqve ab populis exacta tributa niſi juſta et modicata. Tres filios reliqvit, Bai Singar Mirza et Sultan Murad ex Kenher Sultan Chanani filia Farrokh Jeſar, filii Chalil Schirvani; tertium Haſan Beg ex Bekigenouni filia, qvorum res geſtas poſtea deſcribemus.

Baiſangar Mirza.

Baiſangar Mirza, filius Jacob, f. Haſan Beg, poſt mortem patris regnum adipiſcitur opera Sufi Chalil Mouſſalii, qvi ea nocte qva Jacob obiit Mirza Ali Sultan filium Chalil regii conſilii praeſidem interfecit, regniqve habenas propter
p. 77 aetatem regis ſumpſit Baianderiani, alliqve magnates Sufi Chalili regimen non ferentes Meſſiam Mirza filium Haſan Beg in regem ſublimarunt; commiſſum proelium in Horda dominationis Sultani, in qvo Meſſias caeſus cum multis ſuorum, Ruſtem Beg filius Maſchud Haſan Beg f. captus et arce Alingiak clauſus, Mahmud Beg, filius Ogurlu Muhammed, f. Haſan Beg fuga Iracam petiit, collectoqve exercitu regnum adjuvante Ali Beg Parnak invaſit, Baiſangur Mirza et Sufi Chalil ſtatim contra eum duxerunt, pugnatum acriter Rabat Krabecae in finibus Dergezin; vicit Baiſangar Mahmud Beg et Scha Ali Beg caeſi. Poſt haec Soliman Beg Bichen Diabekrae contra Sufi Calilum rebellavit, qvi Diarbekram profectus contra Solimanem in finibus Ran victum oppreſſit, multi aulici Chalil ibi caeſi, ipſe-
A. C. qve Soliman victor Tebriſium ivit. Contigit hoc proelium ſub finem anni 896.
1490. Poſtea Sultan Baiander exercitu Chagiar adjutus Baiſangari rebellavit, et communicatis cum Garkſidi Ali arcis Alingiak praefecto conſiliis, Iracam profectus Maiſudum Beg, filium Haſan, eo conſentiente, iſto carcere liberavit, ac regem ſalutavit. Inde reppellendo Solimane Tebriſium itum, plurimi procerum ac militum ad eos defecerunt. Salmon impar Diarbecram fugit ibiqve a Nuraly Beg Baiander caeſus, dignas ſcelerum, quae contra Heiderios commiſit, poenas luit. Baiſangar Mirza ad avum maternum Farrokh Jeſar Sirvanam fugit. Partem rerum ejus geſtarum, in hiſtoria Ruſtem Beg abſolvemus.

Ru[illegible]

Ruſtem Beg.

Ruſtem Beg, filius Maſchud, f. Haſan Beg, victis Baiſangaro et Soliman Bego ſub finem Ragiebi ann. 897 Tebriſium venit, ibi regnum auſpicatur. Liberalitate inſignis fuit, adeo, ut ex nigrarum et albarum ovium familiis ei nemo comparari poſſit, neqve ea, qvae dabat ſtipendia, unqvam dederit. Initio principatus ſui Bedelzeman Mirza filius Sultani Haſan Mirzae Choraſanenſis regis Iracam invadere tentavit ann. 898 qvarta Muharremi Veramin venit, et poſt aliqvot dies venientem nigrarum ovium exercitum veritus Choraſanam petit; ineunte anno 7 imperii, Ruſtembek Iracam contendit, aliqvos procerum ſuorum contra Kuſchhagi miſit, qvi in finibus Com negotium peragerunt, et caput Hagi ad Ruſtembek miſerunt. Hoc ipſo tempore Karkia Mirza Ali, rex Gueilan, rebellionem qvoqve moliri viſus, et Mirabdulmelek Moſtaphi ex proceribus Caſuini et praecipuis inter magnates Gueilan multos ex Bajanderiis Caſunii et Ry interfecit. Sultaniam qvoqve praedae expoſuit. Abich Sultan Kgheilan cum exercitu Cagiar miſſus, ad Caſunii finibus Ladeh Beſchem venit, et ibi conſedit. Abdulmelek fugit, copiae Cagiar omnem Kudbari viciniam ex ditione regis Gheilan praedatae, magnam etiam militum ejus provinciae partem interfecerunt, menſe Ramadano anni ſupra dicti atqve ex ejus capitibus pyramides extruxerunt. Ruſtem Beg extinguendae Baiſangari rebellioni qvi Sirvano egreſſus erat, Aderbeigianem rediit, et Sultanum Ali Heider fratremqve Iſtacarae arcis carcere liberavit; bis pugnarum Ali Sultano cum ſuis fortiter auxiliante, ſecundum proelium in finibus Kengeh et Berda commiſſum, Baiſanger captivus et caeſus eſt ſub finem Schievali anni ſupra dicti initio Dulkaidae: annum et dimidium regnavit. Frater ejus Haſan Bek, filius Jacobi Bek, in caſtris idem fatum ſubiit. Poſt haec acta Ruſtem Bek de Sultano Ali cogitare coepit, multa contra eum meditatus, qvorum ille certior factus, magno cum militum numero Ardebil contendit. Res Ruſtemi ſuſpiciones auxit, itaqve Abich Sultanum cum Huſaino Beg Ali Chan, avunculi ſui filio Aderbilem miſit contra Ali, cum qvo in finibus Ardebil ſub finem hujus anni proelium commiſerunt. Caeſus in eo Ali martyrii decus meruit, ſed et brevi poſt tempore Abich Sultan et Huſein Ali Chan occiſi ſunt, dignam operum malorum mercedem ſortiti. Dum haec gerebantur, princeps potentiſſimus, religioſiſſimus, ſemper victor, Iſmaël rex fortiſſimus Gueilan ſeceſſit a Karkia Mirza Ali, ei occurrente honorifice exceptus, et omni obſeqvio cultus eſt. Ruſtem Beg ſaepe per legatos ab Karkia Iſmaëlem petiit, ille curavit Abdumelek Haſan Sufi primarius ducum in Gheilan in eo ſervando diligentior foret, legatosqve voti inanes dimiſit. Ruſtem Beg qvinqve annos regnaverat, ſextus currebat eratqve 902, qvando Achmed Beg, filius Ogurlu Muhammedis, f. Haſan Beg, Graeciae finibus egreſ-

ſus Iracam venit, Hoſain Beg Alichanum et Abdulcherimum Ruſtemi Beg partes ſequutos in finibus Sultaniae victos interfecit, Ramadano m. anno ſupra dicto. Ex illo publicae preces nomine Achmed qvi frater uxoris ejus erat, concipi nummosqve cudi coeperunt, bis Ruſtem et Achmed Aderbeigiane pugnarunt; primo proelio Abich Sultan relictis Ruſtemi Beg partibus ad Achmedem defecit, victus Ruſtem Araxem tranſit, Kurgiam fugit, eo Achmed contendens Tebriſium venit; ſecundum proelium Dulcada m. ejusdem anni inter eosdem commiſſum,
p.78. in illo captus Ruſtem Beg et occiſus eſt. Regnavit annos qvinqve et dimidium.

Achmed Beg Ogurlu Muhammed.

Achmed, filius Ogurlu Muhammedis, filii Haſan Beg, poſt Ruſtem Bek mortem in regno confirmatus eſt, princeps populi amantiſſimus, exiguo, qvo regnavit, tempore clauſae tributorum portae, nec ulli a qvoqvam aliqvid exigere vi et praeter ejus (voluntatem) poteſtas fuit. Vinum et omne inebriantis poculi genus odio habuit, legis ſervandae et propugnandae ſtudioſiſſimus, doctos maxime coluit, qvos apud ſe habuit et diſputantes audiebat. Emir Semd Scheikhinum notum ſub nomine Nortugi Ogli praecipue obſervavit, nec ab ejus conſilio recedebat, ſed uterqve victi avaritia ſtipendia et dona, qvae majores ejus aliiqve reges tribuebant, ſubtraxerunt, qvod illis male vertit, nec diuturnum Achmedis imperium
A. C. fuit. Creſcente diffidentia Hoſainum cum multis aliis ducibus generum ſuum Ali-
1496. chanimum menſe Dulcada anh. 902 occidit. Abich Sultan Kermani, praefectus, occaſionem rei faciendae ſibi repertam putans, obtenta Kermanem eundi licentia, Tebriſio egreſſus Perſidem properat, et adjuvante Kaſam Bek Parnak illius provinciae gubernatore, rebellat. Achmed hoc comperto hyeme Iracam contendit ad eos reprimendos, illi viciſſim parvo cum exercitu contra eum movent. Die Mercurii 14 Rabie ſecundi in loco Kogia Haſan Mazi dicto uterqve exercitus pugnavit; Achmed victus Noſtegi cum plerisqve procerum et Ogli caeſus eſt. Tunc familia alborum ovium imperium declinare coepit, atqve ad alios tranſiit. Sex ex ſtirpe Haſan Bek parvuli ſupererant variis in locis, Sultan Murad filius Jacobi Sirmeni erat Elvend Bek, filius Joſephi Bek in Aderbeigiane et frater ejus Muhammed Mirza Jesdae principes iſtius nigrarum ovium familiae, et Belenderii tres in factiones diviſi, ſuum ſibi ſinguli regem conſtituerunt, mutuisqve ſe bellis de adminiſtratione certantes attriverunt, donec veſtis provinciis regno excisa se prorſus extincta familia periit, ut poſtea dicemus.

Elu-

Eluend Bek.

Eluend Bek, filius Josephi Bek, filii Hasan Bek fuit. Abich Sultan cum Achmedem occidisset, nullum e regia familia, cui regnum traderet, in potestate habuit, publicas tamen preces concipi, et monetam cudi Moradi nomine in Iraca jussit, ita et sigillum regium omniaqve mandata: mox Aderbaion versus iter instituit, sed antequam eo perveniret, Casem Beg ejus praefectum et Gvai Beg Bai-ander accepit Eluendum in regem sublimasse, altera etiam factio Moradum Schirvana egressum regem salutaverat. Contra hos Abich Sultan praelio congressus vicit, Moradum cepit, captum arce Roubin clausit, matrem ejus uxorem duxit, pacem cum Eluend fecit, eumqve Tebrisium ductum anno 903 regem constituit. Caetera qvae ad ejus historiam pertinent, in Morado asseqvemur.

Muhammed Mirza.

Muhammadem Mirzam filium Joseph Hasan Beg, aliqvi proceres Iracae regem constituerunt, mox in Perside contra Casem Beg Parnak bellum gesserunt, hic victus Istacharam in arcem se recepit; illi Iracam redierunt. Abich Sultan et Elvend Beg Aderbeigiane contra eos progressi, cum ad fines Rei venissent, Mehemmed Mirza fugit, et in urbe Komi hyemem duxit, relictis aliqvot proceribus Varanime, qvi Muhammedis conatus reprimerent. Sub finem hyemis Muhammed Hoseini Gelavio suadente impetum fecit et fugavit. Abich Sultan et Elvend urbe Kom relicta Aderbeigianem iverunt. Interea Muhammed Mirza collecto in Iraca exercitu, magnaqve Turcarum multitudine adjuncta, mense Schievalo ann. 904 Sultanum Ainam proelio aggrediuntur. Erat hic Bajanderiorum patruus, A. C.
audacia ac virtute omnibus superior, qvi declinanti et eversae nigrarum ovium 1498.
familiae superstes non fuit; eo pereunte brevi, ab illis ad alios imperium transit, ut postea dicemus. Alnand Beg post hoc proelium Diarbekram se recepit, Muhammed Mirza Tebrisium profectus est. Interea fratres uxoris Abich Sultan Moradem Tubinii carcere liberatum ad Casem Beg Parnak in Persidem duxit, ibiqve rex salutatus est. Muhammed Mirza his reprimendis Iracam petiit, sed proelio commisso in loco dicto Khzalenk in finibus Josinharae, ann. 905 in eo confossus periit: annum circiter regnavit.

Sultan Murad.

Sultan Murad, filius Jacob Beg, postea in Perside et Iraka regnavit. Elvend Beg Aderbeigianem rediit: interea qvidam Sultan Hosain nomine, eo praetextu, qvia se filium Mirzae Gebanscha, f. Kara Joseph diceret, Aderbeigiane

P. 79. egressus, ingentem exercitum collegit. Eum Elvend Beg ann. 905 praelio victum et captum interfecit. Anno seqventi 906 Elvend Beg et Sultan Murad mutuo se aggredi voluerunt, sed multorum opera et diligentia in finibus Casbini et Ebheri conciliata pace his conditionibus, ut Irakam et Persiam Morad retineret, Aderbeigianem et Diarbekram Elvend haberet, qvibus receptis uterqve ad sua reditum maturavit. Sultan Morad Giumadi 20 ejusdem anni Casbinum venit, integramqve septimanam in hac urbe moratus est; Elvend Tebrizium petiit. Exin vastities, direptio, injuriae, tributa, rapina imperii passim terras occupare, obsessa itinera, magnates dissentire, Casem Bek Parnak Schirazii multos per annos praefectus cum
A. C. patre septimo Safari mensis ann. 907 captus et Istakharam missus, deinde in arcem
1501. Hispahan, atqve ibi occisus est. Feria septima Safari mensis anno 908 Abulfutah
A. C. Karmanis praefectus Ayrazium venit, Jacobum Chan Beg Muradi vicarium in
1502. Perside fugavit, regionem occupavit, sed post sex menses die Lunae octava mensis Siabani ejusdem anni, ex monte cadens inter venandum periit. Vastato deniqve regno, ad neqvitiam et tyrannidem fames et pestis accesserunt, utraqve ingentem populi numerum confecit, turbati sparsiqve mortales ubiqve solum vertebant, aliaqve et diversa mundi facies erat, donec auxilii divini zephyrus pro tyrannide, misericordiam super orbis fines flare incepit, et lucidus terrarum sol, potentissimus imperator, religionis asylum, semper Victor Ismaël fortis exortus feliciter clementiam suam super varias gentes sparsit, ac proceribus et militibus fortissimis comitatus initio anni 907 in finibus Nacgiran cum Elvend et albarum ovium fami-
A. C. lia proelium commisit. Victus Elvend, fuga sibi consuluit, Aderbeigian Ismaëli
1504. cessit, ejusqve incolae ab Turcarum tyrannide liberati, sub justo et clemente tuti vixerunt. Elvend diu turbatus et attonitus, tandem Begdadum, mox et Diarbecram petiit, ubi cum Casem Beg et Gehanguir Beg cognato, Hasen Beg istius loci a multis annis rege bellum gessit, vicitqve et regnavit usqve ad ann. 910, qvo mortem obiit. Ismaël, fugato Elvendo Aderbeigiane potitus, post annum contra Sultanum Murad Iracam exercitum duxit, et die Lunae 14 Dulhagiae ann. 908 in finibus Hamadam cum eo pugnavit. Victus Murad Schirazium fugit, deinde Bagdadum ad Barik Beg istius regionis praefectum, ibi qvinqvennium integrum et sex menses moratus est; sed ambo cum Ismaëlem ann.
A. C. 914 Iracam Arabicam versus iter instituere coepissent, ea relicta, Caramaniam
1508. Turcarum imperio subditam concesserunt, nec ultra Morad felici fortuna usus,
A. C. donec anno 920 Diarbecrae ab Ismaëlis militibus occisus est, et cum eo albarum
1514. ovium familia finem cepit.

CAPUT

CAPUT X.

DE USBEKIIS PRINCIPIBUS, QUI POST ANNUM NONGENTESIMUM TRANSOXIANAM ET CHORASAN VENERUNT.

I. Schahi Beg Chan, filius Borak Sultani, f. Abulchair Chan, ex prosapia Gingi A. C.
Chan, f. Ginghis Chan. Hic ann. 904 Transoxianam sive Maurenaharam Ti- 1498.
muris nepotibus et posteris abstulit. Novem annos in ea regnaverat, qvando Sultan
Hosan Mirza Chorazanis rex mortem obiit, cujus filii male concordes suam qvis-
qve regni partem tenuere. Schaibeg Mauharreno mense anni 913 exercitum
Chorasanem duxit, Bedilzeman Sultani Hosani filium natu majorem proelio victum
Iracam usqve fugavit, alii ab Usbekiis occisi, alii fato suo perierunt. Schaibeg
Chorasanem victor tenuit, jamqve tres annos et dimidium in ea regnaverat, cum
Ismaël exercitu Chorasanem ducto die Veneris 26 Schabani anni 619 eum proelio
victum interfecit in finibus Meru, qvo facto totam illam regionem obtinuit.

II. Kuschangi Khan, Kugium Chan nomine notissimus, aulicorum antiqvior
ex lege qvae apud eos invaluit, ut proximior succedat, Maurenahar obtinuit,
viginti annos. Eo regnante Mir Baber et Achmed Hispahanus dictus, multisqve
magnisqve proceribus comitantibus Maurenaharam occupaturi ann. 918 ad Oxum
venerunt, Amuiam transiverant, cum Mirza Baber finium Indiae dominus cum
eis copias conjunxit. Caspias portas transiverunt, ditiones Carschi direptioni,
praedae et internecioni dederunt, mox in finibus Agedran cum Usbekiis et Abid
Sultano eorum praecipuo proelium commiserunt septima Ramadani anni supra di- A. C.
cti, et victi sunt Baber et Achmed, ac deinde Muharranii 11 ann. 935 cum Tah- 1510. p. 80.
masbo Ismaëlis filio congressi victiqve, Maurenaharam fugerunt: anno seqvente
936 iterum Meru venerunt rursus invasuri, sed composita pace ad suos redierunt,
eoqve anno Kuschungi obiit. A. C.

III. Abusabid Kuschungi filius post patrem regnavit qvatuor annos, et anno 1534.
939 obiit.

IV. Abid Chan filius Mahmudis Sultani cognati Schaibeg Chan post Abusaidum Mauranaharae imperium tenuit. Hic saepe Chorasanem invasit, eaqve variis
inter eum et Ismaëlis duces proeliis vastata, magnaqve hominum multitudo periit,
tandem Maurenaharam regressus initio Dulcaadae ann. 646 fato concessit Bocharae. A. C.
V. Ab- 1535.

V. Abdalla Chan, filius Alexandri, f. Giapek, f. Kegeg Muhammed
A. C. Oglan, f. Abulchair Chan, f. Kuschungi Chan, post Abidum Maurenaharam te-
1540. nuit sex circiter menses obiitqve ann. 947.

A. C. VI. Abdolletif Chan post eum regnavit, atqve etiam nunc regnat ann. 948
1541. Kuchungi filius.

NB. Hic in Exemplari edito seqvebatur pars qvarta, sed post dimidium paginam finiebat in verbis *ostenderunt et qvidem discipulorum qvi* etc. et incipiebat cum novo paginarum numero APPENDIX AD HIST. MOGOLUM.

CAPUT XI.

p. 1.

Hoc caput eos memorat qvi post Abusahidum Persidem rexerunt, estqve in qvatuor Sectiones divisum.

PRIMA SECTIO.

Prima Sectio Giupianos (sive Pastores) complectitur, qvorum primus.

Emir Gioupan.

Emir Gioupan Selduz Soltani Gasan et Ilgiaitu tempore inter magnates floruit, ac sub Abusahido duodecim annos adeo regnavit, ut penes Abusaidum regium nomen solum esset, vir justitia, fortitudine, liberalitate insignis, omniqve virtutum genere ornatissimus. In via Aegypti, Syriae et deserto Mecham ducente plurima aedificia construxit, atqve multa bona fecit, qvin et aqvae ductum Mechanum nulli ante opus tentatum ad finem perduxit. . . . .
. . statimqve Emir Gioupan cum septuaginta eqvitum millibus ejus mortem ulturus iratam contendit et castra metatus in colle Ri ejus exercitus eo relicto ad Abusaidum, qvi proxime stabat, transiit, illiqve se conjunxit. Gioupan fuga Chorasanem rediit, atqve ibi in Harat Abusahidi jussu ab Melekeddino Cort. anno Heg. 728, interfectus est. Feretrum ejus filia Bagdad Khatun Abusaidi conjux Mecham
A. C. misit, ut peregrinantes in Ha aphaet pro eo orarent, deinde Medinam translatum,
1327. ibiqve solemni ritu terrae mandari ac sepeliri voluit. Emir Gioupan novem filios ha-

habuit, Hasanem Chorasani praefectum, qvi durante patris bello in Kharezem
profectus, post aliqvot proelia occisus est. Secundus filiorum Timur Tesch Graeciam gerebat, et audita patris morte Aegyptum periit, ibiqve Nasiro rege jubente
pariter interfectus est. Tertius Dimschak, pater Dilschadkhatun Abusaidi etiam
mandato Sultaniae ann. 737 morti traditus. Emir Timur Gurgiestan praefectus
etiam Giupanis nanes Tebrisii qvoqve ejusdem Abusaidi imperio letho datus. Ha- A. C.
laochan, cujus mater Dulendi Khatun filia Muhammedis Chadabendae fuit, post 1336.
mortem patris jussu Saiarzeddini similiter periit. Sextus Siurghan altera Cho-
dabendae filiae Saribek Chatun natus in Diarbeker, occisus est qvoqve jubente Emir
Kani Hasanis majoris filia. Tres alii Giupanis filii, Siukecha Jaglii Basti, et Neurus
erant, qvorum Jachii Basti periit Tibrisii regis Asraf Ben Timur Tasch jussu.
Sinkechae et Neurusii vita resqve gestae ignotae sunt.

Emir Scheik Hasan.

Emir Scheik Hasan filius Timur Tasch, f. Emir Guiphan post Abusaidum et Arpa Chan, sicut dictum est, provincias Aderbeigian, Diarbekram et Rumeliam ac partem Iracae Persicae rexit, atqve per aliqvod tempus, ut diximus, Saribek Caton ad imperii fastigium sublimavit, qvo sublato Solimanem Chan ejus in locum substituit, ut diximus. Cum eo Emir Scheik Hasan major pugnavit, semperqve victus abscessit. Tebrisii duo aedificia doctoris ac discipuli nomine insignia struxit, imperii regendi apprime doctus, qvod per qvatuor annos ac sex menses administravit, qvibus elapsis ejus uxor Hazàmelek noctu in gynaeceo dormientis atqve ebrii testiculos ita compressit, vt ex ea vi vitae finem invenerit. Hanc rei gestae historiam Savegius descripsit.

Melek Eschref.

Melek Eschref, filius Timur Tasch, f. Emir Giupan post fratrem regioni
Aderbeigian, Iracae Persicae et Iran praefuit, Mischirevano per aliqvod tempus
Chani nomen dedit, eumqve postea submovit; tyrannus, injustus, perfidus audiit. Eo imperante Tros Rurulusve fuat, Turca vel Persa, si qvis dives aut nobilis fuit, statim oppressus carceriqve mancipatus fuit, donec viluisset. Magnates p. 2.
ac principes sic vexare solitus, ut unius facultates et dignitatem alteri saepius traderet, qvibus a tribus tantas opes congessit, vt qvadringentorum mulorum et mille camelorum seqventium gregem haberet, gemmarum, auri, argentiqve portan-
do oneri. Tandem istius tyrannidis pertaesis omnibus, ut sedes mutantibus Sadr-
eddin Caeilan venit, Scheik Coia Syriam et Mohieddin Bardajus in desertum

Kapschak fugit in urbem Sarai, in qva tum rex deserti Jani Beg morabatur, vallemqve Kapgiak tenebat, eoqve praesente inter concionandum regis Eschref tyrannica facta adeo vere memoravit, ut omnibus lacrymas excusserit. Jani Beg parato intra duos menses exercitu Aderbeigian profectus est; eo nuntio Eschref commotus, uxores et thesauros in arcem Alingiak misit, qvam vix ingressae erant, cum Eschref in finibus Khoi interceptus atqve adacto in corpus gladio, qvi latus utrumqve perfodit, Jani Bek jussu interceptus est. Caput occisi Tebrisium delatum, et Maraguian templi portae adfixum fuit. Ita immensae auri argentiqve gem-
A C. marum et pretiosae, qvam per scelus paraverat, suppellectilis copia Jani Bek ho-
1357. minibus cessit, de qvo Poeta scripsit. Hoc initio anni 759 contigit. Post eum Giupaniorum nullus regnavit, Sambek cum X m. eqvitum Tebrisium ingressus, in aula constitit, et exercitu inter fluvios eorumqve aggeres collocato, ac nulli militum incolarum aedes ingrediendi potestate facta, noctem tantum unam moratus, mane post orationem in templo doctoris Alischa Ogian discessit. Bis eo anno ejus exercitus per cultos transiit campos illaesa segete, nec una qvidem rapta aut avulsa spica. Tebrizis Descht Kapgiak reversurus, filium Berdi Bek cum L. m. equitum praefecit, post aliqvot dies ille accepto de valetudine patris eum videre cupidi, nuntio, Achi Giouk provinciam regendam commisit, qvi in Karabag hyematus, extinctae Eschrefi tyrannidis vestigia repetiit, qvae postea in Avisi rebus gestis memorabimus.

SECTIO II.

Ilcanii.

Ilkanii numero IV ex tribu Giakis Chan, omnes duces exercituum ejusqve vicarii fuerunt, inter qvos Emir Akboka filius Emir Ilukcan, qvi tempore Abusaidi in regione Chorasana Emir Hordae fuit, filiam Argon Chan duxit, et ann. 712 Muharremo mense fatis concessit.

Emir Scheik Hasan Nuian.

Emir Scheik Hasan Nuian, Scheik Hasan magnus cognominatus, sub finem regni Abusaidi in regni finibus regendis occupatus erat. Post Arpa Chani obitum, qvando Ali regnum adeptus est, Graecia egressus, magno cum Gelairocum nume-
A. C. ro belli gerendi cupidus, cum eo 14 Dulhagiae die anni 736 pugnavit, victorqve
1335. Dilschad Chatoun filiam Emiri Dimschak f. Emir Giupan Abusaido Bagdad Chatem sibi dilectae, desiderium mutavit. Inter eos varia proelia exciterunt, sed tandem Emir Scheik Hasan Giupanius Iracam Arabum profectus est, ibiqve circa septendecim

decim annos regnavit, et Bagdadi anno 757 diem obiit; sepultus in colle editiore. A. C.
Emir Scheik Hasan primo Muhammedem Chanum in regem sublimavit, dein eo 1355.
amoto, Toga Tumur Chan substituit, ac tandem post aliqvod tempus Gehan Timurem, ut supra memoravimus, nomine dignatus est, cujus tempore Urbisensis
excidium et vastitas accidit, qvae in hanc usqve diem durat.

Emir Scheik Avis.

Emir Scheik Avis, filius Emir Scheikh Hasan, post patrem regnum adeptus A. C.
est. Vere anni 759 Bagdado Aderbeigion profectus, cum Akhi Giouk, qvem 1357.
Bordi Bek filius Giani Bek isti provinciae praefecerat, bellum gessit, eoqve victo
Tebrisium venit, regnoqve occupato, qvadraginta ex regis Eschref principibus
interfecit, ac postea Bagdadum rediit; sed eo absente Akhi Giouk Tebrisium reversus iterum regnavit. donec anno 760 Akhi Gioukum profligavit, ac Tebrisium A. C.
petiit. Sultan Avis hoc audito, Bagdado Tebrisium contendit, Muhammed ve- 1358.
nientem non expectavit, Schirazium reversus est; at cum Sultan Avis Tebrisium
venisset, captum Akhigioukum interfecit. Regnavit 17 annos, ac tandem secunda P. 3.
Giumadi prioris die, anni 776, fato concessit. Sultan Avis benignae et optimae in- A. C.
dolis fuit. Khogia Selman Scheraph, Kahina Muhammed, Assar et Abi-hazicanino 1374.
eum maxime laudaverunt, Selman praecipue sepulchrum Sultani Avis Tebrisii in
caemeterio Schadabad ad latus alterius Achmadi Schadobadi est.

Sultan Hasan.

Sultan Hasan ex patris testamento regnum adeptus, illud VIII annos tenuit;
frater ejus Sultan Achmed undecimo Siafeni mensis anni 780 illum bello aggressus A. C.
superavit et occidit: sepultus est Tebrisii in Dimaschkich. 1378.

Sultan Achmed.

Sultan Achmed filius ex Avis, post fratrem regnavit, vir crudelis, scelestus,
et imperii sensim labentis dominus, bellum cum principibus suis gessit. Ejus
tempore ex valle Kapgiak centum fere hominum millia hyeme per Caspias portas Aderbeigian ingressa, Tebrisium per octo dies integros omni cladium et caedi-
um genere vexarunt, qvibus describendis nec historia sufficeret. Contigit haec A. C.
calamitas anno 787, anno autem 788, postqvam qvatuor annos regnavit, Timur irru- 1385.
pit in Aderbeigian, eamqve provinciam occupavit, et Sultanum Alhmedem Iracam 1386.
Arabicam fugere compulit, ubi VII annos regnavit, donec idem Timur anno 795
Bagdadum contra eum profectus est, eoqve ille territus Aegyptum fugit, relicta in

A. C. potestate Timuris Chaldaea sive Iraca Arabica, qvam XII annos tenuit, qvos su-
1392 pervixit, qvo temporis spatio Sultan Ahmed aliqvando in Aegypto, alias in Graecia et Bagdade turbabat, usqve dum Timure mortuo Irakam recuperat, eam-
A. C. qve circiter · · annos rexit, et muros Bagdadi Timuris jussu dirutos instauravit, nunc
1413 etiam superstites. Anno 813 maximo cum apparatu Tebrisium venit, ac proelio cum apparatu Tebrisium venit ac proelio cum Kara Joseph in loco dicto Schenb Gazan congressus et victus, in aqvaeductum hortensem se condidit, eoqve eductus Rabie secundi feria septima occisus est, et in templo Dimaschkiano prope patrem sepultus. In eo Ilcaniorum imperium desiit. Sultan Achmed ingeniosus, poëtices, geomanciae et musicae peritus fuit.

SECTIO III.

Muzafferii Ingiou.

Emir Abu Isaac Ingiou.

Primum res gestas Emiris Abu Isaac exeqvitur. Emir Scheik Abu Isaac fil. Emiris Mahmudis Scha Ingiou: hic origine Persa Abdallae filius Aschadi, f. Nasri, f. Muhammed Abdalla Medinensis sub regibus Mogolibus aulicorum praecipuus, ideoqve Angiou dictus, qvo nomine aulae regumqve proprium famulitium vocari solet. In urbe Schiraz multorum opum dominus, adeo, ut omnes cives illi addictissimi essent, neqve hujus urbis proceres qvidqvam praepositis ejus inconsultis aggredi auderent, universi ab ejus imperio nutuqve pendebant. Temporibus Sultani Abusaid obnoxiis, magnum ejus dignitatis accessit incrementum. Emir Giupan eum educavit, ac postea maxime fovit Abusaid, regnante Arpa Chan, qvi malo animo alium ab Ginghizcaniis regem constituere voluit, atqve Emirem Mahmudem Scha occidit. Ejus ex filiis Maschud Scha in Graeciam fugit, Emir Scheik Abu Isaac se Ali regi Abusaidi avunculo conjunxit, atqve in Persiam Arpa Chan interfecto rediit, et Schirazii mortuus est anno 740. Emir Scheik Hasanparvus
A. C. regnum adeptus, Persidem Emiri Pir Hosain Giuparis regendum commisit; ille ut ve-
1339 nit, filios Emiris Mahmudis Scha elegit, illorumqve uni Emiri Sultam Veziratum commisit, qvem et postea interfecit, omnia ab ejus nutu negotia pendere indignatus. Hinc Schiraziorum seditio, qva Pir Hasain fere periit, sed tandem et variis artibus fuga ad Hasanem minorem salvus evasit, collectoqve exercitu, Persiam rediit, et Kermanem Mubarizeddino Muhammedi Muzaffaro tradidit, et Hispahanem Abu Isaaco Ingiou liberaliter donavit, qvia ad ejus auxilium primus accurrisset. Vix haec acta, cum Melek Eschref frater Hasani minoris Giupanil Iracam venit, Abu Isaac fratri suo Pir Hosamo infensus, ejus in oculis Persidis imperium arripuit, ambo tamen Schirazium venere; sed Pir Hosain viribus impar fuga sibi consuluit. Abu Isaac

Isaac Ingiou, antequam Melek Eschref Schirazium veniret, eam civitatem qvam
maxime potuit, munivit, frustra; nam tyrannus Melek Eschref non destitit eam
aggredi, sed accepto de morte Gazani minoris nuntio, Aderbeigian rediit, ibiqve p. 4.
imperavit. Interea ejus frater Masud Scha, qvi in aula et obsequio Emiris Jaghi
Basti filii Emiris Giupan erat, pro Hasane magno Persidem recturus, Shirasium venit.
Abu Isaac Schirazio cedens, Scheban Karam discessit. Jaghi Basti Emirem
interfecit, qvo audito Abu Isaaco in eam urbem regresso juncti Schirazienses Jaghi
Bastium expulerunt, atqve ita Abu Isaac regnum tenuit, suoqve nomine et pecuniam
signari, et preces in templis fieri jussit anno 711. Regnavit in Perside an- A. C. 1343.
nos 14, et die Veneris 21 Giumadi prioris ann. 758 in foro Mubarizeddini Muhammedis
Muzafferi jussu occisus est, ut postea narrabimus. Haphiz poëta hujus A. C. 1356.
mortis casum versibus Chronicis descripsit. In eo, qvod condiderat, foro sepultus
est. Praefecturam Persidis annos X ante regnum tenuit; regnavit annos XIV.
Haphiz ejus meminit.

Muzafferii.

Muzafferii, qvi septem numero fuere, et septuaginta duos annos imperarunt,
eorum primus Gajatzeddin Giamiensis oriundus, in loco dicto Segia Vend
Kharraf, in Khorasan, qvo avi ejus se contulerant ex Arabia eo tempore, qvo arma
Islamica eo usqve processerant. Ipse Tartaris Chorasanem cum exercitu venientibus
Jezdam abiit. Vir robustus fuit, adeoqve procerus, ut ejus pedibus calceus
qvi conveniret, et peculiari forma conficiendus fuerit, inventus non fuerit.
Ensem pondo triginta sex librarum gestabat. Tres filios, Abubecrum, Muhammedem,
et Mansurum suscepit: primi duo improles mortui; Mansur trium natorum
pater, Muhammedis, Ali, Muzafferi. Ali sine liberis obiit; Muhammed
unum suscepit Bedereddinum Abubecrum, Scha Sultani patrem, cujus res gestas
postea exeqvemur. Muzaffer, licet fratrum minimus, eximiae futurae magnitudinis
signa vultu praebebat, vitae ac fidei integritate illustris. Atabek Joseph Scha,
filius Aladdaulae, ejus curam gessit, illiqve regendam Mibed dedit, ubi manu et
animo se fortiter gessit, et latrones viarum potentes expulit. Inde Argon Chan secutus,
illiqve gratissimus, evasit, et formae et virtutis ergo, tributis exigendis praepositus.
Eo mortuo Kichatou Chan eum impensius fovit, tandem anno 694 ad A. C. 1294.
Aulam Gazan Chan venit, qvi mille eqvitum imperio vexilloqve ac tympano honoravit,
crevitqve in magnum dignitatis fastigium, et medio mense Giumadi posterioris
ann. 700 Mubarizeddinum Muhammedem primum Muzafferiorum regem A. C. 1300.
filium Mibedi suscepit. Post Gazan Chan Ilgiaitou Sultani tempore sublimata est
Emiri Muzafferi fortuna, donec anno 713 die 13 Dulcaadae Schobankarae satis

con-

concessit, tres menses aegrotus decubuit, et Schabankara Mibedam translatus, in eo, qvod condiderat, templo sepultus est. Filium unicum habuit Mubarizeddinum Muhammedem, filiam pariter unicam, qvam nepoti suo Bedereddino Abubecro collocavit, ex qva Scha Sultan natus est.

Emir Mubarizeddinus Muhammed Muzaffer.

Emir Mubarizeddin Muhammed Muzaffer decimum tertium annum agebat,
cum pater vivis excessit, vir pietate, fortitudine inclytus, et propagandae Muham-
A. C. medanae, qvam profitebatur, religionis studiosus, doctorum etiam virorum po-
1327. pulorumqve utilitatis amans. Schiavalo mense ann. 728 Sultan Abusaid procurante
Gaiatzeddino Vezire illi Jezdae praefecturam tribuit, in qva viginti et uno proeliis qvatuor annorum spatio Nekudarios victos delevit, magnamqve famam et po-
A. C. tentiam adeptus, anno 725 filium Scha Scherefeddinum Muzafferum suscepit, anno
1325. vero 729 filiam Corbeddini filii Siurgatmisch, qvi Scha Gehan, i. e. mundi do-
A. C. minus vocabatur, duxit, ex qva Scha Schegiach et Scha Mahmud suscepit. Post
1329. Abusaid Mogolum imperium debilitatum est, multis ubiqve regnum affectantibus, sed Emiro Mubarizeddino Muhammed praecipue, cujus potentia singulis die-
A. C
1341. bus crescebat, anno enim 742 Muharremo mense Kermanem subegit. Exinde inter eum et Emirem Scheic Abu Isaac Ingiou Persiam obtinentem, crebra proelia,
donec Isaac fugato Schirazium obtinuit, tandemqve Abu Isaac Hispaanis captus,
ab Scha Sultan Nepoti Mubarizeddini et Schirasium ductus, die Veneris 21 Giu-
A. C madi prioris anno 758 in foro Saadet occisus est. Sic integro Persidis regno po-
1356 titus. Interea filius ejus Kurdistum debellavit, et Auganiam et Germaniam Mogolum populos, bello pariter subjecit. Argon eos Sultano Galezeddino Siurgatmischio petenti ad provinciae fines tutandos Kermanem miserat. Haec istorum mu-
p. 5. tua bella et caedes ad usqve Timurem centum pene annos durarunt. Schobabu-
caram expugnavit, Sorbend cepit, Hispahanem subegit; sub regni finem Aderbeigian cum duodecim millibus eqvitum occupare voluit, Akhigiuucum, qvi regem se hac tempestate praedicabat, triginta eqvitum millibus armatum Tebrisio
profectum, obvium habuit et fugavit; pugna commissa in loco Mianch dicto. Victor Mubarizeddinus Muhammed Tebrisium venit feria sexta, pontificis loco in
templo concionem habuit, ac post duos menses triumphans rediit, ut diximus.
A. C. Scha Scherfeddin Muzaffer fortitudine celebris, Giumadi secundo ann. 754 in con-
1353. spectu Schirazii diem obiit; viginti octo annos et qvatuor menses vixit, feretrum
ejus delatum Mibedam ubi in templo Muzafferiano depositum fuit. Filios qvatuor reliqvit, Scha Jahiam, Scha Mansurum, qvorum res gestas explicabimus,
Scha Hoseinum, et Scha Alim. Ceterum Mubarizeddinus Muhammed praecepta

legis

legis seu affirmativa seu negativa minimi fecit, et improbitati neqvitiaeqve adeo
studuit, ut filii Sirasiiqve apud praefectum urbis de illo qvererentur. Nimium se-
verus in castigando audiit, ut qvi propria manu multis mortem intulerit, inter-
fectos numero mille produnt, singulos exiguo temporis spatio vexatos, proprios
filios exterosqve turpibus maledictis et probris differre solitus, additis occidendi aut excaecandi minis, omnibus qvi eum fugiebant exosus. Qvadraginta et duos annos regnum tenuit, 22 Jezdae, 13 Kermane, et 7 in Perside et Iraca; A. C.
anno 760 Aderbaione relicta Iracam rediit. Filii ejus Scha Scheginh, Scha Ma- 1358.
mud et Scha Sultan Nepos ex matre, sibi metuentes, data invicem fide, mane in
palatio solum et Alcorano legendo intentum adorti, turri vinctum incluserunt, obi
ad noctem usqve filiis maledixit, sole occaso Schegiae Mahmudi et Scha Sultani
milites armati, eductis gladiis, Tabarracam arcem ductum, 19 Ramadani sexta feria
noctu oculis orbarunt, auctore facinoris Scha Sultan. Arcem Saphid sive albam
Persidis translatus, inde in Jem arcem post aliqvod tempus, ubi sub finem Rabie
secundi ann. 765 obiit. A. C. 1363.

Gelal-Eddin Scha Scheghia.

Gelaleddin, excoecati patris et in vincula conjecti occupato regno, Achmedem fratrem Kermani regendae misit, Schah-Mahmudi alteri fratrum Eberkuch et Hispahani praefecit, nepotem Scha Jahia Mazafferi filium in arce Kahandaz clausit, ejus tamen post aliqvod tempus curam habuit, ac Jezda donatum liberavit. Brevi rebellantibus Mahmudo et Jahia, utroqve victo, et mortuo Mahmudo Scha Schegia, Hispahanem venit, statimqve praefecti Iracae, Rei, Savae, Com, Kaschan, Gierbadcan, ad ejus obseqvium parati, confluxerunt, ipse duodecim millibus eqvitum comitatus Tebrizium versus perrexit. Sultan Hosein, filius Sultan Avis, Aderbizian rex, illi cum triginta eqvitum millibus occurrit. Scha Mansur filius Sultani Muzafferi, nepos Scha Schegiae, dextrum aciei cornu duxit, magno hostes impetu aggressus, his fugatis, victor evasit. Ita Tebrisium Scha Schegiak pervenit, regniqve in solio sedit, ibi hyeme tota genio indulgenti, Selman Savegius adfuit, qvi hoc in eum carmen scripsit:

Verba tuam laudare volunt cum grandia lucem,
Sol novus ex verbis nascitur ecce meis.

Illum adeo amavit Scha Schegia, ut saepius diceret, in Selmane plura, qvam audiveram, inveni praesentia famam. Abs hyeme Persidem rediit, actisqve in regno XXVI annis, prima hebdomadis die 22 Schiabani anno 786 fatis concessit. Vixit annos

annos LIII et menses duos, lenitate, bonitate indolis, virtute, morum civilitate, humilitate, liberalitate ac fortitudine insignis, cujus exempla descripsimus. Annos vix novem natus Alcorani diligentissimus lector, inde ad alias doctrinas animum applicuit, judici Azabo auctori libri concordantiarum discipulus factus, tantos in scientiis progressus fecit, ut faterentur eruditissimi, in ejus colloqvium admissi, eo se convictos felices, multumqve profecisse faterentur; tenacis adeo memoriae, ut septem atqve octo disticha Arabica et Persica semel audita recitaret, in iis pangendis felicissimus. Nativitas Scha Schegiaibi incidit in 14 feriam 22
A. C. 1332. Giumadi posterioris anno 733.

Kotbeddin.

Kotbeddin, Scha Mahmud filius τῦ Mubarizeddini Muhammedis, patre carcere incluso Ispahanem tenuit, et Scha Schegiae rebellans regem se dixit. Scha Schegia cum eo pugnaturus Ispahanem contendit, ille se intra muros continuit. Scha Sultan, qvi a Schegiae partibus stabat, in Mahmudi potestatem venit, atqve oculis orbatus est. Schegia pace facta Schirazium rediit, Mahmud ad Sulmanum Avis
p. 6 perrexit, ille filiam in matrimonium concessam cum muneribus ex more Ispahanem misit, qvod gratanter Selman versibus expressit. Mahmud Sultani auxilio Schirasium semel obtinuit, cujus victoriae Selman inter Avisii laudes, ad qvem illam refert, sic meminit:

> Ecce aqvila felix Avisi tentorii,
> Omnem sub umbra cepit orbis ambitum.
> A. C. 1063. Huic tota Persis littus usqve ad Armusi
> Parebat, ann. 765 capta fuit.

A. C. Hoc versus, ut ajunt, somno scripsit. Mahmud XVI pene annos regnaverat,
1335. cum 9 Schiavali ann. 777 obiit. Scha Schegia versus in ejus mortem lusit. Nati-
A. C. vitas Catabe Jonii Scha Mahmudi in Giumadam priorem anni 737, vixit 39 annos,
1336. menses qvinqve.

Sultan Zinelabidin.

Sultan Zinelabidin, filius Scha Schegiae, patri successit. bellum cum cognato
A. C. Scha Jihia et cum patruo Abujezido rebellantibus gessit. Timurem Iracam Per-
1387. sicam venientem, et Hispahanem promiscua caede populantem, ac deinde Xirasium profectum, magna Muzafferiorum pars secuta est, anno 789, excepto Scha Mansur

sor filio Muzafferi, qvi Gensferae mansit. Zinelabidin cum magnatibus Sensteram qvoqve venit ad Mansurum Muzafferi filium, ad qvem invitatus cum accessit, captus et in vinculis habitus est. Tunc Mansur certior factus Timurem Schirasium Jahiae permisisse, et in Transoxianam regionem rediisse, Persidem rediit, et Jahiam viribus imparem Jezdam fugavit, ipse occupatae Persiae imperavit. Interea Zinelabidinum fidi carcere extractum Hispahanem deducunt, totaqve Iraca bene stabiliunt. Hinc cum praefecto Kermanis Sultano Achmed Mansurum bello aggrediuntur, sed victi discessere. Achmed Kermanem, Zinelabidinus Chorasanem profecturus, Rei venit, eo loco missus est ad Mansurum, a qvo oculis privatus, in alba arce habitus est in vinculis. Eum Timur secundo suo in Persidem adventu liberatum in Transoxianas, ut multi scribunt, provincias deportavit, vbi et periit.

Scha Mansur.

Scha Mansur Muzafferi, Muhammedis filius, anno 790 Schirasium, ut di- A. C.
ximus, venit, regnumqve auspicatus est, vir strenuus et fortis, qvinqvennium 1387.
Persidi imperavit; partemqve Iracae et Chuzistanis pariter obtinuit anno 795. Ti- A. C.
mur orbis victor Schirasium contendit, adversus eum Schah Mansur pugnaturus 1392.
qvinqve millia eqvitum selectissimorum duxit; ipsaqve Veneris die 14 Giumadi prioris commissum proelium, ipse in medium 33000 eqvitum Turcarum pugnacissimorum impetum fecit, illosqve consortos fugavit ac rupit, ita ut ab eis feriendis, inseqvendis non desisteret. Timur totam aciem simul irruere jussit, Mansur hac contempta nihil moratus fulminis ad instar media in agmina sine mora penetravit, bisqve gladio Timuris cassidem percussit, sed obtento clypeo militum aliqvis eum ab ictu incolumem servavit. Scha Mansur, qvi Timurem non noverat, in aliam partem pugnam redintegraturus deflexit tanta virtute, qvam veteres Persarum heroes Rustem et Isphendiar stupentes mirarentur, illiqve manum osculati essent, sed imperii finem urgentibus fatis, accepto in collo ex sagitta jacta primum vulnere, et deinde secundo altera in humerum, tertio ex ense, ingenam urbem se recepit, atqve in via ab uno Scha Roch Mirzae familiarium inventus, deqve eqvo deturbatus, et caeso capite occisus est. Hic Muzafferiorum imperii in Timurem translati finis fuit.

Sultan Imadeddin Ahmed.

Sultan Imadeddin Ahmed, filius Muberizeddini Muhammedis Kermani praefectus rege Schegiah, post eum regnum usurpavit, tenuitqve magnifice. Timuri in Persidem venienti bis ad eum venit, et praesto fuit viarum dux, ac tandem in se-

A. C. secundo ejus adventu Hispahane interfectus est, sexta Regiebi mensis anni 795,
1392. qvando Timur omnes Muzafferios occidi jussit.

Scha Jahia.

P. 7. Scha Jahia, filius Muzafferi Mubarizeddini Muhammedis, ab Scha Schegia Jezdae praefecturam obtinuit, ubi se regem dixit, vir fortis, promptus, strenuus, diligens, sapiens, et omnia negotia fraude et dolo semper ordiri solitus, perpetuo movendae discordiae intentus, et cum subditis suis aut rebellibus aut contendentibus occupatus, a Temure primo suo adventu in Persiam Schirasium obtinuit, ab eo demum occisus Hispahane, qvando Muzafferios omnes interfici jussit, eorumqve imperii finis fuit. Nativitas ejus incidit in diem solis qvartam Muharre-
A. C. mi anni 744. Muzafferii licet magnis dotibus praediti fortesqve et strenui; tamen
1343. continuis inter se discordiis laborantes imperium firmare non potuerunt, nec ultra Persidem, Kermanem ac Iracae partem ac Chuzistan progredi, sed sibi invicem oculos eruere, et mutua luminum laniena insidiari solenne huic genti fuit. Schegia hunc morem secutus, patrem, ut diximus, excaecavit, imo, ut alii scripserunt, occidere voluit, ipse postea ab Sultano Schebli eandem oculorum orbitatem passus.

SECTIO IV.

Reges Kurt,

qvi octo successive centum triginta annos imperarunt.

Rex Schiemseddin.

Rex Schiemseddin, filius Abubekri Curt Rucneddini, ex filia nepotis, ex posteris Emiris Azeddini Omar Merganii oriundi, ex progenie Gajatzeddini Muhammedis Gingirii, Sultani Vezirus, fide ac probitate illustris, templis, scholis hospitiis, pontibus, viisqve aedificandis aut reparandis intentus, eruditionis etiam et scientiae fautor eximius. Aliqvi regum Curt originem ad Sultanum Senger filium Melekscha referunt. Doctor Fadel, legis antistes Bochara oriundus, vir eruditissimus,
A. C. qvi obiit anno 745, versibus Melekazeddinum laudavit, et Rabius Poeta Fuschenghi
1347. filius Azeddinus Gaurius, regnante Gajatzeddino Gaurio, urbis Herat praefecturam, ille arcem Kafar, et partem provinciae Gaur Schiamseddino tradidit. Schiamseddinus ingenio, prudentia, liberalitate, fortitudine, ceterisqve dotibus ac morum indole, ceteros facile vincebat, ideoqve in omni negotiorum administratione ab

Ruc-

Rucneddino in consilium adhibebatur, qvando Gingis Chan Chorasanem debellavit. Rucneddinus ei adsuit, regionis iterum dux, ejus legatos benigne, totumqve Mogolum exercituum habuit, atqve ab eo Gaur praefecturam obtinuit,
ejusqve nomine inscripta omnia mandata. Exin Rucneddini potentia crescere, et
sub eo Schiemseddini dignitas secundum ab eo locum habuit, eiqve defuncto anno
643 successit, deinde post aliqvod tempus ad Mangcu Chan ivit, ubi vir fortitu- A. C.
dinis variis in proeliis specimine illi gratissimus evasit, atqve regimen sive praefe- 1245.
cturam Herat Gaur, Gurgistan, Efferar, Ferah, Sistan, cum subjectis ditionibus,
obtinuit. Imperatoris cum rescripto has in provincias Chorazanam rediit, magna
tunc aggredi ausus, unum Seifeddinum Gurgistanis, Mureddinum Sistanis duces
rebellantes interfecit. Sub Halacou Chan initio regni Abka Chan regendae Herat, viciniisqve dependentibus provinciis occupatus fuit, anno 667 Barak Chan
Maurannahare Iran ingenti cum exercitu venit, illi Chorasanem ingresso Schiem A. C.
seddinus praesto adfuit, ac post unius hebdomadis spatium discedendi licentia 1268.
impetrata, arcem Khasar Gaur secessit. Abka Chan Barakum bello victum in Au-
renaharem fugere compulit. Schiemseddinus post aliqvod tempus ad Abka Chan
venit, procurante Kogia Schiemseddino Divani ejus praeside, a qvo ut irato,
redeundi potestatem obtinere non potuit, tandemqve Tebrisii anno 676 obiit. A. C.
1277.

Rucneddinus.

Rucneddinus, filius Schiemseddini, Heratae praefecturam accepit anno 677.
concedente Abka Chan, qvi eum eodem nomine qvo, pater vocari jussit, unde A. C.
Schemseddinus minor dictus est. Justitia, beneficentia, ac in regnum et subditos 1278.
propensione, maxime claruit. Anno 679 Candahar expugnavit auditaqve Abkae A. C.
Chan morte suadente filio Aladdinum Harato praefecit atqve in arcem Khasar se- 1279.
cessit; eo loci moratus, licet saepius ab Argon Chane missus, etiam legatis evocatus, qvos neglexit, otio ac vitae suavitati per 24 annos deditus omnium aula- p. 8.
rum cujuslibet regis contemptos donec obiit.

Fakhreddin.

Fakhreddin, filius Schemseddini minoris, virtute, audacia et fortitudine insignis, poëtica et soluta oratione super omnes eloqvens, ideo patri charissimus,
cujus tamen offensam ob levem civilitatis omissae in curiam incurrit, ideoqve in
vinculis septem annos habitus, donec anno 693 illis perruptis, custodibus occisis,
Acropolim subito occupavit, neqve ullis patris litteris illum ad se vocantibus meliorem statum promittentibus paruit, usqve dum Gasan Chan Emirem Nuruz Cho-

rasonis praefectum, ad Schiemseddinum legatum misit, preces pro Fakhreddini libertate facturum. Tunc habita securitate arcem deseruit, nec tamen in conspectum patris admissus, qvi eum se non visurum juraverat; itaqve dicto fratribus et propinqvis vale, ad Nuruzium transiit, totumqve se in ejus obseqvium tradidit, ubi contra rebellantes insignia facinora edidit. Inde Iracum ad Gazon Chan profectus, et ab eo in pretio habitus, procurante Nuruzio Herat regendam obtinuit, cum vexillo, tympano, tentorio et 12 m. aureorum. Fakhreddinus sic Heratum profectus ejus regimini vacavit, immensumqve auctus et dignitate et potentia pro beneficiis qvae a Nuruzio acceperat, malum illi rependit. Gazan Chan Nurusio offensus, Kotluk Scha Nuin contra eum Chorasanem misit: ille vitandae, qvam metuebat, irae causa ad Fakhreddinum confugit et ab eo Cotluckschae traditus est, atqve in conspectu Herat occisus, anno 696 mense Dilhagia. Gazano Chan etiam multis Khodabendeh in rebus parere noluit. Frater Sultan Muhammed magno cum exercitu contra eum missus, Fakhreddinus urbe Herato se continuit, variis inter utrumqve proelia, postrema pace dirempta. Sultan Muhammed conceptum animo odium pertinaciter tenuit, regnumqve adeptus, ingentes copias Damischmando duce Heratum misit anno 707, ubi diligenti opera et studio Muhammedschem deceptum, Domischmendum pacis praetextu in urbe Jezd interfecit. Ex illo magnae turbae confluentibus populis Sultan Mehemmed Khodabendeh Emirem Jesaoul Heratum misit, is Muhammedem captum occidit. Tandem post decimum imperii sui annum Fakhreddinus, audita patris morte, qvi in arce Khaisar decesserat, luctus solemnia in templo Garati exorsus oravit, et regio more epulum praebuit, (pauperibus) bienniumqve circiter patri superstes, turbatis Damischmendi ob mortem rebus, in arce Eskelgis obiit. Khafareddin arcem Herati muris proximam aedificavit, et forum, qvod fori regii nomine in hac urbe vocatur.

Gaiatzeddin.

Gaiatzeddinus, filius Schiemseddini minoris, post patrem, ita jubente Sultano Ilgiaitou, imperium obtinuit, statimqve praefectos suos Esferai, Ferah, Gaur, Gurgestan ad Amvise usqve et Sindae limites misit. Herati ditionem incolis aedibusqve auxit. Religioni conciliandae maxime studuit, ambulationem latam vaelamqve doctorum virorum ergo fecit, orationi et pietati saepe vacabat. Anno regni
A. C. sui decimo qvarto, Hegirae 721, filium Schiemseddinum regno praefecit, ipse du-
1320. centis militibus comitatus Meccanum iter peregrinandi causa aggressus, urbes Meccam et Medinam visitavit; in reditu ab Sultano Abusaido et Emire Giupan bene habitus, Heratum venit, atqve octo alios annos regnavit. Emir Giupan Abusahi-

sahidum fugiens, Muhirreno M. anni 728 expediendae salutis ergo venit, et ille A. C.
eum habuit, qvomodo Nurazium pater ejus susceperat, captum scil. ad Abusahi- 1327.
dum destinavit cum filio Halouchea, qvi Abusaidi jussu eum interfecit, et occisi
abscissam manum misit. Gaiatzeddinus obiit anno 729, relictis qvatuor filiis, Schemseddino, Hafezo, Hoseaio et Bakero, qvorum res gestas, volenti deo, mox ex- A. C.
plicabimus. 1328.

Schemseddinus.

Schemseddinus post patrem Gaiatzeddinum, regnavit, vir bonus, dicendi
peritus, strenuus, audax et sapiens, sed brevissimae vitae, vini avidissimus, decem tantum menses imperavit; hoc toto temporis spatio vix mentis compos. In- A. C.
cidit mors ejus in annum 730. 1329.

Melk Hafez.

Melck Hafez, filius Gaiatzeddini, post fratrem Herati regnum obtinuit,
speciosus forma, scribendi pulchre artem, sed imperandi prohibendiqve minus p. 9.
callens. Itaqve Gaurii illum saepius aggressi, tandem in transitu arcis Khsareddin
eum occiderunt anno 732.

Moazeddin.

Moazeddin filius Gaiatzeddini, post fratris mortem Heratum obtinuit, vir supra omnes gentiles Kurios regnandi artem callens. Giurios rebelles ad obseqvium compulit, religioni conciliandae, et fovendis sapientibus, maxime studuit. Saad-
dedinus sui seculi doctissimus Taftazanius librum Motoul ei dedicavit, cum post
Sultanum Abusaid Chan nullus in Iran strenuus imperasset, Hosein ingentes statim
animos generose prodidit, viribusqve et potentia palam auctus, omnibus ad hoc
paratis, suo nomine publicae in templo preces dictae, famulitio et procerum ad eum
confugientium multitudine auctus est. Anno 740 decima tertia Safari Emir Segi- A. C.
eddin Masur Serbedar, cum Hasano Giourio et triginta millibus Zadam venit, eum 1339.
bello aggressurus, sed victus fugato exercitu ingentiqve praeda recepta, Scheikh
Hasan Giouri occisus est, qvae postea in Vagieddini rebus gestis memorabimur.
Deinde duces ex familiis Erlat et Irdi ex Andkhodschehbergan cum ingenti exercitu contra Hoseinum Badglus usque progressi, ubi dum ab eo victi sunt, magnis cum copiis Jadgh profecti bello Hosainum aggressi victiqve sunt. Hosenius
duas ex abscissis eorum capitibus □ □ victoriae monumentum construi jussit
Hinabim juxta horti vicum. Emir Kasgantorius Transoxianae regionis s. Mauran-

nahar, ad hanc finem viginti millibus hominum comitatus, Heratum venit, et Hoscinum probe munita urbe se continentem obsidione cinxit, tandemqve post multa proelia procerum intervenit. Pax facta hac conditione, et anno proximo Hosein in regione Maurannaher ad obseqvium Sultani Kasgan praesto esset: qvae
A. C. gesta sunt anno 752. Mox Hosaini res in pejus ruere et retro sublapsus referri,
1352 Gaurii fratrem ejus Melek Baker. Hosaino pulso, regia in sede collocant. Ipse in arcem Eskelgiam, a praedecessoribus prope Harat aedificatam versus meridiem, eo-
A. C. qve tempore munitam, et incolis freqventem, secessit. Anno 753 Maurenahar pro-
1353 fectus, venantem Emirem Kaskona accessit, ab eo multo amplexu et magno honore susceptus est his verbis: Inimicitia tua generosa est et amicitia pariter. Aliqvi proceres ex Gingataii comitatu ejus occidendi consilium ceperunt. Kaskam ejus certus et sollicitus nocte cum litteris Chorasanem dimisit, qvam ubi post longi itineris molestias attigit, regem Bakerum fratrem suum captum in vinculis habuit, et regiae potens tredecim alios annos regnum tenuit, donec medio mense Dulcaa-
A. C. dae ann. 771 diem obiit.
1360.

Melek Gaiatzeddin.

Melek Gajatzeddinus, filius Moazeddini, post patrem regnavit, orto inter eum et Ali Moid bello, Nizapur Sebedaris ablatum recepit. Timur, qvi post Kazganum a duodecim annis successerat in regno potitus est Transoxianae, Gajatzeddinum ad se vocavit, et detrectantem obsessurus, Chorasanem et Heratum anno
A. C. 785 venit, eaqve expugnata, Muharramo M. Gajatzeddinum captum cum filio Pir
1383 Muhammede, aliisqve ejus sociis, Maurenaharem misit, et sub finem anni 784 Gaiatzeddinum, et filium ejus Muhammedem cum fratre Melek Muhammede in-
A. C. terfici jussit. Ita regnum familiae Kurtorum finem habuit, ad Timurem trans-
1382. latum.

SECTIO V.

Serbedarii.

De Serbedariis, qvi XII numero annos XXXV regnarunt.

Choia Abdrezac.

Khogia Abdurrizzak, filius Khogia Fadlullae Paschtinii, viri magni et ditissimi, fuit. Est autem Paschtin vicus ex vicis Behac, hic Abdurrizak suscepit audacem, strenuum, et eximiae staturae ac formae, qvi inter Sultani Abusahid aulicos ele-

claruit, a qvo Kermanem ad parandas opes missus, cum eas parasset, largius vi-
vendo brevi consumpsit. Inde turbatus perculsusqve animo, domuitionem paravit,
haereditatem et fundos paternos venditurus aeris alieni exsolvendi ergo in itinere. p. 10.
Adusaidi morte audita, laetus vicum Paschtin venit, ibiqve propinqvos et amicos
reperit, qviritantes de nepote ex sorore Aladdini Muhammedis Veziri, qvi de vici incolis tyrannice habitis, vinum et puellos puellasque exigebat. Illi rebus turbatis ut erant, imperium rustici non tolerandum non censuerunt, nec mora noctu
Muhammedem Aladdini nepotem aggressi occidunt, altera mane extra vicum parato patibulo plures pileos suspendunt, a qvibus Serbedarl postea vocati sunt.
Hinc septuagenti cum Abdurrizzaco conjurati, ea res Aladdini Muhammedi ut in-
notuit, missi statim, qvi eos compescerent. Proelium extra oppidum Maksich
commissum. Abdulrezak victor cum Vagieddin Masudo fratre victos insecutus ad
Aladdinum properavit; ille accepta pugnae fama, cum trecentis Esterabad fugit,
inseqventibus Serbedariis, qvi in urbe Valabad in finibus Kihsar Keboud Giameh
captum occiderunt anno 737, ejusqve facultatibus direptis, Sebzvan obsessuri pergunt, A. C.
qva potiti Abdurrizac preces nomine suo fecit, et pecuniam signavit. Annum in- 1336.
tegrum et menses duos regnavit, ac mense Dulhagio anni 738 a fratre Vagieddino A. C.
Masudo occisus est. 1337.

Vagieddin Masud.

Vagieddin Kogia Masud, filius Fadjallae Paschtiki, post fratrem regnavit, vir
bonus, audax et felix, cujus potentia tantum crevit, ut ab Giam et Damaghan,
et ab Khabuschan ad usqve Terschiz imperaverit, totius gentis suae princeps,
700 in comitatu suo Turcas, et 12 eqvitum millia in stipendiis habuit, qvibuscum
7000 millium exercitum ter fudit, ad ripam fluminis Ahak cum Togatimur Esterabad rege pugnavit vicitqve. Discipulus erat domini Hasan Giouri, qvi Scheikha-
sanum praeceptorem Mazanderanium habuit, Sebzuari occisum et sepultum. Va- A. C.
giddin Maschoud 13 die Safari ann. 743 Hasano Giourio consentiente, Moazeddi- 1342.
num Hosainum Kiurtium bello aggressus victus est. Ea in pugna miles ex Serbedariis Hasani laetus, utrumqve unico gladii ictu transfixit, ejus vulneris mortisqve
auctorem Vageddinum Maschudum fuisse fama vulgavit. Firuzcouch et Rustem-
dar regionibus subactis cum rediret sub finem Rabie prioris anni 745, Melek Ru- A. C.
stamdar et exercitus luctum indutus cum multis militibus eum interfecit. Sex 1344.
menses regnavit, alii plures, Serbedariorum nullus, sed praefecti et aulici post
eum regnum tenuerunt.

Aga

Aga Muhammed Timur.

Aga Muhammed Timur post Vegieddin Masudum biennium totidemque menses regnum tenuit: post hoc temporis spetium occisus ab Khogia Schiamseddino Serbedaro anno 740.

A. C. 1339.

Kelou Isphendiar.

Kelou Ispendiar, post Aga Muhammed Tumir annum et mensem unum, vir neqvam et infimae sortis, occisus ab militibus Serbedariis, procurante Khogia Ali Schiamseddino. Occisus fuit 14 Giumadae mensis ann. 749.

A. C. 1348.

Kogia Schemseddin Afzal.

Khogia Schemseddin Afzali, filius Fadjullae, fratris Vagieddini fuit. Serbedarii post mortem Kelou Asphendier Lutzullum, filium Masudi regem constituere volebant. Ali Schemseddinus non probavit, puerum et ignarum imperandi dictitans, itaque idem pueri patruus regni puerique administrationi praefectus est, qva post sex menses se abdicavit, ad hoc se minus sufficere, inqviens, acceptisqve regio ex thesauro qvatuor serici vectaris, ponderibus qvantum asinus ferre potest, eo se imperio regniqve molestiis liberavit, illudqve Khogia Ali Schiamseddico tradidit, Dulhagia Mense anni 749.

A. C. 1348.

Khogia Ali Schiamseddin.

Khogia Ali Schemseddin, vir prudens et strenuus, erga suos liberalis, pace cum Togatimur composita, omnem Masudi ditionem tenuit. Octodecim millibus hominum statutum stipendium (annonam) praebuit: populum commóde ac benigne habuit, necessaria ad vitam tribuens, cum artificibus Sebzerar agens in vis eorum operas describens, et domi pecuniam numerans, in dirigendis regni negotiis nullum aeqvalem habuit, ita ut vitiis rapinisqve clausus Sebzevari aditus esset. Eo regnante nulli subditorum vinum aut aliqvid inebrians nominare audaciae satis erat, qvingentas meretrices vivas in puteum projici jussit, tantae severitatis, ut omnes, qvos vocabat, proceres, nonnisi facto testamento in aulam irent. Maleficum vel inter mille alios cognoscebat. Ceterum improbae linguae proceribus odiosus. Heider Lanis in arce Sebzeuar eum occidit anno 753. Regnavit annos 4 et 9 menses, vixit 50 annos.

A. C. 1352.

Emir

Emir Khogia Jahia.

Emir Khogia Jahia, filius Heider Kerabii, Kerab autem vicus est ditionis Behac, Choja Jahia inter aulicos praecipuos Khogia Masudi, vir magnus orationi deditus et Alcorano legendo, sed saevus, crudelis, intrepidus, saepe insanus et furiosus, post Schiamseddinum regnavit, Heiderum Lanium ducem exercitus constituit. Imperium Serbedariorum auxit, ac urbem Thus ex potestate Giani Karabanii abstulit. Initio regni pace cum Togatimur Chan stabilita, mox cum Sultano Istrabad cum die festi magni aggressus occidit anno 759 affinium et propinqvorum ejus manu et opera Gaule uxoris Aladdaulae interfectus fuit. Regnavit annos IV et 6 Menses. A. C. 1357.

Khogia Taher Kerabi.

Khogia Taher Kerabi. frater Khogia Jahiae, post mortem fratris, procurante Heidero Lanio et proceribus, regnum adipiscitur, homo, religioni et clementiae, calculorum et latrunculorum ludo, deditus. Sub eo Serbedariorum res prolapsae. Regnavit annum unum, qvo elapso imperio se abdicavit, resqve suas ab arce Sephid (alba) Sebzuar in urbem Kerab transtulit, die 13 Regiebi anno 760. A. C. 1358.

Pehlevan Heider Lanio.

Pehlevan Heider Lanio, ex vico Teschin sub Kogia Ali Schemseddino educatus, strenuus, civilis, mensa omnibus parata, post Taheri mortem annum et mensem regnum tenuit. Nasralla Paschtinum in Esferain rebellantem, cum qvinqve millibus hominum mensem integrum obsedit. Serbedarii inito consilio eum occiderunt, pulsatoqve in nomine Lut-ullae filii Khogia Masudi tympano, is tunc in arce Ispharam erat, ejus caput Sebzerar miserunt, mense Rabie secundo ann. 761. A. C. 1359.

Kogia Lutf-ulla.

Khogia Lutf-ulla, filius Khogiae Masudi Paschtinii post mortem Heideri Lanii, procurantibus Pehlevan Hasano Dumeganensi et Nasralla Paschtiniensi, inter Serbedanos principibus regnum adipiscitur, ingenti Sebzevarorum laetitia. Jam annum unum, menses tres regnaverat, cum lustratorum Sebzevar ergo, inter eum et Hasanum Dameganium orta dissensione, Lutf-ulla Emizach Hasanum contumeliosius habuit, inde ejus animo conceptum odium et nocturna contra eum profectio, ibiqve captus Lutf-ulla in vinculis habitus, in arcem Destkhardan missus, et sub finem Regiebi mensis ann. 762 occisus. A. C. 1360.

Pehlevan Hasan.

Pehlevan Hasan Damegani post Khogia Lutf-ullae mortem regnum adipiscitur. Ejus initio Dervisius sive religiosus nomine Heziz, ex discipulis Hasani Giouri mescheda egressus, arcem Thus intercepit. Pehlevan Hasan eo profectus, illum aliqvot serici oneribus delinitum sibi conciliavit, et Chorazane eductum Iracam misit. Sub regni finem contra Emir Veli successorem Togatimur Chan in Esterabad cum sex millibus hominum bellum movit, victusqve est. Eo absente Khogia Ali Moid rebellavit, et Sebzevaram mille eqvitibus profectus est, omnes Hasani familiares et aulici, qui in eo loco erant, metu Khogiae Moid mutuo consensu caput Pehlevan Hasani abscissum ad Ali Moid miserent. Regnavit annos IV et 6 Menses.

Khogia Ali Moid.

Occiso Hasano Khogia Ali regnum tenuit: hic evocatum Iraca Dervisium Aziz apud se constituit, rerum omnium et consiliorum potentem, donec aliqvid
P. 12. suspicatus mutatam voluntatem Dervisius intelligens Nisapuro Iracam fugit. Fugientem eqvites mille insecuturos misit, qvi eum ad oram putei, qvo loco consederat cum septuaginta discipulis, interfecerunt, mox duo doctorum Caliphae et Hasani Giourii sepulchra diruta publicum sterqvilinium fecit, addito ut publice diris ambo devoverentur. Khogia Moid Muhammedanae religionis diligens cultor, vini et cujusqve rei inebriantis osor, familiae propheticae et doctorum observantissimus, omnibus diebus mane et vesperi paratum semper eqvum habebat, excipiendo si veniret Muhammedi Mahadi XII ultimoqve, ut putavit, pontifice; (qvem venturum expulsaqve toto terrarum orbe injustitia et tyrannide regnaturum, et orbem justitia impleturum, sibi persuadent). Idem liberalissimus erat. Sub veste loricam semper gestabat. Ortis inter eum et Giani Corbani proceres
A. C. dissensionibus, magnum Timurem religionis assertorem, impietatis vindicem, Cho-
1380. rasanem ingressum ann. 782 Khogia Ali Moid secutus, ejus in obseqvio ubiqve praesto fuit, assiduus in omnibus expeditionibus comes. Hinc ea quae habebat Timure tradente retinuit, donec ann. 788 ad plures abiit, extincto cum eo Serbe-
A. C. dariorum imperio.
1386.

PARS

PARS QVARTA

DE

PRINCIPIBUS DOMESTICIS REGNI,

ET FAMILIARIBUS PONTIFICATUS ET

VIAE EXCELSAE, ALTAE, PURAE.

Conſervet eos Deus cum gratiis ſuis et beneficiis ingentibus! Hujus libri propo-
ſitum eſt, ex illis aliqvid referre eorumqve virtutibus, ut magni reges, principes,
imperatores ex ea familia regnandi periti, celebres ſupra ceteros omnes mortales
claruerunt, qvibus a Deo benedictionem precari decet. Haec proſapia ad ſepti-
mum pontificem Caſem Moſi refertur, eademqve linea ad veritatis ducem Scheik
Safa Eddin Abu Iſacum avum jungitur. Hic Scheik Tageddinum Ibrahim Zahidum
Gueilanium ſeqvebatur, qvi Deſtiareddin Gheilon, obiit ann. 700, ibiqve ſupultus
eſt, hic autem Zahed ad Alim filium Abutalab aliosqve ſubſeqventes pontifices A. C.
pertinebat. Scheik Safi Eddin Abu Iſhac ſui, ſeculi mundique ſalus, et polus per- 1300.
fectiſſimus, ſub Mogolibus ex Ginghizcano profectis inclaruit, qvi ei maxime tribuebant, isqve vt in chronico electo refertur, plurimos a vexationibus liberabat,
itaque omnibus in locis de illorum virtutibus libri componebantur, ut patet ex
libro Rouſat Elſafa, qvem compoſuit Ibn Elbazzaz. Hic vir maximus poſt matuti-
nas preces obiit Aderbili ann. 735, regnante Sultan Abuſahid Chan, filio Ilgiatu
Sultani, ibidem ſepultus in loco Khaſireh dicto, Scheikhſadreddino Moſe ibidem
condito apud fideles peregrinantes notiſſimo. Hic excellentiſſimus princeps impera-
toriae familiae origo fuit, ex qva multi reges ordine Perſicum imperium tenuere,
ſemper victores: praecipuus omnium Iſmaël qvi in ſolio ſedet, prophetae vicaria-
tum gerens, hoſtium victor, duces principesqve mundi pulverem ungulae eqvi
illius pro collyrio oculis imponunt. Reges exteri ſuccincti et ad obſeqvium parati
throno adſtant; excelſus, potens, aliorum defenſor, Perſarum et regum rex,
imperator juſtus, clemens, tyrannidis et rebellionis domitor, ſecuritatis et qvietis
autor a Deo datus, majeſtatis, pulchritudinis et fortitudinis extremum faſtigium
attigit, parvo cum exercitu centum eqvitum millia aggredi ſolitus, in venatione
leones et pardos conficiebat. Ceterum ita ſuis venerandus et timendus, ut aulici nullis nec magnates aliqvid ſine licentia, eoqve inconſulto, aut tentare aliqvid
aut loqvi non auderent. Liberalitate adeo inſignis fuit, ut reditus necdum in
aulam adlatos ſaepe daret. Virtutes laudesqve ejus innumerae ſunt, qvas ſi aliqvis deſcribere velit, alio qvam hoc libro opus ſit, in qvo tantum ejus victorias,
quomodo ad regnum pervenerit, breviter narrabimus, et quotiescumque majeſtatis mentio incidet, nos eum intelligere lector ſciet, atqve initium a majoribus
ejus faciemus. 1. Scha Jsmaël, filius Sultan Heider. 2. f. Sultani Genid. 3. f.
Scheik Sederdin Muſa. 4. f. Ibrahim. 5. f. Scheik Kogia Ali. 6. f. Scheik Sederdin. 7. f. Moſis. 8. f. Scheik Sephi. 9. f. Abu Iſac. 10. f. Ammeddin Gabriel. 11.
f. Scheik Sale. 12. f. Scheik Kotbeddin. 13. f. Saladdin Roſchid. 14. f. Muhammed Elhaphiz. 15. f. Hux Elchouez. 16. f. Firuſcha Zerrin Kulao. 17. f. Muhammed. 18. f. Schereffcha. 19. f. Muhammed Ben Muhammed. 20. f. Muham-

med Ben Ibrahim, 21. f. Goirar Ben Muhammed. 22. f. Ismaëlis Ben Muhammed. 23. f. Achmud Arabi. 24. f. Abu Muhammed Casem. 25. f. Abulfatah Hanze. 26. f. pontificis Mosis Eskazem. Atqve hi omnes magni viri et veneratione dignissimi fuerunt, qvi homines doctrina et eruditione sua illustrarunt, viamqve illis veritatis ostenderunt. Discipulorum etiam et eorum qvi tam ex Persis, qvam ex Turcis doctrinam illorum amplexi sunt, numerus indesinenter auctus est.

[Hic incipiunt, quae Gallandius interpretatus est ex Codice Thevenotii, et quae in Gaulmini Codice defuerunt, et quae nunquam impressa fuerunt.]

Verum imperii hujusce stirpis sanctae primordium a Gionaïdo nunc regnantis avo ductum. Gionaïdus vero maxime studuit, ut religio Muhammedana vires acqvireret, atqve sectatores Ali qvietis compotes factos benevolos sibi conciliaret, qvo factum est, ut potestas ejus singulis diebus aucta amplo exercitu firmaretur. Cum timeret, ne Mirza Gehan Schah. Rex ex stirpe a *nigris ovibus* dicta contra se qvid moliretur, cum ingenti suorum multitudine Halepum contendit. At post aliqvod tempus ab Hassan Begi copiis occiso, et ipso Hassan Bego jam qviete regnante, in patriam reversus est.

Hassan Begus summa eum benevolentia prosecutus est, eiqve plenum principatus arbitrium permisit. Imo quaesita cum Gionaïdo affinitate, propriam sororem Madid (vel Marid) Aliah Khadigeh Beghi appellatam in uxorem dedit, quo ex matrimonio Sultan Haidar procreatus est. Post aliqvod tempus Gionaïdus non paucis copiis instructus Diarbekra profectus Trapezuntem petiit, ibique cum infidelibus acriter pugnavit. Ex eo bello revertenti ac in Schirvanam ingresso, Khalilus, qui illic regnabat, veritus, ne ditione sua expelleretur, ingentem exercitum obviam misit. Pugnatum, ac in pugna Gionaïdus honore martyrii potitus occubuit.

Sultan Haidar fato functi filius, cum in locum patris solium occupasset, discipulorum et fidorum coetus ejus obsequio libenter se submisit. Hassan Begus, sinceritate, qva familiam illam sanctam colebat, adductus, ei jam sororis filio, gnatam propriam sui seeculi Balkisam Alem Schah Khatoun matrimonio conjungi
A. C. voluit. Ex ea Haideris uxore natus est rex magnus ante exortum solis die Mar-
1486. tis, Regebi 25 anno 891.

A. C. Anno 893 regnante Jacub Bego, Hassan Begi filio, cum selecto fortium viro-
1487. rum exercitu, ut cum de Jacub Bego egimus, a nobis memoratum est, Schirvanam

nam bello adortus est. Farrakh Jessar Khalili filius victus ac fugatus auxilium ab Jacubo petiit. Hic neglecta cum Haidano affinitate, Soliman Beg Bikhaunum cum ingenti copiarum multitudine submisit. Proelio inito, in Tabarsanae finibus acriter decertatum. Caesis utrimqve permultis, ipse etiam Haidanus fati necessitate martyrii coronam adeptus interfectus est, idqve contigit mense Schaban, anno supra memorato. Occisi liberos imperio destinatos, Aslakharam in Peridem Jacub Begus ablegavit, ubi qvatuor annis et dimidio circiter substiterunt, qvibus elapsis, Jacoub Bego veneno extincto, ejusqve filiis occisis, a Rostan Bego ejus successore in Adherbigianam sunt revocati. At ejusdem fraude, occiso Padischaho, Schah Ismael Sofius, rex praecelsus in Ghilanam clam contendit sub finem anni 898, ibiqve benigne exceptus est ab illius provinciae rege Karkia Mirza, qvi cujusvis nullis habita ratione, omni eum obseqvio, officio ac observantia prosecutus est. Sex annis integris illic moratus, gnarus familiae *albarum ovium* imperium vicino jam occasus admodum laborare, rebus in Irana turbatis, omnibus tyrannide profligatis, vastatis ac direptis provinciis, Deo adjuvante, circa Moharremi 15 anno 905, eandem Iranam subacturus, ac tyrannidis quod invaluerat, incendium extincturus, processit. Deinde in castris ad Samanam, finium Dilemiricarum oppidum Karkiae Mirzae valedicto ex Ghilana progressus, hyberna Ergivanae constituit. Primo vere subseqvente ad Ardebilam accessit, unde post 6 menses Atzengianam venit. Cum illic castra haberet, hominum septem millia circiter ex discipulis fidis Sofiis addictis, familiarum Turcicarum Aftagelu, Schamlu, Taclu, Darsak, Roumlu, Zulcadr, Afschar, Cagiar, Caragiahdak dictarum, ad eum confluxerunt. His copiis auctus, felicibus novi imperii auspiciis initio anni 906 contra Schirvanae regem exercitum duxit. Proelio inito, multorum hostium caede, ac ipsius Farrakh Jessari regis, qvi poenas meritis condignas luit, nece, victor evasit. Farrakh Jessaurus patri Khalilo in Schirvanae regnum successerat anno 868. Itaque annis 37 ac mensibus aliqvot regnaverat. Farrakh Jessaro extincto, Schirvaniorum nonnulli Behram Begum ejus filium regem proclamarunt, at vix anno elapso fatis concessit. Frater ejus Gazi Begus post eum in regem receptus anno 907, per annum etiam circiter occupato, vitam finivit. Anno 908 Scheikh Schah tertius Farrakh Jessari filius, rex pariter proclamatus ejusdem regni habenas annis circiter 20 duobus moderatus est, obiitqve Sabbato 18 Regebi mensis anno 930. Hic filium habuit Khalilum successorem qvi regnavit annis XI ac mensibus aliqvot. Rex autem Thahmasibus, cujus filiam uxorem duxerat, ei mortuo die Veneris novo Giumadae prioris anni 942 successit.

Anno 906 supra dicto Ismael Sofius Mahmud-Abadae in Schirvana hyemem transegit, ibiqve Schemseddinum Zakariam aliorum regum antea Vezirum ad

aspectis

tapetis suis pedibus substrati oscula provolutum, sui imperii Veziratus dignitate decoravit. Schemseddin Ghoilanius collega ei datus, et Hossain Begleres Schamlu et Abdal Beg Dedeh ex ordine militari duces ducum declarati. Deinde initio anni 907 Schirvana egressus, expeditione in Adherbigianam contra Elvend Begum suscepta, Scherurae in Nakhtchevanae finibus ei ac *alborum ovium* proceribus occurrit, ibiqve praelio commisso victoriam retulit. Ex hostili exercitu tam militum, qvam procerum, viginti millia circiter caesa. Elvend Begus autem Diarbekram aufugit.

Ismaël victor in Tabrizium totius Adherbigianae Metropolim cum venisset, soliumqve regni illius suo fulgore collustrasset, non solum publici suggestus in conceptis precibus nomine resonarunt, ac moneta duodecim Imamorum nominibus signata, verum etiam urbs ipsa cum tota provincia, excisa tyrannide abrogatisqve vexationibus, sub tanti Monarchae clementia ac justitia tranquillitatem ac securitatem nacta conquievit; namqve post illam insignem victoriam ex regione in regionem reliqvi hostes profugerunt.

Hybernis eo anno Tabrizii habitis, vere jam adventante, rex inclytus Arzengianam movit, unde ad Zalcadrianam ditionem, qvam Aladdaula Zulcadius obtinebat, processit. Interea cum audisset, Elvend Begum Tabrizium reversum, Duces ad eum misit. At ille eo accepto nuntio, fuga sibi consulens, Bagdadum ac inde Diarbekram abiit, ubi mortuus est anno 916, qvemadmodum jam ante relatum est, ejusqve morte Adherbigiana ab omni hostium improbitate ac violentia libera evasit. Tabricii hyeme transacta, sub finem anni 908 praefecti regis contra Moradum Jacub Begi filium in Iracam moverunt. Emensis stationibus cum ad Hamadanae fines pervenissent, Moradum, qvem rex Ismaël Namoradum, qvasi *exosum* diceres, appellabat, obvium aggressi 24 mensis Dhilhegiae ejusdem anni, debellatum vicerunt, hostium ab *albis ovibus* nominatorum decem millibus circiter caesis. Rex Ismaël Moradum, qvi in Persidem fugerat, seqvutus, Schirazium ingressus est, mense Rabia priori anno 909. ac simul Persidem, Iracam et Kermanam provincias, quas praefectis commisit, in suam potestatem accepit, inter ea vero Moradus Bagdadum profugit. Eodem anno rex Comae hyberna habuit, ibiqve Malek Scherfeddin Mahmud Gianum ex Dilemitis Cazbiniensem virum omni virtute ac praeclaris dotibus ornatum, Emir Schemseddin Zakariae socium in Veziratu adhibuit. Cum autem rebellasset Hosain Kisi Geladius, qvi diu ditionibus Firacusae, Demavendae, Kharae ac Semnanae praefectus fuerat, ac ad urbem Rei progressus, Elias Begum Iguti filium ejusdem urbis gubernatorem mactatum occidisset, totam regionem vastasset, adjuvantibus iis, qui ex *alborum*

ovium

ovium gente superarant, rex sub finem ejusdem anni hybernis egressus, ad urbem Rei prompto itinere pervenit, unde ad arcem Gulkendam ab hostibus occupatam processit. Eo in itinere Caschiensem judicem, Schemseddin Ghilanii in Veziratu collegam declaravit, eumqve singulis diebus sic probavit, ut Veziratus dignitati, ducis ducum dignitatem addiderit. Ghulkenda biduo mensis Schavali die 2 expugnata, qvotqvot in ea erant, internecioni dati. Deinde, direptis vastatisqve locis, qvi in monte Demavend occurrerunt, ac caesis passim hostibus, Firuzkua obsidione cincta. Qvindecim diebus ex utraqve parte ingentibus animis pugnatum. Demum Ali Kiai Zamanderus arcis praefectus, ad regii liminis osculum admissus, arce tradita, vita donatus est, praesidiarii milites gladio perempti, civibus autem libertas concessa. His peractis, Ismaël Hebla fluvio transmesso Astam contendit, arcem, in qvam Hossain Kiai Geladius et Morad Beg Gehanschahus cum exercitu ex *albarum ovium* gente se receperant. Toto mense variis proeliis commissis, Hebla demum in aliam partem diducto, qvo factum, ut obsessis ad extremam sitim redactis, Hossain Kiai Geladius ac Morad Begus cum suis arce cedere coacti fuerint, qvod factum Dhilhegiae mensis initio, eodem anno. Milites vindictae avidi Morad Begi igne combusti carnes devorarunt. Hossain Geladius cavea inclusus, manus sibi violentas cum intulisset, cadaver ejus extractum igni pariter traditum est. Caesi ceteri omnes trucidatiqve: triginta hostium millia ea in expeditione periere. Hujus historiae compendiosae auctor, qvi tum in castris regiis aderat, harum rerum testis oculatus extitit. Morante adhuc in castris juxta Astam exercitu, Mohammed Hossain Mirza, Hossain Baikrae Khorasanae tum regis filius Astarabadae praefectus, ac Karkia Mirza Sultan Hassanus Karkiae Mirzae Ali Ghilanae regis frater, ad regii tapetis osculum admissi sunt. Iidem arce capta, cum exercitus ad urbem Rei redux pervenisset, corona aurea, balteo et ense filo aureo intertextis, nec non eqvo ephippio aureo ornato donati, illuc, unde venerant, uterqve reversi sunt. Anno 910 mense Moharrem cum exercitus versus Karkhanae aestiva movisset, in eo loco, qvi thronus Salomonis dicitur, gaudio et venationi vacatum, indeqve Isfahanum iter susceptum. Ex variis casibus, qvi post haec successerunt, hic maxime memoratur, nempe qvod Karkia Sultan Hassanus in Dilemitarum finibus cum fratre Karkia Ali Ghilanae rege armis contenderit. Victo Kia Feriduno regni ministro, ac caeso in loco dicto Schelendrud in memoratis finibus sito, frater regno abdicato ac ei relicto, cultui divino totum se tradidit. Praeterea acciderat, ut qvidam Reis Mohammed Kereius, durante bello cum *albarum ovium* gente occupatam Abertuam ac Jerdam teneret. Hunc contra rex Ismaël bello antea indicto profectus est, qvod breviter explicandum est. Qvo tempore Moradus fusus Schirazium ac inde Bagdadum fugit, Morad Begus Baian Bajandarius Jezdae praefectus, accepta *albarum ovium* gentis clade, relicta Jezda Heratum profugit. Eo absente, Khogia Sultan Ahmed Sarujus qvi Vezirus fuerat,

eam urbem occupat, qvam postea debellato ac devicto Morado, rex Ismaël Hossain Bego Lelejo regendam tradidit. Hossain Begus, Leleus Tchoca Begum qvendam ex Schamlinorum gente legatum misit eo loci; cum aliqvanto exercitu Khogia Sultan Ahmed Sarujus obviam progressus Tchoca Begum excepit advenientem, ac in urbem deduxit. Post aliqvot dies, oppresso trucidatoqve legato, dum lavaret in balneo, caesisqve simul, qvi cum eo venerant, eqvitibus, Ahmed Sarujus cum seditiosorum turba Jezdam occupavit. Reis Mohammed Kerejus, qvi Aberkuem tenebat, hoc accepto nuntio Jezdam festinat, captum Ahmedem Sarujum cum seditiosis interfecit, vrbisqve se dominum dixit. Hujusce facinoris certius factus Ismaël mense Regebo profectus Jezdam assertu rus, ad eam urbem mense Ramadano pervenit. Decertatum cum hostibus, qvibus victis, adjuvante numine, ac regia fortuna favente, urbs capta: apprehensus Reis Mohammed Kerejus vivi comburio, seqvaces vero ejus omnes neci traditi. Peracta illa expeditione, Ismaël cum exercitu Thabsam celeriter contendit, ibiqve per hebdomadem integram moratus, seditiosorum, qvi in illis grassabantur partibus, septem fere millia interfecit. Cujus rei fama cum Khorasanem pervasisset, Hossain Baicram, qvi illic regnat, ut et liberos ac duces ejus pavor ingens occupavit; tamen non ulterius progressus Thabsa in Iracam reversus est, ac anno 911 mense Moharremo transgressis aestate Hamadanae confiniis, ad *solium Salomonis*, locum ita dictum, animi recreandi causa profectus, vitam illic hilarem ac laetam per aliqvod tempus transegit. In ea statione mandatum dedit, ut qvi in bellis ab Haidaro patre gestis inter hostes pugnaverant, occiderentur. idqve Abdal Beg Dedeho praetorianorum militum praefecto peragendum commisit, qvo factum, ut eam ob causam qvam plurimi perierint. Eodem anno hyberna Tharemae habita, ubi Ismaëli Ghilanae reges caesos fuisse nuntiatum est, cujus rei talis fuit eventus, Ghilanii non pauci, clam societate inita, cum Karkia Mirza Ali die Jovis 4 Ramadani ejusdem anni Karkia Sultan Hassanum in urbe Rangu adorti, eum in lecto dormientem interfecerunt, postqvam Ghilanae regnum annum unum ac dimidium tenuisset. Hujus caedis Lahigianam eadem nocte nuntio perlato, Sultan Hassani duces cum copiis, qvas illi habebant, sese die seqventi ad urbem Rangu contulerunt, ubi Kaikia Ali Mirzam occupatum trucidarunt. Ghilanae regnum per annos 28 obtinuerat, ac vivo patre aliis viginti duobus Lahigianae regnaverat eodem concedente, regni haeres ac suc-
A. C. cessor interea declaratus. Natus erat die Veneris Ramadani anno 847 in urbe Ran-
1443. gu. Rex fuit religionis cultor, vitae strictioris amator ac beneficus, plerumqve Al-Corani lectioni ac Dei cultui vacabat. Qvo vero tempore haec in Ghilana contigerunt, Sultan Ahmed Karkia, Sultan Hassani filius in castris erat regiis; itaqve Ismaël eum Ghilanae Sultanum benigne declaratum, traditis, qvae eum deducerent, copiis, in regnum misit. Ad fines urbis Rangu adventanti, patris duces, qvi

Karkia

Karkia Ali Mirzam occiderant, obviam progressi sunt; verum, cum prope accessissent, eqvoqve ad osculum pedum descendisset, omnes interfici jussit. Deinde in urbem ingressus patris solium conscendit, regnavitqve annis 29 circiter. Mortuus et die Lunae mensis Schabani 2 anno 940. A. C. 1533.

Rex Ismaël ex iisdem hybernis duces aliqvot contra Emir Hossem eddinum Reschtae dominum misit, qvi cum Kalkhala iter essent ingressi, ipse Tharema ad ejusdem Reschtae confinia progressus ibi consedit. Interea Hossam eddinus cum supplices qvosdam ad regem misisset, qvi cum deprecarentur, ii ope Scheikh Nag'-mi Reschtensis regis amici, qvi pro eis veniam obtinuit, voti compotes facti sunt. Dein, his confiniis relictis, rex ad propria castra in loco Zerred dicto posita reversus est. Tchalpa Beg Tharemae praefectus, qvi in iram ejus incurrerat, mortis supplicio eadem hyeme affectus est. Eodem anno Dhilhigiae decimo sexto Mirza Sultan Houssain Baikra Khorassanae rex fato concessit. Patri defuncto filii successerunt, qvemadmodum supra jam notatum est. Vere novo rex Ismaël Sultaniani Tharema transiit. Anno 913 Schahi Begkhan irruptione facta Khorassanam occupavit. A. C. Mirzae Sultan Hossain Baikrae filii expulsi cum in Iracam venissent, tapetis 1507. regii osculo cohonestati sunt. Qvod ad eos in illa rerum vicissitudine pertinebat, superius relatum est. Eodem anno vere facto Ismaël cum ducibus et ingenti exercitu versus Dhulcadrianam ditionem iter suscepit, ac superatis juxta caesaream Rumaeorum finibus, contra Ala-daulam Dhulcadrum progressus est. Aladdaula, qvem Aladanam per contemptum Ismaël nominabat, ad Dhulcadrianos montes profugus ibi se munimentis tutatus est. Itaqve ditionis ejus vastatione ac direptione contentus, in Adherbigianam cum reverteretur, Emir Begus Maussalensis, qvi jam diu regum ex albarum ovium stirpe concessu Diarbekrae praefectus erat, cum magno comitatu, donis ingentibus ac pretiosis cum ad eum venisset, ad tapetis regii osculum cum honore admissus est. Sic Diarbekra regno annumerata, ejus praefectura Mohammed Khan Astagelino concessa est. Hic illam septem annis integris gessit, atqve interea cum Aladdaula Dhulcadius copias saepius contra eum misisset, proelia inter eos varia sunt commissa, ex qvibus omnibus Mohammed Khan in uno ex illis Aladdaulae filio occiso, victor evasit, qvo factum, ut res ejus magnae, sicuti postea dicemus, extiterint. At vero Emir Begus Maussalensis sigillorum conservandorum dignitate auctus est. Anno memorato Ismaël hyeme in urbibus Rei ac Selmassa transactis contra Iracam Arabum movit anno 914. Barik Beg Pernakus Bagdadi praefectus, ut victricia signa jam adventare audivit, Namuradi rebus relictis, versus Romaeae ac Syriae fines fugit. Postqvam abiit, tota Iraca Arabum facili negotio ac nullo dato proelio subacta, tanta tamen hostium caede, ut sanguinem tigris volvere visus sit. Victrices etiam copiae Arabes in deser-

 tis

tis degentes secutae, manubias se ingentem pecorum praedam retulerunt. Iracae Arabum praefecturam cum locis omnibus subjacentibus Khadem Bego consilii principi data, simulqve ei ut Khalifarum Khalifa appellaretur, concessum. Seid Mohammed Kemunaeo autem ex nobili familia oriundo, ex carcere ac vinculis, inqvae a Barik Beg Pernako conjectus fuerat, liberato, locorum qvorundam Iracae Arabum praefectura pariter assignata, cum tympani ac vexilli iure. Illa provincia sic inpotestatem redacta, rex Ismaël ad sancta antistitum sepulchra in Kazemia illuminata, in colle nobili, in Kirbela illustri ac Samirae praeclara sita peregrinationem suscepit, ac in illis locis multa Coranum memoriter tenentibus sacris praeconibus ac ministris largitus est, ut et lampades, argentum, tapetes auro intertextos feretris tegendis, aliaqve ornamenta, assignatis qvibusdam praediis in illa provincia, qvorum reditus in eam rem impenderentur. Demum, eleemosynis variis hominum ordinibus dispensatis, in Khuziskanam transiit, ubi hostium qvam plurimis et ex Arabum proceribus non paucis, urbes Schusteram ac Hudzam expugnatas cepit. Schusterae diebus aliqvot transactis, illinc per Kelujam montem Schirazium tendit. In itinere Schaik Nag'mus Ghilanius dignitate ducis ducum, qva plena in universum imperii negotiorum molem ac in ipsos duces et copias universas inspectio cedebat, ornatus est, ita ut proprium sigillum supra omnium ducum sigilla in diplomatis apponeret.

A. C. 1509. Initio anni 915 Schirazio in Iracam Persicam itum. Judex Mohammed Keschensis, qvi Veziratum et ducis munus in consilio superiori simul exercuerat, ob effusum sanguinem absqve aeqvitate ac rapinas in praefecturis Jezdae Caschanae ac variis Iracae Arabum locis et recens Schirazii apprehensus, facinorum poenas condignas luit. Eodem etiam anno Abdul Beg Dedeh, qvi Cazbiniis Saukbalagae ac Kharrae praefecturam tenebat, dignitate privatus est. Ea tradita est Zinel Beg Schamlujo, Veziratus autem absqve collega Emir Seid Scherifo Schiraziensi, Emir Seid Scherifi Alamaei filio, qvi multis operibus editis inclaruit, Veziratu etiam Miriar Ahmedes ac Meula Schemsus Ispahanensis sunt decorati. Ex Iraca in Adherbeigianam iter susceptum, ubi rex aliqvot diebus Tabrizii substitit. Ibi Hossain Beg Lelaeus consilii princeps hoc munere privatus est, eiqve Mohammed Beg Sefergius Astagelunius suffectus, cui ditio Hossaini concessa, dato ei Sultan Thaiani nomine. Cum rex Tabrizio tendens ad urbem Khoi discessisset, ac Khamenam in Schebesterae finibus perventum esset, eo in loco Scheikh Nag'mus Ghilanius pleuritide oppressus, ad plures abiit. Rex autem corpus ejus ad sacrum collem deferri cum praecepisset, munus, qvod ejus morte vacuum erat, in Emir Jar Ahmedem Khuzanium, Nag'mi secundi cognomine ei imposito, ducibus omnibus praelatum, transtulit. Diebus aliqvot in castris Khojami moratus, hyeme

hyeme jam plena, Schirvanam cum exercitu rex petiit, ac ad Maris Bacuii seu Caspii angustias usqve processit, ibiqve variis arcibus expugnatis, in Adherbeigianam et inde in Iracam veris initio versus est.

Totius Imperii ac maxime Adherbigianae ac utriusqve Iracae rebus sic compositis, qvod Schaibeg Khan Uzbekius subactis Khorassanae minime contentus, ulteriora meditaretur, jamqve arma movisset, totum se ad eum comprimendum, Khorassanamqve occupandam contulit. Itaqve circa medium anni 916 contra eum profectus est. Schaibegus audito ejus adventu, ultimo Hegebi mensis die, qvo luna cum sole conjuncta erat, Herata discessit, Meruamqve tanqvam in locum munitum venit. Ismaël, Ali Rizae antistitis octavi sepulchro ut auxilium ejus imploraret, visitato, tandem Schabani die vigesimo Meruam accessit, ac in ipsius civitatis conspectu castra metatus est. Uno ac altero die commissis inter utriusqve exercitus antesignanos proeliis, Ismaël locum pugnae non aptum esse sentiens, statione una ab arce Meruana retrocessit. Ad hunc motum, qvem fugam arbitrabatur, Schaibegus audacior factus, assumptis secum militum qvindecim millibus circiter, ac Ismaëlem celeriter secutus, cito ad eum venit. Ismaël conspectis hostibus, copias, dextra laevaqve eodem in loco disposuit, ac implorato Numinis auxilio, eum excepit. Ab ortu solis ad occasum acrius longe qvam olim inter Rostamum ac Asfendiarem pugnatum. Uzbekianorum decem millia caesa, Schaibegus ipse trucidatus in acie; inter caesos inventus. Duces ejus qvam plurimi capti ac interemti. Haec ingens victoria contigit die 26 dicti Shabani ejusdem anni, eaqve tota Khorassana in Ismaëlis potestatem redacta, praedamqve adeo opimam retulerunt milites, ut aestimari non potuerit. Scribae eloqventia praestantes, rem gestam qvibus potuerunt verborum ornamentis descriptam, in Iracam, Persidem, Adherbigianam, Kirmanam, Bagdadum, in Khuzistanam, Diarbekram, Indiam, Thebaristanam Syriam, et in ipsam Rumaeam miserunt. Meruam totis tribus diebus diripuerunt milites, qvibus elapsis, afflictis ac miseris, qvi superfuerant, ut abirent, qvo vellent, concessum, ac regionis praefectura Abdal Bego Dedeh cognominato commissa. Eo anno Ismaël habitis Heratae hybernis vere ineunte anno 917 castra movit, exercitumqve in Transokanam duxit. Post multas stationes cum ad Okum pervenisset, Sultani Uzbekii, qvi supplices advenerant, pacem interpositis ducum precibus obtinuerunt. Huic bello sic fine imposito, rex de reditu cogitans, Hossain Beg Lelaeum Heratae ac totius Khorassanae praefectum declaravit, ac tandem sub autumnum Irakam versus itineri se tradidit. Ad stationem destinatam cum venisset, ad eum accesserunt ex Tekhaiorum gente hominum qvindecim millia, qvi in Rumaeam grassati, saepius cum illius ditionis ducibus feliciter congressi, vastatis qvam plurimis ibidem locis, qvingentos etiam mercatores, direptis eorum mercibus

cibus ac divitiis, in Arzengianae finibus occiderant. Eos eqvidem benigne excepit, sed duces eorum, qvod male egissent, prout digne erant, castigavit. Caeteros singulis aulae suae ducibus, ut sub eis militarent, distribuit. Comae hyemem transegit, ubi Sultani Mazanderanii trium millium Tomanorum aureorum oblato munere honorifice recepti sunt. Eadem hyeme cum Mirseid Scherifus Schiraziensis in Irakam Arabum ad Antistitum sepulchra peregrinationis causa profectus esset, eodem anno mensis Dhilhigiae initio, dignitas ejus Emir Zahireddino Abd-albakio Jezdensi, ex nobilium progenie, ac ex Nametallae Kermanensis prosapia, donata est. Eodem mense Mir Jar Ahmed Ispahanensis, Nag'mus secundus dictus, in Khorassanam Coma profectus est, ut illinc in Transokanam moveret. Ismaël autem veris tempestate anno 918 hybernis relictis ad locum *solium Salomonis* dictum perrexit, ut aestiva in illo tractu ageret cum copiis, qvas secum habebat. Nonnullis etiam aliis eventibus hic annus celebris fuit. Primum contigit, ut Sultan Bajazid Mohammedis Rumaei filius, qvi tribus filiis, qvos habebat, Ahmedi, Selimo ac Kurkudo, Rumaeae partem qvandam unicuiqve regendam dederat, postqvam annis triginta tribus regnasset, hoc ipso Selimo filio in locum ejus ab Jegnitcheriis suffecto, a solio impetu facto sit expulsus. Selimus autem regno occupato, fratres trucidavit, ac patre eodem anno mortuo, universum Rumaeorum imperium nemine impediente aut turbante obtinuit.

Idem annus morientem vidit in Khorassana Emir Zakariam, qvi Meschedae sepultus est. Item Nag'mus secundus trajecto Oxo cum pluribus ducibus ac copiis, postqvam Mirza Babor rex Gaznensis ac qvorundam in Indiae finibus tractuum ambo versus portam ferream itinere suscepto, Carschium usqve contenderunt, qvam Urbem expugnatam ac direptam, ut et loco circumvicina, caedibus foedarunt. Ex caesorum numero inter alios poëta Binajus. Inde digressi, Ageduanam arcem, in qva erat Timur Sultan Schaibegi filius, venerunt, qvo Obeid Sultan Schaibegi ex fratre nepos, ac Giani Begkhan cum exercitu in ejus auxilium convenerant; intercedente inter hostiles exercitus amne, duces qvidem, qvi cum Nag'mo secundo erant, qvod locus non erat aptus, pugnam non esse committendam censebant. At ille non probato eorum consilio, manus sub ipsa arce Ageduana conseri jussit. Victis iis, qvi ante victores fuerant, ipse Nag'mus cum plurimis ducibus in eo proelio occisus est, Mirza Babor autem in propriam ditionem fuga se recepit. Verum pleriqve fugientium in ipsa fuga occubuerunt. Timur Sultan ac Obeid Sultan victoria ac manubiis opimis potiti in Khorassanam irruerunt, totamqve pavore succusserunt. Ad haec Hossain Beg Lelaeus Herata relicta per Sistanam in Kermanam aufugit. Hoc proelium die Martis Ramadani septimo anno supra dicto datum. Rex Ismaël his auditis, Ispahana, ubi hyemabat,

bat ducibus aliquot praemissis, ipse indicto mandato, ut ex omnibus imperii partibus copiae convenirent, ex eadem urbe anno 919 veris initi, in Khorassanam, ut hostes retunderet, profectus est. In itinere Mir Ali Bakius ducis ducum dignitatem Nag'mi secundi morte vacuam accepit. Mir Seïd Scherifus Schireziensis autem Schirazio advocatus, Veziratu ornatus est. Cum rex Meschedam pervenisset, Timur Sultan ac Obeid Sultan de adventu ejus certiores facti, Herata, ubi consederant, relicta, in Transoxanam fugerunt. Abdal Beg Leleeus, cui Meruanae ditionis praefectura data fuerat, qvod hostibus in Khorassanam irruentibus, loco indigne discessisset, asino cum vestitu et ornatu muliebri impositus, exempli caussa in contemptum per castra circumductus est. Rex deinde Heratam tendit, qvam cum sua ditione, rebus omnibus in pristinum statum reductis, Zinelkham Schamlujo, Balkham vero Div Sultan-Rumlujo gubernandam tradidit. Tum in Iracam reversus Ispahanae hyemem consumpsit. Illic cum laeti nuntii retulissent, natum illi filium die Mercurii mensis Dhilhigiae vigesimo qvarto ejusdem anni, qvi Schah Thahmasb Behadir Khan dictus est, non solum summe gavisus est, verum etiam gaudia publica indixit, in qvibus tam proceres qvam plebs, laetitiae non vulgaris indicia propalarunt.

Anno 920 Verno tempore Selimus Rumaeae rex bello indicto, cum ingenti suorum exercitu Arzengianam venit. Rex Ismaël hoc nuncio Ispahanam ad se perlato, curavit statim per cursores, ut exercitus conscriberetur, misitqve Diarbecram ad Mohammed Khan Astagelujum cum mandato, ut collectis suae praefecturae copiis, in Adherbigianam transiret, ut illic cum exercitu regio jungeretur, statimqve ipse signis expansis, Ispahana in eam provinciam profectus est. Ad eandem Selimus copiis innumeris stipatus cum accessisset, acie in campis Tchalderaniis disposita, rex Ismaël dextrum eorum sibi sumpsit, sinistrum vero Mohammed Astagelujo ac ceteris Diarbekrae ducibus commisit. Mir Abdalbakium autem inter utrumqve cum aliqvot eqvitum millibus, adjunctis ei Seid Mohammede Kemunaeo ac Mir Seid Scherifo, collocavit. Proelio commisso Regebi die primo ejusdem anni à summo mane ad precum meridianarum tempus decertatum, ac qvinqve hominum millia circiter utrinqve caesa. Ex praecipuis autem Abdalbakius, Mir Seid Scherifus, Seid Mohammed Kemunaeus, Mohammed Khan Astagelujus, Saru Pirch praetorianorum militum praefectus, Khalfa Begus, ac Hossain Beg Lelaeus, cum multis ducibus martyrii corona illustres occubuere. Cum Selimus se intra currus catenis ferreis invicem ligatos munivisset, indeqve tormentis bellicis ac explosoriis instrumentis ageret, rex Ismaël videns, qvam difficile esset eum vincere, jamqve multos ex suis hac arte periisse, visum est illi non pugnare amplius, Itaqve Tabrizium reversus, ad locum Ferir Kend

dictum

dictum perrexit, unde Derguzinam contendit. Eo absente Selimus Tabrizium venit; verum post duas hebdomadas, veritus, ne qvid ab Ismaëlis detrimenti pateretur, diutius illic non permansit, unde Rumaeam repetiit, Amasiaeqve hyeme moratus est. At rex Ismaël, Tabrizium qvo die Solimus abierat, reversus, itesum ingressus ibidem hyemavit. Interea Tchaiam Astagelujus dux ducum factus, supremi consilii inspectio Mirza Schah Hossaino Ispahanensi collata, cum negotiorum publicorum et exercituum cura; Veziratus autem honore Gemaleddin Mohammed Astarabadensis refulsit. Eodem anno caput Namurad Begi, Jacoub Begi filii, qvi favente Selimo Diarbekram occupaverat, a militibus deprehensi ac occisi, ad thronum excelsum allatum est. Eo etiam anno Malekh Schah Mahmud Gian Dilemita, qvi ut cultui divino vacaret, dignitatibus valedixerat, diem suum Cazbinii obiit. Anno 921 Ismaël filium Thahmasbum Bahadirkhanum per legatos ejus nomine gubernandae Khorassenae vice-regem fecit, ejusqve loco Emir Begum Maustalensem, qvi erat a sigillis, legatum ejus declaratum in illud regnum misit. Eodem anno Rumaeae rex Selimus ad Kamachianae arcis radices venit, qva expugnata, contra Aladdaulam Dhulcadrium arma convertit, eoqve caeso, totam ejus regionem ceteris, qvibus imperabat, addidit. Hac expeditione facta reversus, Prusam pervenit, ubi hyemavit.

Anno 922 Ismaël hyemem egit Tabrizii. Sub ejusdem anni finem Cansuum Aegypti, Syriae ac Higiaziae regem debellatum capturnqve interfecit, Selimus, Diarbekramqve simul invasit.

Anno 923 Ismael hyberna habuit Nakhtchevanae, qvo etiam anno Selimus in Aegyptum profectus, commissis variis proeliis cum Aegyptiis, ac victoria tandem reportata, hyemem pariter in Aegypto transegit.

Anno 924 Ismaël hiemavit Tabrizii. Anno 925 Karkia Sultan Ahmed Ghilanae rex, ac Emir Dabbagius Reschtae rex, cum ad Ismaëlem accessissent, benigne ac honorifice excepti sunt. Utroqve rege variis donis cumulato, Emir Dubbagius Muzaffer Soltani cognomine auctus abiit. Cum etiam ad aulam regiam Scheikh Schahus Farrokh Jesari filius Schirvanae rex venisset, et ipse, prout regi conveniebat, habitus est. Hyeme eodem anno Tabrizii transacta, eam Ispahanae transegit anno 926 seqvente, qvo Selimus peste confectus obiit, succedente ei filio Sultan Solimanno.

Anno 927 Emir Sultan Mir Mohammed Maussalensis hybernis Nakhtchevanae habitis, Mir Jusufum, qvi postqvam per aliqvod annos religionis Antistes He-

rattae

ratae fuerat, ad ducatus dignitatem cum tympanis et vexillo evectus fuerat, orta inter eos simultate, occidit die Mercurii Regiebi 7mo. Anno 928 Ismaël revocato ex Khorassana filio Thahmasbo, Samum Mirzam alium filium, adjuncto ei Durmischkhano, in locum ejus misit, hiemeqve Tabrizii consedit.

Anno 929 cum ibidem hyemaret, Mihir Schah Couli Regius Eunuchus Mirza Schah Hossaino in ipso regis cubiculo occiso, fuga sibi consuluit; verum captus post aliqvod tempus poenas tanto crimine dignas luit. Sic mortuo Schah Hossaino, Kogia Gelaleddin Mohammed Tabriciensis, qvem pro Vicario habebat, ad consilii principatum ejus loco assumtus est.

Anno 930 mortuo Tchaiam Sultan Afsagelujo ducum duce, qvi cum omni integritate, decore et justitia se gesserat, eadem dignitas filio ejus Bajazid Sultano concessa est, at ipso etiam post paucos dies defuncto, eadem Div Sultano Rumlujo tradita. Eodem anno cum rex venationis ergo ad locum Scheki dictum se contulisset, ac desiderii compos rediret, valetudo ejus in Seray finibus immutari coepit. Paucis diebus morbus ita invaluit, ut, qvamvis medici omnem, qva pollebant, artis suae peritiam adhiberent, ex hac tamen ad aliam vitam, summo mane die lunae Regebi decimo nono ejusdem anni migraverit. Die seqvente corpus ejus, comitante Emir Gemaleddin Mohammede Veziro, Ardebilium transmissum, ibiqve majorum sepulchro illatum. Vixit annis triginta octo, ex qvibus annis 24 regnavit. Erat adeo venationis amans, ut qvatuor anni tempestatibus, aestu atqve frigore, ab hoc exercitio nunqvam vacaret. Nobiles, viros eruditos, Scheikhos aliosqve religionis cultui deditos, muneribus semper ac donis cum proseqveretur, agros etiam ac possessiones in eosdem ac ceteros ordines conferebat, adde, qvod et eum, in qvem benevolentiae oculos converterat, ad summos dignitatum sex honorum gradus evehebat. Hinc in hunc sensum qvod seqvitur distichon:

> Qvae se ex pedum tuorum pulvere attollit atomus
> Ad caelos effertur, ibiqve solis officio fungitur.

Qvatuor filios illustres admodum reliqvit, Monarcham ac Imperatorem excelsum mundi asylum, Abulmuzafferum Schah Thahmasbum, Behadir Khanum, cujus regnum perpetuet Deus, qvi negotiorum imperii gubernacula administrat; secundum Abulgazium Alkas Mirzam, qvi nunc Schirvan regnum obtinet; tertium Abul Nasrum Samum Mirzam, qvi sub perpetuo regis excelsi obseqvio in aula versatur, natum die Schabani vigesimo primo anno 923; qvartum Abulfath Bahramum Mirzam, qvi etiam fratri regnanti cum honore ac dignitate assistit, cujus

cujus laudes tam prosa qvam versibus in hujus operis a nobis ejus jussu suscepti praefatione attigimus. Deus altissimus qvatuor ei filios largitus est, Sultan Hassanum, Sultan Hossainum, cui rex Thahmasbus in proprii filii gradum assumto, Khogia Inaietallam gubernatorem ipse praefecit; Sultan Ibrahamum Mirzam, ac Badi · alzamanum Mirzam.

De Vicario praepotente
Nobilissimo, celsissimo imperatore,
Mundi Asylo, Abulmuzaffero Schah-
Thahmasbo Bahadir Khano Sofuio,

Qvi hodie supra solium imperii iranici signa divina ac gratiarum coelestium abundantiam praefert, gemma nobilis mortalium, oculorum eorundem claritas rerum existentium puritas, misericordiae divinae existentia ac forma, luminum superiorum ortus, gratificationum inexhaustarum scaturigo, regum dominus, maris ac terrae nobilis substantia Scha Thahmasbus est, rex praeclarus, regi Gemo potentia aeqvalis, vicarius absolutus, nobilissimus, celsissimus, rex qvi praeter caetera imperii ornamenta, qvibus praelucet, omnia etiam virtutum, perfectionum ac dotium genera in se habet adunata, qvi in primis juventutis annis ne temporis qvidem momentum lassibus aut vetitis dedit, sed qvi statim post praestitum Deo cultum, totum se subditorum miseriae sublevandae tradebat. Justitiae ejus cum severitate conjunctae monumenta, ut et benevolentiae ac clementiae radii per universum orbem sunt diffusi, nec laudum ejus fulgor et praeclare gestorum praestantia minus patent. Sub ejusdem imperio religionis ac negotiorum publicorum difficultates sunt compositae, Islamismi vexilla, ac legis divinae symbola, eo annitente ac procurante supra saturni coelum sublata, pariter etiam tyrannidis hostilitatisqve palatium fortitudine ac formidabili ejus potentia collapsum.

Talis umbra Dei umbra est,
Talis basis, Dei basis est,
In omni re ei gratias agere par est
Qvandoqvidem altum ejus est beneficium.

Hinc est qvod nobiles, qvi ad eum propius accedunt, ac vi omni genere virtutum ac scientia insignes, ut et caeteri subditi, in perfecta sub eo securitate ac pleno otio degant, qvo fit, ut unanimi consensu manibus sublatis has pro eo ad Deum ex intimis animi sensibus preces fundant:

O DOMINE hanc umbram divinam
Conserva orbis propagandi causa

Sub tecto etiam benevolentiae Tuae habeto
Illud totius Islamismi vas.

Majestatis hujus, praeceptorum divinorum observantiae ac maxime vetitorum ac illicitorum usus abrogandi, cura est tanta ac sollicitudo, ut in toto imperio potionum inebriantium nomina nemo proferre audeat. Ita fit, ut vinum tam sit inventu difficile, qvam aut aurum purissimum, aut philosophorum lapis.

Bibendi vini licentia ita sublata est, ut astra media nocte
lucida inversum poculum supra orbis superficiem habeant.

Denique Schah Thahmasbus ex mortui patris testamento, ac ducum et exercitus antesignanorum consensu die Lunae Regebi decimo nono anni 930, ea hora, qva ejus astrum in summo erat gradu, ac horoscopus ei imperium praesagiebat, thronum regia majestate nobilitavit, sicqve aqvila justitiae, felicitatis ejus umbram supra mortalium solium sparsit, ac dei dictum in Corano: *Posuimus te successorem ac vicarium in terra; itaque judica inter homines cum justitia*, locum habuit, ut et hic versus: *Exaltavimus eum in locum excelsum;* et hic alius: *Non avarus eorum, quae Deus ex propria misericordia hominibus reserat;* mortalibus manifestus fuit. Item hujus qvoqve: *Laus DEO, qui nos multis aliis servis suis praetulit;* lumina universis praefulserunt. Tam laeto nuntio pervulgato, divino numini gratias egerunt subditi, imperiiqve firmitatem sunt Ei apprecati, qvibus peractis res imperii securae pacataeqve fuerunt. Ab illa inauguratione, qva orbis solis illius radiis illuminatus fuit in hodiernum diem, qvi mensis Dhilhigiae anni 948 vigesimus est, decem et octo anni cum qvinqve diebus elapsi imperii vexillis magis ac magis singulis diebus sese attollentibus, victoria semper illi favente, debellatis ac profligatis imperii hostibus.

Cum Alexandri instar terras lustrat,
A dextris et a sinistris apparet victoria.
Qvamdiu tributis, qvae Ei pendebantur, infestis
fuerunt reges
Khanorum epulae turbatae fuerunt:
Ensis ejus victoriosus ut in proelio agit
Fortiorum flos cadit.
Sagitta ejus postqvam coelum instar avis attigit
In hostium cordibus nidum ponit:
Lanceae ejus acies ut castellum diruit,
Impetus hostiles e medio tollit.
Manus ejus beneficia cum aurum spargit

 Creme-

Crumena sit thesaurus instar maris plenus.
Dono divino qvo praecellit sublata e mundo
Superbia
Regnum post regnum subjecit.

Haec eo nempe spectant, qvod cum ab Oriente Khani Uzbecii duodecim eqvitum myriadibus instructi in Khorassanam irrupissent, Schah Thahmasbus Sabbato Moharremi undecimo anni 935 Ruzabadae in Giamae ditione proelio commisso, qvod ab aurora ad occasum duravit, nonnullis licet e suis ducibus cum exercitus parte in conflictu fugatis dispersisqve, ipse cum exigua eqvitum manu stans in acie, adeo strenuum ac tanti animi virum se praestitit, ut plenam victoriam reportavit.

Exercitus dux dignus in bello cum adest,
Horrendum non timent milites draconem.

Catshangi Khanus Transoxanae rex Giani Beg Khanus ac Obeid Khanus victi cum Uzbekiorum reliqviis in Transoxanam fugerunt, praeda ac spoliis, qvae facile numerari non possunt, in victorum potestatem relictis. Obeid Khanus aliis aliqvot vicibus in Khorassanam impetum fecit; at audito Thahmasbi adventu, semper fugit. Ab occasu pariter Sultan Solimanus Rumeae rex bis anno 948 Schah Thahmasbo absente in Adherbigianam irrupit, bisqve exercitus ejus metu, multis e suis occisis, retrocessit. Sic tandem felicibus auspiciis victoria favente, Rumaei infelices pugna posthabita, in fugam conversi ad sua reversi sunt. Verum Thahmasbi victoriae ac praeclare gesta tot ac tanta sunt, ut in hocce compendio minime explicari possint. Si Deus propitius fuerit, occasioqve opportuna concesserit, de iis speramus nos peculiari libro tractaturos. Cum vero ea sit scriptorum ac historiographorum consuetudo, ut qvemadmodum initio, sic etiam in fine operum suorum de regibus suis aliqvid praedicent, nos etiam eorum vestigiis insistentes, vicario absoluto, nobilissimo, celsissimo *regi THAHMASBO* in hujus operis fine fausta omnia ac dierum amplistionem adprecamur.

Deo liberali in perpetuum concedente
Sit semper ejus donis cumulatus,
Sit illi cor purum, in futurum augentur,
Abundanter mens ejus sit laeta
Coelum votis, uti orbis nutui Ejus serviat
Homines ac Genii Ei benedicant! Amen

Anhang

zu

vorstehender Geschichte

von

Persien.

Nachstehende gelehrte Abhandlung des Herrn von Bock verdienet öffentlich bekannt gemacht und gelesen zu werden. Ich hätte die Anzahl meiner Anmerkungen zu derselben gern vermehret, wenn es mir nicht an Raum gefehlt hätte. Ueberhaupt ist die Materie, welche Herr von Bock so geschickt abhandelt, einer noch grösseren Untersuchung werth.

Abhandlung über das Alterthum des Zend-Avesta, welchen Herr *Anquetil du Perron* übersetzt hat, in französischer Sprache 1779 abgefasset von Herrn Nic. Stephan von Bock, Reichsfreyherrn, Herrn von Buy :c. Lieutenant der Herren Marschälle von Frankreich, und kön. Befehlshaber zu Sirk, (*Sierques*) und aus derselben übersetzt und mit Anmerkungen versehen von Büsching.

Ich setze mir vor zu untersuchen, erstlich, zu welcher Zeit der Tempel zu Esthekar, von den Griechen Persepolis genannt, erbauet sey? und zweytens, ob es wahr sey, daß der Zend-Avesta, den Herr *Anquetil du Perron* aus Indien mitgebracht und übersetzt hat, das liturgische Buch und die Urschrift der alten Magier sey?

Nach dem Tarikh Montekheb, welchen Her d'Herbelot in seiner Bibliotheque orientale p. 395 anführt, legte Kahamurath, der dritte König der Perser von der Dynastie der Pischdadier, den Grund zu der Stadt Esthekar, in der Provinz Fars, welche heutiges Tages von den Persern Tschilminar genannt wird. Jamschid, sein Sohn, der vierte König der Perser von derselben Dynastie, vollendete ihren Bau, und gab ihr einen Umfang von 12 Perasangen, oder 12 französischen Meilen. Sie wurde die Hauptstadt von Persien, und er zog in dieselbige ein im Jahr 3209 vor Jesu Christ, wie Herr Bailly in der Geschichte der alten Astronomie S. 354 beweiset. a)

Feridun

a) Dieses hohe Alter der Stadt Istakr oder Esthekar, ist eben so unerweislich und unwahrscheinlich, als die ganze älteste Geschichte des persischen Reichs, welche die neuern einheimischen Schriftsteller erzählen. Insonderheit ist die Geschichte des ersten Geschlechts der persischen Könige, oder der Pischdadier, ganz unglaubwürdig, deren 11 gewesen seyn, und die zusammen 2450 Jahre lang regieret haben sollen. Selbst Ommia Jabia, der Verfasser des Lubb, it Tawarikh oder Lob Tarikh, welcher doch ein vorzügliches Ansehn hat, wenn er anführt, daß der erste König Kajumaras, welcher tausend Jahre gelebet, und 30 regieret haben soll, von einigen für Adam, von anderen für Seth, von anderen für Sem gehalten werde, saget, Gott allein weiß was wahr ist, und gebraucht eben diese Worte auch bey anderen Nachrichten. Der angeführte erste König soll schon angefangen haben, Häuser und Städte zu bauen, und Ommia Jabia sagt, daß noch zu seiner Zeit Spuren von ihm zu Esthekar vorhanden gewesen wären. Also hätte er schon, und nicht erst der dritte König, den Anfang mit dieser Stadt gemacht, welches auch Ommia Jabia, nach dem Beyspiel anderer Schriftsteller, also voraussetzt, daß er auch von dem zweyten Könige Huschank sagt, es wären noch Denkmale von ihm zu Esthekar zu finden, und von dem vierten Könige Jamschid, er habe den Bau dieser Stadt vollendet. Wer kann aber alles dieses glauben? Freylich glauben es die jetzigen Perser, denn sie nennen die Trümmer des Tempels oder Pallasts Tschil-Minar, (das ist, 40 Säulen,) ungefähr $1\frac{1}{2}$ deutsche Meile von Esthekar oder Persepolis, Tacht Jamschid, das ist, die Residenz des Jamschid. s. Herrn Justizraths Niebuhr Reisebeschreibung Th. 2. S. 122.

Feridun folgte ihm, und war der fünfte König von dieser Dynastie. Als einer seiner Söhne, Namens Irage oder Iretz, von seinen Brüdern war getödtet worden, verheirathete Feridun seine Tochter mit einem Prinzen von seinem Hause, aus welcher Ehe Manugeher oder Minarscher entstund, der einer von den Vorfahren des Zoroaster war. Kischtasp, Sohn des Lohorasp, fünfter König von Persien von der Dynastie der Cayanider, versetzte zum zweytenmahl den Sitz des Reichs aus der Stadt Balkh, woselbst ihn einer der vorhergehenden Könige errichtet hatte, nach Esthekar. Man schreibt ihm den Bau der berühmten Gräber zu, die zwey Meilen von dem Tempel von Persepolis entlegen sind. Er war ein eifriger Anhänger des Zoroaster, der unter seiner Regierung 550 Jahre vor Jesu Christ geboren ward. b)

Sein Sohn Asfendiar oder Espendiar, einer der Helden seines Jahrhunderts, wurde von Rostam oder Rustem, Sohn des indischen Königs Zal, in einem Zweykampf getödtet. Man behauptet, daß die riesenmäßigen Figuren, welche man noch heutiges Tages in halberhobener Arbeit auf dem Berge der Gräber bey Esthekar siehet, diese Begebenheit vorstellen. Gustasp, sein Vater, vermißte ihn mehr nach seinem Tode, zu welchem er Gelegenheit gegeben, als er ihn in seinem Leben geliebet hatte, und legte die Krone zum Besten des Bahaman, Sohns des Espendiar, nieder.

Homai, Tochter des Bahaman, sechsten Königs der Perser von eben derselben Dynastie, ward von ihm zu seiner Nachfolgerin in der Regierung erwählet, und ihr Bruder übergangen. Als sie 31 Jahre regieret hatte, ließ sie die Krone dem Darab, (Darius), welcher die Frucht ihres blutschänderischen Umgangs mit ihrem

b) Der Lubb it Tavarikh sagt nur, daß Zardascht oder Zoroaster unter der Regierung des Gustasp oder Kischtasp seine Religion bekannt gemacht, daß auch Gustasp dieselbige angenommen, und die Perser sich zu derselben zu bekennen genöthigt habe. Weil aber dieser Monarch 120 Jahre lang regiert haben soll: so könnte Zardascht auch gar wohl zur Zeit desselben geboren seyn. Man findet noch jetzt prächtige Gräber, theils bey Tschilminar, theils etwa eine deutsche Meile in gerader Linie davon gegen Norden, an der Nordseite des Flusses Polwar, welche letzten die Gräber der Könige genennet werden. s. Herrn Niebuhr a. a. O. Seite 150 f. 155 f. Diese Gräber scheinen zu der Religion des Zardascht, zu welcher sich noch die jetzigen Parsi, gemeiniglich schimpfsweise Guebern genannt, bekennen, schlecht zu passen, denn diese begraben ihre Todten nicht, sondern lassen dieselben von Raubvögeln verzehren. Man muß also annehmen, entweder daß die Magier erlaubet haben, mit den Leichnamen der Könige auf eine andere Weise zu verfahren, als mit den Leichnamen der anderen Personen, oder daß die Aussetzung der Leichname für die Raubvögel erst nach der Erbauung jener Gräber eingeführet worden sey, welche letzte Meinung den Gräbern ein sehr hohes Alter verschaffen würde.

ihrem Vater war. Man glaubt, daß sie die Semiramis der Griechen sey. Der Verfasser des *Leb Tarikh*, den d'Herbelot S. 384. anführt, schreibet ihr den Bau des Tempels zu Persepolis zu, welcher heutiges Tages in persischer Sprache Tschilminar heißt. c)

Allein, wenn Zoroaster unter der Regierung des Gustasp gelebt hat, und wenn man von dem Bau des Tempels zu Persepolis durch die Homai, bis an den Tod dieses Gesetzgebers, nur eine Regierung zählt: wie ist es denn möglich, daß alle die alten Inschriften dieses Gebäudes, von welchen Chardin im zweyten Theil bey der 166sten Seite der Quart-Ausgabe seiner Reisebeschreibung eine Probe giebt, nicht in der Sprache Zend, oder Pehlvi, oder der Parsen sind? Wie haben in einer so kurzen Zeit diese 3 Sprachen, deren Alphabete Herr Anquetil im zweyten Theil seines Zend-Avesta S. 424. mittheilet, so verändert oder vergessen werden können, daß sie nicht die geringste Aehnlichkeit mehr mit denselben haben? d)

Nach solchen Umständen scheinet es schwer zu seyn, sich zu überreden, daß der Tempel zu Persepolis erst unter der Regierung der Homai erbauet sey, vielmehr ist wahrscheinlicher, daß der Bau desselben unter der Regierung des Jamschid, Stifters der Stadt Estheker, 3209 Jahr vor Christus Geburt, wenigstens unter einem der nächsten Nachfolger derselben, geschehen sey. Die Zeit, welche während eines so langen Raums verflossen, würde zur Veränderung der Sprache im Gebrauch um

c) In dem Lobb it Tavarikh stehet nur: viele schreiben, das Gebäude der vierzig Säulen, (Tschilminar) und ein anderes nun zerstörtes zu Istakr, dessen sich die Muhammedaner zum Tempel bedienet haben, wären Werke der Homai. Herr Niebuhr vermuthet daß die Trümmer eines Gebäudes, welches man ungefähr $1\frac{1}{2}$ deutsche Meile von Tschilminar in einer schmalen Ebene zwischen hohen Bergen findet, von dem Pallast wären, den die Homai in der Stadt Istakr gebaut habe, denn sie würden noch jetzt die Trümmer von Istakr genannt, und wären in dem Geschmack des Gebäudes Tschilminar; zwischen beyden Pallästen aber habe allem Ansehn nach die Stadt Istakr gestanden. s. S. 154.

d) Herr Niebuhr hat auf seiner 24sten und 31sten Kupfertafel Inschriften, welche er zu Tschilminar abgeschrieben hat, und die er für die allerältesten, ja für so alt als Tschilminar selbst hält, weil sie überall an bequemen Stellen, und oft auf Plätzen zwischen Figuren stehen, die man ihrentwegen ledig gelassen hat. Sie bestehen aber aus 3 ganz verschiedenen Alphabeten, und unter denselben sind nicht einmal die Buchstaben aus 2 alten Alphabeten, die er von den Abkömmlingen der alten Parsen, welche sich in Indien niedergelassen haben, bekommen, und auf seiner zweyten Kupfertafel mit D und E bezeichnet hat. Also sind jene älter als diese, und die Perser haben ihre Schriftzüge oft verändert. Herr Niebuhr S. 158.

um die Zeit der Erbauung des Tempels zugereicht haben, und vielleicht war sie; als Zoroaster erschien, die heilige Sprache geworden, so wie die Sprache Zend heutiges Tages die heilige für die Nachkommen der alten Parsen ist. Vielleicht sind die 26 Bände, welche, wie **Chardin** S. 181. des schon genannten Theils seiner Reisebeschreibung berichtet, in der Bibliothek des Schlosses zu Jspahan verwahret werden, und in dieser alten Schrift geschrieben sind, die Urschriften der Periode Keischane, welche zur Zeit Zoroasters das erste Gesetz beobachteten, nemlich das Gesetz Jamschid; vielleicht sind auch die Bücher dieses Gesetzgebers nichts anders als eine Erklärung der alten Bücher, deren Sinn die spätern Guebern vergessen haben, so bald der Zend-Avesta, welcher ohne Zweifel in der gewöhnlichen Landessprache geschrieben war, an die Stelle derselben trat.

Aus allem, was bisher gesagt worden ist, folget:

1. Daß man nothwendig in die Regierung des Jamschid den Bau eines Theils wenigstens der Gräber zu Tschilminar setzen müsse, weil **Chardin** ausdrücklich meldet, daß er daselbst eine Inschrift in eben der Schrift, welche man in dem Tempel findet, gesehen habe. Es ist wahr, daß er daselbst auch eine Inschrift in der alten syrischen Schrift gesehen hat, welches dasjenige unterstützt, was ich oben von dem Alterthum der magischen Religion gesagt habe, da ich bewiesen, daß diese Art und Weise die Todten zu beerdigen, welche durchaus der Lehre des Zoroasters gemäß ist, sowohl vor als nach derselben sey beobachtet worden.

2. Daß die halberhobenen Arbeiten, welche **Chardin** zu Persepolis angetroffen hat, und welche viel Aehnlichkeit mit den gottesdienstlichen Gebräuchen und der Kleidung der Parsen haben c), ein neuer Vermuthungsgrund sind, daß seit der Erbauung dieses Tempels die magische Religion die herrschende des Landes, in welchem er stand, gewesen sey, und daß folglich die 26 Bände im Schloß zu Jspahan gar wohl die Ur-Bücher dieser Religion seyn können, deren Erklärung alsdenn der Zend-Avesta nur ist.

Uebrigens ist dieses völlig gemäß dem Zeugniß des Ferdussi, und aller andern morgenländischen Schriftsteller, welche nicht nur glauben, daß die magische Religion seit der Regierung des Jamschid gestiftet worden sey, sondern welche dieselbe sogar bis auf die fabelhafte Zeit des Kajumarath, ersten Königs von Persien, zurückführen,

ren, woraus man schliessen muß, daß Zoroaster nur ein Verbesserer und Wiederhersteller dieser Religion gewesen sey f). Es ist sehr befremdend, daß Herr Anquetil nicht ein Wort von den alten Inschriften des Tempels zu Esthekar gesagt hat. Die Nicht-Uebereinstimmung der Buchstaben dieser Inschriften mit der Schrift des Zend-Avesta muß nothwendig grosse Zweifel wider die ächte Richtigkeit des Buchs Zoroasters, welches er übersetzt hat, erwecken.

In der That, man kann nicht auf eine vernünftige Weise verwerfen,

1. das Alter welches Herr Bailly der Erbauung der Stadt Esthekar gegeben hat:
2. daß, vermöge dessen, was ich oben gesagt habe, der Bau des Tempels eben so alt sey;
3. daß die magische Religion, zu deren Ausübung dieser Tempel erbauet worden, auch so alt sey, als welches bewiesen zu seyn scheint.

Warum ist denn der Zend-Avesta, der nur 550 Jahr vor Christus Geburt geschrieben worden, wenn er das Ur-Buch der Religion der Guebern ist, nicht mit eben der Schrift geschrieben, welche die Inschriften des Tempels zeigen? und wenn er nicht dieses Ur-Buch ist, sondern nur eine Erklärung, warum gesteht er nicht, daß das Ur-Buch wahrscheinlicher Weise in den 26 Bänden bestehet, welche, wie Chardin erzählt, zu seiner Zeit in dem Schloß zu Ispahan verwahret worden?

Diese Bücher haben die ächte Beschaffenheit, welche dem Buche des Herrn Anquetil fehlt.

Sie sind in eben der Schrift geschrieben, welche man in dem Tempel siehet, und dieser Umstand ist sehr wichtig, denn es ist das einzige ächte Denkmal zur Vergleichung aus jenen entfernten Jahrhunderten, dessen Zeit und Menschen geschonet haben.

Noch mehr, sie sind den Guebern mit Gewalt vom Schah Abbas genommen, den man überredet hatte, daß er in denselben eine Weissagung von allen seinen künftigen Begebenheiten finden werde. Die Guebern machten groß Werks von diesen Büchern,

f) Nach dem Lubb it Tavarikh hat schon Cal Cosru, der dritte König von der zweyten Dynastie, auf dem Berge Kaschid, (der Persien von Irak trennet,) einen dem Feuer geheiligten Tempel erbauet.

chern, und liessen dieses schätzbare Denkmal ihres alten Glaubens so ungern fahren, daß dieser Tyrann Persiens, den seine niederträchtige Unterthanen den grossen nenneten, sich derselben nicht anders als dadurch bemächtigen konnte, daß er ihren obersten Priester, und einige der vornehmsten von der Nation, hinrichtenließ.

Hieraus machen wir den Schluß, daß die Ur-Bücher der magischen Religion noch übersetzet werden müssen, und daß der Zend-Avesta, welchen Herr Anquetil aus Indien mitgebracht hat, sich zu diesen Büchern verhält, wie der Wedam der Banianen zu dem Schattah Brahm, woraus Herr Holwel einen Auszug gemacht hat.

II.

Réponse a quelqu'unes des notes critiques, faites par Mr. Büsching, sur un mémoire relatif a l'antiquité du Zend Avesta, rapporté dans le No. 41. de la Gazette Géographique de Berlin, du 11. Octob. 1779. par Mr. Jean Nicolas Etienne de Bock, Baron du S. Empire, Seign. de Buy, Lutange, Mancey &c. Lieutenant des Marechaux de France, & Gouverneur pour le Roy de la Ville de Sierck.

Tout change sans cesse, les générations se succedent, les monuments s'elevent & se detruisent, les gouvernements s'etablissent, & sont remplacé par d'autres, les connoissances enfin elles mêmes, l'histoire des tems éloignés, transmises de race en race, s'obscurcissent après la revolution de quelques siecles, & il ne reste plus au milieu des vastes debris, dont nous sommes environnés, aucun point, aucune borne assurée, d'ou nous puissions partir avec quelque certitude, pour fixer nos doutes, éclairer notre esprit: l'ouvrage de l'homme portant de tous cotés l'empreinte de sa foiblesse, c'est dans le Ciel seûl qu'il faut chercher la lumiere qui doit diriger nos pas dans cette obscurité profonde. Se parle ici des révolutions des corps celestes, qui probablement n'ont éprouvé aucune alteration sensible depuis le moment de la création, & dont l'histoire en se liant avec celle des peuples, qui ont successivement couvert la surface de cette planette, peut donner a cette derniere un degré de vraisemblance, qui equivaut a une demonstration. En effet, comment revoquer en doute un fait historique, lorsqu'il se trouve d'accord avec les phénoméaes observés dans les astres à la même epoque, & verifié par les calculs astronomiques! Le hazard seul ne produit pas de telles rencontres, & a moins que de vouloir être d'un pironisme outré, on sera obligé de convenir, qu'un fait a alors acquis tous les degrés de certitude, dont il étoit susceptible.

C'est le service que Mr. Bailly vient de rendre a la republique des lettres en verifiant un grand nombre de Phénomênes celestes, qui sont arrivés, dans les siecles les plus reculés, & qui se trouvent liés avec l'histoire. Je ne puis donc mieux faire pour repondre a la premiere note critique, que Mr. Büsching a fait sur mon mémoire relatif au Zend Avesta imprimé dans le No. 41. de sa Gazette Géo-

graphi-

graphique de Berlin du 11. Octob. 1779, que de transcrire la preuve, que donne Mr. Bailly lui même dans son histoire de l'Astronomie ancienne, p. 353. de l'Antiquité de la ville d'Esthecker. Voici comme il s'exprime.

Réponse a la note premiere.

Les anciens Perses comptoient deux dynasties, ou suite de rois jusqu'a Alexandre, celle des Peischdadiens, qui ont regné pendant 2451 ans 7 mois, & celle des Kéaniens qui ont regné pendant 732 ans. Alexandre fut le dernier qui mourut: 324 ans avant J. C. Cette chronologie commence donc l'an 3507. Djemschid regna 716 ans depuis l'an 2691, jusqu'a l'an 3407. Mr. Anqueil remarque & croit avec beaucoup de vraisemblance, que ce nom doit être celui d'une dynastie a). On voit que cette chronologie est suivie, en consultant l'ouvrage même de Mr. Anquetil, on verra que la durée des regnes y est citée en années & en mois; cette exactitude & ces details demontrent l'authenticité de la chronologie. On ne peut révoquer en doute ces rois appelés Peischdadiens & encore moins Djemschid dont la reputation subsiste dans l'Asie. Nous avons raporté la tradition orientale, que sept edifices merveilleux, renfermés a Persepolis dans le palais de Djemschid, furent detruit par Alexandre; ce qui est conforme a l'histoire de ce conquerant, qui brula les palais des rois de Perse dans cette ville.

Mr. le Comte de Caylus reconnoit, que les edifices des Perses a Persepolis, ne peuvent être l'ouvrage de Cyrus, ni d'aucun tems posterieur b): ce qui est d'accord avec l'opinion [illegible] attribue a Djemschid. Chardin etoit persuadé, que cette ville etoit de l[illegible] [illegible]aute antiquité c).

Cette chronologie rapporté par Mr. Anquetil, donne pour le commencement de l'Empire des Perses l'an 3507 avant J. C. Il paroit par les tables persiennes, qui sont dans l'astronomie philolaïque d), que lorsque Jezdegird monta sur le trone l'an 632 de notre ère, les Perses comptoient l'an du monde 6139; cettre chronologie remonte encore 2000 ans au dela de l'epoque donnée par Mr. Anquetil.

L'année des Perses etablie par Djemschid etoit de 365 jours, comme le tems de la creation qui s'est operée en six Gahambars ou intervalles, dont la somme fait 365 jours. Partagée en douze mois, de trente jours chacun, elle avoit cinq jours qu'on ajoutoit, et qui etoient appelés jours furtifs ou derobés a).

§. II.

a) Zend Avesta, traduit par Mr. Anquetil, Tom. 2. p. 417.

b) Mém. Acad. Inf. T. 29. p. 141. c) Chardin Voyage en Perse, T. 9. p. 164.

d) Bouilland, p. 214.

§. II.

La periode de l'intercalation d'un mois tous les 120 ans, reglée par Djemschid, peut servir a determiner le tems ou regna ce prince, & l'epoque de ces connoissances chez les Perses. L'an 632 de notre ère au commencement de l'ère d'Jesdegird, le mois intercalaire se trouva à la fin du huitiéme mois, ce qui repond a l'an 960 de la periode de 1440 ans b); elle avoit donc commencé l'an 329 avant J. C. mais comme Djemschid est certainement beaucoup plus ancien, il faut remonter d'une ou de deux periodes jusqu'a l'an 1769 ou 3209 avant J. C. Il s'agit de choisir entre ces deux époques. Nous croyons qu'on peut demontrer que la plus ancienne est la veritable. Cette forme d'année dura jusqu'au regne de Sultan Melic-Schah en 1079. de J. C. ou l'astronome c) Omar Cheyam reforma le commencement de l'année, pour le faire cadrer avec l'entrée du soleil dans l'equinoxe, & il ajouta 15 jours, donc le commencement de l'année précédoit l'equinoxe. Or l'année solaire vraie etant supposée de 365 j. 5 h. 50', & l'année civile etant etablie de 365 j. 6 h. il s'ensuit, que tous les ans l'année civile doit arriver 10' plus tard que la vraie année solaire, & au bout de 1440 ans le commencement de l'année civile au lieu de précéder le commencement de l'année solaire doit retarder de 10 jours, mais l'erreur etoit toute contraire, puisque la correction de l'astronome Omar prouve que l'année civile commençoit 15 jours avant l'equinoxe, le commencement de l'année civile ayant été etabli au premier degré de la constellation du belier du tems de Djemschid. Si l'on veut, que ce fut 1769 ans avant J. C. l'etoile γ du belier etoit dans le 10° 23' des poissons; ainsi le commencement de l'année précedoit l'equinoxe de 20 jours. Mais dans l'intervalle de l'an 1769 avant J. C. a l'an 1079 de notre ère en 2847 ans, ce commencement auroit avancé de 28470', ou a peu-près de 20 jours, il auroit donc coincidé avec l'equinoxe, & il n'y auroit point eû de correction afaire. C'est toute autre chose, en supposant pour l'epoque de la période l'an 3209, γ du belier étoit alors dans 10° 23' du verseau, & le commencement de l'année civile précédoit l'equinoxe de 40 jours dans l'intervalle de 4288 ans, ce commencement avoit du avancer de 42880', ou d'un peu moins de 30 jours. L'année commençoit donc encore au tems d'Omar, 10 jours avant l'equinoxe. La difference de 5 jours est sans doute une erreur d'observation, ou plutôt de calcul; on en peut même indiquer la source. Supposons que l'astronome Omar Cheyam, par les ordres du Sultan Melic-Schah en 1089 de notre ère, ait observé, que le soleil le premier jour de l'année civile, étoit encore éloigné de γ du belier de 31°, il aura cherche dans le

a) Hyde, de rel. vet. Pers. c. 19. p. 191. Freret, déf. de la Chron. p. 418.

b) Hyde, c. 14. p. 184. c) Herbelot, p. 591.

le catalogue de Ptolemée la position de cette etoile qui, pour l'an 139, est de 6° 40′ plus avancée que l'equinoxe, en tenant compte du mouvement des étoiles d'un degré en 100 ans, comme il a été établie par Ptolemé, il aura trouvé, qu'en 1089 l'étoile étoit a 16° 10′ de distance de l'equinoxe, d'ou il a conclu, que le commencement de l'année précédoit l'equinoxe de 15° ou de 15 j. Mais cette etoile avoit réellement alors 20° 28′ de longitude; donc le commencement de l'année ne précedoit l'equinoxe que de 10 j $\frac{1}{2}$ il s'etoit donc avancé depuis Djemschid de 29j $\frac{1}{2}$: ce qui est a très peu près l'anticipation qui devoit avoir lieu a raison d'un intervalle de 4188 ans. Donc la periode de l'intercalation des Perses a commencé vers l'an 3209 avant J. C. c'est aussi la confirmation de la chronologie qui place Djemschid, instituteur de cette periode, vers le siecle même que le calcul vient de nous donner; car nous supposons avec Mr. Anquetil, que le nom de Djemschid est celui d'un dynastie, qui regna depuis 3507 jusqu'en 2691. Un des princes de cette dynastie, établie la periode, & il nous suffit, que l'epoque de nôtre calcul remonte a l'intervalle du regne de cette dynastie. Nous n'avons rien supposé contre la vraisemblance. Si nous avons fait l'année vraie plus longue qu'elle ne l'est aujourd'hui, c'est que nous avons lieu de croire, qu'elle l'etoit réellement dans ce siecles reculés a).

Réponse a la note 2de.

Il n'est pas permis de douter que la religion des Mages soit de longtems anterieure a la réformation que Zoroastre en fit de son tems (c'est a dire suivant la Chronologie de Mr. Anquetil 550. ans avant J. C.) nous devons donc croire que si les usages & ceremonies religieuses des Guebres sont aujourd'hui si differents de ce qu'ils paroissent avoir été, lors de la construction du temple de Tchilminar, cette difference ne vient, que des nouvelles opinions, & des changements, que ce legislateur y a fait.

Ce que raconte d'ailleurs Mr. Nibuhr de la maniere dont les Parses enterrent aujourd'hui les morts, est de la plus éxacte verité puisque le Vendidad Sadé fargard 3—5 & 8 (voyés le Zend Avesta de Mr. Anquetil p. 281. 297. 300. 315 & 331. T. 1. 2. p.) ordonne très expressement, & sans aucune exception, que les corps morts soient exposés dans un Dakhmé ou Cimetiere decouverts, pour être mangé par les oiseaux, ou faute de Dakhmé, dans des lieux élevés, eloignés de 30 gâins (90 pieds) du feu, de l'eau, du lieu ou on lit le Barsom (lé Deminher,) & a 3. gâins de l'homme pur, c'est a dire du lieu qu'habitte, ou par lequel passe l'homme pur. Ce sont les propres termes de ce livre liturgique, que je rapporte.

Mais tout ceci, ne prouve rien contre ce que j'ai avancé dans mon mémoire, & j'en reviens toujours au raisonnement suivant, qui me paroit sans replique.

Mr.

a) Bailly, Mém. Acad. des Sc. 1773.

Mr. Bailli a prouvé dans la note précédente, que la ville & le temple d'Estekar avoient été bati 3209 Ans avant J. C. Tous les Auteurs conviennent, que des cette Epoque, le Magisme étoit la religion dominante de l'Empire des Perses, & par consequent celle pour l'exercice de la quelle le temple de Tchilminar avoit du être bati. Zoroastre parut 550 ans avant J. C. & aporta de grandes inovations dans cette religion: en en conservant les principaux dogmes, il changea entierement le culte exterieur, a) & alla même si loin, que la plus part des Persans, dont les uns suivoient encore la religion de Djemschid, qui étoit l'ancien magisme, & les autres s'etoient addonnés au culte des Dews, refusa de s'y soumettre, & ce ne fut que par le secours des armes du Roi Gustasp, dont Zoroastre avoit gagné la confiance, qu'il parvint a les faire adopter. b) Le tems consolida ce que la force avoit commencé, a le livre de Zoroastre fut le seul, dont les Guebres conserverent l'intelligence.

Lors de la persécution de Chah-Abbas, Chardin raconte, qu'ils avoient encore 26 Volumes ecrits dans le langage des plus anciennes inscriptions du temple de Persepolis; ce furent ces 26 Volumes, qu'ils n'entendoient plus, & dans lesquels ils croyoient, qu'etoit renfermé toute la science des mages, qu'ils furent obligés de livrer, & qui sont encore aujourd'hui conservé dans le Chateau d'Yspahan.

J'observerai a ce sujet

1°. que l'antiquité du temple étant fixé d'une maniere incontestable a l'an 3209. avant J. C. la conformité de l'ecriture de ces anciens livres avec celle des inscriptions du temple, donne necessairement la même antiquité a ces ecrits.

2) que le Magisme étant a cette epoque la religion dominante de tout l'empire Persan, ces livres ne peuvent traiter, que des details, qui y sont relatifs, ou de l'histoire de ces tems reculés,

3°. que la vénération des Guebres pour ces ecrits, l'opinion transmise par la tradition, qu'ils contentoient les anciens dogmes de la religion de leurs ancêtres; le soin avec lequel ils les avoient conservés depuis plus de 6000 ans; et la rage avec laquelle ils se defenderent, de les donner au Roi, aussi longtems qu'ils purent, est une nouvelle preuve de ce que j'ai avancé. Le Zend Avesta de Mr. Anquetil n'est donc plus qu'un livre bien nouveau auprès de la prodigieuse antiquité de celui ci, qui ne peut être réellement comparé, comme je l'ai déja dit, qu'au Schastach Brahm de Mr. Holwel.

Réponse a la note 5e.

Je suis surpris, que Mr. Nibuhr n'aye trouvé aucun rapport entre les habillement des Parses d'aujourd'hui, & ceux qu'on voit aux figures des bas reliefs du Temple

a) Vie de Zoroastre T. I. p. ede du Zend Avesta. p. 53 & 54. b) idem p. 54. & suivantes

ple de Tchilminar. Mr. Chardin étoit d'un avis bien different, car il dit positivement T. 9. p. 54. & 61. que le vêtement inferieur de ces figures est encore aujourd'hui fait comme celui des Indiens idolatres, (qualification que les Mahometans donnent aux Guebres,) c'est un drap de coton ou de soye, qui fait trois ou quatre tours sur les reins, & qui pend jusqu'à la cheville du pied; ils en passent quelques fois le bout entre les Jambes, & ils l'attachent a l'endroit de l'epine du dos, surtout lorsqu'ils ne mettent, que ce Drap sur le corps. Mais ordinairement ils en mettent deux, un petit comme les linges, qu'on met aux enfants & un autre beau & long par dessus, dont ils passent le bout en cinq ou six plis dans la ceinture a l'endroit du nombril.

La varieté qu'on trouve d'ailleurs dans la coëffure & dans l'habillement des autres personnages, est moins, selon Mr. Chardin, une marque de distinction, que de la diversité des pays & des climats, dont étoient ceux, qui les portoient, l'Empire de Perse s'etendant depuis la mer noire, jusqu'au fleuve Indus, la temperature de l'air y est très varié, & par conséquent le chaud & le froid, qu'on éprouve a ces deux extremités, a du obliger les habitans a s'habiller de la maniere la plus propre, pour se garentir de l'un ou de l'autre de ces inconvenients.

Quant aux conformités, que j'avois dabord crû avoir aperçû entre les ceremonies religieuses representées dans les bas reliefs du temple, & celles des Guebres d'aujourd'hui, je conviens bonnement m'etre trompé. Je crois au reste, avoir demontré dans la note précedente, la raison de cette difference, j'ajouterai donc seulement ici, que le culte exterieur du Magisme ayant été entierement changé, de l'aveu même de Mr. Anquetil, lors de la mission de Zoroastre, arrivée 2659 ans après la construction du temple d'Estekhar, il est impossible, qu'il s'y trouve aucune conformité entre les cérémonies religieuses representées dans les bas reliefs de cet edifice, bati sous le regne de Djemschid, & celles que Zoroastre a établi 2659 ans après, sous celui de Gustasp; qu'enfin, quoique la religion des Mages & celle des Banians ou Gentoux, soient sans contredit deux des plus anciennes de l'Orient, il y a cependant un point, ou elles different essentiellement l'une de l'autre, c'est l'article, par lequel il est deffendu ou permis de manger de la viande, & de tuer les animaux. Or non seulement il paroit, que dès la construction du temple de Tchilminar, & par conséquent lors du Magisme, les sacrifices d'animaux y étoient d'usage, puisque Chardin rapporte p. 64. T. 9. la description d'une procession, ou se trouvent les animaux, qui doivent être sacrifiés, mais encore cet usage fut conservé par Zoroastre, lors de la reformation, la viande faisant partie des matieres employées dans les offrandes, a) & servant de nourriture aux Parses, b) il ne paroit donc aucunement vraisemblable, que cet ancien temple ayt jamais été bati pour un autre culte, que pour celui du Magisme.

a) Zend Avesta, T. 2 p. 534.
b) Idem, Boun-de Hesch ou Cosmogonie des Parsis p. 378. & 411.

Dans

Dänemark.

I.

Nachrichten,

welche

das Finanzwesen, den Kriegesstaat und den Handel

betreffen.

I.

Summa Summarum aller Königlichen Einkünfte um das Jahr 1768.

				Rthlr.	ß.
In Dänemark:	Stift Seeland —	1,714,897 Rthlr.	11 ß.		
	Fühnen —	386,027 —	15 —		
Jütland:	Stift Aalborg	229,840 —	$33\frac{1}{2}$ ßb.		
	Wiborg	59,017 —	2 —		
	Aarhuus	282,349 —	$74\frac{1}{2}$ —		
	Ribe	244,302 —	$55\frac{2}{3}$ —		
		815,519 —	$35\frac{1}{3}$ —	2,915,444	$13\frac{1}{3}$
Norwegen:	Stift Aggershuus —	541,133 Rthlr.	83 ßb.		
	Christiansand —	90,733 —	22 —		
	Bergen —	202,099 —	$54\frac{1}{4}$ —		
	Drontheim —	219,375 —	$81\frac{1}{4}$ —		
	Ferröische Inseln —	7,121 —	56 —		
	Bergwerke —	29,379 —	$36\frac{2}{21}$ —		
				1,089,843	22
Schleswig	—	—	—	857,344	$43\frac{1}{2}$
Holstein	—	—	—	435,086	$43\frac{1}{3}$
Ploen	—	—	—	99,788	$19\frac{2}{3}$
Ranzau	—	—	—	22,000	$19\frac{3}{4}$
Oldenburg und Delmenhorst		—	—	281,893	27
Westindische Eylande	—	—	—	133,482	34
			In folle —	5,835,884	30

Summarischer

über sämtliche Abgaben aller Königlich Dänischen

Staaten	Kopf = Zahl	Tonnen hart Korn	Matrikul Korn = Schatz		Zoll = Intraden ꝛc.	
			Rthlr.	ßß.	Rthlr.	ßß.
Dänemark	831,352		986,926	24	683,744	$10\frac{3}{4}$
Norwegen	728,058		=	=	481,066	2
Schleswig	243,628	Pflug = Zahl	=	=	71,284	$22\frac{3}{4}$
Holstein	134,958		=	=	43,178	=
Oldenburg und Delmenhorst	79,071		=	=	41,021	=
Summa	2,017,067		986,926	24	1,320,297	$35\frac{1}{4}$

Hiezu kommen noch: 1. Die Stempelpapier = Intraden von Dänemark und
— Schleswig —
— Holstein —
— Oldenburg und

2. Der Pro = Cent = Schatz von Gages, Pensions und

3. Die Intraden von den Westindischen Inseln —
Vermehrung

4. Die Post = Intraden aus Dänemark —
— Norwegen —

5. Die Bergwerks = Intraden in Norwegen —
6. Von den Antworschoers u. Wordingborgsch. Districten
7. Vom Taback = Handel — —
8. Von dem Lotto in Altona — —
9. Von der Banque hieselbst — —

Extract

Staaten, hauptsächlich auf das Jahr 1769 berechnet.

Consumtion etc.		Contribution etc.		Erbpacht		Extra-Schatzung und Rangsteuer		Summa Summarum	
Rthlr.	ßl.	Rthlr.	ßl.	Rthlr.	ßl.	Rthlr.	ßl.	Rthlr.	ßl.
591,447	13	: :	:	: :	:	493,880	$14\frac{1}{2}$	2,755,998	14
75,493	$37\frac{1}{2}$	335,066	$47\frac{1}{4}$	: :	:	168,838	$1\frac{1}{2}$	1,060,464	$40\frac{3}{4}$
: :	:	578,126	$19\frac{3}{4}$	: :	:	171,210	2	810,631	6
: :	:	301,738	27	83,844	$35\frac{3}{4}$	109,751	30	540,512	$44\frac{3}{4}$
: :	:	183,654	:	: :	:	48,049	7	272,724	7
666,941	$2\frac{1}{2}$	1,400,586	$7\frac{1}{2}$	83,844	$35\frac{3}{4}$	991,735	7	5,450,331	16

Norwegen — —	120,444 Rthlr.	47 ßl.		
— — — —	12,302 —	$3\frac{1}{2}$ —		
— — — —	10,505 —	6 —		
Delmenhorst — — —	9,170 —	36 —	152,422	$44\frac{1}{8}$
Sporteln in Dänemark — —	169,057 Rthlr.	$7\frac{1}{2}$ ßl.		
— Norwegen — —	25,842 —	9 —		
— Schleswig und Holstein —	23,108 —	$45\frac{5}{11}$ —		
— Oldenburg und Delmenhorst —	6,512 —	$9\frac{2}{3}$ —	225,427	$42\frac{3}{8}$
— — — —	133,482 Rthlr.	34 ßl.		
dieser Revenuen — —	37,000 —	— —	170,482	34
— — — —	88,390 Rthlr.	6 ßl.		
— — — —	29,001 —	14 —	117,391	30
— — — — —			29,379	18
— — — — —			20,000	—
— — — — —			40,000	—
— — — — —			25,000	—
— — — — —			10,000	—
Summa Summarum			6,250,435	41

Summa.

8.

Summarischer Auszug

über die jährlichen ordentlichen Ausgaben, nach den Reglements für die Jahre 1770 und 1771.

	Rthlr.	ß.
Die Hof Deputaten — — —	124,000	—
Hof-Etats-wie auch Schloß-Stall- und Stuterey-Bedienten	113,279	44
Hofhaltungs-Ausgaben — —	126,150	—
Dem See-Etat — — —	900,000	—
Dem Land-Militair-Etat — —	1,750,000	—
Die Civil-Collegia und Departements — —	219,871	$26\frac{1}{3}$
Amts-Bedienten — — —	129,614	$25\frac{3}{4}$
Magistraten, Gerichts-Bedienten, Unkosten ꝛc. —	23,918	$7\frac{3}{4}$
Jagd-Forst- und Holz-Bedienten, nebst Kosten, it. das Bergamt	46,336	24
Zoll- und Consumtions-Bedienten — —	48,576	8
Geistlichen, Schul- und Hospitals-Genannten —	18,866	47
Gesandtschaften an ausländischen Höfen, Consulaten, Präsenten, Unkosten ꝛc. — — —	231,538	$41\frac{3}{4}$
Gages, it. Schiffsfrachten ꝛc. für West-Indien —	132,729	—
Extra-Gages und bestimmten Ausgaben —	111,590	$10\frac{1}{3}$
Zur Particulier-Kammer — —	248,381	$38\frac{1}{2}$
Pensionen, Wart-Gelder, Refusionen, Zulagen —	433,137	$25\frac{1}{2}$
Unbestimmte Ausgaben — — —	91,200	—
Summa der jährlichen ordentlichen Ausgaben	4,749,291	$10\frac{11}{12}$

Bezu

Beym Schluß des Jahrs 1770

beliefen sich die Zinsen von sämtlichen sowohl inländischen als ausländischen Paßiv-Capitalien zu — 763,853 Rthlr. $6\frac{3}{8}$ lß.

Hierzu kommen von 70000 Rthlr. die von der Particulier-Kammer, und von 50000 Rthlr. welche aus dem Nachlaß der höchstsel. Königin Sophia Magdalena der hiesigen Banque verzinset werden, zusammen 120,000 Rthlr. zu 4 pro Cent — — — 4,800 Rthlr. —

768,653 Rthlr. $6\frac{1}{8}$ lß.

Hingegen gehen davon ab:

Für die caßirt zurückgelieferten Obligationen, v. 985,991 Rthlr. $31\frac{1}{2}$ lß. à 4 pro Cent — — — 39,439 Rthlr. 32 lß.

Bleiben 729,213 Rthlr. $22\frac{1}{8}$ lß.

Ferner können von folgenden Activ-Capitalien die jährlich zu erhebende Zinse decourtiret werden, als:

1) Von 4,802 Rthlr. $28\frac{1}{2}$ lß. bey dem Tabacks-Fabricanten Italianders, zu 4 pro Cent — 192 Rthlr. 5 lß.

2) Von 60,000 Rthlr. Kauf-Geld für die Cronenburger Gewehr-Fabrique — 2,400 Rthlr.

3) Von 103,196 Rthlr. 8 lß. rückständige Kauf-Gelder für Güter — 4,127 Rthl. $40\frac{1}{2}$ lß.

4) Von 1,061,788 Rthlr. $2\frac{5}{8}$ lß. Dänisch Courant bey Westindischen Debitoren, zu 6 pro Cent — 63,707 Rthl. $13\frac{1}{8}$ lß.

5) Von 38,000 Rthlr. Hamburger Banco bey Seiner Durchl. dem Herrn Herzog zu Würtemberg-Oels, à 4 pro Cent in Dänisch Courant — 1,824 Rthl. — lß.

Zusammen — — 72,251 Rthlr. 11 lß

Folglich bleiben noch — 656,962 Rthlr. $11\frac{1}{8}$ lß

welche die Königliche Casse zur Tilgung der jährlichen Zinsen zuzuschiessen hat.

4.

Betrag

der Gelder, welche, den Civil-Reglements, wie auch besondern Königl. Resolutionen und Befehlen zufolge, von der Rentekammer, an Minister, Consule und Bediente bey fremden Höfen, wie auch zum Behuf des ausländischen Departements, vom 1sten Jän. 1752 bis zum 24sten Nov. 1770. das ist, während der Ministerschaft des Grafen von Bernstorf, angewiesen und ausbezahlet worden.

	An Gage für Gesandte, Consule und andre Bediente.		Zu extraordinairen Ausgaben des ausländischen Departements.		Summa.	
Anno	Reichsthaler.	Schilling.	Reichsthaler.	Schilling.	Reichsthaler.	Schilling.
1752	88776	10½	172991	92	261768	6½
53	92357	20½	337694	35½	430051	56
54	68074	79	77259	12½	145333	91½
55	73329	71½	61531	84½	134861	60
56	71720	64	75939	77	147660	45
57	77101	6½	163043	52	240144	58½
58	92560	95½	186580	76	279141	75½
59	92279	80	156292	82½	248572	66½
1760	107191	45½	302340	6	409531	51½
61	109017	29	135709	75	244727	8
62	110619	70½	90816	71	201436	45½
63	122123	63½	458409	80½	580533	48
64	112882	88	267284	42	380167	34
65	115155	71½	214939	50	330095	25½
66	125096	15	224161	7	349257	22
67	126872	9	126220	7	253092	16
68	122920	60	239243	65½	362164	29½
69	119887	55	92187	40½	212074	95½
70	88207	21	457441	78	545649	3
	1915174	92½	3841088	74½	5756263	70

5. Sum-

5.

Summarischer Auszug
über den Belauf der Staats-Schulden.

I. Bey Sr. Königl. Majestät Antritt der Regierung,
und
II. Beym Ausgang des Jahres 1770.

I. Bey Sr. Königl. Majest. Regierungs-Antrit, oder den 1sten Jänner 1766, waren

1) Inländische Schulden.	Rthlr.	ß.
7,166 Rthlr. 32 ß. Species, betragen in Dän. Courant	9,173	16
508,699 — 32 — Cronen — —	540,493	19
10,860,988 — ¾ — Dänisch Courant —	10,860,988	¾
786,386 — — — Gold — —	681,534	25¾
64,309 — 46 — Neue ⅔tel — —	61,540	32
237,885 — — — Oldenburgisch Courant —	169,917	41
40,000 — — — Holländisch Courant, für 100,000 fl.	47,200	—
Summa der inländischen Schulden in Dänisch Courant	12,370,847	38⅝
Ausländische Schulden.		
1,370,542 Rthlr. 31 ß. Species, betragen in Dänisch Courant — — 1,754,294 Rthlr. 29⅜ ß.		
463,986 — 41½ — Dänisch Courant 463,986 — 41½ —		
421,375 — — — Dito — 421,375 — — —		
4,678,185 — 17 — Dito, für 10 Millionen fl. — — — 4,678,185 — 17 —		
339,600 — — — Holländisch Courant für 849,000 fl. — — 400,728 — — —		
152,000 — — — Holländisch Dalders zu 2 fl. — — — 143,488 — — —		
Summa der ausländischen Schulden	7,862,057	40
S. 19,931,125 Rthlr. 8⅞ ß. in diversen Münz-Sort. betr. in D. Cour.	20,232,905	30⅝

II. Beym Ausgang des Jahres 1740 waren:

1) Inländische Schulden.	Rthlr.	ß.
7,166 Rthlr. 32 ß. Species, betragen in Dänisch Courant	9,173	16
380,699 — 32 — Cronen — — —	404,492	19
8,889,708 — $3\frac{1}{4}$ — Dänisch Courant — —	8,889,708	$3\frac{1}{4}$
523,090 — — — Gold — — —	453,344	32
55,319 — $46\frac{5}{7}$ — Neue Itel — — —	52,937	$38\frac{1}{4}$
155,200 — — — Oldenburgisch Courant —	110,857	$6\frac{1}{8}$
40,000 — — — Holländisch Courant für 100000 fl.	47,200	—
Summa der inländischen Schulden, in Dänisch. Courant	9,967,713	$19\frac{5}{8}$
2) Ausländische Schulden.		
610,000 Rthlr. — ß. Species, betragen in Dänisch Courant — 780,800 Rthlr. — ß.		
213,114 — — — Dänisch Courant 213,114 — $15\frac{1}{2}$ —		
421,375 — — — dito — 421,375 —		
5,697,805 — $28\frac{1}{2}$ — dito für 12 Millionen 155,000 fl. — 5,697,805 — $28\frac{1}{2}$ —		
45,467 — 30 dito für 100,000 fl. 45467 — 30 —		
152,000 — — — Holländische Dalders, zu 2 fl. — — 143,488 — — —		
Sum. der ausländ. Schulden, in D. C.	7,302,050	26
S. 17,190,446 Rthlr. $43\frac{13}{15}$ ß. in divers. M. S., betrag. in D. C.	17,269,763	$45\frac{5}{8}$
Hierzu kommen:		
1. Das Capital, welches die Particulier-Kammer an die Banque schuld. ist, 70,000 Rth. — ß.		
2. Die von Ihro Majest. der höchstseel. Königin Sophia Magdalena bey ermeldter Banque geliehene — 50,000 — — —		
und		
3. kommen dem Land-Etat auf seinen Fonds bey der Kammer noch zu gute ppter. — — 230,000 — — —	350,000	—
Summa der Staats-Schulden	17,619,763	$45\frac{5}{8}$

	Rthlr.	ß.
Transport —	17,269,763	45½
Wovon aber abzuziehen sind:		
a) Die alte verjährte Schulden, wozu sich seit vielen Jahren keine Gläubiger gemeldet haben, mit — — 171,568 Rthlr. 30½ ß.		
b) Der kleine Poste an das General-Post-Amt, von — — 4,000 — — —		
c) Für Obligationen, die nach Königlichem Befehl caßirt zurück geliefert worden 985,991 — 31½ —	1,161,560	14
Zusammen —		
Bleiben also wirkliche Staatsschulden —	16,458,203	31½
Ferner können davon folgende Activa abgezogen werden, als:		
1. Die rückständigen französischen Subsidien-Gelder — 896,885 Rthlr. — ß.		
2. Aus dem Nachlasse der höchstseligen Königin Sophiä Magdalenä 81,000 — — —		
3. Bey dem General-Lieutenant Grafen Wedel-Frys — 9,081 — 12 —		
4. Bey dem Tabacks-Fabricanten Italiäners — — 4,801 — 28½ —		
5. Bey den Eigenthümern der Castruper Fayence-Fabrique — 2,000 — — —		
6. Bey Lauritz Stub — 8,815 — — —		
7. Rückständiges Kauf-Geld für Friedrichs-Werk — — 30,000 — — —		
8. Dito, für die Cronenburger Gewehr-Fabrique — — 60,000 — — —		
1,092,593 Rthlr. 40½ ß.		
Latus	16,458,203	31½

9. Rück-

	Rthlr.	ß.
Transport — 1,092,593 Rthlr. $40\frac{1}{2}$ ß.	16,458,203	$31\frac{7}{8}$
9. Rückständige Kauf-Gelder, für Güter auf Moen und in Jütland 103,196 — 8 —		
10. Bey Westindischen Debitoren 1,061,788 — $2\frac{3}{8}$ —		
11. Bey Sr. Durchl. dem Herrn Herzog zu Würtemberg-Oels 38000 Rthlr. H. Bco. mit 20 p.C. 45,600 — — —		
12. Bey Anker et Waern — 50,000 — — —		
13. Bey der Rente-Kammer, die derselben auf das nordische Silber avancirte 96,061 — $23\frac{7}{8}$ —		
14. Für unverkauftes Kupfer — 28,920 — 27 —		
Zusammen	2,478,160	$5\frac{7}{8}$
Bleibt also die Summa der Staats-Schulden	13,980,043	$25\frac{7}{8}$

6. Unter-

6.

Unterschied zwischen dem Bericht der Conferenz an den König vom 27 May 1771, welcher in dem 14ten Theil des Magazins S. 95. f. gedruckt worden, und einer andern Abschrift desselben.

S. 95. Die Restanzen, sowohl, als —— importiren können. Diese Stelle fehlt in der zweyten Abschrift, in welcher hingegen anstatt derselben das folgende gelesen wird.

Es zeiget sich also *), daß die königl. dänischen Staaten an ordinairen und extraordinairen Gefällen über sechs Millionen Rthlr. jährlich einbringen. Man saget, und ich glaube es auch, daß nach der itzigen Repartition der Anschlag zu stark sey; daß aber ermeldete Staaten sechs Millionen jährlicher Revenüen in der Continuation tragen können, daran zweifle ich auch nicht. Es kömmt nur darauf an, daß eine simple und der Natur der Sache angemessene Repartition zum Grunde gelegt, und das Gebäude gradatim aufgeführet werde.

S. 96. Anstatt dieser Beantwortung der zweyten Frage, lautet die Antwort in der zweyten Abschrift so: Es besagen die eingekommenen Nachrichten **) von den Staatsschulden, 1) daß selbige sich bey Ew. königl. Majestät Antrit der Regierung zusammen auf 20,232,905 Rthlr. 30⅓ ß. belaufen haben; und 2) daß sie itzt 13,980,043 Rthlr. 25¾ ß. betragen.

S. 97. lautet die Antwort auf die dritte Frage so: Es ergeben die Reglements, wie auch die solchen beygefügte Berechnungen über erforderliche denominirte extraordinaire Ausgaben für die Jahre 170 und 17771, nach dem damals formirten summarischen Auszuge ***), daß sich die jährlichen ordentlichen Ausgaben auf 4,749,291 Rthlr. 10 11/12 ß. belaufen, ausser den jährlich von den Paßiv-Schulden abzuhaltenden Zinsen, welche 656,962 Rthlr. 11½ ß. betragen, und folglich mit jenen eine Summe jährlicher Ausgaben von 5,406,253 Rthlr. 22 5/12 ß. ausmachen

*) Nämlich aus dem oben unter Num. 2. gelieferten summarischen Extract, welcher anstatt der im 14ten Theil gedruckten weitläufigen General-Tabelle beygefüget worden.

**) Nämlich in dem summarischen Auszuge, welcher oben unter Num. 5. vorkommt, und anstatt des im 14ten Theil S. 87. f. gedruckten Aufsatzes beygeleget ist.

***) Dieser ist oben als Num. 3. abgedruckt, und ist kürzer, auch anders eingerichtet, als der im 14ten Theil S. 55. f. gedruckte.

7.

Summarische Nachricht von dem
drichs IVten Zeit, in 1723, folg
verglichen mit dem Etat dersel
königl. Ma

In Dänemark und

Stärke	in Anno 1723.	Belauf
	I. Generalité:	
	General-Lieutenants von Synden und Mörner 7000 Rthlr.	Rthlr.
	General-Major von der Schulenburg 2000 —	9000
	II. Fortifications-Etat:	
33	in Dänemark — — 4166 —	
	in Hollstein — — 3285 —	7451
	III. Artillerie:	
443	in Dänemark, 6 Compagnien, jede von 36 Mann, 1 Feuerwerker-Compagnie von 20 Mann und 33 Handwerker, — 15343	
447	in Hollstein, 7 Comp. 6 von 63 u. 1 von 34 Mann, 1 Feuerwerker-Compagnie von 20 Mann und 9 Handwerker 25230	50573
	IV. Drabant-Garde und Land-Cadet-Compagnie:	
17	die Drabanten — — 2360	
112	die Cadet-Compagnie — — 9763	12123
	V. Leib-Garde zu Pferde:	
516	8 Compagnien, jede von 63 Mann mit dem Stabe —	63189
	VI. Cavallerie:	
6140	10 Regimenter, jedes von 8 Comp. zu 63 Mann, jedes, den Stab inclusive, 30011 Rthlr. 41 lß. thut	300119
	VII. Dragoner:	
519	1 geworben Regiment von 8 Comp. zu 36 Mann mit dem Stabe — — 17225 Rthlr. 29 lß.	
2001	3 National-Regimenter von 8 Comp. zu 83 Mann mit dem Stabe à 5758 Rthlr. 17274	44499
	diese sind reduciret in 1730.	
10228	Latus —	486954

Stärke

Etat der Armee zu Königs Fri-
lich nach vollbrachten Reductionen,
den unter Ihro jeßtregierenden
jestät in 1753.

den teutschen Provinzen.

Stärke	in Anno 1753.		Belauf
	I. Generalite:		Rthlr.
	3 General-Adjutants Gages — —		2000
	II. Fortifications-Etat:		
93	in Dänemark — —	4133	
	in Hollstein — —	3882	8015
	III. Artillerie:		
446	in Dänemark gleicher Stärke wie in 1723, nur 30 Officiers mehr — — —	24664	
483	in Hollstein 7 Comp. 6 von 62, 1 von 61, 1 Feuerwerker-Compagnie von 20 Mann, und 15 Handwerker	26773	51437
	IV. Drabant-Garde und Land-Cadet-Compagnien:		
16	die Drabanten wie in 1723.	1736	
60	die Cadet-Compagnie vermindert	6707	8443
	V. Leib-Garde zu Pferde:		
397	8 Compagnien, jede von 48 Mann mit dem Stabe —		55415
	VI. Cavallerie:		
3940	10 Regimenter, jedes von 8 Comp. zu 48 Mann mit dem Stabe, jedes 24235 Rthlr. 21 ß. thut		242354
	VII. Dragoner:		
399	1 geworben Drag. Regiment von 8 Compagn. zu 48 Mann		23080
5774	Latus —		390744

In Dänemark und

Stärke	in Anno 1723.		Belauf. Rthlr.
10228	Transport —		486954
	VIII. Garde-Regimenter zu Fuß:		
1346	das Grenadier-Corps von 12 Compag. zu 111 Mann mit dem Stabe — —	54178 Rthlr. 30 ßß.	
1346	die Leib-Garde gleichfalls —	49699 27	103878
	IX. Geworbene Infanterie:		
13350	10 Regimenter, jedes von 12 Comp. zu 111 M., jedes Regiment 41418 Rthlr. 31 ßß. thut — —		414186
	X. National-Infanterie:		
7938	6 Regimenter in Dänemark, jedes von 12 Comp. zu 110 Mann, 5 von 8580 Rthlr. 33 ßß. und 1 von 8730 Rthlr. 43 ßß. zusammen	51635. 19	
883	1 dito in Oldenburg von 8 Compagnien zu 110 Mann — —	6078. 44	57714
	XI. Frey- oder Garnisons-Compagnien:		
382	6 Frey-Compagnien verschiedener Stärke —		11810
	XII. Bornholms-Militz:		
965	1 Artillerie- 1 Cavallerie- und 4 Infanterie-Compagnien mit der Vestungs-Bedienten Gages — —		3455
36478	Summa — — Rthlr.		1077997

den teutschen Provinzen

Stärke	in Anno 1753	Belauf Rthlr.
5774	Transport —	390744
	VIII. Garde-Regimenter zu Fuß:	
950	das Grenadier-Corps von 12 Comp. zu 78 Mann 39987. 12	
950	die Leib-Garde dito 38297. 34	78285
	IX. Geworbene Infanterie	
12036	12 Regimenter, jedes von 12 Compagnien zu 83 Mann, jedes 33061 Rthlr. 42 ß. thut — —	396742
	deren 2 gegen Verminderung der übrigen errichtet in 1747.	
	X. National-Infanterie:	
7804	4 Regimenter in Dänemark, jedes von 12 Comp. zu 112 Mann u. 50 Reserve, 1 zu 9984 Rthl. u. 3 zu 9834 Rt. 39486 Rt.	
1327	1 dito in Oldenburg, von 12 Comp. dito, mit dem Quartiergelde — — — 9012	
2739	2 dito in Schleswig-Hollstein, von 13 Compagn. 12 zu 108 und 1 zu 67 Mann jedes Regiment, die Quartiergelder mit berechnet, pptr. 10400 Rthlr. zusammen — 20788	69286
	XI. Frey- oder Garnisons-Compagnien:	
1504	das Garnis. Regim. aus 16 Comp. 15 zu 98 und 1 zu 30 Mann	15033
	XII. Bornholms-Milice:	
1321	1 Artillerie- 2 Cavallerie- und 4 Infanterie-Compagnien mit der Vestungs-Bedienten Gages, und der 4 Herreds-Capitains Gage — — —	6173
34405		956263
	Mithin ist in Anno 1753 der Belauf —	
2073	gegen 1723 weniger gewesen	121734
36478	Summa — — Rthlr.	1077997

In Nor-

Stärke	in Anno 1723.	Belauf. Rthlr.
	I. Generalité:	
	General-Major Budde — —	2000
	II. Fortifications-Etat:	
10	10 Officiers — — —	2070
	III. National-Dragoner-Regimenter:	
2023	3 solche Regim. von 8 Comp. zu 83 Mann, das 1ste Sudenfieldsche 5665 Rthlr. das zweyte 5615, und das Nordenfieldsche 5625 Rthlr. — —	16905
	IV. geworbene Regimenter:	
1207	Ein geworben Dragon. Regiment von 12 Compagnien zu 100 Mann mit dem Stabe 38059½	
1207	Ein geworben Infanterie-Regim. gleicher Stärke 38059½	76119
	V. National-Infanterie:	
17212	13 solche Regimenter, jedes von 12 Compagn. zu 110 Mann, jedes Regim. die geniessende Höfe ungerechnet, 7601 Rthlr. 18 ß. macht für 13 Regimenter — —	98817
	VI. Artillerie:	
485	7 Compagnien verschiedener Stärke, samt 19 Handwerker, dem mit Staabe — —	24347
	VII. Frey- und Garnisons-Compagnien:	
329	2 Frey-Compagnien jede von 164 Mann — —	8896
21473		229154
	folglich ist der Betrag in 1753 gegen 1723 grösser gewesen	
10828		46885
33301	Summa — —	276039

wegen.

Stärke	in Anno 1753.	Belauf Rthlr.
	I. Generalité:	
	Feldmarschall Arnoldt 4000, General-lieuten. Frölich 1500	5500
	II. Fortifications-Etat:	
18	18 Officiers — — —	3155
	III. National-Dragoner-Regimenter:	
4655	5 dergleich. Regimenter, jedes von 8 stehenden Compagn. zu 89 und 2 landwärn-Compagn. zu 126 Mann, mit prima Plana, das 1 Südenfieldsk. 7474 Rthlr. 32 ß. jedes der andern drey 7134 Rthlr. 33 ß. und das Nordenfieldsk. 6524 Rthlr. 33 ß.	35403
	IV. Geworbene Regimenter:	
2438	2 geworbene Infanterie Reg. von 12 Comp. zu 101 Mann, jedes Regiment 38173 Rthlr. — —	76346
	V. National-Infanterie:	
25207	13 solche Regimenter, jedes von 12 stehenden Comp. zu 109, u. 4 landwärns-Comp. zu 156 Mann, jedes Regim. inclusive mit dem Belauf der vorhin in natura genossenen Höfe, 9158 Rthlr. 21 ß. 119059 : 33.	
	6 stehende Skieläufer Compagn. zu 107 Mann und 2 landwärn-Compagn. à 159 Mann 3782 : 42 :	122842
	VI. Artillerie:	
431	7 Compag. verschiedener Stärke, samt 25 Handwerker	22608
	VII. Frey- und Garnisons-Compagnien:	
550	4 Garnisons-Compagnien, aus der Königl. Casse	10187
33301	Summa — — —	276039

Wann nun von der vorstehendermassen für Dänemark und den teutschen Provinzen in 1753 ersparten Summe, nemlich — — 121734 Rthlr.
abgezogen wird das, was die Armee in Norwegen in 1753 mehr als in 1723 gekostet, nemlich 46885

so folget, daß für Dänemark und Norwegen zusammen genommen, in 1753 der Belauf weniger gewesen, die Summe von 74849 Rthlr.

8.

Summarischer Extract,

wie sämtliche geworbene und Nationale Cavallerie-Dragoner- und Infanterie-Regimenter sich bey dem Ausgange des 1754 Jahrs effective befunden haben.

Summarischer Extract

der geworbenen Cavallerie-Regimenter, wie selbige sich den 31sten December 1754 effective befunden, was seit den 17ten November bis 31sten December 1754 abgegangen, zugeworben, krank geworden, und endlich Dienste zu thun effective vorhanden.

N.	Regimenter	Unter-Officiere, Trompeter und Gemeine: Sollen seyn ohne O.Offc. Mann	Pferde	Davon sind an Mannschaft abgegangen	angeworben	krank	crepirte	Dav. sind an Pferde cassirte	neu angeschafft	crepirte	Verbleibet bey Ausgang des Jahres die effective Dienstüchtige Stärke ohne Ober-Officiere an Mann	Pferde
1	Leib-Garde zu Pferde	371	371	9	8	12	2	2	3	-	357	371
2	Leib-Regiment Cürassirer	368	368	4	4	17	1	1	1	-	350	368
3	das Seelandsche Regiment	368	368	10	9	13	1	-	-	-	354	368
4	- 1ste Jütsche Regiment	368	368	1	1	2	3	6	6	-	363	368
5	- 2te Jütsche Regiment	368	368	9	10	2	1	3	3	-	365	368
6	- 3te Jütsche Regiment	368	368	5	5	5	1	-	-	-	359	368
7	- 1ste Fühnsche Regim.	368	368	5	5	2	1	-	-	-	365	368
8	- 2te Fühnsche Regim.	368	368	3	1	3	4	-	-	-	361	368
9	- Schleswigsche Regim.	368	368	3	3	1	2	-	-	-	365	368
10	- Holsteinsche Regiment	368	368	6	3	5	8	-	-	-	355	368
11	- Oldenburgsche Regim.	368	368	4	5	8	-	2	2	-	360	368
12	- Leib-Regim. Dragoner	368	368	11	14	1	-	-	-	-	356	368
	Summa	4419	4419	70	68	85	24	14	15	-	4310	4419

Summa-

Summarischer Extract

der Dragoner-Regimenter in Norwegen, wie selbige sich den 31sten December 1754. effective befunden.

N.	Regimenter	Unter-Officiers, Tambours, Esquadron-Schmiede, Dragoner, Reserven, wie auch die Land-Wehre. Sollen effective seyn: Unter Offic.	Esquadr. Schmiede	Tambours	Dragoner	Reserven	Summa der Mannschaft ohne Ober-Officiers	Davon sind: krancke	[illegible]	verblieben im Diensten	Pferde: Sollen seyn ohne Ober-Officiers Pferde	Davon sind: abinteriret	krancke	[illegible]	Verblieben an Dienst-tüchtig. Pferden den 31sten Dec. 1754.
1	1te Syndenfieldsche R.	40	4	8	600	152	804	4	-	800	652	85	-	50	517
2	2te — —	40	4	8	600	152	804	9	-	795	652	15	5	74	558
3	3te — —	40	4	8	600	152	804	7	-	797	652	7	2	55	588
4	4te — —	40	4	8	600	152	*804	10	-	794	652	59	2	79	512
5	Nordenfieldsche Reg.	40	4	8	600	152	804	1	-	803	652	11	-	12	628
	Summa	200	20	40	3000	760	4020	31	-	3989	3260	278	9	270	2703
N.	Land-Wehre zum														
1	1sten Syndenfieldsf. R.	8	-	3	240	-	251	-	-	250	- -	-	-	-	- -
2	2ten — —	8	-	3	240	-	251	-	-	250	- -	-	-	-	- -
3	3ten — —	8	-	3	240	-	251	2		249	- -	-	-	-	- -
4	4ten — —	8	-	3	240	-	251	-	4	247	- -	-	-	-	- -
5	Nordenfieldsche Reg.	8	-	3	240	-	251	-	-	251	- -	-	-	-	- -
	Summa Summarum	240	20	55	4200	760	5275	33	4	5236	3260	278	9	270	2703

Summarischer Extract

der geworbenen Infanterie-Regimenter, wie selbige sich den 31sten Decemb. 1754. effective befunden, was von dem 17ten Novemb. bis den 31sten Decemb. ejusdem anni abgegangen, angeworben, krank geworden, und endlich Dienste zu thun effective vorhanden.

N.	Regimenter	Unter-Officiers, Tambours, Zimmerleute, Grenadiers, Gefreyte und Gemeine: Sollen seyn ohne Ober-Officiers	abgegangen	angeworben	kranke	Permitt.	Summe der dienstüchtigen Mannschaft: in den Quartieren	Commandirte
1	Ihro Königl. Maj. Leib-Garde zu Fuß	900	13	13	39	-	861	-
2	— — Grenadier-Corps	900	7	2	27	4	869	-
3	— — Leib-Regiment	936	9	9	21	-	899	16
4	Ihro Maj. der Königin Leib-Regiment	936	25	25	50	-	860	26
5	Ihro Kön. Hoheit des Cron-Prinz. R.	936	13	35	26	-	885	25
6	Ihro Prinzliche Hoheit Pr. Friderichs R.	936	7	7	17	-	898	21
7	das Jütsche geworbene Regiment	935	3	3	29	2	873	31
8	— Selandsche geworbene Regiment	934	15	12	24	3	887	20
9	— Oldenburgsche Regiment	936	15	17	26	12	864	34
10	— Bornholmische Regiment	935	9	14	25	1	904	5
11	— Schleswigsche Regiment	935	19	24	18	8	904	5
12	— Holsteinsche Regiment	934	15	15	30	-	867	17
13	— Falsterische Regiment	935	19	19	54	-	863	18
14	— Mönsche Regiment	936	8	7	27	10	890	9
15	— d. Gen. Maj. Römling anvertr. N. R.	1176	12	11	30	2	1128	6
16	— d. Obr. Reigwein anvertr. Nord. R.	1175	15	14	20	-	1084	71
	Summa	15375	204	227	463	42	14566	304

Summa

Summarischer Extract

der 3 Artillerie-Corps in Dänemark, Holstein und Norwegen, wie selbige sich den 31sten Dec. 1754 effective befunden, und was bey den beyden ersten von dem 17ten Novemb., bey dem letzten aber von dem 15ten Octob. bis 31sten Dec. 1754 abgegangen, angeworben, krank geworden, und Dienste zu thun effective vorhanden.

N.	Artillerie Corps	Mineurs, Unter-Officiers, Tamb. Constables u. Unter-Constables: effective Stärke ohne Ober-Officiers	abgegangen	angeworben	kranke	vacante	Die effective dienstüchtige Stärke derselben: In den Quartieren	commandirte	Provisores: Gestellen seyn	abgegangen	angenommen	vacante	Summe der effective vorhandenen
1	Dänische Corps	366	2	3	8	,	338	20	,	,	,	,	,
2	Holsteinsche Corps	417	1	4	14	,	357	46	,	,	,	,	,
3	Nordsche Corps	392	2	2	10	,	340	42	130	,	,	32	98
	Summa	1175	5	9	32	,	1035	108	130	,		32	98

Summarischer Extract

der National-Infanterie-Regimenter in Dänemark, Holstein und Oldenburg, wie solche sich den 31sten Dec. 1754 effective befunden.

N.	Regimenter	Sollen seyn: Unter-Officiers	Tambours: geworbene	Tambours: nationale	Grenadiers, Zimmerleute und Gemeine: Sollen seyn an Mannschaft mit Armatur	davon sind: kranke	davon sind: vacante	Verbleiben effective ohne Ober-Officiers u. Tambours an gesunder Mannschaft zu Dienst.	Reserven ohne Gewehr
1	das Seelandsche Regiment	96	12	12	1800	65	1	1734	212
2	— Süder-Jütsche Regiment	96	12	12	1800	41	12	1747	45
3	— Norder-Jütsche Regiment	96	12	12	1800	33	,	1767	61
4	— Fühnsche Regiment	96	12	12	1800	46	6	1748	90
5	— Oldenburgsche Regiment	72	24	,	1200	,	12	1188	,
6	— Schleswigsche Regiment	76	25	,	1237	,	,	1237	,
7	— Schleswig-Holstein. Regim.	76	25	,	1236	,	2	1234	,
	Summa	608	122	48	10873	185	33	10655	308

Summarischer Extract

der Nordschen National-Infanterie-Regimenter, wie selbige sich den 31sten Dec. 1754 effective befunden.

N.	Regimenter	Unter-Officiers: Sollen seyn	Unter-Officiers: davon sind kranke	Unter-Officiers: davon sind [illegible]	Unter-Officiers: Verbleiben zum Dienst	Tambours, Zimmerleute, Grenadiers und Gemeine, wie auch Landwehre und Schieläufer: Sollen ohne Ober- und Unter-Officiers seyn	Tambours etc.: davon sind kranke	Tambours etc.: davon sind [illegible]	Verbleiben an gesunder Mannschaft ohne Ober- und Unterofficiers d. 31. Dec. 1754.
1	das 1ste Agerhusische Reg.	76	3	—	73	1836	25	—	1811
2	— 2te — —	76	1	—	75	1836	38	1	1797
3	— 1ste Smaaländische R.	76	—	—	76	1836	15	3	1818
4	— 2te — —	76	4	1	71	1836	38	1	1797
5	— 1ste Opländsche Regim.	95	—	—	95	2295	39	—	2256
6	— 2te — —	76	—	—	73	1836	54	1	1781
7	— 1ste Westerlehnsche Reg.	76	3	—	76	1836	50	4	1782
8	— 2te — —	76	—	—	76	1836	38	1	1797
9	— 1ste Drontheimsche Reg.	81	—	—	81	1938	43	—	1895
10	— 2te — —	76	—	—	76	1836	51	—	1785
11	— 3te — —	90	—	—	90	2193	38	—	2155
12	— 1ste Bergenhusische Reg.	76	—	—	76	1836	—	—	1836
13	— 2te — —	76	—	—	76	1836	—	—	1836
	Summa	1026	11	1	1014	24786	429	11	24346

NB. Ein jedes Nordsches National-Infanterie-Regiment bestehet ohne Ober- und Unter-Officiers

aus 1224 Mann
und 612 Reserven

Ueber diese sind bey dem 1sten Opländischen Regiment 3 Schieläufer-Compagnien

zu 102 Mann, sind — —	306 Mann	
1 Schieläufer-Landwehre-Compagnie —	153 —	
		459 Mann

Bey

Bey dem 1sten Drontheimschen Regiment 1 Schieläufer-Compagnie 102 Mann
Bey dem 3ten Drontheimschen Regiment 2 Schieläufer-Compagnien zu 102 Mann 204 Mann
1 Schieläufer-Landwehr-Compagnie 153 —
357 Mann

Total
der in vorstehenden Listen angeführten geworbenen und National-Trouppen.

Geworbene Cavallerie — —	419			
National berittene Dragoner —	3260	7679	Berittene.	
Reserven zu den Dragonern gehörig — —		760	Mann	
Landwehre der Dragoner — — —		1255	—	
Geworbene Infanterie — — —		15375	—	
Die 3 Artillerie-Corps in Dänemark, Holstein und Norwegen — —		1175	—	
National-Infanterie in Dänemark, Holstein und Oldenburg — —		11651	—	
Reserven ohne Gewehr in Dänemark — —		308	—	
National-Infanterie in Norwegen mit der dazu gehörigen Landwehre, samt den 6 Schieläufer-Compagnien und ihrer Landwehre, zusammen — —		25812	—	
Summa — —		64015	Mann	

Copenhagen,
den 31sten Januarii
1755.

E

der Königlich-Dänischen Land-Macht in verschiede-

N.	In Anno	In Dänemark und den Herzogthümern						
		Artillerie	Cavallerie. Geworbene	Cavallerie. Nationale	Geworbene und Nationale Dragoner	Infanterie. Geworbene	Infanterie. Nationale	Summa
1	1689	941	1488	4081	1501	16056	—	24067
2	1692	851	5568	—	1500	16951	—	24019
3	1708	801	2658	4195	5386	25226	16243	53708
4	1728	891	5756	—	2684	16082	9606	34919
5	1732	891	4856	—	439	16082	—	22268
6	1734	890	6320	—	632	16152	5316	29310
7	1745	1047	5728	—	1035	15723	12683	36216
8	1752	928	4351	—	915	13936	12662	32792
9	1757	936	4336	—	915	14376	11293	31856
10	1763	936	4742	—	1059	12990	10908	30635
11	1771	1268	1407	—	4160	13482	9936	30263

tat

nen Jahren friedlicher Zeiten, von 1689 bis 1771.

In Norwegen.					Total-Summa.
Artillerie	National Dragoner	Infanterie		Summa.	
		Geworbene	Nationale		
337	2095	2216	8605	13253	37320
—	2095	2470	8568	13133	37152
—	2028	1770	12911	16709	70417
519	2023	2414	17212	21168	57087
479	2013	2414	17212	22168	54396
398	2035	2128	17238	21999	51309
452	2763	2678	24793	30686	67369
430	4657	2438	25207	32732	65524
383	4677	2438	26180	33678	65534
383	4677	2080	26322	33462	64097
—	4489	3000	26509	33998	64361

Nota.

Von den in diesem Etat aufgeführten Trouppen waren im Jahr 1689 nach Irland detachiret 7266 Mann.

Im Jahr 1692 waren davon 2495 Mann in Ungarn, und obige 7266 Mann aus Irland noch nicht retourniret.

Im Jahr 1708 standen davon 12170 Mann in englischem und holländischem, 8000 Mann aber in kaiserlichem Sold.

Im Jahr 1734 waren davon 6000 Mann dem Kaiser überlassen.

Garnisons-Compagnien, Invaliden rc. sind hier nicht in Anschlag gebracht.

Wenn die Vacanten von den Summen der Jahre 1745, 1752 und 1757 abgezogen, die gegenwärtig vorhandenen Uebercompleten aber der Summe des Jahrs 1771 zugeleget werden; so wird der itzige Fuß dem von 1745 sich ziemlich nähern, und den von 1752 und 1757 vielleicht noch übertreffen.

9. Der

10.

Der Königreiche Dänemark und Norwegen, und der Herzogthümer Schleswig und Holstein Handels-Balance im Jahr 1768.

Dänemark.

Fremde Waaren die ins Land gekommen, und in demselben geblieben sind:

Seeland	—	—	1098177 Rtlr. 75 ß.	
Fyhnen	—	—	45345 — 9 —	
Jytland	—	—	209020 — 29 —	
				1352543 Rtlr. 17 ß.

Einländische Waaren, die aus dem Lande gegangen sind:

Seeland	—	—	335047 — 21 —	
Fyhnen	—	—	24170 — 56 —	
Jytland	—	—	307169 — 44 —	
				666387 — 25 —
Das Königreich Dänemark hat verloren		—		686155 — 88 —

Norwegen.

Fremde Waaren, die ins Land gekommen, und in demselben geblieben sind:

Stift Agerhuus	—		465748 — 82 —	
— Christiansand	—		91780 — 86 —	
— Bergen	—		421754 — 64 —	
— Drontheim	—		254999 — 89 —	
				1238284 — 33 —

Einländische Waaren, die aus dem Lande gegangen sind:

Stift Agerhuus	—		513440 — 9 —	
— Christiansand	—		103660 — 56 —	
— Bergen	—		695760 — 75 —	
— Drontheim	207098 — 52 —			
u. annoch von Drontheim 2923 Schpf. 9 Lpf. Kupfer à 66½ Rtlr.	194409 — 41 —			
			401507 — 93 —	
				1714369 — 41 —
Das Königreich Norwegen hat gewonnen	—			476085 — 8 —

Die

Die Herzogthümer Schleswig und Holstein.

Fremde Waaren die eingekommen sind:				
Schleswig	—	—	465838 Rthr. 75 ß.	
Holstein	—	—	158419 — 5 —	
				624257 Rthr. 80 ß.
Einländische Waaren die ausgegangen sind:				
Schleswig	—	—	487851 — 16 —	
Holstein	—	—	198443 — 19 —	
				686294 — 35 —
Die Herzogthümer Schleswig und Holstein haben gewonnen				62036 — 51 —
Balance von vorstehendem:				
Das Königreich Dänemark hat verloren		—	—	686155 — 88 —
das Königreich Norwegen hat gewonnen			476085 — 8 —	
die Herzogth. Schleswig und Holstein			62036 — 51 —	
				538121 — 59 —
Die beyden Königreiche und beyden Herzogthümer zusammen genommen, haben verloren		—	—	148034 — 29 —

Wozu annoch als Verlust gerechnet werden muß:

a) Alles was mehr für die eingekommenen Waaren aus des Königs Landen gegangen, und weniger für die ausgegangenen eingekommen, als wofür sie taxiret sind.
b) Alles was für die ohne Angabe eingeschlichene Waaren ausgegangen.
c) Die Ausbeute von den Compagnien an Fremde.
d) Zinsen an Fremde.
e) Werbe-Gelder.
f) An die königlichen Ministres an fremden Höfen.
g) An Pensionen ausserhalb Landes.
h) Von Fremden im Lande seyenden ausgesandt.
i) Von Einheimischen in der Fremde verzehrt.
k) Verlust auf einheimische Münzen, gegen ihren innerlichen Gehalt, und auf Banco-Billets.

Dagegen aber kann man als Gewinn rechnen:

a) Die Zölle im Sunde und den Belten, von Fremden eingekommen.
b) Was die fremden Ministres hier verzehren.
c) Was fremde Reisende, deren nur wenige sind, von dem Ihrigen hier verzehren.

Vielleicht ist noch etwas den Ausgaben oder Einnahmen beyzufügen, das mir entweder nicht bekannt ist, oder ich vergessen habe.

B. Nach-

8.

Nachrichten

von

den in Dänemark und Holstein

befindlichen

Kloster = Stiftungen,

auch

Abschriften verschiedener derselben,

gesammlet 1764.

Seeland.

I. Copenhagen.

1. Das Büdolphische Wittwenkloster, wurde von dem Studioso Martin Büdolph gestiftet, und mit einem Capital von 4000 Rthlr. für 5 arme Wittwen erst in Pusterwieg angeleget, weil es aber 1728 abbrannte, wurde es in der St. Petristrasse von neuem wieder aufgebauet, erweitert, und zur Vermehrung mit Fundatz des Testaments 1743 vom Justitzrath und Professor Christian Testrup in Stand gesetzet.

2. Das Adeliche in der Sturmstrasse liegende Frauenkloster, wurde von Christina Jiuren, weiland Herrn Geheimdenraths Jens Harboes Frau Wittwe, für eine Priorinn und 12 Wittwen, deren Männer Chargen bedienet haben, und zu den 5 ersten Classen königlicher Rangordnung gehören, gestiftet.

Die Stiftungen hiervon sind noch nicht herausgekommen, werden aber erwartet. Es geniesset jährlich eine jede 150 Rthlr. die Priorinn aber doppelt so viel.

Anno 1760 wurde dieses Kloster viel verbessert und erweitert, und haben über die obige Zahl annoch 4 Wittwen nach königlicher allergnädigster Resolution freye Wohnung, und nach der Ancienneté Pension zu geniessen.

3. Das in der Wimmelschaft liegende Petersensche Kloster, wurde von einem Bürger und Hutstaffierer, Namens Albrecht Petersen, gestiftet, und beynahe 100000 Thaler für 25 arme vornehme Copenhagener Bürger- und Priester-Töchter jungferlichen Standes, dazu legiret, und geniesset eine jede Jungfer, wann das Kloster in Stand kömmt, jährlich 150 Rthlr. Weil aber der Fundator seit 2 Jahren verstorben, ist der Fundatz noch nicht herausgekommen.

II. Röskilde.

1. Das schwartze Brüderkloster, jetzt aber das Adeliche Jungfernkloster genennet, wurde 1699 von Margaretha Ulfeld, weiland Herrn General-Admiral Niels Juuls Frau Wittwe, und Beata Scheel, weiland Herrn General-lieutenant Niels Rosenkranzes Frau Wittwe, gestiftet, und gehöret nicht mit unter das Stadtgericht. Desselben Capital bestehet in Feld- und Ackerbau zu 231 Tonnen 2 Scheffel Saat, oder so genannt Hartkorn, und in 100000 Rthlr. baaren Geldes. Von diesen Mitteln werden eine Priorinn und 26 Fräulein, welche

aber

aber nicht alle, sondern nur 16 von ihnen, zur Stelle sind, weil für mehrere nicht Raum ist, gemächlich versorget, die übrigen halten sich bey ihren Freunden und Verwandten auf, geniessen aber allerseits völlige Gage, nämlich die Frau Priorinn jährlich 220 Rthlr. und ein jedes Fräulein 110 Rthlr. ohne etliche Klaftern freyen Holzes. Ueberdies haben die gegenwärtigen alle bey einem Tisch freye Kost. Sie haben auch einen besondern Geistlichen, der den Gottesdienst in der Klosterkapelle verrichtet. Dieses Klosters Fundaß vom 19ten Martii, ist allergnädigst confirmiret, und lautet also:

Wir Christian der 5te von Gottes Gnaden König zu Dänemark und Norwegen, ic. thun kund und zu wissen, daß, weil wir wegen nachbeschriebener Ordnung und Stiftung um Unsere allergnädigste Bestätigung allerunterthänigst angesucht worden sind, welche von Wort zu Wort also lautet:

Wir endes unterschriebene, Ich Margaretha Ulfeld, Weiland Herr General-Admiral Niels Juuls, Herrn zu Taasinge Wittwe, und Ich Bertha Scheel, weiland Herrn General-lieutenant Niels Rosenkranzes, Herrn zu Selsöe, nachgelassene Wittwe, fügen hiermit zu wissen, daß wir zur Ehre Gottes, und nothleidenden Jungfern zur gebührlichen Unterhaltung, aus unsern eigenen Mitteln, das in Röskilde liegende schwarze Brüderkloster, dessen Hauptgebäude mit zugehörigen Landgüthern, mit allen Gerechtigkeiten geschenket haben. Der Feld- und Ackerbau erstrecket sich nach Vermeldung des Landbuchs zu 231 Tonnen 2 Scheffel Saatkorn, daher ein Adelich Jungfernkloster nach der Ordnung und Stiftung folgendergestalt eingerichtet ist:

1.

Wollen wir in allertiefster Demuth unserm jetzt regierenden allergnädigsten Könige und Herrn, und im Todesfall (welchen Gott gnädiglich lange verhüten wolle) Ihro Königl. Majestäts Nachfolgern in der Regierung, des Klosters Schutz und Schirm allerunterthänigst empfehlen.

2.

Wollen wir denjenigen, welche von dem, was jetzo oder hernach zum Kloster gegeben wird, etwas zu entwenden oder zu verändern sich erfrechen, Gottes Fluch und gerechte Strafen angekündiget wissen.

3.

Soll das Adeliche Jungfernkloster aus eine Priorinn und 18 Adelichen Jungfern von solcher Herkunft, als im 5ten Satz Meldung geschiehet, bestehen.

4. Und

4.

Und weil wir, Ich Margaretha Ulfeld, weiland Herrn Niels Juuls Wittwe, und Ich Berta Scheel, weiland Herrn Niels Rosenkranz Wittwe, dieses Kloster von unsern eigenen Mitteln gestiftet haben, so behalten wir uns und unsern Erben die immerwährende Gerechtigkeit, 6 Jungfern, ohne sich vorher erst einschreiben zu lassen, darinn zu versorgen vor. So oft aber eine Veränderung geschiehet, und eine Jungfer nach der ersten Einsetzung von uns oder unsern Erben in dieses Kloster aufgenommen wird, werden 300 Thaler an dasselbe bezahlet.

5.

Die Jungfern, welche in dieses Kloster kommen mögen, deren Väter müssen entweder Geheimderäthe, Generals-Personen in königlichen Diensten, Ritter von einem der beyden königlichen Orden, Grafen oder Freyherren (die von oberwähnten Chargen etwa Bedienung gehabt) Conferenz- oder Etats-Räthe, oder Admirale, Obristen von der Guarde oder Artillerie, Stift-Amtmänner, Marschälle bey des Cronprinzens königl. Hoheit, Hofmeister der Prinzen, oder General-Kriegscommissarii, oder vom dänischen Adel, oder vom König geadelt gewesen seyn. Aller vorgeschriebenen eigene ächtgeborene Töchter, welche in der lutherischen Religion auferzogen, und in derselben verbleiben, und deren jeden 2000 Thaler in Cronen, welche immer im Kloster verbleiben, mitgegeben werden, können in dieses Kloster kommen.

6.

Wer nun von oberwähnten Personen Jungfern in dieses Kloster haben will, darf sich nur bey des Klosters Patronen melden, und 2000 Thaler in Cronen, nebst ein Jahr Zinsen für jede Jungfer erlegen, so wird sie alsbald in dasselbe angenommen. Folgen aber die Jahrs Zinsen nicht gleich mit, so werden die Jungfern erst ein Jahr nach Erlegung der 2000 Rthlr. in Cronen von des Klosters Patronen angenommen; und sollen diejenigen, welche, nach Inhalt des 5ten Artikels, solchergestalt bezahlen, bis 18 Jungfern an der Zahl, nach dem aber keine mehr, bis wieder eine Stelle vacant wird, eingenommen werden.

7.

Wann die Jungfer, die solchergestalt nach Inhalt des nächst vorhergehenden Artikels ins Kloster gekommen, durch den Tod, Heyrath, oder auf andere Art und Weise abgehet, haben diejenige Personen, welche mit der Jungfer die 2000 Rthlr. an das Kloster gegeben haben, das Recht, für sich oder ihre Erben zum zweytenmal eine Jungfer in der vorigen Stelle zu setzen, doch mit der Bedingung, daß mit der

zweyten

zweyte Jungfer 300 Rthlr. an das Kloster gegeben werden. Bey Annehmung einer jeden Jungfer wird die Ancienneté nach der Inscription observiret.

8.

Wer Jungfern in dieses Kloster will einschreiben lassen, soll für eine Jungfer zur Einschreibung 300 Rthlr. bezahlen, und wann sie 2 auf einmal einschreiben lassen wollen, wird für jede 250 Rthlr. und für 3 Jungfern auf einmal einzuschreiben für jede 200 Rthlr. bezahlet, bis die Summa so angewachsen ist, daß sie 2000 Rthlr. einfache Zinsen, so zu rechnen, tragen kann; alsdann werden die Jungfern eine nach der andern in der Ordnung, wie sie eingeschrieben sind, in das Kloster aufgenommen.

9.

Ueber alle Jungfern im Kloster soll eine Priorinn gesetzet seyn, die dahin sehen soll, daß alle Jungfern Gottgefällig, sauber, und sonst gebührlich sich verhalten, und nicht gestatten, daß sie einige Zeit müßig gehen, sondern zum Lesen, Schreiben und anderer anständiger Arbeit sie anhalten. Sie soll der Haushaltung vorstehen, und darauf ein genaues Auge haben, daß nichts von dem, was zu des Klosters Unterhalt gegeben wird, verschwendet oder weggebracht wird. Ueber alle Einnahmen und Ausgaben soll sie Buch halten, und darinn alles richtig ein- und abschreiben; hingegen, was die Frau Priorinn an dem Gebäude ordiniret, oder im Hauswesen verändern lässet, soll sowohl mit des Klosters Patronen Bewilligung, als der 4 ältesten Jungfern Mitwissen und Willen geschehen. Wann Rechnung abgeleget wird, sollen oberwähnte 4 Jungfern mit zugegen seyn, und selbige zugleich mit der Frau Priorinn hernach unterschreiben. Ausser Kost und Wohnung, hat die Priorinn jährlich dafür 80 Rthlr.

10.

Wann die Priorinn abgehet, haben die Patronen des Closters und die 4 ältesten Jungfern, eine adeliche Wittfrau von guter Famille, die in der Feder geschickt, und zur Haushaltung gewöhnet ist, in ihre Stelle zu erwählen; können sie sich aber mit einer der 4 ältesten Jungfern zur Priorinn eben sowohl vergnügt befinden, so mögen sie eine aus ihnen durch die meisten Stimmen gefälligermassen erwählen.

11.

Keine berüchtigte Jungfer muß in dieses Kloster eingenommen werden; eine jede Jungfer aber, die da hinein kömmt, soll Bettstelle, Bettzeug, Tisch und Stühle mit sich haben, so geniesset sie freye Kost nebst 40 Rthlr. zu Kleidern.

12. Alle

12.

Alle die Jungfern speisen mit ihrer Priorinn in einer Stube, und bekommen zu jeder Mahlzeit 3 Gerichte. Zwey Jungfern sollen zusammen 1 Kammer, 1 Bett, und zur Aufwartung eine Magd haben, deren Arbeit die beyde Jungfern unter sich theilen, und geniesset eine jede Jungfer selbst den Nutzen von ihrer Arbeit.

13.

Die Jungfern müssen täglich nichts als wollenes Zeug und ostindischen Bast tragen, es wären denn ihre Feyertags-Kleider zu ihrem Gebrauch, weil sie schon zu viel abgetragen, fernerhin untüchtig. Sie müssen keine Spitzen ausser diejenigen, welche sie selbst nebst ihrer Magd wirken, tragen. Seidene Kleider müssen sie ohne Silber und Gold tragen, wiewohl ihnen eine Borde von Silber oder Gold verstattet wird; und können sie ihre ins Kloster mitgebrachte Kleider abtragen.

14.

Keine Jungfer unter 12 Jahr alt muß ins Kloster aufgenommen werden, es sey dann, daß sie über die zum Kloster mitgegebene 2000 Rthlr. Mittel hat, wofür sie im Christenthum und andern nützlichen Stücken unterrichtet werden kann.

15.

Wann eine Jungfer durch Gottes Vorsehung, mit Bewilligung ihrer Freunde, mit einer Person ihres Standes sich vermählte, soll es zugelassen werden; wofern sie sich aber auf andre Weise verheirathet, soll sie alles, was sie im Kloster hat, verloren haben.

16.

Stirbt eine Kloster-Jungfer, so verfällt ihr mitgebrachtes Hausgeräthe, und der 10te Theil ihrer Mittel an das Kloster; will sie auch was mehr dazu testamentiren, stehet es ihr frey, welches, wofern sie 18 Jahr alt ist, in allen Stücken gehalten werden soll; dahingegen bekommt sie auch vom Kloster frey Begräbniß.

17.

Ohne der Priorinn Wissen und Willen muß keine Jungfer ausser dem Kloster seyn; sie sollen auch die Briefe und Botschaften, welche an sie gelangen, sogleich der Priorin melden.

18.

Die Jungfern, wie auch ihre Mägde, sollen ja keine Predigt versäumen, sie würden denn durch Krankheit dazu veranlasset; sie sollen auch täglich Morgen- und

Abend-Gebete halten, und nicht vergessen für unsern allergnädigsten Könige, unsere allergnädigste Königin, und das ganze königl. Erbhaus zu beten.

19.

Der Jungfern Rang und Sitz unter ihnen selbst, soll auf ihrem Alter im Kloster beruhen.

20.

Erweiset sich etwa eine Jungfer gegen die Frau Priorinn in einem oder dem andern Stück aufsätzig oder muthwillig, so werden ihr für selbiges Jahr zum erstenmal 20 Rthlr. abgezogen; versiehet sie sich mit freyen Willen zum zweytenmal, muß sie 30 Rthlr. von ihrem Gelde missen; führet sie sich dann zum drittenmal trotzig und ungehorsam auf, so soll sie ganz aus dem Kloster heraus, und eine andere Jungfer von denen, welche die 1000 Rthlr. an das Kloster erleget haben, wofern sie die erste von denen für das Geld eingesetzten Jungfern ist, wieder in ihre Stelle kommen. Sonsten wird auch eine Jungfer nach Ancienneté der Einschreibung in das Kloster gesetzet, und wann dergleichen Verbrechen geschehen, soll solches allemal den Kloster-Patronen, welche nach aller Gerechtigkeit urtheilen sollen, angezeiget werden.

21.

Sollte solche eine Kloster-Jungfer wider Vermuthen in Unkeuschheit betroffen werden, soll sie auf das Aeusserste gestrafet, und auf Zeitlebens ins Zuchthaus gesetzet werden, und alle ihre Mittel sollen dem Kloster anheimfallen.

22.

Diener und Dienst-Mägde werden von der Priorinn angenommen, und nach derselben Aufführung und ihrem Gutdünken wieder abgeschaffet.

23.

Sollte jemand gefunden werden, der seine Freunde, welche eben nicht vorgeschriebenen Standes, doch guten Herkommens, imgleichen guten Gerüchtes sind, in das Kloster zu bringen, verlangen mögte; so sollen, wenn die Patronen des Klosters es für gut befinden, und jene 4000 Rthlr. an das Kloster geben wollen, und sie zugleich von unserm allergnädigsten König in den Adel-Stand erhoben werden können, in dieses Kloster aufgenommen werden, wann Platz übrig ist.

24.

Wann jemand von denen, welche kraft des 5ten Artikels in das Kloster zu kommen berechtiget sind, bey der Einschreibung, ausser den ordinirten Einschreibungs-Geldern,

Geldern, annoch 100 Rthlr. an das Kloster geben will, so soll er für sich und seine Erben, ohne weiteres Geld zu erlegen, eine Jungfer in das Kloster zu setzen berechtiget seyn, doch nicht eher, als bis 100 Jungfern, von der Zeit an zu rechnen, da die erste Jungfer nach Auszahlung oberwehnter 100 Rthlr. abgegangen ist: doch sollen diejenigen Jungfern, welche mit 2000 Rthlr. an das Kloster überliefert worden sind, und die bey dem Einschreibungsgelde im 8ten Artikel festgesetzte Summa entrichten können, an ihrem Vortrit am Kloster nicht gehindert und aufgehalten werden; auch sollen diejenigen, die das Geld ausgegeben haben, von den Patronen des Klosters einen schriftlichen Beweis erhalten, auf was für Recht sie sich künftig zu berufen haben, und sollen die Beweise in das Buch eingetragen werden, damit man allezeit sehen könne, wie nahe eine jede zu dem Kloster berechtiget ist.

25.

Wollte der liebe Gott die Güter des Klosters vermehren, und die Patronen es für gut befinden, sollen noch mehr Jungfern unterhalten und versorget werden.

26.

Wann die Einkünfte des Klosters es leiden, und dessen Patronen nach gemachtem Ueberschlage für gut befinden, daß das Kloster adeliche Wittwen oder Jungfern auf jährliche Kost und Verpflegung einnehmen kann; so muß es für Geld geschehen, nemlich des Jahrs für 100 Rthlr.; sie müssen sich aber selbsten kleiden.

27.

Es soll ein in Röskilde wohnhafter, oder ein anderer in der Gegend tüchtiger Mann bey dem Kloster Vogt seyn; er soll alles, was auf des Klosters Landgütern zu beobachten ist, verrichten, für die Diener und Bauern vor dem Gericht procediren, die Einkünfte des Klosters, oder der Bauern sogenannte Landgilde zu rechter Zeit eintreiben, nebst allen dazu gehörigen Schulden, für die Ausgabe der Bauern richtige Quitung abliefern, imgleichen eine ordentliche Rechnung über des Klosters Ausgabe und Einnahme jährlich abstatten; er soll auch stets der Priorinn von dem, was verrichtet wird, genaue Nachricht geben, und dem, was sie zum Nutzen des Klosters für gut befindet, kraft seiner Instruction, gebührlich nachleben. Die Patronen des Klosters nehmen ihn an, und geben ihm den accordirten jährlichen Lohn, imgleichen geniesset er auch ausser dem 10ten Schilling von den ungewissen auf des Klosters Landgütern vorfallenden Einkünften, annoch von jedem ordinirten Scheffel 1 Rthlr. Für seine nothwendigen Reisen, werden ihm nach Billigkeit die Unkosten bezahlet.

28.

Es soll eine Speise-Mutter seyn, welche alles Hausgeräthe in Obacht nimmt, und ihre Dienste nach Befehl der Priorinn treu und fleißig verrichten. Es sollen auch Jungfern-Mädchen, wie auch Mägde zum Brauen und Melken, imgleichen Mannsleute, als ein Diener der schreiben kann, ein Gärtner, ein Kutscher, ein Pförtner, ein Viehknecht, ein Drescher, welche alle nach Aussage der Patronen von des Klosters Einkünften jährlich accordiret werden.

29.

Alle Bediente beyderley Geschlechts sollen an einem Tische speisen, und zu jeder Mahlzeit, sowohl des Mittags als des Abends, 2 Gerichte bekommen: zum Frühstück werden die Mannsleute mit Hering und Brodt, und die Mägde mit Biersuppe gespeiset.

30.

Die Klagen, so entstehen können, entweder die Priorinn klaget über die Jungfern und Bedienten, oder sie über die Priorinn, sollen den beyden Patronen, die des Klosters Mittel verwalten, vorgetragen werden, worüber dieselben Recht zu sprechen und zu urtheilen haben.

31.

Sollen Ich Margaretha Ulfeld, weiland Herrn General-Admiral Niels Juuls Wittwe, und Ich Bertha Scheel, weiland Herrn Niels Rosenkranzes Wittwe, wir beyde alleine, so lange wir leben, und Gott uns die Gesundheit verleihet, des Klosters Patronen seyn, und dessen Mittel verwalten. Nach unserm Absterben sollen unsere Blutsverwandte als Patronen des Klosters Mittel folgender Gestalt verwalten. Nach der Frauen Margaretha Ulfeld, ihre Kinder, so lange sie leben, an ihrer Stelle; nach ihnen der von weiland Herrn General-Admiral Niels Juuls nächsten Verwandten ältester Juul in deren Stelle, so lange als Juulen männlicher Linie vorhanden sind; nach Absterben aber der Juule männlicher Seite, sollen die Männer, welche mit Juulen weiblicher Seite verheyrathet sind, nach Ancienneté der Weiber hervortreten.

Imgleichen nach Frau Bertha Scheel, weiland Herrn General-Lieutenant Rosenkranz Wittwe, soll der nächste ihrer Anverwandten nach dem Alter, so lange Scheele männlicher Linie vorhanden sind, ihre Stelle vertreten, und wenn die männliche Linie ausgestorben ist, sollen die Männer, so mit Scheelen in der Ehe verbunden sind, nach Ancienneté der Frauen antreten. Auch soll keiner von diesen beyden des Klosters Patronen, so jetzt vorhanden sind, oder hernach folgen werden, und zugleich des Klosters Mittel unter den Händen hat, in dem, was die Geschäfte des Klosters anbelanget, ohne des andern Wissen und Willen etwas vorzunehmen sich unterstehen.

„. Wann alle oben erwehnte Juule und Scheele ausgestorben sind, alsdenn soll der Stiftsamtmann in Seeland mit dem Amtmann des Copenhagener Amts zugleich, so fern sie bewährte Männer sind, Patronen seyn, und des adelichen Jungfern = Klosters Mittel zur Verwaltung unter Händen haben.

Sollte jemand von denen, die des Klosters Mittel verwalten sollen, entweder in Schulden stecken, oder seinem eignen Vermögen nicht wohl vorstehen können, oder nicht aufrichtig und mit Verstand des Klosters Mittel verwalten können oder mögen: alsdann setzet ihn der Stiftsamtmann in Seeland ab, und einen andern von selbiger Familie, der dem Kloster zuverlässig und wohl vorstehen kann, in dessen Stelle wieder ein, auf daß ein jeder, der solche Mittel zu verwalten hat, sich angelegen seyn lasse, dadurch von Gott Belohnung, und von den Menschen Ruhm und Dank zu verdienen.

32.

Das Kloster = Geld, welches auf Zinsen ausgesetzet werden soll, sollen die beyde, die des Klosters Mittel zu verwalten haben, an sichern Oertern unterbringen, auf daß es jährlich 5 pro Cent einbringen kann. Kann es nicht für 5 pro Cent ausgethan werden, so wird es für 4 pro Cent gelassen, oder es sollen auch gute Landgüter dafür gekaufet werden, wann es nicht gegen genugsames Pfand ausgethan werden kann.

33.

Auf das Gebäude und dessen Landgüter haben die Kloster = Patronen genaue Aufsicht, damit alles wohl im Stande gehalten wird; sie sollen auch auf alle Art und Weise des Klosters Wohl mit möglichstem Fleiß befördern.

34.

Sollten die Einkünfte des Klosters durch den Segen Gottes, und christlicher Herzen Beytrag, dergestalt zunehmen, daß es ausser der Priorinn und den Jungfern, nebst den Bedienten des Klosters, standesmäßig unterhalten werden kann, alsdann soll die Hälfte des Einschreibungs = Geldes der Priorin und den Jungfern des Klosters zur Verbesserung zufallen, und geniesset allemal die Priorinn noch einmal so viel als eine Jungfer; und die andere Hälfte soll zu dem Kapital geleget werden, auf daß von Zeit zu Zeit mehrere Jungfern unterhalten werden können, und kommt also auch denjenigen, welche die Anwartschaft auf das Kloster haben, zu gute.

35.

Soll jährlich in das Buch eingetragen werden, woraus die Mittel des Klosters bestehen, und bey wem sie ausgethan sind? das Buch soll die Priorinn in Verwahrung haben, und von den Patronen des Klosters unterschrieben, und alsdenn dem Stiftsamtmann von Seeland jährlich vorgewiesen werden.

36.

Wird verlanget, daß der Stiftsamtmann in Seeland dieses Jungfern-Klosters Schutz seyn möge, auf daß es mit Recht und Billigkeit gehandhabet wird. Kopenhagen, den 19. Martii 1699.

Sel. Hrn. Niels Juuls Wittwe,
Margaretha Ulfeld.

Sel. Hrn. Niels Rosenkranz Wittwe,
Bertha Scheel.

So wollen Wir oberwehnte Ordnung und Stiftung in allen ihren Worten und Inhalt, gleich wie es oben angeführet befunden wird, allergnädigst bestätigt haben, wie Wir sie auch hiemit bestätigen; dahingegen allen und jeden verbieten, das Vorgeschriebene zu hindern, oder der Stiftung einigermassen Nachtheil zuzufügen, bey Verlust Unsrer Huld und Gnade. Gegeben auf Unserm Schloß. Kopenhagen, den 18ten April 1699.

Unter Unser königlichen Hand und Petschaft.
Christian.

Ausser oben gemeldter Stiftung hat König Christian der 5te seinen Antheil an den Zehenten aus Lister-Lehn in Norwegen, der jährlich 640 Rthlr. 26 ßl. beträgt, in nachfolgendem Diplomate geschenket.

Wir Christian der 5te, von Gottes Gnaden König zu Dänemark und Norwegen rc. thun hiemit kund: daß weil Uns allergnädigst vorgebracht worden, daß Unsere geliebte, Frau Margaretha Ulfeld, Unsers ehemaligen General-Admiral-Lieutenant, Hrn. Niels Juul, und Frau Bertha Scheel, Unsers verstorbenen General-Lieutenant Hrn. Niels Rosenkranzes nachgelassene Wittfrauen aus christlichem Mitleiden und besondern christlichen Intention, eine Stiftung für arme Jungfern, in dem schwarzen Brüder-Kloster, in Unsrer Kauf-Stadt Röskilde belegen, einzurichten sich vorgenommen haben, und Wir ein besonders allergnädigstes Wohlgefallen an diesem beschlossenen Werk haben; so wollen Wir selbiges nicht nur hiedurch approbiren, sondern auch nach Unser allergnädigsten Resolution vom 18ten April des jetzt laufenden Jahres, zum grössern Merkmal Unserer königlichen Gnade, für Uns und Unsere

Unsere königlichen Erb-Nachfolger in der Regierung, zu ewigen Zeiten, und so lange diese Stiftung bestehet, auch zu dem von den Stifterinnen verordnetem Gebrauch verbleibet, allergnädigst legiret, geschenket und gegeben haben, Unsern Antheil vom Korn- Käse- Wiese- und Fisch-Zehnten in Jedeswas- Jös- und Biergs-Vogteyen im Lister-Lehn in Norwegen, der jährlich 640 Rthlr. 13 ßl. beträget, so daß die Stifterinnen und ihre Nachfolger, welche über diese Stiftung zu disponiren gesetzet werden, vermittelst ihrer Bevollmächtigten, bemeldte Zehnten entweder in Natura, oder nach der Matricul, wie sie es zu ihrem eignen Nutzen und Vortheil am besten erkennen, mögen heben und empfangen lassen. Hiebey wollen Wir Uns das allergnädigst vorbehalten haben, daß die Schatzung davon zu 8 pro Cent von den Einkünften oder Matriculn, die jährlich 51 Rthlr. 10⅔ ßl. beträget, auf der zu Hebung Unserer Intraden in Lister-Lehn bestimmten Stelle, richtig erlegt und bezahlet werden soll, und dabey für Uns und Unsere königliche Erb-Successores in der Regierung allergnädigst vergönnet und bewilliget haben, daß nichts mehr als obermeldte Schatzung, weder ordinair noch extraordinair, auf keine erdenkliche Weisen, wie sie auch Namen haben möchte, auf vorbemeldte Zehenden eben so wenig aufgeleget, als davon gefordert werden soll. Und weil der Vogt oder sogenannte Laugmann in Augdesiden von Lister-Lehns Zehnten pro officio den Korn- Käse- Wiese- und Fisch-Zehenden von Helvigs Vogtey, oder Lister Kirch-Spiel, der nach der Matricul 184 Rthlr. 5 ßl. beträget, geniesset; so wird ihm derselbige auch bis auf weitere Unsere allergnädigste Anordnung in allen Stücken vorbehalten, und von dieser Donation gänzlich ausgeschlossen. Ausserdem haben Wir allergnädigst bewilliget, daß alle die Personen, so unter diese Stiftung gehören, oder auch etwa Bedienung oder Aufwartung dabey haben können, und sich auf der Stelle wirklich aufhalten, mit aller Personal-Schatzung, wie sie auch aufgeleget werden könne, zu ewiger Zeit frey und verschonet seyn sollen.

Und damit vorbenanntes schwarze Brüder-Kloster einigermassen mit nothwendiger Feuerung versorget werden könne, so haben Wir durch unsere allergnädigste Resolution jetztlaufendes Jahrs bewilliget, wie Wir auch hiedurch bewilligen und zulassen, daß zu dieses Klosters Nothdurft aus Unsern bey Roskilde zu nächstliegenden Wäldern, und insonderheit aus dem Wald auf Bogendé, jährlich 100 Fuder Holz, frey und ohne einige Bezahlung, angewiesen werden mögen; welches Wir also hernach jährlich, und so lang diese Stiftung dauert, im Unserer Wald-Liste stets eingeführet haben wollen. Wornach alle und jede, die es angehet, sich allerunterthänigst zu richten haben. Gegeben auf Unserm Schloß Friederichsburg, den 26sten May Anno 1699.

Christian.

III. Das

III. Das Wimmeltoftsche adeliche Jungfern-Kloster,

unter Tryggervelde Amt, in Farde Häred belegen, wurde von Ihro Königl. Hoheit Princeßin Sophia Hedewig nebst Hoystrup 1735 zu einem Kloster gegeben, Kraft der deswegen aufgerichteten Fundation, welche von Wort zu Wort also lautet:

Wir Christian der 6te, König zu Dänemark und Norwegen, thun allen kund: Nachdem Unsere in Gott ruhende, vorhin hochvielgeliebte Muhme, Princeßin Sophia Hedewig, seligen und hochlöblichen Andenkens, durch ihr nachgelassenes, den 19. Januar laufenden Jahres eigenhändig unterschriebenes, und mit ihrem Cammer-Petschaft bestätigtes Testament, beyde ihr erb- und eigenthümlich zugehörige, und in dem Amt Tryggervelde, Farde und Stevns Harid, belegne Höfe, Wimmeltofte und Hoystrup, welche Unsere in Gott selige Groß-Mutter, weiland Ihro Majestät die Königin Charlotte Amelia aus ihren eigenen Mitteln sich gekauft, und noch bey ihrem Leben, gemäß einem gefundenen Project, zu einem Kloster destiniret haben, die nach ihrem Absterben Unser hochseliger Oheim, weiland Prinz Karl, und nach ihm wieder Unsere wohlbemeldte hochselige Muhme geerbet, um die Ehre Gottes und bedrängter adelichen Familien Soulagement zu befördern, zu einem adelichen Kloster solchergestalt geschenket und fundiret haben, daß benannte Höfe Wimmeltofte und Hoystrup, mit allem Zubehör, laut des deswegen eingerichteten Landbuchs, nebst allen Herrlichkeiten, Juribus Patronatus, Jagd, Fischerey, Besatzung, Häusern und anderen Gebäuden, Gärten, dem Inventario von Meubeln und andern Sachen, ein- und auswendig die Häuser, mit allem dergleichen Zugehör, wie es auch genannt werden möge, nichts ausgenommen, demselben Kloster zum Gebrauch und Nutzen, ewiglich, beständig und unwiderrufentlich zugestellet und geschenket werden sollen. Und weil Unsere mehrbemeldte vielgeliebte Muhme in selbiger ihre testamentarischen Disposition Uns überlassen, angetragen und ersuchet, im Fall es Gott gefalle, sie von dem Zeitlichen zu berufen, ehe sie selbst dieses Klosters Einrichtung besorgen könnte, diesen ihren letzten Willen, in Ansehung der Einrichtung des Klosters, nach den in ihrem Testament vorher bestimmten Artikeln, und der Fundation für das Kloster in Röskilde, weil desselben Einrichtung in den applicablen Umständen zum Fundament genommen werden soll, in das Werk zu setzen; Als haben Wir, weil obgemeldter Unserer hochseligen Muhme christrühmliche Absicht Uns besonders wohlgefällt, und Wir gern wünschen, daß solche ihre intendirte gute Absicht gelingen und von Gott gesegnet werden möge, selbigem ihrem Willen und Vorsatz Beyfall gegeben, und des Klosters Einrichtung, zufolge der in Unserer hochseligen Muhme Testament und andern nachgelassenen Nachrichten von ihrem Willen, hiemit und kraft dieses, machen wollen.

1. Und

Und wird erstlich der hochsel. Unserer vielgeliebten Muhme Stiftung für dieses adeliche Jungfern-Kloster solchergestalt verordnet, daß selbige in ihre unwiderrufliche Kraft erscheinen, und in allen Stücken immerdar vollkommen subsistiren, und in unveränderlicher Observance verbleiben soll, und folglich von vorbenannten Höfen Wimmelskofte und Hoystrup nicht das geringste distrahiret, alieniret, und zu keinem andern Zweck (obschon es zum andern pium usum) gebrauchet werden, sondern alle dessen Einkünfte, Herrlichkeiten und andere Pertinentien, zum Gebrauch, Nutzen und Besten dieses Klosters allein, beständig und unveränderlich, unter Gottes Schutz, Gnade und Segen, bis auf den jüngsten Tag verbleiben, angewendet und gebrauchet werden sollen.

2.

Im Anfang, und bis das Kloster durch Anwachs zu mehreren Kräften kommet, sollen 7 Jungfern, von welchen eine Priorinn ist, im Kloster seyn, und Einkünfte, wie auch freyen Tisch, Kammer, Holz und Licht geniessen; wann das Kloster an Vermögen zunimmt, können mehrere Jungfern, wirkliche Einkünfte zu geniessen, mit der Priorinn, Curatoren und Kloster-Jungfern Approbation, aufgenommen werden; doch daß die Zahl von Kloster-Jungfern mit der Priorinn und andern zugleich, niemal ein und zwanzig übertrift.

3.

Da nach Unserer hochsel. Muhme Disposition ihre älteste Hof-Jungfer im Kloster die erste Priorinn werden soll; so trift es Jungfer Augusta Amalia von Barner, die diese Würde von nun an annimmt, und die dieser Stelle beygelegten Beneficia geniesset.

4.

Die ersten Jungfern-Stellen in diesem Kloster werden nach Unserer hochsel. Muhme Testament zugedacht,

1) Ihren nachgelassenen Damen.
2) Des verstorbenen Etats-Raths und Stallmeisters von Harthausen Kindern.
3) Unsers Amtmanns und gewesenen Marschalls bey Unser hochsel. Muhme, des von Uns geliebten Herrn Engelke von Bülow Kindern.
4) Unsers Etats-Raths und Amtmanns, von Uns geliebten Eggert Christoph von Linstows Kindern, so fern sie es verlangen.

Solchergestalt werden oberwehnte in dieser Ordnung, und wie ihre angeführten Numern folgen, succesive in das Kloster eingenommen, nemlich wenn die aus der vorhergehenden Nummer mit einander placiret worden, alsdann sollen die aus der nächstfolgenden zugelassen werden.

5.

Nächst vorbenannten specificirten Personen, werden alle andere ausgenommen, zwey alte exemplarische Hof-Damen von Unserm Haus und Hof admittiret, die nicht länger dienen können, und ihr Leben in Gott und der Stille bis ans Ende zu führen trachten. Wann diese beyde Stellen erstlich mit Hof-Damen bekleidet sind, und eine unter ihnen entweder durch Todesfall, oder anderst, abgehet, so wird diese erledigte Stelle mit einer Hof-Dame wieder besetzet, auf daß immer zwey Hof-Damen in dem Kloster seyn sollen, falls eine von obgemeldter Qualité und Umständen vorhanden; giebts aber keine, so wird der ledige Platz besetzet, und also eine andere Vacance erwartet, bevor eine Hof-Dame eingenommen werden kann.

6.

Wofern Gott der bey Unserer hochsel. Muhme vorhin gewesenen Hof-Fräulein Sophia Hedewig von Holstein, jetzigen Marschallin von Gramm, Ehestand mit Töchtern benedeyet, sollen alle, zu Folge Unserer hochsel. Muhme Verordnung, ohne Bezahlung in das Kloster eingenommen werden.

7.

Und weil Unsere hochsel. Muhme in ihrem Testament en Faveur aller Unsers Amtmanns von Bülow, imgleichen aller Unsers Etats-Raths und Amtmanns von Linstow, wie auch Marschallin von Gramm Töchter (falls Gott ihnen im Ehestande welche verleihet,) disponiret haben, daß sie ins Kloster ohne Bezahlung eingenommen werden sollen, dabey auch ihr Wille gewesen, daß adeliche Jungfern, mit der Priorinn, des Klosters Verwesern und der Kloster-Jungfrauen sämmtlichen Bewilligung, sich können hineinkaufen und einschreiben lassen, ja weil auch die rechtliche Billigkeit es erfordert, daß die einmal für Geld eingeschriebene und hineingekaufte, durch die nachgehende geborne Töchter nicht zurückgesetzet werden: als wird hiedurch verordnet und beschlossen, daß die von obgemeldten Personen, denen Gott Töchter verleihet, falls sie mittelst des ihnen gegebenen Beneficii von dem Kloster zu profitiren gedenken, der Priorinn und den Verwesern des Klosters von ihrer Töchter Geburt Nachricht zu geben verpflichtet seyn sollen, und verlangen, sie einzuschreiben, welches sogleich von der Priorinn und den Curatoren geschiehet, und worauf die eingeschriebene Tochter nach ihrer Einschreibungs-Ordnung und Dato, wenn die zuvor eingeschriebene und eingekaufte erst mit einander in dem Kloster sind, und Einkünfte geniessen, alles in Besitz nimmt, was einer Jungfer in dem Kloster zukommt.

8. Wann

8.

Wann die vorbemeldte Familien und Personen, zu deren Faveur von Unserer hochsel. Muhme in verspecificirter Ordnung disponiret ist, insgesammt placirt sind, oder davon weder können noch wollen profitiren; imgleichen wenn keine für Geld eingeschriebene oder eingekaufte Jungfern vorhanden sind: so sollen die Priorinn, Curatores und Conventualinnen, den meisten Stimmen nach, woben die Priorinn zwey Stimmen hat, auf ihr Gewissen, und so wie sie es vor Gott gedenken zu verantworten, zu den ledigen Stellen solche Personen erwählen, die exemplarisch fromm und gottesfürchtig sind.

9.

Weil Unsers Amtmanns, Herrn Engelke von Bülow, Ritters, und Unsers Etats-Raths und Amtmanns von Linstow Töchter, noch nicht die Jahre haben, daß sie in das Kloster angenommen werden können, aber doch Unserer hochsel. Muhme Wille ist, daß dieselbe nebst ihrer nachgelassenen Hof-Dames und abgegangenen Stallmeisters Harthausen Kinder die ersten Stellen in dem Kloster haben sollen; so geniessen dieselbigen, bis sie das funfzehende Jahr erreichen, nur allein die baaren Einkünfte von Geldern, ohne Kost, und was sonst mehr darzu gehöret; ihre Eltern aber sind verpflichtet, für eine jede Tochter eine Waise zur Auferziehung anzunehmen.

10.

Wenn adeliche Jungfern sich wollen in das Kloster einschreiben lassen, wird es mit der Priorinn, Curatoren und der Kloster Jungfern Approbation, nach den meisten Stimmen erlaubet für 500 Rthlr. und kommt so die Eingeschriebene in das Kloster, bey vorfallender Vacance, nach ihrer Ordnung und Einschreibungs-Dato, sobald alle mit Stellen im Kloster von der hochsel. Stifterinn gratificirte, oder vorhin Eingeschriebene, sind placiret worden.

11.

Sofern jemand zwey Jungfern zugleich in das Kloster einschreiben lassen will, wird es auf beyde für 800 Rthlr. zugelassen, und für drey Jungfern auf einmal für 1000 Rthlr., doch stets mit der Priorinn, Curatoren und der Conventualinnen Consens, welche, so oft es des Klosters Umstände erfordern, selbiges entweder zugeben oder abschlagen können.

12.

Wenn adeliche Jungfern sich in das Kloster einkaufen wollen, wird selbiges auch mit der Priorinn, Curatoren und der Conventualinnen Consens und Appro-

 bation,

bation, für 1000 Rthlr. erlaubet, nemlich, die hineingekaufte Jungfer wird gleich in das Kloster angenommen, ihr freyer Tisch, Kammer, Wärme, Licht und Wäsche, wie auch Aufwartung gegeben; Einkünfte aber zu geniessen wird keine eingekaufte Jungfer zugelassen, ehe die Ordnung an sie kömmt, und alle zuvor eingeschriebene und eingekaufte sind placiret worden. Ueber dieses werden keine Jungfern in das Kloster aufgenommen, es sey mittelst Einschreibung oder Kauf, ohne daß sie zuvor gute Zeugnisse wegen ihrer christlichen und gebührlichen Aufführung überreicht haben; es wird auch nicht erlaubet, Jungfern unter funfzehn Jahren in das Kloster aufzunehmen.

13.

Nach Unserer hochsel. Muhme expressen Anordnung und Willen sollen die Priorinn und alle Conventualinnen, sie seyn von Unserer hochsel. Muhme entweder angegeben, eingeschrieben oder eingekauft, ohne Exception verpflichtet und verbunden seyn, so bald sie in das Kloster kommen, und dessen Einkünfte geniessen, eine jede eine Waise anzunehmen, und selbige auf ihre Kosten christlich und in einer rechtschaffenen Gottesfurcht auferziehen zu lassen, und sollen die künftige Curatoren des Klosters mit allem Fleiß dahin sehen, daß dieser Anordnung zu jeder Zeit ohne Versäumniß von der Priorinn und den Conventualinnen unübertretlich nachgelebet werde.

14.

Gleichwie bey dem ganzen Werk und Stiftung es Unserer hochsel. Muhme Absicht vornemlich gewesen ist, Gottes Ehre durch täglichen, fleißigen und andächtigen Gottesdienst zu befördern, und daß die Conventualinnen christlich, eingezogen, fromm und exemplarisch leben sollten: so werden auch die Priorinn und Conventualinnen dieses stets vor Augen haben, und ihrer Pflicht nachdenken, als lieb es ihnen ist, deswegen vor Gott ein gutes Gewissen zu haben.

15.

Was den äusserlichen Gottesdienst betrift, so wird selbiger (bis sich eine christliche Stiftung findet, oder auch bis das Kloster selbst die Kräfte erlanget, daß ein dänischer Priester, ein deutscher Prediger und ein Küster, der zugleich Schule halten soll, unterhalten werden kann,) auf solche Weise eingerichtet, daß alle Sonn- und Festtage zwey Predigten, als eine Vor- und eine Nachmittags, wie auch wöchentlich zwey Predigten gehalten werden, so daß in der Woche viermal geprediget wird; treffen aber Festtage ein, so cessiren diese zu haltende Wochen-Predigten.

16. Die

16.

Die Priorinn und Conventualinnen, samt ihren Bedienten, sollen, ausser Gebemeldten öffentlichen Gottesdienst, mit gebührlicher Andacht und in erbaulicher Stille, täglich, Morgens und Abends, Betstunden halten, und da, wie auch bey allem öffentlichen Gottesdienst, um die göttliche Beschirmung, Gnade und Segen für den König, die Königinn, das ganze königliche Haus, alle Einwohnere des Landes, und alle Menschen, bitten.

17.

Der Schulmeister soll, für das ihm gereichte Salarium, die Waisen informiren, und besonders seine Arbeit mit ihnen so einrichten, daß sie eine lebendige Erkenntniß des Christenthums erlangen, und taugliche Pflanzen werden, Gott zu dienen, und den Menschen zu nützen.

18.

Beyde Prediger sollen auf die Schule fleißig Acht geben, und selbige zum wenigsten wöchentlich einmal wechselsweise besuchen, die Kinder wegen ihrer Aufführung, und was sie lernen, examiniren, auch den Küster vermahnen, welchem anbefohlen wird, ihnen in seinem Amte nachzufolgen, und mit den Kindern geduldig und liebreich umzugehen, und sollen die Priester viermal in der Woche, als Montags, Dienstags, Donnerstags und Freytags, öffentlich catechisiren, während welcher Zeit die Conventualinnen, sowohl zu ihrer eigenen Verbesserung, als auch zu mehrerer Aufmunterung der Kinder, fleißig gegenwärtig seyn sollen, und diese Catechisation ohne wichtige Ursache nicht versäumen. Die Waisen (so viel gegenwärtig sind) sollen stets, wann der Gottesdienst verrichtet wird, ordentlich von dem Schulmeister in die Kirche geführet werden, und da, unter seiner Aufsicht, zu singen, und mit Andacht Gottes Wort zu hören, angehalten werden. Bey dieser Kloster-Gemeine soll der Bischof in Seeland ordentliche Kirchen-Visitation halten.

19.

Die Priorinn und Conventualinnen sollen sowohl in ihrem ganzen Leben und Wandel, als auch in ihrem innern liebreichen Umgang unter ihnen selbst, die Früchte einer wahren Gottesfurcht zeigen, und durch Liebe, Freundlichkeit und Demuth eine der andern zuvor zu kommen sich befleißigen. Und so wie es der Priorinn gebühret in aller christlichen Tugend mit einem erbaulichen und exemplarischen Wandel den Conventualinnen vorzugehen, und bey aller Gelegenheit ihr Amt bey den Conventualinnen in Sanftmuth, Liebe und Freundlichkeit zu führen: so gebühret es auch den Conventualinnen, ihrer vorgesetzten Priorinn stets alle schuldige Ehrerbietigkeit und Gehorsam zu erweisen, und vor allen Dingen sich solchergestalt aufzuführen, daß es vor Gott und ehrliebenden adelichen Kloster-Jungfern bestehet, und dadurch Anleitung gegeben wird, Gott zu preisen und zu loben, und daß sie für sich und das Land Gottes Schutz und unausbleiblichen Segen erlangen.

20.

Weil aber Unsere hochsel. Muhme in ihrem Testament ordiniret hat, daß bey diesem Kloster immer 2 Curatores seyn sollten, und Unser Geheimder Rath und Ober-Cammerherr, Unser lieber Herr Carl Adolph von Plessen, Ritter vom Elephanten, und Unserer hochsel. Muhme ehemaliger Hofmeister, Unser lieber Herr Hans Friederich von Holstein, Ritter vom Danebroge, Unser Geheimder- und Etats-Rath, wie auch Unsere Deputirte zu den Finanzen, sich erst diesem Amt zu unterziehen persuadiret werden sollen: also werden eben erwehnte Unsere respective Geheimder Rath und Ober-Cammerherr, weil sie sich dazu haben bequemen wollen, als des Klosters erste Curatores hiedurch constituiret und angeordnet.

21.

Wann oberwehnte beyde, oder nur einer allein mit Tode oder auf andere Weise abgehet, soll die Priorinn des Klosters mit dem andern Curatore, nebst den Jungfern des Klosters, in des abgegangenen Stelle einen andern von Uns sich allerunterthänigst ausbitten.

22.

Obgedachte Curatores sollen dem Kloster und desselben Gerechtigkeiten und Einrichtungen vorstehen, des Klosters Mittel verwalten, des Landguts Conservation befördern helfen, auf die Fundation und Einrichtungen stricte halten, gute Ordnung handhaben, des Klosters Angelegenheiten bey allen vorfallenden Gelegenheiten Uns allerunterthänigst vortragen, wie auch des Klosters Wohl und Auskommen mit gutem Gewissen nach Möglichkeit befördern.

23.

Kraft testamentarischer Disposition Unserer hochsel. Muhme, soll Unser Amtmann Herr Engelke von Bülow des Klosters Güter Wimmelroste und Heustrup verwalten, und ihnen verstehen, und für alles, was die Gebäude betrift, zum Nutzen des Klosters, gewissenhaft sorgen, die Bedienten des Guts anhalten, daß sie jährlich richtige Rechnung ablegen, mit den Curatoren über des Klosters Wohl und Anwachs sich fleißig berathschlagen, und nach äusserstem Vermögen des Klosters Gut in gutem Stande zu halten, wie auch dessen Vergrösserung, so viel möglich, befördern zu helfen, sich angelegen seyn lassen. Ueber solche seine Direction und getreue Verwaltung soll er einen eidlichen Revers von sich geben; er soll aber bey keinem andern, als bey Uns allein, verantwortlich seyn; übrigens sich in des Klosters Sachen, so weit es der Priorinn und Conventualinnen Ordnung und Haushaltung angehet, nicht meliren.

Für

Für solche seine dem Kloster geleistete Dienste, so lange er sie verrichten will, sollen ihm jährlich von des Klosters Mitteln 500 Rthlr. gegeben werden; er behält auch alle Aggrémens an Holz, Freyhaus, Fourage, Wildlieferung &c. welche Unsere hochsel. Muhme ihm auf Wimmelsoft beygelegt hat.

24.

Des Klosters innere Ordnung betreffend, so ist die Priorinn allen Jungfern solchergestalt vorgesetzt, daß sie die Jungfern zur Gottesfurcht, Schicklichkeit und zu einem anständigen Leben, insonderheit, daß sie, ausser dem öffentlichen Gottesdienst und den Betstunden, niemals müßig gehen, sondern allezeit mit einer ihrem Stande gemäßen Arbeit sich beschäftigen, anhalten; sie soll auch dahin sehen, daß gute Ordnung von allen und jeden im Kloster beobachtet werde. Es sollen auch alle und jede Bediente ihr den schuldigen Respect zu erweisen, und ihren Befehlen und Veranstaltungen mit willigem Gehorsam nachzuleben, verbunden seyn.

25.

Deswegen soll auch ohne der Priorinn Consens und Gutdünken in das Kloster kein Bedienter angenommen werden; und woferne jemand unter ihnen sich ungebührlich und unruhig verhält, so soll die Priorinn, nach Untersuchung und Gestalt der Sache, denselben abschaffen.

26.

Die Haushaltung verwaltet die Priorinn auch, und hat dahin zu sehen, daß eine reinliche und ordentliche Oeconomie, mit anständiger Sparsamkeit, geführet werde, auch nichts unnützer Weise verschwendet oder angewendet werde, und deswegen soll sie über alle Einnahmen und Ausgaben, welche die Haushaltung betreffen, ordentlich Buch führen. In Hausgeschäften aber, welche die Gebäude betreffen, muß keine Veränderung ohne der Curatorum, und der in jedem Jahr vier ältesten Conventualinnen, Wissen und Willen geschehen. Bey differenten Sentimens in diesen und allen andern das Kloster betreffenden vorfallenden Sachen, decidiret die Mehrheit der Stimmen. Die Priorinn hat allezeit 2, jeder Curator 2, und eine jede Jungfer des Klosters nur eine Stimme. Die Jungfern, die Stimmen haben, sind eben sowohl diejenigen, die sich für 1000 Rthlr. ins Kloster hineingekauft haben, in dasselbige Kloster würklich eingetreten sind, und da ihren Unterhalt genießen, als diejenigen, die würkliche Einkünfte haben.

27.

Wann die Einkünfte des Klosters solchergestalt hinlänglich sind, daß die völlige Austheilung geschehen kann, soll die Priorinn 250 Rthlr. haben; sonsten geniesset sie pro rata von den Einkünften allezeit 100 Rthlr. mehr, als eine Kloster-Jungfer. Ihre Einkünfte sollen, wann das Kloster es leiden kann, 150 Rthlr. betragen, welche Austheilung sowohl an die Priorinn als Conventualinnen, ohne Kost, Kammer, Wäsche und Aufwartung, als welche sie auch frey geniessen, zu verstehen ist.

28.

Wann die Priorinn abgehet, wird von den Conventualinnen eine, durch des Klosters Curatoren und die vier an Jahren ältesten Kloster-Jungfern erwählet, wobey jeder Curator immer 2 Stimmen hat. Bey solcher Wahl soll allemal gewissenhaft dahin gesehen werden, daß die dazu tüchtigste und geschickteste Jungfer erwählet werde, die dem Kloster am besten vorstehen kann, und die erforderliche Fähigkeit, einer ordentlichen Haushaltung vorzustehen, wie auch die Conventualinnen mit Vernunft zu dirigiren, besitzet.

29.

Alle Conventualinnen sollen, sowohl des Mittags als des Abends, zusammen speisen; sie sollen des Mittags vier gute Gerichte, des Abends aber nur drey haben. Jede Jungfer soll ihre Kammer, und 2 Jungfern sollen eine Magd zur Aufwartung haben. Weil aber Unsere hochsel. Muhme ihr Wimmeltoftisches Inventarium zu dem Kloster testamentiret hat, so können den Jungfern von diesen Meublen so viele, als zum nothdürftigen Gebrauch dienen, gereichet werden; wann sie aber unbrauchbar geworden sind, muß sich künftig eine jede Jungfer die ihrigen selbst anschaffen.

30.

Der Jungfern Kleider sollen modest und sauber seyn; sie können täglich wollen Zeug und ostindischen Bast tragen; doch wird ihnen erlaubet, seidene Zeuge zu tragen, jedoch ohne Silber, Gold und kostbare Spitzen, es wäre dann, daß die Jungfern oder Mägde dergleichen Spitzen selbst gewirket hätten. Die Kleider, die sie ins Kloster mitgebracht haben, können auch abgetragen werden.

31.

Wofern eine Jungfer zur Ehe verlanget wird, soll es ihr, durch anständige Heyrath ihren Stand zu verändern, erlaubet seyn, wann es mit der Priorinn und ihrer

ihrer Freunde Consens geschiehet, welche, so bald sie verlanget wird, gehörige Nachricht davon bekommen sollen, weil alle geheime Verlöbnisse und Heyrathen durchaus verboten seyn sollen. Sollte aber eine dawider handeln, so soll alles, was ihr im Kloster zugehöret, dem Kloster anheimfallen.

32.

Alle Jungfern sollen sich stille halten, keine Visiten annehmen, niemals aus dem Kloster gehen, oder ohne der Priorinn Wissen, Consens und Erlaubniß, reisen, doch wird ihnen des Sommers in bequemen Stunden zu ihrer Recreation im Garten zu promeniren erlaubet, allemal in solcher Gesellschaft, die einer jeden convenable seyn kann.

Wann eine Conventualinn Erlaubniß zu reisen erhält, um ihre Eltern oder Freunde zu besuchen, oder in ihren wichtigen Verrichtungen, alsdann geschiehet solches auf ihre eigene Kosten.

33.

Bey Visiten der Freunde und Anverwandten, haben die Conventualinnen auf die Umstände genau zu sehen, daß keiner ohne der Priorinn Wissen und Erlaubniß zugelassen werde; welches ihr zum wenigsten 3 Tage vorher gemeldet werden muß; imgleichen soll die Priorinn von allen mündlichen Bothschaften und Briefen, die in das Kloster kommen, unterrichtet werden. Falls eine Jungfer Anlaß giebet, daß sie, unerlaubten Briefwechsels halber, mit Recht kann in Verdacht genommen werden, so kann die Priorinn, in Gegenwart der 4 an Jahren ältesten Jungfern, dergleichen Briefe eröfnen. Sie hat aber doch gleichwol, bey diesen und andern Begebenheiten, Unparteylichkeit, Verstand und Moderation zu gebrauchen.

34.

Die Conventualinnen nebst ihren Mägden sollen den öffentlichen Gottesdienst und die täglichen Betstunden, ohne die wichtigsten Ursachen, als Krankheit 2c. nicht versäumen; imgleichen sollen sie bey der öffentlichen Kinderlehre fleißig gegenwärtig seyn, und dabey allemal ein gutes Exempel geben.

35.

Die Conventualinnen nehmen unter sich, ihrer Ancienneté nach, Sitz in dem Kloster; weil aber Damen von dem in Unserer hochsel. Muhme Testament vorgeschriebenem Alter, und von solchen Umständen, als diese Einrichtung ihrer Art. saget, vorhanden sind, so sollen selbige, in Betracht ihrer Dienste bey Unserm

Königl. Hofe, den andern Conventualinnen vorgezogen werden. Bey allen Angelegenheiten des Klosters aber, wozu die 4 ältesten Jungfern gezogen werden, wird nicht auf die Jahre, die sie im Kloster gewesen, sondern auf die Jahre ihres Alters gesehen.

36.

Wofern eine Jungfer vorsetzlicher Weise sich unartig, ungehorsam und aufsätzig wider die Priorinn zeiget, und alle gegebene und wiederholte gute Vermahnungen und ernsthafte mündliche Correctionen fruchtlos sind, so soll die Priorinn ihr, wann sie öffentlich über sie zu klagen sich genöthiget siehet, zum erstenmal 20 Rthlr. zum zweytenmal 30 Rthlr. zum drittenmal 40 Rthlr. Strafgelder auflegen, zum viertenmal aber soll sie aus dem Kloster verwiesen werden; weil keine menschliche Societät ohne Ordnung, Zucht und Strafe bestehen kann, und sie daher zum Nutzen und Conservation des ganzen Körpers, als ein schädliches und unheilbares Glied, abgeschnitten werden muß. Bey einem solchen Vorfall sollen die Curatores nebst den 4 an Jahren ältesten unparteyischen Jungfern, nach genauer Ueberlegung der Beschaffenheit und Umstände der Sache, gewissenhaft urtheilen; sie sollen auch, so lange zur Besserung noch Hoffnung seyn mögte, die gelindesten Mittel gebrauchen.

36.

Weil diese christliche Stiftung, wie oben erwehnet, ausser einer geziemenden Subsistence für adeliche Jungfern, eine gottesfürchtige, fromme und tugendhafte Lebensart der Conventualinnen, insonderheit die Beförderung der Ehre Gottes, zum Grunde und zur Absicht hat; so wird verhoffet, daß es unnöthig und überflüßig sey, Strafen für grobe wider das Christenthum, und der Conventualinnen Stand, streitende Verbrechen zu verordnen. Sollte aber doch, wider Vermuthen, eine Jungfer ihrer gegen Gott und Menschen schuldigen Pflicht so vergessen, daß sie in Unzucht betroffen würde; so soll sie ohne einzige Gnade, nach Gestalt der Sache, von der Priorinn, den Curatoren und den 4 an Jahren ältesten Jungfern des Klosters, Zeit Lebens zum Zuchthause verurtheilet werden, und das Ihrige ohne Ausnahme dem Kloster anheimfallen.

38.

Wann die Umstände des Klosters es leiden können, und die Priorinn nebst den Curatoren solches für gut befinden, können adeliche Jungfern in das Kloster zur Verpflegung jährlich für 100 Rthlr. aufgenommen werden; wogegen die in Verpflegung genommene Jungfern sich des Klosters Ordnung und Disciplin, gleichwie die Kloster-Jungfern, unweigerlich zu unterwerfen verpflichtet seyn sollen.

39. Wann

39.

Wann eine Kloster-Jungfer in dem Kloster mit Tode abgehet, fallen ihre Meublen, (Gold, Silber und Juwelen ausgenommen) dem Kloster eigenthümlich zu, wie auch der 10te Theil von ihrem nachgelassenen Capital. Es wird den Kloster-Jungfern, wann sie über 18 Jahre sind, freywillige Gaben an das Kloster zu vermachen oder zu testamentiren erlaubet; dahingegen geniessen sie freye Begräbniß.

40.

Bey dem Kloster soll ein Reit-Voigt gehalten werden, der alles, was bey dessen Landgütern zu thun ist, verrichtet, die Bauern und Kloster-Bediente vor dem Gericht verantwortet, zu rechter Zeit des Klosters Einkünfte, und von den Bauern ihre sogenannte Land-Gilde, mit allen andern Abgaben, eintreibet, richtige Quitung für der Bauern Steuern einliefert, und sonsten alles, was einem Reit-Voigt zukomme, beobachtet. Er soll des Herrn Amtmann Engelke von Bülow Befehle ausrichten, und unter desselben Direction stehen, der ihn, mittelst fleißiger Aufsicht, seiner Pflicht in allen Stücken nachzuleben, und in specie jährlich richtige Rechnung abzulegen, anhalten soll. Des Reit-Vogts Lohn und gänzliche Unterhaltung, wird von den Curatoribus, die ihn, nach Bülows Vorstellung, annehmen und bestellen, nach der Billigkeit determiniret. Auf selbige Art und Weise werden alle andere Bediente des Klosters, als Wald-Reuter, Wald-Voigt, Kornmeister, Ausreiter, nach des Amtmanns von Bülow Vorstellung, von den Curatoren bestellet, und angewiesen, unter des Amtmanns von Bülow Direction zu stehen, und ihm gehorsam zu seyn.

41.

Die zu der Haushaltung nöthigen Bediente, als Ausgeberin, Köchin, Küchen-Mägde, Milch-Mägde, Bauer-Mägde, ein Diener, der schreiben und rechnen kann, ein Kutscher, ein Pförtner, werden von der Priorinn angenommen und nach ihrem Gutdünken abgeschaffet, und sollen derselben alle gehorsam seyn, und in ihrem Dienste sich treu und fleißig aufführen. Ihr Lohn wird von der Priorinn und den Curatoren determiniret. Dieser Bedienten, so wie auch der Mägde der Jungfern, Speise und übrige Verpflegung, wird von der Jungfer Priorinn mit möglichster Menage, des Klosters Umständen nach, gewissenhaft besorget.

42.

Sofern, wider alles Verhoffen, die Priorinn über eine oder mehrere Jungfern klaget, oder eine Jungfer über die Priorinn, oder andere Jungfern, so wird es von den Curatoribus, nachdem die Priorinn erstlich demselben vorzubeugen sich emsig be-

bemühet hat, untersuchet, und darinn nach Recht und Billigkeit decidiret, und ist alle Vorsorge anzuwenden, daß der Priorinn der ihr gehörige Respect bewiesen, auch alle Unordnung und Verdrießlichkeit ohnverzüglich abgethan werde.

43.

Des Klosters Mittel und Capitalien sollen die Curatores verwalten, selbige mit möglichsten Fleiß an sicheren Orten gegen landsübliche Zinsen austhun, darüber richtig Buch halten, selbiges jährlich schliessen und unterschreiben, und der Priorinn in Verwahrung geben, wie auch genau dahin sehen, daß des Klosters Mittel von Zeit zu Zeit, so viel als möglich ist, verbessert werden.

44.

Sofern des Klosters Einkommen durch Gottes Segen solchergestalt zunimmt, daß die von Unserer hochseligen Muhme benannten 21 Jungfern, die Priorinn mit eingerechnet, die völlige Einkünfte, als Tisch, logement, Aufwartung, geniessen können, Kirchen- Schul- und andere Bediente besoldet, auch des Klosters Güter und Gebäude in gutem Stande gehalten werden: so kann die Hälfte von dem Einschreibungs-Gelde der Priorinn nebst den Jungfern, zur Verbesserung ihrer Präbenden, anheimfallen, doch proportionaliter, so daß die Priorinn allemal 100 Rthlr. mehr, als eine Jungfer bekommt.

45.

Jura Patronatus, welche des Klosters Gütern kraft Unserer hochseligen Muhme Testaments verliehen sind, und dem Kloster eigenthümlich zugehören, werden, wann deren Prediger oder des Küsters Aemter vacant werden, auf selbige Manier exerciret, daß die Curatores, die Priorinn, nebst den an Jahren ältesten Kloster-Jungfern, kraft Unseres Gesetzes, bis auf Unsere allergnädigste Confirmirung, vociren.

46.

Alles, was bey dieser Einrichtung nicht verordert und festgesetzet ist, und doch gleichwohl hinführo für nützlich erachtet werden kann, um gute Ordnung und des Klosters Nutzen zu befördern, kann die Priorinn mit den Curatoren, nebst den 4 an Jahren ältesten Jungfern, beschliessen, und in ein besonderes Reglement verfassen, welchem in allen Stücken nachgelebet werden soll. In wichtigen Sachen wollen Wir auch, wann sie Uns gebührendermassen von der Priorinn und der Curatoren allerunterthänigst vorgetragen werden, nach Beschaffenheit, Unsere allergnädigste Confirmation, zur beständigen Observance und unabweichlichen Nachlebung, ertheilen.

47. Weil

47.

Weil Wir denn, nach Unserer hochseligen geliebten Muhme freundlichen und beyfallswürdigen Anmuthung, für Uns und Unsere Nachfolger in der Regierung, dieses Klosters besondere Protection übernehmen, Wir auch oben angeführtermassen wünschen, daß die bey dieser Einrichtung, zur Beförderung der Ehre Gottes, und bedrängter Familien Soulagement, abzielende Intention, einen christlichen und rühmlichen Fortgang haben möge, im gewissen Vertrauen und in der Versicherung, daß solches Gnade und Segen Gottes über Uns, Unser königlich Erb-Haus und Unsere Lande bringen werde: so wollen Wir ofterwehntes Kloster, nebst seinen rechtmäßigen Verfassungen, Einrichtungen und guten Anordnungen, nun und allezeit kräftiglich beschützen, und nicht gestatten, daß selbigem jemals einiger Abbruch in seinen Gerechtsamen geschehen soll.

Wir wollen auch allergnädigst, daß die Priorinn nebst den Curatoren, auf deren Gewissen es lieget, für die Conservation und Handhabung des Klosters zu vigiliren, Uns des Klosters Anliegen, so oft es vonnöthen seyn wird, vortragen sollen; Sie können auch von Uns und Unseren Nachfolgern in der Regierung alle königliche Gnade, Huld und landesväterliche Vorsorge beständig erwarten; wie Wir auch dem Kloster, zum würklichen Kennzeichen Unserer königlichen Gnade und Huld, Freyheit von Consumtions-Zoll- und Familien-Steuer, für die dem Kloster zugehörige Bediente, Handwerker und Häuser, hiemit allergnädigst accordiren; doch darunter nicht zu verstehen die Handwerker und Häuser in den Bauer-Dörfern, sondern allein diejenigen, so bey diesem Hofe dienen, wohnen und sind. Imgleichen erlauben Wir auch allergnädigst, daß alle Obligationen, so das Kloster betreffen, auf ungestempeltes Papier geschrieben werden dürfen, wie auch, daß alle Processe, welche das Kloster und desselben Güter betreffen, auf ungestempeltem Papiere vor allen Gerichten produciret werden dürfen. Es soll auch der Priorinn und den Curatoren erlaubet seyn, die bey dem Kloster vorfallende Auctionen, von einem Bedienten des Klosters, oder einer andern dazu geschickten Person, verrichten zu lassen.

Wir wollen auch allergnädigst, daß alle Briefe, welche von des Klosters Bedienten in desselben Angelegenheiten geschrieben, oder demselben zugesandt werden, eben sowohl, als Unserer eigenen Bediente in Unseren Verrichtungen geschriebene Briefe, franco paßiren sollen, mit nichten aber particulaire Briefe oder Correspondences.

Annoch zu desto mehrerem Beweis Unserer besonderen königlichen Gnade, Huld und Propension, wollen Wir der Priorinn den Rang mit den Frauen Unserer würklichen Etats-Räthe, und den Kloster-Jungfern, mit den Frauen Unserer würklichen Justiz-Räthe zulegen und übertragen.

letztlich werden die Priorinn nebst den Conventualinnen an ihre Pflicht ernstlich erinnert, daß sie der Stifterin christliche und rühmenswürdige Absicht allemal gewissenhaft vor Augen haben, solcher in allen Stücken nachleben, und sich mit einem aufrichtigen Herzen in wahrer Gottesfurcht, und mit einem daraus fließenden exemplarischen lebens-Wandel zeigen sollen. Zu welchem Ende die Priorinn ihr Amt mit Gelassenheit und christlicher Vorsichtigkeit führen, und die sämmtliche Conventualinnen unter sich, als ihre Kinder, welche ihrer Aufsicht und Vorsorge anvertrauet sind, lieben; die Conventualinnen aber ihre Priorinn als ihre Mutter ehren, ihr folgen, sie lieben, und sich befleißigen sollen, derselben ihr Amt leicht und erträglich zu machen. Unter ihnen selbst sollen die Conventualinnen als Schwestern im innerlichen liebes- und Einigkeits-Bande leben, beständig in einem gottseligen und tugendhaften lebens-Wandel sich finden lassen, auch Gott unaufhörlich loben, preisen und danken für seine väterliche Vorsorge in geistlichen und in weltlichen Dingen.

Wornach alle und jede, die es angehet, sich allerunterthänigst richten, und keine Hindernisse in den Weg legen sollen. Bey Unserer Huld und Gnade. Gegeben auf Unserm Schlosse Hirschholm, den 20sten Junii, eintausend siebenhundert fünf und dreyßig.

Christian R.

Fühnen.

Odensee.

Das dasige adeliche Jungfern-Kloster ist von Fräulein Karen Brahe zu Oesterupgaard 1716 gestiftet, und hat nachdem mit gutem Fortgang zugenommen. Es ist für eine Priorinn und 8 Jungfern gestiftet, und geniesset, ausser freyem Tisch, Holz, Licht rc. die Priorinn jährlich 80 Rthlr. und jede Jungfer 40 Rthlr. Die Fundation lautet also.

Wir Friederich der 4te, König zu Dännemark und Norwegen rc. thun allen kund, daß bey Uns allerunterthänigst angesuchet, und Unsere allergnädigste Bestätigung über nachfolgende Anordnung und Stiftung verlanget werden, welche von Wort zu Wort also lautet.

Ich unterschriebene Jungfer Karen Brahe zu Oesterupgaard, thue kund, daß ich aus dankbarer Erkenntlichkeit für des Allerhöchsten Segen, adelichen Jungfern zum Nutzen, (besonders denjenigen, welche ohne Hülfe ihrer Freunde aus eigenen Mitteln nicht subsistiren können,) für mich und meine Erben unwiederruflich und unveränderlich, meinen in Odensee auf dem Markt belegenen grundgemauerten Hof Bispegaard (Bischofshof) genannt, nebst dazu gehörigen Buden und Gärten, nach weiterer Anzeige der Scheidbriefe und dergleichen Documente, zu einem adelichen Jungfern-Kloster, und zu keinem andern Gebrauch, nach Ihro Königl. Majest. meines allergnädigsten Erbherrn allergnädigsten darzu gegebenen Erlaubniß und ertheilten Freyheit, gegeben und geschenket habe, auf daß adeliche Jungfern allda Wohnung und Aufenthalt haben mögen, und geziemender Massen und ihrem Stande gemäß ihr Leben zubringen können. Mit dieses Klosters Einrichtung soll es folgendermassen gehalten werden.

1.

Alles, was jetzt von mir gegeben ist, oder künftig von mir oder andern dem Kloster gegeben und zugeleget wird, es mag wie es will genauert seyn, wird allezeit unbeweglich zu diesen und keinen andern Gebrauch angewendet, welchen ich, so lange ich lebe, und die, welche hinführo berechtiget sind, das Kloster und dessen Mittel zu verwalten, aus Furcht vor göttlicher Strafe, fleißig nachzuleben, und darüber zu halten haben, damit sie sich des Segens Gottes, welchen ich ihnen von Herzen wünsche, versichern können.

2.

Will ich in allertiefster Demuth des Klosters Schutz Unserm jetzt regierenden König, König Friederich dem 4ten, und nach Ihro Majest. Todesfall, welchen Gott gnädiglich verhüten wolle, Dero Nachfolgern in der Regierung, allerunterthänigst überliefert haben, so daß der Stifts-Amtmann in Fühnen, der jetzt ist, oder hernach kommen wird, an statt Ihro Majest. des Königes, das Kloster in nöthigen Fällen in Schutz nimmt, wann Klagen darüber einlaufen.

3.

Ich setze nun 3 Jungfern ein, und will mir vorbehalten, allezeit andere in ihre Stelle, wann Plätze vacant sind, und ich lebe, zu ernennen. Nach meinem Tode geschiehet dieses von meinen Erben oder andern nächsten Verwandten, oder wann keiner von denselben vorhanden ist, der des Klosters Mittel verwalten könnte und wollte, so soll der, welchen ich durch meinen letzten Willen ordinire, das Kloster zu verwalten berechtiget seyn. Wann die ersten eingeschriebenen Jungfern abgehen, sollen die, welche in ihre Stellen kommen, jedesmal, wann sie die Plätze antreten, zum Einschreibungs-Geld 300 Rthlr. bezahlen, und so geniessen sie sogleich der abgegangenen Plätze und Einkünfte.

4.

Dieses adeliche Jungfern-Kloster soll aus einer Priorinn und 8 Jungfern bestehen, bis geliebts Gott die Einkünfte des Klosters zunehmen, alsdann nach Gutdünken des Kloster-Patrons mehrere Jungfern eingenommen und verpfleget werden können.

5.

Die Jungfern, welche in das Kloster kommen, sollen von dänischem Adel geboren seyn, oder solche, welche von adelichem Stande sind, und sich in des Königes Reichen aufhalten und verbleiben, und vom Könige naturalisiret sind, wie auch solche, welche mit Adelsbrief, Helm und Schild zu führen, vom König gratificiret sind. Dieser eigene und ächtgeborne Töchtere können in das Kloster, wann sie in der lutherischen Religion auferzogen sind, und darinn beharren, kommen.

6.

Und soll ein jeder von diesen, so im vorhergehenden 5. Art. genennet sind, wann sie eine Jungfer in das Kloster haben wollen, 3000 Rthlr. an Cronen, und zum Einschreibungs-Geld 100 Rthlr. an Cronen bezahlen; dahingegen geniessen sie die Freyheit für sich und ihre Erben, von Kindern, Kindes Kindern, so lange Kinder sind, (werden aber keine Kinder nachgelassen, fälle das Capital an das Kloster,) eine Jungfer in der abgegangenen Stelle, so oft Platz ledig wird, doch gegen Erlegung 300 Rthlr. zur Einschreibung, einzusetzen. Wann es verlanget wird, kann das Capital von obgedachten 3000 Rthlrn. bey ihnen für 5 pro Cent stehen

stehen bleiben, wann sie hinlängliche Hypothek geben, und die Zinsen zu rechter Zeit bezahlen. Sollten diejenigen, bey welchen das Capital stehet, darin fehlen, so wird die Hypothek zum Gebrauch, ohne weiteren Proceß und Urtheil, bis das restirende bezahlet ist, angegriffen. Wann derjenige stirbt, der zum erstenmal 3000 Rthlr. gegeben hat, sollen dessen Kinder und Erben eben so gültige Versicherung und Hypothek geben; können oder wollen sie nicht, so nimmt derjenige, der des Klosters Einkünfte verwaltet, das Capital, und überträget selbiges gegen gute Sicherheit einem andern, oder er kaufet auch Landgüter dafür, welche die Zinsen einbringen können, und dennoch haben jene das Recht, wie vorher erwehnet worden, den Platz zu erneuren, so lange Erben von Kindern vorhanden sind.

7.

Ist jemand von den obgedachten im 5. Art. der mit einer Jungfer 2000 Rthlr. in Cronen, und zum Einschreibungs-Geld 100 Rthlr. in Cronen geben will, so kann die Jungfer gleich eingenommen werden, und wann die erste durch Todesfall oder andere Gelegenheiten abgehet, setzen sie oder ihre Erben noch eine Jungfer mit 300 Rthlr. in Cronen hinein. So bald die 2te Jungfer abgehet, verfällt das Capital an das Kloster.

8.

Ist jemand von obgedachten Personen, wie im 5. Art. gemeldet wird, welche in dem Kloster leben wollen, und Kostgeld geben, so kann es erlaubt seyn, wann Platz in dem Kloster ist; alsdann aber werden mit dem, der des Klosters Mittel verwaltet, die Conditionen, welche sie verlangen, verabredet; doch sollen sie nicht länger als ein Jahr da bleiben.

9.

Wann jemand von obgedachten Personen in das Kloster Jungfern bringen will, so sollen sie sich bey des Klosters Patron melden, und demselben das Capital nebst Einschreibungs-Geld nach dem 6. Art. oder auch genugsame Versicherung für selbiges Capital, überliefern; alsdann kann die Jungfer gleich in das Kloster kommen; und solchergestalt werden 8 Jungfern an der Zahl angenommen; hernach aber werden auf die Conditionen, welche selbiger Artikel meldet, keine mehr eingenommen.

10.

Wer Jungfern will einschreiben, und ihnen die Anwartschaft in das Kloster zu kommen, ertheilen lassen, soll an das Kloster für eine Jungfer zur Einschreibung 300 Rthlr., werden zwey auf einmal eingeschrieben, 250 Rthlr. bezahlen, für drey aber werden 600 Rthlr. bezahlet, und so bald die Einschreibungs-Gelder für eine jede zu der Summa angewachsen sind, daß sie von 3000 Rthlr. so zu rechnen einfache Zinsen tragen können, alsdann werden die Jungfern eine nach der andern in das Kloster eingenommen, wie sie eingeschrieben sind, und Platz ledig wird.

11.

Wann die Priorinn zum Nutzen des Klosters etwas zu verändern für gut befindet, das entweder die Gebäude oder Haus Geschäfte betrifft, ohne was vorgeschrieben ist, so soll sie solches des Klosters Patron melden, und dessen Erlaubniß suchen. Ist er nicht gegenwärtig, solche zu ertheilen, so soll sie es in der 4 ältesten Jungfern Gegenwart bedingen und bezahlen. Der Priorinn soll ein Buch gegeben werden, in welches alle gewisse Einkünfte des Klosters eingetragen werden sollen, welches sie haben soll, um nachzusehen, daß sie zu rechter Zeit gefordert und bezahlet werden, und was sie einnimmt, soll sie richtig abschreiben und quitiren.

12.

Wann die Priorinn abgehet, die ich einsetze, wähle ich oder diejenige, welche das Kloster während der Zeit verwaltet, eine schickliche adliche Wittfrau vom dänischen Adel, wenn sie dazu tüchtig erachtet wird, und von solcher Geschicklichkeit ist, daß sie die Rechnung und alles, was einer Priorinn zukommt, verrichten, und ihm vorstehen kann. Die Priorinn geniesset jährlich 80 Rthlr. ohne freyen Tisch, und eine Cammer mit einem Cabinett, welche sie selbst mit Meublen versiehet, und im Stande hält; das Kloster speiset ihr eine Magd, die Priorinn aber belohnet sie selbst, und wann sie abgehet, bleiben ihre Meubles dem Kloster zum Besten, und fallen an dasselbige. Will sie aber durch Testament mehr geben, so stehet es ihr frey. Eben so wird es mit den Jungfern, die hineinkommen, gehalten. Jede Jungfer soll ihr eigenes Bett, nebst andern für sich und ihre Magd gehörigen Meublen, in der Cammer haben, und geniesset jede Jungfer jährlich 20 Rthlr. nebst freyem Tisch, Cammer, Holz und Licht zu ihrer Cammer. Zur Feurung geniesset die Priorinn 3 Klafter Holz, und Licht 2 Lpfund, und 2 Jungfern bekommen 3 Klafter Holz, 6 Quartier lang, und Licht von 1½ Lpfund Tallig.

13.

Die Priorinn und alle Jungfern sollen an einem Tische speisen. Für 2 Jungfern wird eine Magd von des Klosters Einkünften bezahlet, welche den beyden Jungfern aufwartet, die gleiche Antheile an ihrer Arbeit haben. Wann eine seyn mögte unter den Jungfern, die so viel Geld hätte, daß sie jährlich 22 Rthlr.

für

für Kost an das Kloster bezahlen könnte, soll es ihr erlaubet seyn, eine eigene Magd zu halten, sie muß ihr aber selbst Lohn geben.

14.

Die Jungfern sollen ehrbar und schicklich leben, und sich mit einander vergleichen, auch Respect und Gehorsam gegen die Priorinn beweisen, wann sie zu ihrem Nutzen von derselben zur Rede gestellet werden. Sie sollen keinen Ueberfluß an Gold, Silber oder kostbaren Brähmen an ihrer Kleidung gebrauchen. Wann sie im Kloster sind, sollen ihre besten Kleider aus schwarz seidenem Zeuge bestehen, und sie sollen sich nicht anders aufführen, als ihre Einkünfte es verstatten, keine Schulden machen, und jährlich soll, was sie bey den Kaufleuten zu ihrer Nothdurft bekommen haben, bezahlet werden.

15.

Keine Jungfer unter 14 Jahren wird ins Kloster aufgenommen, es sey dann, daß sie so viel Geld, ausser was sie von dem Kloster geniesset, habe, daß sie dafür in dem Christenthum und anderen ihrem Stande gemäß nothwendigen Wissenschaften, unterrichtet und auferzogen werden könne.

16.

Keine Jungfer im Kloster darf jemanden die Ehe heimlich zusagen; sie soll aber erst von den Eltern verlanget werden, und mit ihrem Consens, wenn der Bräutigam eine Person ihres Standes ist. Sind keine Eltern oder Verwandten da, so soll sie, nächst Gott, sich mit des Klosters Patron berathschlagen, und seine Einwilligung suchen. Wird alles dieses nicht beobachtet, so soll alles, was sie mitgebracht hat, dem Kloster eigenthümlich zufallen.

17.

Wann eine Jungfer im Kloster stirbt, bleiben alle ihre mitgebrachten Effecten, nebst dem 10ten Theil von ihren Mitteln, bey dem Kloster; wann sie aber mehr dazu testamentiren will, stehet es ihr frey; welchem genau nachgelebet werden soll, wofern sie über 18 Jahre alt ist; dahingegen geniesset sie von dem Kloster freye Begräbniß.

18.

Die Jungfern müssen nicht ohne der Priorinn Wissen und Erlaubniß ausser dem Kloster seyn, vielweniger ohne ihr Wissen und des Patrons Erlaubniß, aus der Stadt und über Land reisen, und sollen sie dabey melden, wohin? und ob es auf

Verlangen ihrer Freunde geschiehet? da es dann auf gewisse Zeit erlaubet werden kann; nach deren Verlauf sie sich unverzüglich wieder einzustellen hat. Sollten aber ihre Freunde, zu welchen sie gereiset, aus gewissen Ursachen noch längere Erlaubniß verlangen, so soll solche bey dem Patron gesuchet werden.

19.

Die Jungfern nebst ihren Mägden sollen keine Predigt versäumen, es wäre denn, daß Krankheit dazu Anlaß gäbe; sie sollen auch täglich mit einander Morgens und Abends Betstunde, an dem in dem Kloster dazu bestimmten Ort, nebst andern des Klosters Bedienten, zur Winter-Zeit des Morgens um $7\frac{1}{2}$, des Abends um 4; zur Sommers-Zeit aber des Morgens um 8, und des Abends um 5 Uhr, halten.

20.

Der Jungfern Rang unter sich soll nach ihrem Alter in dem Kloster seyn.

21.

Wofern etwa eine Jungfer unartig, oder auf andere Art und Weise gegen die Priorinn ungehorsam befunden würde, so sollen ihr zum erstenmal auf das Jahr 20, zum zweytenmal 30 Rthlr. abgezogen werden; zeiget sie sich zum drittenmal trotzig und widerspenstig, so soll sie das Kloster quitiren, und es soll eine andere Jungfer in ihre Stelle nach der Tour wieder eingesetzet werden; es soll solches aber erst dem Patron des Klosters kund gethan werden, welcher darin urtheilet.

22.

Sollte eine Jungfer wider Vermuthen durch ihre Lebensart Unordnung und Aergerniß oder Argwohn verursachen, so soll sie andern zum Exempel das Kloster sogleich quitiren; sollte sie aber in Unzucht betroffen werden, so sollen alle in und ausser dem Kloster ihr zugehörige Mittel dem Kloster eigenthümlich heimfallen, und sie soll von dieser Societät ausgeschlossen werden.

23.

Die Conditionen, die denen, welche Jungfern ins Kloster bringen, mitgetheilet werden, sollen, nach gegebenem Beweis des Patrons, einem jeden zur Nachricht, in das Buch eingetragen werden.

24. Die

24.

Die zu des Klosters Diensten nöthige Bediente werden nach Ordre des Patrons angenommen und wieder abgeschafft. Ist jemand, der seine Pflicht nicht beobachtet, und sich widerspenstig gegen die Priorinn bezeiget, die über ihn zu befehlen hat, so soll sie solches angeben. Die Jungfern können ihre Mägde selbst annehmen und wieder abschaffen, doch sollen sie alle, ohne Ausnahme, unter der Priorinn Aufsicht stehen, schicklich leben, und die Befehle, welche andere Bediente angehen, beobachten; kein Bedienter und kein Mädchen darf ohne der Jungfer und der Priorinn Erlaubniß in die Stadt gehen, vielweniger des Nachts ausbleiben; sondern sie sollen, ehe die Pforten geschlossen werden, (welches bey Sommer-Zeiten um 9 Uhr, bey Winter-Zeiten aber um 4 Uhr geschehen soll,) in dem Kloster seyn. Sie sollen schicklich und ehrbar in ihrer Kleidung sich tragen, fleißig und gehorsam in ihrem Dienste seyn. Wird jemand dem zuwider handelnd befunden, und will sich auf Vermahnung nicht bessern, so wird derselbe gleich aus dem Kloster geschaffet, und gestalten Sachen nach durch Urtheil des Patrons mulctiret. Werden sie aber in Unzucht betroffen, so sollen sie die gesetzte Strafgelder erlegen, und ausserdem der Kerl ein Jahr auf Bremerholm, die Magd aber im Spinnhause eben so lange verbleiben.

25.

Alle Bediente speisen an einem Tische, und geniessen Frühstück, Mittags- und Abend-Mahlzeiten.

26.

Die Klagen welche entstehen können, da entweder die Priorinn über die Jungfern oder Bediente, oder diese über die Priorinn klagen, sollen bey dem Patron, der des Klosters Mittel verwaltet, angegeben werden, welcher, was recht ist, urtheilen soll.

27.

Es soll bey dem Kloster ein suffisanter Mann, der und in Odensee oder in der Gegend wohnhaft ist, gehalten werden, welcher alles, was bey dem Kloster in ein oder andern Stücken vorfällt, verrichten soll. Wann Güter dazu gekaufet werden, verantwortet er alsdann die Bauern und Diener vor Gericht. Er treibet zu rechter Zeit des Klosters Einkünfte und der Bauern Steuer, oder sogenannte Land-Gilde, mit allem, was sie geben sollen, ein; quitiret für der Bauern Steuer richtig, so bald sie bezahlet wird, und überreichet sie der Priorinn zur Verwahrung, gegen ihren Contra-Beweis, daß sie selbige empfangen habe. Er soll jähr-

jährlich von des Klosters Einnahme und Ausgabe richtige Rechnung ablegen, und auch stets alles, was verrichtet wird, die Priorinn wissen lassen, wie auch demjenigen, was sie zu des Klosters Nutzen für gut findet, vermöge seiner Instruction, nachleben.

28.

So lang Gott mir Leben und Gesundheit verleihet, will ich selbst das Kloster und dessen Mittel solchergestalt verwalten, daß es, durch Hülfe Gottes, schadlos seyn soll, wozu auch der, welcher nach meinem Tode zum Patron des Klosters verordnet wird, sich verpflichten soll, und müssen keine Mittel des Klosters, ohne genugsame Hypothek, jemand anvertrauet werden, es wäre dann, daß sie selbsten dafür verantwortlich seyn wollten. Können die Gelder für 5 pro Cent nicht ausgethan werden, oder sind keine tüchtige Land-Güter dafür im Lande zu bekommen, welche die Zinsen einbringen können; so müssen sie für 4 pro Cent ausgethan werden.

29.

Auf die Gebäude und Land-Güter hat der Patron des Klosters genaue Aufsicht zu haben, damit sie in gutem Stande gehalten werden; und soll die Priorinn wie auch der Voigt wohl Acht haben, und den befundenen Mangel sogleich angeben, damit demselben abgeholfen werde, wie auch auf andere Art und Weise des Klosters Nutzen, so viel möglich, beobachten.

30.

Wachsen die Einkünfte des Klosters, durch Gottes Segen und christlicher Herzen Beytrag, dergestalt an, daß sie, ausser der Priorinn, der Jungfern und Kloster-Bedienten, wie auch des Hofes gebührlichen Unterhaltung, es ertragen können; so soll die Hälfte von den Einschreibungs-Geldern und Zinsen der Priorinn und den Kloster-Jungfern zu ihrer jährlichen Verbesserung zukommen, und geniesset die Priorinn noch einmal so viel, als eine Jungfer. Die andere Hälfte wird zu dem Capital geschlagen, und auf Interesse ausgethan, doch so, daß etwas in der Casse übrig bleibet. Falls grosse Reparaturen oder andere ungewisse Ausgaben für das Kloster vorkommen, dadurch es in Schulden gesetzet werden sollte, so werden der Priorinn und der Jungfern Einkünfte deswegen alsdann nicht verringert.

31.

Jährlich soll in das Buch eingetragen werden, worin des Klosters Mittel bestehen? und wo sie sind? Dieses Buch soll die Priorinn in ihrer Verwahrung haben; es soll aber jährlich von dem Patron unterschrieben, auch dem Stifts-Amtmann

mann in Fühnen jährlich vorgezeiget werden, auf daß des Klosters Zustand ihm bekannt seyn möge.

32.

Wann bey unglücklicher Feuersbrunst, Krieg, oder andern unglücklichen Begebenheiten (welches Gott gnädiglich abwende) das Kloster auf einige Zeit aufgehoben würde: so sollen diejenigen, welche im Kloster gewesen sind, wo sie sich auch aufhalten, die Interessen geniessen, die von den Einkünften einzubringen sind, bis das Kloster wieder in Stand gesetzet werden kann.

33.

Meine dänische und deutsche Bibliothek, nach eingerichtetem Catalogo, die immer auf der ordinirten Stelle verbleiben soll, wird dem Odenseer Jungfern-Kloster geschenket und gegeben; so habe ich auch zur Conservation der dänischen Bücher, und um zur Vermehrung neue Bücher zu kaufen, das Capital von 200 Rthlr. zu 5 pro Cent auf Zinsen aus zu thun, geschenket und gegeben, davon 8 Rthlr. angewendet werden sollen, die übrigen 2 Rthlr. aber soll eine arme Person aus der Odenseer Schule, welche ich, oder der, so nach mir das Kloster verwaltet, ernennen soll, um die Bücher jährlich sauber zu halten, und in Acht zu nehmen, auch in einen Catalogum, was nach und nach gekaufet wird, einzutragen, geniessen. Der Schlüssel der Bibliothek, soll auch in Verwahrung der Priorinn seyn. Keine Bücher sollen, ohne ihr Wissen und Erlaubniß, herausgenommen werden, oder aus dem Kloster geliehen, sondern nur zum Gebrauch der Jungfern ausgehoben, hernach aber gleich wieder an ihren vorigen Ort gesetzet werden. Es soll auch die Person, welche darüber die Aufsicht hat, wissen, wann sie ausgenommen werden, auf daß er es bey der Nummer anzeichnen kann, und also keine wegkommen oder verderben. Hierzu soll selbige Person bey ihrer Verpflichtung sich reversiren, wann sie zu dieser Inspection ernennet und angenommen wird, weil ihr jährlich 2 Rthlr. zum Lohn dafür gegeben werden.

Daß diese Kloster-Ordnung mit allen ihren Artikeln und lautenden Worten, wie vorgeschrieben stehet, mein wohlgemeinter, freyer und vollkommener Wille ist und seyn soll, testire ich mit eigenhändiger Unterschrift, und beygedrucktem Petschaft.

Ofsterupgaard,
den 1ten November
1716.

Karen Brahe.

Als

Als wollen Wir vorgeschriebene Ordnung und Stiftung allergnädigst bestätiget haben, wie Wir sie auch hiemit bestätigen, doch so, daß die Testamente, deren der 12te und 17te Artikel Erwehnung thut, von Uns, auf geschehene unterthänigste Ansuchung, allergnädigst confirmiret werden, wie auch daß, was im 22sten Artikel von allen Mitteln stehet, welche einer Kloster-Jungfer, die in Unzucht betroffen wird, eigenthümlich zugehören, daß sie nemlich an das Kloster fallen sollen, sich nicht weiter erstrecke, als auf die Hälfte von ihren ausser dem Kloster befindlichen Mitteln. Wir haben auch hiebey allergnädigst bewilliget und erlaubet, wie Wir auch hiedurch bewilligen und erlauben, daß, wann das Kloster erst im Stande seyn wird, es von Einquartirungs-Geld und andern der Stadt-Oneribus, laut Unserer vom 7ten September 1716 gegebenen Resolution, befreyet und entlediget seyn soll; imgleichen daß alle, die im Kloster sind, mit allen personellen Steuren, wie auch mit Abgaben von ihrer Consumtion in ihrer Haushaltung, verschonet werden sollen. Wir verbieten allen und jeden hiemit, was oben geschrieben stehet, zu hindern, oder etwas Verfängliches dagegen zu thun. Bey Unserer Huld und Gnade. Gegeben auf Unserm Schlosse in Copenhagen, den 15ten Martii 1717.

Unter Unserer Königl. Hand und Petschaft.

(L. S.) Friderich R.

Jütland.

Stövringe Kloster.

Das adeliche Stövringe-Hofs Jungfern-Kloster in dem Stift Aarhuus, in dem Stövring Hared belegen, wurde von Christina Fuiren, weiland Herrn Geheimen-Raths Jens Harboes Frauen Wittwe, für eine Priorinn und 12 Jungfern, deren Eltern Chargen von den 5 ersten Classen Königl. Rang-Verordnung bedienet haben, gestiftet. Die Stiftung vom 12. Martii 1745 ist allergnädigst confirmiret, und lautet also.

Wir Christian der Sechste rc. thun hiemit vor allen kund, daß, nachdem die selig abgestorbene Frau Kristine Fuiren, des sel. Herrn Geheimen-Raths Jens Harboes nachgelassene Wittwe, durch ihr den 23sten Novembris 1735 stipulirtes, und darnach von Uns unter dem 7ten Januarii 1736 allergnädigst confirmirtes Testament, ihr in dem Stift Aarhuus belegenes freyes adeliches Gut, Stövring-Hof genannt, mit desselben Bauren-Gut und anderer Herrlichkeit, verschenkt und weggegeben, wie auch ausserdem ein ansehnliches Capital von ihren nachgelassenen baaren Mitteln verehret hat, um dadurch in dem oberwehnten Stövring-Hof ein Jungfern-Kloster für eine Priorinn und zwölf Jungfern zu stiften und errichten zu lassen; nämlich

1) müssen dieser 12 Jungfern Eltern eine von den Chargen, die in den ersten 5 Classen der Königl. Rang Verordnung angeführet sind, bedienet haben.

2) Müssen diese Jungfern selbst gottesfürchtige und bedürftige Personen seyn.

3) Müssen sie von dänischen oder norwegischen Eltern geboren, und der evangelisch-lutherischen Religion zugethan seyn; und endlich

4) einer jeden dieser Jungfern, sollen ausser freyen Wohnung, Unterhaltung und Feurung, achtzig Reichsthaler jährlich, der Priorinn aber einhundert und zwanzig Reichsthaler jährlich gegeben werden; doch daß die Jungfer Johanna Catharina Bartholin dieses gestifteten Klosters erste Priorinn seyn soll; wie auch, daß ihr, ohne die geringste Folgerung, sollen, so lange sie leben, und dorten verbleiben wird, zweyhundert Reichsthaler, ausser der freyen Kost, Behausung und Aufwartung, jährlich gegeben werden.

Also haben Wir allergnädigst für gut befunden, diese nachfolgende Fundation wegen des obbenannten Stövring-Hofs Jungfern-Kloster anzuordnen und zu befehlen; als

1) Daß nicht das geringste, sowohl von dem erwehnten Stövring-Hof, mit dem dazu gehörigen Gut, Zehenden und anderer Herrlichkeit, noch von den dem Kloster zugehörigen baaren Mitteln, abalieniret, oder entwendet, oder auch zu irgend einen andern Nutzen (wäre es auch zu andern piis usibus) gebrauchet werden,

als zu dieses Jungfern-Klosters beständigen Unterhaltung und Conservation, nach dem darüber aufgerichteten Testament.

2) Daß sowohl der gegenwärtige als der nachkommende Director oder die Directores dieses Klosters, solchermassen (wie sie vor Gott und Uns davon gewissenhaft Rechenschaft geben können) das Kloster-Gut samt dessen übrigen Baarschaften administriren sollen, auch für alle desselben Appertinentien eine solche gute Aufsicht und Vorsorge tragen, daß des Klosters Vortheil und Zuwachs dadurch vermehret und befördert werden kann. Für welche obwaltende Direction und Administration er oder sie doch keinem andern, als Uns allein, responsable seyn soll und sollen; weswegen auch er oder sie allergnädigst befehliget werden, Uns zum wenigsten alle 3 Jahre den Zustand des Klosters vorzustellen, und von dessen gehobenen Einkünften und Ausgaben die gehörige Erklärung abzustatten.

3) Daß der Director des Klosters, so bald als eine Vacance in demselben durch Todes-Fall oder auf andere Weise geschehen, Uns dieselbe gleich zu erkennen gebe, und in der abgegangenen Stelle, zu Unserer allergnädigsten Approbation, eine solche Person, die nach der Fundatricis Willen in das Kloster ein- und aufgenommen werden muß und kann, vorstelle.

4) Wenn die Priorinn mit dem Tode abgehet, oder auch ihre Stelle auf eine andere Art ledig wird, so sollen die sechs ältesten Jungfern, mit Zuziehung des Directoris, durch die meisten Stimmen, die unter den Kloster-Jungfern tüchtigste erwählen, welche Uns zur allergnädigsten Approbation hernach vorgestellet wird.

5) In der im Kloster-Gebäude befindlichen Kirche soll an allen Sonn- und Fest-Tagen Predigt von dem Priester der Stövrings-Pfarre gehalten werden; wofür ausser dem, was ihm durchs Opfer im Kloster zufliessen kann, er für seine gehabte Mühe und Dienstleistung funfzig Reichsthaler jährlich geniessen wird. Dem Küster, der bey derselben Gelegenheit dem Gesang vorstehet, werden zwölf Reichsthaler jährlich beygeleget. Ausserdem wird die Priorinn mit den Jungfern Morgen- und Abend-Gebete täglich halten, und da sowohl, als bey allem öffentlichen Gottesdienst, für den König, die Königin, das höchstsämmtliche königliche Haus, und alle Einwohnern des Landes, Fürbitte thun.

6) Die Priorinn soll der Haushaltung mit aller Sorgfalt und möglichster Oekonomie vorstehen, wie auch sich darum bemühen, daß nichts von dem, was ihr zur Kloster-Haushaltung mögte geliefert werden, entwendet werde oder wegkomme. Dannenhero muß sie über die ganze Einnahme Buch halten, auch die Ausgaben richtig anschreiben; sie soll auch, wann es gefordert wird, verpflichtet seyn, ihre Rechnung den vier ältesten Jungfern und dem Director vorzuzeigen. Von der Priorinn werden eine Haushälterin, eine Köchin, ein Brauer-Mädgen, eine Mayerin, und ein Diener, der schreiben kann, wie auch ein Kutscher, sammt einem Haus-

knecht

knecht im Dienst genommen, und sollen dieselben alles, was von ihr angeordnet und befohlen wird, mit allem Gehorsam bewerkstelligen.

7) Für dasjenige Inventarium, welches vom Silber, Leinenzeug, Hausgeräthe, Küchenzeug u. s. w. der Priorinn bey Antretung der Oekonomie, oder hernach von dem Kloster-Director geliefert wird, muß sie responsable seyn, so daß es auf die behutsamste Weise behandelt und verwahret wird. Würden aber die Dienstleute, welchen sie es zum Theil wieder anvertrauen muß, etwas davon wegkommen lassen, oder durch Verwahrlosung beschädigen, so ist sie bevollmächtiget, die Dienstboten darzu anzuhalten, daß sie den Schaden erstatten, oder auch von ihrem Lohn so viel, als der geschehene Schaden billig austrägt, inne zu behalten. Wann etwas, als neue Meubles, Leinenzeug oder dergleichen, nothwendig angeschaffet werden muß, so wird sie sich deswegen an den Kloster-Director addressiren, der denn, nach den Umständen und der Beschaffenheit der Casse, den Einkauf des Nothwendigen veranstaltet.

8) Die Priorinn mit den sämmtlichen Jungfern speisen an einer Tafel, und geniessen bey jeder Mahlzeit, sowohl zum Mittag- als zum Abend-Essen, drey Gerichte.

9) Gleichfalls wird auch die Priorinn eine beständige Aufsicht über der Jungfern Aufführung haben, sie zu einem gottesfürchtigen, ehrbaren und anständigen Wandel ermahnen, und niemals zugeben, daß dieselben, ausgenommen wann sie krank sind, entweder die Predigten, oder die angeordneten öffentlichen Morgen- und Abend-Gebete versäumen. Eben so muß die Priorinn dafür Sorge tragen, daß von allen und jeden in dem Kloster gute Ordnung und Sittsamkeit beobachtet werde. Zu diesem Endzweck müssen ihr die Jungfern eine ehrerbietige Hochachtung in allen Fällen bezeigen, und alle übrigen Kloster-Domestiken ihren Befehlen und Veranstaltungen mit unausbleiblichem Gehorsam nachleben.

10) Würde eine Jungfer sich unartig, widerspenstig und aufsätzig gegen die Priorinn bezeigen, und nach wiederholten Ermahnungen und ernsthaften Verweisen ihre geführte Lebensart nicht ändern, so soll sie zum erstenmal, wann sie verklagt wird, eine halbe Quartal-Pension, die 10 Rthlr ausmacht, zum andernmal, wann sie sich kennbar vergehet, 20 Rthlr. und zum drittenmal 40 Rthlr. verlieren; endlich aber und zum viertenmal aus dem Kloster verwiesen werden, doch so, daß in den oberwehnten Fällen erst eine Versammlung von den vier ältesten Jungfern, nebst dem Kloster-Director, gehalten werde, die nach der aufs genaueste überlegten Beschaffenheit und Connexion der Sache, und nach ihrem Gewissen, urtheilen; doch sollen sie den gelindesten Weg, so lange als noch Hofnung zur Besserung übrig seyn wird, wählen.

 11) Die

11) Die Jungfern müssen ohne Vorwissen der Priorinn nicht aus dem Kloster seyn, vielweniger ohne ihre Erlaubniß irgends wohin fahren.

12) Bey Besuchen der Anverwandten oder Fremden, müssen die Jungfern die Umstände sehr genau beobachten, und wird niemand ohne Vorwissen und Consens der Priorinn in das Kloster gelassen. Würde eine Jungfer einen hinlänglichen Argwohn zu einem unerlaubten Briefwechsel geben; so kann die Priorinn, in Beyseyn der vier ältesten Jungfern, dergleichen Briefe öfnen; sie wird aber doch sowohl in diesen, als in andern dergleichen Fällen, alle Unpartheylichkeit, Prudence und Moderation gebrauchen.

13) Wofern eine Jungfer wider Vermuthen in der Unzucht ertappet würde, so soll sie, nach der Priorinn, der vier ältesten Jungfern und des Kloster-Directoris Urtheil, ohne alle Gnade in das Zuchthaus eingesperret werden, um dorten zeitlebens zu verbleiben, und ihr ganzes in dem Kloster befindliche Vermögen soll alsdann dem Kloster anheimfallen.

14) Will eine Jungfer, nach göttlicher Vorsehung und mit der Anverwandten Bewilligung, ihren Stand verändern, so wird es ihr erlaubt, wenn die Verheirathung ihr anständig geachtet, und mit der Priorinn Vorwissen geschehen wird. Wofern sie sich aber auf andere Weise verheyrathet, so soll sie alles, was sie in dem Kloster besitzet, verlieren.

15) Wenn die Priorinn oder eine andere Jungfer in dem Kloster mit Tode abgehet, wird ihr ganzes nachgelassenes nicht nagelfestes Vermögen dem Kloster heimfallen, wogegen sie freye Beerdigung geniessen soll. Denenjenigen aber, welche über 18 Jahre alt sind, ist es erlaubet, freywillige Gaben dem Kloster zu schenken, und zu dessen Avantage wenig oder viel von ihrem Vermögen zu testamentiren.

16) Eine jede Jungfer, welche diesem Kloster einverleibet wird, soll ihre Bettstelle sammt Betten, wie auch andere nothwendige Meublen mitbringen, indem von dem Kloster nichts anders als Tische, Stühle und Fenster-Gardinen angeschaffet werden.

17) Weil es so eingerichtet ist, daß eine jede Jungfer ihr eigenes Zimmer hat, daß aber zwey Jungfern von einem Dienstmädgen zu ihrer beyderseitigen Aufwartung sich bedienen lassen müssen; so haben sie alle beyde gleichen Theil an solcher Aufwartung, und können dieselbe zu ihrem Nutzen anwenden.

18) Der Rang und Gang der Jungfern unter sich, wird nach ihrer Einschreibung in das Kloster und Ankunft in demselben beobachtet.

19) Alle Dienstleute des Klosters, sowohl die Mannspersonen als die Mädgen, sollen an einem Tische speisen, und zum Mittags- und Abend-Mahl zwey Gerichte bekommen.

So gebieten und befehlen Wir hiermit allergnädigst, daß alle diejenigen, welche es angehet, sich nach dieser obangeführten Fundation in allen ihren Puncten und Clauseln richten sollen. Und endlich, gleich wie Wir diese Stiftung in Unsere Protection genommen haben; so wollen Wir Uns auch hinführo mit königlicher Gewogenheit zur allergnädigsten Approbation dessen annehmen, was Uns zu ihrer weiteren Verbesserung von dem Director allerunterthänigst kann vorgebracht werden. Wornach alle und jede, denen es zukommt, sich allerunterthänigst zu richten wissen werden, und keine Hinderniß oder Verfang dargegen auf die geringste Weise versuchen sollen. Gegeben auf dem Schlosse Christiansburg in Unserer königlichen Residenz-Stadt Copenhagen, den 12ten Martii 1745.

Unter Unserer königl. Hand und Siegel.

Christianus R.

Von dem hochadelichen Stift Walloe in Seeland ist nur folgendes bekannt.

1. In diesem Hochstift ist jederzeit eine deutsche fürstliche Person, wie dermalen die Prinzeßinn von Glücksburg, Aebtißinn.

2. Ausser ihr ist auch eine gräfliche Person Priorinn.

3. Das Hochstift hat eine Grafschaft, Walløe, mit darunter liegenden Haupt-Höfen, zu ihrem Einkommen.

4. Es kann keine Person in dieses Hochstift recipiret werden, die nicht ihre 16 Ahnen klar und deutlich erwiesen.

5. Ihro Majest. die verwittwete Königinn, als hohe Stifterinn dieses Hochstifts, hat sich 2 Plätze zu besetzen reserviret, um Hof-Dames, wenn sie dazu Lust bezeigen, darin setzen zu können.

6. Das Hochstift ist zu 16 Conventualinnen eingerichtet. Jede genießt jährlich 3 bis 400 Rthlr., hält ihre eigene Menage, hat monatlich 1 Stück Wild und Wild Federwerk, nach Beschaffenheit der Jahrszeiten, für ihre Küche, u. freye Fuhren, und mehrere Agremens.

7. Die Conventualinnen tragen ein rothes Band von der rechten zur linken Seite, woran ein Creutz, mit der Jungfrau Maria und dem Kinde Jesu auf den Armen, hänget.

8. Für die Aufnahme in dies Hochstift, zahlet jede Conventualinn bey ihrer Entrée 2000 Rthlr.

9. Die Conventualinnen haben den Rang mit General-Majors Frauen, und fahren mit Zöpfen auf den Pferden.

Von den Klöstern in den Herzogthümern Schleswig und Holstein ist nur folgendes bekannt.

1) Sie sind ehedem von dem Land-Adel gestiftet; die Zeit der Stiftung ist uralt und unbekannt.

2) Zu jeglichem Kloster gehören gewisse Unterthanen, die entweder in gewissen Dörfern beysammen, oder, wie bey Itzehoe, unter den königl. und andern Unterthanen zerstreuet wohnen. Diese geben Zehenden, und thun gewisse Frohn-Dienste, doch sind sie nicht leibeigen.

3) Jedes Kloster hat entweder einen Probst, als Schleswig, Preetz und Uetersen, oder einen Verbitter, als Itzehoe. Diese müssen von dem Land-Adel seyn, werden durch dieses Amt Prälaten, und haben den Rang vor dem übrigen Adel. Die Wahl geschieht durch die Conventualinnen.

4) In das Schleswigsche, welches das Johannis-Kloster heißt, werden nicht nur Landes-Kinder, sondern auch Ausländer recipiret, jene zahlen pro inscriptione 50, diese aber 100 Rthlr., welche unter die Priorinn und Conventualinnen getheilet werden, doch hat die Priorinn, wie in allen Revenüen, doppelte Portion. In Preetz aber und Itzehoe kann keine Ausländerin recipiret werden. Wie es in Uetersen ist, weiß man nicht. Pro inscriptione wird daselbst mehr als in Schleswig bezahlet, und gleichfalls getheilet.

5) In Schleswig, Preetz und Uetersen haben sie eine Priorinn, in Itzehoe eine Aebtißin, welche durch die Mehrheit der Stimmen aus ihrem Mitteln gewählet werden.

6) Das Schleswigsche stehet allein unter dem Könige; Preetz und Itzehoe unter der gemeinschaftlichen Regierung.*) Von Uetersen weiß man nichts zuverläßiges dermaln fest zu setzen.

7) Jeder königliche Cron-Prinz kann in allen, der herzogliche in den gemeinschaftlichen Klöstern ein Conventualin setzen, und dazu auch Ausländische nehmen. Das nennen sie per primas preces setzen.

8) Die Revenüen bestehen mehrentheils aus Victualien, als Korn, Vieh rc. doch geben die Unterthanen auch etwas am Gelde; können aber, zumal wegen des Preises der Victualien, nicht leicht ausgekundschaftet werden. Das Schleswigsche hat

*) nemlich damals, als dieses geschrieben worden.

hat wohl die geringsten; doch dependiret viel von der klugen Wirthschaft einer Priorinn, weil sich alsdann viele in solches Kloster einschreiben lassen.

9) In Schleswig sind 9 Conventualinnen und eine Priorinn, in Itzehoe 20 mit der Aebtißinn, in Preetz 40 mit der Priorinn.

10) In Schleswig haben sie weder Horas noch andere Ceremonien; in Itzehoe heisset die zuletzt recipirte Fräulein, Sang-Fräulein, welche Vor- und Nachmittag jedesmal eine Stunde im Chor der Kirche singen muß. In Preetz haben sie der Ceremonien sehr viele.

11) In Preetz und Itzehoe haben sie gewisse Schul-Jahre, in welchen sie nur was weniges geniessen; doch mit dem Unterschied, daß sie in Preetz in den Schul-Jahren gegenwärtig seyn müssen; in Itzehoe aber können sie abwesend seyn, und so wird diese Revenue unter die Conventualinnen getheilet.

12) Die Introduction einer Conventualinn ist solenn, und geschiehet allezeit durch einen Cavalier, vermittelst einer Rede, in Gegenwart des Probsten und ganzen Convents, auch anderer Zuschauer.

13) Die Priorinnen haben den Rang mit den Geheimen-Raths- und die Conventualinnen mit den Etats-Raths-Frauen.

14) Das Kloster Preetz hat seinen Prediger allein; in Itzehoe ist der Haupt-Prediger an der Stadt-Gemeine zugleich Kloster-Prediger, hat aber bey der Stadt Gemeine ausser dem Predigen keine Actus Ministeriales; ist ordentlich zugleich Probst der Probstey Münsterdorf. In Schleswig wird der Prediger von einer Land Gemeine Haddebuy, die theils königliche, theils klösterliche Unterthanen sind, gewählet, und den nimmt das Kloster auch zum Prediger; doch ist ihnen vor einigen und 20 Jahren die Erlaubniß gegeben, sich einen eigenen zu wählen; bis jetzt aber ist noch kein Fond zu dessen völligen Unterhalt verhanden.

15) Die Bedienten, welche die General-Oekonomie der Klöster verwalten, und Rechnungen führen, heissen in Schleswig der Kloster-Verwalter, in Preetz der Unter-Probst, in Itzehoe der Kloster-Schreiber, deren Revenüen, nach der heutigen Mode, im Kloster die größten sind.

C.

Chronik der Stadt Rendesburg,

von 1201 bis 1725.

mit eingerückten Urkunden.

Wann und von wem diese Stadt zuerst gebauet, davon ist keine gewisse Nachricht, ohne daß einige wollen, sie soll von einem so Reinholdt geheissen, welcher diesen Platz zum ersten bewohnet, den Namen Reinholdtsburg bekommen haben. Albertus Cranzius in Saxonia libr. 7. Cap. 16. meldet, daß zur Zeit Königs Canuti in Dänemark allhie ein alt verfallenes Schloß gewesen, welches vom Graf Adolphus dem Dritten zu repariren angefangen worden; er sey aber darüber mit König Canuto in Krieg gerathen, und überfallen worden, und gezwungen, daß er dem König das neu erbaute Schloß überlassen müssen, welches dann der König alsobald

1201 befestiget, und mit einer Brücken versehen lassen, weil damals noch kein Damm gewesen, sondern die Eyder noch ungehindert frey auf und nieder geflossen; ist also die Festung unter dem König in Dänemark geblieben, bis

1248 König Erich der Heilige genannt, mit Herzog Abel, Graf Hans und Gerhard Friede geschlossen, als ist dadurch die Vestung auch wieder an Graf Hans und Gerhard zu Holstein gekommen. Von der Zeit an Graf Gerhard ihm diesen Ort zur Residenz erwählet.

1264 ist die Stadt Rendsburg ganz abgebrannt, aber bald von den Bürgern erbauet worden.

1281 Graf Gerhard starb, und sein Sohn Graf Heinrich folgte ihm.

1286 Nicht lange hernach ist abermahl die halbe Stadt abgebrannt; und da sie wieder bebaut, hat die Neustadt und Neustrasse davon ihren Namen bekommen. Ob nun wohl durch solche beyde Feuerbrünste die Stadt und deren Einwohner grossen Schaden erlitten, haben doch

1287 die Bürger angefangen diese Kirche von Ziegelsteinen zu bauen; woraus abzunehmen, daß damals allhier nicht allein Reiche und Vermögende, sondern auch solche Bürger gewohnet, die ihres Geldes sind Herren gewesen; so daß sie dasselbe zu Gottes Ehren, auf den Nothfall haben angreifen dürfen.

1292 am Tage S. Margaretha haben die Kirchgeschwornen den Zeiger gekauft, und in die Kirche setzen lassen.

1310 Graf Heinrich starb, und ihm folgte Graf Gerhard der Grosse.

1320 ist das jetzige Schloß vom Grafen Gerhard den Grossen gebauet, und es hat sein Oheim der Erzbischof Gieselbrecht den runden Thurm daran setzen lassen. Dieser Graf Gerhard hat dieser Stadt das grosse Stadtfeldt, benebst Hörsten und Lunvy eigenthümlich verehret, und mit herrlichen Privilegien begabet, wie aus folgendem Document zu sehen, welches aus dem lateinischen übersetzt ist.

Im Namen der heiligen und unzertrennlichen Dreyfaltigkeit, Amen.

Gerhard von Gottes Gnaden, Graf zu Holstein und Stormarn, und von desselben Gnaden Sophia, Gräfin zu Holstein, Henricus, von eben der Gnade Graf daselbst, Nicolaus Domicellus, Bruder desselbigen, dem Wahrheit begierigen alles Heil und Seligkeit, in Christo, dem alleinigen Seligmacher. Unsere gesunde Vernunft rathet Uns ein, und es erfordert es die höchste Billigket, daß Wir denjenigen welche Unserm Schutz untergeben sind, und deren Hülfe Wir öfters reichlich genossen haben, mit besonderer Beförderung und guter Gunst und geneigtem Willen je mehr und mehr zugethan seyn, und bleiben sollen. Weil demnach der Rath und die ganze Bürgerschaft der Stadt Reinholdesburg, Unsere besondere Liebe und Getreue, Uns nach allem ihrem Vermögen, auf vielerley Art und Weise, mit dienstlicher Hülfe treulich und beständig oftmals zugetreten, und nach allen Unserm Willen in allen Stücken ganz wohlmeinend gegen Uns sind empfunden worden: so sind Wir dadurch bewogen, und begehren Wir billig, sie mit einer Verehrung und billigen Belohnung zu versehen. a) ꝛc.

Erstlich von der Mühlbrücke, recht aufwärts bis an den Ort, welche die Aubörper Börde genannt wird, doch ausgenommen den Platz, welcher die Caperheder heißt, bey dem Mühlen-Wasser, mehr von itzgedachtem Wasser herunter, oder den Ort bis in den Satis-See, vom Satis-See bis in die Satis-Au, von der Satis-Au bis in die Eyder, von der Eyder bis an den äussersten Pfahl, welcher bey Hrn. Benedix — — stehet. Was nun innerhalb dieser Gränze begriffen, solches alles mit Zubehör, Holzung, Büschen, Weyden, sowohl bebaueten als unbebaueten Aeckern, mit allem Nutzen und Früchten, erkennen Wir, daß es Unserm Rath und Bürgern zustehe, und mit Recht gebühre, wollen auch, daß vorbesagter Unserer Rath und Bürger innerhalb der Stadt und dieser vorbesagten Gränzen sich alles Gesetze, Recht und Gerichte, wie die Stadt Lübeck, in grosser Freyheit gebrauchen können und sollen, ꝛc.

1330 ist diese Stadt abermals durchs Feuer ganz verdorben, ausgenommen die Kirche und etliche Häuser hinter dem Kirchhof, damals auf der Witterung genannt, welche annoch stehen geblieben.

1340 Graf Gerhard der Grosse wurde zu Randers von Niels Jebsen ermordet. Nach ihm residirte hier Graf Heinrich der zweyte, oder der eiserne Heinrich, wegen seiner Streitbarkeit, welcher Rendsburg in Dänemark, Schweden, England, Frankreich und Italien berühmt machte. Er starb 1381, und ihm folgte seines Bruders Sohn Claus, der hier

1400

a) Die vollständige Urkunde stehet im dritten Bande des Corp. Constit. Holsat. unter der Ueberschrift Rensburg.

1400 ohne Erben starb. Nun kam die Stadt Rendsburg erblich an Herzog Heinrich zu Schleswig.

1449 ward *Christianus*, Graf von Oldenburg, auf Recommendation seines Oheims, Herzogs Adolph zu Schleswig, (welcher solche Würde abgeschlagen) im 22sten Jahr seines Alters zum König in Dänemark erwählet.

1460 kam die Stadt Rendsburg, durch den Vertrag zu Oldesloh, wieder an den König von Dänemark.

1465 hat einer von Adel, Man. Prosewolt genannt, den Armen zum heil. Geist den St. Jürgens Hof und die Seemühle, sammt dem See, mit allem Recht und Rauchhünern, verehrt, die bisher auch in demselben See die Fischerey mit Waden und Netzen gebraucht.

1474 hat Christian I. dieses Namens König in Dänemark, die Ditmarschen nach Rendsburg berufen, ihm daselbst die Erbhuldigung zu thun, die ihm aber solches, unter dem Vorwand, daß sie unter dem Erzbischof zu Bremen gehörten, abgeschlagen.

1481 hat der König allhier abermal einen Landtag gehalten, worauf er den Bundesbrief, den die Schleswig- und Holsteinsche Ritterschaft zum Kiel unter sich aufgerichtet, kraftlos erkläret, die Siegel abgerissen, den Brief durchgeschnitten, und denselben durch ein öffentlich Edict annullirt. In eben diesem Jahr ist hier folgendes Document ausgefertiget worden.

Privilegium der Königinn Dorothea, über vergönnte Einkaufung Korn und anderer Waaren in den Städten Kiel und Ecklenvörde für hiesiger Stadt Bürger, zu ihrer eigenen Nothdurft, et vice versa, de Anno 1481.

„Wy Dorothea von Gots Gnaden tho Denmark, Sweden, Norwegen, der Wenden und Gothen Königin, Herzogin tho Schleswig, of tho Oldenburg und Delmhorst Gräfinn, don kund und openbahr vor als man, dat Wie den Ehrsahmen, Unsern leven getreuen Burgemeistern, Rathmännern unde gantze Gemeine Unser Stadt Rendsburg, in Unsen Steden unde Haven Kiel und Ecklenvörde Korn unde alle andere Waare tho eren egenen Behove kopen mögen unde schölen, so doch, daß gemeldte beyden Steden dem geliken in Unser Stadt Rendsburg don mögen, gnädig of van eyne edermann unbehindert erlovet und gegönnet hebben; erloven und gönnen em ein sothanes, also gegenwordig in unde mit Kraft unde Macht deses Unses Breves, verbedende darumme in Unsern Steden Kiel unde Ecklenvörde unde als wen, en daran boven nicht hindern, sinder effte bewahr in jeman mathe daran dan lathen, sondern een darinne met Fliete behülplich sin, under Unsern Hulden und Gnaden. Datum in Unserm Schlote Rendsburg, an Middewe-

 ken

ken nechst of S. Dionify, Anno M. CCCC. LXXXI. under Unsen Signet in Afwesen Unsers Secrets.

(L. S. append.)

1482 starb *Christianus* im 56sten Jahr seines Alters, nachdem er 34 Jahr regiert hatte.

1483 hat König *Johannes*, der schon 1469 erwählt gewesen, das Königreich wiederum angetreten, und ist zu Copenhagen gekrönet worden.

1507 ist die grosse Glocke allhier auf Jacobi Abend gegossen, und Maria genannt worden.

1508 ist das Gewölbe in hiesiger Kirche und der Glockenthurm gebauet.

1513 starb König Johannes im 58sten Jahr seines Alters, nachdem er 32 Jahre regieret hatte.

1514 ist darauf Christiernus II. zum König in Dänemark, Schweden und Norwegen erwählt und gekrönt worden.

1523 haben die Dänen und Schweden ihm wegen seiner grossen Tyranney, die er in Schweden verübet, allen Gehorsam aufgesagt; worauf Christiernus nach Holland zu Schiffe gegangen, und bis 1531 daselbst im Exilio gelebt hat.

1524 ist Herzog Friederich berufen worden, und nach Eroberung Copenhagen daselbst zum König in Dänemark erwählt und gekrönet.

1526 wurde Herzog Adolph, Königs Friederich I. Sohn, als Stammvater der heutigen Gottorpischen Familie, gebohren.

1533 ist König Friederich zu Gottorf im 56sten Jahre seines Alters gestorben, nachdem er 10 Jahr regiert hatte, und lieget zu Schleswig in der Thum-Kirche begraben.

1534 ist Christianus der III. zum König in Dänemark wieder erwählet und gehuldiget worden.

1539 ist die Befestigung von Rendsburg, Crempe und auf Helgland, um den im Hadeler Lande gesammleten pfälzischen Truppen widerstehen zu können, merkwürdig, zu welchem Ende ein allgemein Aufgebot in Holstein, Schleswig und Jütland geschehen.

1540 hat König Christian der III diese Stadt von neuem mit einem Wall befestigen lassen.

Bey dieses Königs Zeiten ist die merkliche Reformation in der Religion vorgegangen; denn nachdem durch die Gnade Gottes der theure Mann Martinus Lutherus D. 1517 des Pabsts Irrthum aus Gottes Wort endecket, hat dieser gottselige König 1532 auch sein ganz Königreich zu reformiren angefangen, daß also auch diese Stadt von des Pabstes Irrthum befreyet worden; und ist der erste evangelische Prediger

all-

allhier gewesen D. Petrus Mellitius. Gott erhalte uns aus Gnaden dabey bis ans Ende, und steure aller falschen lehre. Amen.

1559 den 1. Jan. Als 8 Tage vor dem Neuenjahr ein Engel dem Christiano III. zu Colding erschiene, sagende, auf dem Neujahr würde es besser werden, so starb er auch denselben Tag, da er gelebt 56 Jahr, und regiert 24 Jahr. In selbigen Monat starb auch der gefangene König Christiern im 78sten Jahre seines Alters, nachdem er 36 Jahr gefangen gewesen.

1559 nach Christiani III Tode, kam Friederich der II zur Regierung.

1566 ist das Rathhaus allhier zu Rendsburg gebauet worden.

1572 sind die Balken in unser Kirche geleget worden.

1579 ist die Spitze auf unserm Kirchthurm erstlich gebauet. Todem hat Herzog Hans, Königs Christian III. Bruder, nachdem ihm die Stadt in der Theilung zu gefallen, das Schloß so ganz verfallen, repariren, und den runden Thurm, so oben schlecht gewesen, mit einer Spitze zieren lassen.

1580 nach des Herzogs Hans Tode kam Rendsburg wieder an den König von Dänemark, bey welchen sie auch geblieben.

1581 ist von König Friederich dem II und Herzog Adolph zu Schleswig, der Zoll zu Gottorf und Rendsburg zu gleiche Theile gesetzet.

1581 den 4. Jan. hat sich allhier ein kläglicher Casus begeben, indem ein hiesiger Cantor, Namens Hieronymus, der von dem Herrn Probsten gebeten worden, daß er sollte eine Predigt vor ihm ablegen, so er auch dem Herrn Probsten hat zugesagt, es ist vermuthlich der Herr Volcmarus Jonas gewesen; da er nun am Freitag sollte predigen, hat er sich in selbiger Nacht in seiner Stube mit seinem Hosenband erhenket, und zugleich sich mit seinem Degen erstochen! die leute seyn in die Kirche gegangen, haben gesungen, und also vergeblich gewartet; endlich ist der Küster hingegangen ihn zu holen, der denn die Stube verschlossen gefunden nachdem aber dieselbe eröfnet worden, hat man dies gräuliche Spectakel gefunden, darüber denn, wie leicht zu erachten, jedermann erschrocken worden; ist endlich durch den Scharfrichter abgenommen, und begraben worden.

1583. In diesem Jahr erging an den Rath zu Rendsburg folgendes Mandat.

Mandatum Regis Friederici II. an die Stadt Rendsburg, zu Verbietung der Jagd.

Wir Friederich der II, von Gottes Gnaden rc. Fügen euch, den Ehrsamen, Unsern lieben Getreuen, Bürgermeister, Rath und Gemeine Unser Stadt Rendsburg, hiemit gnädigste Meinung zu vernehmen, daß Wir in glaubwürdiger Erfahrung kommen, wasmassen etliche sowohl eures des Raths Mittels, als auch sonsten andere Privatpersonen, sich thätlich unterstehen sollen, des Jagens, Hetzens und Schiessens auf der Stadt vermeinter Gerechtigkeit Grund und Boden zu gebrauchen. Wenn aber euch selbsten unverträglicher, euer Nahrung, redliches Gewerbe und Handthierung, als solche Dinge die euch nicht bekommen, und gebühren, in acht zu haben, Uns aber auch sonsten ohnedas keinesweges solches zu gedulden, und damit nachzusehn gelegen: Als wollen wir euch ernstlich hiemit auferleget und befohlen haben, daß ihr, samt und besonders, solcher Jagd, Hetzens und Schiessens euch gänzlich enthalten und äussern sollet. Im Fall aber dies Unser Verbot übertreten, und jemand darüber beschlagen werden sollte, als haben Wir Unserm Amtmann ernstlich eingebunden, nicht allein solchen Ungehorsamen die Büchsen, Jagd- und Schießhunde, Netze und was mehr an Reitschaft bey demselben anzutreffen, und zu befinden, Unsernwegen abzunehmen, sondern Uns ferner dieselben namkundig zu machen, damit Wir sie andern zum Abscheu mit gebührlicher ernstlicher Strafe zum Gehorsam bringen, und wollen euch sämtlich diese, euch darnach zu richten und für Schaden zu hüten, gnädigste Meinung nicht ungemeldet lassen. Seyn euch sonsten mit Gnaden wohlgeneigt. Urkundlich unter Unserm Königl. Handzeichen und Secret. Actum auf Unserm Schloß Schanderburg, den 21. Monatstag Oct. Anno der weniger Zahl 83.

Friedrich.

1584 kaufte J. K. Majest. das Dorf Nübbel, für 20000 Thaler, wozu diese Stadt 4000 Thaler geben müssen, wegen Besoldung des dritten Predigers. In eben diesem Jahr bekam die Stadt nachfolgendes Privilegium.

Decimum tertium Privilegium Dni Friderici secundi, Regis Daniae, de Anno 1584.

Wir Friderich der Andere von Gottes Gnaden, zu Dänemark, Norwegen, der Wenden und Gothen König, Herzog zu Schleswig, Holstein, Stormarn und der Ditmarschen, Graf zu Oldenburg und Delmhorst, mit diesem Unsern offenen Briefe, thun kund und bekennen, vor Uns, Unsern Erben, Nachkommen und männiglich, daß Uns die Erfahrnen, Unsere lieben getreuen, Bürgermeistere, Rathmänner, Bürger und ganze Gemeine Unser Stadt Rendsburg, unterthänig belanget, weil solche Stadt durch des Hochgebohrnen Fürsten Unsers gewesenen freundlichen lieben Vetter und Bruder, Herrn Johansen des ältern, Erben zu Norwegen, Herzogen zu Schleswig, Holstein, hochseliger Gedächtniß tödtlichen Abgang, an Uns erblich gefallen, und sie nun Unsere Unterthanen geworden, daß Wir sie derowegen nicht allein bey ihrem wohlerlangten Privilegio gnädigst handhaben und schützen, besonders ihnen auch dieselbige gnädigst confirmiren wollten. Wenn Wir ihnen denn mit Gnaden gewogen, dieselbige sich auch gegen Uns als getreuen Unterthanen ge-

büh-

bishero verhalten, auch hinführo verhalten sollen und wollen, als haben Wir solch ihr unterthänigst Suchen gnädigst eingewilliget; confirmiren und bestätigen demnach auch hiemit und kraft dieses, ihnen alle und jede Privilegien, Gerechtigkeiten und Begnadigungen, so sie hiebevor von Unsern löblichen Vorfahren, Grafen, Fürsten und Königen erlanget, in allen ihren Puncten, Clauseln und Artikeln, nicht anders, als wenn sie hierin von Worten zu Worten ausdrücklich geschrieben und inserirt wären, dergestalt und also, daß sie sich derselbigen hernachmals, wie der Buchstabe mitbringet, zu erfreuen und zu geniessen haben; jedoch daß sie sich der Jagd und Schiessen durchaus enthalten sollen; denn da sich hierüber jemandes etwas gelüsten lassen, jagen oder schiessen, und derselbige derentwegen vom Rathe nicht gestrafet würde, sollen damit die Privilegia verbrochen seyn und denn auch vorbehältlich Unser und Unserer Erben an den allen Fürstl. Hoheit und Gerechtigkeit. Befehlen drauf Unserm Statthalter, Räthen und Amtleuten, Vögten, so nun sind, oder künftig gesetzet werden, wie auch sonsten männiglich Unsern Unterthanen, und die um Unsertwillen thun und lassen sollen und wollen, hingegen vor sich selbst nichts zu thun, noch solches andern zu verstatten, besondern gemeldter Unserer Stadt Rendsburg Bürgermeistere, Rathmänner, Bürgern und Gemeinheit dabey bis an Uns zu schützen und handzuhaben, bey Vermeidung Unserer ernsten Strafe und Ungnade. Uhrkündlich unter Unserem Handzeichen und Secret. Gegeben auf Unserm Schloß Scanderburg, den 12. Monathstag Februar, nach der gnadenreichen Geburt Unsers Erlösers und Heilandes Jesu Christi 1584.

(L. S.
R.) Friederich.

Eodem ist die Pest allhier gewesen, daß viele vornehme Bürger, und zwar die meisten, aus der Stadt gezogen, und sich zu Nübbel, Schülp, Jevenstede und anderen benachbarten Oertern aufgehalten, bis es wieder aufgehört.

1588 den 10. Mart. seyn allhier 5 Sonnen am Himmel gesehen worden, deren Deutung Gott bekannt.

Eodem starb König Friederich II von Dänemark zu Andersköw in Seeland, da er gelebt 54 Jahr, und regiert 29 Jahr.

1596 ist König Christian der IVte im 20sten Jahr seines Alters mit grosser Solennität in Copenhagen gekrönet.

1601 ist allhier ein Freyherr aus Böhmen, Namens Heinrich von Berka, gestorben, der sich allhier aufgehalten, weil er wegen der wahren evangelischen Religion ist vertrieben gewesen; ist allhier mit einer grossen Nachfolge von der Bürgerschaft und dem ganzen Rath beerdiget worden, hat auch ein Epitaphium setzen lassen.

1607 wurde nachstehendes von Rath und Bürgern beliebet.

Rath und Bürger Beliebung Anno 1607.

Da die Rathspersonen, welche den Rathstuhl Schwachheits halber nicht mehr bedienen können, mit den bürgerlichen Unpflichten zu verschonen — —

Zu wissen, nachdem der Ehrbare Hans von Erfurt, gewesener Bürgermeister, wegen seines Gehörs, damit ihn Gott der Allmächtige heimgesuchet, und daran geschwächet, abgedanket, und angehalten, daß er Zeit seines Lebens des gemeinen Bürgerschatzes, wie andere, so Alter und Schwachheits halber abdanken müßten, wiederfahren, verschonet werden möchte, und dann solcher Punct in eines E. Raths und der 16 Bürger Bedenken gestellt und berathschlaget worden; So ist verabschiedet, und dahin gewilliget, daß nicht allein Hans von Erfurt, sondern auch andere Rathspersonen, welche hiernächst Alters halber, oder sonsten Leibes-Schwachheiten halber, dem Rathstuhl nicht mehr dienen könnten, mit den bürgerlichen Unpflichten verschonet seyn und bleiben sollen, ausgenommen das Wachtgeld, Türken-Steuer oder anders, davon E. E. Rath selbsten nicht befreyet ist, daß sie dazu auch nach Vermögen zu contribuiren verpflichtet seyn sollen. Actum Rendsburg, Dienstag nach Palmarum, war der 31ste Martii 1607.

1608 ist den fremden Krämern das Hausiren und Verkaufen ausser dem Markt verboten worden.

Eodem seyn die Stadt-Musicanten angenommen worden.

Eodem ist der Schützen-Hof ausser dem holsteinischen Thor zuerst angefangen worden.

Eodem ist die grosse und kleine Silber-Münze erhöhet und aufgesetzet worden.

Eodem ist von Ihrer Königl. Majest. den Unterthanen, sowohl Bürgern als Bauern, in Holstein, anbefohlen worden, sich mit Musqueten und anderm Gewehr zu versehen, und von ihren Befehlshabern sich drillen, und in andern Kriegs-Exercitien unterrichten zu lassen.

1610 den 27. Sept. seyn allhier noch 2 Jahrmärkte angeleget worden, als der eine auf Reminiscere in der Fasten, der andre auf Johannis Baptistae, 9 Tage zu halten geordnet, nebst dem vorhin gewesenen Matthäi-Markte, jedoch den Schiffern an ihrer habenden Gerechtigkeit in Erkaufung ihres Holzes nichts benommen worden. Die königliche Bewilligung lautet so.

Regis Christiani IV. Concessio, wegen der dreyen Jahr-Märkte in Rendsburg, 1610.

Wir Christian der IV. von Gottes Gnaden, zu Dänemark, Norwegen, der Wenden und Gothen König, Herzog zu Schleswig, Holstein, Stormarn und der Ditmarschen, Graf zu Oldenburg und Delmhorst. Thun kund hiemit jedermänmänniglich, daß Uns die Ehrsame Unsere liebe getreue Bürgermeister und Rath der Stadt Rendsburg unterthänigst zu erkennen geben lassen, wasmassen die gesammte Bürgerschaft und Einwohner daselbst sie bittlich ersucht, bey Uns unterthänigst anzuhalten, und zu befördern, damit ihnen um gemeiner Stadt Besten und Fortsetzung mehrern Handels und Nahrung willen, noch zwey Jahrmärkte über den vorigen, welcher sonsten bishero allda auf Matthäi gehalten zu werden pflegte, vergönnet und erlaubet seyn möchten, mit angehefter unterthänigster Bitte, Wir geruheten gnädigst solches aus landesfürstl. Obrigkeit nicht allein zu concediren und zu verstatten, sondern auch Unser offenes Edict, Approbation und Confirmation hierüber zu ertheilen, und auszureichen. Wann Wir dann dabeneben verständig berichtet, welchergestalt solche 2 Jahrmärkte, da die von Uns gebetene Märkte angeordnet würden, gemeine Bürgerschaft allda zu merklichen Gedey-Verbesserung und Aufnehmen gereichen, und Wir sowohl für Uns selbst gnädigst geneigt, als tragenden Amts halber schuldig, Unser getreuen gehorsamen Unterthanen Nutz und Besten zu befördern, und fortzusetzen. So haben Wir demnach obbemeldetes Raths unterthänigst billiges Suchen in Gnaden erwogen, angesehen und eingewilliget, thun solches auch hiemit und kraft dieses Unsers offenen Briefs, daß nämlich hinführo alle Jahr daselbst zu Rendsburg, über den vorigen gewöhnlichen einigen Jahrmarkt, welcher, wie vor angereget, auf Matthäi einzufallen pflegte, noch 2 andere öffentliche Stadt- und Jahrmärkte, benanntlich der eine auf Reminiscere in der Fasten, und der andere den nächsten Tag nach Johannis Baptistae, gehalten, und alsdenn daselbst hin nicht allein von männiglich allerhand Kaufmanns-Waaren, sondern auch aus den benachbarten Landen, Städten und Dörfern, Pferde, Ochsen, und anderes groß und kleines Vieh gebracht, feil gehabt, verkauft, gekauft, und verhandelt werden möge, jedoch daß den Schiffern allda zu Rendsburg an ihrer habenden, und von Uns hiebevor erlangten Gerechtigkeit, wegen Kauf und Abschaffung des Bau- und andern Holzes, durch diese Unsere Verordnung nichts derogirt und benommen, sondern solch Holzkaufen, wie gebräuchlich, nur allein in dem ersten Markte, nemlich auf vorgesetzte Matthäi, vergönnet und erlaubet seyn solle. Gebieten darauf allen und jeden Unsern Statthaltern, Räthen, Amtleuten, Vögten, und männiglich der Unsern, daß ihr mehrgemeldte Bürgermeister und Rath, auch gemeine Bürgerschaft und Einwohner Unser Stadt Rendsburg wider diese Unsere beschehene Approbation, Anordnung und Confirmation keinerley Weise verhindert, noch ihnen einigen Einpaß, Hinderung oder Eintrag zufüget, noch solches von andern geschehen zu lassen verstattet. Daran vollbringet ihr Unsers gnädigen Befehls ernste Meinung. Uhrkundlich unter Unserm Königl. Handzeichen und Secret. Gegeben auf Unserm Schloß zu Hadersleben, den 23. Sept. 1610.

(L. S. R.) Christian.

1619 den 14. Oct. in der Nacht ist allhier der Pfeiler in der Kirchen, daran der Predigstuhl hänget, niedergefallen, nachdem man des sel. Michel Gude Begräbniß geöfnet, und sind 8 Leichensteine, die Cron, die Canzel, und ein Epitaphium samt vielen Stühlen zerschmettert worden, welches hernach seine Erben auf ihre Unkosten haben wiederum bauen müssen.

1620. In diesem Jahr erhielt die Stadt folgendes Privilegium.

Privilegium Regis Christiani IV, de Anno 1620, super arresto Adlicher Unterthanen, in casu verwegerter Bezahlung ihrer Schulden.

Wir Christian der IVte von Gottes Gnaden, zu Dänemark und Norwegen, der Wenden und Gothen König, Herzog zu Schleswig, Holstein, und der Ditmarschen, Graf zu Oldenburg und Delmhorst.

Thun kund hiemit, daß Uns die Ehrsame Unsere liebe getreue Bürgermeister, und Rath Unser Stadt Rendsburg unterthänigst zu erkennen gegeben, welchergestalt maßen ihre Gemeine und Bürgerschaft etliche Jahre hero sich über dero benachbarten von Adel Leute und Unterthanen, mit welchen sie ihre Commercien und Nahrung treiben, und suchen müssen, vielfältig beklaget und beschweret, und solches fürnemlich, daß sie ihre Schulden, womit die Adels Unterthanen ihnen verhaft, nicht erlangen könnten, sondern da sie ihren Junkern derohalben ersuchten, mit fast verdrießlichen Worten abgewiesen, und also das Ihrige mit grossen Schaden und Abbruch ihrer Nahrung zu entrathen verursachet würden; unterthänigst bittende, sie hiegegen, nach Exempel der Fürstlichen Städte Unsers Herzogthums Holstein, mit gleichmäßiger sonderbaren Freyheit über diesen Fall zu begnadigen. Wenn Wir denn solches ihr an sich ziemliches Suchen Uns nicht entgegen seyn lassen, als wollen Wir in Kraft dieses Unsers offenen Briefs, obgedachten Bürgermeister und Rath dahin gnädigst befreyet und bevollmächtiget haben, daß dafern inskünftig jemand den Eingesessenen Unserer vorberührten Stadt bey den benachbarten Junkern um Zahlung seiner Schulden, womit ihm dessen Unterthan verhaft, Ansuchung thun, und folgends, daß er, der klagende Gläubiger, auf seine zweymalige Anfoderung zu vollkommener Bezahlung von den Junkern nicht verholfen, fürzeigen würde, sie, mehrerwehnter Bürgermeister und Rath, auf fürhergehendes befugtes Anrufen, dem oder diejenigen Debitoren, da sie in solcher Unserer Stadt sich finden und anzutreffen, re et corpore so lang, bis sie ihren Creditoren der Gebühr nach gänzlich contentiret, anhalten und arrestiren mögen. Wobey denn Unser daselbst zu jeder Zeit verordneter Amtmann bis an Uns sie zu handhaben und zu schützen hiemit befehliget seyn soll.

Ur-

Urkundlich unter Unserm Königl. Handzeichen und Secret. Gegeben in Unserm Flecken Bredstedt, am 3. Jul. Anno 1620.

(L. S. R.) Christian.

1621 ist die Stadt von den Kaiserlichen belagert worden.

1636 hat sie das folgende Privilegium erhalten.

Privilegium Regis Christiani IV, wegen des Brauens, Holz- und Korn-Handels, de Anno 1636.

Wir Christian der IVte, von Gottes Gnaden, zu Dänemark, Norwegen, der Wenden und Gothen König, Herzog zu Schleswig, Holstein, Stormarn und der Ditmarschen, Graf zu Oldenburg und Delmhorst.

Thun kund hiemit, wasmassen Uns die Ehrsamen Unsere liebe getreue Bürgermeister und Rath Unser Stadt Rendsburg unterthänigst und beweglich zu erkennen geben lassen, wie nemlich die Bürgerschaft und Gemeine daselbsten nach feindlicher Occupirung, an ihrer Nahrung, so principaliter vor der Zeit auf dem Brauwerk, Schiffahrt und Kornhandel beruhet, gänzlich geschmälert, und von Tage zu Tage je länger je mehr verringert würde. Wann dann die dahin angeführte Ursachen Wir dergestalt erheblich befunden, sie auch ihr longissima consuetudine et continuo usu acquirirtes Jus den benachbarten Städten gleich zur Gnüge documentirt und beygebracht. — Demnach haben Wir in Betracht dessen, und zu Reducirung ihrer bürgerlichen Nahrung, ihnen nachgesetzte Freyheiten gnädigst ertheilen, renoviren und bewilligen wollen. — Thun auch dasselbe hiemit und in Kraft dieses, daß nemlich 1) ohn Unterscheid in den benachbarten Kirchspielen desselben Amts, als Jevenstedt, Westedt, Schönfeld und Nortorf, sie das Bier oder Malz, so etwa die Einwohner zu ihren Kindtaufen, Hochzeiten, oder sonsten zu ihrer Nothdurft bedürfig, nirgends anders als zu Rendsburg erkaufen und abholen, auch alle die Daaren und Braugeräthe bey ihnen auf den Dörfern, es sey denn daß jemand ein anders von Alters, vermöge Unsrer Königl. Special-Begnadigung unstreitig hergebracht, abgeschaffet werden.

Und daß 2) alle das Holz, so etwa in diesem Unsern Amt Rendsburg längst dem Eyderstrom zu verkaufen, an niemand anders, als an diese gemeine Schiffer verhandeln, auch kein ander Schiffer, als die in der Schiffer daselbst von Uns confirmirten Gerechtigkeit laut Unsers darüber nachmalen sub dato Glückstadt, den 23. April Anno 1634 ausgelassenen Schreiben, begriffen, an einigen Orten Unserer Jurisdiction an der Eyder, Brom, Bare und Schiffholz abschiffen, noch auch ei-

 nige

nige Schiffbauer Schiffe oder Böte bauen, und hernach an Fremde verkaufen sollen.

Sodann 3) daß kein Fremder noch Ausgesessener Korn kaufe, das Korn, so er in den benachbarten Oertern etwan erkauft oder verkauft, weder daselbst durch die Stadt, noch an einigen andern Ort, so weit gedachtes Unser Amt längst der Eyder sich erstreckt, zu Schiff bringen, und auszuführen, gleich der benachbarten Städte Observanz, bemächtiget seyn sollen. Befehlen demnach Unsern Amtmann daselbst, so jetzo ist, oder künftig gesetzet wird, sodann allen andern des Orts Bedienten, die hierin zu exequiren haben, daß sie über diese Unsere anderweit ertheilte Concession gebührlich halten, und dabey mehrbesagte Bürgerey auf alle und jede erfoderte Fälle bis an Uns kräftiglich schützen sollen. Uhrkundlich unter Unserm Königl. Handzeichen und Secret. Geben in Unser Festung Christianpreis, am 6sten Aprilis Anno 1636. Secunda vice auf Unserm Schlosse zu Flensburg, am 21. Martii 1637.

(L. S. R.) Christian.

1639 erhielt der Rath nachstehendes Privilegium.

Zu wissen. Demnach nunmehro von vielen Jahren zwischen dem Rath und 16 Bürgern wegen der Einquartirung je und allewege Streit und Irrungen gewesen, und continuiret worden, ungeachtet deswegen auf dem gehaltenen Landtag Anno 1632 den 20. Aug. ausdrücklich verabscheidet, daß Bürgermeistere und Räthe in den Städten davon sollten befreyet seyn, die Bürgere aber damit nicht friedlich seyn, noch solches zugeben wollen; Als haben Bürgermeister und Rath sowohl für sich als ihre Successoren in officio, zu Abhelfung solcher Mißhelligkeiten, bey Ihro Königl. Majest. um allergnädigste Declaration und Special-Privilegium allerunterthänigst angehalten, welches ihnen auch allergnädigst concediret worden, wie denn solches folgendermassen lautet.

Privilegium Regis Christiani IV, super Exemtione des Raths zu Rendsburg von der Einquartirung, de Anno 1639.

Wir Christian der IVte von Gottes Gnaden rc. rc. Geben hiemit jedermänniglich zu vernehmen, nachdem Wir vor diesem den 20. Aprilis abgelebten 1632. Jahres, Bürgermeistere und Rathsverwandten in den Städten Unserer Fürstenthümer Schleswig-Holstein mit einem General-Receß und Abschied dahin gnädigst versehen, daß dieselbe aus denen in gemeldtem Abschiede specificirten Ursachen, noch zur Zeit mit keiner Einquartirung zu belegen, sondern damit verschonet seyn sollen; und damit Bürgermeister und Rath Unser Stadt Rendsburg Uns gehorsamst ersuchet,

het, Wir, in Erwegung daß mehr-bemeldter Receß und Abschied bey ihnen in Originali nicht, sondern bey den Landtags-Acten verhanden, gnädigst wollten geruhen, dieselbe mit einer Special Concession über solche Befreyung von der Einquartirung zu providiren. Wenn Wir nun solchem auf der Billigkeit beruhenden gehorsamsten Suchen um so vielmehr gnädigst deferiret, alldieweil es dem Herkommen nicht allein gemäß, sondern auch Bürgermeistere und Rath in denen Städten für ihre Mühe geringe Besoldung zu geniessen: Als thun Wir vorige Unsern gemeldten Bürgermeistere und Rathsverwandten ertheilte General Concession hiemit nochmals gnädigst confirmiren, und in specie auf Bürgermeister und Rath Unser Stadt Rendsburg dergestalt erstrecken, daß derselbe noch zur Zeit von solchen Einquartirungen gänzlich befreyet, und damit gar nicht beläftiget werden sollen. Befehlen darauf Unserm Amtmann zu Rendsburg gnädigstes Ernstes, daß er mehrbesagte Bürgermeister und Rath bey dieser Unsern hiebevor abgegebenen General- endlich auf dieselbe in specie gerichteten und wiederholten Concession bis an Uns soll manuteniren und handhaben. Uhrkundlich unter Unser Königl. Handzeichen und Secret. Gegeben auf Unserm Hause Hadersleben, den 18. Dec. Anno 1639.

(L. S. R.) Christian.

1640. In dieses Jahr gehöret nachstehendes Privilegium.

Copia Königl. Rescripti und Befehl an den Herrn Amtmann Christian Ranzau, wegen Manutenirung des Königl. Privilegii, wegen des Brauens, Holz- und Kornhandels.

Christian der IV.

Ehrbahrer, lieber, Getreuer. Es haben ohnlängst Bürgermeister und Rath allhie auf 3 verschiedene Puncten, als erstlich, daß alle Einwohner in dem Kirchspiel Jevenstedt, Westedt, Schönfeld und Nortorf ihr Bier und Malz, so sie etwa zu den Hochzeiten, Kindtaufen und andern ihrer Nothdurft bedürftig, nirgends anders, als allhier einkaufen und abholen; zum andern, daß alle das Holz, sowol zum Brenn- als Bauholz, wie auch zum Schiffbau, so etwa in diesem Amte zu verkaufen seyn möchte, an niemand anders, als an ihre Schiffer, sodann keine Schiffbauer Schiffe oder Böte bauen, und dieselbe an Fremde verkaufen; drittens aber, daß kein fremder, oder auf dem Lande ausser der Stadt gesessener Kornhändler, kein Korn weder durch die Stadt, noch an einen andern Ort an der Eyder, so weit sich Unser Amt erstrecket, zu Schiff bringen soll, Unsre Königl. Concession und Privilegium erhalten, so auch damalen sofort dem zur Zeit seyenden Amtmann zur Observanz auch respective Manutenenz intimiret worden

ben. Ob sie nun zwar für sich nicht zweiffen, du werdest hierin deiner Gebühr dich erinnern, und sothanem Unserm Privilegio schuldigen Nachdruck beschaffen; So haben sie jedoch annoch ex abundanti Unsere Königl. Renovation und Wiederholung des Mandati an dich, unterthänigst gesucht; als Wir aber solches vermittelst dieses Rescripti Uns im übrigen auf angeregte Unsere vorige Begnadigung referirend, am füglichsten zu geschehen gut befunden, Demnach befehlen Wir dir hiemit gnädigst, daß du über solch Privilegium, wie es kürzlich wiederum allhier oben angeführt, bis an Uns festiglich halten, die Imploranten dabey schützen, und keine Contravention von einem oder andern, er sey wer er wolle, so etwa ultro in den Kirchspielen Malz und Korn zu führen, und den Leuten gleichsam obtrudiren und aufdringen, gestatten sollst. Wornach du dich wirst zu achten wissen. Und Wir verbleiben dir mit Königlichen Gnaden wohl gewogen. Geben Rendsburg, den 1. Febr. A. 1640.

Concordare copiam hanc cum originali attestor

Philip Julius Bornemann.

1645 hat der Oberster Carl Gustav Wrangel, Rendsburg belagert, und den 5ten April dreymal gestürmet, es sind aber die Schweden allemal tapfer repoussirt worden. Den 24sten April haben sie aus der Festung einen Ausfall gethan, 50 der Schweden niedergehauen, auch einige Gefangene eingebracht, benebst 3 Stück Kanonen, und einem Feuer-Mörser.

Den 25. Jun. haben die Schweden abermals stürmen wollen, es ist aber wegen starken Regen und Wind nachgeblieben, worauf kurz darauf der Friede erfolget ist. Die Stadt erhielt in eben diesem Jahr von dem König einen Brief und ein Privilegium.

Ein Brief, so von Christiano IV den 27 Sept. 1645 an Bürgermeister und Rath ist geschrieben worden, wegen der Belagerung.

Christian der Vierte.

Ehrsame, liebe, Getreue. Daß ihr und eure Bürgerschaft bey diesem Kriegeswesen so getreu und redlich euch erwiesen, und sowohl unsre Soldatsche mit Nothdurft versehen, als auch zunebenst derselben die Festung durch Gottes Gnade für dem Feind erhalten, solches gereichet Uns zu besonderm gnädigsten Willen und Gefallen, seynd es auch je und alle Wege, und auch insgesamt und absonderlich mit allen königlichen Gnaden zu erkennen geneigt, sonderlich da ohne sonderbares Praejudiz mit einigen Privilegien euch künftige Zeit zu helfen. Massen denn fürs erste die freye Ab- und Zufuhre zu Wasser und Lande euch wieder soll geöffnet, und ohne eini-

einiges Beschwer gelassen, ihr auch von den Oneribus militaribus entfreyet werden. Wohin euer Amtmann und Guberneur für jetzo schon samt dem General-Commissario befehligt, und habt ihr im übrigen weitere Gnade, wie gedacht, zu gewarten. Dazu Wir euch sonders wohl gewogen. Geben auf Unserm Schloß zu Copenhagen, den 27. Sept. 1645.

Christian.

Confirmatio des Brauwerks, Schiffahrt und Kornhandels, 1645. von Christian IV.

Wir Christian der IV, von Gottes Gnaden zu Dänemark, Norwegen, der Wenden und Gothen König, Herzog zu Schleswig, Holstein, Stormarn und Ditmarschen, Graf zu Oldenburg und Delmhorst; thun kund hiemit gegen männiglich, wasgestalt Uns Bürgermeister und Rath samt den 16 Bürgern Unsrer Stadt Rendsburg, unter andern auch ferner unterthänigst geklaget, ob Wir schon, weilen ihre Nahrung bloß auf das Brauwerk, Schiffahrt und Kornhandel besteht, sie derohalben ohnlängst im Anno 1636 mit Unserm königlichen Privilegio, 1) daß in denen 4 Kirchspielen Jevenstedt, Westedt, Schönfeld und Nortorf das Bier und Malz nirgends anderswo, als von ihnen zu kaufen und abholen; 2) das Holz, so in Unserm Rendsburgischen Amt längst dem Eyderstrom zu verkaufen, an niemand anders als an ihre Schiffer zu verhandeln, weniger von fremden Schiffern auszuführen, darüber keine Schiffe und Böte, als von denselben zu bauen, und an andere zu verkaufen, und denn 3) daß keine fremde Kornhändler einiges Korn durch die Stadt oder auch an einigen Ort, so weit gedachtes Unser Amt an der Eyder sich strecket, zu Schiffe zu bringen, und wegzuführen, gnädigst providiret, begnadiget und versehen, daß sie sich zum Theil gar nichts, theils aber gar wenig, sonderlich wegen des Malz- und Bierabholens, desselben zu erfreuen gehabt, vielmehr die Amtleute, wiewohl Special-Befehlig noch drüber ergangen, sich wenig daran kehren, besondern damit conniviren, und geschehen lassen, daß Malz vom Kiel geholet, oder von selbiger Stadt Bürgern vor die Thüre geführet, ja noch wohl andern, und zwar Priestern, welche sich solcher weltlichen Nahrung propter exemplum sonders billig zu äussern, das Bier zu brauen, zu verzapfen und auszuspunden, vergünstiget worden, mit gehorsamster Bitte, weiln solches alles Unserer königlichen Intention zuwider, Wir möchten geruhen, dergleichen ihnen hochschädlichen Connivencien und Dispensirung, so weit sie erwehnten Unserm Privilegio zuwider, nunmehro einmal aufheben, und künftig zu verbieten, damit sie nicht deroselben als einer tauben Nuß zu erfreuen haben möchten, alles mehrern Einhalts übergebenen Memorials. Nun hat sich gleichwohl gemeldte Unsere Stadt um Uns, wie auch dem ganzen Lande, nicht so übel im jüngsten Kriege verdienet, daß Wir ihnen ihre vorhin einmal erhaltene Privilegia schwächen oder verschmälern sollen, vielmehr aber sind Wir geneigt, sie ihres Wohlverhaltens halber mit mehrern Gnaden noch anzusehen; haben demnach gnädigst gerne geruhet, anderweit und aufs neue beregtes voriges Privilegium ihnen zu confirmiren. Thun auch solches hiemit und in Kraft dieses dergestalt, ob es nochmals von Wort zu Wort allhie denuo repetiret und einverleibet, ferner gnädigst wollend, daß unsere Beamte, so jetzo zu Rendsburg, oder künftig daselbsten seyn werden, mehrerwehnte Stadt bey allem, was darin enthalten, allerdings würklich handhaben und manutiren; denn die Voigte und andere, denen Wir etwa unsre Special-Concession, um selbsten Bier zu brauen, gegönnet, dahin halten und weisen müssen, ihr Malz nirgend anders woher, als von Imploranten, abzuholen, auch das Bier nicht auszuspunden, noch in die Krüge und Kirchspiel hin und wieder zu verführen, besondern allein selbsten in ihren Häusern zu verzapfen; inmassen denn auch in allen übrigen Puncten die berührten unsern vorigen Privilegio, sowohl wegen Aufkaufung des Holzes, als Erbauung der Schiffe und Böte, und mit Verführung des Korns, stricte soll nachgelebet werden, da einer oder der andre contraveniret, auch die Beamten nach wie vorhin durch die Finger sehen werden, Wir auf vorbringenden gnügsamen Beweis zu ahnden wissen. Wornach man sich zu richten. Uhrkundlich unter Unserm königlichen Handzeichen und Secret. Gegeben auf Unserm Hause Flensburg, am 20. Sept. 1645.

(L. S. R.) Christian.

1648 starb Christianus der IVte zu Dänemark und Norwegen im 71. Jahr seines Alters, nachdem er 52 Jahr löblich regiert hatte.

Den 6. Jul. wurde Friderico III König zu Dänemark und Norwegen, mit grosser Pracht in Copenhagen wiederum gehuldiget. Von diesem Könige sind folgende Documente.

Declaration und Bescheid Regis Friderici III 1648, über die Clausula: Sich des Jagens und Schiessens bey Verlust der Privilegien zu enthalten, Derojelben allergnädigste Confirmation der Stadt Rendsburg ihren Privilegien einverleibt.

Die zu Dänemark und Norwegen K. M. Unser gnädigster König und Herr, giebt auf unterthänigst Suppliciren Bürgermeister und Rath der Stadt Rendsburg, pro declaratione der ihnen jüngst gnädigst confirmirten Privilegien, worin diese Commination und Reservation begriffen, (daß sie sich des Jagens und Schiessens bey Verlust ihrer Privilegien enthalten sollen,) diesen Bescheid: Daß sothane angeregte regter Confirmation eingerückte Clausula nicht den Verstand habe, daß wenn etwa einer ihres Mittels oder aus der Bürgerschaft, in der Wildbahn zu jagen und zu schiessen, sich selbst muthig unterfangen möchte, die ganze Stadt solches büssen, und alle ihre Privilegien des Deliquenten halber verlustig seyn solle, besondern weiln den göttlichen und weltlichen Rechten gemäß, daß wegen eines, und zwar ohn Geheiß und Vorwissen, der andre, von einem committirten Delicti, die ganze Stadt und Bürgerschaft nicht zu bestrafen, diese Clausula dahin zu verstehen: daß Jagen und Schiessen ihnen und der Bürgerschaft allda insgesamt ernstlich verboten; und da einer ihres Mittels dieser Inhibition zuwider sich dessen unternehmen, und deshalber vom Rath nicht gestrafet, noch solches geahndet werde, alsdann und anderer Gestalt diese Commination statt haben solle; gestalt dann auch die von weiland König Federico II glorwürdigsten Angedenkes ihnen ertheilte Confirmatio Privilegiorum, untern dato Schanderberg, den 12. Febr. 1584 dahin gemeynet, wie höchst gedachte Königl. Majestät angezogene ihnen jüngsthin ertheilte Confirmationem Privilegiorum dergestalt gnädigst declariren lassen. Uhrkundlich unter Dero Königl. Handzeichen und Secret. Gegeben auf Dero Hause Rendsburg, den 24. Febr. Anno 1648.

(L. S.) Friedrich.

Concessio Regis Friderici III voriger Freyheit, einen Vogel zu schiessen.

Wir Friedrich der IIIte.

Thun kund hiemit, daß Uns Bürgermeister und Rath und Bürgerschaft Unser Stadt Rendsburg bey Unserer eingenommenen landesfürstl. Huldigung, unterthänigst ersuchet, ihnen wiederum ihre vorige Freyheit, daß sie zu Zeiten mit einem Rohr aus dem Thor gehen, sich im Schiessen üben, und irgends einen fliegenden Vogel schiessen mögen, zu gönnen, damit sie auf allen unverhoften Fall zu der Stadt Defension mit dem Gewehr umzugehen geschickt seyn möchten. Wenn Wir denn solches derogestalt bis zu Unserer anderweitigen Verordnung gnädigst eingewilliget, daß ihnen zwar auf ihrem Acker und dem Wasser, so weit sich ihre Bothmäßigkeit erstrecket, mit geladenen Büchsen zu gehen, und zu ihrer Uebung einen Vogel zu schiessen, in so weit erlaubt, jedoch daß ihnen Hasen und ander Wildpret zu schiessen, und in der Wildbahn mit Röhren sich finden zu lassen, bey hoher Strafe gänzlich untersaget und verbeten seyn soll. Gestalt Wir ihnen denn mit diesem Reservat solches bis zur anderweiten Unser Verordnung gnädigst gönnen und verstatten. Uhrkundlich unter

Unserm königlichen Handzeichen und Secret. Gegeben auf Unserm Hause Flensburg, den 25 Oct. 1648.

(L. S. R.) Friederich.

Aufgehoben und caßiret 1731.

1654 ist ein segenreiches Jahr gewesen, indem die Tonne Rocken allhier gegolten 40 Schillinge, Haber 24 Sch. Buchweitzen 32 Sch. Gersten 36 Sch. und die Tonne Weizen 4 Mark 8 Sch.

1655 ist allhier ein Bürger, Namens Joachim Lücke Schott, so einen Soldaten mit einer halben Lanze vor seiner Thür erstochen, mit dem Schwerdt gerichtet worden. Nach der Execution ist er nach seinem Hause gebracht worden, und hernach mit der Schule und Gefolge der Bürgerschaft ordentlich begraben worden.

1656 ist wiederum eine Magd hieselbst, Namens Anna Huß, so bey Hrn. Reinhard Frise gedienet, weiln sie ihr eigen Kind umgebracht, auf dem neuen Kirchhof mit dem Schwerdt gerichtet, und allda begraben.

1658 ist diese Stadt von den Schweden wiederum bloquirt gewesen, nämlich 4 Wochen und 5 Tage; auf Annäherung unsrer Alliirten aber haben sie in der Nacht ihr Lager angesteckt, und also die Stadt wiederum verlassen, so den 12. Sept. geschehen.

1660 brannten in der Vorstadt Vinziet über 6 Häuser ab; das Feuer entstund in eines Grobschmidts Haus, Namens Claus Büttensch.

1664 den 20. Nov. ist allhier ein betrübter Casus paßirt, indem eine Frau, Namens Margareta Richters, sel. Christian Richters, gewesenen Schreib- und Rechenmeisters an hiesiger Schulen, so etwa vor 7 Wochen gestorben, nachgelassene Wittwe, welche aus Melancholie ihre beyde Kinder, eines von 7 und das andere von ½ Jahr, unter der Nachmittags-Predigt, da sie ihr Dienst-Mädchen ausgesandt gehabt, elendiglich ermordet. Nachdem hat sie sich auch selber erstechen wollen; ist aber von der wiederkommenden Magd daran verhindert worden. Es ist den 15ten Decemb. auf den neuen Kirchhof die Execution an ihr geschehen, da sie nemlich mit dem Schwerdt hingerichtet worden.

Eodem hat ein hiesiger Bürger, Namens Hermann Sündermann, seiner Profeßion ein Tischler, aus Desperation, weil er übel mit seiner Frau gelebt, aussen bey der Reperbahn sich ertrunken.

1666 erging folgender Königl. Befehl.

Königl. Befehl wegen Erlassung der beyden Osterrönfeldischen Pflügen.

Friedrich der Dritte, von Gottes Gnaden zu Dänemark, Norwegen, der Wenden und Gothen König, Herzog zu Schleswig-Holstein rc.

Wohledler Rath, lieber Getreuer. Es haben Uns Bürgermeister und Rath Unser Stadt Rendsburg allerunterthänigst vortragen lassen, wasmassen dieselbe von den zu Oster Rönfeld belegenen Pflügen nach der Landes-Matrikul für 18 Pflüge contribuiren müssen, da sie doch nicht mehr als 16 besässen; mit unterthänigster Bitte, Wir geruheten, ihnen davon zu befreyen. Wann Wir dann Unsers Amtmanns Hinrich Bluhm, Ritters, Bericht darüber eingefodert, und daraus verstanden, daß Supplicanten würklich nicht mehr denn 16 Pflüge haben; So ist Unser allergnädigster Befehl, daß ihr von Bürgermeister und Rath Unser Stadt Rendsburg wegen Oster Rönfeld, bis zu Unser weiteren Verordnung, und daß Wir die Sache weiter werden untersuchen lassen, von 16 Pflügen die Contribution fodert. Wornach ihr euch zu achten, und Wir verbleiben euch mit Königl. Gnaden wohl gewogen. Geben auf Unser Residenz zu Copenhagen, den 16. Jan. A. 1666.

Dem Wohledlen, Unserm Hofrath und
General-Commissario und Lieben
Getreuen, Hinrich von der Wische.

1668 den 17. Febr. ist die kleine Spitze auf die Rendsburger Kirchen um 1 Uhr in der Nacht durch grossen Sturm abgeweht, hat aber Gottlob den anliegenden Prediger- und andern Häusern, noch sonsten jemanden, keinen Schaden gethan, ausser daß das Kirchendach etwas an Steinen zerschmettert gewesen. Die Spitze ist 12 Fuß lang in die Erden geschlagen gewesen. Den 17. Augusti ejusdem Anni ist diese Spitze wieder aufgerichtet, und ist damals Herr Jacobus Eggers Kirchen-Vorsteher gewesen. Die Klocke, so darin hänget, ist in Hamburg auf Viti-Tag gegossen, wiegt 110 Pfund.

1669 hat König Friedrich der III diese Stadt durch den General-Major Heinrich Freyherr von Rüsenstein mit neuen Aussenwerken lassen befestigen, da denn eine gute Anzahl Höfe, so auf dem Eichberg gelegen, ganz ruiniret, das holsteinische Thor von seiner alten Stelle nach Gabriel Schreibers Hause verlegt, bis mitten in der Neustadt, gleich den Stegen. Der Bau ist angegangen 1669, hat gewähret bis 1671, woran täglich 3000 Mann gearbeitet haben.

1670 den 9. Febr. ist Fridericus III Rex Daniae um ½ auf 1 Uhr in der Nacht zu Copenhagen im 61sten Jahr seines Alters und 22sten Jahr seiner Regierung an der Colica gestorben, und den 3. May zu Rotschild beygesetzet worden, da dann im ganzen Lande eine Leichenpredigt ist gehalten worden. Der Text war Act. 13. v. 36. war sonst ein gnädiger Herr.

Eodem. *Christianus V.* hat ihm als der erste Erbkönig des Königreichs Dänemark succediret, und mit grossen Sollennitäten in Copenhagen gehuldiget worden.

1670 den 30. April ist ein Soldat, Namens Jost Seuk, der seinen Cammeraden erstochen, aufm Markt allhier decolliret worden.

Eodem den 18. May hat hiesiger Stück Major Friedrich Platenschläger den hiesigen Hausvogt Jacob Brockmann, nach eräugten Streitigkeiten, zum Duell mit Pistolen und Degen eingeladen, da denn der Major Platenschläger von dem Hausvogt bey dem rechten Arm in die Schulter geschossen, und den 26sten darauf gestorben; der Hausvogt hat sich anders wohin retirirt.

Eodem den 27. May hat ein hiesiger Bürger, Hermann Halmschläger, ein Grobschmidt, seinen Gesellen, ohn einige erhebliche Ursachen, mit einem Spat-Eisen in den Kopf geschlagen, wovon der Gesell etzliche Stunden darnach gestorben; erwehnter Halmschläger hat sich alsobald darauf retirirt.

1671 den 6. Febr. haben zween junge von Adel, als N. Ranzau von Petlos, und Jochim Broktorpf von Depenau, allhier bey Nobis Krug, in Gegenwart vieler holsteinischen von Adel und anderer Leute, Kugeln gewechselt, da denn Ranzau von seinem Gegenpart Broktorf mit 2 Kugeln durch den Mund geschossen ward, daß er gleich seinen Geist aufgegeben; Broktorf hat sich darauf retirirt. In dieses Jahr gehören folgende Documente.

Regis Christiani V. Concessio Jurisdictionis über den durch die Fortification neu eingenommenen und am Schloß herum gelegenen Platz. 1671.

Wir Christian der Vte von Gottes Gnaden. Thun kund hiemit, nachdemmalen durch Anlegung der unlängst an Unsre Vestung Rendsburg angefangenen neuen Fortificationen, der um das Schloß auf beyden Seiten daselbsten gelegene Platz mit befangen und eingeschlossen worden, und Bürgermeister und Rath des Orts Uns allerunterthänigst zu erkennen gegeben, welchergestalt der Stadt allerhand Ungelegenheit, ja wohl ihr gänzlicher Ruin, dahero zuwachsen möchte, wenn in derselben zwo verschiedene Jurisdictiones sollten exerciret werden, indem der Stadt Jurisdiction sich nicht weiter als bis an die Mühlenbrücke, woselbst der angezogene Platz beginnt, erstreckt; mit allerunterthänigster demüthigster Bitte, Wir geruheten, dieser Erheblichkeiten halber solchen neu eingenommenen Platz, zu mehrer der Stadt Nahrung und Aufnahm, unter ihre ihnen vorhin anbetrauten Stadt-Jurisdiction zu legen, und das da-

daselbst übliche lübische Recht und andere Privilegia darauf zu extendiren; daß Wir, nach eingezogenen sattsamen Berichte, solche allergehorsamste Bitte in Königl. Gnaden deferirt. Thun dasselbe auch hiemit und in Kraft dieses, und wollen, daß mehrberührter um Unser Schloß zu Rendsburg belegene Platz, wie derselbe anjetzo neu eingenommen worden, der Stadt Jurisdiction und Gerichts-Zwang, jedoch vorbehaltlich Unserer, als Hertzogen zu Schleswig, darüber habenden Landes-Fürstl. Hoheit, untergeben, und Bürgermeister und Rath daselbst nicht weniger als in dem übrigen Begriff der Stadt nach lübischen Recht zu sprechen, auch andere ihre Privilegia zu exerciren, auch diejenige, so darauf bauen, und sich häuslich allda niederlassen, zu allgemeinen Stadtanlagen und andern Oneribus mit zu ziehen, berechtiget seyn sollen. Wornach sich männiglich zu richten. Uhrkundlich unter Unserm Königl. Handzeichen und Secret-Insiegel. Gegeben auf Unsre Residenz zu Copenhagen, den 27. April 1671.

(L. S.) Christian.

Biermann.

Königl. allergnädigste Commission an den Hrn. Amtmann Hinrich Blohme, die Anweisung der in vorgesetzter Concession allergnädigst ertheilten Jurisdiction betreffend.

Christian der Vte von Gottes Gnaden. Wohledler Rath, lieber Getreuer. Wir haben Uns allerunterthänigst referiren lassen, was du auf Unser, wegen Bürmeister und Rath Unser Stadt Rendsburg unlängst übergebenen allerunterthänigsten Supplique, den bey jetziger Erweiterung der Fortification daselbst an beyden Seiten des Schlosses neu eingenommenen Platz betreffend, allerunterthänigst berichtet. Wann Wir dann daraus ersehen, daß Uns gar kein Praejuditz oder Schaden zuwachsen könne, wenn Wir solchen Platz, jedoch salvo nostro jure territoriali, der Stadt einzuverleiben consentiren möchten; so haben Wir ermeldten Bürgermeister und Rath desfalls eingelegter allerunterthänigster Bitte in Königl. Gnaden deferiret, massen Wir die hiebey copeyliche Abschrift von Unserer zu dem Ende ihnen ertheilten Concession übersenden, damit du derselben gemäß ihnen den angeregten Platz anweisest, wornach du dich zu achten, und Wir verbleiben dir mit Königl. Gnaden wohl gewogen. Gegeben auf Unser Residenz zu Copenhagen, den 29. April A. 1671.

Christian.

1671 den 22. Julii, war am Sonnabend vor Jacobi, haben Ihre Wohlgebohrne Excell. der Königl. Amtmann Hr. Heinrich Blohme, Ritter, Bürgermeister und Rath zu sich auf das Schloß fodern lassen, des Morgens frühe zwischen 7 und 8 Uhr,

Uhr, und nachdem wir daselbsten, als nemlich Hr. B. Andreas Thomsen, Bürgerm. Hr. Heinricus Milvius, Hr. Rotger Neve, Hr. Gabriel Gibbern, Hr. Jacobus Eggers, Hr. Jürgen Jöns, Hr. Claus Gude und Hr. Lorenz Gude, Raths-Verwandte, erschienen, sind wohlgemeldte Se. Excell. mit uns vom Schloß herunter und auf den Wall hinter Hrn. Christian Selmers Hause, woselbsten wir die Mühlenbrücke sehen konnten, gegangen, und allda in Gegenwart der deputirten 16 Bürger im Namen J. K. M. unsers allergnädigsten Königs und Herrn, die Jurisdiction von jetzt gemeldte Mühlenbrücke an bis an die neue Brücke des Schiffhavens angewiesen, wie sie dann auch nachgehends zu mehrer Nachricht uns nachgesetzten Schein unter Dero eigenen Hand und Petschaft extradiret, welcher also lautet.

Ihro Excellence Hrn. Amtmann Hinrich Bluhmen Anweisungs-Schein über den neuen Platz beym Schloß.

Dero Königl. Majest. zu Dänemark und Norwegen, der Wenden und Gothen, Herzog zu Schleswig-Holstein, Stormarn und der Ditmarschen ꝛc. bestalter Landrath und Amtmann auf Rendsburg. Ich Heinrich Bluhme, Ritter ꝛc. thue kund und bekenne hiermit, demnach J. K. M. mein allergnädigster König und Herr, vermöge Dero Königl. Rescripti vom 29. April dieses 1671. Jahrs, wie nicht allein allergnädigst kund gethan, daß Sie auf allerunterthänigst Suppliciren Bürgermeister und Rath der Stadt Rendsburg der Stadt-Jurisdiction und Gerichts-Zwang dem durch die neue Fortification eingenommenen, und um das Schloß herum gelegenen Platz, von der Mühlenbrücke an bis an die neue Brücke des Stadthavens, allergnädigst zugelegt, sondern auch in Königl. Gnaden anbefohlen, daß in Dero Namen ich vorbesagtem Bürgermeister und Rath der Stadt Rendsburg sothanen durch die neue Fortification neu eingenommenen Platz, Einhalts Königl. allergnädigsten Concession, ich angewiesen, und zum völligen Exercitio der Jurisdiction und andern Begnadigungen introducirt, und viel erwehnten Bürgermeister und Rath der Stadt Rendsburg völlig übergeben habe, jedoch vorbehaltlich der J. K. Maj. als Herzogen zu Schleswig darüber habenden und Ihr selbst in concessione reservirten Territorial-Gerechtigkeit und Hoheit. Dessen zu mehrer Uhrkunde habe, kraft Königl. allergnädigsten Befehl-Schreibens, ich diesen Anweisungs- und Introduct. Schein eigenhändig subscribirt, und mit meinem angebohrnen adlichen Petschaft befestiget. So geschehen Rendsburg, den 22. Julii Anno 1671.

(L. S.) Hinrich Blohm.

Eodem Anno, den 4ten Nov. erhielt die Stadt nachstehende Renovatio Privilegii.

Regis

Regis Christiani V specialis confirmatio et renovatio des Privilegii wegen des Malzen, Brauen, Korn- und Holzhandels. 1671.

Wir Christian der fünfte, von Gottes Gnaden ꝛc. Thun kund hiemit, nachdem Uns Unsere Stadt Rendsburg um allergnädigste Special Confirmation und Renovation derer, wegen des Malzen, Brauen, Korn- und Holzhandels, ihr von Unsern in Gott ruhenden Vorfahren allergnädigst concedirten, und von Uns gleichfalls allbereits insgesamt confirmirten Privilegien, allerunterthänigst imploriret und angesuchet, daß Wir obgedachter Unserer Stadt allerunterthänigstem Gesuch in Königl. Gnaden deferiret.

Bestätigen, renoviren und confirmiren demnach über die allbereit ertheilte General-Confirmation hiemit in specie und insonderheit die competirende Gerechtigkeit des Malzen, Brauen, Korn- und Holzhandels in allen Puncten, Clauseln und Articuln, gleich sie selbige vorhin besessen, und wollen allergnädigst, daß sie dagegen nicht beeinträchtiget, sondern von Unserm Amtmann daselbsten bis an Uns kräftiglich haben geschützet werden sollen. Daran geschieht Unser ernstlicher Wille und Befehl. Uhrkundlich unter Unserm Königl. Handzeichen und fürgedrucktem Insiegel. Geben auf Unsre Residenz zu Copenhagen, den 4. Novembr. 1671.

(L. S. R.) Christian.

I. Biermann.

Königl. Rescriptum an den Herrn Amtmann Hinrich Bluhm, vom 4 Nov. 1671.

Christian der V.

Wohledler, lieber Getreuer. Wir geben dir aus dem Anschluß weitern Einhalts zu ersehen, wasgestalt Bürgermeister und Rath in Unser Stadt Rendsburg, um allergnädigste Special-Renovation und Confirmation der wegen des Malzen, Bräuen, Korn- und Holzhandels ihnen allergnädigst concedirten Privilegien, wie auch daß Peter Holling das Bierbrauen und Ausspunden desselben untersaget und verboten werden mögte, allerunterthänigst suppliciret und gebeten. Gestalt nun der Billigkeit gemäß, daß ein jeder bey seinen wohlerlangten und confirmirten Privilegien gehandhabet und geschützet werden möge: So selbsten wollen Wir dir hiemit gleichfalls insonderheit allergnädigsten Befehl beygeleget haben, daß du über der Supplicanten Privilegien, und daß sie dagegen keineswegs beschweret werden, fleissig haltest. Sollest auch obgedachtem Peter Holling das Bierbrauen und Auszapfen, so weit es der Supplicanten Privilegien entgegen und nachtheilig, ernstlich verbietest; wornach du dich zu achten, und Wir verbleiben.

Herrn Amtmanns Bluhm Befehl an Peter Holling.

Demnach Bürgermeister und Rath hieselbst mir abermahl ein Königl. Rescriptum unter J. K. M. Hand und Siegel eingereichet, dessen Einhalts, daß Peter Holling zum Klind die eine zeithero geführte Brauerey einstellen, und sich des Bierzapfen und Krügens gänzlich enthalten soll; Als wird gedachtem Peter Holling im Namen J. K. M. hiemit nochmahl bey 50 Rthlr. Pön ernstlich auferleget, sich sowohl der Brauerey als des Auszapfens zum Klind ferner gänzlich zu enthalten, dem widrig sollen Bürgermeister und Rath bemächtiget seyn, das Bier sofort zu confisciren, und ihres Gefallen nach wegzunehmen, und damit nach ihrem Belieben zu verfahren. Geben Rendsburg, den 2. Jan. 1672.

Hinrich Bluhm.

1672 schlug das Wetter allhier in den Kirchthurm von oben bis in die Kirche hinein, geschahe aber Gottlob keinen Schaden; wie aber die Kirche aufgemacht ward, war es voller Rauch.

1674 wurde allhier ein Bauer, Namens Hans Sibben, von Sorkwolt, gerädert, und hernach aufs Rad gelegt; die Ursache war, weilen er 1659 mit etlichen seiner Cammeraden 6 Brandenburger Reuter in einem Hause überfallen und ermordet.

1675 wurde Ihro Hochfürstl. Durchl. Christian Albrecht von J. K. Majest. nach Rendsburg zu kommen invitirt. Wie der Herzog sich auch mit einigen seiner Räthen eingestellt, wurden darauf einige Tage die Thore zugehalten, da unterdessen mit dem Herzog tractiret wurde, daß die Festung Tönning und Stapelholmer Schanze, mit aller Artillerie, Ammunition, nebst anderm Vorrath, wie auch alle Milice, an J. K. Majest. sollten übergeben werden, wie auch die freye Disposition über die Collectation der Städte beyder Herzogthümer Schleswig und Hollstein; da endlich Ihro Durchl. darin consentirt hat. Eroberte auch Wismar damals.

In dieses Jahr, gehören nachstehende Urkunden.

Bescheid Königs Christiani V, wegen Weg- und Abschiffung der Schiffer und Botführer vom Lande.

Ihro Königl. Majestät zu Dänemark, Norwegen, der Wenden und Gothen, haben sich allerunterthänigst referiren lassen, was Bürgermeister und Rath der Stadt Rendsburg wegen der Schiffer und Botführer, so auf den Dörfern an der Eyder wohnen, und sich des Holz- und Torf-Handels gebrauchen, allerunter- thä-

thänigst supplicirt und gebeten, ertheilen darauf diesen allergnädigsten Bescheid: Nachdemmahl solcher Handel den Bürgern gedachter Stadt eigentlich beykommt, selbige auch erbötig ist, die auf dem Lande wohnende Schiffer und Botführer in die Zahl ihrer Bürger auf- und anzunehmen: daß demnach solcher Holz- und Torf-Handel den auf dem Lande bey der Eyder Gesessenen gänzlich untersaget, und denselben ihre Böte abzuschaffen, und hinführo keine wieder zu bauen, auferleget, auch da dieselbe solchen Handel ferner zu continuiren gedenken, sich in gedachter Stadt Rendsburg häuslich niederzulassen, und die Bürgerschaft zu gewinnen, auch ihren Torf an keine andere, als Bürger daselbsten, zu verkaufen, angewiesen werden sollen. Uhrkundlich unter allerhöchstgedachten Ihro Königl. Majestät Handzeichen und vorgedrucktem Insiegel. Geben auf Dero Residenz zu Copenhagen, den 30. Mart. 1675.

(L. S.) Christian.

Königl. Befehl an den Herrn Amtmann Hinrich Bluhm, wegen Abschaffung der Schiffer und Botführer vom Lande rc.

Wohlgebohrner Rath, lieber Getreuer. Welchergestalt bey Uns Bürgermeister und Rath Unser Stadt Rendsburg, um Unsern allergnädigsten Befehl, daß den Schiffern und Botführern, so auf den Dörfern an der Eyder unter Unser Jurisdiction wohnen, der Holz- und Torf-Handel niedergeleget werden möge, allerunterthänigst Ansuchung gethan, hast du aus dem Anschluß mit mehrerm zu vernehmen. Wenn Wir nun gedachter Unser Stadt Rendsburg alles, was zu deroselben Aufnehmen gereichen kann, ohndem allergnädigst gerne gönnen, dieselbe auch erbötig ist, die auf dem Lande wohnende Schiffer und Botführer in die Zahl ihrer Bürger auf- und anzunehmen: als ist Unser allergnädigster Will und Befehl, daß du sothanen Holz- und Torf-Handel bey denen auf dem Lande bey der Eyder unter Uns wohnenden Bauren gänzlich aufhebest, dero Behuf die Böte abzuschaffen, und hinführo keine wieder zu bauen, gebietest, oder da sie solchen Handel zu continuiren gedenken, dieselbe dahin anweisest, daß sie in gedachter Unser Stadt Rendsburg sich häuslich niederlassen, und Bürger werden, auch ihren Torf an keine andere, als Bürger daselbst, verkaufen sollen. Wornach rc.

Decretum Regis Christiani V, worin der Guarnison zu Rendsburg die bürgerliche Handthierung und Nahrung verboten. Anno 1675.

Ihro Königl. Majestät zu Dänemark, Norwegen, der Wenden und Gothen geben auf allerunterthänigst Suppliciren Bürgermeisters und Raths der Stadt Rendsburg pro decreto, Dero Milice, die bürgerliche Handthierung und Nahrung, so sie da-

daselbst treiben, zu verbieten, diesen allergnädigsten Bescheid: Daß die Guarnison in besagter Dero Vestung Rendsburg sich hinführo aller und jeder bürgerlichen Handthierung und Nahrung, sie bestehen in Handwerken, oder Ein- und Auskauf allerley Waaren, gänzlich enthalten solle, mit der Verwarnung, daß diejenigen, so dawider handeln werden, mit gebührender Strafe und Confiscation der verfertigten Arbeiten und zu Verkauf erhandelten Waaren, beleget werden sollen. Wornach sich der jetzige und die künftigen Commendanten, auch sonsten männiglich zu achten. Uhrkundlich unter allerhöchstgedachter J. K. M. Handzeichen und fürgedrucktem Insiegel. Geben auf Dero Residenz zu Copenhagen, den 19. Jan. 1675.

(L. S. R.) Christian.

Biermann.

1676 ist Tönning demolirt worden, und alle Ammunition und Canonen, Gewehr, und was sonst vorhanden gewesen, anhero nach Rendsburg gebracht worden.

1678 wurde Hinrich Sibben, des bey 1674 gemeldeten Bruder, allhier auch eingebracht, ward aber decolliret, und hernach aufs Rad geleget, der Kopf auf einen Pfahl genagelt, weil er bey damaliger Ermordung der obbenannten Reuter, auf Anreizung seines Bruders Hans, mit Hand angelegt. Sie waren beyde schon alte Männer von etliche 70 Jahren.

Zu diesem Jahr gehören nachstehende Urkunden.

Königl. Befehl, wegen Aufhebung der Contributions-Freyheit, an das General-Commissariat, de Anno 1678.

Christian der Vte.

Wohlgebohrne, auch Hoch- und Wohledle Räthe, liebe Getreue. Demnach die zu Unterhalt der Milice benöthigte Unkosten nicht leiden wollen, daß die in den Herzogthümern Schleswig Holstein bishero verstattete Contributions-Freyheiten länger continuiren mögen: So gehet hiemit an euch Unser allergnädigster Wille und Befehl, daß alle Contributions-Freyheiten in benannten Herzogthümern und dero incorporirten Landen, vom 1. dieses Januar-Monath anzurechnen aufhören, und hinführo einer mit dem andern die Last tragen soll, und Wir verbleiben euch mit Königl. Gnaden gewogen. Geben auf Unser Residenz Copenhagen, den 5. Jan. 1678.

Christian.

Hier-

Hierauf folget der

General - Commissariat - Befehl an den Herrn Ober-
kriegscommissarius Schwerdtfeger.

Edler, insonders vielgeehrter Herr Kriegs-Commissarius. Demnach ein und andere Adliche Güter bishero einige Freyheit in der monathl. Contribution genossen, und nur allemahl die Hälfte abgestattet; weil aber Ihr. K. M. Kriegs-Cassa dadurch ein grosses abgegangen, so haben Sie kraft angeschlossener Copey allergnädigst befohlen, daß alle solche Contributions-Freyheiten vom 1. Januar dieses aufhören, und von der Zeit an alle, ein mit dem andern, die völlige Contribution von ihren Gütern abtragen und verrichten sollen; hat er sich also darnach zu richten, und von sothanen gleich andern die völlige Contribution von solche Zeit an allemahl zu fordern, und ohn Unterscheid einzutreiben. Die Wir indessen nebst göttlicher Empfehlung verbleiben,

des Herrn Kriegs-Commissairs

Copenhagen, freundwillige

den 26. Jan. 1678.

Wend. Rune. Christen. Gested.
G. von Stokken. Pederson. Lerche.

General-Commissariat Informat. Schreiben an Herrn Kriegs-Commissair Schwerdtfeger, wegen der extraordinairen Anlagen, daß dieselbe gleich der Contribution von vollen Pflügen sollen bezahlet werden.

Wir haben sein Schreiben de dato Friedrichsort, den 21. Jan. weil die Post zweymahlen nach einander ausgeblieben, heute allererst erhalten, und darob ersehen, daß er zu wissen verlanget, ob die Ausschußgelder und das ausgeschriebene Korn von den halben Pflügen, nach der einem und anderm ertheilten Remission in der Contribution, oder aber von den vollen Pflugzahlen, abgestattet und bezahlet werden sollen. Als geben Wir ihm darauf zur nachrichtlichen Antwort, daß alle extraordinaire Anlage, so über die ordinaire monathliche, als an Ausschußgeldern und Korn, gefodert und ausgeschrieben worden, nicht von den halben, sondern vollen Pflügen, wie sie in der Landes-Matricul stehen, und ein jeder würklich hat, abgetragen und bezahlet werden müssen, gestalt denn nunmehr alle Dispüten, so ein und andere durch die hiebevor ertheilten Freyheit zu moviren vermeinet, durch den letzthin ergangenen Königl. Befehl, welchen wir ihm zu seiner Nachricht jüngsthin auch communiciret, gänzlich aufgehoben, und kraft desselben alle Freyheiten niederleget und cassirt seyn; hat er also dahin zu sehen, daß ein jeder sein Contingent in allen nach seinen vollen Pflügen abstatte und einbringe, massen denn vorjetzo, da das Geld sonderlich

 hoch

hoch benöthiget, er fleißig exequiren, und in Eintreibung der Gelder nichts, was dazu dienlich, sparen, noch versäumen muß. Wir verbleiben nechst göttlicher Empfehlung

Copenhagen, den 2. Febr. 1678.

des Herrn Krieges-Commissairs Freund- und Dienstwillige

Wind. Hahn. Gested. G. von Stocken. Petersen. Lerche.

General-Commissariats Notification, wegen Königl. Resolution, daß die Stadt Rendsburg bey ihrer Remission der Contribution verbleiben soll.

Wohlehrenveste und Wohlweise,
Insonders vielgeehrte Freunde.

Was dieselben wegen Uebersetzung der letzthin ausgeschriebenen Artillerie-Pferde und der Ausschußgelder, als von 3 Pf. 20 Rthlr. imgleichen daß sie bey der ihnen hiebevor ertheilten Remission der Contribution, als von jedem Pflug 3 Rthlr. gelassen werden mögten, durch derselben an J. K. M. allerunterthänigst eingesandte Supplique allerunterthänigst suchen, und ihnen in solchem zu assistiren, auch an uns gelangen lassen wollen, solches haben wir aus angeregter Supplique und dabey erhaltenem Schreiben vom 20sten dieses mit mehrerm ersehen. Gleich wir nun nicht unterlassen, nach ihrem Verlangen ihr allerunterthänigst Gesuch allerhöchst gedachte J. K. M. allerunterthänigst und bestens vorzutragen, auch darauf die allergnädigste Resolution erhalten, daß es zwar bey der remittirten Contribution der 3 Rthlr. vom Pflug annoch ferner verbleiben, und sie diesmahl rc. So haben wir auch deshalben an den Kriegs-Commissair Johann Schwerdtfeger, und den Contributions-Verwalter Christian Selmer geschrieben, sich darnach zu richten, und ein mehrers darüber von ihnen nicht zu fodern, welches zu ihrer Nachricht hiemit hinwieder vermelden wollen, als die wir nechst göttlicher Empfehlung sind und verbleiben,

Derselben Freundwill.

Wind. Gested. G. von Stocken. Lerch.

1678 wurden allhier in Rendsburg wiederum zwey junge frische Kerls mit dem Schwerdt gerichtet, der eine, Reimer Ahrens, ein Hamburger, der andere, Matthias Ahrens, ein Mecklenburger. Nach der Execution wurden die Köpfe auf Pfähle, und die Leiber auf Räder geleget. Es hatten diese beyden eben keinen wirkwürklichen Mord hier im Lande verübet; weil sie aber bekannte Strassenräuber waren, musten sie dran, wie ungern sie auch wollten.

1679 wurde ein Corporal von Capitain Engerings Compagnie, unter Herrn Obristen von Dedens Regiment, allhier auf dem Markt decollirt, dabey dieses zu gedenken, daß gleich selbigen Morgen, wie die Execution geschehen sollte, der Maleficant, als er die Trommel hörete, sich so sehr entsetzte, daß er in eine Ohnmacht niedergefallen, und in selbigem Paroxismo bis den andern Tag gelegen. Wie selbiger vorüber, wurde er ohne Rührung der Trommel nach dem Markt gebracht; ging seinem Tod getrost unter Augen, ausser daß er bis an das Ende protestirte, daß ihm zu nahe geschähe, da doch die Zeugen ausgesaget hatten, daß er unter vieren, so damahl Schlägerey unter sich gehabt hatten, derjenige gewesen, so den Entleibten, Namens Schulz, erstochen. Sein Name war Anton Seier, seiner Profeßion nach ein Barbierer.

Sonsten ist nach geendigten Schonischen Kriege fast kein Jahr hingegangen, daß nicht unterschiedliche harte Executiones, allermeist an Deserteurs, geschehen, die theils gehangen, theils gebrandtmarket worden, welches alles zu melden zu weitläuftig fallen würde. Nur eines davon zu gedenken: Es ward allhier ein Soldat gehenkt, so gestohlen; selbiger hatte, wie ihm der Henker den Strick um den Hals legen wollte, keine Ohren; blieb doch bis an sein Ende bey seiner Protestation, daß ihm unrecht geschehe.

1680. In diesem Jahre erging nachstehender Befehl.

Königl. Befehl wegen Remission des halben Pflug-Schatzes.

Christian der Vte von Gottes Gnaden, König zu Dänemark, Norwegen, der Wenden und Gothen rc.

Wohlgebohrner Rath, lieber Getreuer, demnach Wir die Städte Rendsburg und Crempe aus sonderbarer Königl. Gnaden, und in Regard, daß sie grosse Guarnison zur Einquartierung anjetzo haben, und mit benöthigten Stand-Quartier versehen müssen, den halben Theil der Pflug-Schatzung hinführo auszugeben, allergnädigst nachgelassen: So ist hiemit Unser allergnädigster Will und Befehl, daß du die Verfügung thust, daß von besagten Städten von dato an, und bis Wir anderweitig desfalls verordnen werden, nicht mehr als die Hälfte gefodert und gegeben werde. Geben auf Unser Königl. Residenz zu Copenhagen, den 30. Oct. 1680.

An den Geheimden Rath von Stoffen.

Christian.

Anmerkung.

1) Vorgesetzte Remission der halben Contribution ist erst Anno 1681 mit dem May würklich angegangen.

2) Bevor solche Remission des halben Pflug-Schatzes geschehen, ist die Stadt Rendsburg in Anno 1673 von ⅔ Theil desselben erlassen gewesen, doch um so viel die 75 der Stadt eigene Pflüge betrift, welches Rescript damahls dem Herrn General-Kriegs-Commissair von der Wisch von der damahligen Kammer insinuirt worden, worauf der Herr Kriegs Commissair Schwerdtfeger solche Befreyung in seiner von Anno 1674 und weiter über den empfangenen ⅓ Theil Pflug-Schatzes ausgerichteten Quitung attestirt. Ob nun wohl nachgehends mit dem Anfang des 1678sten Jahrs alle Contributions-Freyheiten von Ihro Königl. Majestät aufgehoben, ist diese Stadt dennoch durch Königl. Gnade bey der vorhin ertheilten Remission geblieben, bis, wie aus vorgesetztem Königl. Befehl zu ersehen, Anno 1680 im Oct. durch den Königl. Befehl an den Geheimden Rath von Stokken die halbe Contribution erlassen worden, wobey sie noch bishero aus Königl. Gnade verharret.

1681 den 19. Decemb. haben sich allhier 2 Bürger, so leibliche Schwäger waren, als Jochim Krisau, im weissen Roß, und Hans Christoffer Elers, ein Kornhändler, nachdem sie wegen Verkaufung einer Partey Hafers, so von Herrn Elers geschehen, (weil sie Mascopey hatten,) veruneiniget, da dann dieser Jochim Krisau eben auch Streit mit seiner Schwiegermutter hatte, daß sie ihren Sohn aus Johann Heitmanns Hause mußte holen lassen. Wie er hinüber geht, und ein wenig da gewesen, kommt dieser J. Krisau mit einer geladenen Pistole, und schiesset diesem Hans Christ. Elers in den Arm, daß die Brandader getroffen wird, woran er auch den 30sten gestorben. Der Thäter hat sich darauf retirirt; er ist aber nach 1½ Jahr elendig umgekommen, indem er mit dem Pferde gestürzt, und den Hals zerbrochen.

1683 hat man allhier eine neue Uhr, welche die Viertel mitschlägt, da die vorige nur ganze Stunden geschlagen, bekommen. Es war die alte Uhr damals 393 Jahre alt. Der Meister der neuen Uhr ist Paul Schröder, Bürger im Kiel.

1683 und 84 ist auf den alten runden Thurm hieselbst eine neue Spitze gebauet worden. Der Meister, der selbige gebauet, war von Segeberg, Namens Kikse.

1684 und 85 hat unser allergnädigster König Christian V. der Stadt Rendsburg zum Besten, die ganze Vorstadt, die vorher in dreyen Rechten vertheilet, nemlich in Fürstl. Schleswigisches, Schloß- und Stadt-Recht, an Bürgermeister und Rath hieselbst aus hoher Königl. Gnade verehret, doch mit der Condition, daß gemeine Stadt und Vorstadt die Contribution, die vor diesem gegeben worden, nach

nach wie vor entrichten sollen. Dabey es bis auf (tempora mutantur) sein Verbleiben hat.

1687 im Martio wurde allhier eine Brauer-Zunft gestiftet, und auf Begehren von Bürgermeister und Rath, wie auch der 16 Bürger von J. K. Maj. allergnädigst confirmirt, daß das Brauwesen nach der Reihe geschehen, und gewissen Häusern zugeleget werden sollte, welches aber von der Bürgerschaft impugniret wurde, da es denn J. K. Maj. allergnädigst gefallen, Ihro Excellence den Hrn. Canzler Lillenbrann und Hrn. Landrath Hans Hinrich von Ahlefeld als Commissarien zu ernennen, welche zu zweyenmalen eine Commission darüber gehalten, die sich aber fruchtlos zerschlagen, da dann zum drittenmal ihnen noch adjungiret wurden Ihro Excellence der Herr von Knuth, Amtmann zu Schleswig, und es wurde endlich auf gütliches und bewegliches Zusprechen der Bürgerschaft, von den respect. hohen Herren Commissarien dahin verglichen, daß ein jeder, so nur Gelegenheit dazu hat, soll admittiret werden, dadurch es denn einen Stoß bekommen, so daß es von selbsten 1694 wiederum gefallen. Gott behüte ferner diese Stadt für dergleichen Anschlägen und Unruhe.

1690 hat König Christian der V diese Vestung durch den Herrn General-Major Scholten vergrössern lassen, und zwar nach dem hollsteinischen Thor, mit neuen Wällen und trocknen Graben, die von einem Italiener, Monf. Dominicq Pell sind mit Mauerwerk umzogen worden, welches ein Grosses gekostet hat, da denn alle nahe an der Stadt gelegene Koppeln, Ländereyen und Gärten sind ruiniret worden.

1691 ist die Vorstadt Vinzier an der Schleswigischen Seiten abgebrochen, und ist die Vestung an derselben Seiten ebenfalls mit neuer Fortification erweitert worden. Die Häuser, welche in der Vorstadt abgebrochen worden, haben die Einwohner theils auf der Schleuskuhl, theils im Neuenwerk wieder hingebauet. Die Campener Kirche und Schule ist zugleich mit abgebrochen, und aus dem Kirchhof ein Schanzgraben gemacht worden.

Folgendes Rescript gehört in dieses Jahr.

Rescriptum Regis Christiani V, wegen Aufhebung der freyen Wagens.

Christian der Vte.

Ehrsame, liebe Getreue. Als Wir berichtet worden, welchergestalt die freye Wagenfahren sehr mißgebrauchet werden, und viele sich deren gebrauchen sollen, so desfalls weder Unsern Königl. Paß und Concession vorzuzeigen, noch etwas in Unsern Diensten zu verrichten haben: Wir aber solchem zu nicht geringem Nachtheil und Bedrück Unser Unterthanen gereichenden Mißbrauch weiter nachzusehen nicht gemeinet sind. So ist hiemit an euch Unser allergnädigster Wille und ernstlicher Befehl, daß ihr niemanden, wer der auch sey, freye Wagen und Vorspann zustehet und ertheilet, er oder dieselben haben denn dazu Unsern expressen Königl. Paß und Bewilligung erlanget, oder da es Militair-Personen sind, eine Ordre von Uns, daß sie nach diesen oder jenen Ort commandirt worden, nebst einer Marschroute von Unserm General-Commissariat vorzuzeigen. Wornach ihr euch zu achten, und Wir verbleiben euch mit Königl. Gnaden gewogen. Geben auf Unserm Schloß Copenhagen, den 18. Julii 1691.

An den Magistrat zu Rendsburg. **Christian.**

1692 erhielt die Stadt folgendes Privilegium.

Neues Privilegium von 1692.

Wir Christian V, von Gottes Gnaden König zu Dänemark, Norwegen, der Wenden und Gothen ꝛc. Thun hiermit jedermänniglich kund und zu wissen, als Wir zu mehrerer Sicherheit Unserer Fürstenthümer Schleswig, Holstein und deren incorporirten Landen, Unsere Vestung Rendsburg zu erweitern für gut befunden, und Wir auch zugleich zu derselben und deren jetzigen und künftigen Bürgern und Einwohnern desto mehreren Aufnahm, Flor und Wachsthum, gedachte Unsere Stadt und gesamte Bürgerschaft mit nachfolgenden Privilegien und Freyheiten allergnädigst versehen und begnadigen wollen.

1. Sollen allen und jeden, welche sich in Unsere Stadt und Vestung Rendsburg häuslich niederlassen, und daselbst Häuser aufbauen wollen, dazu bequeme Oerter, ohne Entgeld, angewiesen, und dieselben mit einigem Grund-Schatz oder Erd-Häuer desfalls zu keinen Zeiten beschweret werden, massen Wir denn auch die Verfügung thun wollen, daß die 33⅓ Rthlr., so die Armen von den Einwohnern in Vinzier, ratione ihrer Häuser, vor diesem jährlich zu geniessen gehabt, denselben anderwärts angewiesen, und gut gethan werden sollen.

2. Sollen diejenigen, die sich innerhalb 2 Jahren a dato publicationis dieser Privilegien dahin zu wohnen begeben, und in der neuen Vestung auf eigene Kosten, und ohn Unsern anderweitigen Zuschuß, Häuser aufbauen werden, auf gewisse Zeit von Jahren, von allen Schatzungen, Contributionen und andern dergleichen Auflagen, frey und exemt seyn, auch in währender solcher Zeit mit keiner Einquartierung beleget noch beschweret werden. Wie aber solche Freyheit billig nach der Beschaffenheit und Grösse der Häuser einzutheilen; Also soll

Ein Haus von Fachwerk 1 Stock hoch, breit strassenwärts 20, 24 bis 28 Fuß, Ständer hoch 9 bis 10 Fuß, lang 6 bis 7 Fach, — zwanzig Jahre

Ein Haus von Fachwerk 2 Stock hoch, breit strassenwärts 24, 28 bis 32 Fuß, Ständer hoch 8 bis 12 Fuß — — 30 Jahre
Ein brandgemaurtes Haus 1 Stock hoch, breit strassenwärts 20, 24 bis 28 Fuß, hoch 9 bis 10 Fuß lang 43 bis 50 Fuß — 30 Jahre
Ein brandgemaurtes Haus 2 Stock hoch, breit strassenwärts 24, 28 bis 32 Fuß, hoch 12 und 8 Fuß, lang 43. 50 bis 57 Fuß — 50 Jahre frey seyn.

3. Ferner sollen die Bau-Materialien, als Holz, Steine und Kalk, und wie sie sonsten Namen haben mögen, deren dieselben zu Erbauung solcher ihrer Häuser benöthiget, bey der Einführung, a dato in 2 Jahren zollfrey paßiren, sodann gesamte Bürger und Einwohner in Rendsburg von allen Licenten und Accisen, es sey von Victualien oder andern Waaren und Kaufmannschaften, allerdings eximiret und befreyet seyn.

4. Aller Bürger und Einwohner in Rendsburg eigene Schiffe, oder wann die Hälfte davon ihnen gehörig, und der Schiffer in Rendsburg wohnhaft ist, sollen in Unsern Königreichen und Landen als Einheimische aller Orten tractiret, und mit ihnen sich gleicher Freyheit, in der Fahrt und den Zöllen, zu erfreuen haben.

5. Es sollen auch bis auf drey Meilen inclusive neben der Stadt auf dem Lande, in Unserm Gebiete, keine Kaufmannschaften mit Ellen und Gewicht, auch keine andere Handwerker, denn nur allein Grobschmiede, Rademacher, Böger, Schuster und Schneider, geduldet und gestattet, und wegen des Malzens und der Brauereyen, es bey den alten von Uns confirmirten Privilegien der Stadt allerdings verbleiben, und denselben stricte nachgelebet werden.

6. Soll allen denen, so durch Unglücksfälle dergestalt in Abgang ihrer Nahrung gerathen, daß sie von andern Orten entweichen müssen, falls sie sich nach Rendsburg retiriren, und allda als Bürger häuslich sich niederlassen werden, hiermit Asyl, Schutz und Freyheit gegen dero Creditoren, und alle andere, so einigen Anspruch an dieselben haben mögten, ertheilet und gegeben seyn.

7. Wie denn ebenmäßig allen und jeden fremden Religions-Verwandten, wie auch den Juden, darinnen zu bauen und zu wohnen zugelassen, das publicum exercitium religionis aber keinen, als der evangelischen Gemeine der ungeänderten augspurgischen Confession, vergönnet und verstattet werden soll.

8. Mit der Wahl des Stadt-Magistrats, wie auch Administration der Justiz, soll es bey dem alten Herkommen, doch daß die neuen Bürger mit dazu gezogen werden, unverändertlich gelassen, auch in gerichtlichen Sachen, nach dem daselbst eingeführten lübeckischen Recht, sowohl in der neuen als alten Stadt, gesprochen werden, dergestalt jedoch, daß die Appellationes von den Urtheilen, so in Sachen derjenigen Bürger und Einwohner, so auf dem Schloß-Grunde und bey dem Schleswigschen Thor diesseits der Eyder wohnen, bey dem Stadt-Magistrat abge-

sprochen werden, nicht an die 4 Stadt-Gerichte, sondern an Unser Ober-Amt-Gericht immediate gehen sollen.

9. Damit auch dieser Ort zu den Commercien und der Handlung so viel mehr apriret werden möge, so soll niemanden, als den Rendsburgischen Schiffern, auf der Ober- und Unter-Eyder zu fahren, auch diesen die Fischerey darauf, so weit sie bishero befugt gewesen, weiter ungehindert zu treiben verstattet seyn.

10. Es sollen auch über die in der alten Stadt angelegte ordinaire 3 Jahr-Märkte, in der neuen Auslage beym Schleswiger Thor, in der Norder-Wester- und Süderstrasse, 3 Pferd- und Vieh-Märkte, und zwar der erste 4 Tage vor Gallen-Tag, und der andere auf den beyden ersten nachfolgenden Freytagen gehalten werden, jedoch auch den Verkäufern unbenommen seyn, ihr Vieh in die alte Stadt zu treiben und zu verkaufen.

11. Alle geschlossene Zünfte und Aemter, wie sie Namen haben, und unter was Vorwand selbige auch errichtet seyn mögten, sollen hiermit gänzlich aufgehoben seyn, und eine jede Zunft oder Amt diejenigen neue Bürger, so solches nach producirten Beweis verlangen, daß dieselbe ihr Handwerk ehrlich erlernet, gratis und ohn Entgeld mit auf- und anzunehmen gehalten seyn, mit diesem Anhang jedoch, daß, welche sich in solche Zünfte und Aemter begeben, sich den Amts-Artikeln, so weit solche von Uns approbiret und bestätiget seyn, gleich andern conformiren sollen; denjenigen aber, so sich in kein Amt oder Zunft begeben wollen, oder auch dazu inhabiles seyn mögten, wird zwar nach Unserer jüngst ausgelassenen Verordnung ihre Handthierung und Profeßion, pro Personis, so gut sie können, zu treiben zugelassen, mehr aber als einen Gesellen darauf zu halten, oder mehr als einen Stuhl neben sich zu setzen, hiermit untersaget und verboten.

Schließlich werden auch hierdurch alle und jede der Stadt Rendsburg und ihrer alten und neuen Bürgerschaft, von Uns oder Unsern in Gott ruhenden Vorfahren ertheilte Privilegia und Begnadigungen, so weit sie in gegenwärtigen etwa nicht geändert seyn, renoviret und bestätiget, sodann nicht allein Bürgermeister und Rath befehliget, sondern auch Unsern p. t. Amtmännern und Commendanten zu Rendsburg specialiter hiermit committiret und verordnet, darob alles Ernstes zu halten, damit diesem und vorigen Privilegien in allen gebührlich nachgelebt; und da jemand, wer der auch sey, dagegen etwas vorzunehmen sich unterstehen sollte, solchem alsofort Wandel geschaffet, auch die Contravenienten als Uebertretere Unsers allergnädigsten Willens und Verordnungen desfalls zu gebührender Strafe gezogen werden mögen. Wornach sich dieselbe und männiglich allerunterthänigst zu achten. Uhrkundlich unter Unserm Königl. Handzeichen und vorgedrucktem Insiegel. Gegeben auf Unser Residenz zu Copenhagen, den 19. April Anno 1692.

Christian.

1695 ist die Kirche im Neuenwerk zu bauen angefangen worden.

1697 den 5. März hat sich auch ein unglücklicher Casus zugetragen, indem ein Soldat von dem Fünischen National-Regiment unter Capitain Schmidts Compagnie, der öfters nach einen hiesigen Kramer, Namens Heinrich Johansen, einen alten Mann von 70 Jahren, und Senior von den Herren Deputirten, gegangen, der allerhand Kleinigkeiten zu Kauf hatte, und sein Lieutenant, bey welchem er als Diener aufgewartet, öfters aus dem Hause etwas geholt, da er denn gesehen, daß ihm Geld aus dem Schrank, der in der Stube ist gewesen, allemal zurück gegeben worden, und er also in der Meynung gewesen, daß viel Geld darin müßte vorhanden seyn. Nun geht er bey Abendzeit wiederum hin nach dem Hause, und will Asche haben; der alte Hinrich Johansen sagt zu ihm, mein Sohn, die Asche ist auf dem Boden, ich kann nun nicht hinauf gehen, (weil er keinen Menschen bey sich im Hause hatte), und solches wußte der Soldat. Er bittet ihn aber sehr, weil seine Frau Lieutenanntin selbiger höchst benöthiget wäre. Also sagte endlich dieser alte Johansen, ihr zu gefallen wollte er es thun, nimt darauf ein Licht in die Hand, und gehet voran, da der Soldat mit ihm gehen soll, und wie er eben vor der Treppe ist, und will auf den Boden gehn, hat dieser gottlose Mensch ein Hand-Beil unter dem Rock, und schlägt ihm damit hinten auf den Kopf, daß er gleich zur Erden fällt, und das Licht ausgeht, dem ungeachtet schlägt er continuirlich auf ihn, und da er meynet daß er genug hat, gehet er wiederum aus dem Hause, und sitzet eine Weile vor der Thür, um hernacher wiederum hinein zu gehen, und den Raub zu holen. Der alte Hinrich Johansen, der eine starke Natur hatte, erholet sich in etwas wieder, kriecht auf Händen und Füssen nach seiner Kammer, nach der Strassen gelegen, kommt ans Fenster, und rufet Mord, Mord, worauf die Nachbahren zukommen, und da sie ins Haus nicht kommen können, setzen sie eine Leiter ans Fenster, und steigen hinein, bekommen ein Licht, und sehen mit grossem Erschrecken den alten Mann in vollem Blut liegen, dem seine beyde Hände ganz zerquetschet waren, weil er selbige auf seinen Kopf geleget hatte. Er erzählt gleich das Factum, und weil er nun den Kerl wohl kennete, ward dieser gleich in Arrest gezogen, hat darauf durch ein Kriegs-Recht sein Urtheil bekommen, daß er sollte decollirt, der Kopf auf einen Pfahl, und der Leib aufs Rad gelegt werden, so auch von J. K. Maj. ist confirmirt worden, und den 30 hujus ist die Execution geschehen, der alte Hinrich Johansen hat auch nicht lange darnach gelebt.

1698 ist das schöne Zeughaus, nachdem es 1695 zu bauen angefangen worden, zur Perfection gebracht, der Bauherr ist gewesen Mons. Dominicq Pell, ein Italiener und Königl. Entrepreneur.

In diesem Jahre erhielt die Stadt folgendes Privilegium.

Privilegium Regis Christiani V, super Jure decimandi, 1698. den 23. Jul.

Wir Christian der Vte,

Thun kund hiemit, daß Uns Bürgermeister und Rath samt den deputirten 16 Bürgern Unser Stadt Rendsburg supplicando allerunterthänigst vortragen lassen, wasgestalt die Bemittelte in ermeldte Stadt sich nach und nach mit ihren Gütern von dannen weg begeben, und an andern Orten sich häuslich niederlassen, oder auch ihre Kinder meistentheils ausserhalb der Stadt zu verheyrathen suchen, dabey aber, daß, nach Ausweisung ihrer Stadt Bücher von Anno 1504 her, unstreitig exercitio juris detractionis des 10ten Pfennigs in Abzugs- und Erbfällen propter defectum specialis Privilegii ihnen disputirlich machen wollen, mit allerunterthänigster Bitte, Wir geruheten besagte Unser Stadt Rendsburg mit solchem Special-Privilegio, gestalt dergleichen verschiedenen Städten in Unsern Fürstenthümern von Uns und Unsern in Gott ruhenden Vorfahren concediret worden, allergnädigst zu versehen. Wenn Wir denn solchem allerunterthänigstem Gesuch, als zum Aufnehmen der Stadt Rendsburg gereichend, in Königl. Gnaden Gehör gegeben; So privilegiren und begnaden Wir dieselbem mit dem Jure detractionis des 10ten Pfennigs in vorkommenden Abzugs und Erbfällen, gebetenermassen, hiemit allergnädigst, und wollen, daß sie nach dem Exempel der andern mit eben solchen Privilegien versehenen Städte der Fürstenthümer, jedoch Uns und Unsern Erb-Successoren an Unsern Hoch- und Gerechtigkeiten ohne Abbruch, sowohl von denen aus der Stadt-Jurisdiction emigrirenden Bürgern, als auch den Mitteln, so Fremden und ausserhalb der Stadt Gebiet Gesessenen, es sey durch Heyrath oder Sterbfälle zugefallen, und von dannen weggezogen werden, den 10ten Pfennig zu detrahiren befugt seyn, und solche Begnadigung mit auf die in diesem und vorigen Jahr vorgekommene Abzugs- und Erbfälle, in soweit res noch integra, extendiret werden sollen. Wornach sich männiglich allerunterthänigst zu achten. Uhrkundlich unter Unserm Königl. Handzeichen und vorgedrucktem Insiegel. Geben auf Unsrer Residenz zu Copenhagen, den 23. Jul. 1698.

(L. S. R.) Christian.

1699 hat ein hiesiger Bürger und Zimmermann, Namens Hans Martens, dieses Unglück gehabt. Als er in dem grossen Weinhause mit einen Italiener sitzet und trinket, kommen sie in Dispüt mit einander, und schlagen sich, da denn dieser Italiener von dem andern zur Erden geworfen wird, daß er in wenig Stunden, zumahlen er mit dem Kopf auf harte Fliesen gefallen, gestorben, worauf gleich dieser

Hans

Hans Martens in die Büttelen geführet und geschlossen worden, da denn ein Criminal-Gericht ist gehalten, und von der Bürgerschaft beschlossen worden, die Acta nach einer Universität zu senden, so auch geschehen. Von dieser ist er absolvirt worden, und also wiederum auf freye Füsse gekommen.

Eodem ist ein neuer Raths-Stuhl in hiesiger Kirche gemacht, und den 16ten April von Bürgermeister und Rath erstlich betreten worden.

Eodem den 25. August ist unser allergnädigster König und Herr, Christian V, gestorben, im 53. Jahre seines Alters, und 29 Jahre seiner Regierung; hat löblich und wohl regiert.

Eodem hat ihm Fridericus IV. succedirt, und ist ihm in Copenhagen gleich mit grossen Sollennitäten gehuldiget worden.

Eodem ist das Schuld- und Pfand-Protocoll allhier eingeführt worden.

Eodem den 14. Sept. ist allhier eine Execution geschehen, indem die Altfrau auf dem Schloß, benebst ihrem Mann und Kindern, die eine zeitlang durch heimliche Gänge viel Proviant-Korn von dem Schloßboden genommen, und es wieder an andere verkauft gehabt, wodurch auch einige Bürger in grosse Verdrießlichkeit gekommen. Da sie endlich darüber ertappet worden, seyn sie gleich eingezogen, und per sententiam condemniret worden, daß sie alle aus diesem Reiche sollten verwiesen seyn. Wie denn die Altfrau einige Stunden am Pranger hat stehen müssen; der Mann aber, so Schönemann geheissen, und vor diesem Mundschenk bey Graf Ranzau gewesen, mußte ohngefehr bey Jacob Voges Haus mit seinen Kindern stehen, worauf sie hernach verwiesen wurden.

1700 den 15. Jul. ward die neue Kirche im Neuenwerk, nachdem sie zur Perfection gebracht, von dem Herrn General Superint. Herrn Josua Schwarz, eingeweihet, und ihr der Name Christ-Kirche gegeben. Die Procession geschahe folgendergestalt. Erstlich gieng die Schule und sungen: Es wolle uns Gott gnädig seyn; darauf folgte der Herr General-Superint. mit den Predigern aus der alten Stadt und aus dem Amte, darauf die Königl. Beamten und Officire, wie auch der Rath und die Bürgerschaft. Wie sie nun in die Kirche kamen, trat der Herr General-Superint. vor die Kirchthür, und sprach aus dem 100ten Psalm v. 3. Nachdem in der Kirche war gesungen, Komm heiliger Geist, trat der neue Prediger Naumannus Nessen vor den Tisch, und sung, Gloria in excelsis Deo; nachher ward der 84ste Psalm abgelesen, und darauf musicirt, worauf der Herr General-Superint. auf die Canzel trat. Der Text war aus dem ersten Buch Mosis 28 Kapitel v. 16. 17. nach geendigter Predigt ward gesungen unter Trompeten- und Pauken-Schall, Herr Gott dich loben wir; darauf wieder die Collecte vor dem Tisch. Zum Beschluß ward gesungen von 4 Knaben, Benedicamus Domino, und ein der Gemeine Deo dicamus Gratias.

1700 den 1. Sept. erschoß sich ein Lieutenant, Namens Vitinghof, mit einer Pistole aus Melancholie. Er ward wegen seiner vornehmen Familie in aller Stille nach dem Soldaten-Kirchhof gebracht.

1701 den 13. Oct. marschirten allhier aus dieser Guarnison, wie auch aus andern Vestungen, an Infanterie und Cavallerie, 8000 Mann, die an Holland übergeben wurden.

1702 den 9. Jul. Der Herzog Friederich zu Schleswig Holstein blieb im Treffen bey Clissau in Pohlen, da er unter der schwedischen Armee gegen Pohlen und Sachsen stund, von einer Canonkugel.

1703 den 15. May war ein starkes Gewitter allhier, und schlug in einen Reuter-Stall, der auch ganz abbrannte, und weil es still Wetter war, so gab Gott die Gnade, daß es nicht weiter kam.

1705 den 29. May starb unser alter Rector Henricus Hamerich, der an 50 Jahr bey unserer Schulen gewesen, und viele gelehrte Männer durch ihm gemacht worden.

Eod. grassirten die Pocken sehr unter den Kindern, so daß bey 300 Kinder allhier in der alten und neuen Stadt wegsturben, und ein groß Lamentiren bey den Eltern war.

Eod. den 31. Dec. ward unser General-Major Passau bey Occupirung des Schlosses Eutin blessirt, so daß er darauf den 1. Jan. starb, und ist in hiesiger Christ-Kirche beygesetzet worden.

1702 im Jan. hat die Stadt von Ihro Königl. Majestät wegen der bisher genossene $\frac{2}{3}$ Licenten, so jährlich der Stadt von dem hiesigen Zoll-Einnehmer gezahlt worden, 6000 Rthlr. baar empfangen, womit also die von der Stadt bishero genossene $\frac{2}{3}$ Licenten gänzlich aufgehoben worden.

1707 den 25sten Februar hat ein Mädchen, Namens Agnes Stolten, in eines Bürgers Hause ein Kind in der Geburt umgebracht, nachher es in den Graben geworfen, und sich des Morgens früh davon gemacht, das Kind ist beym Bergen gefunden worden, darauf der Mörderin nachgesetzet, und sie wieder in Schleswig ertappet worden; da sie denn von dortiger Obrigkeit ist inhaftirt worden, bis sie von unserm Scharfrichter ist abgeholet, und in die Bütteley gebracht worden. Nach gehaltenem Criminal-Gericht, ist sie allhier den 5. Jul. auf dem Markt decollirt worden.

Den 8. Febr. reisete unser Statthalter, Hr. Graf Friedrich von Ahlfeld, nachdem er seine Staathalterschaft resignirt hatte, nach Ungarn, um unsere dortige Truppen, die in Kaiserl. Diensten stunden, als General-Lieutenant zu commandiren; 1708 den 10. Jun. ist der Graf zu Regensburg gestorben.

Eodem den 11. April brannte unser S. Jürgens-Hof ab, und zwar des Morgens zwischen 7 und 8 Uhr; der Pensionarius Johann Georg Auerbach war eben zu seinem grossen Unglück mit in der Stadt. Wovon eigentlich der Brand entstanden, ob er von ausgegossene Asche, oder sonsten geholtem Feuer entstanden, hat man eigentlich nicht erfahren können. Ist unterdessen ein grosser Schade für unsere gute Stadt gewesen.

Eodem den 20. Aug. ward ein Soldat von den Marinern mit einem Beil enthauptet, nachdem ihm die rechte Hand abgehauen war, und aufs Rad gelegt, weil er seinen Cammeraden mit einem Messer mörderlich erstochen.

1708 ist das neue Proviant-Haus, womit 1704 angefangen worden, zur Perfektion gebracht, und von dem Königl. Hrn. Entrepreneur Dominicq Pell geliefert worden.

Eodem den 18. Junii ist unser neuer Pranger auf dem Markt solenniter von der ganzen Bürgerschaft aufgerichtet worden.

Den 7. Nov. starb unser Prinz Georg in Engelland.

Den 8. hujus kamen J. K. Maj. allhier des Abends um 7 Uhr ganz unvermuthet an, reiseten des andern Morgens wieder von hier nach Pinneberg, und weiter über die Elbe, davon man freylich nichts erfahren können. Nachdem hat man Nachricht erhalten, daß J. K. Maj. nach Venedig gereiset, incognito, unter dem Namen eines Grafen von Oldenburg.

1709 im Jan. ist ein solcher starker Winter gewesen, als niemand hat denken können, alle Kümme seyn zugefroren gewesen, wie auch viele Schafe erfroren, auch unterschiedliche Leute todt gefunden worden.

Eodem den 20. Julii seyn J. K. Maj. von Dero Reise aus Italien, Gott sey Dank! wohl und gesund wiederum unvermuthet anher gekommen, worüber alle Unterthanen höchst sind erfreuet worden. Den 21. haben sie den General-Major Schönfeld und Hrn. Rosenkranz mit dem weissen Ritter-Orden regalirt. Den 22. ist der Herr Administrator Friedrich August auch von Gottorf anher kommen, und haben J. K. Maj. ihn zum Ritter vom Elephanten gemacht, und den Orden ihm selbst umgehangen. Den 23. seynd J. K. M. wiederum von hier gereiset.

Eodem ließ J. K. Maj. ein Manifest ausgehen, über die rechtmäßige und hochwichtige Ursachen, den Krieg wider Schweden anzufangen.

1710 im Jan. haben die Bemittelte an J. K. Maj. Vorschuß-Gelder thun müssen, nach advenant, 500000 Rthlr. und mehr, wogegen sie Königl. Obligationes wiederum bekommen.

Den 10. März ist eine Bataille in Schonen mit uns und den Schweden vorgegangen, worinn wir leider unglücklich gewesen, auch unsere Armée fast totaliter ist ruinirt worden, so daß wir ein Grosses eingebüsset haben, und viele wackere leute geblieben. Wir haben es gleich wieder quitiren, und uns nach Seeland retiriren müssen.

Den 21. Julii ist allhier auf Königl. Ordre eine Kriegs- und Vermögens Steuer von den darzu verordneten Herren Commissarien, als dem Etats-Rath Ehrenkron, wie auch unserm Etats-Rath und Ober-Kriegs-Commissair Nissen, geordinirt worden, da ein jeder auf seinen Eyd seine Mittel hat aussagen, und davon 1 pro Cent geben müssen. Einige, die ihre Mittel nicht bekannt machen wollten, haben noch das Beneficium erhalten, daß sie, nach Unterschreibung eines harten Eydes, ihr Procent haben in einen dazu verordneten Kasten werfen dürfen. Man hat auch geben müssen den 4ten Theil von der Hebung seiner freyen Ländereyen, wie auch Salarien-Gelder; auch hat ein jeder Bürger wegen guter Nahrung, worauf er ist taxirt worden, geben müssen, welches alles ein ziemliches Kapital gebracht hat.

1710 den 26. October ist abermal eine extraordinaire Schatzung publicirt worden, als erstlich hat ein jeder, der eine Kutsche gehalten, 20 Rthlr. zahlen müssen, und diejenigen so Häuer-Kutschen gehalten, 10 Rthlr.

Zweytens, alle diejenigen, welche im Rang sind, oder auch gleiche Beneficia und Praerogativen mit ihnen geniessen, worunter die Militair-Personen bis Rittmeister und Capitain, inclusive begriffen seynd, wie auch ihre Kinder, sollen ohne Unterschied 4 Rthlr. pro persona zahlen. Alle übrige, so nicht im Range sind, sie mögen geistliche oder weltliche Bedienten seyn, nebst ihren Kindern, 3 Rthlr. die übrigen bürgerlichen Personen und Handwerker sollen 1 Rthlr. geben.

Drittens, alle Frauens-Personen, deren Ehemänner im Rang sind, welche Fontangen und fremde Aufsätze tragen, 4 Rthlr. Die andere Classe, so eben nicht im Range sind, 3 Rthlr., und was gemeine und Dienstleute, so Fontangen tragen, 1 Rthlr.

Viertens, es soll auch das Dienstvolk von seinem Lohn, in welcher Condition es sich aufhalten, und von welchem Geschlechte es seyn mag, den 6ten Theil zahlen.

Diese Schatzung ist auch den 20. November eingetrieben worden, so ein ziemliches betragen. Es ist aber ein grosses Lamentiren unter den Dienst-Mädgen gewesen.

1711 den 18. April, ist Ihr. Kaiserliche Majestät Josephus an den Kinder-Pocken gestorben.

Den 5. Decemb. sind die Schweden aus Wismar mit 2500 Mann, benebst einigen Feld-Stücken, ausmarschirt, und haben unser Lager attaquirt, da sie denn von uns tapfer sind empfangen, und mehrentheils gefangen genommen worden, davon den 26. December 964 Soldaten sind hereingebracht, und wegen der grossen Menge im Zeughaus logirt, auch mit einer grossen Wache bewachet worden.

Den

Den 28. Decemb. wurden annoch von den Schweden hereingebracht, 2 Obersten, 2 Majors, 8 Capitains, 14 Lieutenants, 4 Fähndrichs, die aber nach einigen Tagen weiter nach Flensburg und Hadersleben mit einer Escorte gebracht wurden.

1712 den 17. April ist abermal eine Kriegs-Steuer bezahlet worden, und auf dergleichen Art, wie des vorigen Jahres gewesen, als 1 pro Cent von Capitalien, der 4te Theil von freyen Ländereyen und Salarien-Gelder, wie auch wegen der Nahrung.

Eod. Nachdem in Copenhagen die Pest sehr grassirt hat, und viele Tausende sind hingerissen worden, nun aber der Höchste die Plage von ihnen weggenommen hat, ist allhier desfals auch ein Dankfest gehalten worden.

Den 30. April ist allhie der Rendsburgische Erläuterungs-Recess über den Hamburgischen Vergleich den 5 Jan. 1711 verfertiget worden.

1712 den 19. May ist allhier ein Convent von vielen Edelleuten gewesen, und sind ihnen von den Königl. und Fürstl. Herren Commissarien, als von Herrn Geheimen Rath von Jessen und Geheimen Rath Görtiz, einige Propositiones gethan worden. Sie haben sich aber bald darauf wiederum separirt.

Den 1. Junii ist der Landtag wiederum angegangen, da sie bis den 4ten beysammen gewesen, und also geendiget worden.

Den 3. Aug. hat der Herzog in seinem Herzogthum allenthalben von den Canzeln publiciren lassen, daß keiner von seinen Unterthanen sich nach Rendsburg begeben solle.

Den 10. Aug. sind wir leider wegen der Contagion an beyden Seiten postirt worden; an der hollsteinschen Seite stand unsere Reuterey, und an der schleswigschen Seite waren Fürstl. von der Guarnison aus Tönning. Es war anfänglich ein grosser Schrecken in der Stadt; die Vornehmsten, als unser Geheimer Rath, wie auch von den Bedienten, zogen alle aus der Stadt, und hielten sich zu Jeversiedt auf; unterdessen hatten wir alle Woche draussen vor den Thoren 2 Markt-Tage, als des Dienstags und Sonnabends, da uns die Landleute auf Königl. und Fürstl. Ordre allerhand Proviant in Abundance zuführten. Es wurden auch gute Anstalten gemacht, um wo möglich von diesem Uebel bald wiederum befreyet zu werden. Wir hielten wöchentlich bey unserm Commendanten, Herrn Brigadier von Schnitzer, ein Collegium sanitatis, hielten des Tages ausser den ordinairen Betstunden, des Morgens dergleichen, des Nachmittags von 2 bis 3 wieder, da allemal einer von den Predigern ein darzu verordnetes Pestgebet betete. Es war allemal eine grosse Frequenz von Leuten in der Kirche, da denn sehr andächtig gesungen und gebetet ward, und die des Tages noch in der Kirche gewesen waren, lagen schon den andern Morgen auf dem Rücken, indem einige sehr plötzlich hinsturben. Wir hatten wöchentlich ordinair, sowohl in der alten Stadt als im Neuenwerk,

 von

von der Bürgerschaft Todte 50. 54. 58. 55. 48. 60. 66. Die Woche vom 4. Sept. bis den 10ten hatten wir 80 Todte, wobey uns nicht wohl zu Muthe war. Es war aber die höchste Zahl: denn nachher nahm es durch die Gnade Gottes wöchentlich wiederum ab. Es ward auch angeordnet, daß wir alle Monath einen Fast und Buß-Tag hielten. Den 18 Sept. kamen auch 2 Pest-Barbierer (Chirurgi) aus Hamburg, die monathlich von der Stadt — Rthlr. bekamen; hatten auch ein Pesthaus angeordnet, nahe am Wall, der Schiffmühle hinunter, darin einige Pest-Weiber waren; hatten auch 4 Kerls, welche die gemeinen Leute mußten in Särge legen, und die nachgebliebene Güter versiegeln, bekamen wöchentlich jeder 3 Mark. Unsere Herren Prediger hatten ihre volle Arbeit, der Höchste erhielte sie auch allerseits, daß keiner von ihnen starb, die meisten Todten wurden bey Abendzeit hingebracht, das Geleut ward auch ganz eingestellt, die Leichlacken wurden auch abgestellt, auch durften nur 4 Paar zum Gefolge seyn. Wir liessen auch 2 schöne Leichenwagen machen, die Bürgerschaft opponirte sich dagegen, und wollte sie nicht gebrauchen. Von den Vornehmen sturben wenig, ausser ex Senatu Friedrich Jorl, Doctor Medicinae, und auch Peter Gade. Von den Handwerksleuten sturben viele aus den Aemtern, als Schuster, Schneider und Becker, auch viele gemeine Leute, so sich allhier aufhielten in den Buden und Kellern, daß sie ganz ledig wurden. Alle unsere Stadtdiener, Wächter und Umläufer sturben alle weg; insonderheit sturben auch viele Dienstmädchen, und sonst vom Frauensvolke. Es wurden auch letztlich von Copenhagen durch Sollicitirung unsers Herrn Compastoren, Herrn Andreas Hamerich, von dem Königl. Hause und andern vornehmen Leuten an ihn einige hundert Thaler für uns gesandt. Die Herren Flensburger haben uns auch reichlich beschenkt, wegen unsrer Armen und Nothleidenden, welches der Höchste ihnen nicht unbelohnt lassen wolle. Darauf ward noch eine löbliche Verordnung gemacht, da die alte Stadt in 4 Viertel, und das Neuwerk ebenfalls also getheilet ward, da denn ein jeder im Rath mit Zuziehung 2 aus der Bürgerschaft sein Viertel bekam, ihnen auch von den colleciirten Geldern gegeben ward; da denn ein jeder sein Viertel täglich mußte visitiren lassen, und dann den Armen und Nothleidenden wöchentlich ein Mark lübisch gegeben ward. Da man denn, Gott sey Dank! spüren konnte, daß das Sterben täglich abnahm. Es ward auch alle Sonnabend eine wöchentliche Liste an den Herrn Statthalter, wie auch an den Herrn Geheimen Rath Fuchs, an unsern Commendanten, Herrn Brigadier von Schwitzer, gesandt, auch an dem worthabenden Bürgermeister, Joachim Eggers ward gleichfalls die Liste eingegeben. Die ganze Summa der Verstorbenen aus der Bürgerschaft, als Männer, Weiber, Kinder und Mädgen, werden an 800 Personen seyn, von welchen die Listen annoch vorhanden, und auf unserm Rathhause in Unserm Archiv liegen. Von der Guarnison seyn eben so viele, wo nicht mehrere, gestorben. Und weil damals die

Guarnison sehr schwach war, mußte die Bürgerschaft die Wachen mit thun, und täglich 70 Mann hergeben, welche dann aus allen inficirten Häusern kamen, und einer den andern ansteckten, da unterschiedliche auf der Wache krank wurden, und zu Hause gehen mußten, welche den andern oder dritten Tag schon todt waren. Wir hielten unterschiedliche mal bey unserm Commendanten an, er mögte doch die Bürgerschaft mit der Wache verschonen, oder, daß so viele nicht mögten gegeben werden, da so viele Posten wären, die nicht besetzet werden dürften, zumal da wir nichts zu befürchten hätten, weil unsre Armée in Pommern, wie auch auswendig an beyden Seiten Soldaten postirt waren. Wir stellten ihm vor, wie unsere Bürgerschaft mehrentheils dadurch ruinirt würde; weil er aber ein wunderlicher Mann war, und wir ohnedem viel Verdrießlichkeit von ihm hatten, so wollte solches alles nicht helfen, bis wir endlich im Collegio sanitatis zusammen kamen, da wir dann wegen der schweren Wachen wieder erinnerten, und nochmals vorstelleten, wie viele Bürger dadurch weggeraffet würden; da dann der Herr Oberster Bartig, wie auch Major Köiert dem Commendanten sagten, daß viele Posten nicht besetzet werden dürften, ihm auch selbst deuchte, daß er es nicht würde verantworten können, also ordinirte er, daß die Hälfte nur an Mannschaft commandirt wurde.

Den 31. Dec. sind wir wieder von der Postirung liberirt worden, da dann ein jeder wieder hat aus- und einkommen können, auch der Geheime Rath Fuchs nebst andere Bedienten, die sich retirirt hatten, wieder zu uns hereingekommen.

1712 den 9. Oct. ist allhier ein Danktag gehalten worden, wegen Eroberung Stade, so den 6. September an uns ist übergangen per Accord.

Den 20. Dec. ist bey Gadebusch eine blutige Bataille vorgegangen zwischen uns und den Schweden, da auf beyden Seiten viel geblieben, wir sind aber sehr unglücklich gewesen, indem wir leider die Bataille verlohren, und bey 6000 Mann vermisset haben, die theils geblieben, theils gefangen worden; wir sind auch gleich mit den Rest der Armée aus Pommern marschirt, Ihro Königl. Maj. sind selbsten mit bey der Bataille gewesen. Es ist hier alles in der größten Consternation gewesen, indem die schwedische Armée unter Commando des General Steinbock in Holstein hereingerückt, allenthalben gebrandschatzet, und Pferde und Kühe den Landleuten weggenommen.

1713 den 8. Jan. Die Stadt Altona hat der Graf mehrentheils ganz abbrennen lassen, so erbärmlich soll anzusehen gewesen seyn. Die schwedische Armée soll effective 16000 Mann gewesen seyn.

Den 10. eod. seyn hier einige Regimenter Sachsen, als Cavallerie, durchmarschirt. Imgleichen ist die ganze rußische Armée, wie auch die Sachsen, nebst unsern Alliirten, aus Pommern anhero marschirt, um die schwedische Armée zu verfolgen.

1713 den 22. Jan. kamen Ihro Czaar. Majestät am Sonntag Mittag unter Lösung der Canonen allhier persönlich an, nebst Dero Minister, Prinz Menzikof, wie auch dem Dolgorukki. Sie hatten eine grosse Suite bey sich, und waren alle mehrentheils im Neuenwerk logirt; als, der Czaar war in der Frau Generallieut. Harbo Haus logirt, der Prinz Menzikof im grossen Weinhause, und der Graf Dolgorukki beym General-Superintend. Es war die Stadt so voll Russen, daß kein Haus ledig war, und da sie viele Pferde bey sich hatten, und kein Stallraum vorhanden, haben sie die Pferde auf den Diehlen, ja gar in den Stuben gehabt; unsere Bürger sehr tribulirt, da ihnen einige haben frey Essen und Trinken geben müssen, und ein grosses Lamentiren unter der Bürgerschaft gewesen, da sie bey 12 bis 16 Personen sich selbsten bey den Bürgern einlogirt haben. Bürgermeister und Rath waren täglich von dem Morgen bis an den Abend auf dem Rathhause beysammen, um allda die Quartiere zu reguliren, denn täglich mehr und mehr Russen herein kamen, daß fast keiner mehr konnte untergebracht werden. Der Czaar speisete täglich in dem grossen Weinhause mit seinen Ministern, und mußten täglich 4 hübsche Bürger bey der Mahlzeit aufwarten. Der Czaar war ein langer ansehnlicher Herr, hatte sein eigen Haar, und einen grauen schlechten Rock mit Zobel gefüttert an. Hingegen der Prinz Menzikof war täglich prächtig gekleidet.

Den 28sten kamen Ihro Königl. Majestät des Nachts um 1 Uhr allhier an, und hatten, weil die schwedische Armée im Lande war, auf der Reise grosse Gefahr ausgestanden. Des Morgens fuhr er gleich zu dem Czaar hin, da sie denn einander freundlich embrassirten. Ihro Czaar. Majestät sollen täglich ein groß Verlangen nach Ihro Majestät gehabt haben.

Den 16. Aug. ist die Spitze oder der kleine Thurm auf die Christ-Kirche im Neuenwerk gesetzet worden.

Den 19. eod. ist die Stadt Hamburg auch wegen der Contagion von unserm König, wie auch von Hannover, mit einigen Regimentern postirt worden.

Den 9. Oct. ist abermal eine Kriegs-Steuer bezahlt worden, wie in den vorigen Jahren, als 1 pro Cent von Capitalien, wie auch der 4te Theil von freyen Ländereyen und Salarien-Gelder.

Eod. In diesem Jahre haben wir unsere Orgel repariren, und mehrere Stimmen einsetzen lassen, auch mit vielen Zierrathen lassen ausmachen, da es bey 600 Rthlr. gekostet hat. Selbige Gelder sind von den Vornehmsten dieser Stadt und der Bürgerschaft collectirt worden, wie in dem Kirchen-Buch zu sehen. Gott erhalte es zu seinen Ehren.

1714 den 4. Jan. sind 3 englische Schiffe aus Engelland gekommen, und zwar auf der Eyder, die Tönning haben provianitiren wollen. Selbige Schiffe sind

sind von dem Herrn Grafen von der Natt dazu ordinirt worden; aber wegen bösen Sturms und Ungewitters alle 3 verunglücket, und in unsere Hände gefallen.

Den 8. eod. ist ein grausamer Sturm gewesen, daß das Wasser bey der Schiffbrücke über die Brücke, und in den Häusern, so dran liegen, über Knie hoch, wie auch in der Schleifstrasse bey Matthias Winkelmanns Hause gestanden, und niemals so hoch gewesen; welcher Sturm grossen Schaden hin und wieder caüsirt hat.

Den 16. eod. ist allhier ein Ober-Kriegs-Gericht gehalten worden, wegen der zu Gadebusch gehaltenen Bataille, da dann 2 Officire, als Major Sprengel von der Grenadier-Guarde, und Capitain Eichstädt von der Cavallerie, condemniret worden, daß sie sollten arquebusirt werden; Capitain Copplau ist aber ohne Abschied cassirt worden.

Den 20. eod. ist die Execution an den beyden Ober-Officiren im Neuenwerk, nach dem Wasser zu, an der alten Stadt, geschehen, da sie beyde auf Stühlen, die mit schwarzem Boy bezogen waren, sich setzten, ihre Särge stunden bey ihnen, und sie wurden also von den dazu commandirten Unter-Officiren erschossen.

1714 den 6. Febr. wurden allhier aus der Stadt alle Pontons und andere Geräthschaften mit vielen Wagen herausgefahren, um Tönning zu occupiren. Weil nun der Commendant in Tönning, General-Major Wulf, die Anstalt und den Ernst gesehen, so ist endlich die Capitulation mit dem General Schulten geschehen, worauf den 7ten unsere Leute Possession genommen, und die Thore besetzet haben, welche Uebergabe so bald niemand ist vermuthen gewesen, zumal es Jahr und Tag von einigen unsern Regimentern ist postirt gewesen.

Den 26. März ist der Anfang gemacht worden, Tönning zu demoliren, und es sind einige Bataillons hieraus dahin marschirt. Alle Canonen, Ammunition, Gewehr, und was sonst dorten ist vorhanden gewesen, ist alles zu Schiffe anher gebracht worden.

Den 27. eod. ist unsere alte Königin Charlotta Amalia in ihrem 64sten Jahre in Copenhagen gestorben.

Den 30. eod. als am stillen Freytag, ist zum erstenmal eine Nachmittags-Predigt gehalten worden, wozu der Doctor Friedrich Jansen 100 Rthlr. gegeben hat, wovon die Zinsen jährlich dem Prediger, der die Predigt thut, sollen gegeben werden.

Den 5. April. Weil auch ein Major, Namens von Enden, vor dem Kriegs-Recht hat erscheinen sollen, um seine Verantwortung zu thun wegen der Gadebuscher Bataille, sich aber absentirt hat, so ist er zweymal durch Trommelschlag citirt worden. Da er nun nicht hat erscheinen wollen, ist ihm durch das Ober-Kriegs-Gericht Urtheil erkannt worden, daß er sollte decollirt werden. Weil er sich in dem Lüne-

bur-

burgischen hat aufgehalten, und also nicht anher hat können gebracht werden; so ist die Execution in Effigie vollzogen, da sie einen ausgestopften Kerl formirt hatten, welcher ordentlich mit der Wache, da er von einigen getragen ward, in den Kreis gebracht, und allda von dem Scharfrichter decollirt ward; so ein groß Gelächter causirt hat.

Den 23. eod. ward eine Dirne, so bey Claus Petersen, Schneider, gedienet, und ihn bestohlen, am Pranger ausgestäupt.

Den 26. eod. ist Hamburg wieder, nachdem die Contagion nachgelassen, von der Postirung libariret worden.

Den 10. Julii ist abermals eine Kriegs-Steuer, wie die vorigen, allhier bezahlt worden, und schon das 4te mal.

Den 12. Aug. Es ist auch in diesem Jahr die Uhr und der Weiser in der Christ-Kirche gesetzet und angemachet worden.

Den 19. Sept. ist ein hiesiger Bürger und Schuflicker, Namens Daniel Schröder, nebst seiner Frauen, mit einen Kahn auf die Ober-Eyder gefahren, um Leim zu holen; sie haben den Kahn überladen, daß er gesunken, und sie beyde jämmerlich ertrunken seyn.

Den 20. Oct. ist uns von Jhro Königl. Majestät ein Praesident gesetzt worden, nemlich der Canzley-Rath Herr Christoffer Hinrich Amthor, gewesener Professor auf der Universität Kiel, da er dann zum erstenmal Session genommen, auch seine Königl. Bestallung producirt.

Im Nov. ist abermal eine harte Kriegs-Steuer bezahlt worden, als 2 pro Cent von den Capitalien, wie auch von Baarschaften, Effecten, Salarien, Ländereyen, imgleichen eine Wohnungssteuer, so aus dieser Stadt eine Summa von 6000 Rthlr. beynahe gebracht, und manchen hart gedrückt hat.

1715 den 19. Jan. sind in der Justiß 2 Tafeln mit den Namen der schwedischen Officire, die bey Tönning Kriegsgefangene geworden, aber nachher desertirt sind, angeschlagen worden.

Den 15. Febr. ist ein grausamer Sturm aus dem Westen gewesen, da das Wasser so hoch gestiegen, daß die vor dem Schloß wohnenden nicht aus ihren Häusern haben kommen können.

Den 2. April entstund in eines Beckers Haus, Namens Christian Hembsen, nachdem er vor einigen Tagen gestorben, und noch über der Erden stund, des Morgens um 4 Uhr ein Feuer, so daß nach wenig Stunden das Haus samt den Buden in der Aschen lag, und weil das Haus in der Mühlenstrasse nahe bey der Kirche stund, so war man deswegen sehr bekümmert, denn der Brand sehr gefährlich war.

Den

Den 24. eod. ist nahe bey Kiel, bey dem Adlichen Guth Bülke, auf der Ostsee eine See-Bataille gehalten worden, von unserm Schutbynacht Gabel, mit dem schwedischen Schutbynacht Graf Wachtmeister, da wir denn durch die Gnade Gottes die Victorie erhalten, und 4 grosse Schiffe, 2 Fregatten und 2000 Gefangene bekommen; es sind 316 Canonen drauf gewesen.

Den 6. May sind die Officirs von der schwedischen Flotte, als der Schutbynacht Graf Wachtmeister, nebst den Capitains und andern Officiren, durch ein Escorte von 50 Reutern hereingebracht, und bey den Bürgern verleget worden.

Den 19. eod. sind alle gefangene schwedische Officirs, wie auch die von der Flotte, und zwar bey 60 Personen, nach Glückstadt gebracht worden.

Den 25. eod. sind die auf der Flotte gefangene Matrosen und Soldaten, bey 1400 Personen, hereingebracht, und alle auf hiesigem Schloß in allen Gemächer verleget worden.

Den 27. eod. sind abermals einige Namen schwedischer Officirs an hiesiger Justice angeschlagen worden.

Den 17. Junii ist wieder die grosse Kriegs-Steuer, wie in den vorigen Jahren, erleget worden.

Den 29. Aug. ist eine Execution an 2 Sclaven geschehen, da ihnen mit dem Beil die Köpfe und eine Hand abgeschlagen worden, und hernach sind sie auf das Rad gelegt, weil sie auf des gewesenen Schnitters Eiland bey der Schiffbrücke ihre bey sich habende Schildwache erschlagen, und mit einen Kahn sich ans Land gesetzet, und davon gelaufen, sie sind aber von unsern Reutern bey Segeberg wieder eingeholet worden.

Den 10. Sept. entstund abermal in der Hürstrassen des Nachts um 1 Uhr in des sel. Johann Bossen Haus eine grosse Feuersbrunst, da nach wenig Stunden das Haus nebst dem Stall in der Asche gelegen, und es bey dem einen Hause geblieben; und weil bey 100 Fuder Heu und Stroh darin gewesen, so hat es eine grosse Gluth verursachet. Dafern es nicht so stilles Wetter, und Gott uns so gnädig gewesen, würde ein grosses Unglück geschehen seyn.

Den 24. Oct. ist ein persianischer Ambassadeur mit einer Suite von 30 Personen von Copenhagen hieher kommen, der in der Hamburger Herberge logirt gewesen, den andern Morgen von hier nach Hamburg, und also wieder nach Persien gereiset. Er hielte einen sonderlichen Ein- und Abzug, und sahen die Leute wunderlich aus. Er ließ sich nicht sehen, und hatte eine französische Dame bey sich, die er in Paris sollte erhandelt haben; sie soll aber zu Danzig heimlich von ihm gelaufen seyn.

Den 14. Nov. ist die Insul Rügen von uns und den Preussen emportirt worden, und die Schweden nebst vielen Officiren haben sich müssen gefangen geben, als einige Generale, Obersten und viele andere. Unsrer Seits sind nur wenige geblieben, worunter von Officiren, der Obrister Molk und Major Manteufel vom Jütischen Regiment.

Den 23. Dec. hat sich Stralsund endlich ergeben müssen, nachdem einige Tage vorher der König von Schweden, Carl XII. sich zu Wasser weg begeben hatte.

1716 den 2. Jan. sind Ihro Königl. Majestät aus Pommern, nachdem Stralsund von den Alliirten ist eingenommen worden, allhier frisch und gesund angelanget, und gleich nach Copenhagen gereiset.

Den 15. eod. ist eine solche strenge Kälte gewesen, daß man befürchtet hat, daß die Belten und die Ostsee zufrieren, und die Schweden in Seeland einfallen mögten. Daher unsere Trouppen in Hollstein eiligst, sowohl die Infanterie als Cavallerie, haben hinein marschiren müssen.

Den 7. Febr. ist ein Doctor, Namens Wolgas von Buch — — so von unsern Officiren aus Hamburg mit List weggeführt, weil er ein Feuer hat praepariren können, das man nicht hat löschen können, und von dem König in Schweden in Diensten genommen war. Es ist die Rede gegangen, daß selbiges gegen unsere Flotte sollte gebrauchet werden. Er ist in einer Kutsche, die mit Stricken zugebunden war, allhier hereingebracht, aber wegen gehabter Alteration von einem Schlage gerührt worden, daß er nicht hat gehen noch stehen können. Er hat nachher allhier unterschiedliche glückliche Curen gethan, so daß er auch zweymal von J. K. M. in seinem Quartier ist besucht worden, und Ihro Majestät haben ihm nachher zum Leib-Medico angenommen.

Den 17. März ist des Abends um 9 Uhr bis des Nachts die Luft continuirlich voll Feuer gewesen, daß es ohne Schrecken nicht ist anzusehen gewesen, denn es ein starker Rauch und Feuerstrahlen gewesen; man hat es den Nordschein nennen sollen.

Den 22. eod. ist wieder die Kriegs-Steuer publicirt worden.

Den 1. April sind von den schwedischen Gefangenen, die allhier auf dem Schloß, und vorher auf der schwedischen Flotte gewesen, mehrentheils Matrosen, an den Obersten Barty, der in venetianischen Diensten gestanden, verkauft worden.

Den 19. eod. hat sich die Stadt Wismar an uns und die Alliirten, und zwar aus Hunger, ergeben müssen, nachdem sie eine zeitlang ist bloquirt gewesen.

Den 9. Junii. In diesem Jahr ist das 4 Städte-Gericht nicht gehalten worden, weil keine Appellations-Sachen gewesen.

Den 25. Julii haben sich aus hiesiger Guarnison 2 Capitains duellirt, und zwar bey Jevenstedt, von des Obristen Eichstädts Regiment, als Capitain von

von der Leu und Capitain Rauchhorst, da denn der letzte ist erschossen worden.

Den 27. Aug. ist eine Münze hier angeleget, und es sind viele Tausende 6 Sch. Stücke geschlagen worden. Der Münzmeister hat Bastian Hill geheissen, und vor diesem in Tönning die Münze geschlagen.

Den 26. Sept. hat die Descente auf Schonen, nebst den Russen, sollen vor sich gehen, wozu vorher etliche Millionen Unkosten geschehen, und alle Veranstaltung dazu gemacht worden. Ihro Czaar. Majest. aber, so in Copenhagen gewesen, hat seine Meynung geändert, weil er vorgegeben, daß sie keine Subsistenz würden haben können; also ist es nachgeblieben, und die Russen, deren über 30000 Mann gewesen, sind wieder zurück nach Mecklenburg transportirt worden.

1717 den 23. Febr. ist der schwedische General-Feld-Marschall Graf Magnus Steinbock im Casteel zu Copenhagen in seiner Gefangenschaft gestorben.

Den 21. März ist wieder die Kriegs-Steuer publicirt worden, dazu auch noch ein Kopf-Schatz gekommen, da ein jeder nach seinem Character und Rang hat zahlen müssen. Die von der Bürgerschaft, als erstlich Bürgermeister und Rath, wie auch die vornehmsten Bürger, haben nebst ihre Frauen jeder 8 Rthlr. und für jedes Kind 4 Rthlr. geben müssen; wo mehr als 3 Kinder gewesen, ist nichts bezahlt worden, für jede Dienstmagd 1 Rthlr. Die andere Classe von der Bürgerschaft, als gute Handwerksleute, haben nebst ihren Frauen 2 Rthlr. jedes Kind 1 Rthlr. gezahlt. Die 3te Classe, als gemeine Bürger, haben für sich und ihre Frauen jeder 1 Rthlr., jedes Kind und Dienstleute 16 Sch. gegeben. Schlechten armseligen Leuten mit ihren Familien ist Nachlaß gegeben worden. Es hat dieses manchen gedrückt.

Den 9. May ist abermal ein Placat wegen Taxation der Kriegs-Steuer publicirt worden, und sind deswegen 3 Commissarien aus Copenhagen gekommen, als der Etats-Rath Weise, Justitz-Rath Thomsen, und Christian Berrigard, die wegen bezahlter Kriegs-Steuer haben untersuchen müssen, da ein jeder nach seinem Eyde seine Capitalien hat offenbahren, wie auch wegen ausgesetzter Kinder-Gelder a pro Cent geben müssen, und deswegen viel Lamentiren gewesen.

Den 4. Aug. ist mit Demolirung der Vestung Wismar der Anfang gemacht worden, nemlich von den Unsern und preußischen Trouppen.

Den 11. eod. seyn J. K. Majest. nebst dem Cron-Prinzen hieher gekommen, und indem sie vor dem Schleswiger Thor eben über die Zugbrücken gekommen sind, und die Canonen gelöset werden, ist das Unglück geschehen, daß, weil aus einer Canone die Cartetschen nicht seyn ausgezogen worden, 3 Grenadiers erschossen und 4 blessirt worden, und auch der Cron-Prinz in sehr grosser Gefahr gewesen. Die Grenadiere sind von des Obristen Eichstädts Regiment gewesen, weil sie bey der Zugbrücke die Parade gemacht haben.

 Den

Den 27. eod. sind die Commissarien aus Copenhagen hieher auch gekommen, als der Justitz-Rath Thomsen und Berrigard, nebst 2 Commissarien und 2 Copisten, da einjeder nach seinem Eyde seine Capitalien hat manifestiren müssen. Sie sind in des Weinschenken Brügmanns Haus logirt gewesen, allwo sie die Commission gehalten, und die ganze Bürgerschaft sich hat listiren müssen. Sie sind ziemlich hart mit uns verfahren. Den 7. Sept. sind sie von hier nach Kiel gereiset, und so ferner im Lande herum.

Eod. ist ein Licentiat, Namens Feind, von Schleswig mit einer Wache anhero gebracht worden; man hat dessen Verbrechen nicht erfahren können, weil J. K. M. noch zu Gottorf gewesen sind.

Den 31. October ist auf allergnädigsten Königl. Befehl das Jubilaeum wegen Mart. Lutheri Reformation in diesem Lande und dem ganzen Königreiche celebrirt worden, da denn der Pastor Andreas Hamerich die Hauptpredigt hielt; nach der Predigt ward das Te Deum laudamus gesungen, unter welchem die Canonen dreymal um den Wall abgefeuert wurden, jedesmal 150 Canonen. Des Abends gegen 7 Uhr praesentirte der Obriste Ahrenschild ein Feuerwerk. Des andern Tages, als am Allerheiligen, mußte auf Königl. Ordre unser Herr General-Superintendent Dassau allhier in unser Marien-Kirche predigen. Den Dienstag und Mittwochen wurden von den Rectoren, sowohl in der Alt- als Neustadt, in der Kirche vor dem Altar von Cathedern lateinische Orationes gehalten, und dabey musicirt, dazu die Vornehmsten invitirt gewesen. Am Freytag wurde abermals ein Dankfest gehalten, und am Sonntag ward das Jubilaeum beschlossen. Zu Copenhagen ist ein groß Festin gehalten worden, und haben alle Ritter hineinreisen müssen, auch sind zu Copenhagen einige Jubel-Medaillen gepräget worden.

Den 25. Dec. als in der Weyhnachts-Nacht, ist ein starker Nordwest-Wind gewesen, wodurch eine hohe Wasserfluth entstanden, dadurch Glückstadt, Crempe, Wilster und die an der Elbe herum liegenden Länder, wie auch Enderstädt, Norder- und Süder-Ditmarschen ganz unter Wasser gesetzt worden. Die Wasserfluth ist so hoch gewesen, als in 100 Jahren nicht, und sind viel Vieh und Menschen ertrunken, auch einige Köge und Inseln weggetrieben. Es ist das Elend nicht gnugsam zu beschreiben, daß es also ein betrübter Weyhnachten gewesen ist.

1718 den 25. Febr. ist ein so starker Sturmwind gewesen, als fast kein Mensch hat denken können, und ist fast kein Haus allhier in der Stadt unbeschädiget geblieben, daß nicht viele Pfannen von den Häusern und Schorsteinen herunter gefallen wären. Es sind auch auf dem Lande viele Häuser und Bäume umgewehet, und an vielen Orten ist grosser Schaden geschehen.

Den 10. März ist allhier eine Verordnung gemacht worden, daß kein Bettler mehr vor den Thüren hat kommen müssen, sondern es ist von einem Bürger wöchentchentlich, und zwar am Donnerstag, was jeder nach seinem Belieben darzu gegeben, colligirt worden, und es sind selbige Gelder des Sonnabends allhier auf dem Rathhause von den dazu Deputirten, sowohl aus Rath als aus Bürgerschaft, an die Armen wieder vertheilet worden.

Den 1. May ist ein Jude im Neuenwerk in der Christ-Kirche getauft; da dann die Guarnison und die Stadt zu Gevattern gebeten worden, und haben gestanden Ihro Excellenz der Geheime Rath von Fuchs, der Commendant und Generallieut. Rethstein, der Justiz-Rath Lohmann, nebst anderen Officiren. Von der Stadt wegen ist niemand da gewesen, sondern 12 Rthlr. zum Gevatterpfennig gegeben, und ist ihm der Name Friederich Christian gegeben worden, nebst dem Zunamen Rendsburg, Friederich Christian aber nach dem König und unserm Cron-Prinzen.

Den 9. eod. haben die schwedischen Gefangenen einen Anfang gemacht mit Abbrechung des hiesigen Königl. Schlosses, welches auch völlig ist herunter gerissen worden.

Den 8. May ist wieder eine Kriegs- und Kopfsteuer, gleich im vorigen Jahr, publicirt worden. Gott verleihe uns einmal den erwünschten Frieden.

Den 19. eod. haben wir eine neue Feuerspritze von Hamburg bekommen, die 200 Rthlr. gekostet hat, der Meister heisset N. Schulz.

Den 4. Aug. ist Diedrich Petersens, Pensionarius allhier auf dem Vorwerk, ältester Sohn, Peter Petersen, ein Studiosus, zu Hanrau, von dem dortigen Edelmann, Claus Rumohr, und seinem Diener erschossen worden, weil er wegen seines Vaters Haus dorten Dispüt mit dem Edelmann gehabt, und schon Proceß desw gen ist geführt worden.

Den 26. Sept. hat die Stadt abermal eine grosse Sprütze aus Hamburg von obgedachtem Meister Schulz für 400 Rthlr. bekommen.

Den 27. Octobr. ist der grosse blaue Schloßthurm gleichfals herunter geworfen, da selbiger vorher von den schwedischen Gefangenen unten weggehauen, und mit Pfählen unterstützt, darnach Pechkränze dabey gelegt, und selbige angezündet worden, und also mit grossem Krachen herunter gefallen, und von der ganzen Bürgerschaft ist bedauret worden, weil er ein Zierrath der ganzen Stadt war, und man selbigen auf 3, 4 bis 5 Meilen hat sehen können. 1310 ist dieser Thurm von Grafen Gerhards Oheim, dem Erzbischof Gieselbrecht gebauet, und 1684 von Christian V reparirt, und eine neue Spitze drauf gesetzt worden. Der Meister hat Kiske geheissen, und ist ein Zimmermeister aus Segeberg gewesen. Er hat also beynahe 400 Jahr gestanden.

Den 28. Nov. ist der Obrister Eichstädt mit seinem hier liegenden Bataillon nach Norwegen marschirt, und zwar zu Wagen: denn bey 200 Wagen aus dem

 Amt

Amt hereingekommen sind, weil einige Tage vorher ein Königl. Laquais mit der Ordre hier ankam, daß sie ihren Marsch zu Wagen beschleunigen sollten, indem die Schweden mit ihrer ganzen Macht in Norwegen eingedrungen; sie sollten alle Tage 7 Meilen fahren, und zwar bis nach Flostrand.

Der hiesige Pensionarius auf hiesigem St. Jürgens-Hof, Johann Georg Auerbach, ist wegen Wild-Schiessung im vorigen 1717ten Jahr Mense Novembr. eingezogen worden. Erstlich ward er auf dem Rathhause von einer Bürgerwache bewachet; weil solches aber zu kostbar, auch der Bürgerschaft sehr beschwerlich gewesen, denn er täglich 4 Mann und einen Unter-Officier zur Wache gehabt; so ist der Commendant, Generallieutenant Rothstein, ersuchet worden, daß er ihn in die Königl. Wache nehmen mögte, worin er auch consentirt; da er denn von der Bürgerwache vom Rathhause nach dem Königl. Wachthause an der Unter-Eyder ist gebracht worden. Den 13. Octobr. ist ein Criminal-Gericht von hiesiger Bürgerschaft gehalten worden, und ein Advocat aus Schleswig, Namens Rolfsen, von dem Jägermeister Hollstein als Fiscal gegen ihn bestellet worden, der ihn angeklagt hat. Christian Stecker, hiesiger Advocat, ist sein Defensor gewesen. Weil nach geführten Recessen die Bürgerschaft difficil geworden, darin ein Urthel zu sprechen, so ist resolvirt worden, es nach einer unpartheyischen Universität zu senden, daß sie ein Urthel darüber einsenden sollte; worauf die Acten sämtlich sind hingesandt worden. Den 26. Novembr. sind sie wieder von der Universität Halle zurückkommen. Das Urthel hat ohngefehr also gelautet: Dafern er einen Eyd abschweren könnte, daß 1) questionirte 2 Stück Wild ihm von dem Heidreuter zu Elstorp wären verehret worden; 2) daß er niemal sich in der Königl. Wildbahn habe finden lassen, so sollte er frey seyn; wenn er aber den Eyd nicht praestiren könnte, alsdann sollte weiter in der Sache ergehen, was den Rechten gemäß. Es sollte aber eine geistlich Person mit gegenwärtig seyn, ihm vor dem Meineyd zu warnen. Als ist darauf den 2. Dec. das Criminal-Gericht wieder von der Bürgerschaft geheget worden, um das Urthel zu publiciren, da dann der Pensionarius Auerbach von der Bürger-Wache aufs Rathhaus ist gebracht worden, und ihm das Urthel erstlich ist vorgelesen, und zwar in Gegenwart seines Beichtvaters, Herrn Marquard Schröder, Pastors hieselbst, der ihn dann vorher sehr ermahnete, und vor dem Meineyd, was solcher bedeutete, vor Gericht vorgelesen worden; worauf er sich resolvirte, seinen Eyd abzustatten, weil ers mit gutem Gewissen thun könnte; da er dann nach abgestatteten Eyd ist frey erkannt, und zwar wegen seines langen Arrests, denn er bey 13 Monath gesessen, und also seines Arrestes ist erlassen worden.

Den 30. Dec. haben wir mit der Post die importante Zeitung aus Copenhagen erhalten, daß der König von Schweden, Carl XII. den 11. hujus vor Friedrichbrichstein aus einer Schanze vor Friedrichshall mit einer Falconet-Kugel sey erschossen worden; darauf die schwedische Armée sich gleich wieder aus Norwegen retiriret hat, und sollen einige Tausende crepirt und desertirt seyn. Unsere Armée ist aber auch in schlechtem Zustande gewesen.

1719 den 19. Febr. ist wieder die Kopf- und Kriegs-Steuer, wie im vorigen Jahr, publicirt worden. Nachher ist den Bedienten und dem Magistrat die Kopf-Steuer erlassen worden.

Den 9. May ist der hollsteinische Geheimde Rath, Baron Görz, der sich in Schweden bey dem König Carl XII aufgehalten, und allerhand Consilia gegeben, nach des Königs Tode in Stockholm, weil er viel ist beschuldiget worden, und der gemeine Mann sehr auf ihn erbittert gewesen, mit einem Beil decollirt.

Den 3. März sind zu Forkbeck 3 Häuser nebst einigen Scheunen abgebrannt. Woher das Feuer entstanden, hat niemand erfahren können.

Den 15. Junii ist Carl Friederich, Herzog von Hollstein, aus Schweden zu Hamburg angekommen, allwo er sich auch aufhalten will, bis er sehen wird, wie es mit den Tractaten werde ablaufen.

Den 26. eod. ist ein grausames starkes Donnerwetter gewesen gegen 11 Uhr des Abends, da es denn in des Barbier Claus Sievers Haus bey der Schiffbrücke eingeschlagen, und dessen Gesell, so auf seiner Cammer nebst andern Domestiquen mehr gesessen und gesungen, von dem Blitz getödtet worden. Das Haus ist voller Dampf gewesen, aber Gott sey Dank noch keine Entzündung erfolget.

Den 10. Julii sind allhier alle gefangene Schweden nebst Ober-Officiren und Gemeinen, als Soldaten und Matrosen, so einige Jahre hier gefangen gewesen, von ihrer Gefangenschaft liberirt worden, und nach Copenhagen gebracht, um nach Schonen transportiret zu werden, da sie gegen unsere in Schweden Gefangene sind ausgewechselt worden.

Den 14. eod. ist ein grosser Buß- Bet- und Danktag gehalten worden, wegen glücklicher Campagne in Norwegen.

Eodem ist eine ungemeine Hitze gewesen, als jemand hat denken können, und zwar einige Wochen lang, so daß alle Brunnen und Graben in Eyderstedt und allenthalben auf dem Lande sind ausgetrocknet, und daher grosser Mangel an Wasser gewesen, und das Vieh allenthalben grosse Noth gelitten.

Den 29. eod. sind des Regiments-Feldscherers Maß, von des Oberster Eichstädt Regiment, 2 älteste Söhne, bey der Schiffbrücke, und zwar bey der Reperbahn, da sie sich haben baden wollen, ersoffen, da ihr Vater Maß in Norwegen gewesen, und die Mutter im Wochenbett gelegen. Es ist auch ein Unter-Officir von des Obrist Lettums Regiment ertrunken, und ein Mädchen in einen Brunnen gestürzet.

Den

Den 5. Sept. ist ein Soldaten-Weib, das in des Praesidenten Amthors Hause hat stehlen wollen, an den Pranger gestellt, und mit Ruthen ausgestrichen worden.

Den 12. eod. sind unsere Regimenter wieder aus Norwegen retournirt, und allhier 3 Regimenter in hiesige Guarnison eingerücket, als der Obrist Schell, Obrist Jansen, Obrist Eichstädt, nebst Reutern, Dragonern, Constapeln, und wir haben also beynahe eine Guarnison von 5000 Mann gehabt.

Den 5. Nov. hat ein hiesiger Bürger, Christoph Hinrich Heitmann, weil er vor einigen Wochen seine Mutter geschlagen, auf Königl. Ordre öffentlich in der Hauptpredigt Busse thun müssen, da denn Pastor Schröder, als sein Beicht-Vater, vorher auf der Canzel eine kleine Ceremonie halten, und seine Laster der Gemeine hat vorstellen müssen.

1720 den 19. Jan. ist ein Soldat von des Obristen Eichstädts Regiment decollirt worden, weil er einen Bauer in Norwegen erschlagen.

Den 22. eod. ist ein hiesiger Stadtdiener, Namens Hinrich Licht, weggelaufen, und hat Stadt-Gelder mitgenommen, als Schatzung-Armen-Wacht- und Feuerordnungs-Gelder. Seine Frau und Kinder hat er zurückgelassen, die mit seinen zurückgelassenen und versteckten Gütern haben sollen nachkommen. Es ist aber solches verrathen worden, da denn die Güter sind auf das Rathhaus gebracht, und verkauft worden, dadurch noch einigermassen das weggenommene ist ersetzet worden.

Den 13. May ist von unserm Praesidenten Christopher Hinrich Amthor eine Pollicey-Ordnung gemacht, und von J. K. M. approbirt und confirmiret worden. Da sie denn allhier auf dem Rathhause der Bürgerschaft ist publicirt worden, und zwar durch den hiesigen Schreibmeister Richter, nämlich den 13ten den Altstädtern, und den 14ten den Neustädtern.

Den 8. Junii. Ein Mädgen, welches bey hiesigen Stadt-Major Hein gedienet hat, und von einen Soldaten ist geschwängert worden, hat nach der Geburt das Kind in einen Brunnen geworfen. Wie das Wasser ist blutig gewesen, ist der Brunn gereiniget worden, und sie haben also das Kind drinn gefunden, worauf sie eingezogen und decollirt worden.

Den 3. Julii ist, dem Höchsten sey Dank, endlich der Friede zwischen Schweden und Dänemark zu Friederichsburg, durch Mediation des Königs von Engelland, geschlossen worden.

Den 5. eod. ist ein Soldat von des Obristen Jansen Regiment executirt worden, und ist ihm die Hand nebst dem Haupt mit einem Beil abgeschlagen, und hernach auf das Rad gelegt, weil er einen andern Soldaten muthwilliger Weise erschossen gehabt.

Den

Den 7. Oct. sind viele Bürger aus hiesiger Stadt J. K. Majest. entgegen gereiset, beynahe 70, aus allen Aemtern, und zwar bis nach Stendrup, nicht weit von Flensburg, haben einen Kniefall gethan, und gebeten, daß die Policey-Ordnung wieder möchte cassirt, auch sie von dem Praesidenten befreyet werden; Matthias Winkelmann, ein Tobacksspinner, hat das Wort geführt.

Den 14. Nov. haben wir durch die Gnade Gottes endlich den Tag erlebt, daß wir den Danktag wegen geschlossenen Frieden mit Schweden gehalten haben. An Canonen wurden dreymal 27 abgefeuert, und in der Kirche ward das Te Deum laudamus, unter Paucken- und Trompeten-Schall gesungen. Der Name des Herrn sey dafür gelobet.

Den 5. Dec. starb allhier unser Amtmann und Geheimderath Fuchs, in seinem 81sten Jahr. Ist 20 Jahr allhier Amtmann, vor diesem aber ein guter Soldat, und Commendant und General-Major in hiesiger Vestung viele Jahre gewesen.

Den 31. eod. ist ein Sturm aus Südwesten gewesen, wodurch in Eyderstädt, Ditmarsen, Tundern, Glückstadt und anderswo ein unbeschreiblicher Schade geschehen. Im Süder-Ditmarsen, bey Brunsbüttel, so in diesem Jahr von einigen tausend Mann mit grossen Kosten ist geteichet worden, ist alles wieder weggegangen, und es sind viele arme Leute dadurch gemacht worden.

1721 den 20. Jan. sind bey 79 Familien Waldenser, an 218 Personen, hierdurch passirt, und nach Fridericia in Jütland gebracht worden, um sich dorten niederzulassen, und allda eine Tobacks-Plantage anzurichten; sie sollen alle Freyheit geniessen, haben auch freye Fuhr und Quartier durch das ganze Land gehabt. Der Commercien-Rath Pflug hat sie von Altona nach Friedericia gebracht.

Den 26. Jan. ist abermal eine Kriegs-Steuer publicirt worden, als $1\frac{1}{2}$ pro Cent, wie auch $\frac{1}{2}$ der Accidentien; desgleichen wegen der Wiesen, als von jeder Demat 1 Rthlr.

Den 27. eod. ist ein Mädchen, welches bey einen Küster gedienet, eingezogen, und nach der Bütteley gebracht worden, weil sie, da des Commer-Rath Herstis verstorbenes kleines Kind in der Kirchen in der Sacristey gestanden, heimlich den Sarg geöfnet, und das Kind ausgezogen, und alles Todten-Zeug weggenommen. Es ist ein Criminal-Gericht über sie gehalten; und weil sie von hier gebürtig, so haben die Freunde sehr für sie gebeten; sie ist also condemnirt worden, daß sie bey Wasser und Brodt annoch 4 Wochen in der Bütteley sitzen, und nachher heimlich verwiesen werden soll auf 2 Jahre.

Den 21. Febr. ist unser gewesener Justitz-Rath und Präsident, Christoph Hinrich Anthor, in Copenhagen gestorben, des Morgens zwischen 4 und 5 Uhr; und weil die Bürgerschaft den König sehr angeflehet, die Stadt nach diesem mit einen

Präsidenten zu verschonen; so ist auch der König so gnädig gewesen, und hat es dabey gelassen: da sonsten sehr viel Competenten gewesen, die sich darum bemühet haben.

Den 15. März starb unsere Königin Luisa in ihrem 54sten Jahr, nachdem sie eine schwere Krankheit ausgestanden.

Den 4. April haben J. K. Majest. sich mit der Fürstin zu Friedrichsburg, in Gegenwart 4 Geheimder Räthe, wiederum copuliren lassen, und sie zu einer Königin angenommen. Sie hieß Anna Sophia.

Den 21. Junii schoß Gerhard Clausens Bruder, ein Fourier unter Major Noten, von der Artillerie, ein Soldaten-Mädchen von 8 Jahren aus Desperation mit seiner Flinte im Neuenwerk todt, weil sein Bruder allhier ihm kein Geld mehr hat geben wollen, weil er liederlich gelebt.

Den 30. eod. ward Capitain Laffen Hochzeit mit der Fräulein Rederin, als des Herrn Obristen Ahrenstiold Frau Schwester, vor dem Thor auf des Obristen Hof, gefeyert, allda sie sehr lustig gewesen bis des Nachts um 1 Uhr, da beym Gesundheit-Trinken allemal 9 Canonen gelöset, auch ein artig Feuerwerk praesentirt worden; das Final war aber schlecht, indem die Feuerwerker trunken geworden, und nach Rothenhof gegangen, da denn ein Feuerwerker den andern erstochen.

Den 25. Julii sind hier 2 Weiber aus dem Dorf Lembeck hereingebracht worden, die ein schwanger Weib dorten umgebracht, und selbiges heimlich begraben. Der todte Körper ist nachdem wieder ausgegraben, und von 2 Barbierern besichtiget worden, und befunden, daß sie ermordet sey.

Den 17. Aug. kam unser Kronprinz mit seiner Gemahlin Sophia Magdalena, eine Markgräfin aus dem Hause Brandenburg-Culmbach, hier an, da denn die ganze Guarnison ins Gewehr kam; die vornehmsten Officirer empfingen ihn beym Schützenhof, und Bürgermeister und Rath stunden vor dem Thor; die Herren Prediger stunden vor Frau Generallieutenantin Harbo Hause, allwo sie logirt waren, und machte der Pastor Möller eine Oration. Sie begaben sich gleich in ihr Cabinet, und speiseten. Den andern Tag gegen Mittag reiseten sie von hier wiederum weg, und nach Gottorf, allwo grosse Anstalten gemacht waren, dem Cronprinzen nebst seiner Gemahlin aufs prächtigste einzuholen, indem die vornehmsten Minister, nebst der Noblesse, auch nebst dem König, der Königin und Prinzeßin vor Borstorf gehalten, allwo einige Zelte aufgeschlagen gewesen, da dann ein grosser Staat gewesen, indem sie alle zu Pferde gewesen, und einer sich noch besser als der andere hat ausmundirt gehabt. Es sind viele Leute aus dieser Stadt mit hingewesen, um solches mit anzusehen. Es ist aber ein sehr grosser Platzregen gewesen, und also wenig zu sehen gewesen.

Den 4. Sept. ist die Huldigung von der Noblesse auf Gottorf geschehen, wegen des Herzogthums Schleswig.

Den 12. eod. geschahe die Execution an 2 Delinquenten von der Artillerie, als an einen Feuerwerker, der seinen Cammeraden bey Rothenhof erstochen, wie auch an dem Fourier Clausen, der aus Desperation ein Kind erschossen. Sie wurden beyde arquebusirt.

Den 27. Oct. Nachdem der Friede völlig mit Schweden geschlossen, so sind einige Regimenter, sowohl Infanterie als Cavallerie, reducirt worden. Da denn die allhier in Guarnison liegende 2 Regimenter Infanterie, als des Obristen Eichstädts, und Obristen Jansens, durch den Herrn Cammerherrn und Ober-Kriegs-Secret. Herrn Gabel sind reducirt worden. Weil nun dieses beyde schöne Regimenter, und die Leute fast halb desperat waren, daß man stets eine Rebellion muste vermuthen, so ist von unsern Commendanten, Generallieutenant Rothstein, eine Reuterwache ordinirt worden, die täglich, sowohl des Tages als Nachts, die Gassen auf und nieder patrouillirte. Die besten Leute wurden unter andere Regimenter gesteckt, und die National-Leute, als Dänen und Normänner, bekamen ihren Abschied, und konnten nach ihrer Heimat gehen.

Den 10. Nov. ist der alte Graf Christian Detlef Ranzau, zu Barmstedt, in seiner Graffschaft meuchelmörderisch erschossen worden.

1722 den 1. März ist publicirt worden, daß der König aus Königl. Gnade die Kriegs-Steuer, nebst andere extraordinairen Ausgaben, nunmehro erlassen habe. Der Name des Herrn sey dafür gelobt, und bewahre uns ferner für Krieg und dergleichen grossen Ausgaben.

Den 26. eod. ist ein Criminal-Gericht gehalten wegen des Au-Krügers Friederich Brackel, der einen Bürger im Neuenwerk, der vor seinem Hause vorbey gegangen, aus Unvorsichtigkeit mit einer Flinte in ein Bein geschossen, daß er davon gestorben.

Den 4. May ist das Criminal-Gericht abermal, über des Au-Krügers gehalten, da er denn ist condemnirt worden, daß er ad pias causas 100 Mark geben sollte, nebst allen causirten Unkosten.

Den 31. May ist der Graf Friederich Wilhelm Ranzau von Itzehoe allhier gefänglich von 3 Officiren, als einem Obristen und 2 Capitains, nebst einer Escorte Dragonern, hereingebracht, und bey Bernard Christian Meyer logirt worden.

Den 16. Junii ist von Ihro Königl. Majest. eine grosse Commission ordinirt worden, wegen der gräflichen Ranzauischen Blut-Sache, worinn gesessen 4 Geheimde Räthe, Blum, Brocktorf, Ranzau von Knop, Reventlau aus Flensburg, nebst 4 gelehrten Räthen aus Glückstädtscher Regierung, Conferenz-Rath John, Justiz-Rath Wohrenburg, Schröder, Canzley-Rath Commer, nebst dem Fiscal Petersmann, und Adjuncto Groth.

Den 19. eod. hat der Graf in der Commission nicht erscheinen wollen.

Den 20. eod. ist der Graf endlich erschienen.

Den 30. eod. hat der Graf seinen Ritter-Orden, nebst seinem güldnen Schlüssel, in der Commission, wider alles Vermuthen, von selbsten abgenommen und auf den Tisch gelegt. Die Herren Commissarii haben ihm solches widerrathen, er ist aber dabey geblieben; die Herren haben solches nach Copenhagen referirt, worauf auch Ordre gekommen, den Orden hinein zu senden.

Den 18. Julii ist die gedruckte Policey-Ordnung unter der Bürgerschaft ausgetheilet worden.

Den 26 eod. ist ein Königl. Mandat publicirt worden, daß keine Hochzeit-Geschenke, noch Gevatter-Pfennige sollen weder gegeben noch angenommen werden, bey Strafe von 300 Rthlr.

Den 8. Decemb. sind die Commissarien der Ranzauischen Blut-Sache, wieder aus einander gereiset, um gleich nach Umschlag wieder anher zu kommen.

Den 17. eod. ist der Conferenz-Rath und Resident Hagedorn aus Hamburg allhier am Schlage gestorben, weil er der Ranzauischen Blut-Sache mit assistirte.

Den 24. eod. ist die Markgräfin von Culmbach, als der Cronprinzeßin Frau Mutter, hier angekommen, hat den ersten Feyertag still gelegen, und ist darauf den zweyten nach Copenhagen gereiset.

Eod. ist ein Schlachter-Jung wieder hereingebracht, der mit des Obristen Görr Jungen Streit bekommen, wegen gekaufter Krambsvögel, da sie sich mit einander geschlagen, daß des Obristen sein Junge 14 Tage drauf gestorben. Er ist unterdessen nach der Bütteley gebracht worden.

1723. In diesem Jahr ist sonderlich nichts passirt, ausser daß das Landgericht, wie auch die gräflich-Ranzauische Blutsache continuirt worden.

1724 den 2. Jan. ist ein Prinz von Hessen aus Schweden kommend allhier durch passirt.

Den 20. eod. hat sich ein abgedankter Dragoner aus Melancholie ersäuft, indem er geradezu ins Wasser gelaufen, welches Leute am Strande gesehen haben.

Den 23. eod. ist ein hübscher Bürger aus Ecklenförde, Namens Hermann Lorenz, der allhier wegen Kaufmannschaft hat zu verrichten gehabt, wie er des Abends nach Detlef Benn Haus, als sein Quartier, hat gehen wollen, und es ganz finster war, in die Schiffbrücke gelaufen, und ertrunken.

Den 7. Febr. ist allhier eine sogenannte Brandwache angeordnet worden, da wegen der vielen Dieberiyen allhier in der alten Stadt, wie auch im Neuenwerk, 8 Personen continuirlich haben müssen Wache halten, und allezeit patrouilliren.

Den 3. März ist ein Soldat decollirt worden, der seinen Cammeraden erstochen.

Den

Den 3. April ist im Neuenwerk in einer Baraque Feuer entstanden, so aber Gott sey Dank bald wiederum ist gedämpfet worden.

Den 23. eod. ist der General-Superintend. D. Thomas Claussen in Hamburg, weil er sich dorten hat wollen curiren lassen, am Sonntag Morgen gestorben, und also todt anher gebracht worden.

Den 12. May ist der König nebst der Königin und Prinzeßin von Gottorf allhier gekommen, hat die Trouppen exerciren lassen, und ist des andern Tags drauf nach Glückstadt gereiset, und so weiter über die Elbe nach Oldenburg, von dorten aber nach Aken in das warme Bad.

Den 25. eod. ist allhier ein Criminal-Gericht gehalten worden über einen Bürger und dessen Frau im Neuenwerk, Namens Andreas und Anna Kauf Möllers, weil sie viel gestohlene Sachen an sich gekauft, und mit den Dieben es gehalten, da sie denn von dem Gericht condemnirt worden, daß sie sollten an den Pranger gestellt, und jede mit 9 Ruthen dreymal gestäupt werden, und des Landes verwiesen seyn.

Den 26. eod. ist darauf die Execution geschehen.

Den 18. Junii hat ein Soldat mit dem Teufel einen Contract machen wollen, und zwar ein junger Kerl von 17 Jahren, aus Rostock gebürtig; weil nun der Satan auf sein Verlangen nicht gekommen, so ist sein Contract, den er entworfen, von einem Soldaten auf dem alten Schloßplatz gefunden worden, da er denn im Kriegs-Recht ist condemnirt worden, daß er sollte decollirt, und die Hand erstlich abgehauen werden; es hat aber der König solches gemildert, und ordinirt, daß die Prediger in beyden Kirchen haben an die Gemeine eine Anrede halten müssen, wegen des Deliquenten, um die grosse Sünde, welche er begangen, vorzustellen. Den 17ten ist der Contract auf dem neuen Markt von dem Scharfrichter öffentlich verbrannt worden; den Sonntag hat er öffentlich Kirchen-Busse thun müssen, und das heil. Nachtmahl empfangen, am Montag ist die Execution an ihm ergangen, und er ist decollirt worden.

Den 10. Julii sind J. K. M. nebst dero Gemahlin und Prinzeßin, wieder aus dem Akener Bade zurückgekommen, und also wiederum nach Copenhagen retournirt.

Den 8. Aug. ist ein Taglöhner und Bürger, der von Kline hat Sand holen wollen, in der Kuhle befallen, und todt hereingebracht worden.

Den 10. eod. hat ein Bettler die Gärten bestohlen, welcher am Pranger einige Stunden hat stehen müssen, und einen Cranz von Wurzeln und Rüben um seinen Hals gehabt, und nachher ist er von dem Büttelknecht verwiesen worden.

Den 21. eod. ist der Commendant General-Major Krug in Glückstadt gestorben.

Den 24. Sept. sind 2 sächsische Prinzen aus Copenhagen allhier retournirt.

Den 1. Oct. ist das Landgericht wieder continuirt worden.

Den 11. Oct. ist des Königs Geburtstag celebrirt worden, da denn die geheimden- und Land-Räthe von unserm Commendanten, Generallieutenant de Rothstein, sind tractirt worden, und zwar auf dem Rathhause, da denn des Morgens 9 Canonen sind vor der Hauptwache abgefeuert worden, und um 10 ist mit Paucken und Trompeten von hiesigem Kirchthurm geblasen worden; um 1 Uhr ward auf dem Markt wieder mit Trompeten und Paucken zur Tafel geblasen, und bey allem Gesundheittrinken wurden allemal 9 Canonen abgefeuret, des Abends wurden auf den Markt herum alle Häuser mit Lichtern illuminirt. Der Rath hat sich auch dabey tractiren lassen, Gesundheit getrunken, und dem König dabey ein langes Leben gewünschet; so dis Abends bis um 12 Uhr gewähret; da denn ein jeder wieder zu Hause gegangen, und der Tag in aller Frölichkeit geendiget worden.

Den 20. Nov. ist der Capitain Praetorius, der den Grafen Ranzau soll erschossen haben, von Copenhagen anher gebracht worden, wodurch die Sache endlich zu Ende gekommen; er hat einen grossen Bart gehabt, und wie ein Jude ausgesehen.

Den 1. Decemb. ist das Landgericht allhier geendiget worden, und den 9ten ausgeblasen, und also völlig zu Ende gekommen.

Den 17. eod. als am dritten Weyhnachtstage, ist ein Jude allhier getauft worden, welcher auf die Fragen, so Pastor Hamerich gethan, prompt antworten können. Die Stadt hat ihn das Schneider-Handwerk lernen lassen.

1725 den 8. Jan. sind 2 Prinzen von Culmbach, der Cronprinzeßin Herren Brüder, hier durch nach Copenhagen passiret, die von Halle gekommen, und allda studiret haben.

Den 8. Sept. ist der König Mittags um 1 Uhr hereingekommen, und nach eingenommener Mittags-Mahlzeit über die Wälle, und durch die Graben geritten, und hat darauf

den 6ten des Vormittags die hieselbst liegende Regimenter gemustert, und chargiren lassen, wobey sich bey dem Artillerie-Corps das malheur zugetragen, daß einem Constable, indem ein anderer das Stück zu geschwind abgebrannt, die Hand abgeschossen worden. Um 4 Uhr ging der König wieder von hier nach Itzehoe.

Den 7. Junii hat ein gemeiner Musquetier seinen Unterofficier, wie er des Morgens von der Wache gekommen, im Neuenwerke auf dem Platze erschossen, weil er vorhin von ihm geprügelt worden.

Eodem ist ein Synodus bey dem hiesigen General-Superintendenten gehalten.

Den 29. eod. ist die Execution allhier an den Mördern des erschossenen Grafen Christian Detlef Ranzau und deren Complicen im Neuenwerke, Vormittags um 10 Uhr, auf einem besonders dazu verfertigten grossen Echaffaut, auf dem Markte da-

selb-

selbsten verrichtet worden. Da dann erstlich der Capitain Praetorius, als die Hauptperson, decolliret, und dessen Cörper auf der Schinderkarre aus dem hollsteinischen Thore hinter die Gärten gefahren, und allda aufs Rad geleget worden. Hienächst bekam ein Bauer aus der Grafschaft Bramstedt, Namens Paul Sievers, ein Brandmark vor dem Kopfe, und ein Jäger, Namens Weßling, einen Staupbesen, und wurden beyde auf ewig zur Karre condemniret.

Den 7. Aug. wurde ein Criminal-Gericht über den Thorschreiber Hans Wolstedt, welcher den 14ten May einen andern Bürger, Namens Henning Rhode, auf den Aufrug aus Scherz, unwissend daß die Scheide von dem Degen gewesen, in die linke Lende gestochen. Ob nun zwar die dadurch gemachte Wunde nicht lethal gewesen, so ist sie doch von den Chirurgis dergestalt negligiret worden, daß der Vulneratus den 17ten Jun. daran gestorben.

Den 8. eod. Morgens frühe um 3 Uhr, hat sich eines Schneiders nachgelassene Wittwe beym hollsteinischen Thor, ohnweit der Schleuse, da sie sich gestellet, als wenn sie Wasser aus der Eyder holen wollen, aus Melancholie ertrunken.

Den 19. Oct. ist der Musquetier, wovon unter dem 7ten Junii gedacht, justificiret, indem demselben vor dem schleswiger Thor erstlich mit einen Beil die Hand, und nachgehends der Kopf abgehauen, und endlich dessen Cörper aufs Rad geleget worden.

1726 den 9. April ist hieselbst dem beynahe 4 Jahr hier arretirt gewesenen Grafen von Ranzau, von der dieser Sache wegen denominirten Commißion, das Urthel publiciret worden, vermöge dessen er ratione commissi delicti ad perpetuos carceres (zum ewigen Gefängniß), wegen des abgelegten Ordens aber in 20000 Rthlr. Strafe condemniret worden. Worauf denn obgedachter Graf

den 12. ejusd. Mittags nach 1 Uhr, mit einer Eskorte Reuter von etliche 20 Mann von hier weg, nach Dänemark convoyiret worden. Da er dann am 18. ejusd. mit 12 Reutern in Copenhagen ein- und sogleich nach dem Castel in eine Baraque gebracht, worden, und endlich den 23sten May aus der Citadell bey Friederichshafen mit einem Lieutenant und 20 Mann zu Schiffe gebracht, um nach Norwegen, und zwar nach Aggerhuus, transportiret, um den Commendanten daselbst überliefert zu werden.

Den 16. May. Nachdem schon einige Jahre her von Ihro Majest. eine sogenannte grosse Landes Commißion zu Untersuchung der Restanten, Abhelfungen der Beschwerungen der Unterthanen, und andern bisher befundenen unrichtigen und in lite gestandenen Dingen, ratione der Hufen- und Pflugzahl, und sonsten angeordnet gewesen, so ist auch am 18ten dieses der Commissarius Menke von obererwehnter grossen Landes-Commißion hieher gekommen, um in dem Rendsburgischen Amte die Restanten von 1684, wie auch die Klagen und Beschwerden der Unterthanen zu untersuchen.

Den

Den 11. Junii hat ein Musquetier von dem Jütischen Regiment einen andern Soldaten, in Meynung es sey der Unterofficirer, von welchem er Geld geliehen, und der solches wieder von ihm haben wolle, im Neuenwerk in der Baraque, da er gar keinen Streit mit selben gehabt, todt geschossen, ist auch sogleich darauf arretirt, und den 19ten Aug. darauf executiret, da ihn dann vor dem schleswiger Thor erst die rechte Hand und hernach der Kopf mit einem Beil abgehauen, und ferner der Cörper aufs Rad geflochten worden.

Den 19. Julii sind auf Königl. allergnädigste Ordre alle Königl. Cassen, sowohl bey den Bedienten hier in der Stadt, als in dem ganzen Amte, versiegelt worden; man meynet daß solches geschehen wegen Reduction aller nach 1710 geschlagenen Münze.

Den 23. eod. ist ein Königliches Mandat von Copenhagen gekommen, vermöge dessen die 6 Schillings-Stücke und Schillinge dergestalt reduciret, daß ein 6 Schillings-Stück nicht mehr als 5 Sch. und alle einzelne Schillinge von 1711 — 1725 inclusive, deren 6 gleichfalls nicht mehr als 5 Sch. gelten sollen; welches auch nachgehends im Fürstlichen geschehen.

Den 24. eod. ist itztgedachtes Mandat auf dem Rathhause bey versammleter Bürgerschaft publicirt worden.

Den 7. Aug. ist abermal ein Königl. Mandat affigiret, vermöge dessen die 8 Schillingstücke von 1713 bis 1717 inclusive zu achtehalb Schilling reduciret worden.

Den 21. eod. ist allhie in curia eine Königl. Verordnung sub dato Friedensburg den 14. Aug. 1726 publiciret worden, vermöge welcher constituiret, daß diejenigen, welche entweder an Kaufleuten, oder andern für ausländische Waaren und dergleichen Liverancen etwas schuldig seyn mögten, nicht gehalten seyn sollen, selbiges in anderer, denn in der Münze, wie selbige vor der Reduction vom 15. Jul. gegolten, zu bezahlen.

Den 13. Oct. ist eine Königl. Constitution publiciret, kraft welcher die am 21. Aug. allhier abgelesene Verordnung nicht weiter als den 22. Oct. gelten solle, mithin die Debitores nachher ihre Schulden nicht mehr nach dem vorigen, sondern itzigen Valeur des Geldes zu bezahlen gehalten, wo sie sich sonst nicht mit den Creditoren vereinbaren können.

Den 25. Aug. hat der Amtmann hier zum erstenmal der Introduction des damals erwählten Hauptpastoris Andreas Hamerichs, vermöge der am 30. May hujus anni von Copenhagen gekommenen Ordre, in hiesiger Altstädter Marien-Kirche beygewohnet, und selbige nebst dem General-Superintend. verrichten helfen, da sonsten, anstatt des Amtmanns, allezeit der älteste Bürgermeister dabey gewesen.

Den 18. Decemb. ist hieselbst in curia abermals eine Königl. Verordnung publiciret worden, de dato Friederichsberg, den 10. Decemb. vermöge welcher alle Hand-

Handlung mit den Hamburgern aufgehoben, wie auch die Einführung der Hamburger Münze, (weil sie im Monath Aug. das dänische Geld abgesetzet, und eine besondere Stadt-Münze introduciret,) in hiesigen Landen und dem ganzen Königreiche gänzlich verboten worden.

1727. im Februar. Nachdem im vorigen Jahre der Handel mit denen Hamburgern gänzlich aufgehoben, und ihnen verboten worden, in keinen Königl. Städten und Oertern Jahrmärkte zu halten; so ist solches im Anfange dieses Jahres auch der Stadt Lübeck untersaget, theils, weil des Königs allergnädigster Wille ist, daß seine eigene Unterthanen selbsten das Handeln exerciren, und die Waaren aus der ersten Hand kommen lassen sollen, theils auch, weil gesaget werden wollen, daß die Lübecker zu Kiel der Hamburger Waaren wohlfeil an sich gekauft, damit sie selbige wieder an den Königl. Oertern in den Märkten absetzen mögten. Worauf denn auch zu desto mehrer Versicherung der aufgehobenen Handlung mit den Hamburgern in diesem Jahr eine Verordnung de dato Friederichsberg vom 21sten Febr. emaniret: Daß über die Königl. allergnädigste Verordnung vom 1sten December 1726 feste gehalten werden solle; wie auch sub eodem dato ein Patent und Versicherung, daß es bey der Verordnung, wodurch unter andern die Handlung mit den Hamburgern aufgehoben worden, sein gänzliches Verbleiben haben solle.

Den 14ten Febr. ist ein Befehl von Copenhagen gekommen, daß alle sich hier befindende Hamburger Waaren wieder weggeschafft, auch die bey den Bürgern und Kaufleuten hieselbst vorfindliche Waaren sofort versiegelt werden sollten.

Den 21sten Jul. ist abermal eine Königl. Verordnung publiciret und affigiret, vermöge welcher die von Anno 1714 bis 1717 geschlagene Ducaten zu 1 Rthlr. und 40 ßl. reduciret seyn, und hingegen die reducirte nordische Schillinge von 1711, 1712 und 1713 wieder vor voll gelten sollten. Diese Constitution ist datirt Friedensburg, den 9ten Jul.

Den 26sten Jul. ist von Bürgermeister und Rath eine Ordre von der Königl. Rentekammer, sub dato Copenhagen den 19ten Jul. 1727, die Handlung der Waaren in hiesigen Königreichen und Landen, wegen des mit den Hamburgern aufgehobenen Commercii betreffend, auf Befehl kund gemachet worden, vermöge welcher alle und jede Handlung treibende Bürger und Einwohner sich, ratione ihrer zu erhandelnden Waaren, mit gehörigen eydlichen Beweisthümern versehen sollen, woraus nemlich deutlich abzunehmen, daß sothane Waaren aus der ersten Hand, woselbst solche würklich gefallen, gewachsen oder fabriciret, gekommen, imgleichen daß auch keine Hamburger directe oder indirecte darinnen interessiret; gestalt denn von den nächst umliegenden Oertern, als Lübeck, Bremen, Rostock, Kiel, eben so wenig, oder woher es auch seyn wolle, einige andere Waaren einzuführen erlaubet, als welche daselbst gedachtermassen würklich fabriciret, gemacht oder gewachsen rc.

Den 30sten Jul. sind alle Pröbste aus diesen beyden Fürstenthümern herein gewesen, und ist hieselbst ein Synodus gehalten worden.

Den 24sten August. Diesen Nachmittag zwischen 4 und 5 Uhr ist der Herzog von Hollstein, Carl Friederich, von St. Petersburg zu Schiffe bey Friedrichsort, und folgends bey Kiel angelanget, hat auch darauf am 26sten dieses mit seiner Gemahlin seinen solennen Einzug in Kiel gehalten.

September. In diesem Monate hat die Stadt Rendsburg das Privilegium und Monopolium wegen der Mälzerey ganz privativè und dergestalt vom Könige erhalten, daß von keinen Orten her frembdes Malz allhie eingebracht, und verkauft werden darf, wobey sich die Bürgerschaft verobligiret, jederzeit 10000 Tonnen Malz in Bereitschaft zu haben.

Den 10. Octobr. ist die grosse landes Commission wegen Untersuchung der Restanten bey den Rendsburgischen Amts-Unterthanen allhier angefangen worden zu halten, und zwar in Hans Greven Hause in der Hurstrasse, und hat gewähret bis auf den 12ten November, da sie denn wieder von hier gegangen. Es sassen darin der Herr Cammerherr (itziger Geheimer Rath) Alfeld von Buckhagen, der Herr Etatsrath Herpe und Commissarius Menke.

Novembr. Zu Ausgang dieses Monats ist auch der Brückenbau vor dem Schleswiger Thor, welcher im April angefangen, dahin vollendet worden, daß man wieder darüber gegangen und gefahren, da sonsten so lange ein besonderer Weg, und zwar zur rechten Seite des Thors, durch den Wall und Graben gemachet worden. Es ist diese erwehnte Arbeit sehr formidable, indem anstatt der bisherigen Balkunen und Stützen unter der Brücke, die von Holz waren, und wegen ihrer öftern Reparation grosse Kosten machten, nunmehro lauter steinerne Mauren, deren Grund mit Quadersteinen geleget ist, darunter gemachet worden. Es sind dazu die Steine von dem alten Schlosse, so 1718 heruntergerissen, mit employiret worden, und anstatt der Bolen und Bretter oben auf der Brücke ist dieselbe mit Steinen gepflastert worden, welches letztere auch schon vor 7 oder 8 Jahren bey den beyden Brücken vor dem hollsteinischen Thore geschehen.

Den 9ten Decembr. ist ein Kerl, welcher zu Wittensee (einem hievon $1\frac{1}{2}$ Meile belegenem Dorfe im Schleswigschen) 6 Schweine gestohlen, solche hier verkauft, und darüber attrapirt, hieselbst am Pranger ausgestrichen worden.

1728. In diesem Jahre, und zwar im Sommer, hat die Stadt bey dem so genannten Secken-Becke einen steinern Damm bis hinauf nach den Gärten legen, und die da herum gelegene bergigte Plätze planiren lassen.

Deutsch-

Deutschland.

I.

Finanz-Staat

des hohen Erzhauses Oesterreich

vom

Jahr 1770.

I.

Landschaftlicher

Contributions-Ertrag

von den

gesamten Kaiserl. Königl. deutschen Erblanden

im Jahr 1770.

Landschaftlicher Contributions-

Einnahme. Pro Contributionali Militari et Camerali.	Fl.	Kr.	Fl.	Kr.
An repartirten Steuern auf die Obrigkeit —	2,434586	—		
Auf das Rusticale nach der Ansäßigkeit —	4,530375	39	6,964961	39
Adminicular-Fonds.				
Musical-Impost — — —	37987	16		
Wein-Aufschlag vom auswärtigen und inländischen — — —	51757	47		
Prager Sperr-Kreuzer — —	3000	—		
Für Feuer- und Wasser-Beschädigte —	146000	—		
Beytrag von der Schul-Geistlichkeit zur Militair-Pflanz-Schule — —	5000	—		
Zins von vermietheten Lazareth-Gründen und Schuppen — —	220	—		
Brandtewein-Aufschlag in den Prager Städten	3300	—		
— — auf dem Lande —	15297	39		
Mälzer-Betrag — — —	28803	54		
Interesse-Ueberschuß — —	3450	—	296596	36
Summa —	—	—	7,261558	15

Belag im Königreich Böhmen.

Ausgabe.	Fl.	Kr.	Fl.	Kr.
Zu Berichtigung der Militar- und Cameral-Contribution				
Zu Abführung der Militar-Contribution —	3,325620	—		
— — des Antheils zur Fortification	1,134110	—	4,459730	—
Pro Camerali die ausgemessene — —	1,070458	44		
Den Städten wegen übernommener Aerarial-Schulden zur Interesse- und Capitals-Bezahlung — — —	664752	34		
Zur Schulden-Auszahlung statt des geordneten 1 Provent — —	156326	41		
Und vom Böhmischen Wein-Aufschlag —	16000	—	1,907537	59
Auf Domestical-Bestreitungen.				
Zu den Cameral-Besoldungen —				
Zum Bau des königl. Prager Schlosses —				
Zur kaiserl. königl. Militar-Pflanz-Schule				
Zu geschwinderer Ablössung der Böhmischen Aerarial-Schulden — —				
Aequivalentien.				
Dem Banco die Weintaxe-Gebühr —	3258	—		
Der Stadt Kuttenberg dito Ersatz —	160	—		
Steuer-Nachlässe — —	12000	—		
Für Feuer- und Wasser-Schäden-Bonification	154400	—		
Besoldung des landschaftlichen Personalis —	63424	40	233242	40
Auf Pensionen und Gnadengaben.				
Auf Pensionen, Adjuten und Remunerationen	11861	24		
Amts-Verlag.				
Reise- und Liefer-Gelder — —	4623	30		
Brennholz-Papier- und Canzeley-Speesen —	2805	41		
Gebäu-Reparationen — —	3285	—		
Auf Beleuchtung in den Prager Städten —	3000	—		
Summa —	—	—	6,885100	12
Ergiebt sich ein endlicher Ueberschuß von	—	—	376458	2

[illegible]

Landschaftlicher Contributions-

Einnahme. Pro Contributione Militari et Camerali.	Fl.	Xr.	Fl.	Xr.
An repartirten Steuern für Schatzung à 28 Fl. 18 Xr. Procento — — —	780771	2		
Auf die Freysassen desgleichen —	12556	41		
Von 5266 Stadt-Caminen à 40 Xr. —	3510	40		
			796838	23
Auf das Rusticale vom Lehn — —	—	—	1,901876	20
Adminicular-Fonds.				
Obrigkeitliche Trankſteuer in surrogatum des Salz-Aufschlages — —	190000	—		
Von königl. Städten an Land-Bier, vom Faß à 12⅔ Xr. — — —	16700	2		
Bier-Aufschlag à 25 Xr. vom verbrauenden und einführenden Faß-Bier. —	10257	49		
			216957	51
Zu Bestreitung der Domestical-Ausgaben.				
Steuer-Ueberschuß — —	79483	45		
Adminicular-Fonds.				
Für Feuer- und Wetter-Beschädigte —	51893	—		
Granz-Wein-Trank-Steuer —	10062	23		
Interesse von 578000 Ständischem Capital à 4 Procento — — —	23120	—		
			164549	8
Summa —	—	—	3,080221	42

Aus-

Belag im Marggrafthum Mähren.

Ausgabe. Zu Berichtigung der Militar- und Cameral-Contribution.	Fl.	Xr.	Fl.	Xr.
Auf Berichtigung der ausgemessenen Militar-Contribution, mit Inbegrif des dem Fortificatorio gewidmeten Antheils —	—	—	1,638718	55
Pro Camerali.				
Den Ständen wegen übernommener Aerarial-Schulden zur Interesse- und Capital-Zahlung	907090	45		
Auf 3 Procentige Schuld-Posten Interesse —	132	10		
Zur Capitals-Zahlung statt des vorhin gewidmeten 1 Procento — —	127158	36		
			1,034381	31
Auf Domestical-Bestreitung. Cameral-Beyträge.				
Zu den Cameral-Besoldungen —	9900	—		
Zur Militar-Pflanz-Schule —	5000	—		
			14900	—
Steuer-Nachlässe und Vergütungen —	20267	14		
Für Feuer-Wasser- und Wetter-Schäden	51883	—		
Auf Besoldungen für das landschaftl. Personale	61492	—		
Pensionen und Gnaden-Gaben —	466	40		
Fromme Auslagen und Allmosen —	1000	—		
Auf Capital-Tilgung und Interesse, Bestreitung der Domestical-Schulden —	172265	36		
			307374	30
Amts-Verlag.				
Zu Tilgung des zu dem Olmützer Casernen-Bau aufgenommenen Capitals und Berichtigung der Interesse — —	8099	27		
Canzley Unkosten, Papier und Brennholz	1985	—		
Auf Reise- und Läufer-Gelder —	5027	—		
Auf Bau-Reparationen und Auszögeln —	1115	15		
			17126	57
Summa	—	—	3,012501	53
Bey Combinirung ergiebt sich ein Ueberschuß	—	—	67719	49

Landschaftlicher Contributions-

Einnahme.

Pro Contributione Militari et Camerali.	Fl.	Xr.	Fl.	Xr.
Dominical-Steuer — — —	80354	26		
Rustical-Dito — —	100839	44		
Von den Städten — — —	46316	5		
Fürstlich Teschnische Domenialia —	2485	18		
Neißische dito — —	6538	48		
			236538	21
Adminicular-Fonds.				
Gewerb- und Classen-Steuer-Gelder —	3752	—		
Jüdische Personal-Beyträge —	1633	42		
Bier-Reluition — —	9970	3		
Von mehr abnehmenden Salz —	4000	—		
			18755	45
Zu Bestreitung der Domestical-Ausgaben.				
Der Ueberschuß vom Contributionali —	1995	10		
Adminicular-Fonds.				
Wein-Transito, Consumo, Impost-Ueberschuß	15920	39		
Von Decimis Liriom — —	54	35		
Interesse-Ueberschuß — —	6138	48¾		
			24109	12¾
Summa —	—	—	279403	18¾

Belag im Herzogthum Schlesien.

Ausgabe.	Fl.	Xr.	Fl.	Xr.
Zu Berichtung der Militar- und Cameral-Contribution.				
Pro Militari die ausgemessene —	—	—	200341	18
Pro Camerali werden den Ständen wegen übernommener Aerarial-Schulden in Händen belassen — — —	—	—	12459	41
Auf Domestical-Bestreitungen, Cameral-Beyträge.				
Zur Militar-Pflanz-Schule —	2500	—		
Aequivalentien.				
Wein-Consumo — —	322	6		
Auf 6 jährige Steuer-Freyheit —	545	36		
Feuer- Wasser- u. Wetter-Schaden-Bonification	5603	20		
Besoldungen des landschaftlichen Personalis —	5018	—		
Interesse, nichts, weil die Stände auf die alten Supererogaten nichts mehr schuldig sind.				
Amts-Verlag.				
Reise- und Liefer-Gelder — —	450	—		
Zu Einlieferung der Steuern —	317	—		
Post-Spesen, Buchdrucker- und Buchbinderlohn — —	409	—		
Quartier-Unkosten und Amts-Nothdurften	1029	—		
Malefiz-Speesen — — —	15	—		
Gemeine Ausgaben — —	500	—		
			16709	12
Summa —	—	—	229511	11
Ergiebt sich ein Ueberschuß von —	—	—	49827	7¾

Land-

Landschaftlicher Contributions-Belag im

Einnahme. Pro Contributione Militari et Camerali.	Fl.	Kr.	Fl.	Kr.
Dominical-Steuer à 4 Fl. vom Pfund incl. der doppelten Gült — —	404046	33		
Rustical Contribution von aufrechten Häusern und von Haus-Ueberland vom Pfund à 8 Fl. 2 fl. — —	1,600309	53		
Gewerb-Steuer — —	20956	49		
Contribution von 18 mitleibigen Städten, nach Abzug der abgefallenen 96000 —	204896	52		
Contribution von der Stadt Wien nach Abzug der Allegni pro 300000 Fl. —	10096	52		
Steuer von Freyhäusern und unbegütherten Land-Mitgliedern — —	54504	52		
			2,294811	—
Adminicular-Fonds.				
Aus der Schulden-Casse von dem Salz-Aufschlags-Gefälle die bestimmte —	741295	22		
Steuer-Ueberschuß — —	470643	7		
			1,211938	29
Zu Bestreitung der Domestical-Ausgaben. Adminicular-Fonds.				
Unverkaufte 1 und 3tes Steuer-Drittel —	5043	59		
Dito von 18 mitleibigen Städten und Märkten	6951	32		
Beytrag der Stadt Wien zur Salarirung der Kreis-Hauptleute — —	1680	—		
Dito vom 4ten Stand zum Ingenieur-Corps	9102	—		
Poenal-Interesse von Steuer-Rückständen	12000	—		
Land-Tafel Tax-Gelder — —	2800	—		
Zins von landschaftlichen Neben-Häusern	4722	—		
			42399	31
Summa —	—	—	3,549149	51

Erzherzogthum Oesterreich unter der Ens.

Ausgabe.

Zu Berichtung der Militar- und Cameral-Contrib.	Fl.	Xr.	Fl.	Xr.
Auf die Berichtigung der Militar- und Cameral-Contribut. kommen wieder in Ausgabe				
Pro Militari die ausgemessene —	—	—	1,704000	—
Pro Camerali werden wegen übernomm. Aerarial-Schuld. den Ständen in Händen belassen	208968	44		
Auf Interesse und Capital von alt- und neuen-Aerarii-Schulden zur Zahlung —	677928	11		
Zu schleuniger Capital-Rückzahlung —	63367	3		
Auf Domestical-Bestreitungen.			950263	58
Cameral-Beyträge.				
Zu den Cameral-Besoldungen —	10000	—		
Besoldungen für das landschaftliche Personale	10400	—		
Zur Militar-Pflanz-Schule —	2200	—		
Aequivalentien.			22600	—
Der Windhagischen Stiftung für das erkaufte Steuer-Drittel — —	5045	7		
Bonification des entstehenden Steuer-Genusses	3447	32		
Den 4ten Stand des Vicedomischen Mitgenuß	45600	—		
Des halben 4ten Standes Reluitions-Quantum der Freyhöfe — —	7505	—		
Feuer-Wasser- und Wetter-Schaden-Bonification respectu der Unterthanen —	18000	—		
Zur Unterhaltung der herrschaftl. Wirthsgebäude	3000	—		
Besoldungen des Ueberschuß und verordneten Collegii auch landschaftl. Personalis	64630	—	82597	39
Pensionen und Gnadengaben —	28014	9		
Fromme Auslagen auf die Professur, Academisten und Kost-Fräulein —	18709	20		
Allmosen und tägliche Messen —	1100	—		
Zu Tilgung der landes-Schulden und Interessen-Berichtigung, mit Inbegrif des ersparten sten Procents — —	—	—	112433	29
			649523	$44\frac{1}{2}$
Summa —	—	—	3,521418	$11\frac{1}{2}$
Ergiebt sich ein Ueberschuß von	—	—	27731	$39\frac{1}{2}$

Land-

Landschaftlicher Contributions-Belag im

Einnahme.	Fl.	Kr.	Fl.	Kr.
Pro Contributione Militari et Camerali.				
Dominical-Steuer — —	255174	29		
Auf die Freyhäuser — —	2972	48		
Auf Herrschaftliche Beamte —	8369	4		
			266516	21
Rustical-Steuer auf die Rüst-Gelder —	934801	44		
Dito — — auf die Rustical-Kaufs-Pretia	211287	38		
Dito — — auf die landesfürstl. Städte	50750	54		
			1,196840	16
Adminicular-Fonds.				
Steuer-Ueberschuß — —	—	—	45872	15
Zu Bestreitung der Domestical-Ausgaben.				
Adminicular-Fonds.				
Alte und neue Aufschlags-Gefälle —	20530	—		
Sarginsteinischer Wein-Aufschlag —	34521	6		
Salz-Aufschlag — — —	87744	48		
Bier- und Wein-Aufschlag, ingleichen Musical-Impost — —	106600	—		
Beytrag von der Ständischen Stipendiats-Casse zur Militar-Pflanz-Schule in Wien	2477	—		
Poenalien von ausständigen Steuern —	500	—		
10 Pfund-Herren-Gülts-Versteurung von unbegütherten Land-Mitgliedern —	18141	—		
			720213	54
Summa —	—	—	1,779442	46

Erzherzogthum Oesterreich ob der Ens.

Ausgabe.	Fl.	Xr.	Fl.	Xr.
Zu Berichtigung der Militar- und Cameral-Contribution.				
Pro Militari- samt Fortificatori-Concurrenz die bestimmte — —	—	—	819676	—
Pro Camerali werden den Ständen zu Bedeckung der übernommenen Schulden in Händen gelassen — —	231728	9		
Auf Interesse- und Capitals-Zahlung von alt- und neuen Aerarii Schulden —	188413	33½		
Zur schleunigen Capitals-Zahlung statt des ehemals gewidmeten 1 Procents —	54852	30½		
			475014	13
Auf Domestical-Bestreitungen. Cameral-Beyträge.				
Zu den Cameral-Besoldungen —	5000	—		
Zur Militar-Pflanz-Schule —	2500	—		
Steuer Nachlässe und Vergütungen —	1000	—		
Für Feuer-Wasser und Wetter-Schäden	10000	—		
landschaftliche Besoldungen —	40913	—		
Pensionen und Gnaden-Gaben —	11242	30		
Fromme Auslagen — —	6727	19		
			79402	59
Auf Interesse und Capitals-Zahlung der landes Schulden — —	303591	40		
Zur blossen Tilgung die-fälliger Schulden —	24000	—		
			327591	40
Auf Militar-Casernen- und Quartier-Spesen, Schlaf-Kreutzer, dann Gratis-Vorspann	15000	—		
Landhaus-Unkosten — —	7112	—		
Reise- und Liefer-Gelder —	1705	27		
			23817	27
Summa —	—	—	1,723502	19
Ergiebt sich ein Ueberschuß von —	—	—	55940	27

Landschaftlicher Contributions-Be

Einnahme.	Fl.	Kr.	Fl.	Kr.
Pro Contributione Militari et Camerali				
Dominical-Steuer — —	328905	11		
Rustical-Steuer — —	947167	33		
			1,303072	44
Adminicular-Steuer-Collecte.				
So Anno 1764 ad tempus resolviret worden	30168	50		
Auf das Rusticale — —	32329	43		
Zins-Gulden des Contributions-Rückstandes	41493	59		
			104092	32
Zu Bestreitung der Dominical-Ausgaben.				
Steuer-Ueberschuß — —	—	—	241421	30
Adminicular-Fonds.				
Aus dem Ständischen Contingent —	80000	—		
Alt-Aussenische Salz- und Fleisch-Gefälle	41436	2		
Neuer Salz-Aufschlag — —	74317	—		
An erhöhetem Wein-Aufschlag von fremden Wein	6780	48		
Inländischer Wein-Aufschlag —	150054	36		
Faß-Ertragniß vom erhöheten fremden Wein-Aufschlag und Music-Impost —	2062	2		
An erhöheten Weg-Gefällen —	12329	48		
Bestand-Quantum von der Maut, Meer-Zuschlag und Grätzer Thor-Sperr-Kreuzer	5550	—		
Beytrag von immobilirten loco des Zins-Gulden	12279	16		
Mühllaufer-Geld von unterthänigen Mühlen	3516	—		
Beytrag von Kuchelleyhen-Taz- und Mauth à 27 Procent — —	18848	28		
Personal-Leib-Steuer — —	2070	—		
Pfandungs-Genuß von eingepfandeten Gütern	4746	30		
Straf-Procent von morosis —	7958	50		
Provinciallische Cautions-Interesse —	308	53		
			326294	43
Summa —	—	—	2,080935	6

Aus

lag im Herzogthum Steyermark.

Ausgabe.	Fl.	Kr.	Fl.	Kr.
Zu Bestreitung der Militar- und Cameral-Contribution.				
Pro Camerali werden den Ständen wegen übernommener Aerarii-Schulden zu Interesse- und Capital-Zahlung in Händen gelassen	441471	10		
Pro Militari, inclusive des Fortificatorii, das ausgemessene Quantum —	—	—	925420	—
Dem Banco die zu bezahlen angewiesene Remanenz-Gelder, wegen der Herrschaft Pettau und Kammerstein —	8044	$\frac{1}{2}$		
Auf Interesse- und Capital-Zahlungen von alt- und neuen-Aerarii-Schulden —	299744	19		
Zu schleuniger Tilgung diesfälliger Schulden	32000	—		
Auf Domestical-Bestreitungen.			782529	$49\frac{1}{2}$
Cameral-Beyträge.				
Zu den Cameral-Besoldungen —	10692	30		
Zur Kayserl. Königl. Militar-Pflanz-Schule	5000	—		
Aequivalentien.			15692	30
Steuer-Nachlaß und Vergütungen —	3866	52		
Auf Feuer- und Wasser-Beschädigungen —	12050	22		
Landschaftliche Besoldungen —	51404	—		
Für die nicht angestellte Wein-Aufschläge —	2050	—		
Auf Pensionen und Gnaden-Gaben —	11168	—		
Fremme Ausgaben — —	3003	—		
Zu Tilgung der Landes-Schulden und Interesse-Berichtigung —	197032	50		
Amts-Verlag.			280585	4
Zu Bezahlung der Extra Postulats-Reste	31000	—		
Zu Tilgung des Personal-Steuer-Rückstandes	11420	—		
Strassen-Reparationen —	3409	—		
	11416	—		
Extraordinaria — —	10209	—	67454	—
Summa —	—	—	2,071681	$23\frac{1}{2}$
Ergiebt sich ein Ueberschuß von —	—	—	9253	$42\frac{1}{2}$

Landschaftlicher Contributions-Be

Einnahme.	Fl.	Kr.	Fl.	Kr.
Pro Contributione Militari et Camerali.				
Dominical-Steuer à 20 Procent —	501038	—		
Rustical-dito, inclusive der Rüst-Gelder —	255844	48		
Contribution an Städten und Märkten —	35440	48		
Gewerb-Steuer — —	54902	36		
Von unbelegt gewesenen, nunmehr aber beygezogenen Realitäten — —	17549	3		
			864775	15
Zu Bestreitung der Domestiquen Abgaben.				
Steuer-Ueberschüß — —	—	—	—	—
Adminicular-Fonds.				
Mittelsdings-Gefälle — —	28000	—		
Von gesammten Gewerken die ausgemessene Contribution — —	37000	53		
Dominical-Beyträge von obiger Dominical-Steuer von jedem Gulden 5 Kr. —	41753	10		
An 4 procentigen Activ-Interessen von Supererogaris, dann 5 Procent pro Abschlag des Capitals aus der Cameral-Schulden-Casse	5816	22		
Bau-Zahl-Amts-Urbanität und andere Gefälle, und von verpachteten verschiedenen landschaftl. Adminicular-Gefäll. a respect. 8472 Fl. 10 Kr. und 256880 Fl. 11 Kr.	8472	10		
	256880	11		
Fünfter Kreuzer Salz-Aufschlags-Gefälle	8755	—		
			386677	26
Summa —	—	—	1,264012	47

lag im Herzogthum Kärnthen.

Ausgabe.	Fl.	Xr.	Fl.	Xr.
Auf Berichtigung der Militar- und Cameral-Contribution.				
Pro Militari das ausgemessene Quantum mit Inbegrif des Fortificatorii —	—	—	557507	30
Pro Camerali werden den Ständen wegen übernommener Aerarii-Schulden auf Interesse- und Capitals-Zahlung in Händen gelassen	210910	22		
Auf Interesse- und Capitals-Zahlung von alten und neuen Aerarial-Schulden —	12677	28		
Zur blossen Capitals-Zahlung statt des ehemals gewidmeten 1 Procents —	5232	54		
Auf Domestical-Bestreitungen.			238820	44
Cameral-Beyträge.				
Zu den Cameral-Besoldungen —	5263	54		
Zur Militar-Pflanz-Schule —	2100	—		
Aequivalentien.				
Steuer-Nachlässe und Vergütungen —	4900	49		
Feuer- und Wasser-Schäden-Bonification	3048	6		
Landschaftliche Besoldungen —	64511	—		
Pensionen und Gnaden-Gaben —	10976	37		
Auf Interesse-Bestreitung und Capitals-Zahlung der Landes-Schulden —	294570	—		
Auf Capital- und Interesse-Zahlung auf die von dem Banco vorgeschossene 120000 Fl.	45000	—		
Zur Weg-Reparations-Casse 3000 —				
Zum Behuf des Postwesens — 1600 —				
Auf Militar-Quartiere-Zinsen- und Casernen-Reparation — 7700 —				
Canzl.-Nothdurft u. Beleucht. 2365 Fl. 23 Xr.				
Banzahl-Amts-Erfordernisse 2000 —				
Auf geistliche Stipendia — 1000 —	17665	23		
			448599	49
Summa —	—	—	1,244928	3
Ergiebt sich ein endlicher Ueberschuß von	—	—	19084	44

Land-

Landschaftlicher Contributions-

Einnahme. Pro Contributione Militari et Camerali.	Fl.	Xr.	Fl.	Xr.
Extraordinari Contribution von Adel und Geistlichkeit — 137868 Fl. 37 Xr. Hueb-Geld von Unterthanen 24185 — 48 —			379724	25
Extraordinari Contribution von gemeinen Partheyen à 25 Procent —	41409	41		
Ordinari Huebsteuer — —	153483	19		
Steuer von den Städten —	19820	14		
Dito von den Freysassen —	15188	46		
Zu Bestreitung der Domestical-Ausgaben.				
Steuer-Ueberschuß — —	60099	6		
Adminicular-Fonds.				
Mittelsdings-Aequivalent —	10000	34		
Wein-Tax-Aequivalent —	7554	34		
Wein-Impost — —	9504	10		
Landschaftlicher Brücken-Mauth —	7000	—		
Unter-Crainerischer Strassen-Mauth —	6161	48		
An Interesse von 130000 Fl. welche aus dem Subsidio praesentaneo pro 80000 & 50000 Fl. — —	5200	—		
An der Militar-Quartier-Zins-Collecte	4700	—		
Strafgelder von Steuer-Restantiariis —	3893	22		
			114123	54
Summa —	—	—	723740	19

Belag im Herzogthum Crain.

Ausgabe.	Fl.	Xr.	Fl.	Xr.
Auf Berichtigung der Militar- und Cameral-Contribution.				
Pro Militari et Fortificatorii die ausgemessene	—	—	300457	18
Auf Interesse- und Capitals-Zahlung von alt- und neuen-Aerarii-Schulden —	—	—	142058	35
Auf Domestical-Bestreitungen.				
Cameral-Beyträge.				
Zu den Cameral-Besoldungen 8000 —				
Zur Militar-Pflanz-Schule — 3500 —				
	11500	—		
Aequivalentien.				
Steuer-Nachlässe — —	1000	—		
Auf Feuer- und Wetter-Schäden-Bonification	9089	—		
landschaftliche Besoldungen —	24679	28		
Pensiones und Gnaden-Gaben —	2488	—		
Fromme Auslagen — —	1156	—		
Zur Bedeckung der Landes-Schulden —	182844	58		
Zu schleuniger Tilgung diesfälliger Schulden	24365	—		
Amts-Verlag.				
Beytrag zu den Weg-Reparationen —	5700	—		
Militar-Quartier-Zinsen —	4361	17		
Extraordinarien, inclusive Canzley-Nothdurften, Brennholz und andere Unkosten —	4584	25		
			271688	18
Summa —	—	—	714204	11
Ergiebt sich ein Ueberschuß von —	—	—	9536	8

Landschaftlicher Contributions-Belag in

Einnahme.	Fl.	Xr.	Fl.	Xr.
Pro Contributione Militari et Camerali.				
Ordinari Contribution, exclusive die Hauptmannschaft Flitsch — —	58314	—		
In Gradisca.				
An gleichmäßiger Contribution exclus. Tulmann	37648	81		
			95961	8
Adminicular-Fonds.				
An Wein- und Fleisch-Tax-Gefällen —	—	—	31305	52
Zu Bestreitung der Domestical-Ausgaben Steuer-Ueberschuß — —	4403	—		
Adminicular-Fonds.				
Soldaten-Quartiers-Beytrag zu Görz und Gradisca — —	7889	40		
Robboth-Gebühr allda — —	5692	51		
Urbarzins zu Görz — —	177	54		
Landeshauptmannschaftl. Urbarium —	4380	37		
Einnahme von Ochsenhäuten —	377	46		
Zins von der Praida vacanx —	113	20		
Dito vom Lazareth und Bassel-Haus —	39	57		
— vom Kloster St. Clara —	95	12		
— von der Fleischbank — —	123	48		
Wasser-Beschlags-Reparations-Beytrag	4270	53		
Zins vom Landhaus — —	72	—		
Straf Gelder von morosis —	711	4		
Die auf den Contributions-Gulden zu schlagen bewilligte — —	28090	32		
Dann die pro Domestico neu ausgeschriebenen	7090	40		
Industrial-Collecte — —	5200	—		
Neue Anlage von der Communität —	3319	46		
Vieh-Anlage — —	1605	48		
Activ-Interessen — —	8033	17		
			82519	5
Summa —	—	—	209887	5

Aus-

der Grafschaft Görz und Gradisca.

Ausgabe.	Fl.	Xr.	Fl.	Xr.
Auf Berichtigung der Militair- und Cameral-Contribution pro Militari & Fortificatorio die ausgemessene —	—	—	87864	
Den Banco = der Fleischkreuzer- und Wein-Tax-Bestand	14000	—		
Und zur Staats-Schulden-Cassa —	1000	—		
Auf Interesse- und Capital-Zahlung von alt- und neuen Aerarii-Schulden —	17927	42		
			32927	42
Auf Domestical-Bestreitungen.				
Cameral-Beyträge.				
Zu den Cameral-Besoldungen nach Leybach 4000. —				
Und nach Görz und Gradisca 1866. 55				
	5866	55		
Landschaftliche Besoldungen zu Görz und Gradisca — —	5822	—		
Pensionen und Gnaden-Gaben zu Görz und Gradisca — —	992	7		
Fromme Auslagen zu Görz 1120. 15				
Dito — Gradisca 327. 18				
	1447	33		
Zu Tilgung der Landes-Schulden und Interess-Zahlung — —	65476	21		
Auf Extraord. zu Görz —	1225	38		
Dito — Gradisca —	6307	9		
			87137	33
Summa —	—		207930	14
Ergiebt sich ein Ueberschuß von	—		1956	52

Landschaftlicher Contributions-

Einnahme.	Fl.	Kr.	Fl.	Kr.
Pro Contributione Militari & Camerali.				
Contribution aus den neuen landschaftlichen Steuer-Districten —	137156	—		
Aus den Ungeld-Gefällen die bewilligte —	10000	—	147556	—
Zu Bestreitung der Domestical-Ausgaben, die aus den Steuer-Fonds den Ständen in Händen gelassene —	187112	—		
Alter Salz-Accis — —	47736	17		
Neuer dito — —	26600	13		
Aus den Ungelds-Gefällen das Drittel in circa — —	53011	26		
Salz Accis von Linz, Kufstein und Kippuhl	21972	30		
Salz-Zoll in Secco —	54	—		
landschaftlicher Wein- und Brandtewein-Zoll	9800			
Bassanisches Weggeld —.	2000	—		
Activ-Interesse vom Schatz auf dem Ungeld haftenden landschaftlichen Capitalien —	7500	—	359343	6
Summa —	— —	—	506899	6

Belag in der Grafschaft Tyrol.

Ausgabe.	Fl.	Kr.	Fl.	Kr.
Auf Berichtigung der Militar- und Cameral-Contribution.				
Pro Militari et Fortificatorii die ausgemessene	—	—	105000	—
Auf Interesse- und Capitals-Zahlung der übernommenen Aerarial-Schulden —	80961	24		
Zu blosser Tilgung diesfälliger Schulden-Capit.	20000	—		
			100961	24
Auf Domestical Bestreitungen.				
Zu den alten Marche-Concurrenz Ausständen	19000	—		
Zum Behuf obliegender Interesse- und Capitals-Zahlung — —	21621	54		
Zu Unterhaltung der Land-Milice —	20549	52		
Steuer-Nachlässe — —	2800	—		
Landschaftliche Besoldungen —	15255	—		
Auf Pensionen und Gnaden-Gaben —	1400	—		
Fromme Auslagen.				
Auf die landschaftlichen Capellen —	400	—		
Maria Hülf-Capellen — —	800	—		
Schieß-Graben — —	1495	30		
Auf Capitals- und Interesse-Zahlung der Domestical-Schulden —	171989	$31\frac{5}{8}$		
Zu blosser diesfälliger Capitals-Tilgung —	20000	—		
Amts-Verlag.				
Unkosten bey Einhebung des Salz-Accis —	896	—		
Liefer-Gelder bey Haltung der Steuer-Compromiss. — —	12121	37		
Gebäude und Reparationen —	200	—		
Besoldung und Remunerationen, auch Extra-Gehalt — —	510	—		
Extraordinaria und Canzley-Nothdurften —	3708	8		
			296748	$32\frac{5}{8}$
Summa —	—	—	502709	$56\frac{5}{8}$
Ergiebt sich ein endlicher Ueberschuß —	—	—	4189	$9\frac{5}{8}$

Landschaftlicher Contributions-

Einnahme.	Fl.	Kr.	Fl.	Kr.
Pro Contributione Militari et Camerali.				
Steuer-Repartition pro Militari —	— —	—	— —	—
Auf das Rusticale — —	— —	—	101264	—
An der Erb-Steuer — —	9450	—		
Schulden-Steuer — —	8000	—		
Papier, Charten- und Calender-Stempel	3600	—		
Zu Bestreitung der Domestical-Ausgaben.				
Steuer-Ueberschuß — —	20264	25		
Adminicular-Fonds.				
Das Dominical oder sogenannte Donum gratuitum — —	55814	54		
Wein-Ungelds-Ertrag zum Theil, wovon nach Proportion das Camerale beziehet —	18264	50		
Salz-Accis-Zoll — —	9833	20		
Zur Abzahlung des für das erkaufte Landhaus aufgenommenen Capitals Pr. 9000 Fl. sind auf das Domesticale repartirt worden — —	892	—		
			126119	29
Summa —	— —	—	227383	54

Belag im Breißgau.

Ausgabe.	Fl.	Kr.	Fl.	Kr.
Zu Berichtigung der Militar- und Cameral-Contribution.				
Pro Militari das ausgemessene Quantum —	— —	—	70000	—
Auf Interesse- und Capital-Zahlung der Aerarial-Schulden — —	20827	44		
Zur blossen Capital-Zahlung —	9888	16		
Auf Domestical-Bestreitungen.			30716	—
Tafel-Gelder für den Regierungs-Präsidenten 1000 —				
Zu Tilg. der alten Supererogaten 27036 40	28036	40		
Aequivalentien.				
Steuer-Nachlässe — —	— —	—		
Feuer- und Wetter-Schäden-Bonification	1600	—		
Landschaftliche Besoldungen —	23746	—		
Ritterschaftliche dito — —	1600	—		
Auf Pensionen und Gnaden-Gaben —	1150	—		
Auf Interesse- und Capitals-Zahlung von Domestical-Schulden — 40704 —				
Zu blosser Tilg. diesfälliger Schuld. 10000 —	50704	—		
Auf Abstossung des Capitals, Pr. 9000 Fl. so zu Erkaufung des Landeshauses aufgenommen worden, und wovon mit Ende 1769 noch 4900 Fl. geschaffet —	3200	—		
Amts-Verlag.				
Land-Wacht-Geld — —	1880	51		
Agenten-Spesen und Brief-Porto —	1221	—		
Strassen- und Brücken-Reparation —	2511	20		
Rhein-Währbau-Reparation —	2809	19		
Militar-Marche Erfordernisse und übrige Extraordinaria — —	6729	22		
Landhaus-Reparation — —	500	—		
			125611	32
Summa —	— —	—	226317	32
Ergiebt sich ein Ueberschuß von —	— —	—	1050	22

Land-

Landschaftlicher Contributions-Be

Einnahme. Pro Contributione Militari et Camerali.	Fl.	Xr.	Fl.	Xr.
Steuer-Repartition —	— —	—	163287	30
Adminicular-Fonds.				
Erb-Steuer — —	10000	—		
Schulden-Steuer — —	23373	38		
Stempel Ertragniß — —	5899	52		
			39273	30
Zu Bestreitung der Domestical-Ausgaben.				
Steuer-Ueberschuß — —	16955	16		
Adminicular-Fonds.				
An Maaß-Pfennig- und Bier-Heller —	12370	—		
An Peraequations-Unkosten, Beytrag —	8053	33		
An Zuchthaus-Concurrenz und von 16402½ Feuerstädten — —	3280	30		
			40650	19
Summa —	— —	—	243220	19

NB. Vermöge V. O. Bericht fallen durch die vorgenommene Untersuchung der bisher nicht versteuerten Realitäten dem Schwäbisch-Oesterreichischen Contributionali dermalen noch 4108 Fl. zu, welche zu Allerhöchster Disposition besonders aufbehalten werden, und werden sich solche künftig nach ausfündig gemachten mehrern dergleichen Corporum auf 10 bis 12000 Fl. vermehren.

tag in Schwäbisch-Oesterreich.

Ausgabe.	Fl.	Xr.	Fl.	Xr.
Zu Berichtigung der Militar- und Cameral-Contribution.				
Die pro Militari abgereichte Quote —	— —	—	96700	
Zu Bedeckung der Aerarii-Schulden auf Interesse und Capital — —	50876	—		
Dann die zu diesfälligen Schulden excindirte	22457	14		
			73333	14
Auf Domestical-Bestreitungen.				
Peraequations-Ausgaben — —	8059	35		
Aequivalentien.				
Zuchthaus-Concurrenz —	3280	—		
Feuer- und Wetter-Schäden Bonification —	3000	—		
Besoldungen des landschaftl. Personalis —	10575	—		
Auf Interesse- und Capitals-Zahlung von Domestical-Schulden — 18369. 52				
Auf Capital-Rückzahlung — 5000. —				
	23369	52		
Amts-Verlag.				
Deputat-Liefer-Geld, Reise-Kosten und Botenlohn — —	6721	27		
Hauszins für die Ständische Canzley, it. Canzley-Requisiten —	1753	—		
Agenten-Bestallung und Expensaria —	1127	7		
Wechsel-Agio und Münz-Verlust —	760	—		
Militar-Marsch-Speesen —	4551	—		
Extraordinarien — —	1721	13		
Zu Tilgung der alten Supererogaten —	5875	—		
			70883	14
Summa —	— —	—	240916	28
Ergiebt sich ein Ueberschuß von —	— —	—	8303	52

Landschaftlicher Contributions-

Einnahme.	Fl.	Xr.	Fl.	Xr.
Pro Contributione Militari & Camerali.				
Steuer-Repartition in acht Schnitzer —	— —	—	84000	—
Adminicular-Fonds.				
Steuer-Ueberschuß — —	— —	—	7047	21
Zu Bestreitung der Domestical-Ausgaben.				
Ungelds-Ertragniß und andere kleine Adminicular-Fonds, nach der letztjährigen Ertragniß — —	— —	—	11901	23
Summa —	— —		102949	44

Belag in Vorarlberg.

	Fl.	Xr.	Fl.	Xr.
Ausgabe.				
Zu Berichtigung der Militar- und Cameral-Contribution.				
Cameral-Contribution pro Militari die ausgemessene — —	10000	—		
Auf Interesse- und Capitals-Zahlung —	40952	39		
Auf blosse Capitals-Zahlung die excindirte	1991	—		
			52943	39
Auf Domestical Bestreitungen.				
Cameral-Beytrag zu den alten Supererogaten Pr. 51000 Fl. die dazu bestimmte	10729	45		
Aequivalentien.				
Besoldung des landschaftl. Personalis —	4515	—		
Zu den Domestical-Schulden auf die Berichtigung der Interesse- und Capitals-Rückzahlung — 20526 — 4 —				
Zu geschwinderer Capitals-Tilg. 8000 — —				
	28516	4		
Amts-Verlag.				
Reise-Speesen, Deserviten und Diäten —	1016	42		
Agenten-Bestallung in Wien und Freyburg	837	17		
Extra Militar-Erfordernisse —	1241	16		
Canzley-Bedürfnisse, Brief-Porto und andere Extraordinarien — —	1347	20		
			48223	24
Summa —	— —	—	101167	3
Ergiebt sich ein Ueberschuß von —	— —	—	1782	41

Summarische Anzeige

und

zum Theil Abschluß

der im Jahr 1770 eingegangenen politischen Proventen von gesammten k. k. Staaten, was aus selbigen eingegangen, und wieder ausgegeben worden, und endlich, was bey Vergleichung des Empfangs mit der Ausgabe für baare Cassen-Reste sich ergeben.

No. der Rubrik	Einnahme	A. Böhmen fl.	kr.	B. Mähren fl.	kr.	C. Schlesien fl.	kr.
1	An eingegangenen vorjährigen Restanten	3421	40	2455	49	—	—
2	Geh. R. und N:bilitat Expedition Taxen	—	—	—	—	—	—
3	Obriste Justiz- und andere Gerichts-Taxen	—	—	—	—	—	—
4	Fiscalien	7121	11	3625	1	—	—
5	Aus dem Land- Schranken-Mauth-Fundo	11077	49	4120	13	—	—
6	Ausständige Aequivalent-Gelder	2838	2	980	—	7827	32
7	An Gränz- Mauth- Pacht- Geldern	17320	—	4756	19	—	—
8	Schranken- Weg- Mauth- Pacht-Gelder	11000	—	7894	38	—	—
9	Superplus v. verpacht. Gränz-W. M. Geld.	4127	38	1781	—	—	—
10	An unverpacht. Gränz-Weg- Mauth-Geld.	11721	17	8721	—	8622	50
11	Von Privat - Mauth-Geldern	421	—	—	—	—	—
12	An Zug- u. Hand-Roboth-Reluitions-Geld.	13112	17	10183	24	—	—
13	An Bestand- u. Weg-Conserv. Beytr. Geld.	5673	1	—	—	—	—
14	An Crim. Fond Beytr. G. v. St. u. Märkt.	24000	—	6000	—	—	—
15	Aus den Thor-Mauthen	18757	29	—	—	—	—
16	An Gränz-Wein-Aufschlag	12124	51	6757	51	849	17½
17	An Roß-Mauthen	11959	20	4445	54	—	—
18	An Revitions Fond Cassa- Einflüssen	—	—	—	—	—	—
19	An Passage Mauth-Superplus	410	8	311	—	—	—
20	Arrhen-Abzug von k.k. Beamten in Politicis	4120	4	827	27	99	51
21	Stands- und Ständische Arrhen	12149	57	1422	—	136	—
22	Neuer Ingber- und Pfeffer-Aufschlag	9319	15	5103	10	609	44
23	An Sanitäts-Einflüssen	500	—	—	—	—	—
24	An Inschlicht-Aufschlag	4211	—	1728	—	—	—
25	An Mund- und Semmelmehl-Aufschlag	5115	50	—	—	—	—
26	An Poll-Mehl-Aufschlag	3721	9	—	—	—	—
27	An Zucker-Syrop u. Confect-Imposts-Aufs.	9739	21	1723	45	—	—
28	Der Juden Toleranz Antheil	6633	27	—	—	—	—
29	An Passage - Mauth-Gefällen	13411	14	6774	13	1272	—
30	Gelder aus anderer Verrechnung	—	—	—	—	—	—
31	An Interims - Empfängen	—	—	—	—	—	—
32	An zurück verrechneten Geldern	—	—	—	—	—	—
33	An ersetzten Mangels-Posten	—	—	—	—	—	—
34	An Extra- Einflüssen	—	—	—	—	—	—
	Summa	224007	—	79112	19	19411	14½
	Combinando ergiebt sich Abgang	—	—	—	—	598	—
	Summa der Ausgabe gleich	224007	—	79112	19	—	—

No. der Rubrik.	Einnahme	D. Oesterreich unter der Ens. Fl.	Kr.	E. Oesterreich ob der Ens. Fl.	Kr.	F. Steyermark. Fl.	Kr.
1	An eingegangenen vorjährigen Restantien	1812	12	—	—	—	—
2	Geh. R. und Nobilität Expeditions-Taxen	15891	$17\frac{1}{2}$	—	—	—	—
3	Obriste Justiz- und andere Gerichts-Taxen	48998	32	—	—	—	—
4	Fiscalien	20221	12	1217	38	4101	11
5	Aus dem Land-Schranken-Mauth-Fundo	33461	55	3712	13	—	—
6	Ausständige Aequivalent-Gelder	4000	—	—	—	3780	—
7	An Gränz-Mauth-Pacht-Geldern	17600	—	4110	—	6728	49
8	Schranken-Weg-Mauth-Pacht-Gelder	14918	27	—	—	5140	—
9	Superplus v. verpacht. Gränz-W. M. Geld.	36591	8	—	—	—	—
10	An unverpacht. Gränz-Weg-Mauth-Geld.	361	$40\frac{1}{2}$	—	—	—	—
11	Von Privat-Mauth-Geldern	17309	48	5120	33	3423	33
12	An Zug- u. Hand-Roboth Reluitions-Geld.	13265	34	—	—	—	—
13	An Bestand- u. Weg-Conserv. Beytr. Geld.	10700	—	—	—	—	—
14	An Crim. Fond Beytr. S. v. St. u. Märkt.	—	—	—	—	—	—
15	Aus den Thor-Mauthen	—	—	6305	45	4151	14
16	An Gränz-Wein-Aufschlag	—	—	4121	20	—	—
17	An Roß-Mauthen	—	—	—	—	—	—
18	An Reluitions-Fond Cassa-Einflüssen	24000	—	927	19	—	—
19	An Passage-Mauth-Superplus	—	—	927	38	1041	4
20	Arrhen Abzug von k. k. Beamten in Politicis	—	—	—	—	390	49
21	Stand- und Ständische Arrhen	—	—	—	—	—	—
22	Neuer Jngber- und Pfeffer-Aufschlag	—	—	238	—	720	11
23	An Sanitäts-Einflüssen	—	—	—	—	—	—
24	An Jnschlicht-Aufschlag	—	—	—	—	—	—
25	An Mund- und Semmelmehl-Aufschlag	—	—	—	—	—	—
26	An Poll-Mehl-Aufschlag	—	—	—	—	—	—
27	An Zucker-Syrob- u. Confect-Impost-Auff.	—	—	—	—	—	—
28	Der Juden Toleranz-Antheil	3426	25	—	—	—	—
29	An Passage-Mauth-Gefällen	—	—	217	—	245	—
30	Gelder aus anderer Verrechnung	—	—	—	—	—	—
31	An Interims-Empfängen	—	—	—	—	—	—
32	An zurück verrechneten Geldern	—	—	—	—	—	—
33	An ersetzten Mangels-Posten	—	—	—	—	—	—
34	An Extra-Einflüssen	882	48	—	—	—	—
	Summa	309818	59	26897	26	29721	51
	Combinando ergiebt sich Abgang	11172	27	—	—	—	—
	Summa der Ausgabe gleich	320991	26	26897	26	297[illegible]1	51

Nr. der Ausbeit	Einnahme	G. Kärnthen. fl.	kr.	H. Crain. fl.	kr.	I. Görz u. Gradisca. fl.	kr.
1	An eingegangenen vorjährigen Restantien	275	57	170	21	214	13
2	Geh. R. und Nobilitát Expeditions Taxen	—	—	—	—	—	—
3	Obriste Justiz- und andere Gerichts-Taxen	—	—	—	—	—	—
4	Fiscalien	59	25	875	55	—	—
5	Aus dem Land-Schranken-Mauth-Fundo	—	—	4251	24	—	—
6	Ausständige Aequivalent-Gelder	5769	53	4562	21	1172	—
7	An Gränz-Mauth-Pacht-Geldern	—	—	—	—	—	—
8	Schranken-Weg-Mauth-Pacht-Gelder	—	—	—	—	—	—
9	Superplus v. verpacht. Gränz-W. M. Geld.	—	—	—	—	—	—
10	An unverpacht. Gränz-Weg-Mauth-Geld.	2826	44	—	—	2728	13
11	Von Privat Mauth-Geldern	1646	56	—	—	—	—
12	An Zug- u. Hand-Roboth Relvitions-Geld.	1643	1	—	—	1260	—
13	An Bestand- u. Weg-Conserv. Beytr. Geld.	721	47	—	—	—	—
14	An Crim. Fond Beytr. G. v. St. u. Märkt.	—	—	—	—	728	35
15	Aus den Thor-Mauthen	2077	27	5125	49	—	—
16	An Gränz-Wein-Aufschlag	868	37	—	—	—	—
17	An Roß-Mauthen	—	—	—	—	—	—
18	An Reluitions Fond Cassa-Einflüssen	—	—	—	—	—	—
19	An Passage-Mauth-Superplus	1001	15	1022	3	102	3
20	Arrhen-Abzug von k. k. Beamten in Politicis	—	—	—	—	223	54
21	Stand- und Ständische Arrhen	—	—	1391	29	377	35
22	Neuer Ingber und Pfeffer-Aufschlag	—	—	317	14	1416	8
23	An Sanitäts-Einflüssen	—	—	—	—	—	—
24	An Inschlicht-Aufschlag	—	—	—	—	—	—
25	An Mund- und Semmelmehl-Aufschlag	—	—	—	—	—	—
26	An Poll-Mehl-Aufschlag	—	—	—	—	—	—
27	An Zucker-Syrob- u. Confect-Imposto-Auff.	—	—	—	—	—	—
28	Der Juden Tolerans-Antheil	—	—	—	—	—	—
29	An Passage-Mauth-Gefällen	347	59	129	—	—	—
30	Gelder aus anderer Verrechnung	—	—	—	—	—	—
31	An Interims-Empfängen	—	—	—	—	—	—
32	An zurück verrechneten Geldern	—	—	—	—	—	—
33	An ersetzten Mangels-Posten	—	—	—	—	—	—
34	An Extra-Einflüssen	—	—	—	—	—	—
	Summa	17228	1	19472	—	8222	41
	Summa der Ausgabe gleich	—	—	3517	54	1224	39
	Combinando ergiebt sich Abgang	[illegible]	1	[illegible]	54	[illegible]	[illegible]

No. der Rubriken	Einnahme	K. Tyrol. Fl.	Kr.	L. Vorder Oesterreich. Fl.	Kr.	M. Ungarn. Fl.	Kr.
1	An eingegangenen vorjährigen Restanten	—	—	1027	31	2529	24
2	Geh. R. und Nobilität-Expeditions-Taxen	—	—	—	—	—	—
3	Obriste Justiz- und andere Gerichts-Taxen	—	—	—	—	—	—
4	Fiscalien	—	—	2735	17	8790	52
5	Aus dem Land Schranken-Mauth-Fundo	4159	59	—	—	—	—
6	Ausständige Aequivalent-Gelder	—	—	5151	20	8344	51
7	An Gränz-Mauth-Pacht-Geldern	3728	—	—	—	—	—
8	Schranken-Weg-Mauth-Pacht-Gelder	—	—	—	—	—	—
9	Superplus v. verpacht. Gränz-W. M. Geld.	—	—	—	—	—	—
10	An unverpacht. Gränz-Weg-Mauth-Geld.	—	—	—	—	—	—
11	Von Privat Mauth-Geldern	—	—	7177	29	13158	36
12	An Zug- u. Hand-Roboth-Reluitions-Geld.	—	—	—	—	—	—
13	An Bestand- u. Weg-Conkur. v. Beytr. Geld.	2392	58	4793	53	—	—
14	An Crim. Fond Beytr. G. v. St. u. Märkt.	—	—	6105	4	353	36
15	Aus den Thor-Mauthen	—	—	—	—	9751	3
16	An Gränz-Wein-Aufschlag	1254	—	—	—	10059	54
17	An Roß-Mauthen	—	—	—	—	—	—
18	An Reluitions-Fond Cassa-Einflüssen	—	—	—	—	—	—
19	An Passage-Mauth-Superplus	313	16½	522	—	—	—
20	Arrha-Abzug von k. k. Beamten in Politicis	573	25½	—	—	—	—
21	Stand- und Ständische Arrhen	—	—	—	—	—	—
22	Neuer Ingber- und Pfeffer-Aufschlag	—	—	—	—	—	—
23	An Sanitäts-Einflüssen	—	—	1459	37	—	—
24	An Inschlicht-Aufschlag	—	—	—	—	—	—
25	An Mund- und Semmelmehl-Aufschlag	—	—	—	—	—	—
26	An Poll-Mehl-Aufschlag	—	—	—	—	—	—
27	An Zucker-Syrob- u. Confect-Impost-Auff.	—	—	—	—	—	—
28	Der Juden Toleranz-Antheil	—	—	—	—	—	—
29	An Passage-Mauth-Gefällen	—	—	—	—	—	—
30	Gelder aus anderer Verrechnung	—	—	—	—	—	—
31	An Interims Empfängen	—	—	—	—	—	—
32	An zuruck verrechneten Geldern	—	—	—	—	—	—
33	An ersetzten Mangels-Posten	—	—	—	—	—	—
34	An Extra-Einflüssen	—	—	—	—	—	—
	Summa	12421	39	28972	11	58992	20
	Summa der Ausgabe gleich	48073	31	—	—	45337	40
	Combinando ergiebt sich Abgang	60495	10	28972	11	10433[illegible]	—

No. der Rubrik.	Einnahme	N. Siebenbürgen. Fl.	Kr.	O. Italien. Fl.	Kr.	P. Niederlanden. Fl.	Kr.
1	An eingegangenen vorjährigen Restantien	—	—	—	—	1555	40
2	Geh. R. und Nobilitàt Expeditions-Taxen	—	—	—	—	5722	54
3	Obriste Justiz- und andere Gerichts-Taxen	—	—	—	—	—	—
4	Fiscalien	525	31	—	—	—	—
5	Aus dem Land-Schranken-Mauth-Fundo	2549	—	—	—	1350	—
9	Ausständige Aequivalent-Gelder	4154	33	19000	—	—	—
7	An Gränz-Mauth-Pacht-Geldern	—	—	—	—	—	—
8	Schranken-Weg-Mauth-Pacht-Gelder	—	—	—	—	—	—
9	Superplus v. verpacht. Gränz-W. M. Geld.	2412	30	—	—	—	—
10	An unverpacht. Gränz-Weg-Mauth-Geld.	540	19	—	—	—	—
11	Von Privat-Mauth-Geldern	—	—	—	—	—	—
12	An Zug- u. Hand-Roboth Reluitions-Geld.	—	—	—	—	2451	47
13	An Bestand- u. Weg-Conserv. Beytr. Geld.	—	—	—	—	689	54
14	An Crim. Fond Beytr. G. v. St. u. Märkt.	—	—	—	—	5333	12
15	Aus den Thor-Mauthen	—	—	—	—	—	—
16	An Gränz-Wein-Aufschlag	—	—	—	—	—	—
17	An Roß-Mauthen	4806	30	—	—	—	—
18	An Reluitions-Fond Cassa-Einflüssen	—	—	—	—	—	—
19	An Passage-Mauth-Superplus	—	—	—	—	—	—
20	Arrhen Abzug von k. k. Beamten in Politicis	7804	9	—	—	—	—
21	Stand- und Ständische Arrhen	—	—	—	—	—	—
22	Neuer Ingber- und Pfeffer-Aufschlag	—	—	—	—	—	—
23	An Sanitäts-Einflüssen	—	—	—	—	—	—
24	An Inschlicht-Aufschlag	—	—	—	—	—	—
25	An Mund- und Semmelmehl-Aufschlag	—	—	—	—	—	—
26	An Poll-Mehl-Aufschlag	—	—	—	—	—	—
27	An Zucker-Syrob u. Confect-Impost-Auff.	—	—	—	—	—	—
28	Der Juden Toleranz Antheil	—	—	—	—	—	—
29	An Passage-Mauth-Gefällen.	—	—	—	—	—	—
30	Gelder aus anderer Verrechnung	—	—	—	—	—	—
31	An Interims-Empfängen	—	—	—	—	—	—
32	An zuruck verrechneten Geldern	—	—	—	—	—	—
33	An ersetzten Mangels-Posten	—	—	—	—	—	—
34	An Extra-Einflüssen	—	—	—	—	—	—
	Summa	14988	22	19000	—	17103	37
	Summa der Ausgabe gleich	—	—	—	—	1894	44
	Combinando ergiebt sich Abgang	14988	22	19000	—	18994	21

No. der Rubrik.	Einnahme.	Q. Zusammen. fl.	kr.
1	An eingegangenen vorjährigen Restantien	13462	47
2	Geh. R. und Nobilitär Expeditions-Taxen	65614	$11\frac{1}{2}$
3	Obriste Justiz- und andere Gerichts-Taxen	48998	32
4	Fiscalien	49273	13
5	Aus dem Land-Schranken-Mauth-Fundo	64682	13
6	Ausständige Aequivalent-Gelder	67580	32
7	An Gränz-Mauth-Pacht-Geldern	54243	48
8	Schranken-Weg-Mauth-Pacht-Gelder	34735	38
9	Superplus v. verpacht. Gränz-W. M. Geld.	32239	35
10	An unverpacht. Gränz-Weg-Mauth-Geld.	71752	26
11	Von Privat-Mauth-Geldern	31309	$42\frac{1}{8}$
12	An Zug- u. Hand-Roboth-Reluitions-Geld.	45960	17
13	An Bestand- u. Weg-Conserv. Beytr. Geld.	27537	7
14	An Crim. Fond Beytr. G. v. St. u. Märkt.	42520	37
15	Aus den Thor-Mauthen	46168	47
16	An Gränz-Wein-Aufschlag	63035	$50\frac{1}{2}$
17	An Roß-Mauthen	22838	58
18	An Reluitions-Fond Cassa-Einflüssen	24927	19
19	An Passage-Mauth-Superplus	5650	$27\frac{1}{2}$
20	Arrhen-Abzug von k. k. Beamten in Politicis	14039	$39\frac{1}{8}$
21	Stand- und Ständische Arrhen	15474	51
22	Neuer Ingber- und Pfeffer-Aufschlag	17723	42
23	An Sanitäts-Einflüssen	1959	37
24	An Inschlicht-Aufschlag	5939	—
25	An Mund- und Semmelmehl-Aufschlag	5115	50
26	An Poll-Mehl-Aufschlag	3721	9
27	An Zucker-Syrob- u. Confect-Impost-Auff.	11463	6
28	Der Juden Tolleranz-Antheil	10059	52
29	An Passage-Mauth-Gefällen	22069	26
30	Gelder aus anderer Verrechnung	— —	—
31	An interims-Empfängen	— —	—
32	An zurück verrechneten Geldern	— —	—
33	An ersetzten Mangels-Posten	— —	—
34	An Extra Einflüssen	882	48
	Summa	883369	$40\frac{1}{2}$
	Summa der Ausgabe gleich	1111819	$31\frac{1}{8}$
	Combinando ergiebt sich Abgang	997189	12

No. der Rubriken.

21 Ist ein neu creirter Fond zum Behuf der Soldaten-Kinder.

28 Dieses Gefäll ist in die Kriegs-Kasse bestimmt, der Zeit aber noch nichts davon dahin abgeführet worden, weil der Antheil noch nicht bey allen Ländern eruiret ist.

No. der Rubrik.	Ausgabe.	A. Böhmen. Fl.	Kr.	B. Mähren. Fl.	Kr.	C. Schlesien. Fl.	Kr.
1	Auf Sicherheits-Beköstigungen	26459	$36\frac{1}{2}$	2551	14	525	36
2	Auf Criminal-Execut. u. Azungs-Kosten	24428	7	9120	3	126	13
3	Weg-Exstructions- Beyträge	7041	50	2714	20	—	—
4	— Conservations- Beyträge	35689	9	14913	59	3107	54
5	— Reparations- Beyträge	21052	45	10102	16	—	—
6	Besoldungen	55956	31	12479	44	6110	—
7	Pensionen und Gnaden-Gaben	2127	11	1933	—	356	37
8	Saniedts-Auslagen	—	—	—	—	—	—
9	Auf Ansiedlungs-Beyträge	—	—	—	—	—	—
10	Zur Kriegs-Casse für Soldaten-Kinder	9319	15	5103	10	609	44
11	Auf Untersuchungs. Comis. dann Reise- und Liefer-Gelder	125	—	511	31	576	37
12	Auf fromme Auslagen	—	—	—	—	—	—
13	Auf Stiftungen	554	28	—	—	—	—
14	Auf Bothen-Lohn	3403	6	1193	13	354	21
15	Zins- und Quartier-Gelder	—	—	123	—	109	—
16	Zu Bezahlung der Kriegs-Damnificat.	31217	13	10159	35	3457	38
17	Vieh-Umfalls-Bonification	1000	—	800	—	358	54
18	Auf Buchdrucker- und Buchbinder-Lohn	2209	26	217	6	19	24
19	Brief-Porto und Fracht-Auslagen	191	17	73	12	217	13
20	Remunerationen	—	—	—	—	50	—
21	Auf Amts-Verlag	3131	10	1107	32	123	—
22	Auf diverse jedoch gewöhnliche Auslagen	—	—	—	—	—	—
23	Auf unvorgesehne Fälle	—	—	—	—	2782	54
24	Auf Interims-Ausgaben	—	—	—	—	1124	46
25	In andere Verrechnung gegebene Gelder	—	—	—	—	—	—
	Summa	223906	$14\frac{1}{2}$	73112	55	20009	51
	Combinando ergiebt sich Ueberschuß	105.	46	5999	24	—	—
	Summa der Einnahme gleich	224007	—	79112	19	20009	51

No. der Rubriken	Ausgabe.	D. Oesterreich unter der Ens. Fl.	Xr.	E. Oesterreich ob der Ens. Fl.	Xr.	F. Steyermark. Fl.	Xr.
1	Auf Sicherheits-Beköstigungen	16454	31	1031	28	498	30
2	Auf Criminal-Execut. u. Azungs-Kosten	5127	35	167	50	1759	51
3	Weg-Exstructions-Beyträge	41159	49	8735	22	6564	48
4	— Conservations-Beyträge	56193	17	3177	48	5708	37
5	— Reparations-Beyträge	29145	—	4739	1	7002	3
6	Besoldungen	51150	27	3018	—	4991	39
7	Pensionen und Gnaden-Gaben	8912	20	2255	20	415	11
8	Sanitats-Auslagen	9410	31	—	—	371	12
9	Auf Ansiedlungs-Beyträge	5121	54	—	—	—	—
10	Zur Kriegs-Casse für Soldaten-Kinder	—	—	927	28	1041	4
11	Auf Untersuchungs Comm. dann Reise- und Liefer-Gelder	2165	17	117	15	—	—
12	Auf fromme Auslagen	20128	—	—	—	—	—
13	Auf Stiftungen	51127	30	—	—	—	—
14	Auf Bothen-Lohn	754	13	421	13	429	49
15	Zins- und Quartier-Gelder	2759	3	—	—	—	—
16	Zu Bezahlung der Kriegs-Damnificat.	—	—	—	—	—	—
17	Vieh-Umfalls Bonification	3027	11	1000	—	—	—
18	Auf Buchdrucker- und Buchbinder-Lohn	7101	24	67	59	157	54
19	Brief Porto und Fracht-Auslagen	1199	7	181	29	101	4
20	Remunerationen	1530	22	150	—	—	—
21	Auf Amts-Verlag	611	31	156	54	197	41
22	Auf diverse jedoch gewöhnliche Auslagen	516	9	538	21	—	—
23	Auf unvorgesehene Fälle	611	50	—	—	—	—
24	Auf Interims Ausgaben	6311	19	—	—	—	—
25	In andere Verrechnung gegebene Gelder	473	6	1791	40	—	—
	Summa	310991	26	28477	11	29231	23
	Combinando ergiebt sich Ueberschuß	—	—	420	19	480	48
	Summa der Einnahme gleich	310991	26	26897	16	29721	51

No. der Rubrik.	Ausgabe.	G. Kärnthen. Fl.	Kr.	H. Crain. Fl.	Kr.	I. Görz u. Gradisca. Fl.	Kr.
1	Auf Sicherheits-Beköstigungen	579	38	1309	18	710	50½
2	Auf Criminal-Execut. u. Azungs-Kosten	983	50	551	55	79	57
3	Weg-Exstructions- } Beyträge	3759	19	4129	59	—	—
4	— Conservations- } Beyträge	2661	17	1781	3	6759	29
5	— Reparations- } Beyträge	1223	40	2982	48	—	—
6	Besoldungen	2729	58	3176	15	875	—
7	Pensionen und Gnaden-Gaben	[illegible]		456	56	—	—
8	Sanitats-Auslagen	—	—	—	—	410	29
9	Auf Ansiedlungs-Beyträge	—	—	—	—	—	—
10	Zur Kriegs-Casse für Soldaten-Kinder	1001	15	1022	3	223	54
11	Auf Untersuchungs-Coml. dann Reise- und Liefer-Gelder	—	—	571	29	—	—
12	Auf fromme Auslagen	1207	3	1681	52	—	—
13	Auf Stiftungen	—	—	—	—	739	26
14	Auf Bothen-Lohn	58	—	126	29	81	57
15	Zins- und Quartier-Gelder	—	—	36	—	—	—
16	Zu Bezahlung der Kriegs-Damnificat.	—	—	—	—	—	—
17	Vieh-Umfalls-Ponification	—	—	—	—	—	—
18	Auf Buchdrucker- und Buchbinder-Lohn	316	13	511	30	—	—
19	Brief-Porto und Fracht-Auslagen	127	37	205	6	82	13⅜
20	Remunerationen	—	—	—	—	—	—
21	Auf Amts-Verlag	163	—	175	37	26	4
22	Auf diverse jedoch gewöhnliche Auslagen	—	—	—	—	—	—
23	Auf unvorgesehne Fälle	—	—	1743	7	—	—
24	Auf Interims-Ausgaben	—	—	1000	—	—	—
25	In andere Verrechnung gegebene Gelder	—	—	—	—	—	—
	Summa	16030	50	22989	54	9447	20
	Combinando ergiebt sich Ueberschuß	1197	11	—	—	—	—
	Summa der Einnahme gleich	17228	1	22989	54	9447	20

 Aus-

No. der Rubriken.	Ausgabe.	K. Tyrol. Fl.	Kr.	L. Vorder-Oesterreich. Fl.	Kr.	M. Ungarn. Fl.	Kr.
1	Auf Sicherheits-Beköstigungen	6059	19	2730	47	14753	—
2	Auf Criminal-Execut. u. Azungs-Kosten	2703	41	5103	16	28025	41
3	Weg-Exstructions- } Beyträge	16878	23	—	—	—	—
4	— Conservations- } Beyträge	2457	1	10959	56	19751	14
5	— Reparations- } Beyträge	15228	41	—	—	—	—
6	Besoldungen	7405	5	3107	11	12191	56
7	Pensionen und Gnaden-Gaben	405	—	268	—	2121	—
8	Sanitäts-Auslagen	—	—	—	—	8127	36
9	Auf Ansiedlungs-Beyträge	—	—	—	—	8197	56
10	Zur Kriegs-Casse für Soldaten-Kinder	573	$25\frac{3}{4}$	—	—	7408	9
11	Auf Untersuchungs-Coms. dann Reise- und Liefer-Gelder	2159	13	1001	53	—	—
12	Auf fremme Auslagen	—	—	—	—	—	—
13	Auf Stiftungen	—	—	1418	37	—	—
14	Auf Bothen-Lohn	1119	57	873	24	690	10
15	Zins- und Quartier-Gelder	685	5	—	—	—	—
16	Zu Bezahlung der Kriegs-Damnificat.	—	—	—	—	—	—
17	Vieh-Umfalls-Bonification	—	—	—	—	—	—
18	Auf Buchdrucker- und Buchbinder-Lohn	417	31	631	57	820	34
19	Brief-Porto und Fracht-Auslagen	712	13	812	14	618	15
20	Remunerationen	3162	50	—	—	1165	44
21	Auf Amts-Verlag	482	35	410	13	659	35
22	Auf diverse jedoch gewöhnliche Auslagen	—	—	45	—	—	—
23	Auf unvorgesehne Fälle	—	—	492	20	—	—
24	Auf Interims-Ausgaben	—	—	—	—	—	—
25	In andere Verrechnung gegebene Gelder	—	—	—	—	—	—
	Summa	60495	10	27854	22	104330	—
	Combinando ergiebt sich Ueberschuß	—	—	1117	49	—	—
	Summa der Einnahme gleich	60495	10	28972	11	104330	—

Aus-

No. der Rubrik.	Ausgabe.	N. Siebenbürgen. Fl.	Kr.	O. Italien. Fl.	Kr.	P. Niederlanden. Fl.	Kr.
1	Auf Sicherheits-Beköstigungen	527	49	3432	14	412	39
2	Auf Criminal-Execut. u. Azungs-Kosten	481	3	—	—	612	30
3	Weg-Extructions- } Beyträge	—	—	—	—	—	—
4	— Conservations- } Beyträge	7965	6	—	—	5 62	51½
5	— Reparations- } Beyträge	—	—	—	—	—	—
6	Besoldungen	2169	45	—	—	2174	15
7	Pensionen und Gnaden-Gaben	294	20	—	—	666	42
8	Sanitäts-Auslagen	—	—	—	—	—	—
9	Auf Ansiedlungs-Beyträge	633	12	—	—	—	—
10	Zur Kriegs Casse für Soldaten-Kinder	—	—	—	—	—	—
11	Auf Untersuchungs-Comi. dann Reise- und Liefer Gelder	—	—	—	—	—	—
12	Auf fromme Auslagen	1000	—	—	—	—	—
13	Auf Stiftungen	—	—	—	—	—	—
14	Auf Bothen-Lohn	617	8	—	—	276	13
15	Zins- und Quartier-Gelder	—	—	—	—	—	—
16	Zu Bezahlung der Kriegs-Damnificat.	—	—	—	—	—	—
17	Vieh-Umfalls-Bonification	—	—	—	—	—	—
18	Auf Buchdrucker- und Buchbinder-Lohn	—	—	—	—	124	11½
19	Brief Porto und Fracht-Auslagen	316	27	—	—	327	—
20	Remunerationen	—	—	—	—	—	—
21	Auf Amts Verlag	413	19	—	—	25	59
22	Auf diverse jedoch gewöhnliche Auslagen	—	—	—	—	—	—
23	Auf unvorgesehne Fälle	—	—	—	—	—	—
24	Auf Interims-Ausgaben	—	—	—	—	—	—
25	In andere Verrechnung gegebene Gelder	—	—	—	—	—	—
	Summa	14418	9	3432	14	18998	21
	Combinando ergiebt sich Ueberschuß	570	13	15567	46	—	—
	Summa der Einnahme gleich	14988	22	19000	—	18998	21

No. der Rubrik.	Ausgabe.	Q. Zusammen Fl.	Kr.
1	Auf Sicherheits-Beköstigungen	81244	40
2	Auf Criminal-Execut. u. Atzungs-Kosten	84779	32
3	Weg-Extractions- } Beyträge	90983	50
4	— Conservations- } Beyträge	176298	41 $\frac{1}{2}$
5	— Reparations } Beyträge	91476	16
6	Besoldungen	167535	46
7	Pensionen und Gnaden-Gaben	20436	37
8	Sanitäts-Auslagen	18119	48
9	Auf Ansiedlungs-Beyträge	13952	32
10	Zur Kriegs-Casse für Soldaten-Kinder	27229	27 $\frac{1}{2}$
11	Auf Untersuchungs-Comf. dann Reise- und Liefer-Gelder	7228	35
12	Auf fromme Auslagen	24016	55
13	Auf Stiftungen	53840	1
14	Auf Bothen-Lohn	10399	23
15	Zins- und Quartier-Gelder	3712	8
16	Zu Bezahlung der Kriegs-Damnificat.	44834	16
17	Vieh-Umfalls-Bonification	6186	5
18	Auf Buchdrucker- und Buchbinder-Lohn	12594	44
19	Brief Porto und Fracht-Auslagen	5105	27 $\frac{1}{2}$
20	Remunerationen	6058	56
21	Auf Amts-Verlag	7684	20
22	Auf diverse jedoch gewöhnliche Auslagen	1099	31
23	Auf unvorgesehne Fälle	5630	11
24	Auf Interims-Ausgaben	9436	5
85	In andere Verrechnung gegebene Gelder	6527	40
	Summa	871729	56
	Combinando ergiebt sich Ueberschuß	23459	16
	Summa der Einnahme gleich	997189	12

3 Diese Rubrike in Tyrol ist wegen des Bregenzer Strassen-Baues so hoch angelaufen.

Not. Den Abgang ersetzet der Ueberschuß, wo inzwischen das Camerale die Aushülf verschaffet.

3.

Kaiserl. Königl.

Münz- und Bergwesen.

1770.

I. Einnahme.

1. Ertrag der Hütten.

	An Gold und Silber. Fl.	Kr.	An ausgeschmolzenem und verkauftem Kupfer. Fl.	Kr.	An Eisen und Stahl. Fl.	Kr.	An ausgeschmolzenem u. verkauftem Zinn u. Bley. Fl.	Kr.
Böheim	—	—	—	—	—	—	92105	39[illegible]
Mähren	—	—	—	—	—	—	—	—
Oestreich unter der Ens	—	—	—	—	—	—	—	—
Oestreich ob der Ens	—	—	—	—	—	—	—	—
Steyermark	—	—	—	—	2,100223	54[illegible]	—	—
Kärnthen	—	—	—	—	48351	9	—	—
Tyrol	—	—	803492	10	—	—	—	—
Vorderöstreich	—	—	—	—	—	—	—	—
Ungarn	—	—	—	—	—	—	—	—
Siebenbürgen	—	—	—	—	—	—	—	—
Summa	—	—	803492	10	2,148575	3[illegible]	92105	39[illegible]

2. Ertrag der Münze.

	An ausgemünztem Gold und Silber. Fl.	Kr.	An ausgemünztem Kupfer. Fl.	Kr.	Summa. Fl.	Kr.
Böheim	1,815682	30	32397	12	—	—
Mähren	—	—	—	—	—	—
Oestreich unter der Ens	3,173240	—	32000	—	—	—
Oestreich ob der Ens	—	—	—	—	40311	42
Steyermark	—	—	—	—	—	—
Kärnthen	—	—	—	—	—	—
Tyrol	1,399816	12	9648	18	—	—
Vorderöstreich	1,640829	$17\frac{3}{8}$	—	—	1,640829	$17\frac{3}{8}$
Ungarn	5,244085	17	56333	$12\frac{5}{8}$	5,300118	$29\frac{5}{8}$
Siebenbürgen	—	—	—	—	2,198770	$42\frac{5}{8}$
Summa	13,273653	$16\frac{4}{8}$	190078	$42\frac{5}{8}$		

Summa Summarum.

An ausgeschmolzenem Kupfer Fl.	Kr.	An Eisen und Stahl. Fl.	Kr.	An Zinn und Bley. Fl.	Kr.	An ausgemünztem Gold und Silber Fl.	Kr.	An ausgemünztem Kupfer. Fl.	Kr.	Fl.	Kr.
803492	10	2,148575	$3\frac{3}{8}$	92105	$39\frac{5}{8}$	13,273653	$10\frac{4}{8}$	190078	$42\frac{5}{8}$	19,109795	16

II. Ausgabe.

	Besoldungen fü das Münz- und Berg-Personale.		Zur Unterhaltung der Hütten und Schmelzen.		Aufnemangelegte Hüttenwerke.		Bau- und Reparations-Kosten und Münzgebäude.	
	Fl.	Kr.	Fl.	Kr.	Fl.	Kr.	Fl.	Kr.
Böheim	800266	—	578685	45	—	—	89873	33
Mähren	—	—	—	—	14524	12	—	—
Oestreich unter der Ens	1,556895	25	667760	14	—	—	250212	19
Oestreich ob der Ens	246940	15	—	—	—	—	—	—
Steyermark	892657	25	442475	17	—	—	300318	—
Kärnthen	21000	—	11674	30	—	—	3228	15
Tyrol	995915	20	450137	53	—	—	320670	31
Vorderöstreich	554812	23	—	—	—	—	275957	24
Ungarn	1,590879	26	1,083213	29	—	—	1,006867	16½
Siebenbürgen	948413	—	445615	25	—	—	34320	59
Summa	7,207809	39	3,679562	33	14524	12	2,758448	17½

Ausgabe.

	Frachten und Transportirungen. Fl.	Kr.	Reise- und Untersuchungs-Kosten. Fl.	Kr.	Amts-Aufsagen und Nothdurften. Fl.	Kr.
Böheim	118425	39	85416	$3\frac{2}{8}$	81170	—
Mähren	—	—	—	—	—	—
Oestreich unter der Ens	312136	33	245375	22	169543	34
Oestreich ob der Ens	2554	18	66727	48	53801	55
Steyermark	206721	6	109691	19	48588	53
Kärnthen	6031	24	3511	26	2554	25
Tyrol	211315	—	115821	15	77569	$9\frac{4}{8}$
Vorderöstreich	221829	46	108447	41	90697	41
Ungarn	657377	38	459865	54	202016	27
Siebenbürgen	208129	25	102840	38	83893	1
Summa	1,976520	49	1,197697	$26\frac{2}{8}$	809835	$5\frac{4}{8}$

Summa aller Ausgaben.

Böheim	1,723837 Fl.	$12\frac{2}{3}$	Kr.
Mähren	14514 =	12	=
Oestreich unter der Ens	3,001923 =	27	=
Oestreich ob der Ens	402054 =	16	=
Steyermark	2,000452 =	=	=
Kärnthen	48000 =	=	=
Tyrol	2,171429 =	$8\frac{3}{4}$	=
Vorderöstreich	1,251744 =	55	=
Ungarn	5,000220 =	$10\frac{3}{4}$	=
Siebenbürgen	2,100212 =	41	=
Summa	17,714398 Fl.	$1\frac{3}{4}$	Kr.

Ueberschuß.

Böheim	246348 Fl.	9 Kr.
Mähren	— —	—
Oestreich unter der Ens	203316 =	33 =
Oestreich ob der Ens	1065 =	26 =
Steyermark	99771 =	54⅜ =
Kärnthen	351 =	9 =
Tyrol	41527 =	31 4/8 =
Vorderöstreich	389804 =	22⅛ =
Ungarn	299898 =	19⅝ =
Siebenbürgen	98558 =	1⅝ =
Summa	1,379921 Fl.	26⅛ Kr.

Ausgabe.

Ausgabe.	Auf nachstehende Rubriken ist zu bezahlen. An Rückständen.		Für dieses Jahr.		Zusammen.		Diese Summe ist seit vor. Jahr auf hohe Resol. anzewachsen u. vermehret worden um	
	Fl.	Kr.	Fl.	Kr.	Fl.	Kr.	Fl.	Kr.
Auf K. K. Hof-Staats-Besold.	2576	42½	421895	11	424471	53½	592	36
Das Obrist Hof-Kuchel-Amt	—	—	382000	—	382000	—	—	—
" " " Stallmeister-Amt	—	—	400594	50	400594	50	—	—
" " " Landjägerm. Amt	—	—	46178	8	46178	8	—	—
Die Kais. Königl. Falconerie "	—	—	20500	—	20500	—	—	—
Das K. K. Hof-Bau-Amt	89150	3	200000	—	289150	3	10857	51
Hof- und Lust-Reisen "	—	—	56800	—	56800	—	—	—
Trauer-Speesen u. Klag-Gelder	1252	—	52142	—	53392	—	—	—
Hof-Almosen-Gelder "	—	—	24000	—	24000	—	—	—
Gemeine Hof-Erfordernisse "	10677	1½	92564	13	103241	14½	—	—
Sämmtliche K. K. Leib-Gardes	63	—	148600	—	148663	—	—	—
Ausstaff. J. K. H. der Erzh. Antonia	—	—	301817	54½	301817	54½	383962	33
Zusammen der K. K. Hof-Staat	103716	47	2,147092	16½	2,250809	3½	395412	57
Auf Both- und Gesandschaften	27326	13	657381	—	684707	13	—	—
Besold. d. K. K. Hofstellen u. Dicast.	58729	51	4,127120	51	4,185850	42	17363	—
Aemter-Verlagsg. u. Kanzl. Nothd.	13130	17	28925	34	42655	51	—	—
Aequivalentien und Vergütungen	13111	24	92327	5	105438	29	—	—
Hauszins- und Quartier-Gelder	8959	32	16301	16	25258	48	—	—
Jährliche Gnaden- und Beyhülfe	—	—	51216	13	51216	13	—	—
Zeitherige Remunerationen "	—	—	21314	11	21314	11	—	—
Pensionen " "	15277	35	1,012156	13	1,027433	48	6790	—
Geistl. Stiftung. u. fromme Anord.	13614	13	12733	—	26347	13	—	—
Die Militär-Pflanz-Schule	—	—	40500	—	40500	—	—	—
Bauerfordernisse u. Reparationen	29009	4	11039	20	40048	24	—	—
Feuer- und Wetterschäden "	21317	10	31727	31	53044	41	—	—
Die Böhmische Kammerzieler	—	—	1231	—	1231	—	—	—
Reise- und Liefer-Gelder "	6721	53	42361	25	49083	18	—	—
Das K. K. geh. Kammer-Zahlamt	53000	—	1,062700	—	1,115700	—	300000	—
Die Banco-Haupt-Cassa "	76456	30	127327	54	203784	24	61857	16
Commercial-Cassa " "	46526	13	25159	41	71685	54	—	—
Das Kriegs-Zahl-Amt "	79361	45	489297	51½	568659	36½	200000	—
Pro Fortificatorio extraordinario	84920	—	255000	—	303920	—	20000	—

Die

e Universal Staatsschuld. Cassa	256109	36[illegible]	1,025172	51	1,281282	27[illegible]	—	—
: Ungarische Hof-Kammer	—	—	—	16731 37	16731	37	—	—
s Ung. Hof-Kanzl. Tax-Amt	—	—	3726	30	3726	30	—	—
: Steuer- u. Landschafts-Cassen	—	—	—	—	—	—	—	—
icipationen und Cautionen	8617	—	—	—	8617	—	—	—
Verrechnung gegebene Gelder	—	—	24371	39	24371	39	—	—
erschiedl. gewöhnl. Ausgaben	162	11	11059	13	11221	24	—	—
serordentliche Ausgaben	—	—	1300	51	1300	51	—	—
Summa	880665	14[illegible]	11,335275	3	12,215940	17[illegible]	7,001423	
r zu der mit Ende dieses Jahres verblieb. Cassa-Rest	4,623193	47[illegible]	—	—	4,623193	47[illegible]	7,001423	
cht zusamm. die wahre Ausgabe	5,503859	3[illegible]	11,335275	3	5,503859	3[illegible]	—	—

Anmerkung.

Auf hohe Verordnung und durch andere Zufälle hatte sich die Ausgabe für die K. K. Hofstaats-Besoldung vermindert um 1423 Fl. 13 Kr.

	Kommt also in allem annoch zu bezahlen		Hierauf ist bezahlet worden. Mit Papieren.		An baaren Geld.		Zusammen.		Rest n… zu beza… Im kün… gen Ja…
	fl.	Kr.	fl.	Kr.	fl.	Kr.	fl.	Kr.	fl.
Auf K. K. Hof Staats-Besold.	423641	16 $\frac{4}{8}$	—	—	423641	16 $\frac{4}{8}$	423641	16 $\frac{4}{8}$	—
Das Obrist Hof-Kuchel-Amt	382000	—	—	—	382000	—	382000	—	—
- - - Stallmeister-Amt	400594	50	—	—	400594	50	400594	50	—
- - - Landjägerm. Amt	46178	8	—	—	46178	8	46178	8	—
Die Kais. Königl. Falconerie	20500	—	—	—	20500	—	20500	—	—
Das K. K. Hof-Bau-Amt	300007	54	—	—	300007	54	300007	54	—
Hof- und Lust-Reisen	56800	—	—	—	56800	—	56000	—	800
Trauer-Speesen u. Klag-Gelder	53392	—	—	—	53392	—	53392	—	—
Hof-Almosen-Gelder	24000	—	—	—	16170	30	16000	40	7829
Gemeine Hof-Erfordernisse	103241	14 $\frac{4}{8}$	—	—	103241	14 $\frac{4}{8}$	103241	14 $\frac{4}{8}$	—
Sämmtliche K. K. Leib-Gardes	148663	—	—	—	148663	—	148663	—	—
Ausstaff. J. K. H. der Erzh. Antonia	685780	24 $\frac{4}{8}$	—	—	685780	24 $\frac{4}{8}$	685780	24 $\frac{4}{8}$	—
Zusammen der K. K. Hof-Staat	644798	47 $\frac{4}{8}$	—	—	2,636169	17 $\frac{4}{8}$	2,636169	17 $\frac{4}{8}$	8629
Auf Both- und Gesandschaften	2,684707	13	—	—	684707	13	684707	13	—
Besold. d. K. K. Hofstellen u. Dicast.	4,203213	42	—	—	4,203213	42	4,203213	42	—
Aemter-Verlagsg. u. Kanzl. Nothd.	42655	51	—	—	42655	51	42655	51	—
Aequivalentien und Vergütungen	105438	29	—	—	105438	29	105438	29	—
Hauszins und Quartiers-Gelder	25258	48	—	—	25258	48	25258	48	—
Jährliche Gnaden- und Beyhülfe	51216	13	—	—	51216	13	51216	13	—
Zeitherige Remunerationen	21314	11	—	—	21314	11	21314	11	—
Pensionen	1,034228	34	—	—	1,034223	48	1,034223	48	—
Geistl. Stiftung. u. fromme Anord.	26347	13	—	—	26347	13	26347	13	—
Die Militär-Pflanz-Schule	40500	—	—	—	40500	—	40500	—	—
Bauerfordernisse u. Reparationen	40048	24	—	—	40048	24	40048	24	—
Feuer- und Wetterschäden	53044	41	—	—	53044	41	53044	41	—
Die Böhmische Kammerzieler	1231	—	—	—	1231	—	1231	—	—
Reise- und Liefer-Gelder	49083	18	—	—	49083	18	49083	18	—
Das K. K. geh. Kammer-Zahlamt	1,415700	—	—	—	1,415700	—	1,415700	—	—
Die Banco-Haupt-Cassa	265641	40	—	—	265641	40	265641	40	—
Commercial-Cassa	71685	54	—	—	71658	54	71658	54	—
Das Kriegs-Zahl-Amt	768659	36 $\frac{4}{8}$	—	—	768659	36 $\frac{4}{8}$	768659	26 $\frac{4}{8}$	—
Pro Fortificatorio extraordinario	323920	—	—	—	323920	—	323920	—	—

ie Univ. Staats-Schulden-Cassa	1,281282	27[illegible]	—	—	1,270763	50[illegible]	1,270763	50[illegible]	10518	37[illegible]
ie Ungarische Hof-Kammer	16731	37	—	—	16731	37	16731	37	—	—
as Ungar. Hof-Kanzl. Tax-Amt	3726	30	—	—	3726	30	3726	30	—	—
ie Steuer- u. Landschafts-Cassen	—	—	—	—	—	—	—	—	—	—
nticipationen und Cautionen	8617	—	—	—	8617	—	8617	—	—	—
n Verrechnung gegebene Gelder	24371	39	—	—	24371	39	24371	39	—	—
nterschiedl. gewöhnl. Ausgaben	11221	24	—	—	11221	24	11221	24	—	—
usserordentliche Ausgaben	1300	51	—	—	1300	51	1300	51	—	—
Summa	13,215940	17[illegible]	—	—	13,1961792	10[illegible]	13,[illegible]	10[illegible]	19148	8[illegible]
iezu der mit Ende dieses Jahrs verblieb. Cassa-Rest	4,623193	47[illegible]	—	—	4,623193	47[illegible]	4,62393	47[illegible]	—	—
achtzusamm. die wahre Ausg.	17,839134	4[illegible]	—	—	17,819985	57[illegible]	17,819985	57[illegible]	19148	8[illegible]

Ausweis
des mit Ende dieses Jahrs verbliebenen baaren Cassä-Standes
bey nachbenannten Cameral-Cassen.

	Fl.	Kr.
Zu Wien		
Bey der General-Cassa	536420	15
Salz-Aufschlags-Cassa	189711	2
Fortifications-Cassa	56361	54
Hof-Allmosen-Cassa	7829	30
Vermähl- und Ausstaffier-Cassa	694891	$25\frac{1}{8}$
Zu Wien Summa	1,485214	$6\frac{2}{4}$
Zu Prag	237323	$1\frac{1}{8}$
Zu Brünn	187973	39
Zu Troppau	9667	3
Zu Linz	6755	$59\frac{1}{8}$
Zu Grätz	1045	$2\frac{4}{8}$
Zu Klagenfurth	55979	$36\frac{4}{8}$
Zu Laybach	21748	$37\frac{4}{8}$
Zu Görz	—	—
Zu Insprugg	460134	44
Zu Freyburg	97644	$7\frac{4}{8}$
Zu Presburg	428951	1
Zu Hermannstadt	89239	24
Zu Mayland und Filialen	843565	22
Brüssel und Filialen	702952	4
Zusammen	4,623193	$47\frac{1}{8}$

3.

Einnahme

von der

Staats-Schulden-Steuer

im Jahr 1770.

Ein

	Von der geistlichen und weltlichen Erbsteuer.		An Interesse-Steuern.		An Schulden- und Cassen-Steuer.		An der Pferdsteuer.		An den Tag- und Ungeldsteuer.	
	Fl.	Kr.	Fl.	Kr.	Fl.	Kr.	Fl.	Kr.	Fl.	Kr.
Böheim	185275	25	16713	40	240331	13	44203	34	167252	52
Mähren	26037	17	13891	5	14278	57	48291	14	32444	11
Schlesien	9455	52	3659	20	23331	41	4787	23	10511	35⅜
Niederösterreich	141093	18	11151	4	314207	19	66019	32	123498	—
Oberösterreich	58976	23	21415	17	119250	49	41982	13	62105	—
Steyermark	68324	13	21413	—	162002	18	96405	51	72093	17
Kärnthen	31631	21	6050	14	76442	56	43376	32	17911	19
Krain	9341	6	—	—	26127	13	5731	47	—	—
Görz und Gradisca	1120	13	127	41	9052	54	2327	14	—	—
Vorderösterreich und Voralbergische Geistlichkeit.	111392	30	—	—	107839	23	17439	51	—	—
Summa der eingegangenen Staats-Schulden-Steuer	642747	38	48327	21	1,381350	40	380564	37	705756	14⅜

Ungern, Siebenbürgen, Italien, die österreichischen Niederlande

nahme.

An inländischem Salz-Aufschlag Superplus.		An außerordentlicher Tranksteuer Superplus.		An neuem Salz-Aufschlag.		An Militär-Erben.		Summa.	
Fl.	Kr.	Fl.	Kr.	Fl.	Kr.	Fl.	Kr.	Fl.	Kr.
141221	27	116752	14	53408	—	60592	—	1,002603	25
45330	25	49051	52	28142	13	23127	36	409013	47
9140	15	7367	13	6358	54	4246	—	78958	13¾
87537	—	117043	6	58783	7	52522	8	971849	5
57891	37	61713	6	45794	25	22001	25	491126	18
36978	39	67113	11	145847	2	26312	1	656429	29
48220	—	20020	48	35282	9	18868	20	317804	35
14251	13	9759	11	12700	19	4710	52	82621	41
4745	15	3085	29	—	—	3561	29	24020	15
22615	3	17411	57	13595	41	10151	35	300646	—
468030	50	473190	7	399911	53	226093	27	4,335072	48¾

und die Grafschaft Tyrol, entrichten diese Steuer nicht.

6.

Ausgabe

von der

Staats-Schulden-Steuer

im Jahr 1770.

Ausgabe

	Auf alte Rückstände.		Auf berichtigtes passiv-Interesse.		Auf getilgete passiv-Capitalien.		Zur Ausgaostungs-Haupt-Cassen.	
	Fl.	Kr.	Fl.	Kr.	Fl.	Kr.	Fl.	Kr.
In Böheim	21254	31	223170	58	176331	19	341045	20
In Mähren	8324	13	152172	56	82957	42	145303	8
In Schlesien	—	—	6745	20	10671	51	24525	52
In Niederösterreich	110972	37	287354	3	107607	5	100383	19
In Oberösterreich	36439	30	77003	27	100000	—	82327	57
In Steyermark	20218	10	98213	18	100352	47	158050	45
In Kärnthen	13459	12	79525	30	114312	4	63005	13
In Krain	—	—	12610	8	42000	—	18744	56
In Görz und Gradisca	—	—	4524	14	8216	13	6170	—
In Vorderösterreich	13421	45	12316	54	19154	40	159452	29
Summa der verwendeten Staats-Schulden-Steuer.	224107	48	971636	48	782203	41	1,079009	29

An Ueberschuß nichts.

1770.

Auf Remuneration für eingelieferte Steuer.		In andere Cassen.		Summa der Ausgaben.		An Reserve-Geldern in den Cassen.		Summa.	
Fl.	Kr.	Fl	Kr.	Fl.	Kr.	Fl.	Kr.	Fl.	Kr.
8555	—	230060	40	1,001017	48	1585	37	1,002603	25
3145	—	14788	22	406709	21	2304	26	409013	47
2111	16	33945	41	78000	—	958	13¾	78958	13¾
5651	11	301453	41	913421	56	58427	9	971849	5
4516	—	190253	6	490540	—	586	18	491126	18
6317	—	270000	—	653152	—	3277	29	656429	29
5425	58	22697	49	316425	46	1378	49	317804	35
2450	—	5599	17	81404	21	1217	20	82621	41
730	—	4359	43	24000	10	20	5	24020	15
4557	11	72540	51	287444	20	19201	40	300646	—
43458	36	1,145699	—	4,246115	42	88957	6¼	4,335072	48¼

7.

Abschluß

des Kaiserl. Königl. Universal-Cameral-

Haupt-Buchs

de Anno 1770.

Ausweis

des mit Ende vorigen Jahres verbliebenen baaren Cassä-Standes

bey nachbenannten Cameral-Cassen.

Zu Wien.	Fl.	Kr.
Bey der General-Cassa	529437	54
Salz-Aufschlags-Cassa	223370	16
Fortifications-Cassa	28339	53
Hof- und Almosen-Cassa	4888	21
Vermählungs- u. Ausstaffirungs-Cassa	105303	—
In Wien Summa	891339	24
Zu Prag	51121	4
Zu Brünn	1793	26
Zu Troppau	2109	—
Zu Linz	2912	57
Zu Grätz	17912	57
Zu Klagenfurth	18429	20
Zu Laybach	17885	45
Zu Görz	590	—
Zu Inspruggg	172134	44
Zu Freyburg	92644	7
Zu Presburg	321413	52
Zu Hermannstadt	22111	15
Zu Mayland und Filialen	701947	29
Zu Brüssel und Filialen	609591	31
Zusammen	2,977096	51

(Kö)gl. Universal-Cameral-Haupt-Buchs de A. 1(…)

An nachbenannten Rubriken soll eingehen. An (R)ückständen. Fl.	Kr.	Für dieses Jahr: Fl.	Kr.	Zusammen. Fl.	Kr.	Diese Summa ist seit vorigem Jahr auf hohe Resolution angewachsen und vermehret worden. Fl.	Kr.	Soll a(…) Summa (…) eingeh(…) Fl.
(…)26446	9	1,800000	—	2,126446	9	—	—	2,1264(…)
—	—	540000	—	540000	—	—	—	5400(…)
—	—	615487	27	615487	27	—	—	6154(…)
—	—	4483	12	4483	12	—	—	44(…)
—	—	2737	4	2737	4	—	—	27(…)
1085	2[illegible]	10369	47[illegible]	11454	49[illegible]	—	—	114(…)
—	—	210	25	210	25	—	—	21(…)
—	—	3000	—	3000	—	—	—	30(…)
—	—	330694	—	330694	—	—	—	3306(…)
2152	28	97537	12	99689	40	—	—	99(…)
(…)04742	6	250000	—	354742	6	—	—	354(…)
(…)50490	19	240000	—	290490	19[illegible]	—	—	2904(…)
—	—	1,209000	—	1,209000	—	—	—	1,2090(…)
4383	43	250000	—	254383	43	—	—	254(…)
—	—	432000	—	432000	—	12602	—	44(…)
—	—	357000	—	357000	—	—	—	357(…)
22886	2[illegible]	298900	—	321786	—	—	—	321(…)
3700	28[illegible]	127611	3	131311	31	—	—	131(…)
—	—	40500	—	40500	—	—	—	40(…)
5340	25	29748	43	35089	8	—	—	35(…)
—	—	500	—	500	—	70	—	(…)
(…)125757	29[illegible]	503029	59	628787	28	—	—	62(…)
37867	23	260000	—	333867	23	—	—	33(…)
—	—	—	—	—	—	969	33[illegible]	(…)
—	—	25860	—	25860	—	5557	32	(…)
(…)49416	18[illegible]	1,070555	3	2,019971	21[illegible]	—	—	2,(…)
(…)50000	—	200000	—	550000	—	—	—	55(…)
—	—	—	—	—	—	—	—	—
—	—	10000	—	10000	—	—	—	10(…)

An nachbenannten Rubriken soll eingehen.

Einnahme.	An Rückständen. Fl.	Kr.	Für dieses Jahr. Fl.	Kr.	Zusammen. Fl.	Kr.
Von der Universal-Staats-Schulden-Cassa	1,119328	9[illegible]	2,463764	34[illegible]	583092	44
An Anticipationen u. Cautionen	323645	44[illegible]	14221	49[illegible]	337867	30
- Interesse von Activ-Capitalien	35415	11	17040	10	52455	21
- zurück verrechneten Geldern	484	15	18538	—	19022	15
- Ersatz-Posten u. Reuth-Resten	4576	47	108699	55	113276	42
- unterschiedl. gewöhnl. Einnam.	23044	8[illegible]	150425	42	173469	51[illegible]
- ausserordentl. Einnahmen	—	— —	90698	15	90698	15
Summa	3,526762	10[illegible]	11,572712	19	15,099474	29[illegible]
Hierzu der mit Ende vorigen Jahrs verblieb. Cassa-Rest	2,977096	51	—	— —	2,977096	51
Macht zusam. d. wahre Einname	6,503859	1[illegible]	11,572712	19	18,076571	20[illegible]

An Ungarisc
An Bergwe
Cameral- u.
An Wald- u
Von den 5
An Urban-
— Wassers
— Zoll- un
— Vicedo
— Ungelde
— Tyrolisc
— Post- A
— Tobacks
— Stemp
— Tax- G
— Arrha-
— Contrib
— Besoldu
— Beytr.
— Klein. J
— Fiscal-
— Steuer
— Zucker-
— Jagbe
— Transi
Von d. ges
— der Ban
— dem K
— Unive

	Hierauf ist eingegangen.						Ist annoch einzunehm			
	In Zahlungs-Obligationen.		In baarem Gelde.		Zusammen.		In künftigem Jahre.		In meh-ren Ja	
	Fl.	Kr.	Fl.	Kr.	Fl.	Kr.	Fl.	Kr.	Fl.	
h. Cameral-Gefällen	50630	44	2,075815	25	2,126446	9	— —	—	—	—
rks- u. Münz-Gefällen	—	— —	540000	—	540000	—	— —	—	—	—
and. herrschaftl. Aemt.	—	— —	598710	27	598710	27	— —	—	16777	
-Forst-Amts-Gefällen	—	— —	4483	12	4483	12	— —	—	—	—
Donau-Städten	—	— —	2737	4	2737	4	— —	—	—	—
Steuer	—	— —	10369	47 $\frac{1}{8}$	10369	47 $\frac{1}{8}$	— —	—	1085	
all- u. Keller-Zinsen	210	20	—	—	5	210	25	— —	—	—	—
d Mauth-Gefällen	—	— —	3000	—	3000	—	— —	—	—	—
n. Administ. Gefällen	—	— —	330694	—	330694	—	— —	—	—	—
-Gefällen	—	— —	95569	36	95569	36	— —	—	412	
hen Tax-Gefällen	20758	—	333783	—	354541	—	— —	—	201	
ints-Gefällen	—	— —	251253	—	251253	1	— —	—	39237	
-Gefällen	60304	14	1,148695	46	1,209000	—	— —	—	—	—
el-Gefällen	—	— —	254383	43	254383	43	— —	—	—	—
Gefällen	2110	—	442492	—	444602	—	— —	—	—	—
Gefällen	—	— —	354529	57	354529	57	— —	—	247	
ut. von der Judensch.	—	— —	302080	—	302080	—	— —	—	19706	
ungs-Beyträgen	—	— —	131311	31 $\frac{1}{8}$	131311	31 $\frac{1}{8}$	— —	—	—	—
z. Militar-Pflanzschule	—	— —	40500	—	40500	—	— —	—	—	—
Pachtzins. u. Bestandg.	6000	—	25748	49	31748	49	— —	—	334	
und Straf-Geldern	—	— —	570	—	570	—	— —	—	—	—
Tax-Aufschlag	—	— —	497051	8 $\frac{7}{8}$	497051	8 $\frac{7}{8}$	— —	—	13173	
Aufschlag	—	— —	304397	19	304397	19	— —	—	2947	
r- u. Pfeffer-Aufschlag	—	— —	969	33 $\frac{7}{8}$	969	33 $\frac{7}{8}$	— —	—	—	—
io u. Consf. Wein-Imp.	—	— —	31417	32	31417	32	— —	—	—	—
. Hof- u. Staats-Canzl.	—	— —	1,569550	21 $\frac{3}{8}$	1,569550	21 $\frac{3}{4}$	— —	—	45042	
co Haupt-Cassa	—	— —	504066	—	504066	—	— —	—	4593	
riegs-Zahl-Amte	—	— —	—	— —	—	— —	— —	—	—	—
rsal-Depositen-Amte	—	— —	10000	—	10000	—	— —	—	—	—

Hierauf ist eingegangen.

	In Zahlungs-Obligationen.		In baarem Gelde.		Zusa[illegible]
	fl.	kr.	fl.	kr.	fl.
Von der Universal-Staats-Schulden-Cassa	653472	28	2,412215	13	2,41[illegible]
An Anticipationen u. Cautionen	21596	48	—	—	2
— Interesse von Activ-Capitalien	—	—	52455	21	5
— zurück verrechneten Geldern	—	—	23345	35	2
— Ersatz-Posten u. Reuth-Resten	—	—	103836	11	10
— unterschiedl. gewöhnl. Einnahm.	—	—	173469	51 [illegible]	17
— ausserordentl. Einnahmen	—	—	90698	15	9
Summa	815082	34	12,720299	—	13,53[illegible]
Hierzu der mit Ende voriges Jahr. verblieb. Cassa-Rest	—	—	—	—	2,97[illegible]
Macht zusam. d. wahre Einname	815082	34	12,720299	—	16,51[illegible]

h. Cameral •
rks • u. Münz •
and. herrschaf
• Forst • Amts •
Donau • Stä
Steuer .
all • u. Keller •
d Mauth • Ge
n. Administ. C
• Gefällen
hen Tax • Gefä
mts • Gefällen
• Gefällen •
el • Gefällen
Gefällen •
Gefällen
ut. von der Ju
ungs • Beyträg
• Militar • Pfla
Pachtzins. u. Bey
und Straf • Ge
• Tax • Aufschlag
• Aufschlag
r • u. Pfeffer • A
o u. Cons. Wei
. Hof • u. Staats
co Haupt • Casse
riegs • Zahl • Am
rsal • Depositen •

I.

Staats Haupt-Balanz.

Camerale.

	Empfang		Ausgabe.		Abgang.		Ueberschuß.	
	Fl.	Kr.	Fl.	Kr.	Fl.	Kr.	Fl.	Kr.
Böhmen	1,239202	$17\frac{1}{8}$	1,001879	$16\frac{1}{8}$			237323	$1\frac{[illegible]}{8}$
Mähren	103381	$58\frac{5}{8}$	110408	$19\frac{5}{8}$			[illegible]	30
Schlesien	49427	•	39759	57			9667	3
Oestreich unt. d. Ens	5,906243	$17\frac{1}{8}$	4,411029	$11\frac{5}{8}$			1,485214	$6\frac{1}{8}$
Oestreich ob der Ens	106805	$59\frac{1}{8}$	100050	•			6755	$59\frac{3}{8}$
Steyermark	101605	$44\frac{5}{8}$	100640	$42\frac{3}{8}$			1045	$2\frac{4}{8}$
Kärnthen	114957	$36\frac{7}{8}$	58978	•			55979	$36\frac{7}{8}$
Crain	90824	$37\frac{3}{8}$	69075	•			21748	$37\frac{3}{8}$
Görz und Gradisca	6715	$19\frac{3}{8}$	25863	27	19148	$8\frac{3}{8}$	•	•
Tyrol	881907	4	421772	20			460134	44
Vorderöstreich	319065	$\frac{3}{8}$	221420	53			97644	$7\frac{4}{8}$
Ungarn	4,253003	•	3,824052	13			428951	1
Siebenbürgen	701545	2	612305	38			89239	24
Italien	852070	43	1008505	21			843565	22
Niederlande	1,903152	4	1,200100	•			702952	4
Summa Summarum	17,819985	$57\frac{4}{8}$	13215940	$17\frac{4}{8}$	19148	$8\frac{2}{8}$	4,623193	$47\frac{5}{8}$

Montanisticum.

	Empfang.		Ausgabe.		Abgang.		Ueberschuß.	
	Fl.	Kr.	Fl.	Kr.	Fl.	Kr.	Fl.	Kr.
Böhmen	2,000185	$21\frac{1}{8}$	1,753837	$12\frac{2}{8}$	= =	=	246348	$9\frac{7}{8}$
Mähren	= =	=	14524	12	14524	=	= =	=
Schlesien	= =	=	= =	=			= =	=
Oestreich unter d. Ens	3,205240	=	3,001923	27			203316	33
Oestreich ob der Ens	403119	42	402054	16			1065	26
Steyermark	2,100823	$54\frac{2}{3}$	2,000451	=			99771	54
Kärnthen	48351	9	48000	=			351	9
Crain	= =	=	= =	=			= =	=
Görz und Gradisca	= =	=	= =	=			= =	=
Tyrol	2,212956	40	2,171429	$8\frac{4}{6}$			41527	$31\frac{4}{6}$
Vorderöstreich	1,640829	$17\frac{4}{6}$	1,251744	55			389084	$22\frac{4}{6}$
Ungarn	9,300118	$29\frac{3}{4}$	5,000220	$10\frac{5}{6}$			299898	$19\frac{5}{8}$
Siebenbürgen	2,198770	$42\frac{4}{8}$	2,100212	41			98558	$1\frac{2}{8}$
Italien	= =	=	= =	=			= =	=
Niederlande	= =	=	= =	=			= =	=
Summa Summarum	19,109795	$16\frac{2}{8}$	17,744398	$29\frac{7}{8}$	14524	=	1379921	$26\frac{3}{8}$

Staats-Schulden-Steuer.

	Empfang.		Ausgabe.		Abgang.		Ueberschuß.	
	Fl.	Kr.	Fl.	Kr.	Fl.	Kr.	Fl.	Kr.
Böhmen	1,002603	25	1,001017	48			1585	37
Mähren	409013	47	406709	21			2304	26
Schlesien	78958	13¼	78000	"			958	13¼
Oestreich unter d. Ens	971848	5	13421	56			58427	9
Oestreich ob der Ens	491126	18	490540	"			586	18
Steyermark	656429	29	653152	"			9277	29
Kärnthen	317804	35	316425	46			1378	49
Crain	82621	41	81404	21			1217	26
Görz und Gradisca	24020	15	24000	10			20	5
Tyrol	"	"	"	"			"	"
Vorderöstreich	300646	"	281444	10			19201	40
Ungarn	"	"	"	"			"	"
Siebenbürgen	"	"	"	"			"	"
Italien	"	"	"	"			"	"
Niederlande	"	"	"	"			"	"
Summa Summarum	4,335072	48¾	4,246115	42	"		88957	6¾

Bancale.

	Empfang.		Ausgabe.		Abgang.		Ueberschuß.	
	Fl.	Kr.	Fl.	Kr.	Fl.	Kr.	Fl.	Kr.
Böhmen	4,091445	57	4,082115	20			9330	37
Mähren	1,879981	17½	1,831025	3			48956	14½
Schlesien	117989	12	115227	59			2761	13
Ostereich unter d. Ens	3,736719	54	3,720300	17½			16419	36½
Oesterreich ob der Ens	1,972832	9¾	1,919870	21			52962	4¾
Steyermark	891004	21¼	885039	49			5964	32¼
Kärnthen	603420	39	600924	20			2496	19
Crain	1,073092	57¾	1,069300	.			3792	57¾
Görz und Gradisca	102606	4	102000	.			606	4
Tyrol	.	.	.	.			.	.
Vorderösterreich	.	.	.	.			.	.
Ungarn	2,890731	15½	2,883250	.			7481	15½
Siebenbergen	.	.	.	.			.	.
Italien	.	.	.	.			.	.
Niederlande	.	.	.	.			.	.
Summa Summarum	17,359823	46¾	17,209052	9½			150770	37

	Empfang.		Ausgabe.		Abgang.		Ueberschuß.	
	Fl.	Kr.	Fl.	Kr.	Fl.	Kr.	Fl.	Kr.
Böhmen	224007	⸗	223911	14	⸗ ⸗	⸗	95	46
Mähren	79112	19	73102	55	⸗ ⸗	⸗	4999	24
Schlesien	19411	4½	20009	51	598	36	⸗ ⸗	⸗
Oesterreich unter d. Ens	309818	59	320991	26	11172	72	⸗ ⸗	⸗
Oesterreich ob der Ens	26897	21	26477	7	⸗ ⸗	⸗	420	19
Steyermark	29721	51	29241	3	⸗ ⸗	⸗	480	48
Kärnthen	17228	1	16030	50	⸗ ⸗	⸗	1197	11
Crain	19472	⸗	22989	54	3517	54	⸗ ⸗	⸗
Görz und Gradisca	8222	41	9447	20	1224	29	⸗ ⸗	⸗
Tyrol	12421	39	60495	10	48073	31	⸗ ⸗	⸗
Vorderösterreich	28972	11	27854	22	⸗ ⸗	⸗	1117	49
Ungarn	58992	20	104330	⸗	45337	40	⸗ ⸗	⸗
Siebenbürgen	14988	22	14418	9	⸗ ⸗	⸗	570	13
Italien	19000	⸗	3432	14	⸗ ⸗	⸗	15567	46
Niederlande	17103	37	18998	21	1894	44	⸗ ⸗	⸗
Summa Summarum	885369	40½	971729	56	111819	31½	25459	16

	Empfang.		Ausgabe.		Abgang.		Ueberschuß.	
	Fl.	Kr.	Fl.	Kr.	Fl.	Kr.	Fl.	Kr.
Böhmen	6,961528	46	6,921120	12			40408	34
Mähren	3,080221	42	3,012501	53			67719	49
Schlesien	279403	13$\frac{3}{4}$	229511	–			49892	18$\frac{3}{4}$
Oestreich unter d. Ens	3,549149	57	3,521419	20$\frac{2}{3}$			27730	30$\frac{1}{3}$
Oestreich ob der Ens	1,779442	46	1,723502	19			55940	27
Steyermark	2,080935	6	2,071681	23$\frac{1}{3}$			9253	42$\frac{2}{3}$
Kärnthen	1,264012	47	1,244928	3			19084	44
Crain	723740	19	714204	11			9536	8
Görz und Gradisca	209887	5	207930	14			1956	51
Tyrol	506899	6	502709	56$\frac{2}{3}$			4189	9$\frac{1}{3}$
Vorderöstreich	573553	57	568411	3			5142	54
Ungarn	5,473579	15$\frac{1}{3}$	5,217613	–			255966	19$\frac{1}{3}$
Siebenbürgen	1,026403	11	1,016733	40			9669	6
Italien	983708	49	929820	–			53888	49
Niederlande	1,200702	13	1,194317	19			6384	54
Summa Summarum	29,693168	16	29,076403	34$\frac{2}{3}$			616764	37$\frac{1}{4}$

Commer-

Commerciale.

	Empfang.		Ausgabe.		Abgang.		Ueberschuß.	
	Fl.	Kr.	Fl.	Kr.	Fl.	Kr.	Fl.	Kr.
Böhmen	217091	13	116220	=	=	=	100871	13
Mähren	51409	2	49100	=	=	=	2309	2
Schlesien	12020	21	12007	=	=	=	13	21
Oestreich unter d. Ens	301917	8	342341	36	40424	28	=	=
Oestreich ob der Ens	253113	59	251421	3	=	=	1692	56
Steyermark	29221	13	37119	=	7897	47	=	=
Kärnthen	21109	45	21000	=	=	=	109	45
Crain	100207	8	129207	20	29000	12	=	=
Görz und Gradisca	5912	17	4211	14	=	=	1701	3
Tyrol	44527	58	38712	12	=	=	5815	46
Vorderösterreich	13111	23	12000	=	=	=	1111	23
Ungarn	27728	44	35950	58	8222	14	=	=
Siebenbürgen	=	=	=	=	=	=	=	=
Italien	54392	15	12120	19	=	=	42271	$55\frac{4}{5}$
Niederlande	63178	=	18979	20	=	=	44198	40
Summa Summarum	1,194940	26	1,080390	2	85544	41	200095	$4\frac{4}{5}$

Oestreichische Staats-Haupt-Balanz im Jahr 1770.

Summa des völligen

	Einnahme.		Ausgabe.		Abgang.		Ueberschuß.	
	Fl.	Kr.	Fl.	Kr.	Fl.	Kr.	Fl.	Kr.
Böhmen	15,736063	59$\frac{5}{8}$	15,100091	2$\frac{1}{8}$	-	-	635972	57$\frac{1}{8}$
Mähren	5,793120	5$\frac{5}{8}$	5,482857	31$\frac{7}{8}$	14524	12	324786	46$\frac{3}{8}$
Schlesien	557209	18	494515	47	598	39$\frac{1}{8}$	63262	7$\frac{1}{8}$
Oestreich unter d. Ens	17,980938	14$\frac{6}{8}$	16,241427	14$\frac{7}{8}$	51596	55	1,791107	55$\frac{1}{8}$
Oestreich ob der Ens	5,033338	19$\frac{1}{8}$	4,913915	6	-	-	119423	13$\frac{1}{8}$
Steyermark	5,889221	39$\frac{4}{8}$	5,777325	57$\frac{1}{8}$	7897	47	119793	33$\frac{1}{8}$
Kärnthen	2,386884	32$\frac{4}{8}$	2,306806	59	-	-	80595	33$\frac{1}{8}$
Crain	2,089957	43	2,085180	46	32518	6	36295	1
Görz und Gradisca	357363	41$\frac{1}{8}$	373452	25	20372	46$\frac{5}{8}$	4284	3
Tyrol	3,658712	27	3,195118	47	48073	31	511667	11
Vorderöstreich	2,876177	49	2,362875	33	-	-	513302	16
Ungarn	18,004153	18$\frac{2}{8}$	17,055416	21$\frac{1}{8}$	53559	54	1,002296	51$\frac{1}{8}$
Siebenbürgen	3,941707	17$\frac{6}{8}$	3,743670	8	-	-	198037	9$\frac{1}{8}$
Italien	2,909171	47	1,953877	54$\frac{4}{8}$	-	-	955293	42$\frac{1}{8}$
Niederlande	3,184135	54	2,432495	-	1894	44	753535	38
Summa Summarum	90,398156	6$\frac{1}{8}$	83,544039	44	231036	31$\frac{1}{8}$	7,085161	54$\frac{1}{8}$

Restiret Ueberschuß - - - - 6,854725 22$\frac{1}{8}$

9.

Summarischer Aufsatz

der bey

nachstehenden Kaiserl. Königl. Cameral-Fonds im Jahr 1770 eingehobenen Baarschaften,

dann

was hievon wiederum bestritten worden,

und endlich

was fürs künftige Jahr im Rest verblieben ist.

Einnahme. in	An vorjährigen Cassa-Resten. fl.	Kr.	An Pacht-Quanto von Lotterie-gefällen. fl.	Kr.	An Glücks-Hafen Licenz-Taxen. fl.	Kr.	An Klosten-Pitenz Tax-Geldern. fl.	Kr.	An Kammer-Herrn Tax-Geldern. fl.	Kr.	An [illegible]-Aufschlag. fl.	Kr.
Böhmen	65625	23	45120	24	6341	51	—	—	—	—	16725	13
Mähren	1217	27	16422	13	1257	54	—	—	—	—	5808	38
Schlesien	528	5	6985	36	—	—	—	—	—	—	1055	23
Oestreich unter der Ens	—	—	47151	13	9456	—	592	35	11985	40	17253	53
Oestreich ob der Ens	145	26	9125	10	528	12	—	—	—	—	2330	28
Steyermark	—	—	10667	49	2425	13	—	—	—	—	684	19
Kärnthen	59	45	8005	44	—	—	—	—	—	—	540	19
Crain	—	—	3078	34	—	—	628	17	—	—	698	59
Görz u. Gradisca	151	27	1097	12	—	—	—	—	—	—	190	7
Tyrol	7170	20	—	—	3458	31	—	—	—	—	—	—
Vorderöstreich	177	34	—	—	412	13	—	—	—	—	—	—
Ungarn	1705	3	—	—	—	—	—	—	—	—	7126	56
Siebenbürgen	—	—	—	—	—	—	—	—	—	—	—	—
Oestreich. Niederlande	27198	47	12156	13	—	—	—	—	—	—	1285	55
Oestreich. Lombardie	30950	14	9447	33	—	—	—	—	—	—	—	—
Summa d. Empf.	134930	1	169257	41	23879	54	1220	52	11985	40	53593	20

Aus dem Lehenhaus.		An Fabriquen-Ertragniß.		An Quartier-Zinsen.		An Gemeinds-Steuern.		Cameral-Ertragniß.		In Summa.		Folium vom Hauptbuch.	
Fl.	Kr.	Fl.	Kr.	Fl.	Kr.	Fl.	Kr.	Fl.	Kr.	Fl.	Kr.	Fl.	Kr.
—	—	51253	58	2403	13	28620	41	—	—	207091	13	169	—
8723	5	8927	34	—	—	9052	11	—	—	51409	2	171	—
—	—	3451	17	—	—	—	—	—	—	12020	21	182	—
—	—	188267	48	7829	59	19380	—	—	—	301917	8	195	—
—	—	231704	55	540	—	8739	48	—	—	253113	59	211	—
—	—	15354	18	89	34	—	—	—	—	29221	13	225	—
—	—	11327	19	152	—	1024	28	—	—	21109	45	238	—
—	—	16215	28	1120	—	6957	33	71508	17	100207	8	245	—
—	—	4553	31	—	—	—	—	—	—	5912	17	261	—
—	—	33899	7	—	—	—	—	—	—	44527	58	270	—
—	—	11734	47	525	51	260	58	—	—	13111	23	287	—
—	—	18896	45	—	—	—	—	—	—	27728	44	301	—
—	—	—	—	—	—	—	—	—	—	—	—	—	—
—	—	18586	34	—	—	3977	30	—	—	63178	—	317	—
—	—	13936	28	58	—	—	—	—	—	54392	15	330	—
8723	5	628109	49	13718	37	78013	—	71508	17	1,194940	26		

Ausgabe. in	Zum Navigations-Geschäfte. fl.	kr.	Auf Besoldungen des Commercien-Personalis. fl.	kr.	Auf Pensionen und Gnaden-Gaben. fl.	kr.	Auf Adjuten für die Lehrjungen und Zöglinge. fl.	kr.	Anticipationen und Vorschüsse. fl.	kr.	Praemien für die Fabricanten. fl.	kr.	Auf Maulbeerbäume u. andere Pflanzungen. fl.	kr.
Böhmen	8618	41	18911	50	3166	25	525	—	10000	—	2129	17	1058	32
Mähren	4499	47	6124	45	456	50	215	—	506	11	1759	45	687	32
Schlesien	—	—	3725	16	650	—	109	28	355	11	615	10	—	—
Oestreich unter der Ens	41121	25	49568	46	10111	16	4050	25	16799	9	2988	—	7056	51
Oestreich ob der Ens	1105	13	42156	14	709	—	585	57	6151	36	620	—	2753	46
Steyermark	—	—	7125	56	254	20	317	49	1628	27	156	—	1609	30
Kärnthen	—	—	8775	29	287	33	—	—	—	—	—	—	577	28
Crain	65050	—	31125	48	7150	12	—	—	5580	19	2112	9	6154	31
Görz u. Gradisk	—	—	450	—	—	—	—	—	—	—	167	58	283	55
Tyrol	—	—	7809	12	343	22	—	—	1054	10	66	—	689	24
Vorderöstreich	—	—	2420	—	458	40	678	45	—	—	—	—	—	—
Ungarn	—	—	7825	36	1617	13	6009	49	3106	—	4128	19	1428	17
Siebenbürgen	—	—	—	—	—	—	—	—	—	—	—	—	—	—
Oestreich. Niederlande	—	—	5561	49	1102	16	—	—	126	27	—	—	107	30
Oestreich. Lombardie	—	—	6708	20	1120	15	—	—	702	10	—	—	—	—
Summ. d. Ausg.	120395	6	198289	$1\frac{1}{3}$	27427	$22\frac{1}{2}$	12490	13	46409	49	14742	$38\frac{1}{2}$	22407	21

Hierzu der mit Ende dieses Jahres verbliebene Rest — —

Auf

Auf die Lehnbank.		Auf Gebäude und Reparationen.		Auf Überl. bestimmte gewöhnliche Auslagen.		Auf Untersuchungs-Reise- u. Liefer-Gelder.		Auf die Universal-Staats-schulden-Cassa.		Auf die Banco Haupt-Cassa.		Auf unvorgesehene Vorfallenheiten.		In Summa.		Anhero vom Hauptbuch.	
Fl.	Kr.	Fl.	Kr.	Fl.	Kr.	Fl.	Kr.	Fl.	Kr.	Fl.	Kr.	Fl.	Kr.	Fl.	Kr.	Fl.	Kr.
—	—	—	—	11217	19	126	20	35842	57	35842	57	—	—	116220	—	169	—
235	57	—	—	6151	55	176	13	7120	41	16000	—	—	—	49100	—		
—	—	—	—	119677	14	—	—	—	—	—	—	—	—	12007	—	171	—
—	—	1265	18	72152	12	1151	45	—	—	86792	10	1759	11	342341	36	182	—
—	—	375	25	16154	31	320	11	74020	—	49680	1	791	28	251421	3	191	—
—	—	612	14	1240	50	2156	11	—	—	4997	34	2106	8	37119	—	211	—
—	—	4152	50	9740	13	4125	—	—	—	—	—	1840	50	21000	—	225	—
—	—	1322	53	3010	5	319	27	—	—	—	—	651	48	129207	20	238	—
—	—	—	—	9156	32	299	16	—	—	—	—	—	—	4211	14	245 261	—
—	—	3804	47	6729	28	63	20	15314	12	—	—	411	13	38712	12	270	—
—	—	—	—	—	—	1713	7	—	—	—	—	—	—	12000	—	287	—
—	—	627	—	—	—	3000	—	—	—	—	—	8202	—	35950	58	301	—
—	—	—	—	4021	26	—	—	—	—	—	—	—	—	—	—	—	—
—	—	720	—	110	11	480	51	—	—	—	—	—	—	12120	19	330	—
—	—	927	43	—	—	1729	27	4969	36	—	—	2711	29	18979	20	317	—
235	57	13808	24	259362	16	15761	8	137267	26	193312	42	18480	37	1,080390	2⅓		
=		—		—		—		—						114550	23⅓		

10.

Summarium

der

Einkünfte und Ausgaben

des

Wienerischen Stadt-Banco

aus den

pro Anno 1770

verfaßten

Schluß-Rechnungen.

In Böhmen.	Einnahme. Fl.	Xr.	Ausgabe. Fl.	Xr.	Ueberschuß. Fl.	Xr.
Salz-Gefälle nebst Salz-Strassen-Mauth.						
Einnahme —	1,990041	30				
Ausgabe —	— —	—	1,949624	14		
Arrha —	— —	—	37917	1		
Ueberschuß —	— —	—	— —	—	2500	15
Zollgefälle.						
Einnahme —	1,029500	15				
Ausgabe —	— —	—	1,006265	21		
Arrha —	— —	—	21234	24		
Ueberschuß —	— —	—	— —	—	2000	30
Fleisch-Kreutzer-Gefälle.						
Einnahme —	376212	13				
Ausgabe —	— —	—	374703	4		
Ueberschuß —	— —	—	— —	—	1509	9
Ordinäre Trank-Steuer Gefälle.						
Einnahme —	375721	41				
Ausgabe —	— —	—	373399	11		
Ueberschuß —	— —	—	— —	—	2322	30
Extraordinäre Trank-Steuer-Gefälle.						
Einnahme —	319970	57				
Ausgabe —	— —	—	318972	5		
Ueberschuß —	— —	—	— —	—	998	13
Summa an Einnahme	4,091445	51				
Summa an Ausgabe	— —	—	4,022963	55		
Summa an Arrha	— —	—	59151	25		
Summa an Ueberschuß	— —	—	— —	—	9330	37

In Mähren.	Einnahme. Fl.	Kr.	Ausgabe. Fl.	Kr.	Ueberschuß. Fl.	Kr.
Salz-Gefälle.						
Einnahme —	900056	50				
Ausgabe —	— —	—	898640	27		
Arrha —	— —	—	280	36		
Ueberschuß —	— —	—	— —	—	1135	47
Zoll-Gefälle.						
Einnahme —	368320	4$\frac{1}{3}$				
Ausgabe —	— —	—	340156	26		
Arrha —	— —	—	8344	36		
Ueberschuß —	— —	—	— —	—	19819	2$\frac{1}{3}$
Vieh-Aufschlag.						
Einnahme —	218310	1				
Ausgabe —	— —	—	198800	—		
Ueberschuß —	— —	—	— —	—	19510	1
Wein- und Bier-Tax-Gefälle.						
Einnahme —	292788	—				
Ausgabe —	— —	—	284900	—		
Ueberschuß —	— —	—	— —	—	7888	—
Fleisch-Kreutzer-Gefälle.						
Einnahme —	100505	45				
Ausgabe —	— —	—	99900	—		
Ueberschuß —	— —	—	— —	—	605	45
Summa: Einnahme	1,879980	40$\frac{1}{3}$				
Summa: Ausgabe	— —	—	1,822399	51		
Summa: Arrha	— —	—	8625	12		
Summa: Ueberschuß	— —	—	— —	—	48956	14$\frac{1}{3}$

In Schlesien.	Einnahme.		Ausgabe.		Ueberschuß.	
	Fl.	Xr.	Fl.	Xr.	Fl.	Xr.
Salz-Gefälle.						
Einnahme —	87357	—				
Ausgabe —	— —	—	85588	3		
Arrha —	— —	—	51	6		
Ueberschuß —	— —	—	— —	—	1717	51
Zoll-Gefälle.						
Einnahme —	30632	11				
Ausgabe —	— —	—	27593	30		
Arrha —	— —	—	1995	20		
Ueberschuß —	— —	—	— —	—	1043	21
Summa: Einnahme	117989	11				
Summa: Ausgabe	— —	—	113181	33		
Summa: Arrha	— —	—	2046	26		
Summa: Ueberschuß	— —	—	— —	—	2761	12

Oestreich unter der Ens.	Einnahme. Fl.	Kr.	Ausgabe. Fl.	Kr.	Ueberschuß. Fl.	Kr.
Salz-Gefälle.						
Einnahme —	672110	38				
Ausgabe —	— —	—	664659	16		
Arrha —	— —	—	5331	20		
Ueberschuß —	— —	—	— —	—	2120	2
Haupt-Mauth Wien mit ihren Filialien.						
Einnahme —	952204	26				
Ausgabe —	— —	—	948427	7		
Arrha —	— —	—	1543	15		
Ueberschuß —	— —	—	— —	—	2234	4
Tabor-Brücken-Mauth allda.						
Einnahme —	97460	43				
Ausgabe —	— —	—	96795	43		
Arrha —	— —	—	65	—		
Ueberschuß —	— —	—	— —	—	600	—
Handgräfl. Gefälle.						
Einnahme —	1,426000	34				
Ausgabe —	— —	—	1,423791	4		
Arrha —	— —	—	1704	27		
Ueberschuß —	— —	—	— —	—	505	3
Charten-Aufschlag.						
Beträgt das Firum vom Siegel-Amte —	2811	—	— —	—	2811	—
Wald-Amts-Gefälle.						
Einnahme —	114222	27				
Ausgabe —	— —	—	104539	13		
Arrha —	— —	—	8766	10		
Ueberschuß —	— —	—	— —	—		

4

An

	Einnahme. Fl.	Xr	Ausgabe. Fl.	Xr.	Ueberschuß. Fl.	Xr.
An Fabriken-Ertragniß und herrschaftl. Renthe-Gefällen.						
Einnahme —	371719	45				
Ausgabe —	— —	—	364980	6		
Arrha —	— —	—	6120	31		
Ueberschuß.	— —	—	— —	—	629	8
Schlüssel-Ober-Amt Crems, Ibs und Filialien.						
Einnahme —	61987	52				
Ausgabe —	— —	—	62241	34½		
Arrha —	— —	—	442	12		
Ueberschuß —	— —	—	— —	—	303	5⅓
An Brücken-Mauth zu Stein, Zehend und Tax zu Schwechat, Ungeld unterm Gebirg u. Toleranz-Gelder.						
Einnahme —	31729	29				
Ausgabe —	— —	—	30792	19		
Ueberschuß —	— —	—	— —	—	937	10
Summa: Einnahme	3,736719	54				
Summa: Ausgabe	— —	—	3,696327	26⅓		
Summa: Arrha	— —	—	23972	51		
Summa: Ueberschuß	— —	—	— —	—	10956	36⅓

Oestreich ob der Ens.	Einnahme. Fl.	Xr.	Ausgabe. Fl.	Xr.	Ueberschuß. Fl.	Xr.
Mauth vom Ober-Amt Linz und Filialien.						
Einnahme —	321397	$40\frac{3}{4}$				
Ausgabe —	— —	—	297139	50		
Arrha —	— —	—	6602	35		
Ueberschuß —	— —	—	— —	—	17655	$25\frac{5}{8}$
Salz-Erzeugung von Amt Gmünden.						
Einnahme —	1,305064	34				
Ausgabe —	— —	—	1,272872	9		
Arrha —	— —	—	6294	—		
Ueberschuß —	— —	—	— —	—	26498	25
An Rent- Fabriken- und andern Adminicular-Gefällen.						
Einnahme —	231427	54				
Ausgabe —	— —	—	222601	46		
Ueberschuß —	— —	—	— —	—	8826	8
An Fleisch-Kreutzer Gefällen.						
Einnahme —	114960	11				
Ausgabe —	— —	—	114960	11		
Ueberschuß —	— —	—	— —	—	Gehe auf	
Summa: Einnahme	1,972832	$9\frac{1}{3}$				
Summa: Ausgabe	— —	—	1,852973	56		
Summa: Arrha	— —	—	66895	25		
Summa: Ueberschuß	— —	—	— —	—	52961	$48\frac{3}{4}$

In Steyermark.	Einnahme. Fl.	Kr.	Ausgabe. Fl.	Kr.	Ueberschuß. Fl.	Kr.
Hall-Amt-Aussee.						
Einnahme —	490102	3½				
Ausgabe —	— —	—	484812	34½		
Arrha —	— —	—	4101	21		
Ueberschuß —	— —	—	— —	—	1188	8
An Mauth- und Zoll-Gebühren.						
Einnahme —	186840	—				
Ausgabe —	— —	—	176420	56½		
Arrha —	— —	—	9744	—		
Ueberschuß —	— —	—	— —	—	675	3
Stadt-Steuer-Gefälle zu Grätz.						
Einnahme —	79558	—				
Ausgabe —	— —	—	78965	55		
Ueberschuß —	— —	—	— —	—	592	5
Landschaftl. Herren Steur-Weg-Gefälle.						
Einnahme —	63248	—				
Ausgabe —	— —	—	62941	58		
Ueberschuß —	— —	—	— —	—	306	2
An Cameral-Gefälle in Steyermark.						
Einnahme —	68256	—				
Ausgabe —	— —	—	67995	4		
Arrha —	— —	—	58	—		
Ueberschuß —	— —	—	— —	—	202	56
An Fleisch-Kreutzer-Gefällen.						
Schulden-Betrag der Einnah.	3000	10	— —	—	3000	10
Summa Einnahme	891004	21½				
Summa Ausgabe	— —	—	871136	28		
Summa Arrha	— —	—	13903	21		
Summa Ueberschuß	— —	—	— —	—	5964	32

In

In Kärnthen.	Einnahme. Fl.	Einnahme. Xr.	Ausgabe. Fl.	Ausgabe. Xr.	Ueberschuß. Fl.	Ueberschuß. Xr.
An Mauth-Gefälle.						
Einnahme —	21029	15				
Ausgabe —	— —	—	216175	$6\frac{1}{2}$		
Arrha —	— —	—	3577	6		
Ueberschuß —	— —	—	— —	—	539	$2\frac{1}{2}$
An Wein-Mauth-Zapfen-Tax-und Brand-Steuer.						
Einnahme —	166204	21				
Ausgabe —	— —	—	105734	18		
Ueberschuß —	— —	—	— —	—	60470	3
An Cameral-Gefällen.						
Einnahme —	118998	14				
Ausgabe —	— —	—	118498	8		
Ueberschuß —	— —	—	— —	—	500	6
An Fleisch-Kreutzer-Gefällen.						
Einnahme —	14112	50				
Ausgabe —	— —	—	13913	$46\frac{1}{2}$		
Ueberschuß —	— —	—	— —	—	199	$3\frac{1}{2}$
Vom Hochstift Bamberg eingelöste Herrschaften.						
Einnahme —	143814	59				
Ausgabe —	— —	—	139359	4		
Arrha —	— —	—	3666	—		
Ueberschuß —	— —	—	— —	—	789	55
Summa Einnahme	603410	39				
Summa Ausgabe	— —	—	591680	23		
Summa Arrha	— —	—	7143	57		
Summa Ueberschuß	— —	—	— —	—	2496	19

Crain und Littorale.	Einnahme.		Ausgabe.		Ueberschuß.	
	Fl.	Xr.	Fl.	Xr.	Fl.	Xr.
An Mauth-Gefällen.						
Einnahme —	344810	47				
Ausgabe —	— —	—	341726	12		
Archa —	— —	—	2430	2		
Ueberschuß —	— —	—	— —	—	654	33
An Kammer-Gefällen.						
Einnahme —	188529	50				
Ausgabe —	— —	—	187509	—		
Ueberschuß —	— —	—	— —	—	1020	50
Wein-Taz-Gefälle.						
Einnahme —	42611	25				
Ausgabe —	— —	—	42000	—		
Ueberschuß —	— —	—	— —	—	611	25
Herrschaftlich Adelsbergischer Pacht-Schilling.						
Einnahme —	10268	20				
Ausgabe —	— —	—	9664	—		
Ueberschuß —	— —	—	— —	—	604	20
Wein-Impositions-Gefälle.						
Einnahme —	266781	5				
Ausgabe —	— —	—	265761	—		
Ueberschuß —	— —	—	— —	—	1020	5
Salz-Verschleiß-Gefälle.						
Einnahme —	57203	40				
Ausgabe —	— —	—	57052	—		
Ueberschuß —	— —	—	— —	—	151	40
Salz-Mauth-Gefälle im Littorale.						
Einnahme —	39748	38				
Ausgabe —	— —	—	39664	—		
Ueberschuß —	— —	—	— —	—	84	38

	Einnahme. Fl.	Xr.	Ausgabe. Fl.	Xr.	Ueberschuß. Fl.	Xr.
Wald- und Holz-Gefälle.						
Einnahme —	67212	51				
Ausgabe —	— —	—	67101	26		
Ueberschuß —	— —	—	— —	—	111	25
Rent-Amts-Gefälle.						
Einnahme —	27020	12				
Ausgabe —	— —	—	27000	—		
Ueberschuß —	— —	—	— —	—	20	12
Weg- und Brücken-Gefälle von der Carolinen-Strasse.						
Einnahme —	52311	50				
Ausgabe —	— —	—	52200	—		
Ueberschuß —	— —	—	— —	—	111	50
Fleisch-Kreutzer-Gefälle.						
Einnahme —	97100	23¾				
Ausgabe —	— —	—	97100	—		
Ueberschuß —	— —	—	— —	—	100	2
Summa: Einnahme	1,175699	—				
Summa: Ausgabe	— —	—	1,168869	58		
Summa: Acrha	— —	—	2430	—		
Summa: Ueberschuß	— —	—	— —	—	4399	1¾

In

In Ungarn.	Einnahme.		Ausgabe.		Ueberschuß.	
	Fl.	Xr.	Fl.	Xr.	Fl.	Xr.
An Rent-Gefällen von der Herrschaft Ungarisch-Altenburg.						
Einnahme —	2,239757	58				
Ausgabe —	— —	—	2,234197	50		
Arrha —	— —	—	180	—		
Ueberschuß —	— —	—	— —	—	5380	8
An dito von der Herrschaft Somorn.						
Einnahme —	650937	$17\frac{1}{3}$				
Ausgabe —	— —	—	648748	50		
Arrha —	— —	—	123	17		
Ueberschuß —	— —	—	— —	—	2065	$10\frac{1}{3}$
Summa: Einnahme	2,890713	$15\frac{1}{2}$				
Summa: Ausgabe	— —	—	2,882946	43		
Summa: Arrha	— —	—	303	17		
Summa: Ueberschuß	— —	—	— —	—	7481	$15\frac{1}{3}$

Bisthum Hildesheim.

1.

Alphabethisches Register

von den

im Stift Hildesheim

befindlichen Ortschaften und freyen Häusern.

Geschrieben um 1760.

Pagina.	A. Städte, Dörf- und freye Häuser.	Explication.	Possessores.	Amt.	Summa Höfer reducirt in Vollhöfer.	Monathliche Schatzung. Rthlr.	gr.	pf.
15	Achtum und Ulpen	Junckerndorf ist eine Gemeine	Thum-Cap.	Steuerwald	$11\frac{1}{4}$	19	4	+
8	Adenstedt	Dorf	Fürstlich	Peine	$12\frac{7}{8}$	48	16	6
21	Adenstedt	Dorf	Fürstlich	Winzenburg	$17\frac{1}{2}$	24	20	2
18	Adlum	Dorf		Thum Propstey	$6\frac{11}{16}$	23	32	1
15	Ahrbergen darinnen	Dorf 1 Ad. freyer Hof	Fürstlich v. Weichs	Steuerwald	$14\frac{3}{4}$	28		
15	Ahstedt darinnen	Dorf 1 erbl. Windm.	Fürstlich v. Krumhof.	Steuerwald	$8\frac{11}{16}$	26	2	6
21	Ahlfeld darinnen	Stadt 1 Adelicher Hof 1 Adelicher Hof 1 Adelicher Hof 1 Adelicher Hof 5 freye Häuser	 v. Wrisberg v. Kipsche v. König v. Stöckheim	Winzenburg	$109\frac{5}{8}$	95		
21	Almstedt darinnen	Dorf 1 Adelich Haus	Fürstlich Obrist v. Rhoden	Winzenburg	$13\frac{1}{2}$	21	17	
5	Altenrode	1 Vorwerk	Nonnen-Closter zu Heiningen	Liebenburg	5			
24	Altenwalmode darinnen	Dorf 1 Adel. Hof 1 Adel. Hof	Schatzrath Lieutenant } von Walmoden	Woldenberg	$3\frac{3}{4}$	2	7	
19	die alte Strasse	1 Zoll-Haus	Fürstlich	Wienenburg	$\frac{1}{2}$			
3	Amelsen	Dorf	Fürstlich	Hunnesrück	$11\frac{5}{8}$	12	32	4
18	Asel	Dorf		Thumprobstey	$5\frac{3}{4}$	21		
24	Astenbeck	Vorwerk	Abt zu Derneb.	Woldenberg	1			

Pagina.	B. Städte, Dörfer und freye Häuser.	Explication.	Possessores.	Amt.	Summa Häuser welche in Schatzung	Monatliche Schatzung. Rthlr.	gr.	pf.
24	Badekenstedt	Dorf	Fürstlich	Woldenberg	$6\frac{5}{8}$	17	33	4
7	Bajouls Haus	Adel. freyer Hof giebt 6 Rthlr. Schutzgeld	von Wrisbergen	Marienburg	1			
2	Barfelde	Dorf	Fürstlich	Gronau	$13\frac{11}{16}$	24	19	4
7	Barienrode	Dorf	Fürstlich	Marienburg	$5\frac{1}{16}$	9		
15	Barnten	Dorf	Fürstlich	Steurwald	$8\frac{7}{16}$	23	24	5
15	Bavenstedt darinnen	Dorf 1 freyer Hof	Fürstlich Thum-Capitul	Steurwald	$4\frac{15}{16}$	12		
8	Beckum	Dorf und Windmühle	Fürstlich	Peine	$10\frac{7}{16}$	15	17	
5	Beinum	Dorf	Fürstlich	Liebenburg	$12\frac{1}{16}$	26	3	2
8	Berkum	Dorf, Fürstl.	Fürstlich	Peine	$10\frac{3}{4}$	13		6
2	Bethelen	Dorf	Fürstlich	Gronau	$20\frac{15}{16}$	36	7	1
15	Bettmar darinnen	Dorf 1 freyer Hof	Fürstlich Hofrath Hofmeister	Steurwald	$5\frac{15}{16}$	12		
14	Bettrum	Dorf	Fürstlich	Steinbrück	$14\frac{5}{16}$	29	32	4
20	Beuchte	Dorf	Fürstlich	Wiedelah	$12\frac{5}{8}$	35	14	4
8	Bierbergen	Dorf 2 Windmühlen 1 Wassermühle	Fürstlich Adelich	Peine	23	47	14	

Städte,

Pagina.	II. Städte, Dörfer und freye Häuser.	Explication.	Possessores.	Amt.	Summa Häuser rechnet in Hauptsumme.	Monatliche Schatzung. Rthlr.	gr.	pf.
1	Bilderlage	Amt			$55\frac{3}{4}$	93	5	1
1	Bilderlage darbey	Amthaus [illegible]	Fürstlich Privati	Bilderlage	$3\frac{1}{4}$			
24	Binder darinnen	Dorf 1 Adelicher Hof	Fürstlich von Stoppler	Woldenberg	$3\frac{1}{18}$	1	28	
12	Bledelemb	Dorf	Fürstlich	Ruthe	$9\frac{3}{18}$	15	23	
24	Bockenemb	Stadt 1 Adel. Hof 1 Adel. Hof 1 Adel. Hof 1 Zehndscheuer 1 freyer Hof	Geh. Rath von Wrisberg von Kramm Lieut. v. Kramm von Steinberg Amtmännin von Rhoden	Woldenberg	$91\frac{7}{8}$	95		
24	Bönnien	Dorf	Fürstlich	Woldenberg	$11\frac{5}{18}$	28	21	4
12	Boltzum darinnen	Dorf das Adel. Haus Boltzum	Fürstlich Graf von Plettenberg	Ruthe	$9\frac{17}{18}$	21	20	
18	Borsum	Dorf	Fürstlich	Thum, Probstey	$16\frac{1}{8}$	43	14	
5	Bredelem	Dorf	Fürstlich	Liebenburg	$12\frac{3}{18}$	25	6	6
21	Breinum	Dorf	Fürstlich	Winzenburg	$16\frac{11}{18}$	13	24	
2	Bruggen darinnen	Dorf 1 Adel. Haus	Gerhard von Steinberg	Gronau	$17\frac{5}{18}$	23	14	
8	Bründelum	Dorf	Fürstlich	Peine	$5\frac{1}{18}$	12	9	5
24	Bültemb	Dorf	Fürstlich	Woldenberg	$7\frac{3}{4}$	12	12	
13	Burgdorf	Dorf	Fürstlich	Schladen	$19\frac{5}{8}$	39	18	
11	Burgstemmen	Kirchdorf	Fürstlich	Poppenburg	$7\frac{13}{18}$	13	10	

Pagina.	C. Städte, Dörfer und freye Häuser.	Explication.	Possessores.	Amt.	Summa Häuser reduciret in Vollspänner.	Monatliche Schatzung. Rthlr.	mg.	pf.
8	Clauen darinnen	Dorf 2 Windmühlen	Fürstlich Fürstlich	Peine	$19\frac{9}{16}$	47		3
3	Cuminensen	Dorf		Hunnesrück	$5\frac{1}{8}$	5	11	2

Pagina.	D. Städte, Dörfer und freye Häuser.	Explicatio.	Possessores.	Amt.	Summa Höfe reducirt in Vollspänner.	Monatliche Schatzung. Rthlr.	gr.	pf.
1	Dahlum	Dorf	Fürstlich	Bilderlage	$11\frac{1}{2}$	20		
8	Damm vor Peine darinnen	Dorf das Schloß 1 Vorburg 1 Closter 1 Mühle 2 Mühlen	Fürstlich Capucinermönche Privati Fürstlich	Peine	$17\frac{7}{8}$	18		
3	Dassell darinnen	Stadt 1 Adel. Haus 1 Adel. Haus 1 Adel. Haus 5 freye Häuser 1 Mühle	v. Germessen v. Haren Forstmeisterin v. Rauschenblat Privati herrschaftlich	Hunnesrück	$102\frac{7}{8}$	31		
3	Deitersen	Dorf	Fürstlich	Hunnesrück	$9\frac{7}{16}$	7		
24	Derneburg	Closter	Cisterc. Mönche	Woldenburg	1			
7	Detfurt	Dorf	Fürstlich	Marienburg	6	4		
7	Dickholzen	Dorf	Fürstlich	Marienburg	$12\frac{1}{4}$	8	32	4
15	Dinklar	Dorf	Fürstlich	Steuerwald	$16\frac{9}{16}$	41	15	
15	Dingelbe darbey	Dorf 1 Adel. Hof 1 Wassermühle 1 Windmühle	v. Welcheim Fürstlich	Steuerwald	18	39	12	1
5	Dörnten	Dorf	Fürstlich	Liebenburg	$14\frac{15}{16}$	13	11	6
2	Doitzum	Dorf	Fürstlich	Gronau	$2\frac{1}{16}$	3	24	
5	Dörstadt darinnen	Dorf 1 Closter	Fürstlich Augustiner Nonn.	Liebenburg	$26\frac{3}{4}$	4	23	
15	Drispenstedt darinnen	Dorf 1 freyer Hof	Fürstlich von Daube	Steuerwald	$5\frac{5}{8}$	9	12	
8	Dungelbeck	Dorf	Fürstlich	Peine	$17\frac{5}{8}$	18	9	4

Pagina.	E. Städte, Dörfer und freye Häuser.	Explication.	Possessores.	Amt.	Summa Hufen re- ducirt in Vollspann	Monathl. Contribut. Rthlr.	gr.	pf.
2	Ebershausen	Dorf	Fürstlich	Gronau	$4\frac{14}{16}$	16	16	
7	Egenstedt	Dorf	Fürstlich	Marienburg	$6\frac{9}{16}$	6		
21	Einsen	Dorf	von Weisberg	Winzenburg	$4\frac{11}{16}$	8	5	3
15	Einumb	Dorf	Fürstlich					
–	darinnen	1 freyer Meyer Hof	Thum-Capitul	Steuerwald	$6\frac{15}{16}$	9	9	
5	Eisenhütte bestehend aus	1 Pulvermühle 1 Mahlmühle 1 Papiermühle 1 Eisenhammer 1 Krug	Drost von Brabeck	Liebenburg	5			
2	Eitzum	Dorf	Fürstlich	Gronau	$8\frac{15}{16}$	18		
3	Ellensen	Dorf	Fürstlich	Hunnesrück	13	11	15	
11	Elze	Stadt						
	darinnen	1 Adelich. Hof 1 freye Apotheque 1 Pfarrhaus	von Bock dem Haaren dem Pastor	Poppenburg	$48\frac{7}{16}$	51	24	
15	Emmerke	Dorf						
	darinnen	1 freyer Hof	Hof-Cammer-Rath von Hermanns	Steurwald	11	22		
8	Equord	Dorf						
	darinnen	1 Adelich. Haus 1 Windmühle 1 Schäfer-Hof	gehöret zum Adelichen Hof	Peine	$11\frac{7}{8}$	12	12	
21	Esbeck	1 freyes Guth	Wittw. Schottline	Winzenburg	$1\frac{1}{8}$			

Städte,

Pagina.	E Städte, Dörfer und freye Häuser.	Explication.	Possessores.	Amt.	Summe Häuser reducirt in Vollhäuser.	Monathl. Contribut. Rthlr.	gr.	pf.
2	Escherde	Nonnenkloster	Benedictinerinnen	Gronau	$4\frac{1}{16}$			
	darbey	1 Oeconomie 3 Teichmühlen 1 Krug 1 Schäferey 1 Häuslings Haus	denenselben					
8	Eulenburg	1 freyes Wirthshaus	Liegt vor dem Schloßthor zu Danna	Peine	1			
21	Evensen	Dorf	Fürstlich	Winzenburg	$8\frac{3}{16}$	14	30	6
21	Everode	Dorf		Winzenburg	$9\frac{1}{12}$	7	32	6
21	Evershausen	Dorf		Winzenburg	6	10	32	1
3	Eylensen	Dorf		Hunnesrück	$9\frac{11}{12}$	5	18	6

Pagina.	F. Städte, Dörfer und freye Häuser.	Explication.	Possessores.	Amt.	Summa Häuser reducirt in Vollspänner.	Monathl. Schoßung. Rthlr.	gr.	pf.
15	Farmesen darbey	Dorf 1 Windmühle 1 Krughof	Fürstlich	Steuerwald	$5\frac{11}{16}$	13	20	7
14	Feldbergen	Dorf	Fürstlich	Steinbrück	$11\frac{3}{4}$	25	33	
5	Flachs-Stöckheim darinnen	Dorf 1 Adelich Haus	v. Schwicheld	Liebenburg	$13\frac{7}{8}$	18	35	4
21	Förste	Dorf	von Steinberg	Winzenburg	$9\frac{7}{8}$	8	18	
3	Friedrichshausen wobey	Adelich Haus 1 Mühle 2 Deputat-Häuser	von Germessen	Hunnesrück	$3\frac{1}{4}$			

Pagina.	G. Städte, Dörfer und freye Häuser.	Explication.	Possessores.	Amt.	Summa Häuser reducirt in Vollspänner.	Monatliche Schatzung. Rthlr.	mg.	pf.
8	Gadenstedt darinnen	Dorf 3 Adeliche Häuser 1 Mühlen	v. Gadenstedt	Peine	28$\frac{1}{16}$	35	11	
14	Garbolzum	vide Garmsen		Steinbrück				
14	Garmsen darinnen	Dorf 1 Adelicher Hof	von Garmsen	Steinbrück	10$\frac{1}{2}$	27	28	2
14	Garbolzum	Dorf		Steinbrück	2$\frac{5}{12}$			
21	Gerzen	Dorf	von Steinberg	Winzenburg	4$\frac{5}{12}$	4	12	
13	Gielde	Dorf		Schladen	15$\frac{11}{12}$	37	5	5
15	Giften	Dorf		Steuerwald	8$\frac{5}{6}$	25	7	1
5	Gitter	Dorf		Liebenburg	11$\frac{5}{6}$	26	14	6
21	Glashütte			Winzenburg	$\frac{1}{16}$			
12	Gleidingen darinnen	Dorf 1 Adelicher Hof	von Rehden	Ruthe	18$\frac{1}{2}$	28	20	
12	Gorn	Dorf		Ruthe	7$\frac{1}{12}$	20	6	6
21	Grafel	Dorf		Winzenburg	7$\frac{1}{2}$	13	11	6
24	Grasdorf darinnen	Dorf 1 Capellen-Hof	dem Pastor daselbst	Woldenberg	8$\frac{7}{16}$	12		
21	Graste	Dorf		Winzenburg	5$\frac{7}{8}$	8	32	
5	Grauhof	Kloster nebst dessen Vorwerk	Augustiner Mönche	Liebenburg	3			
2	Gronau	Stadt 1 Terminanten Kl. 1 Amthaus 2 Adeliche Häuser 1 Adelicher Hof 1 Adelicher Hof 1 Adelicher Hof	Dominicaner Orden Für sich Drost v. [illegible] Schatzrath v. [illegible] Obrist von Bock von Engelbrecht	Gronau N. B. die Stadt Gron. steht [illegible] [illegible] 4 Th. 2 mg. Schatz.	30$\frac{7}{8}$	54		

Pagina.	G. Städte, Dörfer und freye Häuser.	Explication.	Possessores.	Amt.	Summa Häuser reducirt in Halbspänner.	Monatliche Schatzung. Rthl.	gr.	pf.
2	Gronau	Amt			$141\frac{3}{4}$	226	26	3
18	Gr. Algermiss. darinnen	Dorf 1 Pachtwindm.	Thum-Capitul	Th. Probstey	$17\frac{7}{16}$	42		
8	Grossen Bülten	Dorf		Peine	$10\frac{5}{8}$	20	3	4
5	Gross. Döhren	Dorf		Liebenburg	$11\frac{1}{4}$	16	34	
7	Gross. Düngen	Dorf		Marienburg	$11\frac{1}{4}$	15		
24	Grossen Elbe	Dorf		Woldenberg	$17\frac{11}{16}$	35	23	6
15	Gross. Escherde	Dorf		Steuerwald	$6\frac{1}{4}$	16		
5	Grossen Flöthe	Dorf		Liebenburg	$17\frac{1}{2}$	39	12	$4\frac{1}{2}$
15	Grossen Förste dabey	Dorf 1 Wassermühle	Hartwig	Steuerwald	$7\frac{3}{8}$	39	18	
21	Grossen Freden	Dorf		Winzenburg	$21\frac{1}{16}$	18	24	4
15	Grossen Giesen	Dorf		Steuerwald	$7\frac{3}{8}$	32		
24	Grossen Heere darinnen	Dorf 1 Adelicher Hof	von Storren	Woldenberg	$12\frac{7}{8}$	27		
14	Gross. Himstedt	Dorf		Steinbrück	$2\frac{9}{16}$	23	10	
24	Grossen Ille	Dorf		Woldenberg	$7\frac{5}{16}$	12	12	
8	Grossen Ilsede darinnen	Dorf 1 Adelich Haus	Canzlar v. Stierstorf	Peine	$8\frac{5}{8}$	19		
8	Grossen Lafferd	Dorf		Peine	$33\frac{7}{8}$	56	12	
5	Gr. Mahner	Dorf inclusive 2 Mühlen, als die Rotten- und Blankenmühle und des Rosspasses	Fürstlich	Liebenburg	$10\frac{3}{16}$	20	12	5
1	Gross Rühden darinnen	Dorf ein Salzwerk	von Brabeck	Bilderlage	$21\frac{3}{4}$	34	18	4
8	Gross. Solschen	Dorf		Peine	21	25	19	
24	Guestedt	Dorf		Woldenberg	$12\frac{7}{16}$	29	23	4

Pagina.	H. Städte, Dörfer und freye Häuser.	Explication.	Possessores.	Amt.	Summa Häuser reducirt in Vollspänner.	Monatliche Schatzung. Rthlr.	mg.	pf.
5	Haarhof	Vorwerk	gehöret z. Amt Liebenburg	Liebenburg	1			
24	Hackenstedt	Dorf		Woldenberg	$9\frac{1}{4}$	18	12	4
5	Hahndorf darinnen	Dorf 1 Vorwerk	Kl. Riechenb.	Liebenburg	$5\frac{3}{16}$	13	6	
8	Handorf	Dorf		Peine	$10\frac{11}{16}$	16	19	6
21	Harbamsen darinnen	Dorf 1 freyer Hof u. Adel. Gericht	Th. Capitul	Winzenburg	$4\frac{3}{8}$	11		
15	Harsum darinnen	Dorf 1 Adelich Haus 2 Halbspänner.	v. Steinberg	Steuerwald	$19\frac{3}{4}$	41	4	
24	Hary	Dorf		Woldenberg	10	19	17	1
18	Hasede darinnen	Dorf 2 Erbzinsmühl.	Thum Capitul	Th. Probstey	9	31	29	
21	Haus Freden	1 Vorwerk	z. Amt Winzenb. gehörig	Winzenburg	1			
5	Haverlah	Dorf		Liebenburg	$17\frac{3}{16}$	35		1
24	Heinde darinnen	Dorf 1 Adelicher Hof	Ob. Cammerh. v. Wahnoden	Woldenberg	$8\frac{9}{16}$	22	25	7
5	Heiningen darinnen	Dorf 1 Kloster	Augustiner-Nonnen	Liebenburg	$14\frac{3}{4}$	3	9	4
2	Heinum	Dorf		Gronau	$3\frac{1}{16}$	8	3	6
18	Heisede darinnen	Dorf 1 Adel. Vorw.	von Bolzum	Ruthe	$9\frac{5}{16}$	19	15	
5	Heisen	Dorf		Liebenburg	$6\frac{5}{8}$	11	28	2

Pagina.	H. Städte, Dörfer und freye Häuser.	Explication.	Possessores.	Amt.	Summa Hufen reducirt in Vollspänner.	Monatliche Schatzung. Rthlr.	gr.	pf.
24	Henneckenroda darinnen	Dorf 1 Adelicher Hof	Cammerherr v. Borkholz	Woldenberg	4	2	32	
24	Hersumb	Dorf		Woldenberg	$13\frac{3}{4}$	29	4	4
1	Hever	Vorwerk z. Amt Bilderl. gehörig	Fürstlich	Bilderlage	1			
11	Heyersum	Kirchdorf		Poppenburg	$5\frac{3}{4}$	15	32	3
15	Hildesheim Kaiserliche freye Reichs-Stadt.	In d. alt. Stadt befinden sich	4 Mönchsklöst. 3 Nonnenklöst. 16 Hospitäler	Steuerwald	254	249	18	3
		In d. Neustadt befinden sich	4 Hospitäler		150			
		Der immunirte District, oder die Thum-Capitul- und heilige Creutz-Freyheit	Das Th. Stift Stift S. Andr. Stift St. Joh. St. E. M. Mag. Jesuit. Colleg. Cap. St. Crucis		400			
3	Hilvershausen	Dorf		Hunnesrück	$6\frac{1}{2}$	3	21	4
16	Himmelsthür darinnen	Dorf 1 freyer Hof 1 freyer Hof	Kl. Michael Je. C. z. Hild.	Steuerwald	$8\frac{11}{16}$	14	31	4
7	Hockelum	Dorf		Marienburg	$5\frac{3}{8}$	9		
18	Hönnersum	Dorf		Thumprobst.	$5\frac{1}{4}$	16	6	2
2	Hönze	Dorf		Gronau	$4\frac{1}{2}$	7	7	4
21	Hörsumb	Dorf		Winzenburg	$3\frac{7}{8}$	5	35	2
14	Hohen Egaelsen	Dorf		Steinbrück	$21\frac{5}{8}$	50	5	
8	Hohen Hameln darbey	Dorf 1 Windmühle		Peine	$38\frac{1}{4}$	69	5	4

Pagina.	H. Städte, Dörfer und freye Häuser.	Explication.	Possessores.	Amt.	Summa Häuser reduciret in Vollspännern.	Monatliche Schatzung. Rthl.	mg.	pf.
5	Hohnrode darinnen	Dorf u. Mühle 1 Adelich Haus	v. Walmoden	Liebenburg	$2\frac{11}{18}$	1	16	4
24	Holle	Dorf		Woldenberg	$15\frac{1}{12}$	33	35	4
3	Holtensen	Dorf		Hunnesrück	$9\frac{5}{12}$	3		
3	Hoppensen wobey	1 Adelich Haus 2 Depur. Häus.	von Dossel	Hunnesrück	3			
21	Hornsen	1 Vorw. z. Amt Winzenb. geh	Fürstlich	Winzenburg	1			
8	Horst vor Peine	Ein Fr. Hosp. u. 2 K. Häuser		Peine	$1\frac{1}{2}$			
12	Hottelm	Dorf		Ruthe	$12\frac{7}{8}$	26	20	2
18	Huddeshum	Dorf		Thumprobst.	7	24	16	7
3	Hunnesrück	Amt			$255\frac{3}{4}$	141	28	6
3	Hunnesrück wobey	Amt Haus 1 freyer Hof		Hunnesrück	$1\frac{1}{4}$			

Pagina.	I. Städte, Dörfer und freye Häuser.	Explication.	Possessores.	Amt.	Summa Häuser reduc. in Halbspänner.	Monatliche Schatzung. Rthl.	gr.	pf.
3	Jäger-Hof zu Relichhausen	Frey-Hof	Jägers Erben	Hunnesrück	1			
5	Jerstedt	Dorf		Liebenburg	$20_1\frac{3}{8}$	30	17	2
20	Immenrode darinnen	Dorf 1 frey Vorwerk	A. Wiedelah gehörig	Wiedelah	$12_1\frac{1}{4}$	14	29	6
21	Irsen	Dorf	von Steinberg	Winzenburg	$5\frac{1}{8}$	5	18	
22	Ingelm	Dorf		Ruthe	$8\frac{1}{4}$	20	31	
21	Irmseul darinnen	Dorf 1 Adelich Haus	v. Wrisbergs Erben	Winzenburg	$5\frac{5}{8}$	4	27	
18	Ibum	Dorf		Thumprobst.	$7\frac{3}{4}$	13		
3	Julius-Burg oder Schäfer-Hof vor Dassel	1 Adelicher Hof	Frau v. Rauschenblat	Hunnesrück	1			

Pagina.	K. Städte, Dörfer und freye Häuser.	Explication.	Possessores.	Amt.	Summa Häuser reducirt in Vollspänner	Monatliche Schatzung. Rthlr.	mg.	pf.
16	Kemme	Dorf		Steuerwald	$9\frac{1}{32}$	27	28	3
16	Kl. Algermissen darinnen	Dorf 1 Windmühle	Th. Captr. Ger. Ernst	Steuerwald	$9\frac{7}{8}$	20	17	5
0	Kleinen Bülten	Dorf		Peine	$6\frac{1}{16}$	11	34	4
5	Kleinen Döhren	Dorf		Liebenburg	$13\frac{5}{32}$	22	18	
7	Klein. Düngen	Dorf		Marienburg	$6\frac{9}{16}$	5		
24	Kleinen Elbe	Dorf		Woldenberg	$6\frac{5}{8}$	18	18	
16	Klein. Escherde	Dorf		Steuerwald	$4\frac{9}{32}$	15	7	1
5	Kleinen Flöthe	Dorf		Liebenburg	7	23	3	
16	Kleinen Förste	Dorf		Steuerwald	$5\frac{1}{8}$	20	24	
21	Kleinen Freden darinnen	Dorf 1 Papiermühle		Winzenburg	13	9	7	5
16	Kleinen Giesen darbey	Dorf 1 Wassermühle		Steuerwald	$5\frac{3}{4}$	18	24	
24	Kleinen Heere	Dorf		Woldenberg	$6\frac{7}{16}$	16	16	4
14	Klein. Himstede	Dorf		Steinbrück	$8\frac{7}{8}$	21	9	2
1	Kleinen Ille	Dorf		Bilderlage	$3\frac{1}{32}$	8	35	1
8	Kleinen Ilsede darbey	Dorf 1 Erbzinsmühle	von Schwicheldt	Peine	$10\frac{3}{8}$	16		
8	Kleinen Lafferde	D. nebst 1 Windm.		Peine	$16\frac{7}{8}$	27	24	
5	Kl. Mahner	Dorf inclusive der herrschaftl. Mühle u. d. Fischer-Haus.	Fürstlich	Liebenburg	$10\frac{1}{16}$	19	27	6
8	Klein. Solschen	Dorf		Peine	$8\frac{1}{8}$	11	2	
21	Klump	7 z. A. gehörige kl. freye Häuser		Winzenburg	$\frac{7}{8}$			
5	Kniestedt darinnen	Dorf 3 Adel. Häuser	von Kniestedt	Liebenburg	$18\frac{9}{16}$	13	17	3

Pagina.	L. Städte, Dörfer und freye Häuser.	Explication.	Possessores.	Amt.	[illegible]	Monatliche Schatzung. Rthlr.	mg.	pf.
16	Lobermühle dabey	Eine Mühle 1 Oecon. Hof	Benedict. Kl. S. Mich. 5 Hil.	Steuerwald	1			
21	Lampspringe	Flecken		Winzenburg	$36\frac{5}{12}$	34	11	
	darinnen	1 Kloster	Ben. Mönche	Winzenburg	$3\frac{1}{2}$			
21	Langenhölzen	Dorf		Winzenburg	$6\frac{1}{3}$	10	16	
8	Lauenthal	freyer Hof und 1 Wassermühle	von Gadenstedt	Peine	2			
24	Leckstedt darinnen	Dorf Adel. Hof	von Stoppler	Woldenberg	$4\frac{5}{8}$	12	3	6
20	Lengde	Dorf		Wiedelah	$17\frac{9}{16}$	46	7	2
9	Lengede	Dorf nebst einer Wasserm.		Peine	$16\frac{5}{8}$	28	31	4
5	Leve	Dorf		Liebenburg	$7\frac{7}{8}$			
6	Liebenburg	Amt			$404\frac{7}{24}$	513	35	$5\frac{1}{2}$
5	Liebenburg	Amth. incl. d. H. a. d. Freyh.	Fürstlich	Liebenburg	38			
24	Listringen	Dorf		Woldenberg	$5\frac{1}{4}$	13	13	
19	Lochtum darinnen	Dorf / der Adeliche Hof Nam. Lechtum / 1 Zehndhaus	Erb. v. König / E. v. Beming	Vienenburg	$17\frac{5}{8}$	38	10	7
12	Lopke darinnen	Dorf 1 Adel. Hof	Graf von Metternicht	Ruthe	$15\frac{1}{4}$	31	3	6
5	Lüderode bestehend	1 Adelich Haus 1 Krug 1 Mühle	Drost von Brabeck	Liebenburg	3			
1	Luhde	Dorf		Ruthe	$11\frac{1}{2}$	33	23	3
24	Lutterumb	Dorf		Woldenberg	$4\frac{13}{16}$	12	20	4

Pagina.	M. Städte, Dörfer und freye Häuser.	Explication.	Possessores.	Amt.	Summa Häuser reducirt in Vollhöfner.	Monatliche Schatzung Rthlr.	mg.	pf.
18	Machtsum	Dorf		Thumprobst.	$7\frac{1}{2}$	2 [illegible]		
3	Mackensen woben	Dorf 2 Mühlen		Hunnesrück	11 [illegible]	7	1	4
11	Mahlerten	Kirchdorf		Poppenburg	$6\frac{1}{12}$	17	13	3
3	Mark Ohlend.	Flecken		Hunnesrück	$35\frac{1}{16}$	23	12	6
7	Marienburg	Amt			$90\frac{5}{12}$	91	32	4
7	Marienburg	Amthaus	Fürstlich	Marienburg	1			
7	Marienroda	Mönchs-Klost.		Marienburg	1			
16	St. Mauritii daselbst	Bergflecken 1 weltl. Collegiat-Stift	den Canonicis	Steuerwald				
1	Mechtshausen	Dorf		Bilderlage	$14\frac{1}{2}$	19	23	4
11	Mehle	Kirchdorf nebst 1 Wassermühle		Poppenburg	$12\frac{5}{8}$	24	24	4
9	Mehrum	Dorf		Peine	$14\frac{1}{4}$	22	17	2
21	Meinershausen darinnen	Dorf 1 Adel. Haus		Winzenburg	$16\frac{1}{3}$ [illegible]	5	11	
11	Mesie	1 Adel. Haus	von Bock	Poppenburg	1			
14	Mölme	Dorf		Steinbrück	$6\frac{1}{12}$	13	15	
9	Münstedt	Dorf		Peine	$13\frac{3}{4}$	25	4	6
2	Mölenzen	Dorf		Gronau	$2\frac{3}{4}$	5	8	

Pagina.	N. Städte, Dörfer und freye Häuser.	Explication.	Possessores.	Amt.	Summa Häuser reducirt in Vollspänner.	Monatliche Schatzung. Rthlr.	mgr.	pf.
24	Neile	Dorf		Woldenberg	$10\frac{1}{4}$	23	30	3
16	Nettlingen	Dorf 1 Adel. Haus 2 Mühlen 1 Mühle	Fräulein v. Woberenow die Eickhern	Steuerwald	$15\frac{15}{16}$	41	30	5
21	Netze	Dorf		Winzenburg	$2\frac{1}{4}$	6	17	
22	Neue Mühle	1 Mühle	Churfürstl.	Winzenburg	1			
22	Neuenhof	Dorf		Winzenburg	$13\frac{7}{8}$	17	11	2
7	Neuenhof	Vorwerk		Marienburg	1			
22	Neuenkrug	1 frey Haus	von Brabeck	Winzenburg	$1\frac{3}{8}$			
24	N. Wallmoden	Dorf		Woldenberg	$\frac{1}{4}$			
6	Nienrode	Pacht-Hof und Vorwerk	Kloster Dorstadt	Liebenburg	1			
2	Nienstedt	Dorf		Gronau	$3\frac{1}{3}$	3	9	
11	Nordstemmen	Kirchdorf		Poppenburg	$14\frac{7}{16}$	29	29	7

Pagina.	O. Städte, Dörfer und freye Häuser.	Explication.	Possessores.	Amt.	Summa Häuser reducirt in Vollhöfner.	Monatliche Schatzung. Rthlr.	mg.	pf.
9	Ohsbergen darinnen	Dorf 1 Adel. Haus 1 Conduct. Hof	Gen. Lieut. von Oberg Thum-Capitul	Peine	12$\frac{5}{8}$	20		
7	Ochtersum	Dorf		Marienburg	10$\frac{3}{4}$	15		
14	Odelum darinnen	1 Adelicher Hof	von König	Steinbrück	14$\frac{15}{16}$	26	10	6
12	Oesselse	Dorf		Ruthe	8$\frac{11}{16}$	15	29	
3	Ohlendorf	Dorf		Hunnesrück	15$\frac{1}{2}$	14	23	4
13	Ohlendorf	Dorf		Schladen	11	21	34	6
22	Ohlenrode	Dorf		Wirzenburg	8$\frac{1}{4}$	14	18	2
	Ohlhof	Vorwerk	Mon. Kl. Neuwerk zu Goslar	Liebenburg	2			
20	der Ohlhof	Pacht-Hof	Mon. Kl. Neuwerk zu Goslar	Wiedelah	2			
9	Ohlum	Dorf		Peine	11$\frac{5}{16}$	21	18	5
13	Ohrum	Dorf		Schladen	10$\frac{5}{8}$	27	16	4
6	Oisst Lutter	Dorf	von Schwicheldt	Liebenburg	5$\frac{15}{16}$	3	5	5
6	Othfreesen	Dorf inclus. d. herrsch. Mühle		Liebenburg	18$\frac{11}{16}$	25	21	5
16	Ottbergen darbey	Dorf 1 Wassermühle	Hasenbrock	Steuerwald	12$\frac{7}{16}$	33	5	3

Pagina.	P. Städte, Dörfer und freye Häuser.	Explication.	Possessores.	Amt.	Summa Häuser reducirt in Vollhäuser.	Monatliche Schatzung. Rthlr.	mg.	pf.
9	Peine	Stadt						
	liegen vor dem hohen Thor	1 freyer Hof v. Obergsche H.	v. Schmiechelt von Oberg	Peine	$94\frac{15}{16}$	136		
	in der Stadt	katonrische Hof Peumirnus. H. v. Callis. Haus						
9	Peine	Amt			$634\frac{15}{16}$	993	11	4
22	Petze	Dorf	von Wrisberg	Winzenburg	$5\frac{1}{2}$	7		
11	Poppenburg	Amt			98	153	10	1
11	Poppenburg dabey	Amthaus 1 Windmühle	Fürstlich	Poppenburg	$1\frac{1}{2}$		–	

Pagina.	R. Städte, Dörfer und freye Häuser.	Explication.	Possessores.	Amt.	Summa Häuser reducirt in Vollspänner	Monatliche Schatzung. Rthlr.	mg.	pf.
16	Rautenburg	Dorf		Steuerwald	$11\frac{1}{2}$	32	5	2
22	Rehenkrug	priv. Wirthsch.		Winzenburg	$\frac{1}{2}$			
24	Rehne	Dorf		Woldenberg	$3\frac{11}{18}$	9	13	5
2	Rheden darinnen	Dorf 2 Adel. Häuser	Gevettere von Rheden	Gronau	$12\frac{1}{4}$	17	29	4
6	Riechenberg	Kloster	Aug. Mönche	Liebenburg	1			
6	Ringelheim darinnen	Dorf 1 Kloster	Ben. Mönche	Liebenburg	$18\frac{15}{18}$	16	34	5
7	Röderhof	freyer Hof	Carth. Mönche zu Hildesheim	Marienburg	1			
22	Röchhausen	Dorf	von Wrisberg	Winzenburg	$4\frac{5}{18}$	6		
22	Rolvershagen	1 Vorwerk und Wirthshaus	Kl. Lampspring	Winzenburg	1			
9	Rosenthal darinnen	Dorf 1 Adelich Haus 1 Windmühle	Graf von Metternicht	Peine	$16\frac{1}{4}$	22	4	6
9	Rötzum	Dorf		Peine	4	7		1
9	Ruper	Dorf		Peine	$4\frac{1}{4}$	6	10	
12	Ruthe	Amt			179	332	22	1
12	Ruthe dabey	Amthaus 9 Brinksitzer	Fürstlich	Ruthe	$1\frac{9}{18}$			

Pagina.	S. Städte, Dörfer und freye Häuser.	Explication.	Possessores.	Amt.	Summa Häuser reducirt in [illegible]	Monatliche Schatzung. Rthlr.	mg.	pf.
22	Sack darinnen	Dorf 1 Adelich Haus	Fam. v. Klepen	Winzenburg	8	6	24	
22	Salzdetfurt darinnen	Flecken 1 Gerichtshaus 1 Pfarr 1 Schule	von Steinberg	Winzenburg	49$\frac{1}{2}$	66	24	
6	Salzliebenthal	Flecken, inclus. des Salzhofes, 2 Pfarr- und 2 Schulhäuser		Liebenburg	23$\frac{7}{8}$	40		
6	Versalz	Vorstadt		Liebenburg	1$\frac{3}{4}$	3	1	2
12	Sarstedt darinnen Sarstedt	Stadt 2 Adeliche Höfe 1 Sattelfr. H. die Vorstadt	von Weichs	Ruthe	34$\frac{3}{4}$	33	33	
16	Schelverten darbey	Dorf 1 Windmühle	Fürstlich	Steuerwald	8$\frac{7}{18}$	31	32	1
13	Schladen	Amt			81$\frac{5}{16}$	168	22	7
13	Schladen	Dorf, inclusive des Amt-Hauses und Schäferey, und 24 Brinksitzer, die auf der Amtsfreyheit wohnen		Schladen	15$\frac{7}{8}$	26	31	
9	Schwiegeld darinnen	Dorf 1 Adelich Haus 1 Windmühle	von Oberg	Peine	21$\frac{15}{16}$	28	8	2
9	Hof Schwiegeld	Vorwerk und Windmühle	Fürstlich	Peine	3			

Städte,

Pagina.	S. Städte, Dörfer und freye Häuser.	Explication.	Possessores.	Amt.	Summa Häuser reducirt in Vollspänner.	Monatliche Schatzung. Rthlr.	mg.	pf.
22	Segeste	Dorf		Winzenburg	$7\frac{1}{14}$	15	4	
24	Sehle	Dorf		Woldenberg	$16\frac{1}{12}$	10	11	
22	Sehlem	Dorf		Winzenburg	$16\frac{1}{14}$	28	22	6
22	Sellenstedt darinnen	Dorf 1 Adelich Haus	v. Wrisb. Erb.	Winzenburg	$9\frac{1}{2}$	9	30	
22	Sibbesse	Dorf		Winzenburg	$13\frac{1}{4}$	19	5	
3	Sievershausen	Dorf		Hunnesrück	$15\frac{15}{16}$	11		
25	Suien darinnen	Dorf 1 Vorwerk	zu Haus Woldenb. gehörig an v. Brab. verpacht	Woldenberg	$7\frac{1}{16}$	11	11	
9	Schmedenstedt	Dorf		Peine	$16\frac{1}{4}$	26	23	4
25	Söder wobey	Adelich Haus 2 Krüge	Drost von Brabeck	Woldenberg	$1\frac{1}{2}$			
6	Söderhof	Vorwerk	Kl. Ringelh.	Liebenburg	2			
14	Söhle	Dorf		Steinbrück	$24\frac{11}{16}$	57	20	
7	Söhre	Dorf		Marienburg	$14\frac{5}{14}$	14		
16	Sorsumb darinnen	Dorf 1 freyer Hof 1 freyer Hof	Thum-Capitul N. Kl. P. M. Magd.	Steuerwald	$9\frac{3}{8}$	18	15	
9	Soßmar	Dorf und Windm.		Peine	19	42	1	4
25	Sottrumb	Dorf		Woldenberg	11	20		
9	Stedum	Dorf		Peine	$11\frac{9}{14}$	17	24	
14	Steinbrück	Amt			$125\frac{3}{4}$	274	15	6
14	Steinbrück	Amthaus	Thum-Capitul	Steinbrück	1			

Städte,

Pagina.	S. Städte, Dörfer und freye Häuser.	Explication.	Possessores.	Amt.	Summe Häuser reduc. in Vollspänner.	Monatliche Schatzung. Rthlr	mg.	pf.
6	Steinlah darinnen	Dorf 1 Adel. Haus	v. Haus	Liebenburg	$12\frac{2}{3}$	21	29	5
16	Steuerwald	Amt			$290\frac{1}{16}$	705	22	1
16	Steuerwald darbey	Amthaus 1 Zollhaus 2 Oecon. Häus. 1 Mühle 1 Wirthshaus	Fürstlich	Steuerwald	$3\frac{1}{2}$			
25	Storn	Dorf		Woldenberg	7	19	8	7
16	Zur Sulta, oder Kloster St. Bartholomäi	Stift und Kloster	Canonici Regul. S. P. Augustini	Steuerwald	1			

Pagina.	T. Städte, Dörfer und freye Häuser.	Explication.	Possessores.	Amt.	Summa Häuser reducirt in Vollspänner.	Monathl. Schatzung. Rthlr.	mg.	pf.
9	Teicht bey Damm	Vorwerk	Fürstl.	Peine	1			
18	Thum Probstey	Voigteyen			81½	243	26	3
7	Trilleke	freyer Meyerhof	Hospital St. Johannis	Marienburg	1			

Pagina.	U. Städte, Dörfer und freye Häuser.	Explication.	Possessores.	Amt.	Summa Häuser reducirt in Vollspänner.	Monathl. Schatzung. Rthlr.	mg.	pf.
25	Ubstede	Dorf		Woldenberg	5 $\frac{11}{15}$	13	22	4
12	Ummeln	Dorf		Ruthe	6 $\frac{1}{14}$	11	20	7
6	Upen	Dorf		Liebenburg	10 $\frac{1}{16}$	27	6	6
26	Uppen, vide	Achtum						

Pagina.	V. Städte, Dörfer und freye Häuser.	Explication.	Possessores.	Amt.	Summa Häuser reducirt in Vollspänner.	Monathl. Schatzung. Rthlr.	mg.	pf.
19	Vienenburg	Amt			$35\frac{5}{16}$	65	32	7
19	Vienenburg	Dorf						
	darinnen	1 Adel. Hof	Erben v. König	Vienenburg	16	27	2	
		1 Amthaus	Fürstlich					
		dazu gehörige Schäferey						
9	Vöhrum	Dorf			$15\frac{13}{16}$	30		
9	Vorsalz, vide	Salzliebenhall						

Pagina.	W. Städte, Dörfer und freye Häuser.	Explication.	Possessores.	Amt.	Summa Häuser reduciret in Vollspänner.	Monatliche Schatzung. Rthl	mg.	pf.
2	Wallenstedt	Dorf		Gronau	$9\frac{13}{16}$	21	11	4
18	Walshausen darinnen	ein freyes Dorf hereinciret des Pfarr. Küsters Haus, die Schmiede u. 6 kleine freye Häuser 1 Pachthof	Thum-Capitul Stadt Hildesh.	Th. Probstey	$3\frac{1}{4}$			
25	Wartgenstedt	Dorf		Woldenberg	$9\frac{5}{8}$	20	21	2
22	Warzen	Dorf	von Steinberg	Winzenburg	$3\frac{3}{16}$	3	1	4
20	Weddig darinnen	Dorf 1 Commende	Teutsch. Orden Balley Sachsen	Wiedelah	$11\frac{5}{8}$	22	1	4
25	Weder	Dorf		Woldenberg	$4\frac{7}{8}$	7	33	4
12	Wehmy	Dorf		Ruthe	$7\frac{11}{16}$	15	5	4
20	Wehre	Dorf		Wiedelah	$10\frac{11}{16}$	22	8	4
22	Wehrstedt darinnen	Dorf 1 Adelich Haus	von Stolpen	Winzenburg	$5\frac{11}{16}$	10	11	4
19	Z. weissen Roß	1 Zollhaus	Fürstlich	Vienenburg	$\frac{1}{2}$			
19	Wenderode	1 Vorwerk	zum Amt Vienenb. gehörig	Vienenburg	1			
16	Wendhusen darinnen	Dorf 1 freyer Hof 1 Wassermühle	Hofrath Hofmeister	Steuerwald	$4\frac{11}{16}$	11		
9	Wense	Dorf		Peine	$3\frac{3}{16}$	4	32	
7	Wesselum	Dorf		Marienburg	$5\frac{3}{4}$	10		
21	Westfeld	Dorf		Winzenburg	15	33	8	4
22	Wetteborn	Dorf		Winzenburg	$10\frac{3}{8}$	11	3	4
22	Wettensen	Dorf		Winzenburg	$4\frac{5}{16}$	5	27	4

Städte,

Pagina.	W. Städte, Dörfer und freye Häuser.	Explication.	Possessores.	Amt.	Summa Häuser reducirt in Vollspänner.	Monatliche Schatzung. Rthlr.	mg	pf.
12	Wehen	Dorf		Ruthe	$9\frac{7}{16}$	17	30	5
20	Wiedelah	Amt			$130\frac{1}{8}$	140	25	4
20	Wiedelah	Amthaus nebst der Freyheit		Wiedelah	56			
22	Winzenburg	Amt			$567\frac{3}{4}$	613	6	1
22	Winzenburg darbey	Amthaus nebst den zum Amt gehörig. Häus. 2 Mühl. 1 Krug	Churfürstlich	Winzenburg	8			
22	Wispenstein	Adelich Haus	von Steinberg	Winzenburg	$2\frac{11}{16}$			
16	Wöhle	Dorf		Steuerwald	$12\frac{11}{16}$	25	31	
22	Wöllersen	Meyerhöfe	Kl. Lambspring	Winzenburg	3			
25	Woldenberg	Amt			$352\frac{5}{8}$	626	11	5
25	Woldenberg	Amthaus		Woldenberg	1			
22	Woltershausen	Dorf		Winzenburg	$11\frac{11}{16}$	17	12	
20	Woltingerode	Kloster	Bernh. Non.	Wiedelah	8			
9	Woltorf	Dorf		Peine	$14\frac{9}{16}$	20	20	
22	Wrisbergsholz. darinnen	Dorf 1 Adel. Haus 1 dazu gehörige Vollspännerey	von Wrisberg v. Wrisberg	Winzenburg	$28\frac{3}{16}$	4		
12	Wyrry	Dorf		Ruthe	$5\frac{3}{16}$	11	2	

2.

Häuser- Vorspann- und Schatzungs-Catastrum

vom

Stift Hildesheim,

Mit Unterscheidung der Aemter,

Geschrieben um 1760.

Amt Bilderlage.

Städte, Flecken, Dörfer, Klöster, Adel. freye Häuser und Höfe.	Explication.	Possessores.	Häuser: Freye Häuser	Vollspänner	Halbspänner	Viertelspänn.	Großköter	Kleinköter	Brinksitzer	Summa Häuser nach der Reduction	darinnen befinden sich: Vorspann-Pferde	Ochsen [illegible]	Monatliche Schatzung. Rthlr	[illegible]	[illegible]
											Stück	Stück			
Bilderlage	Amthaus	Fürstl.	$2\frac{1}{2}$							$3\frac{1}{2}$		20			
daselbst	1 Amtsökonom. 1 Mahlmühle 4 fr. Brinksitzer 1 Papiermühle 1 Oelmühle	Privati.			2				4						
Dahlum	Vorwerk z. Amt Bilderlage gehörig	Fürstl.		3	3	2	26	6	17	$11\frac{11}{16}$	92	62	20		
Hever	Vorwerk z. Amt Bilderlage gehörig	Fürstl.	1							1					
Klein Ille	Dorf			1	1		8		3	$3\frac{7}{16}$	26	15	8	35	1
Mechtshausen	Dorf			6	6		22		18	$14\frac{3}{4}$	90	47	29	23	4
Gr. Rhüden darinnen	Dorf 1 Salzwerk	v. Brabeck	1	2	16		36	18	20	$21\frac{3}{4}$	156	204	34	18	4
Summa Amts Bilderlage			$4\frac{1}{2}$	12	28	2	92	24	62	$55\frac{1}{2}$	364	358	93	5	1

Hauptstrassen, Landwege und Brücken im Amt Bilderlage.

Hauptstrassen und Landwege.	Brücken.
1. Die Braunschweigische Landstrasse kommt aus der Dorfschaft Bornhausen, gehet auf der Nordseite des Amthauses Bilderlage vorbey, theilet sich bey dem Vorwerk Hever in 2 Theile, und zwar links nach Seboldshausen, und rechts nach Ackenhausen im Amt Gandersheim.	1. Paßiret bey dem Amthause Bilderlage 3 kleine Brücken.
2. Gehet ein Fuhrweg von der Dorfschaft Engelade, Amts Seesen, auf der Süderseite des Amthauses Bilderlage vorbey, über die Landstrasse 1 nordwärts herunter, grossen Rhüden vorbey, durch Dalum, theilet sich daselbst, und gehet linker Seite nach Harry, und rechter Seite nach Bonnien, beyde im Amt Woldenberg.	2. Paßiret bey dem Amthause Bilderlage auf der Süderseite desselben 3 kleine Brücken.
3. Gehen von vorbeschriebenem Fuhrwege Num. 2, zwey Nebenwege ohnweit Mechtshausen ab, wovon der, so westwärts durch Mechtshausen nach dem Vorwerk Rollshagen und weiter nach Lampspring gehet, im Amt Winzenburg; der so ostwärts durch grossen Rhüden und kleinen Rhüden nach Bornum, Amt Seesen, und Stadt Bockenem im Amt Woldenberg.	3. Paßiret vor grossen Rhüden über eine Brücke von 3 Bogen. 4. Vom Amthause Bilderlage bis grossen Rhüden, sind 3 kleine gewölbte Brücken. 5. Von grossen Rhüden nach Dahlum 2 kleine Brücken. 6. In Dahlum 3 kleine Brücken. 7. Nach der Dahlumschen Mühle 3 kleine Brücken. 8. Bey Mechtshausen 2 kleine Brücken.

Amt

Amt Gronau.

Städte, Flecken, Dörfer, Klöster, Adel. freye Häuser und Höfe.	Explication.	Possessores.	Häuser: Freye Häuser	Vollspänner	Halbspänner	Viertelspänner	Großköther	Kleinköther	Brinksitzer	Summa Häuser nach der Kontribution	darinnen befinden sich: [illegible] Pferde. Stück	[illegible] Stück	Monatliche Schatzung. Rthlr.	mg.	pf.
Barfelde	Dorf			6	4	1	6	17	19	13 [illegible]	14	10	[illegible]	17	4
Bethelen	Dorf			11	3		5	48	24	$21\frac{5}{12}$	73	60	36	7	1
Brüggen darinnen	Dorf 1 Adel. Haus	Groß-Vogt v. Steinberg	1	7	4		7	45	6	$17\frac{5}{18}$	135	70	23	14	—
Doitzum	Dorf			1	2				3	$2\frac{1}{12}$	12	6	3	24	—
Eberholzen	Dorf			3	13			27	29	$14\frac{11}{12}$	61	40	15	16	—
Eitzum	Dorf			2	2		16	19	9	$8\frac{15}{18}$	40	40	18		—
Escherde	Non. Klost.	Benedictin.													
darbey	1 Oekonomie, 3 Teichmühlen, 1 Krug, 1 Schäferey, 1 Häuslingshaus	denenselben	2		3	2			1	$4\frac{1}{12}$	12				
Gronau	Stadt		7		35			47		$30\frac{1}{2}$	43		54		
darinnen	sind abgebrannt				45			100			49		P. M. Die Stadt Gronau giebt jetzo wegen des Brandes nur 14 Rthlr. à Mstr. Schatzung.		
	Terminant. Kl.	Domin. Orden													
	1 Amthaus	Fürstlich													
	2 Adel. Häuser	D. v. Bennigsen									8				
	1 Adel. Hof	Schatzr. v. Bock													
	1 Adel. Hof	Obrist von Bock													
	1 dito	von Engelbrecht													
Heinum	Dorf				2		5	9	2	$3\frac{1}{18}$	37	18	8	3	6
Hönze	Dorf			1	1		8	6	12	$4\frac{3}{4}$	15	40	7	7	4
Mölmersen	Dorf		1				3	9	1	$2\frac{3}{4}$	20	30	5	8	—
Nienstedt	Dorf			2				10	4	$3\frac{1}{3}$	9		3	9	—
Rheden darinnen	Dorf 2 Adel. Häus.	Gevett. v. Rhed.	2	1	3		1	34	37	$12\frac{3}{4}$	48	60	17	29	4
Wallenstedt	Dorf			5	7		3	16	12	$9\frac{11}{18}$	60	40	21	11	4
	Summa Amts Gronau		13	40	75	3	54	[illegible]97	[illegible]57	$148\frac{5}{12}$	687	454	239	5	7

Hauptstrassen und Brücken im Amt Gronau.

Haupt-Strassen.

1. Eine Passage, so aus dem Westphälischen, durch das Chur-Hannöverische Amt Lauenstein kommt, gehet durch die Stadt Gronau nach Quedlinburg und Goslar.

2. Gehet von dem im Hannöverischen belegenen Posthofe eine Passage durch das Amt Gronau nach Hildesheim.

3. Eine Hauptstrasse kommt von Braunschweig, gehet über Wehrstedt im Amt Winzenburg, über Barfelde und Bethelen, Amts Gronau, nach Poppenburg und auch Stadt Gronau.

Brücken.

1. Bey der Stadt Gronau sind 3 Brücken über den Leine-Fluß.

2. Eine gewölbte steinerne Brücke bey Nienstedt, unter welcher ein Bach läuft, so durch Hönze und Möllensen, so an der Heerstrasse von Braunschweig No. 3. belegen, läuft.

Städte, Flecken, Dörfer, Klöster, adel. freye Häuser und Höfe.	Explication.	Possessores.	Häuser: Freye Häuser	Vollspänner	Halbspänner	Viertelspänner	Großköter	Kleinköter	Brinksitzer	Summa Häuser reduciret in Vollspänner.	darinnen befinden sich: Ackerbau Pferde. Stück	Gespann-Pferde. Stück	Monatliche Schatzung. Rthlr.	mg.	pf.
meisen	Dorf		2	2	6		14	8	14	$11\frac{1}{2}$		34	12	12	4
ummensen	Dorf		1	1	2		11		5	$5\frac{7}{8}$		20	5	11	2
Dassell	Stadt		9	20	100	61	30	21	6	$102\frac{7}{8}$		130	31		
darinnen	2 Adelich Haus	von Gremessen													
	1 Adelich Haus	von Hagen													
	1 Adelich Haus	Forstmeisterin v. Rauschenplat													
	1 Frey-Haus	Dörre													
	1 Frey-Haus	Pfarre													
	1 Frey-Haus	Capellaney													
	1 Frey-Haus	Rectorat													
	1 Frey-Haus	Organist													
	1 Mühle	Herrschaftlich													
Deitersen	Dorf		2	4	2		9	4	4	$9\frac{7}{12}$		26	7		
llensen	Dorf		3	4	5		17		5	13		32	11	15	
ylensen	Dorf		4	3	2		7	1	4	$9\frac{11}{12}$		30	5	18	6
Friederichshaus, wobey	Adel. Haus, 1 Mühle, 2 Deput. Häuser	von Gremessen	3		1					$3\frac{1}{2}$		12			
Hilvershausen	Dorf		2		1	6		7	26	$6\frac{7}{8}$	1	15	3	21	4
Holtensen	Dorf		2	3	4		9	1	4	$9\frac{1}{12}$	1	36	9		
Hoppensen wobey	Adel. Haus, 2 deput. Häuser	v. Dassell	3							3		12			
Hunnesrück wobey	Amthaus, 1 frey. Krug		1		1					$1\frac{1}{2}$		10			
Jägerhof zu Relichhausen	Freyhof	Jägers Erb.	1							1		3			
Juliusburg oder Schäf. H. v. Dassel	Adel. Hof	Frau von Rauschenplat	1							1		12			
Mackensen	Dorf		1	1	3	2		32	49	$11\frac{7}{12}$		31	7	1	4

Hauptstrassen, Landwege und Brücken im Amt Hunnesrück.

Hauptstrassen und Landwege.

1. Eine Hauptstrasse gehet aus dem Paderbornischen auf Holzminden und Merkhausen im Braunschweigischen, ferner über Mackensen auf Dassel, bey Eylensen und Markohlendorf vorbey auf Eimbeck.

2. Eine Strasse gehet durch Markohlendorf auf das Chur-Hannöverische Amt Rotenkirchen.

3. Eine Strasse von Sievershausen nach Relichhausen, Hilvershausen auf den Selzerthurm.

4. Eine Strasse von Stadt Ohlendorf auf Lütthorst nach Eimbeck.

Brücken.

1. In Ohlendorf ist eine fahrbare Brücke.

2. Zu Relichhausen eine Brücke über die Ilme.

3. Vor Markohlendorf eine Brücke über die Bever.

4. Zu Holtensen eine fahrbare Brücke über die Diese.

5. Bey der neuen Mühle 2 Brücken, die zu Verbesserung des Weges über Quellen gelegt sind.

NB. Der noch in diesem Amt sich befin-

Markohlendorf	Dorf		2	6	10	60	16	30	9	31 1/4			60	23	12	6
wobey 2 Mühlen																
Sievershausen	Dorf		5			14	33	53		15			16	11		
Ohlendorf	Dorf		5	5	4		11	4	10	15	.		53	14	21	4
Summa Amts Hunnesrück			48	48	141	143	114	145	194	255			972	141	28	6

Ppp 3 Haupt-

Amt Liebenburg.

Städte, Flecken, Dörfer, Klöster, Adel. freye Häuser und Höfe.	Explication.	Possessores.	Häuser. Freye Häuser	Vollspänner	Halbspänner	Viertelspänner	Großkköter	Kleinköter	Brinksitzer	Summa Häuser nach der Reduction.	darinnen befinden sich Vorspanns Pferde. Stück	Stallung vor Pferde. Stück	Monatliche Schatzung. Rthlr.	Mg.	Pf.
Altenrode	1 Vorwerck	Non. Klost. zu Heiningen	5							5	4	12			
Bemum	Dorf		2	4	3		14	9	13	12$\frac{1}{3}$	92	73	26	3	2
Bredelem	Dorf		2	7			9	3	18	12$\frac{3}{4}$	100	63	26	6	6
Dörnten	Dorf		2	8	4		3	8	18	14$\frac{11}{12}$	106	78	23	11	6
Dorstaadt darinnen	Dorf 1 Kloster	August-Nonnen	24					17	2	26$\frac{1}{4}$	48	56	4	23	
Eisenhütte bestehend aus	1 Pulvermühle 1 Mehlmühle 1 Papiermühle 1 Eisenhammer 1 Krug	Drost von Brabeck	5							5		12			
Flachs-Stöckh. darinnen	Dorf 1 Adel. Haus	von Schwicheldt	7	4	2		7	2	5	13$\frac{7}{8}$	90	72	18	35	4
Gitter	Dorf		1	6	4		4	9	12	11$\frac{5}{8}$	92	69	26	14	6
Grauhof	Kloster nebst dessen Vorw.	Augustiner-Mönche	3							3	20	30			
Grossen Döhren	Dorf		2	6	1		5	6	19	11$\frac{1}{2}$	83	56	16	34	
Grossen Flöthe	Dorf		1	8	3		12	20	14	17$\frac{1}{2}$	150	104	39	12	4$\frac{1}{2}$
Gr. Mahner	Dorf inclusive 2 Mühlen, als der Rothen- und Pfannenmühle und des Reßpasses		1	6	2		4	6	11	10$\frac{1}{12}$	73	74	20	12	5
Harhof	1 Vorwerk	gehör. z. Amt Liebenburg	1							1	6	6			
Hahndorf darinnen	Dorf 1 Vorwerk	Kloster Riechenberg	1		5		3	2	14	5$\frac{1}{12}$	70	36	13	6	

Amt Liebenburg.

Städte, Flecken, Dörfer, Klöster, Adel. freye Häuser und Höfe.	Explication.	Possessores.	Häuser: Freye Häuser	Vollspänner	Halbspänner	Viertelspänner	Großköter	Kleinköter	Brinksitzer	Summa Häuser nach der Reduction.	darinnen befinden sich: Wachsende Pferde	Gespann der Pferde	Monatliche Schatzung.		
											Stück	Stück	Rthlr	mg	pf.
Haverlah	Dorf		2	9	6		12	4	7	$17\frac{3}{16}$	136	106	35		1
Heiningen darinnen	Dorf 1 Kloster	August. Nonnen	13					10		$14\frac{1}{4}$	28	46	3	9	4
Heissen	Dorf		1	3	1		3	6	11	$6\frac{1}{4}$	50	34	11	28	2
Hohnrode darinnen	Dorf und Mühle 1 Adel. Haus	v. Walmoden	2					3	7	$2\frac{11}{16}$	16	15	1	16	4
Jerstedt	Dorf		2	7	12		14	13	21	$20\frac{9}{16}$	150	131	30	17	2
Kleinen Döhren	Dorf		1	8	1		4	11	11	$12\frac{5}{16}$	90	71	21	18	
Kleinen Flöthe	Dorf		2	2	2		3	7	9	7	73	33	23	3	
Kl. Mahner	Dorf, inclusive der herrschaftl. Mühle am Mahner Teich u. des Fischer-Hauses		2	4	1		9	7	16	$10\frac{1}{16}$	71	70	19	27	6
Kniestedt darinnen	Dorf 3 Adel. Höfe	v. Kniestedt	14		2		4	19	7	$18\frac{9}{16}$	50	60	13	17	3
Leve	Dorf		2		2		7	11	35	$7\frac{7}{8}$	40	33			
Liebenburg	Amthaus, incl. der Häuser auf der Freyheit	Fürstlich	38							38		20			
Lüderode bestehend	1 Adel. Haus 1 Krug 1 Mühle	Drost von Brabeck	3							3		22			
Mienrode	Pachthof u. Vorwerk	Kloster Dorstadt	1							1	4	8			
Ohlhof	Vorwerk	Nonnen-Kloster Neuwerk zu Goslar	2							2	8	12			

Amt Liebenburg.

Städte, Flecken, Dörfer, Klöster, Adel. freye Häuser und Höfe.	Explication.	Possessores.	Häuser: Freye Häuser	Vollspänner	Halbspänner	Viertelspänn.	Großköter	Kleinköter	Brinksitzer	Summa Höfe nach der Reduction	darinnen befinden sich: [illegible] Pferde. Stück	[illegible] der Pferde. Stück	Monatliche Schatzung. Rthlr.	mg.	pf.
Ost Lutter	Dorf	v. Schwicheld	3		3			1	21	5$\frac{15}{32}$	15	13	3	5	5
Othfresen	Dorf, inclusive der herrschaftlichen Mühle		2	8	5		10	8	23	18$\frac{11}{16}$	150	116	25	21	5
Riechenberg	Kloster	Augustiner Mönche	1							1	16	24			
Ringelheim darinnen	Dorf 1 Kloster	Benedictin. Mönche	14				14	14	7	18$\frac{15}{16}$	80	82	16	34	5
Salzliebenhalle	Flecken inclusive des Salzhofes, 2 Pfarr- u. 2 Schulhäuser		9				15	60	73	23$\frac{7}{8}$	24	67	40		
Vorsalz	Vorstadt							2	16	1$\frac{1}{4}$		6	3	1	2
Söderhof	Vorwerk	Kl. Ringelheim	2							2	8	15			
Stendlach darinnen	Dorf 1 Adel. Haus	von Haus	4	5			12	8	8	12$\frac{1}{4}$	110	66	21	29	5
Upen	Dorf		1	4	4		11	3	6	10$\frac{3}{16}$	112	69	27	6	6
Vorsalz vide Salzliebenhalle															
Summa Amts Liebenburg			179	99	61		191	269	404	404$\frac{5}{16}$	2159	1861	513	31	3$\frac{1}{4}$

Hauptstrassen, Landwege und Brücken im Amt Liebenburg.

Hauptstrassen und Landwege.

1. Eine Hauptstrasse kommt von Burgdorf, Amts Schladen, berühret Heiningen und Dorstadt, und führet nach Ohrum, Amts Schladen.

2. Eine Hauptstrasse kommt von Gielde, Amts Schladen, berühret das Vorwerk Mienrode, bey Ohlendorf, Amts Schladen vorbey nach Beinum, von da auf Kalbechte im Braunschweigischen Amt Gebhardshagen.

3. Eine Hauptstrasse kommt v. Machtersen Amt Gebhardshagen, berühret Beinum, Kniestedt, Gitter, und gehet bey Altenwalmoden Amts Woldenberg vorbey, nach dem Braunschweigischen Amt Lutter am Barenberge.

4. Eine Hauptstrasse kommt von Lutter am Barenberge, führet durch Ostlutter nach Langelsheim und Goslar.

5. Eine Hauptstrasse kommt von Goslar, berühret Jerstedt, gehet ohnweit der Eisenhütte vorbey durch Ringelheim nach Kleinen Elbe, Amts Woldenberg.

Brücken.

1. Zwischen Jerstedt und Bredelem eine hölzerne Brücke über die Innerste, die aber nicht passable ist.

2. Bey der Eisenhütte, eine steinerne passable Brücke über die Innerste.

3. Ohnweit Ostfresen bey der Neuenmühle eine inpassable Brücke über die Innerste.

4. Zwischen Gitter und Altenwalmoden ohnweit Hohnrode, 2 steinerne passable Brücken über 2 Arme der Innerste.

5. Auf beyden Seiten des Dorfs Ringelheim 2 schlechte hölzerne Brücken über die Innerste.

6. Ohnweit des Roßpasses eine steinerne Brücke über die Warne, die vom Flecken Salzliebenhalle in den Teich bey Kleinen Mahner fliesset.

7. Zwischen Beinum und Grossenmahner eine steinerne Brücke über die Warne.

8. Ueber die Warne, da er aus dem Kleinen Mahner-Teich fliesset, bey dem Fischerhause, 2 steinerne Brücken.

9. Bey Heiningen eine schlechte hölzerne Brücke über die Ocker.

10. Hinter dem Kloster Dorstadt eine hölzerne Brücke über die Ocker.

Amt Marienburg.

Städte, Flecken, Dörfer, Klöster, Adel. freye Häuser und Höfe.	Explication.	Possessores.	Häuser: Freye Häuser	Vollspänner	Halbspänner	Viertelspänner	Grosskother	Kleinkother	Brinksitzer	Summa Häuser nach der Reduction.	darinnen befinden sich: Ackerbau-Pferde	Stallung der Pferde	Monatliche Schatzung.		
											Stück	Stück	Thlr.	mg.	pf.
Bajouls Haus	Adel. frey. Hof giebt 6 Rthlr. Schutzgeld	von Wrisbergen	1							1		8			
Barienrode	Dorf		3	2				6	1	$15\frac{11}{16}$	8	26	5		
Detfurt	Dorf		3		3	2		7	2	6	13	38	4		
Dickholzen	Dorf		7	2		5		15	2	$11\frac{3}{4}$	27	54	8	32	4
Egenstedt	Dorf		2	2	2			14	1	$6\frac{9}{16}$	19	60	6		
Gross. Düngen	Dorf		3	3	3		4	22	4	$11\frac{1}{4}$	24	120	15		
Hockelum	Dorf			3			3	14	4	$5\frac{9}{16}$	14	36	5		
Klein. Düngen	Dorf		2	2	2		3	5	6	$6\frac{9}{16}$	16	61	9		
Marienburg	Amthaus	Fürstlich	1							1		12			
Marienroda	Mönche Kl.		1							1		12			
Neuenhof	Vorwerk		1							1		12			
Ochtersum	Dorf		2	7				13	2	$10\frac{3}{4}$	30	77	15		
Röderhof	freyer Hof	Carthäus. Mönche zu Hildesheim	1							1		12			
Söhre	Dorf		7	3		3		22	13	$14\frac{5}{16}$	29	60	14		
Trillecke	frey. Meyer Hof	Hospital St. Johann.	1							1		10			
Wesselum	Dorf			1	2		1	23	3	$5\frac{1}{4}$	20	89	10		
Summa Amts Marienburg			35	25	12	10	11	139	38	$90\frac{5}{16}$	200	687	91	32	4

Hauptstrassen, Landwege und Brücken im Amt Marienburg.

Hauptstrassen und Landwege.

1. Eine Hauptstrasse von Hildesheim, dem Amthaus Marienburg, Grossen Düngen und Wesselum vorbey nach Nette, Amts Woldenberg.

2. Eine Hauptstrasse von Hildesheim, berühret Ochtersum und den Heydkrug, gehet nach Sibbesse ins Amt Winzenburg.

Brücken.

1. Eine schlechte Brücke zu Klein Düngen über die Lamme

2. Eine hölzerne Brücke über die Innerste, zwischen Hockelum und Listringen.

3. Eine gute steinerne Brücke über die Lamme zu Wesselum.

4. Zwischen Hildesheim und dem Amthaus Marienburg ist eine steinerne Brücke über die Innerste.

5. Daselbst gehet noch eine gute steinerne Brücke über die Innerste.

6. Eine kleine hölzerne Brücke über die Börster, welche brauchbar ist.

7. Zwischen Grossen Düngen und Itzum eine kleine hölzerne Brücke über die Innerste.

Amt Peine.

Städte, Flecken, Dörfer, Klöster, Adel. freye Häuser und Höfe.	Explication.	Possessores.	Häuser: Freye Häuser	Vollspänner	Halbspänner	Viertelspänner	Großköter	Kleinköter	Brinksitzer	Summa Häuser nach der Reduction.	darinnen befinden sich: Vorspann-Pferde	Schatzung der Pferde	Monatliche Schatzung.		
											Stück.	Stück.	Rthlr.	mg.	pf.
Abenstedt	Dorf		5	7	16		5	10	11	[illegible]	71	100	18	36	6
Beckum	Dorf und Windmühle		3	4	3		3	10	2	$10\frac{7}{16}$	20	63	15	17	
Berkum	Dorf		4	6	1			2		$10\frac{1}{4}$	18	60	13		6
Bierbergen darbey {	Dorf 2 Windm. 1 Wasserm.	Fürstlich Adelich	9	6	9	1	8	49	10	28	78	150	47	14	
Bründelum	Dorf		1	2	4				1	$5\frac{3}{16}$	14	60	12	9	5
Clauen darinnen	Dorf 2 Windm.	Fürstlich	4	6	6		13	23	10	$19\frac{9}{16}$	36	72	47		3
Damm vor Peine darinnen {	Dorf 1 das Schloß 1 die Vorburg 1 Kloster 1 Mühle 2 Mühlen	Fürstlich Capuc. Mönche Fürstlich Privati	9		4	6	12	8	34	$17\frac{7}{8}$	36	90	18	9	4
Dingelbeck	Dorf		6	5	7		7	12	5	$17\frac{5}{8}$	9	55	18		
Equord darinnen {	Dorf 1 Adelich Haus 1 Windmühle 1 Schäferhof	gehören zum Adelichen Hof	4		12		2		24	$17\frac{7}{8}$	27 8	122	12	12	
Eulenburg	ein freyes Wirthshaus	liegt vor dem Schloßthor zu Damm	1							1					
Gadenstedt darinnen {	Dorf 3 Adel. Häus. 2 Mühlen	von Gadenstedt	5	4	1		25	11	2	$28\frac{3}{16}$	88	64	35	11	
Grossen Bülten	Dorf		3	1	4	1	5	14	19	$10\frac{5}{8}$	22	60	20	3	4

Amt Peine.

Städte, Flecken, Dörfer, Klöster, Adel. freye Häuser und Höfe.	Explication.	Possessores.	Häuser. Freye Häuser	Vollspänner	Halbspänner	Viertelspänner	Großköter	Kleinköter	Brinksitzer	Summa Häuser nach der Reduction	darinnen befinden sich Vorspann-Pferde Stück.	Stallung vor Pferde Stück.	Monathliche Schatzung. Rthlr.	mg.	pf.
Grossen Ilsede darinnen	Dorf 1 Adel. Haus	Canzler v. Sierstorf	1	1	2		2	39	4	$8\frac{1}{4}$	34	20	19		
Grossen Lafferd	Dorf		8	2	20		12	72	30	$33\frac{3}{4}$	60	110	56	11	
Groß. Solschen	Dorf		8	6	5	3	9	13	7	21	34	80	25	19	
Handorf	Dorf		5	1	5		1	10	12	$10\frac{11}{16}$	24	40	16	19	6
Hohenhameln darbey	Dorf 1 Windm.		9	11	13		29	46	17	$38\frac{3}{4}$	68	368	61	5	4
Horst vor Peine	1 Frauen-Hospital und 2 kleine Häuser		1						2	$1\frac{1}{2}$					
Kleinen Bülten	Dorf		2	1	2		1	10	10	$6\frac{1}{16}$	18	40	11	34	4
Kleinen Ilsede darbey	Dorf 1 Erbzinsm.	von Schwicheldt	5		6			11	16	$10\frac{3}{4}$	55	19	16		
Kleinen Lafferd	Dorf nebst einer Windmühle		3		4		25	56	3	$16\frac{7}{8}$	36	40	27	24	
Klein. Solschen	Dorf		2	2	4	2	3	4	9	$8\frac{5}{8}$	25	50	11	2	
Lauenthal	freyer Hof u. 1 Wasserm.	von Gadenstedt	2							2		12			
Lengede	Dorf nebst 1 Wasserm.		5	2	5	1		47	14	$16\frac{1}{2}$	42	40	28	31	4
Mehrum	Dorf		6	1	4	1	20	4	20	$14\frac{1}{2}$	48	130	22	17	2
Münstedt	Dorf		4	1				66	8	$13\frac{3}{4}$	24	79	25	4	6
Oybergen darinnen	Dorf 1 Adel. Haus 1 Conduct. Hof	Gen. Lieut. von Oberg Th. Capitul	2		2		35	20	9	$12\frac{5}{8}$	42	99	20		

Amt

Amt Peine.

Städte, Flecken, Dörfer, Klöster, Adel. freye Häuser und Höfe.	Explication.	Possessores.	Häuser. Freye Häuser	Vollspänner	Halbspänner	Viertelspänn.	Großköter	Kleinköter	Brinksitzer	Summa Häuser nach der Reduction.	darinnen befinden sich Dienstpferde Stück.	Stallung der Pferde Stück.	Monatliche Schatzung. Rthlr.	mg.	pf.
Ohlum	Dorf		3	2	5	1	8	18	1	11 1/18	30	120	21	18	5
Peine liegt vor dem hohen Thor in der Stadt	Stadt 1 freyer Hof v. Obergs. H. Latourische Hof v. Peumann. H. v. Callis. Haus	v. Schwiecheld v. Oberg	11 5	10	13	39	281			94 15/18	85	584	136		
Rößum	Dorf		1	1	1		5	3	3	4	12	141	7		1
Rosenthal darinnen	Dorf 1 Adel. Haus 1 Windm.	von Metternicht	5	3	2	1	3	42	19	16¼	24	100	22	4	6
Ruper	Dorf		3				2	5	4	4½	4	6	6	10	
Schwigeld darinnen	Dorf 1 Adel. Haus 1 Windm.	v. Oberg		2	9		4	46	15	21 15/18	40	80	28	8	2
Hof Schwigeld	Vorwerk u. Windmühle	Fürstlich	3							3	6	12			
Schmedenstedt	Dorf		6	2	2		5	48	13	16¼	42	60	26	21	4
Sesmar	Dorf und Windmühle		6	3	6	4	7	28	19	19	52	150	42	1	4
Sierdum	Dorf		4	3	2	1	3	16	12	11 9/18	20	50	17	14	
Teicht bey Dam	Vorwerck	Fürstlich	1							1		12			
Wöhrum	Dorf		6		8		6	23	29	15 11/18	23	33	30		
Wense	Dorf		2				3	4	2	3 1/18	8	4	4	12	
Woltorf	Dorf		5	4			16	13	11	14 5/18	42	35	20	10	
	Summa Amts Peine		186	94	167	60	560	913	437	634 15/18	1319	3250	993	11	4

Hauptstrassen, Landwege und Brücken im Amt Peine.

Hauptstrassen und Landwege.

1. Eine Heerstrasse, die von Peine durch Adenstedt gegen Steinbrück und Woldenberg gehet.
2. Eine Heerstrasse, die von Braunschweig über Steinbrück unter Bierbergen durch das Feld gegen Bründelum, Algermissen und Hannover gehet.
3. Ein Landweg, der von Peine durch Bierbergen nach Hildesheim gehet.
4. Eine Heerstrasse, die von Hannover über Algermissen bey Bründelum weg über das Bruch bey Sosmar über die Pöttgerwische auf Oedelum ins Amt Steinbrück nach Wolfenbüttel und Goslar gehet.
5. Eine Poststrasse kommt von Hannover, gehet eine halbe Stunde von Mehrum vorbey über die Brücke Num. 6. durch Peine bey Düngelbeck vorbey nach Braunschweig.
6. Eine Landstrasse gehet von Hildesheim über den Vorsummer Paß Num. 8. über die Brücke über den Bruchgraben, auf Clauen, durch Hohenhameln und Grossensolschen nach Peine.
7. Gehet von Hohenhameln ein Weg auf Ohlum, Mehrum, in das Amt Meinersen, auf Zelle über einige passable Brücken.
8. Eine von Zelle über Wöhrum kommende Strasse, conjungiret sich mit dem zwischen der Horst und Stadt Peine durch das Moor gehenden Damm,

Brücken.

1. Nahe bey Adenstedt eine gute steinerne Brücke.
2. Bey Bierbergen sind eine gute steinerne Brücke, und noch 2 gegen Ackelum gelegte steinerne Brücken.
3. Eine halbe Stunde oberwärts Grossenbütten liegt eine gute steinerne Brücke, über welche die Heerstrasse 1 passiret.
4. Zu Damm vor Peina ist bey der Burgmühle eine passable Brücke über die Fuse.
5. Zwischen dem Dammthor und der Horst auf der Heerstrasse von Hildesheim sind 3 kleine fahrbare Brücken.
6. Vor dem Schloßthore ist eine passable Zugbrücke.
7. Auf der Pöttgerwische ist eine steinerne Brücke.
8. Bey dem Vorsummer Paß ist eine gute Brücke über den Bruchgraben.
9. Auf dem zwischen der Horst und Stadt Peine durch das Moor gehenden Damm sind 3 schwache hölzerne Brücken.
10. Zu Lauenthal ist eine Brücke über die Fuse, welches der einzige Paß zwischen Steinbrück und Peine ist.
11. Zu Mehrum ist vor dem Dorf gegen Peine zu eine hölzerne Brücke, gegen das Zellische eine steinerne Brücke, eine halbe Stunde von Mehrum, auf der Hannöverschen Poststrasse, eine hölzerne Brücke über die Aue.

12. Auf

9. Der Pisser Damm gehet von Kleinen Ilsede nach Peine, und ist in gutem Stande.

10. Ein Weg, auf welchen Frachten von Zelle durch Meyrum nach Hildesheim gehen.

11. Der breite Weidendamm liegt in der Gegend von Stedum.

12. Auf dem Pisser Damm ist eine schwache steinerne Brücke.

13. Gehet ein Fußsteg über die Fuse, zwischen Grossenlaffert und Söhle, Amts Steinbrück; einer zwischen Grossenlaffert und Wettwisch, Amts Lichtenberg; einer zwischen Lengede und Barbeck, Amts Lichtenberg.

14. Zu Münstedt sind 2 schlechte hölzerne Brücken über die Wöbsche Bache.

15. Zwischen Schmiedenstedt und Mierstedt ist eine hölzerne Brücke über die Pisser Bach.

16. In der Gegend von Stedum ist eine steinerne Brücke über der Hildesheimischen Heerstrasse.

Anmerkung.

Die Schölkebach fliesset zwischen Dünegelbeck und grossen Ilsede, durch die Dachswiese, und vor Peine in die Fuse, ist bey niedrigem Wasser passable, aber bey hohem nicht.

Amt Poppenburg.

Städte, Flecken, Dörfer, Klöster, Adel freye Häuser und Höfe.	Explication.	Possessores.	Häuser. Freye Häuser	Vollspänner	Halbspänner	Viertelspänn.	Großköter	Kleinköter	Brinksitzer	Summa Häuser nach der Reduction.	darinnen befinden sich Vorspann. Pferde. Stück	Stallung der Pferde Stück	Monatliche Schatzung. Rthlr.	mg	pf.
Burgstemmen	Kirchdorf			3			5	21	20	$7\frac{11}{12}$	30	40	14	20	
Elze darinnen {	Stadt 1 Adel. Hof freye Apotheke 1 Pfarrhaus	von Beck dem Besitzer dem Pastor	2	20	14	4	56	40	31	$48\frac{7}{12}$	131	262	51	24	
Heyersum	Kirchdorf			1	3		7	10	3	$5\frac{1}{4}$	27	50	15	15	3
Mahlerten	Kirchdorf			4			4	16	3	$6\frac{5}{12}$	26	40	17	13	3
Mehle	Kirchdorf nebst 1 Wassermühle				11		1	35	41	$12\frac{5}{8}$	56	85	24	24	4
Mehle	Adel. Haus	von Beck	1							1		12			
Nordstemmen	Kirchdorf			7	4		4	32	11	$14\frac{1}{16}$	72	120	29	29	7
Poppenburg dabey	Amthaus 1 Windm.	Fürstlich	$1\frac{1}{2}$							$1\frac{1}{2}$	8	12			
Summa Amts Poppenburg			$5\frac{1}{2}$	35	52	4	77	154	109	98	350	611	153	10	2

Hauptstrassen, Landwege und Brücken im Amt Poppenburg.

Hauptstrassen und Landwege.

1. Eine Hauptstrasse kommt von Berlin durch das Amt Steuerwald, gehet durch Mahlerten, Burgstemmen, zu Poppenburg über die Leine, dann durch Mehle ins Amt Lauenstein und ferner nach Münden.

2. Eine Nebenstrasse kommt von Einbeck durch das Amt Gronau, gehet durch Burgstemmen, Mahlerten, Nordstemmen, nach Rösing, Amts Calenberg.

3. Eine Heerstrasse kommt von Hannover, gehet durch das Amt Calenberg, und durch Elze in das Hannöverische Amt Lauenstein auf Einbeck und Cassel.

Brücken.

1. Zu Poppenburg ist eine Brücke über die Leine, die neu gebauet, und die vorderste ist. Noch eine Brücke über dieselbe, die baufällig, und die hinterste ist.

2. Bey der Stadt Elze sind 2 mittelmäßige Brücken über dem an der Stadt vorbey gehenden Saale-Fluß.

Amt Ruthe.

Städte, Flecken, Dörfer, Klöster, Adel. freye Häuser und Höfe.	Explication.	Possessores.	Häuser.							Summa Häuser nach der Reduction	darinnen befinden sich		Monathliche Schatzung.		
			Freye Häuser	Vollspänner	Halbspänner	Viertelspänn.	Großköther	Kleinköther	Brinksitzer		Vorspann-Pferde	Stellung an Pferde			
											Stück	Stück	Rthlr.	mg.	pf.
Bledelemb	Dorf			–	3	2	7	14	2	$9\frac{3}{16}$	39	121	25	23	
Bolzum darinnen	Dorf das Adeliche Haus Bolzum	Graf von Plettenberg	1		6		25		16	$9\frac{11}{16}$	31	60	21	20	
Gleidingen darinnen	Dorf 1 Adel. Hof	von Rheden	1	4	6	3	20	44	8	$18\frac{3}{8}$	62	165	28	10	
Gorw	Dorf			3		3	14	6	1	$7\frac{3}{16}$	39	101	10	6	6
Heyzede darinnen	Dorf 1 Ad. Vorw.	von Bolzum	1	4	1	3	4	11	3	$9\frac{3}{16}$	41	169	19	15	
Hotteln	Dorf			6	3	3	11	20	1	$12\frac{7}{8}$	60	129	16	20	2
Ingeln	Dorf			3	5		9	10	5	$8\frac{3}{4}$	32	94	20	31	
Lopke darinnen	Dorf 1 Adel. Hof	Graf von Metternicht	1	3	3		30	30	7	$15\frac{5}{16}$	50	155	31	3	6
Lünnde	Dorf			3	9		39		4	$15\frac{1}{16}$	51	154	33	23	3
Oeßelse	Dorf			2	5	4	6	16	1	$8\frac{13}{16}$	34	96	15	29	–
Ruthe dabey	Amthaus 9 Brinksitz.	Fürstlich	$1\frac{9}{16}$							$1\frac{9}{16}$	4	12			
Sarstedt darinnen Sarstedt	Stadt 2 Adel. Höfe 1 Gattelsteber Hof die Vorstadt	v. Weichs	3	6	20	6		101	3 / 23	$34\frac{3}{4}$	130	350 / 36 / 6	33	33	
Rammeln	Dorf			1	6		6	5	5	$6\frac{5}{16}$	25	48	11	20	7
Wehmingen	Dorf			3	4	1	14	6	1	$7\frac{13}{16}$	28	106	15	5	4
Wetzen	Dorf			6	3		7	5		$9\frac{7}{16}$	42	116	17	20	5
Wirren	Dorf			1	2	1	10	6	3	$5\frac{3}{16}$	19	58	11	2	
Summa Amts Ruthe			$8\frac{6}{16}$	48	77	16	132	274	85	179	687	1977	332	12	1

Hauptstrassen, Landwege und Brücken im Amt Ruthe.

Hauptstrassen und Landwege.	Brücken.
1. Hauptstrasse kommt von Jörsle, Amts Steuerwald, berühret Heisede und Geidingen, und gehet nach Rethem, Amts Coldingen, und weiter nach Hannover.	1. Bey Sarstedt ist eine Brücke über die Innerste, die aber in schlechtem Stande.
2. Eine Hauptstrasse kommt von Grossen Algermissen im Thum-Probsteylichen District, berühret Lühnde, und gehet nach Sehnde, Amt Ilten, und weiter nach Zelle.	2. Bey dem Amthause Ruthe zwey Brücken über die Innerste, und eine Brücke über die Leine.
3. Eine Hauptstrasse kommt von Gettsemb, Amts Coldingen, ohnweit Geidingen hin, Hottelem vorbey nach Grossen Algermissen im Thum-Probsteylichen District, und von da nach Braunschweig.	Alle drey Brücken sind in mittelmäßigem Stande.

Amt Schladen.

Städte, Flecken, Dörfer, Klöster, Adel. freye Häuser und Höfe.	Explication.	Possessores.	Häuser.							Summa der Häuser nach der Reduction	darinnen befinden sich		Monatliche Schatzung		
			Freye Häuser	Vollspänner	Halbspänner	Viertelspänn.	Großköter	Kleinköter	Brinksitzer		Vorspann-Pferde	Ertragung nach Pferde			
											Stück	Stück	Rthlr.	mg.	pf.
Burgdorf	Dorf			10	5		10	28	20	$19\frac{1}{8}$	118	148	39	18	
Gielde	Dorf			9	3		10	19	15	$15\frac{11}{16}$	100	124	37	5	5
Nienkerken	Dorf			5	4		4	2	18	$9\frac{3}{4}$	30	61	14	24	
Ohlendorf	Dorf			6	2		13	12	4	11	50	85	22	34	
Ohrum	Dorf			4	8		5	12	1	$10\frac{3}{4}$	70	82	27	16	4
Schladen	Dorf, incl. des Amthauses und Schäferey und 24 Brinksitzer, so auf d. Amts-Freyheit wohn.		2	3	5	2	6	21	66	$15\frac{7}{8}$	40 5	95	26	32	
Summa Amts Schladen			2	37	27	2	47	94	124	$81\frac{5}{16}$	413	595	168	22	7

Hauptstrassen, Landwege und Brücken im Amt Schladen.

Hauptstrassen und Landwege.

1. Eine Hauptstrasse kommt von Schladen, gehet durch Burgdorf auf Kloster Heiningen und Kloster Dorstadt im Amt Liebenburg vor Ohrum vorbey nach Halchter, Wolfenbüttel und Braunschweig.
2. Eine Hauptstrasse kommt vom Harze und Goslar durch das Amt Wiedelah, als von Wehre durch Burgdorf, und folget vorbeschriebenem Wege nach Braunschweig.
3. Eine Hauptstrasse kommt von Osterwick, so brandenburgisch, und gehet auf Schladen, theilet sich daselbst, und gehet den Weg Num. 1. und der andere Theil gehet von Schladen auf Gielde und Ohlendorf, ferner auf Beinum im Amt Liebenburg, woselbst ein preußischer Posthalter ist.

Brücken.

1. Zu Burgdorf ist eine gute steinerne Brücke über die Warne, und eine Viertelstunde davon eine gute hölzerne Fußbrücke über die Ocker.

Anmerk. Der Fluß, der ohnweit Nienkerken fliesset, wird die krumme Becke genannt.

Amt Steinbrück.

Städte, Flecken, Dörfer, Klöster, Adel. freye Häuser und Höfe.	Explication.	Possessores.	Häuser. Freye Häuser	Vollspänner	Halbspänner	Viertelspänner	Großkother	Kleinkother	Brinksitzer	Summa Häuser nach der Reduction	darinnen befinden sich Vorspann-Pferde Stück	Gespann-Ochsen Stück	Monatliche Schatzung Rthlr.	mgr.
Bettrum	Dorf	—	—	—	5	—	48	18	9	12 [illegible]	46	60	29	31
Feldbergen	Dorf	—		2	8		24	3	14	11¼	40	80	25	33
Garmsen darinnen	Dorf 1 Adel. Hof	v. Garmsen	1	4	2	1	20	1	6	10¼	63	74	27	8
Garbolzum	Dorf	—	—	1	1	1	2		3	2 [illegible]		17		
Groß. Himstedt	Dorf	—	—	3	3	—	19	7	10	9 [illegible]	36	60	13	10
Hohen Eggelsen	Dorf	—	—	3	11	—	54	19	10	21 [illegible]	86	150	50	5
Klein. Himstedt	Dorf	—	—	1	2	—	27	12	5	8⅞	36	57	21	9
Mölme	Dorf	—	—	2	8	—	—	1	1	6 [illegible]	30	30	13	15
Oedelum darinnen	Dorf 1 Adel. Hof	von Könitz	1	10	2	—	10	2	13	14 [illegible]	50	60	26	10
Söhlde	Dorf	—	—	3	8	—	66	35	15	24 [illegible]	85	170	57	20
Steinbrück	das Amthaus	Th. Capitul	1	—	—	—	—	—	—	1	—	12		
Summa Amts Steinbrück			3	29	50	2	270	98	86	125¾	472	770	274	35

Ham

Hauptstrassen, Landwege und Brücken im Amt Steinbrück.

Hauptstrassen und Landwege.	Brücken.
1. Eine Hauptstrasse kommt von Hildesheim und Schelmerten, Amts Steuerwald, gehet auf Garbolzum, durch Feldbergen und Hohen Eggelsen vor dem Amthaus Steinbrück vorbey nach Grossen Lafferd, Amts Peine, und ferner nach Braunschweig.	1. Zu Garbolzum ist eine gute steinerne Brücke über die Kinkau Bach.
2. Eine Hauptstrasse kommt von Hannover über Bründelum, Amts Peine, nach Odelum, Hohen Eggelsen, Grossen Himstedt, Söhle nach Brabecke, Amt Lichtenberg, und ferner nach Wolfenbüttel.	2. Beym Amthause Steinbrück, ist eine Brücke über die Rotha, eine Brücke über die Fuse, und eine Brücke über den Grenz-Graben.
3. Die Frankfurther Landstrasse nach Peine, Zelle und Hamburg, kommt über Burgdorf, Amt Lichtenberg, und gehet nach Grossen Himstedt 2c.	3. Zu Hohen Eggelsen eine steinerne Brücke über die Krumme Rieche.
4. Eine Hauptstrasse von Hildesheim, gehet von Dingelbe, Amts Steuerwald, auf Bettrum, Söhle, nach Barwecke Amts Lichtenberg, und von da auf Wolfenbüttel.	

Amt Steuerwald.

Städte, Flecken, Dörfer, Klöster, Adel. freye Häuser und Höfe.	Explication.	Possessores.	Häuser. Freye Häuser	Vollspänner	Halbspänner	Viertelspänner	Großkötner	Kleinkötner	Brinksitzer	Summa Häuser nach der Reduction	darinnen befinden sich Vorspann-Pferde	Stellung der Pferde	Monatliche Schatzung.		
											Stück.	Stück.	Rthlr.	mg.	pf.
Achtum u. Alpen	Junkerndorf ist eine Gemeine	Th. Capitul		8	5			8		$11\frac{2}{3}$		312	19	4	4
Ahrbergen darinnen	Dorf 1 Ad. fr. Hof	von Weichs	1	3	3	4	16	42		$14\frac{1}{4}$		320	28		
Ahstedt darinnen	Dorf 1 erbl. Windm.	v. Krumhof			7	2	9	18	12	$8\frac{11}{16}$		164	16	2	6
Barnten	Dorf			4	2		5	19	2	$8\frac{7}{16}$		100	23	24	5
Bavenstedt darinnen	Dorf 1 freyer Hof	Th. Capitul	1			4	8	11	1	$4\frac{15}{16}$		130	12		
Bettmar darinnen	Dorf 1 freyer Hof	Hofrath Hofmeister	1	1	[illegible]	6	2		9	$5\frac{11}{16}$		148	12		
Dingelbe darinnen	Dorf 1 Adel. Hof 1 Wasserm. 1 Windm.	v. Veltheim Fürstlich	2		14	8	8	44		18		150	39	12	2
Dinklar	Dorf				1	14	19	16	16	$16\frac{1}{8}$		268	41	15	
Dreispenstedt darinnen	Dorf 1 freyer Hof	von Dalbe	1	2	2	5			6	$5\frac{5}{8}$		140	9	12	
Einumb darinnen	Dorf 1 fr. Meyerh.	Th. Capitul	1		5		5	13	10	$6\frac{11}{16}$		150	9	9	
Emmerke darinnen	Dorf 1 frey Hof	Hof-Cammer-Rath von Hermann	1	1	6	1	9	27	11	11		80	22		
Jermisen darinnen	Dorf 1 Windm. 1 Krughof	Fürstlich	1		8		2		5	$5\frac{11}{16}$		107	13	20	7

Amt

Amt Steuerwald.

Städte, Flecken, Dörfer, Klöster, Adel. freye Häuser und Höfe.	Explication.	Possessores.	Häuser. Freye Häuser	Vollspänner	Halbspänner	Viertelspänner	Großköter	Kleinköter	Brinksitzer	Summa Hufen nach der Reduction.
Gifien	Dorf			3	4	4	11	3	3	$8\frac{3}{4}$
Groß. Escherde	Dorf			1	4		9	10	5	$6\frac{1}{4}$
Grossen Förste darbey	Dorf 1 Wasserm.	Hartwig		1	2	3	8	23		$7\frac{3}{4}$
Grossen Giessen	Dorf			1	2		12	11	10	$7\frac{1}{2}$
Harsum dabey	Dorf { 1 freyer Hof und Adelich Gericht	} Th. Cap.	1		8		24	80	4	$19\frac{3}{4}$
Kaiserliche freye Reichs-Stadt Hildesheim, in der Alten Stadt	bew. Contr. H.	Bürgerlich		21	32	110	566	318		283
	bewohnte freye Häuser	Geistl. u. Stadtbediente		2	3	12	25	48		
	unbew. Contr. H.	Bürgerlich		4	3	7	45	75		
	unbewohnte fr. Häuser	Publike Stadt- und Brauhäuser			1	1	4	30		
	Mönchen Klöster: 1 Stift St. Michaelis	Benedictiner Orden	4							
	1 Stift St. Godehardi	Benedictiner								
	1 Stift St. Godehardi	Carthäuser								
	1 Stift St. Godehardi	Capuciner								
	Nonnen Klöster: 1 Maria Magdal. 1 Annunciaten	Cölestiner Ord.	2							
	Johannis Haus		1							
	Hospitäler	4 Catholische u. 11 Evangelische	15							
	Kirchen	7 Evangelische 5 Catholische								
in der Neu Stadt	bewoh. Contr. H.	Bürgerlich		13	22	57	107	270		108
	bewoh. fr. Häus.	Kirch- u. Stadtb.			2	4	3	8		
	unbew. Contr. H.	Bürgerlich		9	2	6	4	22		
	unbew. freye H.	Publ. Stadtgeb.			1		1	2		
	Hospitäler	Evangelische	4							
	Kirch- u. Schul.	3 Evangelische								

Amt Steuerwald.

Städte, Flecken, Dörfer, Klöster, Adel. freye Häuser und Höfe.	Explication.	Possessores.	Häuser. Freye Häuser	Vollspänner	Halbspänner	Viertelspänner	Großköter	Kleinköter	Brinksitzer	Summe Häuser nach der Reduction	darinnen befinden sich Vorspann Pferde Stück	Stellung mit Pferde Stück	Monatliche Schatzung. Rthlr.	mg.	pf.
Hildesh. [illegible] der Immunitäts-District	bestehend aus der Thum Capitels und heiligen Creutz Freyheit	Das Th. Stift St. Andreas, St. Johannis, St. Mor. Mich. Jes. Collegium Capit. S. Crucis	90							90		400			
Himmelsthür darinnen	Dorf 1 freyer Hof 1 freyer Hof	Klost. St. Mich. Jesuiter Collegium zu Hildesheim	2		2	1	9	24	12	$8\frac{11}{12}$		100	14	31	4
Kemme	Dorf				11		15	2	8	$9\frac{2}{12}$		216	27	28	3
Kl. Algermissen darinnen	Dorf 1 Windm.	Th. Capitul-Gericht Ernst			4	5	9	32	3	$9\frac{7}{8}$		200	20	17	5
Klein. Escherde	Dorf			1		5	5	5	8	$4\frac{5}{12}$		90	15	7	1
Kleinen Förste	Dorf				2	2	10	16	2	$5\frac{3}{4}$		115	20	24	
Kleinen Giesen dabey	Dorf 1 Wasserm.			1	2		9	11	3	$5\frac{1}{4}$		90	18	24	
Lademühle dabey	Eine Mühle 1 Oeconomie-Hof	Benedictiner Kloster St. Michael in Hildesheim	2							2		12			
St. Mauritii daselbst	Bergflecken 1 weltl. Collegiat-Stift	den Canonicis													
Nettlingen darinnen	Dorf 1 Adel. Haus 2 Mühlen 1 Mühle	Fr. Jul. v. Waberna, der Eichhorn	$2\frac{1}{2}$	2	8		10	23	39	$15\frac{15}{16}$		164	41	30	5

Amt

Amt Steuerwald.

Städte, Flecken, Dörfer, Klöster, Adel. freye Häuser und Höfe.	Explication.	Possessores.	Häuser. Freye Häuser	Vollspänner	Halbspänner	Viertelspänner	Großköther	Kleinköther	Brinksitzer	Summa Häuser nach der Reduction.	darinnen befinden sich Dreyspannige Pferde. Stück	Gestellung der Pferde Stück	Monatliche Schatzung. Rthlr.	mg.	pf.
Ottbergen dabey	Dorf 1 Wasserm.	Hasenbrock		4	9		11		30	12 7/16		153	33	5	3
Rautenberg	Dorf			5	4	4	4	19		11 1/8		167	32	5	1
Schelverten dabey	Dorf 1 Windm.	Fürstlich	1/2		4		3	42	2	8 7/16		142	55	32	1
Sorsum darinnen	Dorf 1 freyer Hof 1 freyer Hof	Thum-Capitul Nonn. Kloster v. M. Magdal.	2				15	33	7	9 1/4		110	18	15	
Steuerwald darbey	Amthaus 1 Zollhaus 2 Oecon. H. 1 Mühle 1 Wirthsh.	Fürstlich	3 1/4							3 1/4		50			
Zur Sulta oder Klost. St. Bartholomäi	Stift und Kloster	Canonici Regul. et P. Augustini	1							1					
Uppen vide	Achtum														
Wendhusen darinnen	Dorf 1 freyer Hof 1 Wasserm.	Hofrath Hofmeist.	1 1/2				13	2	8	4 11/16		98	11		
Wöhle	Dorf			9			7	11	16	12 11/16		116	25	31	
Summa Amts Steuerwald			25	48	134	68	267	544	438	290 1/16		4796	705	22	1

Hauptstrassen, Landwege und Brücken im Amt Steuerwald.

Hauptstrassen und Landwege.

1. Eine Haupt- und Poststrasse kommt von Minden über Melle und Mahlerten, Amts Poppenburg, gehet vor dem nahe an Grossenescherde belegenen Nobiskruge vorüber nach Steuerwald.
2. Eine Hauptstrasse gehet von Steuerwald ab, vor der Stadt Hildesheim über nach dem Uppener Paß, über Wendhusen, und durch das Amt Woldenberg nach Goslar.
3. Eine Hauptstrasse gehet von Steuerwald ab, vereiniget sich mit der von Hildesheim kommenden, und gehet bey dem Dorf Hasede und Grossen-Förste, über Bierbrock, und so weiter durch das Amt-Ruthe nach Hannover.
4. Eine Poststrasse gehet von Steuerwald nach Drispenstedt, Bawenstedt und Bettmar, theilet sich hierselbst, und gehet eine links auf Kemme und Schelwerten nach Braunschweig, die zweyte gehet rechts auf Dinklar, und so weiter nach Halberstadt.
5. Eine Landstrasse kommt von Hildesheim, gehet vor Harsum über, über den Vorsummer Paß nach Grossen Algermissen, thumprobsteylichen Districts, und ferner nach Celle.
6. Eine Landstrasse kommt von Hannover durch das Amt Ruthe, gehet Kleinen Algermissen vorbey nach Grossen Algermissen rc.

Brücken.

1. Zu Steuerwald ist eine schlechte hölzerne Brücke über die Innerste, und eine gute steinerne von 2 Bogen über die Innerste.
2. Beym Bierbrock ist eine passable steinerne Brücke über den Brockgraben.
3. Zwischen Kemme und Schelwerten ist eine gute steinerne Brücke über die Klunkaubach.
4. In Dingelve ist eine kleine hölzerne Brücke über die Klunkaubach.
5. Beym Vorsummer Paß ist eine gute steinerne gewölbte Brücke über den dasigen Brockgraben.
6. Bey Kleinen Algermissen sind eine steinerne Brücke über den Alpefluß, und eine dergleichen über einen Wassergraben.
7. Bey Kleinen Algermissen ist noch eine steinerne Brücke über den Alpefluß.
8. Vor Hildesheim am dasigen Damm-Thor, ist eine gute hölzerne Brücke über die Innerste.
9. Ist bey Rautenberg bey der Preußischen Mühle eine Mühlenbrücke über den Brockgraben.
10. Ist zwischen der Stadt Hildesheim und dem Bergflecken St. Mauritii eine gute hölzerne Brücke über die Innerste.
11. Ist in der Gegend von Kleinen Algermissen ein Fußsteig über den Brockgraben.

An-

7. Ein Landweg, der von Hildesheim nach Ochtersum und Salzdetfurt, Amts Marienburg, gehet.
8. Eine Landstrasse kommt von Celle über Lühnde, Amts Ruthe, gehet Kleinen Algermissen vorbey nach Grossen Algermissen.

Anmerk. Der Brockgraben kommt aus der Thumprobstey, läufet zwischen den Gränzen der Aemter Steuerwald und Ruthe hin.

Thum- Probstey- Vogteyen.

Städte, Flecken, Dörfer, Klöster, Adel. freye Häuser und Höfe.	Explication.	Possessores.	Häuser. Freye Häuser	Vollspänner	Halbspänner	Viertelspänner	Großköther	Kleinköther	Brinksitzer	Summa Häuser nach der Reduction.	befinden sich [illegible] Pferde. Stück	[illegible] Stück	Monatl. Schatz. Rthlr.	gr.
Achum	Dorf						11	37		6 11/12	40	4[illegible]	23	[illegible]
Asel	Dorf			1	1		8	21	2	5 3/4	46	254	21	
Borsum	Dorf			2	10	1	4	65		16 1/4	81	60	43	[illegible]
Gr. Algermissen darinnen	Dorf 1 Pachtwindmühle	Th. Capitul	1/2	2	5	9	17	48	22	17 11/16	67	128	41	
Hasede darinnen	Dorf 2 Erbzins-Mühlen	Th. Capitul	2		1	5	8	29	2	9	57	389	11	[illegible]
Hönnersum	Dorf			1	1	9		13		5 3/4	36	24	16	[illegible]
Huddessum	Dorf			2	3	4	2	17		7	37	35	24	[illegible]
Machtsum	Dorf			1	5	9		12		7 1/4	59	101	13	
Itzum	Dorf			4	1		7	6	11	7 3/4	58	30	28	
Walshausen	1 freyes Dorf, specificiret des Pfarrers, Küsters Haus, die Schenke und 2 kleine fr. Häuser 1 Pachthof	Th. Capitul Stadt Hildesh.	3 1/4							3 1/4				
Summa Thum- Probstey- Vogteyen			5 3/4	13	27	37	57	248	37	85 1/2	481	1064	24[illegible]	[illegible]

Hauptstrassen, Landwege und Brücken in den Thum-Probstey-Vogteyen.

Hauptstrassen und Landwege.

1. Hauptstrasse kommt von Hannover um das Dorf Grossen Algermissen, gehet durch das Amt Peine und Steinbrück in das Braunschweigische Amt Lichtenberg.
2. Eine Hauptstrasse kommt von Hildesheim, gehet Hasede vorbey nach Grossen Förste, Amts Steuerwald, und weiter nach Hannover.
3. Eine Hauptstrasse kommt von Hildesheim, gehet vor Assel vorbey nach Harsum, und ferner nach Celle.
4. Ein Landweg, der von Hildesheim auf Marienburg gehet.
5. Ein Landweg gehet von Waldhausen linker Hand über Itzum nach Heinde und Lechstedt, Amt Woldenberg.

Anmerkung. Num. 4 und 5 sind impracticable, und nur Dorfwege.

Brücken.

1. Zwischen Hasede und der dabey liegenden Mühle, gehet eine hölzerne Vieh-Brücke über die Innerste.

Amt Vienenburg.

Städte, Flecken, Dörfer, Klöster, Adel. freye Häuser und Höfe.	Explication.	Possessores.	Häuser. Freye Häuser	Vollspänner	Halbspänner	Viertelspänn.	Großköter	Kleinköter	Brinksitzer	Summa Häuser nach der Reduction.	darinnen befinden sich Vorspann-Pferde. Stück.	Ergänzung der Pferde. Pferd.	Monatliche Schatzung. Rthlr.	mg.	pf.
Lochtum	Dorf														
darinnen	der Adel. Hof Lochtum ein Zehendhaus	Erben v. König Erb. v. Bernitz	2	4	8	2	7	32	24	$17\frac{5}{18}$	60	55	38	10	7
Vienenburg	Dorf														
darinnen	das Amthaus, dazu gehörige Schäferey 1 Adel. Hof	Fürstlich Erben v. König	3	4	3	2	10	16	50	16	40 12	90	27	2[illegible]	
Wenderode	1 Vorwerk	zum Amt Vienenburg gehör.	1							1		12			
Zum Weissen Roß	1 Zollhaus	Fürstlich	$\frac{1}{2}$							$\frac{1}{2}$					
Die alte Straße	1 Zollhaus	Fürstlich	$\frac{1}{3}$							$\frac{1}{3}$					
Summa Amts Vienenburg			7	8	11	4	17	48	74	$33\frac{11}{18}$	112	157	65	32	7

Hauptstrassen, Landwege und Brücken im Amt Vienenburg.

Hauptstrassen und Landwege.	Brücken.
1. Hauptstrasse kommt von Osterwick im Brandenburgischen, ziehet fort am Dorf Vienenburg her nach Goslar.	1. Bey Vienenburg ist eine starke hölzerne Brücke über die Radau.
2. Eine Hauptstrasse, die von Wernigerode kommt, gehet eine halbe Stunde von Vienenburg an dem Zollhause zum weissen Roß über durch Wiedelah, Schladen, nach Wolfenbüttel und Braunschweig.	2. Auf dem Wege Num. 2 ist bey der Oelmühle eine schlechte hölzerne Brücke über die Ecker.
3. Eine Hauptstrasse kommt von Quedlinburg, Wernigerode, durch das gräfliche Amt Stapelnburg, und gehet vor dem Zollhause, die alte Strasse genannt, über, nach Goslar und und Seesen.	3. Ohnweit dem Zolle alte Strasse, ist eine schlechte hölzerne Brücke über die Radau.

Amt Wiedelah.

Städte, Flecken, Dörfer, Klöster, Adel. freye Häuser und Höfe.	Explication.	Possessores.	Häuser. Freye Häuser	Vollspänner	Halbspänner	Viertelspänner	Großkötter	Kleinkötter	Brinksitzer	Summa Häuser nach der Reduction.	darinnen befinden sich Vorspann-Pferde. Stück.	Stallung vor Pferde. Stück.	Monatliche Schatzung Rthlr.	mg.	pf.
Beuchte	Dorf		1	6	3		11	7	15	12[illegible]	65	150	35	14	1
Lengde	Dorf		1	9	6		12	9	19	17[illegible]	73	194	46	7	2
Jmmenroda Dorf darinnen	1 fr. Vorw.	Amt Wiedelah gehörig	2	3	4		8	13	35	$12\frac{9}{18}$	37	148	14	29	6
der Ohlhof	Pachthof	Nonnen Kloster Neuwerk in Goslar	2							2		16			
Weddig Dorf darinnen	die Commende	Teutschen Ordens Balley Sachsen	2	5	2		2	19	13	$11\frac{8}{18}$	38	111	22	1	4
Wehre	Dorf		1	5	4		6	7	11	$10\frac{11}{18}$	40	108	22	8	4
Wiedelah nebst der	Amthaus Freyheit		56							56		113			
Woltingerode	Kloster	Bernhardiner Nonnen	8							8		25			
Summa Amts Wiedelah			73	28	19		39	55	91	130[illegible]	253	865	140	25	1

Hauptstrassen, Landwege und Brücken im Amt Wiedelah.

Hauptstrassen und Landwege.	Brücken.
1. Hauptstrasse kommt von Goslar, gehet über Immenroda, Weddig und Wehre nach Burgdorf und Braunschweig.	1. Vor Wiedelah sind 2 Brücken über den Ecker- und eine Brücke über den Ocker-Strom, sind aber nur Schäfer-Brücken, und nicht fahrbar.
Anmerkung. Die übrigen sind Feldwege von einem Dorf zum andern, und passable.	2. Vor Beuchte ist eine Brücke über die Wedde.
	3. Von Weddig ist eine Brücke über die Ahlerbeck.
	4. Zu Wehre ist eine schwache Brücke.

Amt Winzenburg.

Städte, Flecken, Dörfer, Klöster, Adel. freye Häuser und Höfe.	Explication.	Possessores.	Häuser. Freye Häuser	Voll-Spänner	Halbspänner	Viertel-Spänner	Groß-Köter	Klein-Köter	Brinksitzer	Summa Häuser nach der Reduction.	darinnen befinden sich Vorspann-Pferde Stück	Vorspann mit Pferde Stück	Monatliche Schatzung. Rthlr.	mg.	pf.
Adenstedt	Dorf		6		6	6	17	17	11	$17\frac{5}{8}$	55	150	24	20	2
Alfeld, darinnen	Stadt; 1 Adelicher Hof; 1 Adelicher Hof; 1 Adelicher Hof; 1 Adelicher Hof; 2 Frey-Häuser; 1 Frey-Haus; 1 Frey-Haus; 1 Frey-Haus	von Weisberg; v. Klencke; v. Haars; v. Stockheim; Prediger; Syndicus; Pred. Wittwe; Becker-Gilde	9	19	86	99	36	45	14	$109\frac{5}{8}$	50	574	95		
Almstedt, darinnen	Dorf; 1 Adel. Haus	Obrist von Rheden	7				11	31	9	$13\frac{1}{2}$	40 2	62	21	17	
Breinum	Dorf		9	1	6	1	5	15	10	$16\frac{1}{12}$	40	61	15	24	
Dunsen	Dorf			2			11	5		[illegible]	45	56	8	5	3
Esbeck	freyes Guth	Wittwe Schottelius	1						2	$1\frac{3}{8}$	8				
Evensen	Dorf		3	2	1		5	9	2	$8\frac{1}{12}$	45	40	14	30	6
Everode	Dorf		2	1	2		22	4	11	$9\frac{5}{8}$	40	50	7	32	6
Eyershausen	Dorf		1	1	2		3	12	11	6	26	46	10	32	1
Föhrste	Dorf			6	2		3	11	5	$9\frac{7}{8}$	42	73	8	18	
Gerzen	Dorf			1	1	8		8	7	[illegible]	31	26	4	12	
Glashütte									12	$1\frac{1}{2}$					
Grafel	Dorf		2		4		9	12	5	$7\frac{1}{2}$	31	50	13	12	6
Gräste	Dorf		1	1	2		14	2		$5\frac{7}{8}$	22	36	8	32	
Grossen Freden	Dorf		3	6	9		31	13	14	$21\frac{11}{12}$	130	130	18	24	4

Amt

Amt Winzenburg.

Städte, Flecken, Dörfer, Klöster, Adel. freye Häuser und Höfe.	Explication.	Possessores.	Häuser: Freye Häuser	Vollspänner	Halbspänner	Viertelspänn.	Großköter	Kleinköter	Brinksitzer	Summa Häuser nach der Reduction.	darinnen befinden sich: Reitpferde. Stück	Stallung vor Pferde. Stück	Monatliche Schatzung. Rthlr	mg	pf
Harbarnsen darinnen	Dorf 1 Adel. Haus 2 Halbspänn.	von Steinberg	1		2	1		14	6	$4\frac{3}{8}$	24 8	50	11		
Haus Freden	1 Vorwerk	z. Amt Winzenb. gehörig	1							1					
Hornsen	1 Vorwerck	z. Amt Winzenb. gehörig	1							1					
Hörsum	Dorf				4			12	6	$3\frac{7}{8}$	19	32	5	35	2
Jinsen	Dorf				4		3	13	15	$5\frac{1}{8}$	34	36	5	18	
Irmenseul darinnen	Dorf 1 Adel. Haus	von Wrisbergs Erben	1	1	4			13		$5\frac{5}{8}$	20 4	29	4	27	
Kleinen Freden darinnen	Dorf 1 Papierm.		3	5			19	1	21	13	52	80	9	7	5
Klump	7 zum Amt gehörige kleine freye Häuser		$\frac{7}{8}$							$\frac{7}{8}$					
Lampspringe	Flecken		2	15	20		53			$36\frac{15}{16}$	40	244	34	11	
darinnen	1 Kloster	Bened. Mönche	1						40	$3\frac{1}{2}$	12	40			
Langenholzen	Dorf			1	2		3	26	4	$6\frac{1}{16}$	30	45	10	16	
Meinershausen darinnen	Dorf 1 Adel. Haus		13	1	3	2		5	3	$16\frac{3}{16}$	20 8	33	5	11	
Netze	Dorf				1		2	9	4	$2\frac{1}{4}$	15	36	6	17	
Neuenhof	Dorf			8	4		14		20	$13\frac{7}{8}$	30	116	17	11	2
Neue Mühle	Eine Mühle	Churfürstl.	1							1		6			
Neuenkrug	1 Frey-Haus	von Brabeck	1						2	$1\frac{5}{8}$		37			

Amt Winzenburg.

Städte, Flecken, Dörfer, Klöster, Adel. freye Häuser und Höfe.	Explication.	Possessores.	Häuser. Freye Häuser	Vollspänner	Halbspänner	Viertelspänn.	Großköter	Kleinköter	Brinksitzer	Summa Häuser nach der Reduction.	darinnen befinden sich Vorspann-Pferde. Stück	[illegible] Pferde. Stück	Monatliche Schatzung. Rthlr.	mg.	pf.
Ohlenrode	Dorf		1	1	2	2	14	11	12	$8\frac{1}{2}$	48	70	14	18	2
Petze	Dorf		1	2			2	12	8	$5\frac{7}{8}$	32	34	7		
Rehenkrug	Privat Wirthshaus								1	$\frac{1}{18}$					
Röllihausen	Dorf		1		1		6	9	1	$4\frac{5}{18}$	35	40	6		
Rolvershagen	1 Vorw. und Wirthschaft	Kloster Lamspring	1							1		6			
Sack darinnen	Dorf 1 Haus	Familie von Kiepen	3				7	26	7	8	49	50	6	24	
Salzdetfurt darinnen	Flecken 1 Gerichtshaus 1 Pfarrer 1 Schule	von Steinberg	3	18	42				120	$49\frac{1}{2}$	39	250	66	14	
Segeste	Dorf		2	2			10	7	7	$7\frac{1}{12}$	37	41	15	14	
Sehlem	Dorf		3	4	6		13	23	12	$16\frac{1}{12}$	64	84	28	22	6
Sellenstedt darinnen	Dorf 1 Adel. Haus	v. Wrisbergisch. Erben	2	4	2			18	4	$9\frac{1}{3}$	19 / 4	32	9	30	
Sibbesse	Dorf		4	2	3		12	19	18	$13\frac{1}{4}$	58	86	19	5	
Wartzen	Dorf			2			2	6	1	$3\frac{3}{12}$	12	26	3	1	4
Wehrstedt darinnen	Dorf 1 Adel. Haus	v. Stolpen	1	1				24	13	$5\frac{11}{12}$	45 / 8	38	10	11	4
Westfeldt	Dorf		4	5	1		20	5	18	15	43	68	23	8	4
Wetteborn	Dorf		2		13		4	4	6	$10\frac{5}{8}$	42	68	11	3	4
Wittensen	Dorf			3				3	11	$4\frac{5}{16}$	12	21	5	27	4

Amt

Amt Winzenburg.

Städte, Flecken, Dörfer, Klöster, Adel. freye Häuser und Höfe.	Explication.	Possessores.	Häuser. Freye Häuser	Vollspänner	Halbspänner	Viertelspänner	Großköter	Kleinköter	Brinksitzer	Summa Häuser nach der Reduction	darinnen befinden sich Wagenpferde Stück	Stallung vor Pferde Stück	Monatliche Schatzung. Rthlr.	mg.	pf.
Winzenburg darinnen	Amthaus nebst den zum Amt gehörigen Häusern 2 Mühlen und 1 Krug	Fürstlich	8							8	8				
Wispenstein	Adel. Haus	v. Steinberg	1						19	$2\frac{3}{16}$	8	6			
Wöllersen	3 Meyerhöfe	Kl. Lamspring	3							3	16	36			
Wolfershausen	Dorf		5	1	1	2	9	7	6	$11\frac{11}{16}$	48	98	17	12	
Weisbergsholz darinnen	Dorf, 1 Adel. Haus, 1 dazu gehörige Vollspännere	von Weisberg	24	1				24	3	$28\frac{3}{16}$	16 / 12	32	4		
Summa Amts Winzenburg			$130\frac{7}{8}$	178	238	123	170	476	516	$567\frac{1}{4}$	1569	3254	613	6	1

Hauptstrassen, Landwege und Brücken im Amt Winzenburg.

Hauptstrassen und Landwege.

1. Hauptstrasse kommt aus dem Amt Marienburg, berührt den Flecken Salzdettfurt, gehet durch Bodenburg, welches Braunschweigisch ist, und durch den Flecken Lambspring nach Gandersheim gegen Frankfurt.
2. Kommt eine Hauptstrasse aus dem Amt Marienburg von Hildesheim, gehet an Sibbesse, Sack, Langenholzen her durch die Stadt Alfeld nach den Braunschweigischen Aemtern Grene und Wickensen, nach Eimbeck und Cassel.
3. Kommt eine Hauptstrasse von Hildesheim, gehet über Eschershausen ins Westphälische.
4. Eine Hauptstrasse kommt aus dem Amt Lauenstein hinter Alfeld her über Gerzerberg ins Amt Grene nach Eimbeck.
5. Gehet von gedachter Hauptstrasse Num. 2 ein Fuhrweg ab, durch Wrisbergsholzen, berühret Graffel, Adenstedt, Irmseul, Woltershausen, das Amthaus Winzenburg, die Glashütte und Wetteborn ins Amt Gandersheim.
6. Ein Fuhrweg, der schlecht ist, gehet von Alfeld durch Hörsum, Everode übers Amthaus Winzenburg durch Wetteborn ins Amt und Stadt Gandersheim.

Brücken.

1. Ist zwischen Grossen Freden und Kleinen Freden eine Brücke über die Leine.
2. Ist zwischen den Adelichen Häusern Wispenstein und Meinershausen eine Brücke über die Leine.
3. Bey der Stadt Alfeld sind über die zwey Stränge des Leineflusses 2 hölzerne, aber dabey durch starken Gebrauch schadhaft gewordene Brücke.
4. Eine Brücke vor dem Amthause Winzenburg über den Apenbach.
5. Ueber den Warenbach eine Brücke zwischen dem Amthause Winzenburg und der Glashütte.
6. Eine kleine Brücke über einen kleinen Bach bey Ohlenrode.
7. Eine Brücke vor Beinum über die Riede.
8. Zwischen Breinum und Almstedt 2 steinerne Gewölber über die Suh- und Gehbache.
9. Eine Brücke vor dem Dorf Segeste.

10.

7. Ein Fuhrweg kommt aus dem Bodenburgischen, berühret Breinum, Almstedt, bey Segeste vorbey nach Eberholzen im Amt Gronau.

Anmerkung. Die Wege Num. 1 und 5 sind nicht aller Orten passable.

10. Eine Brück über die Riede zwischen Bodenburg und Oesterum, Braunschweigische eximirte Oerter.

11. Eine Brücke über die Bache zu Harbarnsen.

Amt Woldenberg.

Städte, Flecken, Dörfer, Klöster, Adel. freye Häuser und Höfe.	Explication.	Possessores.	Häuser. Freye Häuser	Vollspänner	Halbspänner	Viertelspänn.	Großköter	Kleinköter	Brinksitzer	Summe Häuser nach der Reduction	Darinnen befinden sich Vorspann-Pferde Stück	Stations-Pferde Stück	Monatl. Schatzung Rthlr.	
Alten Walmoden	Dorf										53			
darinnen	1 Adel. Hof	Schatzrath von Walmoden	2						20	$3\frac{3}{4}$	8	52	2	[illegible]
	1 Adel. Hof	Lieutenant von Walmoden									8			
Astenbeck	Vorwerck	Abt zu Derneb.	1							1	16	6		
Badekenstedt	Dorf			4			8	23	4	$8\frac{5}{8}$	24	24	17	[illegible]
Binder	Dorf										6			
darinnen	1 Adel. Hof	v. Steppler	1						33	$3\frac{1}{8}$	3	14	1	[illegible]
Bockenem	Stadt													
darinnen	1 Adelicher Hof 1 Adelicher Hof 1 Adelicher Hof 1 Zehndscheuer 1 freyer Hof	Geh. Rath von Wrisberg von Kramm Lieut. v. Kramm von Steinberg Amtm. v. Roden	32	22	16	38	44	51	92	$91\frac{7}{8}$	96	111	95	
Bönnien	Dorf			8	2		7	4	8	$11\frac{5}{12}$	30	60	28	[illegible]
Bültumb	Dorf			3	4		6	12	2	$7\frac{3}{4}$	21	20	12	[illegible]
Derneburg	Kloster	Cisterzienser-Mönche	1							1	4	12		
Grasdorf	Dorf													
darinnen	1 Kapell. H.	d. Pastor das.	1	3			1	28	6	$8\frac{1}{16}$	9	40	12	
Grossen Elbe	Dorf			10			10	45	3	$17\frac{11}{16}$	71	50	35	[illegible]
Grossen Heere	Dorf										70			
darinnen	1 Adel. Hof	v. Stetten verpacht. an Jdrow	1	5			19	25	1	$12\frac{7}{8}$	8	60	27	
Grossen Ilde	Dorf			2	4		13	3	8	$7\frac{7}{16}$	22	24	12	[illegible]
Gutstedt	Dorf			7	4		8	14	5	$14\frac{9}{16}$	12	25	25	[illegible]
Hackenstedt	Dorf				10	4	2	20	14	$9\frac{3}{4}$	24	30	18	[illegible]

Amt Woldenberg.

Städte, Flecken, Dörfer, Klöster, Adel. freye Häuser und Höfe.	Explication.	Possessores.	Häuser: Freye Häuser	Vollspänner	Halbspänner	Viertelspänner	Großköter	Kleinköter	Brinksitzer	Summa Häuser nach der Reduction.	darinnen befinden sich: Vorspann-Pferde Stück	Stallung vor Pferde Stück	Monatliche Schatzung. Rthlr.	mg.	pf.
Hary	Dorf			3	7		5	16	9	10	29	24	19	17	1
Heinde	Dorf														
darinnen	1 Adel. Hof	Ober-Cammer-Herr v. Walmoden	1	2	2		9	11	4	$8\frac{9}{16}$	46	30	22	25	7
Henneckenrode	Dorf										6				
darinnen	1 Adel. Hof	Cammer-Herr von Bockholz	1					8		2	4	4	2	32	
Hersum	Dorf			5	2		12	36	8	$13\frac{3}{4}$	30	30	29	4	4
Holle	Dorf			6	2		12	46	1	$15\frac{1}{16}$	36	70	33	35	4
Kleinen Elbe	Dorf			4	2		4	5	4	$6\frac{5}{8}$	12	15	18	18	
Kleinen Heere	Dorf			3			8	15	1	$6\frac{7}{16}$	24	30	16	16	4
Lechstedt	Dorf										52				
darinnen	1 Adel. Hof	v. Steppler	1				11	11	3	$4\frac{3}{8}$	4	21	12	13	6
Listringen	Dorf			1	3		3	16	5	$5\frac{3}{4}$	27	15	13	13	
Luttrum	Dorf			1	2		6	10	7	$4\frac{11}{16}$	15	24	11	20	4
Mette	Dorf			4	4		19	7	5	$10\frac{1}{4}$	30	55	23	30	3
Neuenwalmoden	Dorf								4	$\frac{1}{4}$		2			
Rehne	Dorf			2			5	6		$3\frac{11}{16}$	8	10	9	13	5
Sehle	Dorf			10	2		7	34	4	$16\frac{5}{16}$	60	80	40	14	
Sillen	Dorf														
darinnen	Vorwerck	zu Hauß Woldenberg gehörig, verpachtet an v. ...abeck	1	1	2		4	23	7	$7\frac{5}{16}$	10	30	11	11	

Amt Woldenberg.

Städte, Flecken, Dörfer, Klöster, Adel. freye Häuser und Höfe.	Explication.	Possessores.	Häuser. Freye Häuser	Vollspänner	Halbspänner	Viertelspänn.	Großköter	Kleinköter	Brinksitzer	Summa Häuser nach der Reduction	darunter befinden sich Vorspann Pferde	Stallung der Pferde	Monatliche Schatzung.		
											Stück.	Stück.	Rthlr.	mg.	pf.
Söder dabey	Adel. Haus 2 Krüge	Drost von Brabeck.	$1\frac{1}{2}$							$1\frac{1}{2}$	6	10			
Sottrumb	Dorf			2	5	2	3	41	5	11	24	50	20		
Story	Dorf			3		2	12	6	8	7	16	24	15	8	7
Ubstedt	Dorf				5		10	7	7	$5\frac{11}{12}$	13	35	13	22	4
Werdigensiebt	Dorf			7			1	19	1	$9\frac{5}{8}$	18	30	20	21	2
Weder	Dorf			3				12	6	$4\frac{7}{8}$	12	18	7	33	4
Woldenberg	Amthaus		1							1		12			
Summa Amts Woldenberg			$45\frac{1}{2}$	121	78	46	249	565	285	$352\frac{1}{4}$	967	1147	626	11	5

Hauptstrassen, Landwege und Brücken im Amt Woldenberg.

Hauptstrassen und Landwege.

1. Eine Hauptstrasse kommt von Hildesheim, bey dem Dorf Hesum weg, berührt das Vorwerk Astenbeck, Grasdorf, Wardegenstedt, Rehne, Kleinenelbe auf Ringelheim, Amts Liebenburg.

2. Ein passabler Fuhrweg gehet über Grasdorf, Holle, ins Amt Seesum, wird die Nürnbergische Strasse genannt.

3. Ein passabler Fuhrweg über Hildesheim durch das Amt Marienburg, berühret Nette und Bönnien, die Stadt Bockenem, und von da ins Braunschweigische Amt Seesum.

4. Bey der Stadt Bockenem theilet sich die von Seesum kommende Strasse, wovon die eine bereits unter Num. 3. beschrieben ist. Die zweyte gehet nach Schelwecke bey dem Amt Woldenberg vorbey nach Peine.

5. Ein Weg gehet von Bodenburg und

Brücken.

1. Zwischen Astenbeck und dem Kloster Derneburg ist eine Brücke über die Innerste und eine Brücke über die Nette.
2. Zwischen Grasdorf und Holle sind drey steinerne Brücken über die Innerste.
3. Vor Grasdorf ist eine inpassable steinerne Brücke über einen Bach.
4. Zwischen Binter und Wardegenstedt ist eine inpassable hölzerne Brücke über die Innerste.
5. Zwischen Rehne und Kleinenelbe ist eine passable Brücke über die Innerste.
6. Zwischen Grossenheere und Kleinenelbe ist eine passable Brücke über die Innerste.
7. Zwischen Sehle und Ringelheim eine passable Brücke über die Innerste.
8. Zwischen Holle und Gottrumb sind zwey passable Brücken über die Nette.
9. Zwischen Gottrumb und Sillien ist eine Brücke über die Nette, die baufällig ist.
10. Zwischen Weder und Nienhagen ist eine passable Brücke über die Nette.
11. Zwischen Grossen und Kleinen Elbe ist eine kleine passable Brücke über die Lamme.
12. Zwischen Bönnien und Stadt Bockenem ist eine hölzerne Brücke über die Nette, die baufällig ist.
13. Bey der Stadt Bockenem sind zwey hölzerne Brücken über die Nette, auf der Strasse nach Hildesheim, die als

und

der Orte durch die Stadt Bockenem nach Lutter am Barenberge, wird aber bey Winterzeit wegen des vor Lutter liegenden Berges selten gefahren.

und baufällig, und zwey steinerne Brücken über die Nette auf dem Wege nach Bilderlage und Lambspring, wovon die eine neu und gut, die andere aber baufällig ist. An der Masch ist noch eine steinerne und eine hölzerne Brücke, die aber nur zu Einfahrung des Getraides und Heues gebraucht werden.

14. An der östlichen Seite der städtischen Feldmark ist eine steinerne Brücke vor Schelvecke, und eine steinerne vor Mahlum über die Beester Bache, die passable sind.

Designation sämtlicher zum Hochstift Hildesheim gehörigen Aemter, und summarischer Extract der darinn befindlichen frey- und lastbaren Häuser, nebst dem monatlichen Schatzungs-Betrage.

Numero	Aemter.	Häuser. Klöster, Adl. u. freye Häuser	Vollspänner	Halbspänner	Viertelspänner	Großköter	Kleinköter	Brinksitzer	Summa Häuser nach der Reduction	darinnen befinden sich Vorspann Pferde Stück	Stallung der Pferde Stück	Monatliche Schatzung Rthlr.	mg.	pf.
1	Bilderlage	$4\frac{1}{2}$	12	28	2	92	24	62	$55\frac{5}{8}$	364	358	93	5	1
2	Gronau	13	40	75	3	54	297	157	$148\frac{5}{12}$	687	454	239	5	7
3	Hunnesrück	48	48	141	143	124	141	194	$255\frac{3}{4}$		572	141	28	6
4	Liebenburg	179	99	63		191	269	404	$404\frac{1}{12}$	2159	1861	513	35	$5\frac{2}{3}$
5	Marienburg	35	25	12	10	11	139	38	$90\frac{5}{16}$	200	687	91	32	4
6	Peine	186	94	187	60	560	913	437	$634\frac{1}{16}$	1319	3250	993	11	4
7	Poppenburg	$5\frac{1}{8}$	35	32	4	77	154	109	98	350	621	153	10	1
8	Ruthe	$8\frac{9}{16}$	48	77	26	202	274	85	179	687	1977	332	22	1
9	Schladen	2	37	27	2	47	94	124	$81\frac{5}{16}$	413	595	168	22	7
10	Steinbrück	3	29	50	2	270	98	86	$125\frac{1}{8}$	472	770	274	35	6
11	Steuerwald	25	48	134	68	267	548	232	$290\frac{1}{16}$		4796	705	22	1
12	Thumprobst. Vogteyen	$5\frac{1}{2}$	13	27	37	57	248	37	$85\frac{1}{8}$	481	1064	243	26	3
13	Vienenburg	7	8	11	4	17	48	74	$35\frac{5}{16}$	112	157	65	32	7
14	Wiedelah	73	28	19		39	55	91	$130\frac{1}{4}$	253	865	140	25	1
15	Winzenburg	$138\frac{7}{8}$	118	238	123	370	476	516	$567\frac{1}{2}$	1569	3254	613	6	1
16	Woldenberg	$45\frac{1}{8}$	121	78	46	249	565	285	$352\frac{1}{4}$	967	1147	626	11	5
	Summa	$778\frac{11}{16}$	802	1198	530	2616	4118	1918	3516 [illegible]		22428	5398	10	$4\frac{2}{3}$

3.

Ritter-Matricul

des

Stifts Hildesheim.

von 1731.

1.	Almstedt — —	die von Rhoeden.
2.	Armenseul — —	die Freyherren von Wrisberg.
3.	Ahrbergen — —	die Schillere.
4.	Banteln — — —	die von Bennigsen.
5.	Bledelum — —	die Freyherren von Bülow.
6.	Binder — —	die von Stopler.
7.	Bodenburg — —	die von Steinberg.
8.	Bolzum — —	die Freyherren von Frenz.
9.	Bockenem — —	die von Cramm.
10.	Brüggen — —	die von Steinberg.
11.	Brunkensen — —	die Freyherren von Wrisberg.
12.	Commenturey Weddingen —	der zeitige Commenthur.
13.	Dassel — —	die von Rauschenplat.
14.	Noch daselbst —	die von Hacken.
15.	Ding Elbe — —	die von Veltheim.
16.	Dötzum — —	die von Bennigsen.
17.	Elze — —	die Böcke von Wülfingen.
18.	Equordt — —	die Herren von Hammerstein.
19.	Esbeck — —	die Schotteln.
20.	Flachstöckheim —	die von Schwichelt.
21.	Friederichshausen — —	die von Germessen.
22. 23. 24.	Gadenstedt —	die von Gadenstedt.
25.	Garmsen — —	die von Germessen.
26.	Gleidingen — —	die von Reden.
27.	Gronau — —	die Böcke v. Wulfingen Bockerodisch. Lin.
28.	Gronau — —	die von Bennigsen.
29.	Gronau — —	die Böcke von Wulfingen ältester Linie.
30.	Gronau — —	die Engelbrechte.
31.	Gronau — — —	die von Campen.
32.	Harbarnsen. — —	die von Steinberg.
33.	Grossen Heerde —	die Storren.
34.	Heinde — —	die von Walmoden.
35.	Henneckenrode —	die von Buchholz.
36.	Hoppensen — —	die von Dassel.
37.	Honrode — —	die von Walmoden.
38.	Grossen Ilsede —	die von Gadenstedt.

39.	Kemme	die von Cramm.
40. 41. 42.	Kniestedt	die von Kniestedt.
43.	Lechstedt	die von Stopler.
44.	Limmer	die v. Sölenthal, jetzo Graf v. Kamecke.
45.	Lochthum	die von König.
46.	Lopcke	die von Metternicht.
47.	Meimarhausen	die von König.
48.	Nettlingen	die Freyherrl. Wobersnauische Erben.
49.	Nienhagen	die Freyherren von Brabeck.
50.	Odelem	die von König.
51.	Oberg	die von Oberg.
52.	Olber	die von Cramm.
53.	Ost-Lutter	die von Schwichelt.
54.	Peina	die von Schwichelt.
55.	Rautenbergische Güther	die Freyherren von Frenz.
56. 57.	Rehden	die von Rehden.
58.	Rosenthal	die von Metternicht.
59.	Rößing	die von Rößing.
60.	Salzdettfurt	die von Steinberg.
61.	Sarstedt	die Freyherren von Weichs.
62.	Sack	die v. Steinberg, jetzo Freyfräul. v. Klepen.
63.	Sellenstedt	die von Wrisberg.
64.	Steinlah	die von Hauß.
65.	Söhber	die Freyherren von Brabeck.
66.	Schwicheldt	die von Oberg.
67.	Wienenburg	die von König.
68. 69.	Walmoden	die von Walmoden.
70.	Wendhausen	die von Stopler.
71.	Wehrstedt	die von Stopler.
72.	Werder	die von Steinberg.
73.	Westeln	die Freyherren von Wrisberg.
74.	Wispenstein	die von Steinberg.
75.	Wrisbergholzen	die Freyherren von Wrisberg.

Actum

Actum den 25. Sept. 1731.

Zu Bezeugung ihres Consensus ist diese Matrikul von löbl. Ritterschaft, nach vorgängiger reifer Examination, unterschrieben, jedoch mit folgenden Reservationen.

Ad 2. Würden die Freyherren von Söhlenthal erweisen, daß ihnen die von Rauchhaupt per pactum den ganzen Genuß des Guths Armenseul, mit allen anklebenden Juribus übertragen, so sind sie ad votandum zu admittiren.

Ad 3. Wäre zu begehren, daß diejenigen, so Nobilitas zu ihren Conventibus admittiret, auch zu Landtägen berufen werden mögen.

Ad 9. Die von Cramm zu Völkersheim sind künftig wegen des Guths Bockenem, so anjetzt der Hochfürstl. Wolfenbüttel. Geheimde Rath von Cramm besitzet, ad conventus nobilium zu admittiren.

Ad 13. Wegen Dassel, competiret auch den Herrn von Garmsen ein Votum.

Ad 29. Dieses Votum competiret dem Herrn Deputato von Bock zu Grenau.

Ad 31. Wäre der Herr Schatzrath von Bock und der Frau Wittwe von Bock zu injungiren, nächstens die Fundamenta schriftlich beyzubringen, warum sie ad votandum befuget zu seyn vermeinen? welchen vorgängig bey nächstem Ritterschaftl. Convent die Sache ausgemacht werden soll. Inmittelst bleiben jedem Theil seine Jura in possessorio et petitorio salva.

Ad 51. Die Cessio voti des Herrn Hauptmanns von Oberg an seinen Bruder, den Hofrath von Oberg, wird von löbl. Ritterschaft, jedoch citra consequentiam, approbiret, und sind dergleichen Cessiones sine expresso Consensu Nobilitatis unkräftig.

Ad 56. Weil Adelichen Wittwen und Vormünderinnen niemahls gestattet worden, per Mandatarios zu votiren, so kann man auch solches der Frau Wittwe von Rehden nicht erlauben, sondern wenn wegen der Pupillen ein Votum geführet werden soll, müssen Vormünder bestellet werden.

Ad 61. Die Freyherren von Weichs praetendiren 2 Vota, als eines wegen des ehemahligen lentischen Guths, und das zweyte ratione der sogenannten Rittburg, so so die von Bortfeld und Münchhausen, von Bennigsen, und letzlich Rittmeister Köhler besessen. Ihnen werden ihre Jura und deren Ausführung reserviret.

C. von Wrisberg.
G. W. von Bock. P. A. von Bock.
Friederich von Steinberg.
Philipp Christoph von Steinberg.
Friederich von Steinberg, zu Wispenstein.
J. E. von Brabeck. J. H. von Bocholz.
F. A. von Weichs. Herrmann Ludewig von Hacke.
Hinr. Christoph von Rehden. Hermann Bodo von Oberg. mpp.
C. J. C. von Germessen.
Siegfried Günther Hofmeister, curatorio nomine weyl. Gottlieb von Gadenstedt Kinder.
H. A. Storre mpp. L. A. von Germessen.
Christian Henr. von Gadenstedt. F. G. von Walmoden.
A. L. von Walmoden; tutorio nomine P. L. von Cramm
Burchhard Wilhelm von Kniestedt. H. J. von König.
Ernst Otto von Schwichelt.
Ernst Ludwig von Rheden zu Rheden.
J. W. von König. A. G. von Walmoden.
Friederich Edmund von Bennigsen.
Alexander Ludwig von Weyhen ratione Wendhausen.
Herrmann Ernst Schiller. mpp.
Anton Ulrich Burchtorf
Otto Caspar Ferdinand Rauschenplat.
Justus Henrich von Rauschenplat
Carl Friederich von Stopler.
Carl Henrich Engelbrecht.

Polen.

1.

Nachricht

von den

königl. poln. neuen Münzsorten

Die neue polnische Silbermünze hat am ersten Tage des Monats Januarii im Jahr 1766 ihren Anfang genommen, weil an diesem Tage die Erstlinge derselben geprägt, und Ihro Majestät dem Könige überreicht worden sind. Die Regel, nach welcher solche Münze in Polen zu schlagen, verordnet worden, ist im Jahr 1766, auf dem Reichstag zu Warschau, zu einem Reichs-Gesetz erwachsen, und gründet sich auf dem deutschen Conventions-Münz-Fuss, den der Kayser Franciscus I, im Jahr 1761 am 6ten May zu Augsburg, nach einer Convention mit den mehresten deutschen Reichs-Fürsten, hat annehmen und bekannt machen lassen. Der Innhalt des obenerwehnten polnischen Reichs-Münz-Gesetzes ist, dass gemünzet werden sollen, 1mo Species Thaler, woven $8\frac{1}{3}$ Stücke, oder $66\frac{2}{3}$ polnische Gulden, eine Köllner, das ist, eine deutsche Mark wiegen, welche $13\frac{1}{3}$ Lothe fein Silber, mit $2\frac{2}{3}$ Lothen Kupfer hält. 2do Halbe Species Thaler, wovon $16\frac{2}{3}$ Stück, oder $66\frac{2}{3}$ polnische Gulden, eine Köllner Mark wiegen, welche auch $13\frac{1}{3}$ Lothe fein Silber, mit $2\frac{2}{3}$ Lothen Kupfer hält. 3tio Achtgutegroschen, oder doppelte Gulden, woven 25 Stücke, sind 50 Gulden, eine Köllner Mark wiegen, die 10 Lothe fein Silber, mit 6 Lothen Kupfer hält. 4to Viergutegroschen, oder Guldenstücke, woron $43\frac{3}{4}$ eine Köllner Mark wiegen, die $8\frac{3}{4}$ Lothe fein Silber, mit $7\frac{1}{4}$ Lothen Kupfer hält. 5to Zweigutegroschen, oder Halbegulden, wovon 70 oder 35 poln. Gulden eine Köllner Mark wiegen, die 7 Lothe fein Silber, mit 9 Lothen Kupfer hält. 6to Silbergroschen, oder Viertelgulden, wovon $117\frac{7}{8}$ Stücke oder $29\frac{3}{8}$ Gulden eine Köllner Mark wiegen, die $5\frac{7}{8}$ Lothe fein Silber, mit $10\frac{1}{8}$ Lothen Kupfer hält.

Demnach ist zu merken, dass gemünzet worden,

1mo aus 1 Köllner Mark fein Silber mit $3\frac{1}{5}$ Lothen Kupfer Zusatz, 10 Species Thaler.

2do aus 1 Köllner Mark fein Silber mit $3\frac{1}{5}$ Lothen Kupfer Zusatz, 20 Halbe Species Thaler.

3tio aus 1 Köllner Mark fein Silber mit $9\frac{3}{5}$ Lothen Kupfer Zusatz, 40 Doppel Gulden.

4to aus 1 Köllner Mark fein Silber mit $13\frac{7}{27}$ Lothen Kupfer Zusatz, 80 Gulden;

5to aus 1 Köllner Mark fein Silber mit $20\frac{4}{7}$ Lothen Kupfer Zusatz, 160 Halbe Gulden.

6to aus 1 Köllner Mark fein Silber mit $27\frac{27}{47}$ Lothen Kupfer Zusatz, 320 Silbergroschen.

 Nach

Nach dieser Vermischung des Silbers mit Kupfer, ist das Verhältniss:

1mo et 2do bey ganzen und halben Species Thalern,			5 Theile Silber	mit	1 Theil Kupfer.		
3tio bey Doppelgulden-Stücken		—	5	—	3	—	
4to bey Gulden-Stücken	—	—	13	—	11	—	
5to bey Halbengulden-Stücken		—	7	—	9	—	
6to bey Silbergroschen	—	—	53	—	91	—	

Note. Die Hauptursache solcher Vermischungen bestehet darinn, weil alle gesittete Völker das Silber mit Kupfer verfälschen, daher es zu einer gewissen Nothwendigkeit geworden ist, aus unreinem Silber zu münzen.

Ferner ist zu merken,
das Remedium am Schrot und Korn.

Das Remedium am Schrot, ist eine gewisse Erlassung vom Gewicht, welches die Münz-Sorten haben. Denn da die Münzkunst keiner Münzsorte den vorgeschriebenen innerlichen Werth aufs genaueste geben kann; so hat man, so viel das gedachte Remedium betrift, erlaubt, dass die ganzen und halben Species Thaler am Gewichte ½ Procent, die Doppelgulden Stücke ¾ Procent, die Gulden-Stücke ¾ Procent, die Halbengulden-Stücke 1 Procent, die Silbergroschen auch 1 Procent zu leicht ausfallen können.

Das Remedium am Korn, ist eine gewisse Erlassung von der Probe des Silbers, welche die Münz-Sorten haben. Daher erlaubt man, dass in einer Mark von jeder Münz-Sorte ½ Grän fein Silber, so 4½ Groschen beträgt, fehlen kann. Beiderley Remedia aber dürfen nicht mit Vorsatz gebrauchet werden, sondern finden nur Statt, wenn sich ihr Fall ereignet.

Die Ursache zu den Remediis ist,

damit wegen eines wenig bedeutenden Mangels am vorgeschriebenen innerlichen Werth des neugemünzten Geldes, solches nicht wieder umgearbeitet und eingeschmolzen werden dürfe.

Die polnische Goldmünze

wird, nach dem Fuss des deutschen Reichs, in Absicht ihres innerlichen Werths, ausgemünzet. Demnach werden aus einer Köllner Mark Gold, welche 23

Karat

Karat und 7 bis 8 Grän fein Gold, mit 4 bis 5 Grän Kupfer oder Silber Zusatz, in sich hält, 67 Stück Ducaten gemünzet. —

Folglich

werden aus 1 Köllner Mark ganz fein Gold, mit $5\frac{25}{283}$ Grän Kupfer oder Silber Zusatz, gemünzet $68\frac{52}{283}$ Ducaten. —

Die Proportion des Werths zwischen Gold und Silber, ist in Polen nach dem Gesetz bestimmet, dass 14 Mark 4 Lothe und 7 Grän fein Silber, 1 Mark fein Gold gelten soll. Zu der Absicht muss 1 Ducat $16\frac{1}{2}$ Gulden gelten. Da derselbe aber im Handel und Wandel 18 Gulden gilt, so hat das Commercium die gedachte Proportion anders bestimmt, und zwar also, dass 15 Mark 5 Loth 8 Grän fein Silber mit 1 Mark fein Gold gleichen Werth haben.

Die Regel, nach welcher die polnische Kupfer-Münze geschlagen wird, besielet, dass

aus 1 Köllner Pfund Kupfer in 3, 1, ½ Groschen und Schillingen, sollen 4 polnische Gulden gemünzet werden, daher

1mo von 3 Kupfergroschen-Stücken,		40	ein	Köllner	Pfund.	
2do von 1 detto	detto	120	—	—		
3tio von ½ detto	detto	240	—	—		
4to von Schillingen	—	360	—	—		wiegen,

Das Remedium am Schrot

erlaubt, dass 4 Gulden, in 3 Kupfergroschen-Stücken, 6 Groschen,

—	in 1	—	—	2 —
—	in ½	—	—	3 —
—	in Schillingen		—	$1\frac{1}{2}$ —

am Gewicht zu leicht ausfallen dürfen.

Zwischen der Kupfer- und Silber-Münze wird nach dem Verhältnis gemünzet, dass gegen 8 Gulden Silber, nur 1 Gulden Kupfer geschlagen werde.

40 Pfund Kupfermünze gegen 1 Pfund fein Silber.

Das Verhältniß des Köllner Gewichts zu dem Warschauer Goldschmiede-Gewicht ist

vom ersten 6, zu 7 vom letzten.

2.

Berechnung
vom polnischen Stempel-Papier
im Jahr 1781.

Anzahl und Preis der Stempel-Bögen,
welche
im Jahr 1781 in folgenden fünf polnischen Provinzen verbrauchet worden.

1781 Quartale.	Preis der Bögen.	Großpolen.	Krakau.	Massuren.	Reussen.	Ukraine.	Summa.
	Gulden.	Bögen.	Bögen.	Bögen.	Bögen.	Bögen.	Bögen.
Januar	f. 1/4	24580	8922	55161	18254	16865	123,782
April	—	39051	11402	94423	19094	21401	185,371
Julius	—	30101	11558	66813	15381	20545	144,398
October	—	27540	13227	74374	15937	11361	142,439
Summa	f. 1/4	121,272	45,109	290,771	68,666	70,172	595,990
Januar	f. 1/2	1315	431	2173	408	644	4971
April	—	1541	696	2961	523	608	6329
Julius	—	1790	691	2438	753	886	6558
October	—	1541	473	2523	286	382	5205
Summa	f. 1/2	6187	2291	10095	1970	2520	23063
Januar	f. 1	594	239	1156	320	333	2642
April	—	708	483	1710	269	385	3555
Julius	—	758	464	1311	229	359	3121
October	—	617	261	1166	196	181	2421
Summa	f. 1	2677	1447	5343	1014	1258	11739
Januar	f. 2	42	11	9	11	9	82
April	—	54	71	29	9	20	183
Julius	—	47	8	22	20	40	137
October	—	40	17	33	11	1	102
Summa	f. 2	183	107	93	51	70	504
Januar	f. 3	428	207	1057	427	247	2366
April	—	627	125	1427	258	255	2699
Julius	—	662	235	1195	227	230	2549
October	—	328	198	1059	141	154	1880
Summa	f. 3	2045	765	4738	1053	886	9487

Ge-

Gemässigte Summen der Geld-Geschäfte,

welche

im Jahr 1781 in folgenden Provinzen mit dem Stempel-Papier gemacht worden.

Gemässigter Inhalt eines jeden Bogens.	Grosspolen.	Krakau.	Massuren.	Russland.	Ukraine.	Summa Summarum.
Gulden.	Gulden.	Gulden.	Gulden.	Gulden.	Gulden.	Gulden.
10	1,212,720	451,090	2,907,710	686,660	701,720	5,959,900
250	1,546,750	572,750	2,523,750	492,500	630,000	5,765,750
750	2,007,750	1,085,250	4,007,250	760,500	943,500	8,804,250
Enthalten		kein	Geld.			
2500	5,112,500	1,912,500	11,845,000	2,632,500	2,215,000	23,717,500

Anzahl und Preis der Stempel-Bögen,

welche

im Jahr 1781 in folgenden fünf polnischen Provinzen verbrauchet worden.

1781 Quartale.	Preis der Bögen.	Großpolen.	Krakau.	Massuren.	Reussen.	Ukraine.	Summa.
		Bögen.	Bögen.	Bögen.	Bögen.	Bögen.	Bögen.
	Gulden.						
Januar	f. 6	64	39	391	182	79	755
April	—	177	86	533	62	64	922
Julius	—	129	40	363	55	72	659
October	—	47	29	324	47	31	478
Summa	f. 6	417	194	1611	346	246	2814
Januar	f. 9	18	18	91	91	16	234
April	—	76	16	174	14	21	301
Julius	—	54	14	106	15	24	213
October	—	14	16	109	6	10	155
Summa	f. 9	162	64	480	126	71	903
Januar	f. 10	3	1	6	1	—	11
April	—	1	2	6	—	—	9
Julius	—	2	—	6	—	—	8
October	—	1	—	7	—	—	8
Summa	f. 10	7	3	25	1	—	36
Januar	f. 12	14	9	185	64	10	282
April	—	55	9	248	12	9	333
Julius	—	51	28	147	11	6	243
October	—	11	13	140	12	7	183
Summa	f. 12	131	59	720	99	32	1041
Januar	f. 15	4	4	35	36	14	93
April	—	19	6	40	2	4	71
Julius	—	12	2	46	3	—	63
October	—	3	4	44	6	—	57
Summa	f. 15	38	16	165	47	18	284

Ge-

Gemässigte Summen der Geld-Geschäfte,

welche

im Jahr 1781 in folgenden Provinzen mit dem Stempel-Papier gemacht worden.

Gemässigter Inhalt eines jeden Bogens.	Großpolen.	Krakau.	Massuren.	Rußland.	Ukraine.	Summa Summarum.
Gulden.	Gulden.	Gulden.	Gulden.	Gulden.	Gulden.	Gulden.
7500	3.127,500	1,455.000	11,082,500	2,595,000	1,845,000	21,105,000
12500	2,025,000	800,000	6,000,000	1,575,000	887,500	11,287,500
Ent	halten	kein	Geld.			
17,500	2,292,500	1,032,500	12,600,000	1,732,500	560,000	18,217,500
22,500	855,000	360,000	3,712,500	1,057,500	405,000	6,390,000

Anzahl und Preis der Stempel-Bögen,

welche

im Jahr 1781 in folgenden fünf polnischen Provinzen verbrauchet worden.

1781 Quartale.	Preis der Bögen. Gulden.	Großpolen. Bögen.	Krakau. Bögen.	Maſſuren. Bögen.	Reuſſen. Bögen.	Ukraine. Bögen.	Summa. Bögen.
Januar	f. 18	4	3	39	44	10	100
April	—	23	8	52	4	4	91
Julius	—	16	4	52	5	2	79
October	—	—	7	29	4	3	43
Summa	f. 18	43	22	172	57	19	313
Januar	f. 21	1	—	17	18	2	38
April	—	12	4	19	2	1	38
Julius	—	8	—	24	1	2	35
October	—	1	2	17	1	1	22
Summa	f. 21	22	6	77	22	6	133
Januar	f. 24	2	1	27	32	—	62
April	—	16	2	73	1	1	93
Julius	—	14	2	34	1	2	53
October	—	2	2	26	2	1	33
Summa	f. 24	34	7	160	36	4	241
Januar	f. 27	1	—	7	12	2	22
April	—	10	—	7	1	—	18
Julius	—	8	2	16	1	1	28
October	—	—	—	8	2	—	10
Summa	f. 27	19	2	38	16	3	78

Ge-

Gemässigte Summen der Geld-Geschäfte,

welche

im Jahr 1781 in folgenden Provinzen mit dem Stempel-Papier gemacht worden.

Gemässigter Inhalt eines jeden Bogens.	Grosspol.	Krakau.	Massuren.	Russland.	Ukraine.	Summa Summar.
Gulden.	Gulden.	Gulden.	Gulden.	Gulden.	Gulden.	Gulden.
27,500	1,182,500	605,000	4,710,000	1,567,500	522,500	8,607,500
32,500	715,000	195,000	1,502,500	715,000	195,000	4,322,500
37,500	1,275,000	262,500	6,000,000	1,350,000	150,000	9,037,500
42,500	807,500	85,000	1,615,000	680,000	127,500	3,315,000

Anzahl und Preis der Stempel-Bögen,

welche

im Jahr 1781 in folgenden fünf polnischen Provinzen verbrauchet worden.

1781 Quartale.	Preis der Bögen. Gulden.	Grosspolen. Bögen.	Krakau. Bögen.	Massuren. Bögen.	Reussen. Bögen.	Ukraine. Bögen.	Summa. Bögen.
Januar	f. 30	1	—	7	18	5	31
April	—	13	—	23	—	1	37
Julius	—	6	2	16	4	1	29
October	—	—	2	4	1	1	8
Summa	f. 30	20	4	50	23	8	105
Januar	f. 36	—	—	10	9	—	19
April	—	6	—	45	1	—	52
Julius	—	6	—	18	1	—	25
October	—	1	2	11	—	1	15
Summa	f. 36	13	2	84	11	1	111
Januar	f. 42	—	2	8	13	3	26
April	—	6	—	13	3	1	23
Julius	—	5	—	6	1	—	12
October	—	—	1	5	1	—	7
Summa	f. 42	11	3	32	18	4	68
Januar	f. 48	1	—	1	3	—	5
April	—	4	—	9	—	1	14
Julius	—	1	1	3	—	—	5
October.	—	—	1	3	—	—	4
Summa	f. 48	6	2	16	3	1	28

Gemässigte Summen der Geld-Geschäfte,

welche

im Jahr 1781 in folgenden Provinzen mit dem Stempelpapier gemacht worden.

Gemässigter Inhalt eines jeden Bogens.	Groſspolen.	Krakau.	Massuren.	Ruſsland.	Ukraine.	Summa Summar.
Gulden.	Gulden.	Gulden.	Gulden.	Gulden.	Gulden.	Gulden.
47,500	950,000	190,000	1,375,000	2,092,500	380,000	4,987,500
52,500	682,500	105,000	4,410,000	577,500	52,500	5,827,500
57,500	632,500	172,500	1,840,000	1,035,000	230,000	3,910,000
62,500	375,000	125,000	1,000,000	187,500	62,500	1,750,000

Anzahl und Preis der Stempel-Bögen,

welche

im Jahr 1781 in folgenden fünf polnischen Provinzen verbraucht worden.

1781. Quartale.	Preis der Bögen. Gulden.	Grosspolen. Bögen.	Krakau. Bögen.	Massuren. Bögen.	Reussen. Bögen	Ukraine. Bögen.	Summa Bögen.
Januar	f. 54	—	—	2	8	—	10
April	—	6	—	6	—	—	12
Julius	—	4	—	4	1	—	9
Oktober	—	—	—	4	—	—	4
Summa	f. 54	10	—	16	9	—	35
Januar	f. 60	1	—	7	3	—	11
April	—	6	—	14	—	—	20
Julius	—	—	—	6	—	1	7
Oktober	—	—	—	4	1	—	5
Summa	f. 60	7	—	31	4	1	43
Januar	f. 66	1	1	2	10	—	14
April	—	5	—	6	1	1	13
Julius	—	3	—	2	—	—	5
Oktober	—	—	—	1	—	—	1
Summa	f. 66	9	1	11	11	1	33
Januar	f. 72	—	1	3	1	—	5
April	—	—	—	4	—	—	5
Julius	—	1	—	3	—	1	4
Oktober	—	—	1	2	1	—	4
Summa	f. 72	1	2	12	2	1	18
Januar	f. 78	1	—	5	5	1	12
April	—	1	—	17	1	—	19
Julius	—	1	—	10	—	—	11
Oktober	—	—	2	—	—	—	2
Summa	f. 78	3	2	32	6	1	44
Januar	f. 84	—	—	1	4	—	5
April	—	—	—	1	1	—	2
Julius	—	1	—	1	—	—	2
Oktober	—	—	—	1	—	—	1

Gemäßigte Summen der Geld-Geschäfte,

welche

im Jahr 1781 in folgenden Provinzen mit dem Stempelpapier gemacht worden.

Gemäßigter Inhalt eines jeden Bogens.	Großpolen.	Krakau.	Masuren.	Rußland.	Ukraine.	Summa Summarum.
Gulden.	Gulden.	Gulden.	Gulden.	Gulden.	Gulden.	Gulden.
67,500	675,000	— —	1,080,000	607,500	— —	2,362,500
72,500	507,500	— —	2,247,500	290,000	72,500	3,117,500
77,500	697,500	77,500	852,500	852,500	77,500	2,557,500
82,500	82,500	165,000	990,000	165,000	82,500	1,485,000
87,500	262,500	175,000	2,800,000	525,000	87,500	3,850,000

Anzahl und Preis der Stempel-Bögen, welche im Jahr 1781 in folgenden fünf polnischen Provinzen verbrauchet worden.

1781. Quartale.	Preis der Bögen. Gulden.	Großpolen. Bögen.	Krakau Bögen.	Massuren. Bögen.	Reussen. Bögen.	Ukraine. Bögen.	Summa. Bögen.
Januar	f. 90	3	1	2	8	1	15
April	—	2	1	11	—	1	15
Julius	—	5	—	—	4	1	10
October	—	1	—	6	—	1	8
Summa	f. 90	11	2	19	12	4	48
Januar	f. 102	—	—	1	4	—	5
April	—	—	—	5	—	—	5
Julius	—	—	1	2	—	—	3
October	—	—	—	3	—	—	3
Summa	f. 102	—	1	11	4	—	16
Januar	f. 114	—	—	—	3	—	3
April	—	1	1	3	—	—	5
Julius	—	—	—	2	—	—	2
October	—	—	—	1	—	—	1
Summa	f. 114	1	1	6	3	—	11
Januar	f. 126	—	—	—	—	—	—
April	—	—	—	—	—	—	—
Julius	—	—	—	—	—	1	1
October	—	—	—	—	—	—	—
Summa	f. 126	—	—	—	—	1	1
Januar	f. 138	—	—	—	5	—	5
April	—	1	—	2	—	—	3
Julius	—	2	—	—	—	1	3
October	—	—	1	—	—	—	1
Summa	f. 138	3	1	2	5	1	12

Gemässigte Summen der Geld-Geschäfte,
welche
im Jahr 1781 in folgenden Provinzen mit dem Stempelpapier gemacht worden.

Gemässigter Inhalt eines jeden Bogens.	Grospol.	Krakau.	Massuren.	Rusland.	Ukraine.	Summa Summar.
Gulden.	Gulden.	Gulden.	Gulden.	Gulden.	Gulden.	Gulden.
97,500	1,072,500	195,000	1,852,500	1,170,000	390,000	4,680,000
102,500		102,500	1,127,500	410,000		1,640,000
107,500	107,500	107,500	645,000	322,500		1,182,500
112,500					112,500	112,500
117,500	352,500	117,500	231,000	587,500	117,500	1,410,000

Anzahl und Preis der Stempel-Bögen,

welche

im Jahr 1781 in folgenden fünf polnischen Provinzen verbraucht worden.

1781 Quartale.	Preis der Bögen. Gulden.	Großpolen. Bögen.	Krakau. Bögen.	Massuren. Bögen.	Reussen. Bögen.	Ukraine. Bögen.	Summa. Bögen.
Januar	150	—	—	1	1	—	2
Oktober	—	—	—	1	—	—	1
Summa	150	—	—	2	1	—	3
Januar	162	—	—	—	2	—	2
April	—	—	—	4	—	1	5
Julius	—	—	—	2	—	1	3
Oktober	—	—	—	1	—	1	2
Summa	162	—	—	7	2	3	12
Januar	174	—	—	—	1	—	1
April	—	1	—	—	—	—	1
Julius	—	—	—	—	1	—	1
Summa	174	1	—	—	2	—	3
April	186	—	—	1	—	—	1
Julius	—	1	—	1	—	—	2
	186	1	—	2	—	—	3
Januar	198	—	—	—	2	—	2
April	—	1	—	—	—	—	1
Julius	—	—	—	1	—	—	1
	198	1	—	1	2	—	4
Januar	210	—	—	1	—	—	1
Julius	—	—	—	—	1	—	1
	210	—	—	1	1	—	2
April	222	—	—	1	—	—	1

Ge-

Gemässigte Summen der Geld-Geschäfte,

welche

im Jahr 1781 in folgenden Provinzen mit dem Stempelpapier gemacht worden.

Gemäßigter Inhalt eines jeden Bogens.	Großpolen	Krakau.	Massuren.	Rußland	Ukraine	Summa Summarum.
Bögen.	Gulden.	Gulden.	Gulden.	Gulden.	Gulden.	Gulden.
122,500	— —	— —	245,000	122,500	— —	367,500
127,500	— —	— —	892,500	255,000	382,500	1,530,000
132,500	132,500	— —	— —	265,000	— —	397,500
137,500	— —	— —	275,000	— —	— —	412,500
142,500	142,500	— —	142,500	285,000	— —	570,000
147,500	— —	— —	147,500	147,500	— —	295,000
152,500	— —	— —	152,500	— —	— —	152,500

Anzahl und Preis der Stempel-Bögen,

welche

im Jahr 1781 in folgenden fünf polnischen Provinzen verbraucht wo[...]

1781. Quartale.	Preis der Bögen. Gulden.	Großpolen. Bögen.	Krakau. Bögen.	Massuren. Bögen.	Reussen. Bögen.	Ukraine. Bögen.	Sum[...] Bög[...]
Januar	234	—	—	—	5	—	
April	—	—	1	—	—	—	
Summa	234	—	1	—	5	—	
Januar	246	—	—	—	2	—	
Julius	—	—	—	1	—	—	
	246	—	—	1	2	—	
Januar	258	—	—	1	2	—	
Januar	270	—	—	2	1	—	
April	—	1	—	—	—	—	
	270	1	—	2	1	—	
Januar	282	—	—	2	—	—	
April	—	—	—	2	—	1	
	—	—	—	—	1	—	
	282	—	—	4	1	1	
Julius	306	—	—	1	—	—	
Januar	330	—	—	—	3	—	
April	—	—	—	1	—	—	
Julius	—	—	—	1	1	—	
October	—	—	—	1	—	—	
Summa	330	—	—	3	4	—	

Gemässigte Summen der Geld-Geschäfte,
welche
im Jahr 1781 in folgenden Provinzen mit dem Stempelpapier gemacht worden.

Gemässigter Inhalt eines jeden Bogens.	Grosspolen.	Krakau.	Massuren.	Russland.	Ukraine.	Summa Summarum.
Gulden.	Gulden.	Gulden.	Gulden.	Gulden.	Gulden.	Gulden.
157,500	— —	157,500	— —	787,500	— —	945,000
162,500	— —	— —	162,500	325,000	— —	487,500
167,500	— —	— —	167,500	335,000	— —	502,500
172,500	172,500	— —	345,000	172,500	— —	690,000
177,500	— —	— —	710,000	177,500	177,500	1,065,000
187,500	— —	— —	187,500	— —	— —	187,500
197,500	— —	— —	592,000	790,000	— —	1,382,500

Anzahl und Preis der Stempel - Bögen
welche
im Jahr 1781 in folgenden fünf polnischen Provinzen verbraucht worden.

1781. Quartale.	Preis der Bögen. Gulden.	Grosspolen. Bögen.	Krakau. Bögen.	Massuren. Bögen.	Reussen. Bögen.	Ukraine. Bögen.	Summa. Bögen.
Januar	342 f.	—	—	—	2	—	2
Julius	366 f.	—	—	1	—	—	1
Januar	378 f.	—	—	1	—	—	1
October	—	—	—	—	—	1	1
	378 f.	—	—	1	—	1	2
April	390 f.	—	—	1	—	—	1
Julius	—	1	—	1	—	—	2
	390 f.	1	—	2	—	—	3
Januar	426 f.	—	—	—	3	—	3
Julius	438 f.	1	—	—	—	—	1
Januar	450 f.	—	—	—	1	—	1
Januar	522 f.	—	—	—	1	—	1
April	—	—	—	—	—	1	1
	522 f.	—	—	—	1	1	2
Julius	534 f.	1	—	—	—	—	1
Januar	570 f.	1	—	—	2	—	3
April	—	1	—	—	—	—	1
October	—	—	—	—	—	1	1
	570 f.	2	—	—	2	1	5
Januar	594 f.	—	—	1	—	—	1
April	606 f.	—	—	1	—	—	1

Ge-

Gemässigte Summen der Geld-Geschäfte,
welche
im Jahr 1781 in folgenden Provinzen mit dem Stempelpapier gemacht worden.

Gemässigter Inhalt eines jeden Bogens.	Großpolen.	Krakau.	Massuren.	Rußland.	Ukraine.	Summa Summarum.
Gulden.	Gulden.	Gulden.	Gulden.	Gulden.	Gulden.	Gulden.
202,500	— —	— —	— —	405,000	— —	405,000
212,500	— —	— —	212,500	— —	— —	212,500
217,500	— —	— —	217,500	— —	217,500	435,000
222,500	222,500	— —	445,000	— —	— —	667,500
237,500	— —	— —	— —	712,500	— —	712,500
242,500	242,500	— —	— —	— —	— —	242,500
247,500	— —	— —	— —	247,500	— —	247,500
277,500	— —	— —	— —	277,500	— —	277,500
282,500	282,500	— —	— —	— —	— —	282,500
297,500	595,000	— —	— —	595,000	297,500	1,487,500
307,500	— —	— —	307,500	— —	— —	307,500
312,500	— —	— —	312,500	— —	— —	312,500

Anzahl und Preis der Stempel-Bögen

welche

im Jahr 1781 in folgenden fünf polnischen Provinzen verbraucht worden.

1781. Quartale.	Preis der Bögen.	Großpolen.	Krakau.	Massuren.	Reussen.	Ukraine.	Summe.
		Bögen.	Bögen.	Bögen.	Bögen	Bögen.	Bögen.
	Gulden.						
Januar	630 f.	—	—	1	—	—	1
Januar	666 f.	—	—	—	1	—	1
Julius	714 f.	—	—	1	—	—	1
Januar	762 f.	—	—	1	1	—	2
Januar	786 f.	—	—	1	—	—	1
Januar	810 f.	—	—	—	1	—	1
Januar	858 f.	—	—	—	1	—	1

Gemässigte Summen der Geld-Geschäfte,

welche

im Jahr 1781 in folgenden Provinzen mit dem Stempelpapier gemacht worden.

Gemässigter Inhalt eines jeden Bogens.	Großpolen.	Krakau.	Massuren.	Rußland.	Ukraine.	Summa Summarum.
Gulden.	Gulden.	Gulden.	Gulden.	Gulden.	Gulden.	Gulden.
322,500	— —	— —	322,500	— —	— —	322,500
337,500	— —	— —	— —	337,500	— —	337,500
357,500	— —	— —	357,500	— —	— —	357,500
377,500	— —	— —	377,500	377,500	— —	755,000
387,500	— —	— —	387,500	— —	— —	387,500
397,500	— —	— —	— —	397,500	— —	397,500
417,500	— —	— —	— —	417,500	— —	417,500

Anzahl und Preis der Stempel-Bögen,

welche

im Jahr 1781 in folgenden fünf polnischen Provinzen verbraucht worden.

1781. Quartale.	Preis der Bögen. Gulden.	Großpolen. Bögen.	Krakau. Bögen.	Massuren. Bögen.	Reussen. Bögen.	Ukraine. Bögen.	Summa. Bögen.
Julius	882 f.	—	—	1	—	—	1
Januar	906 f.	—	—	—	1	—	1
Januar	954 f.	—	—	—	1	—	1
Januar	990 f.	1	—	—	1	—	2
Januar	1050 f.	—	—	—	1	—	1
October	1110 f.	—	—	1	—	—	1
Januar	1146 f.	—	—	—	1	—	1
Januar	1290 f.	—	—	1	—	—	1
Januar	1422 f.	—	—	—	1	—	1
October	1566 f.	—	—	1	—	—	1
Januar	1722 f.	—	—	—	1	—	1
Januar	1770 f.	—	—	—	1	—	1
Januar	2010 f.	1	—	—	—	—	1
						Der Bögen Summa Summarum	647,312
April	3762 f.	— —	Für eine	gewisse	Geld-	Summa	1
—	2850 f.	— —	— —	— —	— —	— —	1

Summa Summarum 647,314

Gemässigte Summen der Geld-Geschäfte,

welche

im Jahr 1781 in folgenden Provinzen mit dem Stempel-Papier gemacht worden.

Gemässigter Inhalt eines jeden Bogens.	Grosspolen.	Krakau.	Massuren.	Russland.	Ukraine.	Summa Summarum.
Gulden.	Gulden.	Gulden.	Gulden.	Gulden.	Gulden.	Gulden.
427,500	— —	— —	— —	427,500	— —	427,500
437,500	— —	— —	— —	437,500	— —	437,500
457,500	— —	— —	— —	457,500	— —	457,500
472,500	472,500	— —	— —	472,500	— —	945,500
497,500	— —	— —	— —	497,500	— —	497,500
522,500	— —	— —	522,500	— —	— —	522,500
537,500	— —	— —	— —	537,500	— —	537,500
597,500	— —	— —	597,500	— —	— —	597,500
652,500	— —	— —	— —	652,500	— —	652,500
712,500	— —	— —	712,500	— —	— —	712,500
777,500	— —	— —	— —	777,500	— —	777,500
797,500	— —	— —	— —	797,500	— —	797,500
897,500	897,500	— —	— —	— —	— —	897,500
Summa	31,947,220	10,506,590	101,571,210	16,189,660	11,200,220	191,414,900
				Gewisse	Summen	1,627,733 1,250,000

In 1781, Geld-Geschäfte mit Stempel-Papier Summa Summarum 195,292,633

Einnahme des Jahrs 1781.

für den Stempel der unten bemerkten Zahl Karten, Calender und jüdischen Bücher in den polnischen Provinzen.

Karten. Polnische.				Karten. Französische.				Allerley Calender.				Jüdische Bücher.			
nzahl	Stempel-Preis	Betrag		Anzahl	Stempel-Preis	Betrag		Anzahl	Stempel-Preis	Betrag		Anzahl	Stempel-Preis	Betrag	
Spiele	Guld.	Guld.	gr.	Spiele	Guld	Guld.	gr.	Calender	Guld.	Guld.	gr.	Bücher	Guld.	Guld.	gr.
3438	½	1719	—	1550	1	1550	—	3926	¼	981	15	7368	¼	1842	—
555	—	277	15	232	—	232	—	8488	—	2122	—	1052	—	263	—
4423	—	7211	15	22697	—	22697	—	17786	—	4446	15	2776	—	694	—
922	—	461	—	820	—	820	—	629	—	157	7½	12191	—	3047	22½
578	—	289	—	74	—	74	—	1580	—	395	—	791	—	197	22½
NB, Zufällige Summe bey Karten und Büchern														325	21
9916	à ½ f.	9958	—	25373	à 1 f.	25373	—	32409	à ¼ f.	8102	7½	24178	à ¼ f.	6370	7

Summa Summarum f. 49803 14½

Einnahme des Jahrs 1781.

für den Stempel gewisser Privilegien, vornemlich aber der Summen in jeder unten genennten Provinz gebrauchten Stempel-Bögen.

Polnische Provinz.	Beschreibung.	Für Privilegien.				Anzahl der Stempel-Bögen.	Einnahme am Gelde.	
		Stempel-Preis	zu $16\frac{2}{3}$ f.	Thun Silber Geld			Gulden.	gr.
		Duc	Ducat. Summe	Gulden.	gr.			
		1	345					
		2	2					
		3	36					
		4	12					
		5	5					
		6	48					
		10	40					
		12	696					
		25	50					
		30	60					
		40	320					
½ Procent		50	150					
von gewiss.		60	180					
Summen	— —	—	393					
	Summa	—	2337	39,144	22½			
Annoch in						Mitbegriffen auſ-		
Silbergr.	— —	—	—	37,907	10½	ſerordentl. Bög. 2		
Großpolen	— —	—	—	—	—	133,344	62,936	15
Krakau	— —	—	—	—	—	50,114	21,388	22½
Masuren	— —	—	—	—	—	314,854	166,355	7½
Rußland	— —	—	—	—	—	73,664	59,921	15
Ukraine	— —	—	—	—	—	75,336	29,903	—
Summa				77,052	3	647,314	340,505	—
							77,052	3
						Summa	417,557	3

Wiederholung.

Vom Stempel der Karten, Calender, jüdischen Bücher	Gulden	49,803.	14 gr.	9 pf.
— — verschiedener Privilegien und 2 ausserordentlicher Papier-Bögen und vom Strafgeld — —		77,052.	3.	—
— — der 647,312 Bögen —		340,505.	—	—
Zufällige Einnahme — — —		4,867.	28.	9.
Einnahme — Summa	Gulden	472,228.	16.	—
Ausgabe — — — —		53,492.	9.	7¼.
Ueberschuss — —	Gulden	418,736.	6 gr.	10⅔

Die Schuldverschreibungen, Quitungen, Wechsel, oder schriftliche Versicherungs-Pfänder auf Stempel-Papier, haben im Jahr 1781 in einer gemässigten Summe, welche der Gewissheit sehr nahe kommt, betragen — — Gulden 195,292,633. — —

Anmerkungen.

Obige 22697 Spiele französischer Karten sind ganz in Warschau verbraucht worden. Denn hier wird sehr gespielet.

Man hat bemerkt, daß das Stempelpapier sehr nachgemacht werde, daher sucht man jetzt solches zu verhindern.

Der Regent der Warschauer Stempelkammer hat jährlich 8400 poln. Gulden (1400 Rthlr.). In jeder Provinz ist ein Verwalter der General-Niederlage, welcher zu Warschau 800 Gulden (133⅓ Rthlr.), aber in den andern Provinzen nur 400 Gulden (66⅔ Rthlr.) jährlich empfängt.

Die Zollkammern, wo Stempelpapier verkauft wird, empfangen 4 Procent, die Contrahenten aber 8 Procent, für den Verkauf des Stempelpapiers.

Die Schreiber beym Stempelgeschäft haben jährlich 404 Gulden (66⅔ Rthlr.).

Die sogenannten Strazniks, (Wächter, oder Aufpasser,) welche den Revisoren zur Beyhülfe gegeben werden, haben ohngefehr 600 Gulden (100 Rthlr.) jährlich.

Der Drucker bekommt für ohngefehr 15 Bogen 1 Groschen, folglich für 450 Bogen 1 Gulden (4 gr.) Dabey kann er jährlich 200 Rthlr. einnehmen, und also bestehen.

Der die Karten und Calender, wie auch Bücher stempelt, hat eine Besoldung von 842 poln. Gulden (140⅓ Rthlr.).

Das Ries Papier kostet nach dem höchsten Preis 3 Rthlr. (1 Ducat.)

— — nach dem niedrigsten Preis 13 poln. Guld. (2⅙ Rthlr.)

Haupt=

Haupt-Berechnung
der Einkünfte vom Stempelpapier im Jahr 1781.

Beschreibung.	Einnahme. In Gold à 16⅔ f.	Einnahme. In Silber.			Ausgabe. In Gold à 16⅔ f.	Ausgabe. In Silber.			Ueberschuss. In Gold à 16⅔ f.	Ueberschuss. In Silber.		
	Duc.	Gulden.	gr.	pf.	Duc.	Gulden.	gr.	pf.	Duc.	Gulden.	gr.	pf.
Das Stempel-Amt zu Warschau hat bey Privilegien und dergleich.	* —	77,052	3	—	—	27,241	12	—	—	49,810	21	—
Provinz Grosspolen	—	70,985	17	9	—	7,675	27	10⅜	—	63,309	19	16⅝
. . Krakau	—	24,283	7	9	—	1,469	16	—	—	22,813	21	9
. . Massuren	—	201,652	13	—	—	9,673	10	15	—	191,979	2	3
. . Russland	—	67,438	12	9	—	4,989	11	9	—	62,449	1	—
. . Ukraine	—	30,816	22	9	—	2,442	2[illegible]	9	—	28,374	1	—
Diese Provinzen haben beym Stempeln des Papiers, der Karten, Calender u. s. w.	—	395,176	13	—	—	26,250	27	7⅜	—	368,925	15	10⅝
Das Stempel-Amt hat überhaupt, wie oben	* —	77,052	3	—	—	27,241	12	—	—	49,810	21	—
Summa Summar.	—	472,228	16	—	—	53,492	9	7⅜	—	418,736	6	10⅝

Betrag der zweyjährigen Einnahme
vom 1sten September 1780

Einnahme.

No. 1. Bestand des Reichstags.	Floren.	gr.	den.
Es befand sich in der General-Berechnung der Commission und Constitution 1780, sowohl an baaren als rückständigen Geldern, eine Summe von 1,213,680 Fl. 23 gr. 7½ den. da aber in solche einige Fundations-Summen einlaufen; so müssen auch diese berechnet, und davon ausgeschlossen werden, nämlich, die 17555 Fl. 21 gr. so zu der Fundation, welche die Schulden der Republik tilget, die 411 Fl. 3 gr. die zu der 60 Groschen-Fundation, und endlich die 7000 Fl. die zu der Ostrogschen Fundation gehören. Es verbleibet also noch die Summa — —	1,188,713	28	½
Was von verschiedenen Einkünften eingekommen ist —	7417	10	—
Summa des Bestandes —	1,196,131	8	½

und Ausgabe des Kron-Schatzes bis den letzten August 1782.

Ausgabe.

Ausgaben und Erklärung über den Bestand des Reichstages.	Floren.	gr.	den.
laut der Constitution 1780 ist für die Cron-Armee ausgezahlt worden — — —	749,824	3	$3\frac{1}{4}$
Verschiedene wegen des Bestandes entstandene Ausgaben	70803	11	6
Verlust an Hufen- und Zapfen-Geldern —	13384	21	$3\frac{1}{8}$
Bleiben noch rückständige Hufen-Gelder 246,297 Fl. 2 gr. —			
Auf Quarten und gewöhnliche Ausgaben 1047 = 15 = $13\frac{2}{5}$	312,079	13	$4\frac{1}{2}$
Bey Sr. Excell. dem H. Karwicki, als Gutsager 58802 = 12 = 9			
Bey Sr. Hochwohlgeb. dem H. Wybranowski 5932 = 15 = —			
Verbleibt an baarem Gelde — —	42639	9	$\frac{1}{2}$
Mit gegenstehender Summe stimmt überein —	1,196,131	8	$\frac{1}{4}$

No. 2. Die zweyjährige Einnahme.

	Floren.	gr.	den.
An Rauchfangs-Geldern — —	10,021,109	—	—
An halben Rauchfangs-Geldern — —	659,609	7	9
An Zapfen-Geldern von Städten — —	3,408,188	26	$\frac{1}{2}$
An anderthalb Quart-Geldern — —	2,766,006	29	14$\frac{1}{8}$
An Hufen-Geldern, zum Unterhalt der Landmiliz —	130,207	27	—
An Kopf-Geldern von den Juden — —	1,097,439	2	6
Der Zoll von den Kaufleuten — —	2,204,171	18	16$\frac{1}{2}$
Der Zoll von den Edelleuten — —	421,015	6	17$\frac{1}{4}$
Der Zoll für das Salz — —	267,595	11	6
Von der Wein-Niederlage — —	318,950	27	14
Zapfen-Geld für die auswärtigen Getränke —	753,365	26	10
Steuer für Fuhrleute und Schifsknechte —	78,421	1	—
Für Stempel-Papier — —	790,234	29	6$\frac{1}{4}$
Für gestempelte Karten — —	77,188	11	—
Für gestempelte Kalender — —	14,276	22	9
Für gestempelte Juden-Bücher — —	12,659	23	—
Die Tobacks-Einkünfte — —	2,039,045	17	16$\frac{1}{2}$
Von der Lotterie — — —	124,693	16	9
Von der Stadt Danzig — —	67,000	—	—
Von der Stadt Thoren — —	6700	—	—
Gewöhnliche Einkünfte, als von dem Quadrupern der Strafe, oder Mark-Gelder, Zins-Gelder, von der Juridiction der Republik auf gewissen Grundstücken und dergleichen —	178,438	10	1
Summa der Einnahme —	25,436,318	15	1$\frac{5}{8}$

Die

Die zweyjährige Ausgabe.

Die zweyjährige Ausgabe.	Floren.	gr.	den.
Für den Schatz S. K. Majestät — —	5,333,333	10	—
Die Räthe des immerwährenden Raths —	439,995	14	9
Die Subalternen des immerwährenden Raths —	160,000	—	—
Dem Groß-Cron-Marschall — —	120,000	—	—
Dem Cron-Hof-Marschall — —	80,000	—	—
Dem Cron-Unter-Canzler — —	80,000	—	—
Der ungarschen Fahne, die zu dem Stabe gehöret —	134,922	—	—
Den Marschalls-Beamten — —	72,000	—	—
Dem Groß-Cron-Canzler — —	120,000	—	—
Dem Cron-Hof-Unterschatzmeister — —	64,000	—	—
Den Commissairs des Cron-Schatzes —	200,000	—	—
Den Officialisten des Cron-Schatzes — —	200,000	—	—
Der Militz des Cron-Schatzes — —	240,000	—	—
Auf abgebrannte Land-Güther, Gerichts- und kleine Ausgaben	330,370	11	2$\frac{5}{8}$
Auf die Ritter-Schule — —	400,000	—	—
Vor die Tribunals-Präsidenten — —	20,000	—	—
Vor die Tribunals-Marschälle — —	40,000	—	—
Vor die, der Republik Schulden tilgende Fundation	1,000,000	—	—
Vor die auswärtigen Residenten, Dollmetscher, und die oriental. Schule — — —	338,530	—	—
Vor die Gränz-Richter — —	38,666	20	—
Auf die Reparatur der Schlösser und Palläste der Republik	176,515	15	—
Vor den Reichstags-Marschall und Secretair —	33,333	10	—
Vor das Warschauer Spital — —	50,000	—	—
Vor die beyden königlichen polnischen Prinzen, in Sachsen	357,333	10	—
Vor die Warschauer Land- und Grod-Richter —	31,250	—	—
Vor den General-Major Kraszewski —	35,111	3	6
Vor ausserordentliche Ausgaben — —	554,221	21	—
Die Cron-Armee — — —	13,016,330	28	15$\frac{1}{4}$
Vor die Exactores der Ausgaben — —	74,000	—	—
Die Lustrateurs des Kopf-Geldes von den Juden —	19,860	18	—
Summa der Ausgabe —	23,771,774	11	15$\frac{3}{4}$
Es bleibt Baarschaft —	1,559,822	—	15$\frac{1}{4}$
An Rückstand —	104,722	2	14$\frac{1}{2}$
Es stimmt mit der Einnahme überein	25,436,318	15	9$\frac{5}{8}$

No. 3.

No. 3. Einnahme zur Tilgung der Republik-Schulden.	Floren.	gr.	den.
Von dem Bestand des Reichstags — —	17,555	21	16½
Subsidium Charitativum, für zwey Jahre —	1,200,000	—	—
Der Schatz der Republik legt zurück —	1,000,000	—	—
Emphiteuses für zwey Jahre — —	90,936	15	5
Summa der Fundation —	2,308,492	5	9½
No. 4. Der sechzigste Groschen bestimmet für die Republik-Schulden, von den ausgezahlten Summen aus dem Bestande des Reichstags, macht eine Summe von	38,262	12	6½
No. 5. Das Ostrogsche Einkommen für zwey Jahre, samt dem Reichstags-Bestande von 7000 Fl. macht	600,000	—	—

Der unter jedem Artikel gesammlete General-Bestand 2,044,088 Fl. 8 gr. 12½ den. nämlich, und alle Rückstände

	Floren.	gr.	den.
Der Schatz hat für Republik-Schulden durch 2 Jahre gezahlt	2,291,077	26	
Es verbleibt an Baarschaft — —	1202	9	3
Und noch rückständig bey der Geistlichkeit —	16212	—	—
Es stimmt mit der Fundations-Summe überein	2,308,492	5	3½
Davon ist den gegenwärtigen Commissairs ausgezahlt	37851	8	15
Bleibt baar und an Rückständen — —	411	3	[illegible]
Davon hat das Ostrogsche Regiment bekommen —	360,000	—	—
Die Maltheser-Ritter — —	240,000	—	—
Es bleibt also baar übrig — —	7000	—	—

in dem Kron-Schatze beträgt eine Summe von
baar 1,610,804 Fl. 16 gr. 20½ den.
433,283 Fl. 22 gr. 1 den.

4.
Haupt - Summe
der ganzen und halben Rauchfangs-Gelder, für die März-Rata 1782.

Woiewodschaften &c.	Guld.	gr.
Wrzesnia	199,278	—
Kalisz	93,229	—
Sieradz	74,277	22½
Wielun	38,125	—
Cujavisch Brzesc	20,327	22½
Bobrownike	17,713	22½
Lowicz	70,642	7½
Plock	27,587	7½
Mlawa	10,286	7½
Lomza	60,452	7½
Ciechanov	36,687	7½
Warschau	143,033	7½
Krakau	171,269	7½
Radom	123,265	15
Chenciny	77,723	22½
Lublin	128,645	—
Lukow	21,462	7½
Drochiczyn	123,749	7½
Kamieniec	113,299	7½
Bar	174,230	15
Luck	193,094	—
Krzemieniec	126,871	—
Czudnow	271,959	—
Winnica	266,081	22½
Chelm	59,024	22½
Summa Gulden	2,642,315	—

NB. Halbjährig geschieht obige Einnahme, nämlich im März und im September.

5.

Seine Excellence der Herr Bolerz Podstoli von Gnesen, legte in der Rede, die er am 18ten October 1782 im Senatoren-Saal gehalten, zugleich über Einnahme und Ausgabe der Erziehungs-Fundation folgende Rechnung ab, als:

	Fl.	gr.
1stens. Die auf dem vorigen Reichstage, von dem Rückstand in der Casse zu der Einnahme angegebene Summe belief sich nach der Tabelle, auf	175,578	8
2tens. Von den Fundations-Summen in Polen und Litthauen ist erstens für zwölf Raten, eine rückständige Summe von	271,385	29
Zweytens für vier Raten seit der letzten Berechnung	1,590,646	12
(Von dieser Fundation sollten, nach der Commißions-Tabelle grössere Summen in die Casse kommen, allein solche sind wegen des Rückstandes bey den Besitzern theils abgefallen, theils den Bischöfen und Capiteln, laut der mit ihnen gemachten Verträge, zu theil geworden). Drittens. Von den sequestrirten Gütern, nach ausgemachtem Proceß	44,446	5
Viertens. Von den Gütern, die der Fundation gehören, und in den Summen vertheilt sind	13,860	19
Fünftens. Von den tradirten Landgütern eingekommen	1,124	21
3tens. Die Provision von den Summen, wie auch von den gehobenen Capitalien, beträgt nach der Tabelle	790,755	29
4tens. Von verschiedenen Einkünften, als, von verkauften Häusern, Nachlaß der Exjesuiten Sachen, vom Rückständigen der Commißion, von Processen und gewöhnlichen Einkünften, als auch von verkauften Elementar-Büchern, betrug, nach Anzeigung der Tabelle von Polen und Litthauen, die Einnahme	117,039	8
Summa aller Einkünfte Fl.	2,965,846	24

Von obigen tabellarischen Einkünften sind folgende Ausgaben gemacht, als:

	Fl.	gr.
1stens, Pensions für die Lehrer der Akademien, Seminarien und Schulen in Polen und Litthauen	1,169,942	11
Für die armen Studenten, u. Praemien zur Belohnung des Fleisses	10,608	—
Für die Coviste, die für arme Edelleute in Wilna, Luck, Lenczyc, Kaminiec Podolski, Lublin und Rawa errichtet sind	102,420	29
Für Schulen, worinn junge Leute unterrichtet, und künftig als Lehrer in den Kirchspielen sollen gebraucht werden	13,460	—

Für Reparation der Kirchen, Collegien der Exjesuiten, und für die Erhaltung der Mauren und Dächer	215,725	$18\frac{7}{12}$
Für verdiente Männer in Polen und Litthauen; unter diesen sind mit begriffen die Exjesuiten, nemlich die alten u. schwachen Geistlichen, die den Schulen nicht mehr dienen können, und keine Versorgung haben, wie auch die verdienten Brüder dieser Gesellschaft, von denen jeder eine seinen Verdiensten angemessene Pension laut den Gesetzen erhält	341,839	—
2tens. Für geistliche Ausgaben, laut gemachten Verträgen und längst getroffenen Verordnungen der Commißion, ausgenommen die Güter, so den Bischöfen zu theil geworden, setzt man noch hinzu	83,698	10
Diese Ausgaben sind in der Archidioeces von Gnesen, in den Dioecesen von Wilna, Plock, Chelm und Kjiow geschehen.		
3tens. Die verschiedene Ausgabe, so von den gehobenen Summen zu einem Capital lociret ist, beträgt	346,777	27
Die Salarien der gewesenen Gerichts-Commissarien, welche bereits alle befriediget sind, betragen	38,606	25
Der Gesellschaft der Elementar-Bücher, nebst Salarirung solcher Personen, die zur Untersuchung derselben bestimmet sind	40,050	—
Zur Unterhaltung der Zaluskischen Bibliothek, das ist, Salarium für 4 Personen, welche die Geschäfte darinn verrichten, nebst einem Menschen zur Bedienung und zum Einkaufen der Bücher	21,193	$7\frac{10}{12}$
Salarien der Officialisten, den Schreibern, Sekretairs, Advocaten, dem Archivist u. d. gl. in Polen und Litthauen	189,337	15
Ausgaben in Polen und Litthauen für Rauchfangs-Geld	13,168	$\frac{2}{12}$
Proceß-Ausgaben, bestehend in Verschickung der Officialisten nach den Tradition-Execution- und Citationen	70,291	—
Zur Tilgung der Fundations-Schulden und Verordnungen	39,941	$8\frac{4}{12}$
Ausserordentliche Ausgabe, wie solche in Protocollen und der Tabelle bemerkt ist	199,143	=
Unterm Titel dieser Ausgaben werden auch diejenigen begriffen, welche zum Drucken der Elementar-Bücher, zum Einkauf verschiedener nothwendiger Schul-Instrumente, zur Visitation der Schulen, Ausschickung einiger Personen in fremde Länder, und andern zufälligen Ausgaben verwendet werden.		
In der Casse bleibt Rückstand	69543	15
Die Ausgabe beträgt in Summa Fl.	2,965,846	$24\frac{7}{12}$

6. Ar-

6.

Article,

qui contient l'Etat ancien, & actuel de l'Ordre de Malthe en Pologne, traduit du Polonois, & extrait de l'Abrégé des notions necessaires à un Chevalier de Malthe, à l'usage de la Noblesse du Royaume de Pologne & du Grand Duché Lithuanie §. I. pag. 103. imprimé à Varsovie en 1775.

Après avoir donné en abrégé des Notions sur l'origine de l'Ordre; sur ses progrès, ses revolutions & ses prérogatives, après avoir parlé des Statuts, des dignités, & des autres matières, qui peuvent le regarder, il convient de toucher ici l'origine des Commanderies en Pologne. On a taché d'en faire la Description autant, qu'il a été possible, de prendre des informations des Auteurs, & d'autres mémoires authentiques.

§. I.

Des Commanderies en Pologne.

Le Royaume de Pologne a eû neuf Commanderies, dont il n'existe présentement que deux, sçavoir celle de Posen en Grande Pologne, & celle de Stwolowice dans le Gr. Duché de Lithuanie; les autres sept sont dépéries, par des fréquentes revolutions du Royaume. Il n'est parvenu à nos jours, que leurs noms, qu'on verra ci-après.

Dlugosz Historien Polonois, fait mention de la fondation de la Commanderie de Posen, dans son Histoire Liv. V. p. 579. Edit. de Leipsig; Il dit, que *Miecislas le Vieux* homme pieux, fonda par un mouvement de charité envers le prochain, en 1170, du gré de Radvan Evêque de Posen, un Hôpital à Posen, pour les pauvres, qu'il joignit à l'Eglise de St. Michel, aujourd'hui dite de St. Jean, & en donna la direction aux Chevaliers de Malthe; pour l'entretien dequels, ainsi que des pauvres, il fit à perpétuité un don de quelques villages, sçavoir, Powolsz, Podworowo, Oborze, Wyrzechycziezino, Drozyn, Welsko, Kurzencino, Wygonowo, Milostowo, Andrzeiowo, Pegoralicza, Powosz, Przewod & Podworno. *Vladislas* Duc de la Gr. Pologne approuva en 1232 la donation, que son Ayeul *Miecislas*, & son Oncle *Vladislas* avoient faite.

Radvan Evêque de Posen céda au dit Hôpital, & aux Chevaliers, non seulement la dixme de ces terres, mais même de quelques autres, sçavoir, Zuchele, Wielkie Oborowo, Lipnica, Nagurne Saniki, Jagodno, Ruszcza, Gurka, Glinka, Kostrzyn, Kleczowo, Czyrwolino, & Wargowo, ce qui ensuite fut approuvé par les Successeurs de Radvan, & entre autres en 1218 le 10 Decembre par Paul Evêque de Posen. Cette cession fût même ratifiée par Sigismond Roi de Pologne en 1436.

C'eſt le 20 Nov. 1610, que le Pr. Nicolas Chriſtophle Radziwill fonda la Commanderie de Stwolowice pour ſa Famille.

Anciennes Commanderies de Pologne.

La Commanderie de Cracovie.
- de Zagoſt.
- de Caden.
- de Coſten.
- de Lesznic.
- de Szulec.

Erection du nouveau Grand Prieuré en Pologne.

Janusz Duc d'Oſtrog forma en 1609 de la quatrième partie de ſes Bienfonds immenſes, une Ordinatie ou Majorat, à laquelle, après l'extinction de tous ſes héritiers, il avoit nommé pour Ordinat un Chevalier de Malthe Polonois, où Lithuanien. Cette Ordination à été long têms diſputée par ſes héritiers & ſucceſſeurs. L'Ordre de Malthe n'a pas manqué de reclamer à différentes repriſes, les diſpoſitions du Teſtateur en faveur des Chevaliers de Malthe Polonois. Le Grand-Prieur de Bohême Comte de Kolowrath fut envoyé a la Diète de 1754, pour traiter, comme Miniſtre Plénipotentiaire avec les Etats aſſemblés.

Le Chevalier Comte de Sagramoſo, ſe préſenta avec le même Caractère, à la dernière Diète de 1773. Pour terminer une affaire auſſi critique, qu' épineuſe, qui auroit pu exciter des reclamations nouvelles, & produire des effets facheux, on a érigé ſur une partie des Biens d'Oſtrog, ſous la garantie des trois Cours, de Vienne, de S. Petersbourg, & de Berlin, un Grand-Prieuré avec ſix Commanderies, qui le compoſent.

En vigueur de la Conſtitution de la Délégation de la Republ. qui fut enregiſtrée au Grod le 14 Decembre 1774, le Gr. Prieur jouira d'une penſion annuelle de 42000 fl. de Polog. & chaque Commandeur de 13000 flor. à la charge cependant de payer tous les ans *la Quarta* des Revenus, au Tréſor de Malthe.

Par le même établiſſement, une autre loi ſignée le 7 Decembre, & paſſée au Grod le 14 de la même année, autoriſe la fondation de huit Commanderies Patronales, ou *Juris Patronatus*, dont les Poſſeſſeurs payeront au Tréſor de Malthe les Reſponſions annuelles de 10 pour cent de leurs revenus.

En conſéquence de cet arrangement le Chevalier Comte de Sagramoſo en vigueur du pouvoir, qu'il avoit reçu du Gr. Maître, & du Conſeil de Malthe, nomma:

Pour Gr. Prieur: Le Pr. Adam Lodzia Poninski Maréchal de la Confédération Gle & Gr. Tréſorier de la Couronne.

Pour

Pour Baillif ou Gr. Croix, Le Pr. Auguste Sulkowski, Palatin de Gnesne.

Pour Prémier Commandeur, Le Prince François Sulkowski, Lieut. Gen. des Armées de Pologne.

Pour Second Commandeur, Le Pr. Casimir Sapieha, Général d'Artillerie de Lithv.

Pour Troisième Commandeur, Le Comte Simeon Casimir Szydlowski, Castellan de Zarnow.

Pour Quatrième Commandeur, Le Comte Mielzynski, Staroste de Walecz.

Pour Cinquième Commandeur, Le Prince Calixté Poninski.

Pour Sixième Commandeur, Le Comte Luba, Chambellan de S. M. & Gen. Major des Armées de la Républ.

Par une grace particulière, accordée par les Supérieurs de l'Ordre aux Chevaliers Polonois nouvellement nommés, le Comte de Sagramoso fut autorisé de leur conférer la Croix avec les Cérémonies Cavaleresques & militaires usitées dans son Ordre, ce qui a eû lieu le 18 Decembre 1774, dans la Chapelle de Mgneur. le Nonce du Pape, Joseph Comte de Garampi Archévéque de Beryte. Cette fonction a été exécutée avec toute la sollemnité, & édification possible.

§. II.

Une si louable Institution, que celle de huit Commanderies Patronales, fut bientôt justifiée par la fondation de celles, que firent:

Le Pr. Adam Lodzia Poninski, Maréchal de la Conféd. Gle & Gr. Trésorier de la Couronne le 22. Mai 1774.

La Comte Cas. Constantin de Plater, Staroste de Dueneboug le 16. Nov. de la même année.

Mr. Ant. Szamocki, Porte-Enseigne de Varsovie le 21. Decembre de la même année.

Le Bailli Pr. Auguste Sulkowski, Palatin de Gnesne le 23. Decembre de la même année.

Le Comte Podoski, Palatin de Plock, conjointement avec le Prince Primat, & ses autres Frères le 29. Decembre de la même année.

§. III.

La Noblesse Polonoise a fourni en tous têms des illustres Sujets, zélés & attachés à l'Ordre de Malthe; il ne sera pas désagréable de voir ici les noms des anciens Chevaliers Polonois, qu'on a trouvé dans différents Auteurs, & autres mémoires.

N. Rozdechiusz étoit Comdeur de Posen du têms du Pape Innocent III, environ l'an 1211.

Stan.

Stan. Czechowksi fut reçû dans l'Ordre en — — 1520

Nicolas Syzakowski reçû — — — 1540

Laur. Powodowski environ le même têms

André Wsgorzewski — — — — 1552

Stan. Wenzyk, Echanson de Cracovie — — 1560

Stan. Sendigovius Czarnkowski, Referendaire de S. M. le Roi de
Pologne environ l'an — — — 1567

Valent. Caychowski environ l'an — — 1580

Adam Sendigovius Czarnkowski — — 1586

Nicolas Wolski, Porte-Glaive de la Couronne — 1589

Felix Woisnowski, Comdr. de Posen environ l'an — 1601

Barthelemi d'Hador, Capitaine dans les Gardes du Roi — 1622

Sigism. Pr. d'Olyka, étoit Général dans les Troupes de l'Archiduc
d'Autriche — — — — 1622

Alexandre Indisconi, servoit en Espagne sous le Général Spinola en — 1622

Bartl. Nowodworski, s'est illustré par des Exploits militaires sous Ladislas
IV. il vivoit en — — — 1624

Charles Radziwill, Pr. du St. Empire, Duc de Nieswiez & Olyka vivoit
environ l'an — — — — 1625

Jean de Tenczyn Ossolinski, vivoit en — — 1651

Jérôme-Augustin Lubomirski, Pr. du St. Empire, étoit Commandeur de
Posen, & de Stwolowice, & Abbé de Tyniec — 1682

Casimir-Michel Pac, Gr. Notaire de Lithuanie, étoit Commandeur de
Posen, & de Stwolowice en — — 1696

Samuel Proski vivoit en — — — 1697

N. Kryspin vivoit en — — — 1708

François Wierusz Kowalski fut reçû Chevalier en — 1712

Auguste Pr. Czartoryski, Palatin de Russie, étoit Chevr. Novice, il servoit sur
les Vaisseaux de l'Ordre, & assista au Siège de Corfu en — 1716

Michel Danbrowski Chambellan de Vilna, fut Commandeur de Posen & de
Stwolowice en — — — 1724

Le Bailli Barthelemi Ignace Stecki, actuellement Commandeur de Posen,
& de Stwolowice — — — 1774

Le Chevalier Comte de Wessel, actuellement vivant — 1774

Le Chevalier Miaskowski, actuellement à Malthe faisant ses Caravannes —

Le Pr. Louis Radziwill, fils du Pr. Michel Radziwill, Maréchal de la Confed.
Gle & Porte-Glaive de Lithuanie, reçû de minorité en — 1774

LIBRARY OF THE
UNIVERSITY OF MICHIGAN

www.ingramcontent.com/pod-product-compliance
Lightning Source LLC
Chambersburg PA
CBHW020854210326
41598CB00018B/1656
* 9 7 8 3 7 4 1 1 6 8 0 1 7 *